高等学校教材

数学分析讲义

第六版（上册）

刘玉琏 傅沛仁 刘伟 林玎 编

高等教育出版社·北京

内容提要

本书分上、下两册，是在第五版的基础上修订而成的，在内容和体例上未作较大变动。知识内容稍有扩充，涉及的方面很广。增加了少量的说明性文字，使内容更加完善，并适当补充了数字资源（以图标 示意）。上册内容包括：函数，极限，连续函数，实数的连续性，导数与微分，微分学基本定理及其应用，不定积分，定积分等。

本书阐述细致，范例较多，便于自学，可作为高等师范学校本科教材。

图书在版编目（CIP）数据

数学分析讲义.上册／刘玉琏等编.--6版.--北京：高等教育出版社，2019.4（2023.4重印）
ISBN 978-7-04-051441-4

Ⅰ.①数… Ⅱ.①刘… Ⅲ.①数学分析-高等学校-教材 Ⅳ.①O17

中国版本图书馆 CIP 数据核字（2019）第 036487 号

项目策划　李艳馥　李　蕊　兰莹莹
策划编辑　李　蕊　　　责任编辑　张晓丽　　　封面设计　王凌波　　　版式设计　马　云
插图绘制　于　博　　　责任校对　陈　杨　　　责任印制　刁　毅

出版发行	高等教育出版社	网　　址	http://www.hep.edu.cn
社　　址	北京市西城区德外大街4号		http://www.hep.com.cn
邮政编码	100120	网上订购	http://www.hepmall.com.cn
印　　刷	山东韵杰文化科技有限公司		http://www.hepmall.com
开　　本	787mm×1092mm　1/16		http://www.hepmall.cn
印　　张	22.75	版　　次	1966年3月第1版
字　　数	490千字		2019年4月第6版
购书热线	010-58581118	印　　次	2023年4月第5次印刷
咨询电话	400-810-0598	定　　价	48.60元

本书如有缺页、倒页、脱页等质量问题，请到所购图书销售部门联系调换
版权所有　侵权必究
物料号　51441-00

数学分析讲义
第六版（上册）

刘玉琏　傅沛仁　刘伟　林玎　编

1. 计算机访问 http://abook.hep.com.cn/1255301，或手机扫描二维码、下载并安装 Abook 应用。
2. 注册并登录，进入"我的课程"。
3. 输入封底数字课程账号（20 位密码，刮开涂层可见），或通过 Abook 应用扫描封底数字课程账号二维码，完成课程绑定。
4. 单击"进入课程"按钮，开始本数字课程的学习。

课程绑定后一年为数字课程使用有效期。受硬件限制，部分内容无法在手机端显示，请按提示通过计算机访问学习。

如有使用问题，请发邮件至 abook@hep.com.cn。

扫描二维码
下载 Abook 应用

数学分析简史（上）

数学分析简史（下）

第一版前言

http://abook.hep.com.cn/1255301

第六版前言

《数学分析讲义》自1966年出版以来,已进行五次修订再版。在历次修订中作者始终秉承:提问清楚、行文简洁、论证严密、通俗易懂。在这期间,我们收到全国各地许多教学一线教师和读者的来信,对本书的内容与讲法提出许多宝贵意见和建议,这对提高本书的修订质量起到重要作用。借此再版之机,向关怀和支持我们工作的广大读者表示深切谢意。

此次修订,对此前印刷错误作了修正,并对第十三章内容作了部分增补,使其内容更加充实完整。同时,适当补充数字资源(以图标示意)。

此次修订,始终得到高等教育出版社的大力支持和热心帮助。编辑李蕊和张晓丽同志对本书的修订工作给予了具体的帮助和指导,为提高修订质量做了大量工作。在此,谨向她们表示衷心的感谢。

此次修订,由于本书的原作者刘玉琏先生、傅沛仁先生已辞世,第六版的修订工作由刘伟和林玎负责完成,并以《数学分析讲义》(第六版)的出版向刘玉琏先生、傅沛仁先生致敬!

编者

2018年3月于长春

第五版前言

第四版前言

第三版前言

第二版前言

目 录

常用符号与不等式

第一章 函数 ··· 1
  §1.1 函数 ·· 1
    一、函数概念(1) 二、函数的四则运算(4) 三、函数的图像(5)
    四、数列(6) 练习题1.1(7)
  §1.2 四类具有特殊性质的函数 ··· 8
    一、有界函数(9) 二、单调函数(11) 三、奇函数与偶函数(13)
    四、周期函数(14) 练习题1.2(16)
  §1.3 复合函数与反函数 ·· 18
    一、复合函数(18) 二、反函数(19) 三、初等函数(23)
    练习题1.3(26)

第二章 极限 ·· 28
  §2.1 数列极限 ·· 28
    一、极限思想(28) 二、数列 $\left\{\dfrac{(-1)^n}{n}\right\}$ 的极限(29)
    三、数列极限概念(31) 四、例(33) 练习题2.1(38)
  §2.2 收敛数列 ·· 39
    一、收敛数列的性质(39) 二、收敛数列的四则运算(40)
    三、数列的收敛判别法(44) 四、子数列(51) 练习题2.2(52)
  §2.3 函数极限 ·· 54
    一、扩充的实数集(54) 二、自变量的变化过程和函数的变化趋向(56)
    三、$(+\infty, b)$ 类型的极限(57) 四、(a, b) 类型的极限(60)
    五、例(61) 六、(a, ∞) 类型和其他类型的无穷大(65)
    七、无穷小(67) 练习题2.3(68)
  §2.4 函数极限的定理 ··· 69
    一、函数极限的性质(69) 二、函数极限与数列极限的关系(71)
    三、函数极限存在判别法(73) 四、例(76)
    五、无穷小与无穷大的比较(78) 练习题2.4(81)

第三章 连续函数 ·· 85
  §3.1 连续函数 ·· 85
    一、连续函数概念(85) 二、例(86) 三、间断点及其分类(87)
    练习题3.1(90)
  §3.2 连续函数的性质 ··· 91
    一、连续函数的局部性质(91) 二、闭区间连续函数的整体性质(91)

i

三、反函数的连续性(94)　四、初等函数的连续性(94)

练习题 3.2(101)

第四章　实数的连续性 ········· 103

§4.1　实数连续性定理 ········· 103

一、闭区间套定理(103)　二、确界定理(104)

三、有限覆盖定理(108)　四、聚点定理(109)

五、致密性定理(110)　六、柯西收敛准则(111)

练习题 4.1(111)

§4.2　闭区间连续函数整体性质的证明 ········· 112

一、性质的证明(112)　二、一致连续性(115)　练习题 4.2(119)

第五章　导数与微分 ········· 121

§5.1　导数 ········· 121

一、实例(121)　二、导数概念(123)　三、例(125)　练习题 5.1(128)

§5.2　求导法则与导数公式 ········· 130

一、导数的四则运算(130)　二、反函数求导法则(133)

三、复合函数求导法则(135)　四、初等函数的导数(137)

练习题 5.2(141)

§5.3　隐函数与参数方程求导法则 ········· 143

一、隐函数求导法则(143)　二、参数方程求导法则(146)

练习题 5.3(148)

§5.4　微分 ········· 149

一、微分概念(149)　二、微分的运算法则和公式(152)

三、微分在近似计算上的应用(153)　练习题 5.4(154)

§5.5　高阶导数与高阶微分 ········· 155

一、高阶导数(155)　二、莱布尼茨公式(157)　三、高阶微分(160)

练习题 5.5(161)

第六章　微分学基本定理及其应用 ········· 163

§6.1　中值定理 ········· 163

一、罗尔定理(163)　二、拉格朗日定理(165)　三、柯西定理(167)

四、例(168)　练习题 6.1(170)

§6.2　洛必达法则 ········· 172

一、$\dfrac{0}{0}$型(172)　二、$\dfrac{\infty}{\infty}$型(175)　三、其他待定型(178)

练习题 6.2(182)

§6.3　泰勒公式 ········· 183

一、泰勒公式(183)　二、常用的几个展开式(187)　练习题 6.3(191)

§6.4　导数在研究函数上的应用 ········· 192

一、函数的单调性(192)　二、函数的极值与最值(194)

三、不等式(200)　四、函数的凸性(204)　五、曲线的渐近线(213)

六、描绘函数图像(216)　练习题 6.4(220)

第七章　不定积分 ········· 222

§7.1　不定积分 ········· 222

一、原函数(222)　二、不定积分(223)　练习题 7.1(227)

§7.2 分部积分法与换元积分法 ·· 227
一、分部积分法(228) 二、换元积分法(231) 练习题 7.2(237)
§7.3 有理函数的不定积分 ·· 239
一、代数的预备知识(239) 二、有理函数的不定积分(242)
练习题 7.3(246)
§7.4 简单无理函数与三角函数的不定积分 ··· 246
一、简单无理函数的不定积分(246) 二、三角函数的不定积分(250) 练习题 7.4(254)

第八章 定积分 ·· 256
§8.1 定积分 ··· 256
一、实例(256) 二、定积分概念(258)
§8.2 可积准则 ··· 261
一、小和与大和(261) 二、可积准则(263) 三、三类可积函数(266)
四、再论可积准则(268) 练习题 8.2(271)
§8.3 定积分的性质 ··· 273
练习题 8.3(278)
§8.4 定积分的计算 ··· 279
一、按照定义计算定积分(279) 二、积分上限函数(281)
三、微积分基本定理(283) 四、定积分的分部积分法(285)
五、定积分的换元积分法(286) 六、中值定理(293)
七、对数函数的积分定义(297)
八、指数函数——对数函数的反函数(300) 练习题 8.4(302)
§8.5 定积分的应用 ··· 305
一、微元法(305) 二、平面区域的面积(307)
三、平面曲线的弧长(311) 四、应用截面面积求体积(315)
五、旋转体的侧面积(318) 六、变力作功(319) 练习题 8.5(321)
§8.6 定积分的近似计算 ··· 322
一、梯形法(322) 二、抛物线法(325) 练习题 8.6(327)

部分练习题答案 ·· 329

常用符号与不等式

一、集合符号

1. 集合与元素之间

符号"∈"表示"属于";符号"∈"(或"∉")表示"不属于";符号"$P(x)$"表示"元素 x 具有性质 P".

设 A 是集合,x 是元素.例如:

$x \in A$——元素 x 属于 A;$x \in A$(或 $x \notin A$)——元素 x 不属于 A;$\{x | x \in A, P(x)\}$——集合 A 中具有性质 P 的元素 x 的全体.

2. 集合之间

符号"⊂"表示"包含";符号"="表示"相等";符号"∅"表示"空集";符号"∪"表示"并"或"和";符号"∩"表示"交"或"乘";符号"\"表示"差".

设 A 与 B 是两个集合.例如:

$B \subset A$——B 的任意元素 x 都是 A 的元素,或 B 是 A 的子集,或 B 被 A 包含.

$B \subset A$,且 $A \neq B$(或 $B \subsetneq A$)——B 是 A 的真子集.

$A \backslash B = \{x | x \in A, 但 x \in B\}$——$B$ 关于 A 的差集,如图 0.1 的(a).

若 $B \subset A$,$\complement_A B = \{x | x \in A, 但 x \in B\}$——由属于 A 而不属于 B 的元素所组成的集合,或 A 中子集 B 的"补集"或"余集",如图 0.1 的(b).

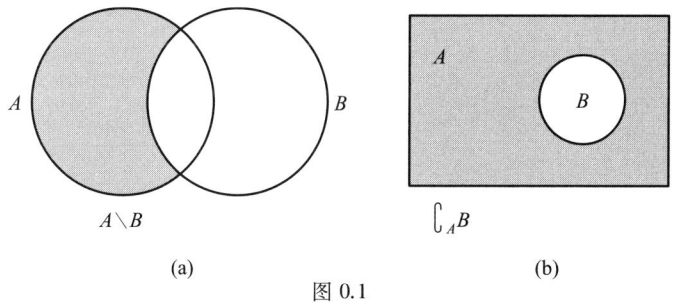

图 0.1

$A \cup B$——A 与 B 的并集或和集,即

$$A \cup B = \{x | x \in A 或 x \in B\}, 如图 0.2 的(a).$$

$A \cap B$——A 与 B 的交集或积集,即

$$A \cap B = \{x | x \in A 同时 x \in B\}, 如图 0.2 的(b).$$

设 $A_1, A_2, \cdots, A_n, \cdots$ 是一列无限多个集合.

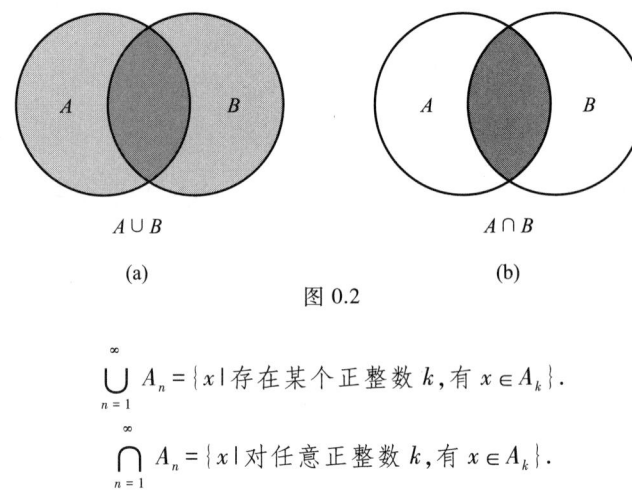

图 0.2

$$\bigcup_{n=1}^{\infty} A_n = \{x \mid 存在某个正整数 k, 有 x \in A_k\}.$$

$$\bigcap_{n=1}^{\infty} A_n = \{x \mid 对任意正整数 k, 有 x \in A_k\}.$$

二、数集符号

本书所说的数都是实数.全体实数,即实数集,记为 **R**.我们已知实数集 **R** 中的数和数轴上的点是一一对应的,因此也称 **R** 是**实直线**.常将"数 a"说成"点 a",反之亦然.本书所说的数集都是实数集 **R** 的子集.实数集 **R** 有些常用的重要子集:

符号"$\mathbf{N}_+$"表示**正整数集**;符号"**N**"表示**自然数集**;符号"**Z**"表示**整数集**;符号"**Q**"表示**有理数集**,有

$$\mathbf{N}_+ \subset \mathbf{N} \subset \mathbf{Z} \subset \mathbf{Q} \subset \mathbf{R}.$$

符号 $\mathbf{R}_+$ 表示正实数集,符号 $\mathbf{R}_-$ 表示负实数集,有

$$\mathbf{R} = \mathbf{R}_- \cup \{0\} \cup \mathbf{R}_+, \quad \mathbf{N}_+ \subset \mathbf{R}_+.$$

1. 区间

为了书写简练,将各种区间的符号、名称、定义列表如下:($a, b \in \mathbf{R}$, 且 $a < b$)

符 号		名 称	定 义
(a, b)	有限区间	开区间	$\{x \mid a < x < b\}$
$[a, b]$		闭区间	$\{x \mid a \leq x \leq b\}$
$(a, b]$		半开区间	$\{x \mid a < x \leq b\}$
$[a, b)$		半开区间	$\{x \mid a \leq x < b\}$
$(a, +\infty)$	无穷区间	开区间	$\{x \mid a < x\}$
$[a, +\infty)$		闭区间	$\{x \mid a \leq x\}$
$(-\infty, a)$		开区间	$\{x \mid x < a\}$
$(-\infty, a]$		闭区间	$\{x \mid x \leq a\}$

符号 $+\infty$ 和 $-\infty$ 分别读作"正无穷大"和"负无穷大",符号 ∞ 是 $+\infty$ 和 $-\infty$ 的通称,读作"无穷大".在数学分析中不把它们看作数,它们在数轴上也没有位置,一般不与实数作四则运算.但它们与实数有顺序关系,$+\infty$ 表示比一切实数都大,$-\infty$ 表示比一切实数都小,即对任意实数 x,有 $-\infty < x < +\infty$.无穷开区间 $(-\infty, +\infty)$ 也表示实数集 **R**.

2. 邻域

设 $a \in \mathbf{R}$，任意 $\delta>0$.

数集 $\{x\,|\,|x-a|<\delta\}$ 记为 $U(a,\delta)$，即
$$U(a,\delta)=\{x\,|\,|x-a|<\delta\}=(a-\delta,a+\delta),$$
称为 a 的 δ **邻域**. 当不需要注明邻域半径 δ 时，通常是对某个确定的邻域半径 δ，常将它表示为 $U(a)$，简称 a 的**邻域**.

数集 $\{x\,|\,0<|x-a|<\delta\}$ 记为 $\mathring{U}(a,\delta)$，即
$$\mathring{U}(a,\delta)=\{x\,|\,0<|x-a|<\delta\}=(a-\delta,a+\delta)\setminus\{a\},$$
也就是在 a 的 δ 邻域 $U(a,\delta)$ 中去掉 a，称为 a 的 δ 去心邻域. 当不需要注明邻域半径 δ 时，通常是对某个确定的邻域半径 δ，常将它记为 $\mathring{U}(a)$，简称 a 的**去心邻域**.

三、逻辑符号

数学分析的语言是由文字叙述和数学符号共同组成的，其中有些数学符号是借用数理逻辑的符号. 使用这些数理逻辑的符号能使定义、定理的表述简明、准确. 数学语言的符号化是现代数学发展的一个趋势. 本书将普遍使用这些符号.

1. 连词符号

符号"$\Rightarrow$"表示"蕴涵"或"推得"，或"若……，则……".

符号"$\Longleftrightarrow$"表示"充分必要"，或"等价".

设 A,B 是两个陈述句，可以是条件，也可以是命题. 例如：

$A \Rightarrow B$——若命题 A 成立，则命题 B 成立；或命题 A 蕴涵命题 B；称 A 是 B 的充分条件，同时也称 B 是 A 的必要条件.

$$n \text{ 是整数} \Rightarrow n \text{ 是有理数}.$$

$A \Longleftrightarrow B$——命题 A 与命题 B 等价；或命题 A 蕴涵命题 $B(A\Rightarrow B)$，同时命题 B 也蕴涵命题 $A(B\Rightarrow A)$；或 $A(B)$ 是 $B(A)$ 的充分必要条件.

$$A \subset B \Longleftrightarrow \text{任意 } x \in A, \text{有 } x \in B.$$

2. 量词符号

符号"$\forall$"表示"任意"，或"任意一个".

符号"$\exists$"表示"存在某个"或"能找到".

应用上述的数理逻辑符号表述定义、定理比较简练明确. 例如，数集 A 有上界、有下界和有界的定义：

$$\text{数集 } A \text{ 有上界} \Longleftrightarrow \exists b \in \mathbf{R}, \forall x \in A, \text{有 } x \leq b;$$
$$\text{数集 } A \text{ 有下界} \Longleftrightarrow \exists a \in \mathbf{R}, \forall x \in A, \text{有 } a \leq x;$$
$$\text{数集 } A \text{ 有界} \Longleftrightarrow \exists M>0, \forall x \in A, \text{有 } |x| \leq M.$$

设有命题："集合 A 中任意元素 a 都有性质 $P(a)$"，用符号记为
$$\forall a \in A, \text{有 } P(a).$$
显然，这个命题的否命题是："集合 A 中存在某个元素 a_0 没有性质 $P(a_0)$"，用符号记为
$$\exists a_0 \in A, \text{没有 } P(a_0).$$
这两个命题互为否命题. 由此可见，否定一个命题，要将原命题中的"$\forall$"改为"$\exists$"，将

"$\exists$"改为"$\forall$",并将性质 P 否定.例如,数集 A 有上界与数集 A 无上界是互为否命题,用符号表示就是:

数集 A 有上界 $\Longleftrightarrow \exists b \in \mathbf{R}, \forall x \in A$,有 $x \leqslant b$;

数集 A 无上界 $\Longleftrightarrow \forall b \in \mathbf{R}, \exists x_0 \in A$,有 $b < x_0$.

四、其他符号

符号"max"表示"最大"(它是 maximum(最大)的缩写).

符号"min"表示"最小"(它是 minimum(最小)的缩写).

设 $a_1, a_2, \cdots, a_n$ 是 n 个实数.例如:

$\max\{a_1, a_2, \cdots, a_n\}$——$n$ 个实数 $a_1, a_2, \cdots, a_n$ 中最大数.

$\min\{a_1, a_2, \cdots, a_n\}$——$n$ 个实数 $a_1, a_2, \cdots, a_n$ 中最小数.

符号 $[a]$ 表示不超过 a 的最大整数.例如:

$[\pi] = [3.1415\cdots] = 3$,

$[-e] = [-2.718\cdots] = -3$,

$[0] = 0$, $[5] = 5$.

符号"$n!$"表示"不超过 n 的所有正整数的连乘积",读作"n 的阶乘",即

$n! = n \cdot (n-1) \cdot \cdots \cdot 3 \cdot 2 \cdot 1$,

$7! = 7 \cdot 6 \cdot 5 \cdot 4 \cdot 3 \cdot 2 \cdot 1$.

规定:$0! = 1$.

符号"$n!!$"表示"不超过 n 并与 n 有相同奇偶性的正整数的连乘积"读作"n 的双阶乘",即

$(2k-1)!! = (2k-1) \cdot (2k-3) \cdot \cdots \cdot 5 \cdot 3 \cdot 1$,

$(2k)!! = (2k) \cdot (2k-2) \cdot \cdots \cdot 6 \cdot 4 \cdot 2$,

$9!! = 9 \cdot 7 \cdot 5 \cdot 3 \cdot 1$, $12!! = 12 \cdot 10 \cdot 8 \cdot 6 \cdot 4 \cdot 2$.

符号"C_n^m"($n, m \in \mathbf{N}_+$,且 $m \leqslant n$)表示"从 n 个不同元素中取 m 个元素的组合数",即

$$C_n^m = \frac{n \cdot (n-1) \cdot \cdots \cdot (n-m+1)}{m!} = \frac{n!}{m!(n-m)!},$$

有公式:

$$C_n^m = C_n^{n-m} \quad \text{与} \quad C_{n+1}^m = C_n^m + C_n^{m-1}.$$

五、几个有用的不等式

不等式 1 若 $\forall n \in \mathbf{N}_+$,且 $n \geqslant 2$,有不等式

$$\frac{1}{2} \cdot \frac{3}{4} \cdot \frac{5}{6} \cdot \cdots \cdot \frac{2n-1}{2n} < \frac{1}{\sqrt{2n+1}}.$$

证明 设 $A = \frac{1}{2} \cdot \frac{3}{4} \cdot \frac{5}{6} \cdot \cdots \cdot \frac{2n-1}{2n}$,将 A 中每个分数放大,有

$$A < \frac{2}{3} \cdot \frac{4}{5} \cdot \frac{6}{7} \cdot \cdots \cdot \frac{2n}{2n+1}$$

$$= \frac{2}{1} \cdot \frac{4}{3} \cdot \frac{6}{5} \cdot \cdots \cdot \frac{2n}{2n-1} \cdot \frac{1}{2n+1}$$

或
$$A < \frac{1}{A \cdot (2n+1)}.$$

移项开平方得 $A < \frac{1}{\sqrt{2n+1}}$，即
$$\frac{1}{2} \cdot \frac{3}{4} \cdot \frac{5}{6} \cdot \cdots \cdot \frac{2n-1}{2n} < \frac{1}{\sqrt{2n+1}}.$$

不等式 2（伯努利不等式） 若 $\forall x \in \mathbf{R}$，且 $x > -1$，$\forall n \in \mathbf{N}_+$，$n > 1$，有不等式
$$(1+x)^n \geqslant 1+nx.$$
仅当 $x = 0$ 时等号成立.

证明 用数字归纳法.如果 $x = 0$，$\forall n > 1$ 时等号成立.当 $x > -1$ 与 $n > 1$ 时，将有严格不等式 $(1+x)^n > 1+nx$.

当 $n = 2$ 时，有不等式
$$(1+x)^2 = 1+2x+x^2 > 1+2x.$$

设 $n = k$ 时不等式成立.往证 $n = k+1$ 时不等式也成立.
$$\begin{aligned}(1+x)^{k+1} &= (1+x)^k(1+x) > (1+kx)(1+x)\\ &= 1+kx+x+kx^2 > 1+kx+x\\ &= 1+(k+1)x.\end{aligned}$$

这就证明了，对一切正整数 n，伯努利不等式成立.

不等式 3 若 $x_i > 0$，$i = 1, 2, \cdots, n$，且 $x_1 x_2 \cdots x_n = 1$，则有不等式
$$x_1 + x_2 + \cdots + x_n \geqslant n.$$
仅当 $x_i = 1$，$i = 1, 2, \cdots, n$ 时等号成立.

证明 用数学归纳法.当 $n = 2$ 时，知 $x_1 x_2 = 1$，设 $x_1 > 0$，有 $x_2 = \frac{1}{x_1}$，于是，不等式成立，即
$$x_1 + x_2 = x_1 + \frac{1}{x_1} \geqslant 2 \quad \left(\frac{b}{a} + \frac{a}{b} \geqslant 2, a > 0, b > 0\right).$$

假设 $n = k$ 时不等式成立，往证 $n = k+1$，不等式也成立.分两种情况证明：

第一种情况，当 $x_1 = x_2 = \cdots = x_k = x_{k+1} = 1$ 时，显然有
$$x_1 + x_2 + \cdots + x_k + x_{k+1} = k+1.$$
即等号成立.

第二种情况，因为 $x_i (i = 1, 2, \cdots, k+1)$ 不能全为 1，所以必有因子小于 1，也必有因子大于 1，不失一般性，令 $x_1 < 1$，$x_2 > 1$，于是有
$$(x_1 x_2) x_3 \cdots x_{k+1} = 1.$$

设 $y = x_1 x_2$，则 $y x_3 x_4 \cdots x_{k+1} = 1$. 由归纳假设，有 $y + x_3 + x_4 + \cdots + x_{k+1} \geqslant k$（$k$ 个数之和），但是
$$\begin{aligned}x_1 + x_2 + x_3 + \cdots + x_k + x_{k+1} &\\ = y + x_3 + \cdots + x_k + x_{k+1} + x_1 + x_2 - y&\\ \geqslant k + x_1 + x_2 - y + 1 - 1&\\ = k + 1 + x_1 + x_2 - x_1 x_2 - 1&\\ = k + 1 + (x_2 - 1)(1 - x_1).&\end{aligned}$$

已知 $x_2-1>0, 1-x_1>0$，于是，有不等式
$$x_1+x_2+x_3+\cdots+x_{k+1} \geqslant k+1$$
成立.仅当 $x_1=x_2=\cdots=x_n=1$ 时等号成立是显然的.

不等式 4 若 $\forall x_i>0, i=1,2,\cdots,n$.设
$$T_n=\frac{n}{\dfrac{1}{x_1}+\dfrac{1}{x_2}+\cdots+\dfrac{1}{x_n}} \quad \text{（调和平均）},$$

$$J_n=\sqrt[n]{x_1 x_2 \cdots x_n} \quad \text{（几何平均）},$$

$$S_n=\frac{x_1+x_2+\cdots+x_n}{n} \quad \text{（算术平均）},$$

有不等式
$$T_n \leqslant J_n \leqslant S_n \quad \text{（调和平均} \leqslant \text{几何平均} \leqslant \text{算术平均）},$$
同时有 $T_n=J_n=S_n \iff x_1=x_2=\cdots=x_n$.

证明 由不等式 3，当 $\dfrac{x_1}{J_1} \cdot \dfrac{x_2}{J_2} \cdot \cdots \cdot \dfrac{x_n}{J_n}=1$ 时，有
$$\frac{x_1}{J_1}+\frac{x_2}{J_2}+\cdots+\frac{x_n}{J_n} \geqslant n,$$
即 $J_n=\sqrt[n]{x_1 x_2 \cdots x_n} \leqslant \dfrac{x_1+x_2+\cdots+x_n}{n}=S_n$.

由此结果，将 x_i 取倒数，有
$$\frac{1}{J_n}=\sqrt[n]{\frac{1}{x_1} \cdot \frac{1}{x_2} \cdot \cdots \cdot \frac{1}{x_n}} \leqslant \frac{\dfrac{1}{x_1}+\dfrac{1}{x_2}+\cdots+\dfrac{1}{x_n}}{n}=\frac{1}{T_n},$$
即
$$T_n=\frac{n}{\dfrac{1}{x_1}+\dfrac{1}{x_2}+\cdots+\dfrac{1}{x_n}} \leqslant \sqrt[n]{x_1 x_2 \cdots x_n}=J_n.$$

于是，有
$$T_n \leqslant J_n \leqslant S_n.$$
同时当且仅当 $\dfrac{x_1}{J_1}=\dfrac{x_2}{J_2}=\cdots=\dfrac{x_n}{J_n}$ 或 $\dfrac{1}{x_1}=\dfrac{1}{x_2}=\cdots=\dfrac{1}{x_n}$ 时，即当 $x_1=x_2=\cdots=x_n$ 时，等号成立，即 $T_n=J_n=S_n$.

$$\text{调和平均} \leqslant \text{几何平均} \leqslant \text{算术平均}.$$

注 这是一个著名的不等式，在初等数学中是很有用的.它有很多的证法，可直接应用数学归纳法，或者应用数学归纳法的变形等，这里我们是应用数学归纳的变形不等式 3 证明的.在数学分析中将应用凸函数的性质证明这个不等式，也是比较简单的（见 §6.4 例 17）.

不等式 5 若 $\forall n \in \mathbf{N}_+$，且 $n>2$，有不等式

$$\sqrt{n} < \sqrt[n]{n!} < \frac{n+1}{2}.$$

证明 先证左侧的不等式,即 $n^n \leqslant (n!)^2$,有
$$(n!)^2 = n! \cdot n!$$
$$= [1 \cdot n] \cdot [2 \cdot (n-1)] \cdot [3 \cdot (n-2)] \cdot \cdots \cdot$$
$$[k \cdot (n-k+1)] \cdot \cdots \cdot [n \cdot 1].$$

因为方括号中有两个首尾的因子相等,且小于其他因子,对 $n-k>1$ 和 $k>0$,有
$$(k+1) \cdot (n-k) = k \cdot (n-k) + n-k$$
$$> k \cdot 1 + (n-k) = n.$$

于是,有
$$n^n < (n!)^2 \quad \text{或} \quad \sqrt{n} < \sqrt[n]{n!}.$$

再证右侧不等式,即 $\sqrt[n]{n!} < \frac{n+1}{2}$. 因为 n 个正整数都不相等,所以由不等式 4,有
$$\sqrt[n]{1 \cdot 2 \cdots n} < \frac{1+2+\cdots+n}{n} = \frac{n(n+1)}{2n} = \frac{n+1}{2},$$

于是,$\sqrt[n]{n!} < \frac{n+1}{2}$,$n=1$ 等号成立.

不等式 6 若 $\forall n \in \mathbf{N}_+$,有不等式
$$\left(1+\frac{1}{n}\right)^n < \left(1+\frac{1}{n+1}\right)^{n+1}.$$

证明 取 $x_1 = 1, x_2 = 1+\frac{1}{n}, \cdots, x_{n+1} = 1+\frac{1}{n}$. 由不等式 4,几何平均不超过算术平均,又因为上面 $n+1$ 个数不全相等,有
$$\sqrt[n+1]{1 \cdot \left(1+\frac{1}{n}\right)^n} < \frac{1+n\left(1+\frac{1}{n}\right)}{n+1} = \frac{n+2}{n+1} = 1+\frac{1}{n+1},$$

不等式两端取 $n+1$ 次方,即
$$\left(1+\frac{1}{n}\right)^n < \left(1+\frac{1}{n+1}\right)^{n+1}.$$

第一章 函数

在自然科学、工程技术,甚至在某些社会科学中,函数是被广泛应用的数学概念之一,其重要意义远远超出了数学范围.在数学中函数处于基础的核心地位.函数不仅是贯穿于中学数学的一条主线,它也是数学分析这门课程研究的对象.

中学数学应用"集合"与"对应"已经给出了函数概念,并在此基础上,应用函数的图形,直观地了解了函数的一些简单性质.本章除对中学数学的函数及其性质重点复习外,根据本课与后继课的需要,将对函数作深入的讨论.

§1.1 函　　数

一、函数概念

在一个自然现象或技术过程中,常常有几个量同时变化,它们的变化并非彼此无关,而是互相联系着.这是物质世界的一个普遍规律.下面列举几个有两个变量互相联系着的例子:

例1 真空中自由落体,物体下落的时间 t 与下落的距离 s 互相联系着.如果物体距地面的高度为 h,

$$\forall t \in \left[0, \sqrt{\frac{2h}{g}}\right] \text{[①]}$$

都对应一个距离 s.已知 t 与 s 之间的对应关系是

$$s = \frac{1}{2}gt^2,$$

其中 g 是重力加速度,是常数.

例2 球的半径 r 与该球的体积 V 互相联系着. $\forall r \in [0, +\infty)$ 都对应唯一一个球的体积 V.已知 r 与 V 之间的对应关系是

$$V = \frac{4}{3}\pi r^3,$$

其中 π 是圆周率,是常数.

[①] 当 $t = \sqrt{\frac{2h}{g}}$ 时,由 $s = \frac{1}{2}gt^2$,有 $s = h$,即物体下落到地面.

例 3 某地某日时间 t 与气温 T 互相联系着,如图 1.1.对 13 时至 23 时内任意时间 t 都对应着唯一一个气温 T.已知 t 与 T 的对应关系是图 1.1 中的气温曲线.横坐标表示时间 t,纵坐标表示气温 T.曲线上任意点 $P(t,T)$ 表示在时间 t 对应着的气温是 T.

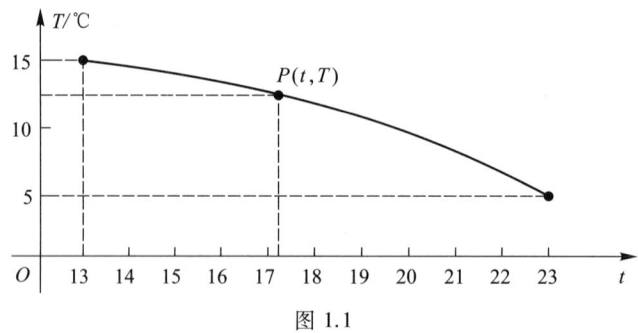

图 1.1

例 4 在气压为 101.325 kPa 时,温度 T 与水的体积 V 互相联系着.实测如下表:

T/℃	0	2	4	6	8	10	12	14
V/cm³	100	99.990	99.987	99.990	99.998	100.012	100.032	100.057

对 $\{0,2,4,6,8,10,12,14\}$ 中每个温度 T 都对应唯一一个体积 V,已知 T 与 V 的对应关系用上面的表格表示.

例 5 $\forall x \in \mathbf{R}$ 都对应唯一一个数 $y = \sin x$,即 x 与 y 之间的对应关系是
$$y = \sin x.$$

例 6 $\forall x \in (-5,\pi]$ 都对应唯一一个数 $y = 3x^2 + x - 1$,即 x 与 y 之间的对应关系是
$$y = 3x^2 + x - 1.$$

上述前四个实例,分属于不同的学科,实际意义完全不同.但是,从数学角度看,它们与后两个例子却有共同的特征:都有一个数集和一个对应关系,对于数集中任意数 x,按照对应关系都对应 $\mathbf{R}$ 中唯一一个数.于是有如下的函数概念:

定义 设 A 是非空实数集.若存在对应关系 f,对 A 中任意数 $x (\forall x \in A)$,按照对应关系 f,对应唯一一个 $y \in \mathbf{R}$,则称 f 是定义在 A 上的**函数**,记为
$$f : A \longrightarrow \mathbf{R}.$$

数 x 对应的数 y 称为 x 的**函数值**,记为 $y = f(x)$.x 称为**自变量**,y 称为**因变量**.数集 A 称为函数 f 的**定义域**,函数值的集合 $f(A) = \{f(x) | x \in A\}$ 称为函数 f 的**值域**.

函数 f 的值域 $f(A)$ 可能是 $\mathbf{R}$ 或是 $\mathbf{R}$ 的真子集.我们看到,这里 A 与 $\mathbf{R}$ 是不同的,反映 f 是从 A 到 $\mathbf{R}$ 内的对应.

根据函数定义,不难看到,上述六例皆为函数的实例.

关于函数概念的几点说明:

1. 函数 f 由两个因素完全确定,一个是函数 f 的定义域 A;另一个是函数的对应关系 f,即 $\forall x \in A$,按照对应关系 f,都对应唯一一个 $y \in \mathbf{R}$,读者一定要认清,符号 f 与 $f(x)$ 之间的区别.函数 f 是对应关系(或对应法则),$f(x)$ 是自变量 x 所对应的函数值,是实数,这是两个不同的概念,是不能混淆的.用符号"$f : A \longrightarrow \mathbf{R}$"表示 f 是定义在数集 A 上的函数,十分清楚、明确.特别是在抽象的学科中使用这个函数符号更显得方便.但

是,在数学分析中,一方面要讨论抽象的函数 f;另一方面又要讨论大量具体的函数.在具体函数中需要将对应关系 f 具体化,使用这个函数符号就有些不便.为此在本书中约定,将"f 是定义在数集 A 上的函数"用符号"$y=f(x), x\in A$"表示.当不需要指明函数 f 的定义域时,又可简写为"$y=f(x)$",有时甚至笼统地说"$f(x)$ 是 x 的函数(值)".严格地讲,这样的符号和叙述混淆了函数与函数值.这仅是为了方便而作的约定.

2. 在函数概念中,对应关系 f 是抽象的,只有在具体函数中,对应关系 f 才是具体的.例如,在上述几个例子中:

例 1,f 是一组运算:t 的平方乘常数 $\frac{1}{2}g\left(s=\frac{1}{2}gt^2\right)$.

例 2,f 是一组运算:r 的立方乘常数 $\frac{4}{3}\pi\left(V=\frac{4}{3}\pi r^3\right)$.

例 3,f 是图 1.1 所示的气温曲线.

例 4,f 是所列温度对应的体积的表格.

为了对函数 f 有个直观形象的认识,可将 f 比喻为一部"数值变换器".将任意 $x\in A$ 输入到数值变换器之中,通过 f 的"作用",输出来的就是 y.不同的函数就是不同的数值变换器,如图 1.2.

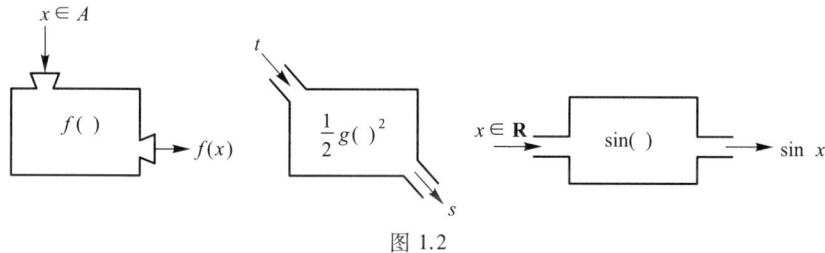

图 1.2

3. 根据函数定义,函数都存在定义域,但是常常并不明确指出函数 $y=f(x)$ 的定义域,这时认为函数的定义域是自明的,即定义域是使函数 $y=f(x)$ 有意义的实数 x 的集合 $A=\{x\mid f(x)\in \mathbf{R}\}$.例如,函数 $f(x)=\sqrt{1-x^2}$ 没有指出它的定义域,那么它的定义域就是使函数 $f(x)=\sqrt{1-x^2}$ 有意义的实数 x 的集合,即闭区间 $[-1,1]=\{x\mid \sqrt{1-x^2}\in \mathbf{R}\}$.

具有实际意义的函数,它的定义域要受实际意义的约束.例如,上述的例 2,半径为 r 的球的体积 $V=\frac{4}{3}\pi r^3$ 这个函数,从抽象的函数来说,r 可取任意实数;从它的实际意义来说,半径 r 不能取负数.因此,它的定义域是区间 $[0,+\infty)$.

4. 函数定义指出:"$\forall x\in A$,按照对应关系 f,对应唯一一个 $y\in \mathbf{R}$",这样的对应就是所谓**单值对应**.反之,一个 $y\in f(A)$ 就不一定只有一个 $x\in A$,使 $y=f(x)$.这是因为,在函数定义中只是说,一个 $x\in A$,按照对应关系 f,只对应唯一一个 $y\in \mathbf{R}$,并没有说,不同的 x 对应不同的 y,即不同的 x 可能对应相同的 y.例如,函数 $y=\sin x$.$\forall x\in \mathbf{R}$,按照对应关系 $\sin$,对应唯一一个 $y=\sin x\in \mathbf{R}$,反之,例如,$y=1$,却有无限多个 $x=2k\pi+\frac{\pi}{2}\in \mathbf{R}$,$k\in \mathbf{Z}$,按照对应关系 $\sin$ 都对应着 1,即

$$\sin\left(2k\pi+\frac{\pi}{2}\right)=1, \quad k\in\mathbf{Z}.$$

5. 上述这个函数定义,有很大的概括性,它基本上反映了事物的本质,但是从现代数学的观点来看,还不能说这是严格的函数定义.因为它使用了与函数概念等价的"对应关系"或"对应".那么何谓数学中的"对应关系"或"对应"尚无定义.因此这个函数概念有缺陷,是不严格的.我们将在第十章用纯集合论的语言比较精确地给出函数定义.

二、函数的四则运算

函数 f 的定义包含两个要素:对应关系与定义域.因此,定义两个函数相等和四则运算需要同时考虑这两个要素.

定义 设两个函数 f 与 g 分别定义在数集 A 与 B.

1) 若 $A=B$,且 $\forall x\in A$,有 $f(x)=g(x)$,则称函数 f 与 g **相等**,记为 $f=g$.

2) 若 $A\cap B\neq\varnothing$,则函数 f 与 g 的**和** $f+g$、**差** $f-g$、**积** fg 分别定义为

$$(f+g)(x)=f(x)+g(x), \quad x\in A\cap B.$$
$$(f-g)(x)=f(x)-g(x), \quad x\in A\cap B.$$
$$(fg)(x)=f(x)g(x), \quad x\in A\cap B.$$

3) 若 $(A\cap B)\setminus\{x|g(x)=0\}\neq\varnothing$,则函数 f 与 g 的**商** $\dfrac{f}{g}$ 定义为

$$\left(\frac{f}{g}\right)(x)=\frac{f(x)}{g(x)}, \quad x\in(A\cap B)\setminus\{x|g(x)=0\}.$$

例如,函数 $f(x)=x, x\in\mathbf{R}; g(x)=x(\sin^2 x+\cos^2 x), x\in\mathbf{R}$ 有相同的定义域 $\mathbf{R}$.尽管这两个函数的解析式不同,但有相同的对应规律,即 $\forall x\in\mathbf{R}$,有

$$x=x(\sin^2 x+\cos^2 x).$$

于是,函数 $f(x)=x$ 与 $g(x)=x(\sin^2 x+\cos^2 x)$ 在 $\mathbf{R}$ 上相等.

例如,函数 $f(x)=x+1, x\in\mathbf{R}; g(x)=\dfrac{x^2-1}{x-1}, x\in\mathbf{R}\setminus\{1\}$.尽管这两个函数在 $\mathbf{R}\setminus\{1\}$ 上相等,即

$$x+1=\frac{x^2-1}{x-1},$$

但是这两个函数在 $\mathbf{R}$ 上不相等.

例如,函数 $f(x)=\ln(1-x), x\in(-\infty,1); g(x)=\sqrt{1-x^2}, x\in[-1,1]$.

$$(-\infty,1)\cap[-1,1]=[-1,1).$$
$$(-\infty,1)\cap[-1,1]\setminus\{x|g(x)=0\}=[-1,1)\setminus\{-1,1\}=(-1,1).$$

于是,函数 f 与 g 的和、差、积、商分别是

$$(f+g)(x)=\ln(1-x)+\sqrt{1-x^2}, \quad x\in[-1,1).$$
$$(f-g)(x)=\ln(1-x)-\sqrt{1-x^2}, \quad x\in[-1,1).$$
$$(fg)(x)=\sqrt{1-x^2}\ln(1-x), \quad x\in[-1,1).$$

$$\left(\frac{f}{g}\right)(x)=\frac{\ln(1-x)}{\sqrt{1-x^2}}, \quad x\in(-1,1).$$

例如,函数 $y=x$ 的自变量 x 自乘 n 次(n 为正整数),就是幂函数 $f(x)=x^n$,它的定义域是 $\mathbf{R}$. 有限多个幂函数分别乘常数,按降幂排列的和就是多项式函数

$$P_n(x)=a_0x^n+a_1x^{n-1}+\cdots+a_{n-1}x+a_n, \quad x\in\mathbf{R},$$

其中 $n\in\mathbf{N}_+, a_0, a_1, \cdots, a_n$ 都是常数,且 $a_0\neq 0$.

三、函数的图像

函数的图像能将函数的几何性态表现得十分明显.即使对那些用解析式表示的函数,为了对它有直观形象的了解,也常常将它的图像描绘出来.

设函数 $y=f(x)$ 定义在数集 A 上.坐标平面上的点集

$$G(f)=\{(x,y)\mid x\in A, y=f(x)\},$$

称为一元函数 $y=f(x)$ 在数集 A 上的**图像**,简称函数 $y=f(x)$ 的图像.显然,坐标平面上一个点集 G 是某个函数的图像的充分必要条件是,平行 y 轴的每条直线与点集 G 至多有一个交点.

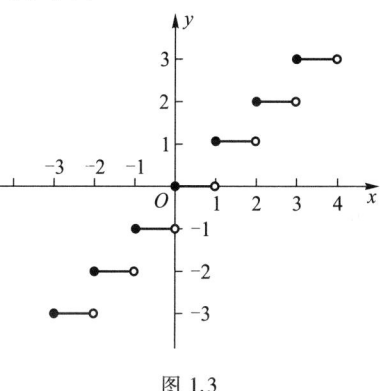

图 1.3

有些特殊的函数对应关系并不是用解析式给出的,其对应关系是用"一句话"给出的,用特定的符号予以表示,然后再描绘出它的图像,函数的几何性态一目了然.例如:

1)"$\forall x\in\mathbf{R}$,对应的 y 是不超过 x 的最大整数."显然,$\forall x\in\mathbf{R}$ 都对应唯一一个 y.这是一个函数,如图 1.3,记为 $y=[x]$,即

$$[2.5]=2, \quad [3]=3, \quad [0]=0, \quad [-\pi]=-4.$$

2)"$\forall x\in\mathbf{R}$,对应的 $y=x-[x]$." 这是 x 的非负小数函数,如图 1.4,记为 $y=\{x\}$,即

$\{2.5\}=2.5-[2.5]=2.5-2=0.5.$

$\{5\}=5-[5]=5-5=0.$

$\{-3.14\}=-3.14-[-3.14]=-3.14-(-4)=0.86.$

3)"$\forall x>0$,对应 $y=1$;$x=0$,对应 $y=0$;$\forall x<0$,对应 $y=-1$." 显然,$\forall x\in\mathbf{R}$,都对应唯一一个 y.这是一个函数,如图 1.5,记为 $y=\operatorname{sgn} x$,即

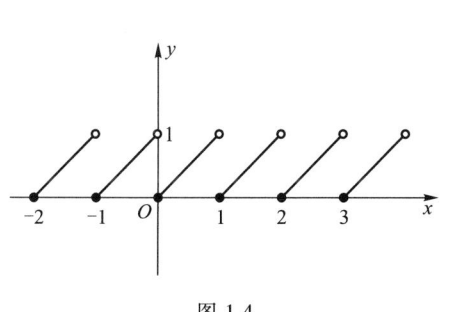

图 1.4

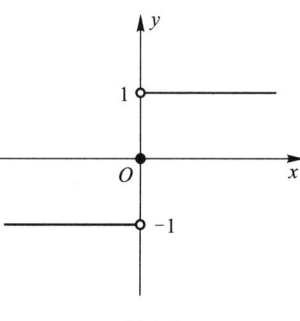

图 1.5

$$y = \operatorname{sgn} x = \begin{cases} 1, & x > 0, \\ 0, & x = 0, \\ -1, & x < 0. \end{cases}$$

因为 $\forall x \in \mathbf{R}$,总有

$$|x| = x \operatorname{sgn} x,$$

所以 $\operatorname{sgn} x$ 起了 x 的符号的作用.因此,这个函数称为**符号函数**①.

4)"当 x 是有理数时,对应 $y=1$;当 x 是无理数时,对应 $y=0$." 显然, $\forall x \in \mathbf{R}$ 都对应唯一一个 y. 这是一个函数,记为 $y = D(x)$,即

$$y = D(x) = \begin{cases} 1, & x \text{ 是有理数}, \\ 0, & x \text{ 是无理数}. \end{cases}$$

这个函数称为**狄利克雷**②**函数**,如图 1.6. 因为数轴上有理点与无理点都是稠密的,所以它的图像不能在数轴上准确地描绘出来.图 1.6 是示意图.

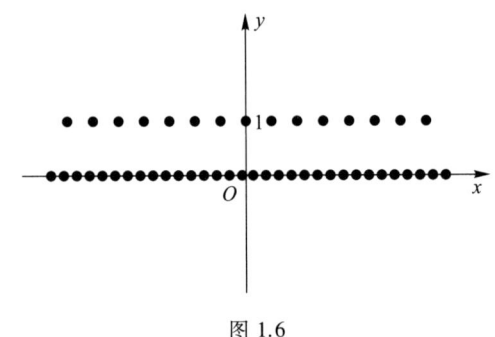

图 1.6

5)黎曼③函数

$$R(x) = \begin{cases} \dfrac{1}{n}, & x = \dfrac{m}{n}, m \in \mathbf{Z}, n \in \mathbf{N}_+, \text{且 } n \text{ 与 } m \text{ 互素}, \\ 1, & x = 0, \\ 0, & x \text{ 是无理数}. \end{cases}$$

与上例同样的原因,它的图像不能在平面上准确描绘出来.

四、数列

数列是一类特殊的函数,并且是一类很有用的函数.

定义 定义在正整数集 $\mathbf{N}_+$ 上的函数 $f(x)$ 称为**数列**.

$\forall n \in \mathbf{N}_+$,设 $f(n) = a_n$.因为正整数能够按照大小顺序排列起来,所以数列的值域 $\{a_n | n \in \mathbf{N}_+\}$ 中的数也能够相应地按照正整数 n 的顺序排列起来,即

$$a_1, a_2, a_3, \cdots, a_n, \cdots \tag{1}$$

a_n 称为数列(1)的**第 n 项**或**通项**.将数列(1)简单地记为 $\{a_n\}$.自变量 n 与其函数值(因变量)a_n 之间的对应关系 f 如下表:

---

① sgn 是拉丁文 signum(符号)的缩写.
② 狄利克雷(Dirichlet,1805—1859),德国数学家.
③ 黎曼(Riemann,1826—1866),德国数学家.

自变量	1	2	3	4	5	6	⋯	10	⋯	100	⋯	1 000	⋯
函数值	a_1	a_2	a_3	a_4	a_5	a_6	⋯	a_{10}	⋯	a_{100}	⋯	$a_{1\,000}$	⋯

数列之例：

1) $\left\{\dfrac{1}{n}\right\}: 1, \dfrac{1}{2}, \dfrac{1}{3}, \dfrac{1}{4}, \cdots, \dfrac{1}{n}, \cdots;$

2) $\left\{\dfrac{n}{n+1}\right\}: \dfrac{1}{2}, \dfrac{2}{3}, \dfrac{3}{4}, \dfrac{4}{5}, \cdots, \dfrac{n}{n+1}, \cdots;$

3) $\left\{\dfrac{(-1)^n}{n}\right\}: -1, \dfrac{1}{2}, -\dfrac{1}{3}, \dfrac{1}{4}, \cdots, \dfrac{(-1)^n}{n}, \cdots;$

4) $\left\{\dfrac{1+(-1)^{n+1}}{2}\right\}: 1, 0, 1, 0, \cdots, \dfrac{1+(-1)^{n+1}}{2}, \cdots;$

5) $\{n!\}: 1!, 2!, 3!, 4!, \cdots, n!, \cdots;$

6) $\sqrt{2}$ 的不足近似值，精确到 $1, 0.1, 0.01, 0.001, \cdots$ 的数列是
$$1, 1.4, 1.41, 1.414, 1.414\,2, 1.414\,21, \cdots.$$

7) 若 $\forall k \in \mathbf{N}_+$，有 $a_{k+1} - a_k = d$（常数），$a_1 = a$，则称数列 $\{a_n\}$ 是**等差数列**，d 为**公差**. 于是，公差为 d 的等差数列是
$$a, a+d, a+2d, \cdots, a+(n-1)d, \cdots.$$

8) 若 $\forall k \in \mathbf{N}_+$，有 $a_{k+1} = q a_k$，q 是常数，$a_1 = a$，则称数列 $\{a_n\}$ 是**等比数列**，q 为**公比**. 于是，公比为 q 的等比数列是
$$a, aq, aq^2, \cdots, aq^{n-1}, \cdots.$$

练习题 1.1

1. 设 $f(x) = \dfrac{|x-2|}{x+1}$，求 $f(0), f(2), f(-2), f(1), f\left(\dfrac{1}{2}\right)$.

2. 设 $\varphi(x) = 2^{x-2}$，求 $\varphi(2), \varphi(-2), \varphi\left(\dfrac{5}{2}\right), \varphi(a)-\varphi(b), \varphi(a)\varphi(b), \dfrac{\varphi(a)}{\varphi(b)}$.

3. 设 $F(x) = x^2 - 3x + 7$，求 $F(2+h), \dfrac{F(2+h)-F(2)}{h}$.

4. 设 $\psi(t) = ta^t (a>0)$，求 $\psi(0), \psi(1), \psi(t+1), \psi(t+1)+1, \psi\left(\dfrac{1}{t}\right), \dfrac{1}{\psi(t)}$.

5. 确定下列函数的定义域：

1) $y = \sqrt{3x+4}$；

2) $y = \sqrt{2+x-x^2}$；

3) $y = \sqrt{\dfrac{1-x}{1+x}}$；

4) $y = \arcsin(2x+1)$；

5) $y = \dfrac{1}{|x|-x}$；

6) $y = \ln(2x+1) + \sqrt{4-3x}$；

7) $y = \ln\left(\sin\dfrac{\pi}{x}\right)$；

8) $y = x^3 + e^{x-1} + \dfrac{\ln x}{x-4}$；

9) $y = \dfrac{1}{e^x - e^{-x}}$;   10) $y = \sqrt{\cos x}$.

6. 正方形的周长集合 L 与其面积集合 A 之间的对应是否是函数？三角形的周长集合 l 与其面积集合 S 之间的对应是否是函数？为什么？

7. 下列函数是否相等，为什么？

1) $f(x) = \dfrac{x}{x}$ 与 $\varphi(x) = 1$；

2) $f(x) = 2\lg x$ 与 $\varphi(x) = \lg x^2$；

3) $f(x) = \dfrac{x^2 - 9}{x + 3}$ 与 $\varphi(x) = x - 3$；

4) $f(x) = \dfrac{\pi}{2} x$ 与 $\varphi(x) = x(\arcsin x + \arccos x)$.

8. 证明：若 $\varphi(x) = \ln x$，则 $\varphi(x) + \varphi(x+1) = \varphi[x(x+1)]$.

9. 证明：若 $f(x) = \dfrac{1}{2}(a^x + a^{-x})$，其中 $a > 0$，则 $f(x+y) + f(x-y) = 2f(x)f(y)$.

10. 证明：若 $\varphi(x) = \ln \dfrac{1-x}{1+x}$，则 $\varphi(a) + \varphi(b) = \varphi\left(\dfrac{a+b}{1+ab}\right)$.

11. 如果等边三角形的面积为 1，连接这个三角形各边的中点得到一个小三角形，又连接这个小三角形的各边中点得到一个更小的三角形，如此无限继续下去，求出这些三角形面积的数列.

12. 写出无理数
$$\pi = 3.141\,592\,653\cdots, \quad e = 2.718\,281\,828\cdots$$
的有理数不足近似值数列与过剩近似值数列，使其精确到 $1, 0.1, 0.01, 0.001, \cdots$.

13. 证明：若 $f(x) = ax + b$，且 $\{x_n\}$ 是等差数列，则 $\{f(x_n)\}$ 也是等差数列.

14. 证明：若 $\{a_n\}$ 是等比数列，且 $a_n > 0$，$n = 1, 2, \cdots$，则 $\{\ln a_n\}$ 是等差数列.

15. 已知函数 $y = f(x)$ 在区间 $[a, b]$ 的图像（在区间 $[a, b]$ 上可随意画一条曲线，有的点函数值为正，有的点函数值为负），描绘下列函数的图像：

1) $y_1 = |f(x)|$；

2) $y_2 = \dfrac{1}{2}[f(x) + |f(x)|]$；

3) $y_3 = \dfrac{1}{2}[f(x) - |f(x)|]$.

16. 已知函数 $y_1 = f(x), y_2 = g(x)$ 在区间 $[a, b]$ 的图像（在区间 $[a, b]$ 上可随意画两条曲线，使其相交），描绘下列函数的图像：

1) $y = \dfrac{1}{2}[f(x) + g(x) + |f(x) - g(x)|]$；

2) $y = \dfrac{1}{2}[f(x) + g(x) - |f(x) - g(x)|]$.

§1.2　四类具有特殊性质的函数

"函数 $f(x)$ 定义在数集 A" 与 "函数 $f(x)$ 在数集 A 有定义"，这两句话的含义稍有不同，通常人们认为，前者是指数集 A 是函数 $f(x)$ 的定义域；后者是指数集 A 是函数

$f(x)$ 定义域或是定义域的子集,后者可能是前者.

一、有界函数

定义 设函数 $f(x)$ 在数集 A 有定义.若函数值的集合
$$f(A) = \{f(x) \mid x \in A\}$$
有上界(有下界、有界),则称函数 $f(x)$ 在 A **有上界(有下界、有界)**,否则称函数 $f(x)$ 在 A **无上界(无下界、无界)**.

由已知的数集有上界,有下界和有界的定义,不难写出函数 $f(x)$ 在 A 有上界,有下界和有界的肯定叙述,同时也容易写出它们的否定(即无上界,无下界和无界)叙述.现将它们列表对比如下:

函数 $f(x)$ 在 A 有上界	$\exists b \in \mathbf{R}, \forall x \in A,$ 有 $f(x) \leq b$
函数 $f(x)$ 在 A 无上界	$\forall b \in \mathbf{R}, \exists x_b \in A,$ 有 $f(x_b) > b$
函数 $f(x)$ 在 A 有下界	$\exists a \in \mathbf{R}, \forall x \in A,$ 有 $f(x) \geq a$
函数 $f(x)$ 在 A 无下界	$\forall a \in \mathbf{R}, \exists x_a \in A,$ 有 $f(x_a) < a$
函数 $f(x)$ 在 A 有界	$\exists M > 0, \forall x \in A,$ 有 $|f(x)| \leq M$
函数 $f(x)$ 在 A 无界	$\forall M > 0, \exists x_M \in A,$ 有 $|f(x_M)| > M$

显然,函数 $f(x)$ 在数集 A 有上界(有下界)必有无限多个上界(无限多个下界).

函数 $f(x)$ 在区间 $[a,b]$ 有界的几何意义是,函数 $f(x)$ 在区间 $[a,b]$ 上的图像位于以二直线 $y = M$ 与 $y = -M$ 为上、下边界的带形区域之内,如图 1.7.

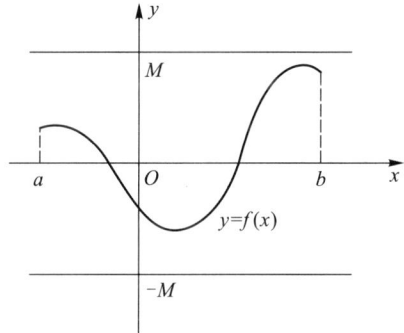

图 1.7

例 1 正弦函数 $y = \sin x$ 与余弦函数 $y = \cos x$ 在 $\mathbf{R}$ 有界,如图 1.8 与图 1.9.

事实上,$\exists M = 1 > 0, \forall x \in \mathbf{R},$ 有
$$|\sin x| \leq 1 \quad \text{与} \quad |\cos x| \leq 1.$$

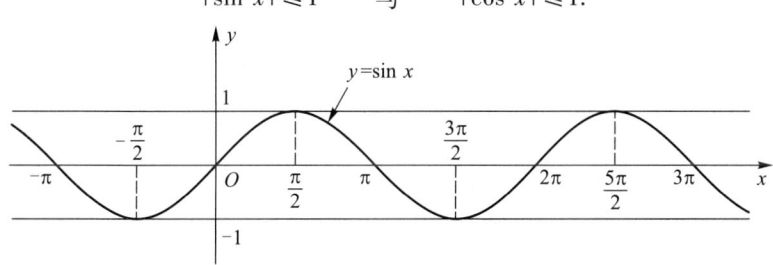

图 1.8

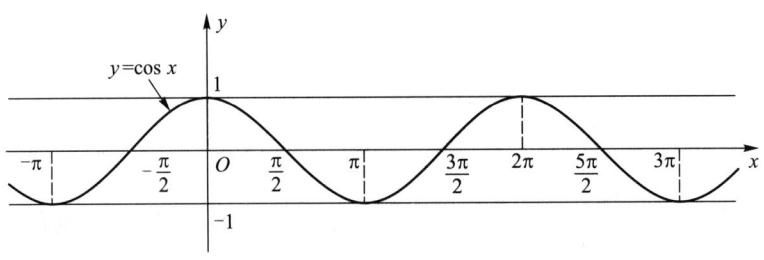

图 1.9

例 2 反正切函数 $y = \arctan x$ 与反余切函数 $y = \text{arccot}\, x$ 在 **R** 有界,如图 1.10 与图 1.11.

事实上,$\exists M = \dfrac{\pi}{2} > 0, \forall x \in \mathbf{R},$ 有

$$|\arctan x| < \dfrac{\pi}{2};$$

$\exists M = \pi > 0, \forall x \in \mathbf{R},$ 有

$$|\text{arccot}\, x| < \pi.$$

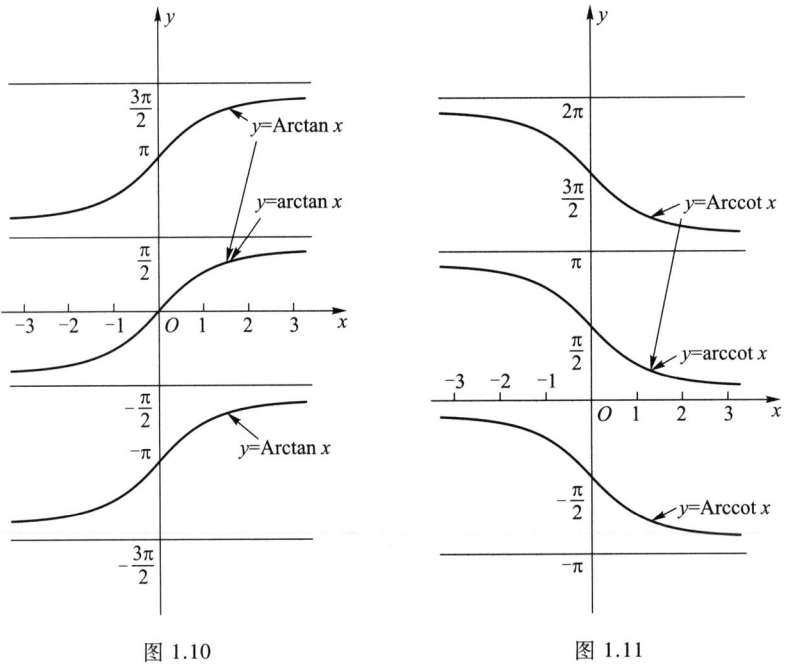

图 1.10　　　　　图 1.11

例 3 证明:1) 函数 $f(x) = \dfrac{1}{x^2}$ 在 **R** 无界 ($x \neq 0$);

2) 函数 $f(x) = \dfrac{x}{x^2 + 1}$ 在 **R** 有界.

证明 1) $\forall M > 0, \exists |x_M| \in \left(0, \dfrac{1}{\sqrt{M}}\right),$ 有

$$f(x_M) = \frac{1}{x_M^2} > M,$$

即函数 $f(x) = \frac{1}{x^2}$ 在 **R** 无界($x \neq 0$).

2) $|f(x)| = \left|\frac{x}{x^2+1}\right| = \frac{|x|}{|x|^2+1}$,而

$$\frac{1}{|f(x)|} = \frac{|x|^2+1}{|x|} = |x| + \frac{1}{|x|} \geq 2 \left(\text{因} \frac{b}{a} + \frac{a}{b} \geq 2, a>0, b>0\right),$$

于是,$\exists 2 > 0, \forall x \in \mathbf{R}$,有 $|f(x)| \leq \frac{1}{2}$.即函数 $f(x) = \frac{x}{x^2+1}$ 在 **R** 有界.

例4 指数函数 $y = a^x (0 < a \neq 1)$ 在 **R** 有下界无上界,如图1.12;对数函数 $y = \log_a x$ $(0 < a \neq 1)$ 在区间$(0, +\infty)$既无上界也无下界,如图1.13.

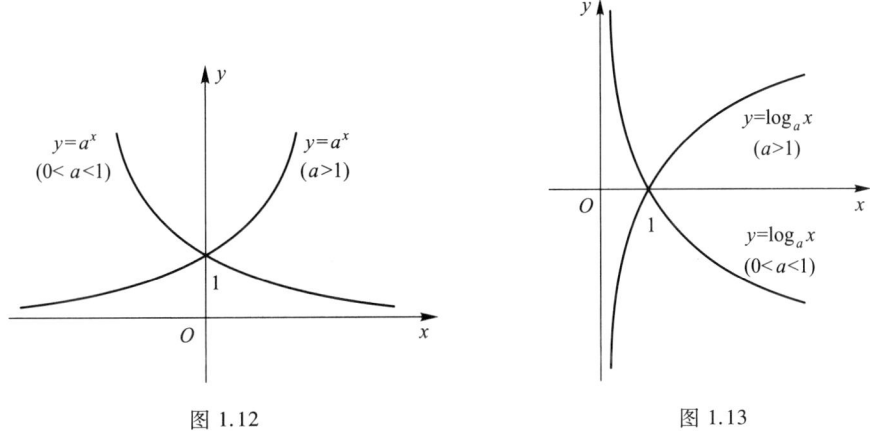

图 1.12 　　　　　　　　　　　图 1.13

事实上,$\exists P = 0, \forall x \in \mathbf{R}, \forall a(0 < a \neq 1)$,有 $0 < a^x$,即指数函数 $y = a^x$ 在 **R** 有下界.

$\forall q > 0, \exists x_q \in \mathbf{R}$,有 $a^{x_q} > q$(当 $0 < a < 1$ 时,$\exists x_q < \log_a q$;当 $a > 1$ 时,$\exists x_q > \log_a q$),即指数函数 $y = a^x$ 在 **R** 无上界.

同法可证,$\forall a(0 < a \neq 1)$,对数函数 $y = \log_a x$ 在区间$(0, +\infty)$既无上界也无下界.

例5 数列$\{n\}$有下界无上界;数列$\{(-1)^n n\}$既无上界也无下界.

事实上,$\forall a \leq 1$,都是数列$\{n\}$的下界;$\forall b > 0, \exists n_0 \in \mathbf{N}_+$,有 $n_0 > b$,即数列$\{n\}$有下界无上界.

$\forall b > 0, \exists k \in \mathbf{N}_+$,有

$$(-1)^{2k} 2k = 2k > b;$$

$\exists k \in \mathbf{N}_+$,有

$$(-1)^{2k+1}(2k+1) = -(2k+1) < -b.$$

即数列$\{(-1)^n n\}$既无上界也无下界.

二、单调函数

定义 设函数 $f(x)$ 在数集 A 有定义.若 $\forall x_1, x_2 \in A$,且 $x_1 < x_2$,有

$$f(x_1) < f(x_2) \quad (f(x_1) > f(x_2)),$$

称函数 $f(x)$ 在 A **严格增加**(**严格减少**).上述不等式改为
$$f(x_1) \leqslant f(x_2) \quad (f(x_1) \geqslant f(x_2)),$$
称函数 $f(x)$ 在 A **单调增加**(**单调减少**).

函数 $f(x)$ 在 A 严格增加、严格减少与单调增加、单调减少,统称为函数 $f(x)$ 在 A **单调**.严格增加与严格减少统称为**严格单调**.若 A 是区间,此区间称为函数 $f(x)$ 的**单调区间**.

常值函数 $f(x)=c \iff$ 既是单调增加函数,又是单调减少函数.

例 6 1) 指数函数 $y=a^x$,当 $a>1$ 时,在 **R** 严格增加;当 $0<a<1$ 时,在 **R** 严格减少,如图 1.12.

2) 对数函数 $y=\log_a x$,当 $a>1$ 时,在区间 $(0,+\infty)$ 严格增加;当 $0<a<1$ 时,在区间 $(0,+\infty)$ 严格减少,如图 1.13.

3) 反正切函数 $y=\arctan x$ 在 **R** 严格增加,如图 1.10.

4) 反余切函数 $y=\operatorname{arccot} x$ 在 **R** 严格减少,如图 1.11.

5) 反正弦函数 $y=\arcsin x$ 的值域限定在闭区间 $\left[-\dfrac{\pi}{2},\dfrac{\pi}{2}\right]$ 上,称反正弦函数的**主值**,则反正弦函数 $y=\arcsin x$ 在区间 $[-1,1]$ 严格增加,如图 1.14.

6) 反余弦函数 $y=\arccos x$ 的值域限定在闭区间 $[0,\pi]$ 上,称反余弦函数的**主值**,则反余弦函数 $y=\arccos x$ 在区间 $[-1,1]$ 严格减少,如图 1.15.

例 7 函数 $y=[x]$ 与 $y=\operatorname{sgn} x$ 在 **R** 都是单调增加,如图 1.3 与图 1.5.

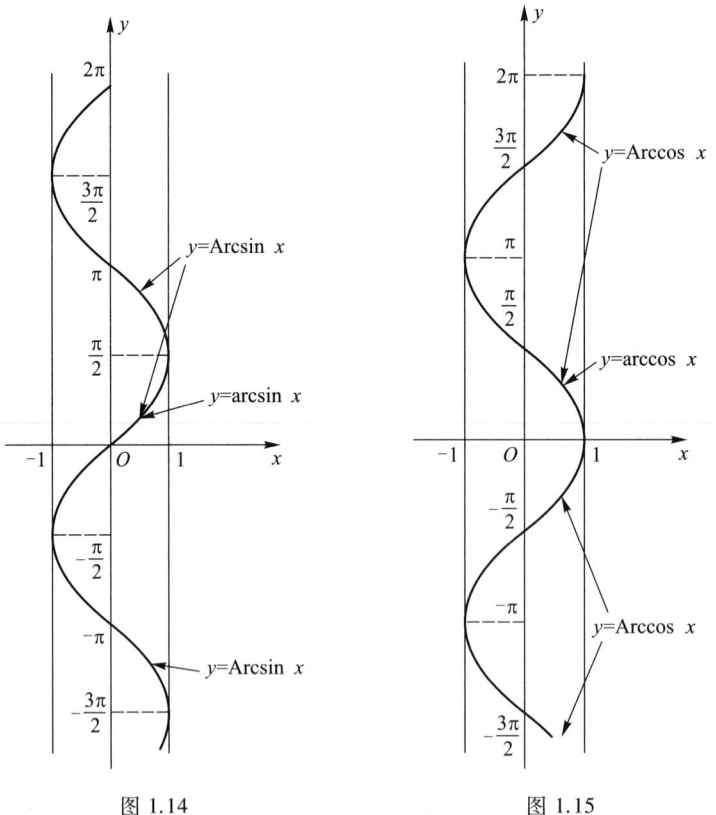

图 1.14 图 1.15

事实上，$\forall x_1, x_2 \in \mathbf{R}$，且 $x_1 < x_2$，有
$$[x_1] \leqslant [x_2] \quad \text{与} \quad \operatorname{sgn} x_1 \leqslant \operatorname{sgn} x_2.$$

例 8 数列 $\left\{\dfrac{n-1}{n}\right\}, \{n!\}, \left\{-\dfrac{1}{n^2}\right\}$ 都是严格增加；数列 $\left\{\dfrac{1}{n}\right\}, \left\{\dfrac{n+1}{n}\right\}, \{-n\}$ 都是严格减少.

事实上，$\forall n, m \in \mathbf{N}_+$，且 $n < m$，有
$$\frac{n-1}{n} < \frac{m-1}{m}, \quad n! < m!, \quad -\frac{1}{n^2} < -\frac{1}{m^2}.$$

与
$$\frac{1}{n} > \frac{1}{m}, \quad \frac{n+1}{n} > \frac{m+1}{m}, \quad -n > -m.$$

例 9 证明：若函数 $f(x)$ 与 $g(x)$ 在数集 A 上是严格增加（或单调增加），则它们的和 $f(x) + g(x)$ 在数集 A 上也是严格增加（或单调增加）.

证明 $\forall x_1, x_2 \in A$，且 $x_1 < x_2$，由题意有
$$f(x_1) < f(x_2) \text{ 与 } g(x_1) < g(x_2) \quad (\text{或 } f(x_1) \leqslant f(x_2) \text{ 与 } g(x_1) \leqslant g(x_2)),$$
则它们的和有
$$f(x_1) + g(x_1) < f(x_2) + g(x_2) \quad (\text{或 } f(x_1) + g(x_1) \leqslant f(x_2) + g(x_2)).$$
即它们的和 $f(x) + g(x)$ 在 A 上也是严格增加（或单调增加）.

若将和换为乘，情况如何？请考虑.

例 10 证明：若数列 $\{x_n\}$ 是单调增加，且有上界，则数列 $\{y_n\}$ 也是单调增加，且有上界，其中 $y_n = \dfrac{x_1 + x_2 + \cdots + x_n}{n}$.

证明 由已知条件，有 $x_1 \leqslant x_2 \leqslant x_3 \leqslant \cdots \leqslant x_n \leqslant \cdots$，且 $\exists M > 0$，有 $x_n \leqslant M, n = 1, 2, \cdots$. $\forall n \in \mathbf{N}_+$，有

$$y_n = \frac{x_1 + x_2 + \cdots + x_n}{n} \leqslant \frac{n x_{n+1}}{n} = x_{n+1},$$

$$y_{n+1} = \frac{x_1 + x_2 + \cdots + x_n + x_{n+1}}{n+1} = \frac{\dfrac{x_1 + x_2 + \cdots + x_n}{n} \cdot n + x_{n+1}}{n+1} = \frac{n y_n + x_{n+1}}{n+1} \geqslant \frac{n y_n + y_n}{n+1} = y_n,$$

即数列 $\{y_n\}$ 也是单调增加. $\forall n \in \mathbf{N}_+$，有

$$|y_n| = \left|\frac{x_1 + x_2 + \cdots + x_n}{n}\right| \leqslant \frac{|x_1| + |x_2| + \cdots + |x_n|}{n} \leqslant \frac{nM}{n} = M.$$

即数列 $\{y_n\}$ 有上界.

三、奇函数与偶函数

定义 函数 $f(x)$ 定义在数集 A. 若 $\forall x \in A$，有 $-x \in A$，且
$$f(-x) = -f(x) \quad (f(-x) = f(x)),$$

则称函数 $f(x)$ 是**奇函数(偶函数)**.

显然,一个函数 $f(x)$ 具有奇偶性,它的定义域必关于原点对称.

如果点 (x_0, y_0) 在奇函数 $y = f(x)$ 的图像上,即 $y_0 = f(x_0)$,则
$$f(-x_0) = -f(x_0) = -y_0,$$
即 $(-x_0, -y_0)$ 也在奇函数 $y = f(x)$ 的图像上.于是,奇函数的图像关于原点对称.

同理可知,偶函数的图像关于 y 轴对称.

常值函数是偶函数.函数 $f(x) = 0$ 既是奇函数又是偶函数.常值函数 $f(x)$ 是奇函数,则必有 $f(x) = 0$.

例 11 正弦函数 $y = \sin x$ 是奇函数,如图 1.8;余弦函数 $y = \cos x$ 是偶函数,如图 1.9.

事实上,$\forall x \in \mathbf{R}$,有 $-x \in \mathbf{R}$,且
$$\sin(-x) = -\sin x \quad \text{与} \quad \cos(-x) = \cos x.$$

例 12 反正弦函数 $y = \arcsin x$ 是奇函数,如图 1.14.反正切函数 $y = \arctan x$ 也是奇函数,如图 1.10.

事实上,$\forall x \in [-1, 1]$,有 $-x \in [-1, 1]$,且
$$\arcsin(-x) = -\arcsin x.$$
$\forall x \in \mathbf{R}$,有 $-x \in \mathbf{R}$,且
$$\arctan(-x) = -\arctan x.$$

例 13 幂函数 $y = x^{2k}$ 是偶函数,如图 1.16;$y = x^{2k+1}$ 是奇函数,如图 1.16,其中 k 是自然数.

事实上,$\forall x \in \mathbf{R}$,有 $-x \in \mathbf{R}$,且
$$(-x)^{2k} = x^{2k} \quad \text{与} \quad (-x)^{2k+1} = -x^{2k+1}.$$

例 14 判别:1) 狄利克雷函数 $D(x)$ 的奇偶性;

2) 函数 $f(x) = \dfrac{1}{a^x - 1} + \dfrac{1}{2}$ 的奇偶性,其中 $a > 0, a \neq 1$.

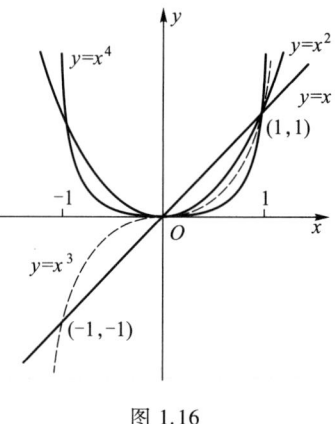

图 1.16

解 1) $\forall x \in \mathbf{Q}$,有 $-x \in \mathbf{Q}$,$\forall y \in \mathbf{R} \setminus \mathbf{Q}$,有 $-y \in \mathbf{R} \setminus \mathbf{Q}$,于是
$$D(x) = D(-x) = 1 \quad \text{与} \quad D(y) = D(-y) = 0,$$
即 $\forall x \in \mathbf{R}$,有 $D(x) = D(-x)$.故狄利克雷函数 $D(x)$ 是偶函数.

2) $\forall x \in \mathbf{R}$,有
$$f(x) + f(-x) = \frac{1}{a^x - 1} + \frac{1}{2} + \frac{1}{a^{-x} - 1} + \frac{1}{2} = \frac{1}{a^x - 1} + \frac{a^x}{1 - a^x} + 1 = \frac{-(a^x - 1)}{a^x - 1} + 1 = 0,$$
或 $f(x) = -f(-x)$,即 $f(x)$ 是奇函数.

四、周期函数

定义 设函数 $f(x)$ 定义在数集 $A \subset \mathbf{R}$.若 $\exists l > 0, \forall x \in A$,有 $x + l \in A$,且
$$f(x + l) = f(x),$$

则称函数 $f(x)$ 是**周期函数**,l 称为函数 $f(x)$ 的一个**周期**.

显然,数集 A 在 $\mathbf{R}$ 中必是无界的.

若 l 是函数 $f(x)$ 的周期,则 $2l$ 也是它的周期.事实上,
$$f(x+2l)=f(x+l+l)=f(x+l)=f(x).$$
不难用归纳法证明,若 l 是函数 $f(x)$ 的周期,则 nl(n 是正整数)也是它的周期.若函数 $f(x)$ 有最小的正周期,通常将这个最小正周期称为函数 $f(x)$ 的**基本周期**,简称为**周期**.

描绘周期函数的图像,只要在一个周期长的区间上描绘出函数的图像.然后将此图像一个周期一个周期向左、右平移,就得到了整个周期函数的图像.

常值函数 $f(x)=c$,任意非零的正数 p 都是它的周期,但没有最小的正周期.

例 15 正弦函数 $y=\sin x$ 与余弦函数 $y=\cos x$ 都是在 $\mathbf{R}$ 上以 2π 为周期的周期函数,如图 1.8 与图 1.9.

事实上,$\forall x\in\mathbf{R}$,有 $x+2\pi\in\mathbf{R}$,且
$$\sin(x+2\pi)=\sin x \quad 与 \quad \cos(x+2\pi)=\cos x.$$

例 16 正切函数 $y=\tan x$ 与余切函数 $y=\cot x$ 都是在定义域上以 π 为周期的周期函数,如图 1.17 与图 1.18.

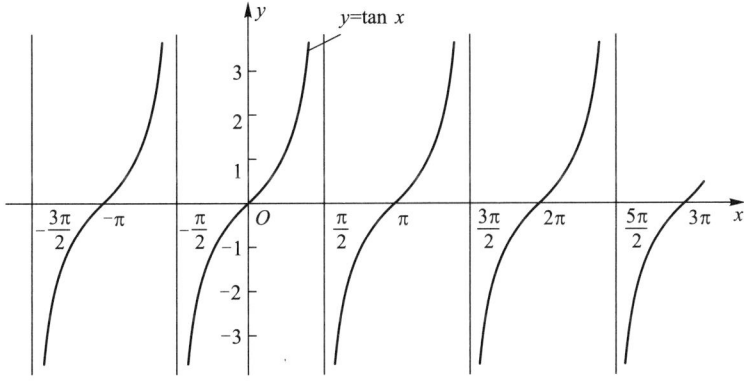

图 1.17

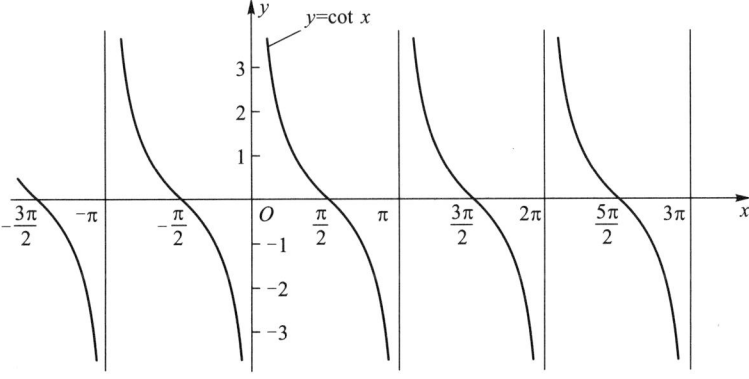

图 1.18

事实上，$\forall x \in \mathbf{R} \setminus \left\{ k\pi + \dfrac{\pi}{2} \,\middle|\, k \in \mathbf{Z} \right\}$，有 $x + \pi \in \mathbf{R} \setminus \left\{ k\pi + \dfrac{\pi}{2} \,\middle|\, k \in \mathbf{Z} \right\}$，且

$$\tan(x+\pi) = \tan x.$$

$\forall x \in \mathbf{R} \setminus \{k\pi \mid k \in \mathbf{Z}\}$，有 $x + \pi \in \mathbf{R} \setminus \{k\pi \mid k \in \mathbf{Z}\}$，且

$$\cot(x+\pi) = \cot x.$$

例 17 函数 $y = \{x\}$ 是以 1 为周期的周期函数，如图 1.4.

事实上，$\forall x \in \mathbf{R}$，有 $x + 1 \in \mathbf{R}$，且

$$\{x+1\} = (x+1) - [x+1] = x + 1 - [x] - 1 = x - [x] = \{x\},$$

即

$$\{x+1\} = \{x\}.$$

例 18 设 $f(x) = \sqrt{x}, 0 \leqslant x < 1$.

1）将函数 $f(x)$ 延拓到 $\mathbf{R}$ 上，使其成为偶函数；

2）将函数 $f(x)$ 延拓到 $\mathbf{R}$ 上，使其成为以 1 为周期的周期函数.

解 1）将函数 $f(x) = \sqrt{x}$ 延拓到 $\mathbf{R}$ 上，即 $f(x) = \sqrt{|x|}, x \in \mathbf{R}$，这个函数在 $\mathbf{R}$ 上是偶函数.

2）将函数 $f(x)$ 延拓到 $\mathbf{R}$ 上，即 $f(x) = \sqrt{|x - [x]|}, x \in \mathbf{R}$，这个函数就是以 1 为周期的周期函数.

例 19 设函数 $f(x)$ 既关于直线 $x = a$ 对称，又关于直线 $x = b$ 对称，已知 $a < b$. 证明函数 $f(x)$ 是周期函数，并求其周期.

证明 已知函数 $f(x)$ 关于直线 $x = a$ 对称，$\forall x \in \mathbf{R}, a - x$ 与 $a + x$ 是关于直线 $x = a$ 的两个对称点，有

$$f(a-x) = f(a+x). \tag{1}$$

又已知函数 $f(x)$ 关于直线 $x = b$ 对称，同样，有

$$f(b-x) = f(b+x). \tag{2}$$

$\forall x \in \mathbf{R}$，有

$$\begin{aligned}
f(x) &= f[a-(a-x)] = f[a+(a-x)] & \text{由}(1) \\
&= f(2a-x) = f[b-(x+b-2a)] = f[b+(x+b-2a)] & \text{由}(2) \\
&= f[x+2(b-a)],
\end{aligned}$$

即函数 $f(x)$ 是周期函数，且周期是 $2(b-a) > 0$.

练习题 1.2

1. 证明：若函数 $f(x)$ 与 $\varphi(x)$ 在数集 A 有界，则函数 $f(x) + \varphi(x), f(x) - \varphi(x), f(x)\varphi(x)$ 在数集 A 也有界.

2. 设函数 $f(x)$ 与 $g(x)$ 有相同的定义域，证明：

1）若 $f(x)$ 与 $g(x)$ 都是偶函数，则 $f(x)g(x)$ 是偶函数；

2) 若 $f(x)$ 与 $g(x)$ 都是奇函数,则 $f(x)g(x)$ 是偶函数;

3) 若 $f(x)$ 与 $g(x)$,一个是偶函数另一个是奇函数,则 $f(x)g(x)$ 是奇函数.

3. 证明:若函数 $f(x)$ 定义域是 **R**,则 $F_1(x) = f(x) + f(-x)$ 是偶函数;$F_2(x) = f(x) - f(-x)$ 是奇函数,并写出函数 $f(x) = a^x$ 与 $f(x) = (1+x)^n$ 的 $F_1(x)$ 与 $F_2(x)$.

4. 指出下列函数哪些是奇函数? 哪些是偶函数?

1) $x + 3x^3 + x^5$; 2) $x^2 - 3x^4 + x^6$; 3) $x + \sin x$;

4) $x\sin\dfrac{1}{x}$; 5) $x^2\sin\dfrac{1}{x}$; 6) $\ln(x + \sqrt{1+x^2})$;

7) $\ln\dfrac{1-x}{1+x}$; 8) 2^{x^2-1}; 9) $\dfrac{e^x + e^{-x}}{2}$.

5. 证明:函数 $f(x) = \dfrac{1}{x}$ 在区间 $(0,1)$ 无界.

6. 判断下列函数哪个是周期函数,若有最小的正周期,指出最小的正周期:

1) $y = \sin^2 x$; 2) $y = \sin x^2$; 3) $y = \sin(\omega x + \varphi)\ (\omega > 0)$;

4) $y = \cos 5\pi x$; 5) $y = \sqrt{\tan x}$; 6) $y = D(x)$(狄利克雷函数);

7) $y = \sin x + \dfrac{1}{2}\sin 2x$; 8) $y = \sin\dfrac{x}{2} + \sin\dfrac{x}{5}$.

7. 证明:若函数 $f(x)$ 是以 T 为周期的周期函数,则函数 $F(x) = f(ax)$ 是以 $\dfrac{T}{a}\ (a > 0)$ 为周期的周期函数.

8. 证明:函数 $f(x)$ 在区间 I 单调 $\iff \forall x_1, x_2, x_3 \in I$,且 $x_1 < x_2 < x_3$,有
$$[f(x_3) - f(x_2)][f(x_2) - f(x_1)] \geqslant 0.$$

*　　　*　　　*　　　*　　　*　　　*　　　*　　　*

9. 列举符合下列条件的函数:

1) 在 **R** 严格减少的奇函数;

2) 在 **R** 单调减少的偶函数;

3) 在 **R** 是偶函数、周期函数,且不存在单调区间;

4) 在 **R** 是奇函数、偶函数、单调函数、周期函数.

10. 证明:在 **R** 不存在严格增加的偶函数.

11. 列表对比下列的定义及其否定叙述:

1) $f(x)$ 在 **R** 是偶函数与不是偶函数;

2) $f(x)$ 在 **R** 是周期函数与不是周期函数;

3) $f(x)$ 在 (a,b) 是严格增加函数与不是严格增加函数;

4) $f(x)$ 在 (a,b) 是单调减少函数与不是单调减少函数.

12. 证明:$f(x) = x^2 - x$ 在 **R** 不是偶函数,不是周期函数,不是严格增加函数,也不是单调减少函数.

13. 证明:在区间 $(-l, l)$ 有定义的任意函数 $f(x)$ 都能表示成奇函数与偶函数之和(提示:见第 3 题).

14. 证明:若函数 $f(x)$ 与 $g(x)$ 都是定义在 A 的周期函数,周期分别是 T_1 与 T_2,且 $\dfrac{T_1}{T_2} = a$,而 a 是有理数,则 $f(x) + g(x)$ 与 $f(x)g(x)$ 都是 A 的周期函数.

§1.3 复合函数与反函数

一、复合函数

由两个或两个以上的函数用所谓"中间变量"传递的方法能生成新的函数. 例如，函数
$$z = \ln y \quad \text{与} \quad y = x - 1$$
由"中间变量"y 的传递生成新函数
$$z = \ln(x-1).$$
在这里，z 是 y 的函数，y 又是 x 的函数. 于是，通过中间变量 y 的传递得到 z 是 x 的函数. 为了使函数 $z = \ln y$ 有意义，必须要求 $y > 0$，为了使函数 $y = x - 1 > 0$，必须要求 $x > 1$. 仅对函数 $y = x - 1$ 来说，x 可取任意实数. 但是，对生成的新函数 $z = \ln(x-1)$ 来说，必须要求 $x > 1$.

定义 设函数 $z = f(y)$ 定义在数集 B 上，函数 $y = \varphi(x)$ 定义在数集 A 上，G 是 A 中使 $y = \varphi(x) \in B$ 的 x 的非空子集，如图 1.19，即
$$G = \{x \mid x \in A, \varphi(x) \in B\} \neq \varnothing.$$
$\forall x \in G$，按照对应关系 φ，对应唯一一个 $y \in B$，再按照对应关系 f 对应唯一一个 z，如图 1.19，即 $\forall x \in G$ 都对应唯一一个 z. 于是在 G 上定义了一个函数，记为 $f \circ \varphi$，称为函数 $y = \varphi(x)$ 与 $z = f(y)$ 的**复合函数**，即
$$(f \circ \varphi)(x) = f[\varphi(x)], \quad x \in G,$$
y 称为**中间变量**，如图 1.20. 今后经常将函数 $y = \varphi(x)$ 与 $z = f(y)$ 的复合函数表示为
$$z = f[\varphi(x)], \quad x \in G.$$

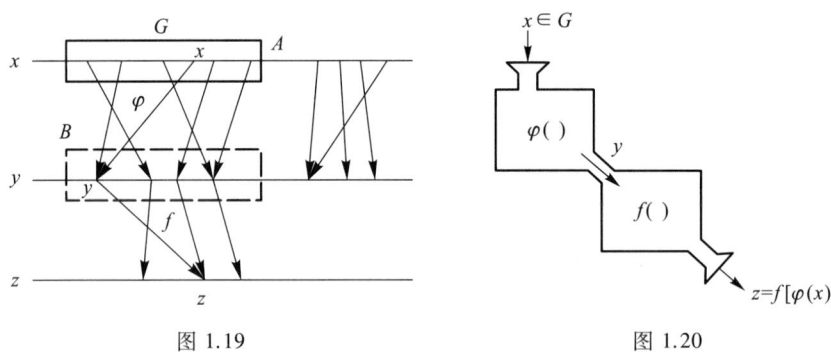

图 1.19 图 1.20

例如，函数 $z = \sqrt{y}$ 的定义域是区间 $[0, +\infty)$. 函数
$$y = (x-1)(2-x)$$
的定义域是 $\mathbf{R}$. 为了使其生成复合函数，必须要求
$$y = (x-1)(2-x) \geq 0, \quad \text{即 } 1 \leq x \leq 2.$$
于是，$\forall x \in [1,2]$，函数 $y = (x-1)(2-x)$ 与 $z = \sqrt{y}$ 生成了复合函数

$$z = \sqrt{(x-1)(2-x)}.$$

例如,质量为 m 的物体自由下落.已知速度 v 是时间 t 的函数 $v = gt$,动能 E 是速度 v 的函数 $E = \frac{1}{2} mv^2$.于是,通过中间变量 v,动能 E 就是时间 t 的函数,即

$$E = \frac{1}{2} mv^2 = \frac{1}{2} mg^2 t^2,$$

其中 g 是重力加速度.

以上是两个函数生成的复合函数.不难将复合函数概念推广到有限个函数生成的复合函数.例如,三个函数

$$u = \sqrt{z}, \quad z = \ln y, \quad y = 2x + 3$$

生成的复合函数是

$$u = \sqrt{\ln(2x+3)}, \quad x \in [-1, +\infty).$$

我们不仅能够将若干个简单函数生成为复合函数,而且还要将复合函数"分解"为若干个简单函数.例如,函数

$$y = \tan^5 \left[\sqrt[3]{\lg(\arcsin x)} \right]$$

是由五个简单函数 $y = u^5, u = \tan v, v = \sqrt[3]{w}, w = \lg t, t = \arcsin x$ 所生成的复合函数.

请注意,不是任何两个函数都能构成复合函数.例如,$y = \ln u, u = -x^2$,这两个函数不能构成复合函数.这是因为 $y = \ln u$ 的定义域是区间 $(0, +\infty)$,而 $u = -x^2$ 的值域是区间 $(-\infty, 0]$.而它们的交是空集,即

$$(0, +\infty) \cap (-\infty, 0] = \varnothing.$$

注 $f \circ \varphi$ 是函数 φ 与 f 的一种运算——复合运算.一般来说,$f \circ \varphi \neq \varphi \circ f$(尽管个别点的函数值可能相等,但是作为函数不相等).例如,设 $f(x) = \sin x, g(x) = x^2$,则

$$(f \circ g)(x) = \sin x^2 \neq (\sin x)^2 = (g \circ f)(x), \quad \forall x \neq 0.$$

这说明函数的复合运算与加、乘运算不同,它不满足交换律.容易证明它满足结合律:

$$f \circ (g \circ h) = (f \circ g) \circ h.$$

二、反函数

在初等数学已经提到过反函数,如对数函数是指数函数的反函数,反三角函数是三角函数的反函数.鉴于反函数的重要性,本段将复习反函数的概念及其图像.

在圆的面积公式(函数)

$$S = \pi r^2$$

中,半径 r 是自变量,面积 S 是因变量,即对任意半径 $r \in [0, +\infty)$ 对应唯一一个面积 S. 这个函数还有一个性质:反之,对任意面积 $S \in [0, +\infty)$,按此对应关系,也对应唯一一个半径 r(正数),即

$$r = \sqrt{\frac{S}{\pi}}.$$

函数 $r = \sqrt{\frac{S}{\pi}}$ 就是所谓函数 $S = \pi r^2$ 的反函数.

对给定的函数 $y=f(x), x\in A$. 由函数定义, $\forall x\in A$, 按照对应关系 f, 对应唯一一个 $y\in f(A)\subset \mathbf{R}$, 即单值对应. 反过来, $\forall y\in f(A)$ 就不一定只有一个 $x\in A$, 使 $y=f(x)$, 即一个函数不一定存在反函数. 什么样的函数存在反函数呢?

定义 设函数 $y=f(x)$ 在数集 A 有定义, 它的值域是 $f(A)$, 若 $\forall x_1, x_2\in A$, 有
$$x_1\neq x_2 \Rightarrow f(x_1)\neq f(x_2)\ (\text{或}\ f(x_1)=f(x_2)\Rightarrow x_1=x_2),$$
则称函数 $y=f(x)$ 在 A 到 $f(A)$ 上**一一对应**.

函数 $y=f(x)$ 在 A 到 $f(A)$ 上一一对应, 就是 f 把不同的 $x\in A$ 对应为不同的 $y=f(x)\in f(A)$, 即 $\forall y\in f(A)$ 只有唯一一个 $x\in A$, 使 $f(x)=y$.

定义 设函数 $y=f(x)$ 在 A 到 $f(A)$ 上一一对应, 即 $\forall y\in f(A)$, 存在唯一一个 $x\in A$, 使 $f(x)=y$, 这是一个由 $f(A)$ 到 A 新的对应关系, 称为函数 $y=f(x)$ 的**反函数**, 表示为
$$x=f^{-1}(y),\quad y\in f(A).$$

由反函数的定义不难看到, 反函数 $x=f^{-1}(y)$ 的定义域和值域恰好是函数 $y=f(x)$ 的值域和定义域. 函数 $y=f(x)$ 与 $x=f^{-1}(y)$ 互为反函数, 有
$$f^{-1}[f(x)]\equiv x,\quad x\in A.$$
$$f[f^{-1}(y)]\equiv y,\quad y\in f(A).$$

例 1 函数 $y=2x+1$ 的定义域是 $\mathbf{R}$, 值域也是 $\mathbf{R}$. 按照 $y=2x+1$, $\forall y\in \mathbf{R}$(值域), 对应 $\mathbf{R}$(定义域)中唯一一个 x, 即 $x=\frac{1}{2}(y-1)$, 则函数 $y=2x+1$ 的反函数是
$$x=\frac{1}{2}(y-1),\quad y\in \mathbf{R}.$$

例 2 指数函数 $y=a^x(0<a\neq 1)$ 的定义域是 $\mathbf{R}$, 值域是区间 $(0,+\infty)$. 按照 $y=a^x$, $\forall y\in(0,+\infty)$, 对应 $\mathbf{R}$ 中唯一一个 x, 这个函数就是我们已知的指数函数 $y=a^x$ 的反函数, 即对数函数
$$x=\log_a y,\quad y\in(0,+\infty).$$

由函数的严格单调的定义不难证明:

定理 若函数 $y=f(x)$ 在数集 A 严格增加(严格减少), 则函数 $y=f(x)$ 存在反函数, 且反函数 $x=f^{-1}(y)$ 在 $f(A)$ 也严格增加(严格减少).

证明 若函数 $y=f(x)$ 在 A 是严格增加(或严格减少), 值域是 $f(A)$. $\forall x_1, x_2\in A$, 有
$$f(x_1)<f(x_2)\quad (\text{或}\ f(x_1)>f(x_2)).$$
即 $x_1\neq x_2$, 则有 $f(x_1)\neq f(x_2)$, 故 A 到 $f(A)$ 是一一对应的. 从而 A 到 $f(A)$ 存在反函数 $x=f^{-1}(y)$.

设 $y_1, y_2\in f(A)$, 且 $y_1<y_2$, 则存在 $x_1, x_2\in A$, 使
$$y_1=f(x_1),\quad y_2=f(x_2).$$
因此, $f(x_1)<f(x_2)$(或 $f(x_1)>f(x_2)$). 由 $f(x)$ 的严格增加(或严格减少), 有 $x_1<x_2$(或 $x_1>x_2$), 即 $f^{-1}(y_1)<f^{-1}(y_2)$(或 $f^{-1}(y_1)>f^{-1}(y_2)$). 于是, 反函数 $x=f^{-1}(y)$ 是严格增加(或严格减少).

因为例 1 与例 2 所给的函数在其定义域都是严格单调的, 所以根据上述定理, 它们都存在严格单调的反函数.

函数的严格单调性是它存在反函数的充分条件,而不是必要条件.例如,函数
$$y = \begin{cases} -x+1, & -1 \leqslant x < 0, \\ x, & 0 \leqslant x \leqslant 1. \end{cases}$$
在区间$[-1,1]$不是单调函数,如图 1.21.但是,它在$f([-1,1])=[0,2]$却存在反函数
$$x = f^{-1}(y) = \begin{cases} y, & 0 \leqslant y \leqslant 1, \\ 1-y, & 1 < y \leqslant 2. \end{cases}$$

一般来说,函数在定义域上不一定存在反函数.但是,将函数限定在定义域的某个子集上,就可能存在反函数.例如,函数 $y=x^2$ 在定义域 **R** 不存在反函数(即 $\forall y>0$ 对应两个不同的 $x=\pm\sqrt{y}$).但是,将函数 $y=x^2$ 限定在区间$[0,+\infty)\subset\mathbf{R}$,函数 $y=x^2$ 是严格增加的,根据定理,它存在严格增加的反函数,反函数是 $x=\sqrt{y}, y\in[0,+\infty)$.

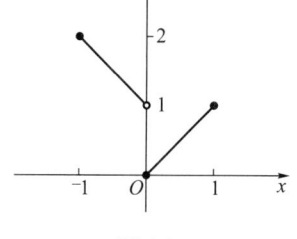

图 1.21

三角函数 $\sin x, \cos x, \tan x, \cot x$ 在各自的定义域上都不存在反函数.为了讨论它们的反函数,我们约定,如果存在以原点为中心的严格单调区间,就在这个严格单调区间上定义反三角函数的主值.例如,正弦函数 $y=\sin x$ 在$\left[-\dfrac{\pi}{2}, \dfrac{\pi}{2}\right]$与正切函数 $y=\tan x$ 在$\left(-\dfrac{\pi}{2}, \dfrac{\pi}{2}\right)$都是严格增加的.根据定理,它们都存在严格增加的反函数.正弦函数 $y=\sin x$ 的反函数就是反正弦函数 $x=\arcsin y$.正切函数 $y=\tan x$ 的反函数就是反正切函数 $x=\arctan y$.如果不存在以原点为中心的严格单调区间,我们约定,在原点的右侧的严格单调区间(原点是区间的左端点)定义反三角函数的主值.例如,余弦函数 $y=\cos x$ 在$[0,\pi]$与余切函数 $y=\cot x$ 在$(0,\pi)$都是严格减少的.根据定理,它们都存在严格减少的反函数.余弦函数 $y=\cos x$ 的反函数就是反余弦函数 $x=\arccos y$.余切函数 $y=\cot x$ 的反函数就是反余切函数 $x=\operatorname{arccot} y$.除此而外,三角函数在其他的严格单调区间上的反三角函数都能用它的主值表示出来.例如:

正弦函数 $y=\sin x$ 在严格单调区间$\left[k\pi-\dfrac{\pi}{2}, k\pi+\dfrac{\pi}{2}\right]$($k=0,\pm1,\pm2,\cdots$)的反正弦函数是
$$x = k\pi + (-1)^k \arcsin y.$$

余弦函数 $y=\cos x$ 在严格单调区间$[2k\pi,(2k+1)\pi]$(或$[(2k-1)\pi,2k\pi]$)($k=0,\pm1,\pm2,\cdots$)的反余弦函数是
$$x = 2k\pi + \arccos y \quad (x = 2k\pi - \arccos y).$$

在平面直角坐标系中,函数 $y=f(x)$ 的图像与其反函数 $x=f^{-1}(y)$ 的图像是相同的.这里反函数的自变量是 y.当孤立地讨论某函数的反函数性质时,人们习惯用 x 表示函数的自变量.这样对讨论函数的性质,描绘函数的图像都比较方便.这是因为讨论反函数的性质,与这个反函数的自变量用什么字母表示无关.当将函数 $y=f(x)$ 的反函数 $x=f^{-1}(y)$ 中的自变量 y 与因变量 x 调换位置时,即 $y=f^{-1}(x)$,那么函数 $y=f(x)$ 的图像与其反函数 $y=f^{-1}(x)$ 的图像就不同了.显然,若任意点 $M(a,b)$ 在函数 $y=f(x)$ 的图像上,那么点 $M'(b,a)$ 必在其反函数 $y=f^{-1}(x)$ 的图像上,反之亦然.因为已知点 $M(a,b)$ 与点

$M'(b,a)$ 关于直线 $y=x$ 对称,所以函数 $y=f(x)$ 的图像与其反函数 $y=f^{-1}(x)$ 的图像关于直线 $y=x$ 对称.如图 1.22.

已知指数函数 $y=a^x(0<a\neq 1)$ 的反函数是对数函数 $\log_a y$.当孤立地讨论对数函数的性质时,将对数函数写为 $y=\log_a x$.从而指数函数 $y=a^x$ 的图像与其反函数——对数函数 $y=\log_a x$ 的图像关于直线 $y=x$ 对称.

当函数 $y=f(x)$ 与其反函数在一起讨论时,其反函数应表示为 $x=f^{-1}(y)$.

若函数 $y=f(x)$ 存在反函数,将 $y=f(x)$ 看作 x 的方程,若只有唯一一个解,这个解就是所求的反函数.

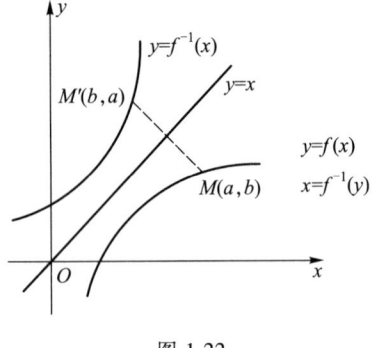

图 1.22

例 3 求函数 $y=2x+|2-x|,x\in\mathbf{R}$ 的反函数.

解 $\forall y$,视 x 为未知数,解方程 $2x+|2-x|=y$.为了去掉绝对值,将方程改写为

$$y=\begin{cases} x+2, & x\leqslant 2, \\ 3x-2, & x>2, \end{cases}$$

从而有

$$x=\begin{cases} y-2, & y\leqslant 4, \\ \dfrac{y+2}{3}, & y>4. \end{cases}$$

从而,反函数是

$$y=\begin{cases} x-2, & x\leqslant 4, \\ \dfrac{x+2}{3}, & x>4. \end{cases}$$

例 4 试问下列等式成立吗?请描绘它的图形.

1) $\tan(\arctan x)=x, \quad x\in\mathbf{R}$;

2) $\arctan(\tan x)=x, \quad x\in\mathbf{R}$.

解 1) 反正切函数 $\arctan x$ 的定义域是 $\mathbf{R}$,而 $\left(-\dfrac{\pi}{2},\dfrac{\pi}{2}\right)$ 是反正切函数 $\arctan x$ 的主值,又恰是正切函数 $\tan x$ 的值域,因此,$\tan x$ 与 $\arctan x$ 在 $\left(-\dfrac{\pi}{2},\dfrac{\pi}{2}\right)$ 上是互为反函数,所以在 $\mathbf{R}$ 上给出的等式 1)成立(如图 1.23),即

$$\tan(\arctan x)=x, \quad x\in\mathbf{R}.$$

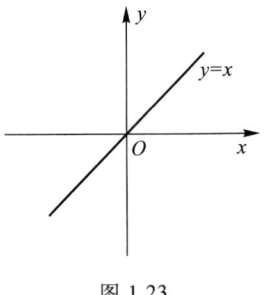

图 1.23

2) 正切函数 $\tan x$ 的定义域是 $x\in\mathbf{R}$,但 $x\neq k\pi+\dfrac{\pi}{2},k\in\mathbf{Z}$.只有在反正切函数 $\arctan x$ 的主值区间 $\left(-\dfrac{\pi}{2},\dfrac{\pi}{2}\right)$ 上存在反函数,即

$$\arctan(\tan x) = x, \quad x \in \left(-\frac{\pi}{2}, \frac{\pi}{2}\right).$$

在区间 $\left(-\frac{\pi}{2}, \frac{\pi}{2}\right)$ 之外,$\arctan x$ 就不是 $\tan x$ 的反函数了,所以给出的等式 2) 就不成立. 而 $\tan x$ 具有周期性,即 $\tan(x+\pi) = \tan x$,从而有

$$\arctan[\tan(x+\pi)] = \arctan(\tan x),$$

即 $\arctan(\tan x)$ 也是以 π 为周期的周期函数,在此区间 $\left(-\frac{\pi}{2}, \frac{\pi}{2}\right)$ 之外,$\forall x \in \left(-\frac{\pi}{2}+k\pi, \frac{\pi}{2}+k\pi\right)$,$k \in \mathbf{Z}$,如图 1.24,有

$$\arctan(\tan x) = \arctan[\tan(x-k\pi)] = x-k\pi.$$

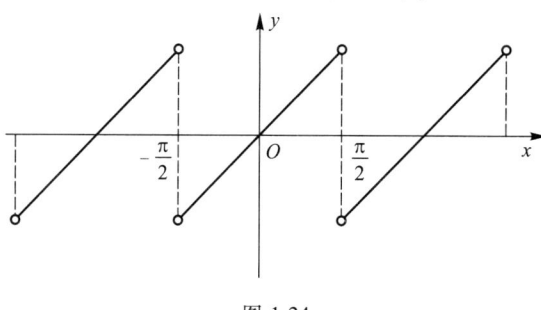

图 1.24

例 5 若数集 A 关于原点对称,则在 A 上有定义的函数 $f(x)$ 可表示为偶函数与奇函数之和.

证明 首先用函数 $f(x)$ 在 A 上构造两个函数

$$F_1(x) = \frac{f(x)+f(-x)}{2}, \quad F_2(x) = \frac{f(x)-f(-x)}{2}.$$

下面证明 $F_1(x)$ 与 $F_2(x)$ 在 A 上分别是偶函数与奇函数.

事实上,$\forall x \in A$,有 $-x \in A$,则

$$F_1(x) = \frac{f(x)+f(-x)}{2} = \frac{f(-x)+f(x)}{2} = F_1(-x),$$

$$F_2(x) = \frac{f(x)-f(-x)}{2} = -\frac{f(-x)-f(x)}{2} = -F_2(-x),$$

即 $F_1(x)$ 与 $F_2(x)$ 分别是偶函数与奇函数,又有

$$f(x) = F_1(x) + F_2(x),$$

即 $f(x)$ 可表示为偶函数与奇函数之和.

三、初等函数

公式法表示函数是一种重要的函数表示法.一般地,公式是用各种运算组合起来的解析式,但它的含义不够确切.人们在长时期数学实践中,总结出来最常见的一些函数,也是今后数学分析课中经常遇见的函数,组成这些函数的核心,最基本的有六种: 常值函数($y=c$),幂函数($y=x^\alpha$),指数函数($y=a^x$),对数函数($y=\log_a x$),三角函数

($y=\sin x, y=\cos x$ 等),反三角函数($y=\arcsin x, y=\arccos x$ 等),这六类函数统称为**基本初等函数**.读者务必牢记它们的性质和图像.**由这六类基本初等函数再经过有限次的代数运算与有限次复合运算,所得到的函数统称为初等函数**,否则称非初等函数.下面分别复习这六类基本初等函数.

1. 常值函数

$y=c$ 或 $f(x)=c, x\in \mathbf{R}$,其中 c 是常数.它的图像是通过点 $(0,c)$,且平行于 x 轴的直线.如图1.25.

常值函数是有界函数、周期函数(没有最小的正周期)、偶函数.既是单调增加函数又是单调减少函数.特别是当 $c=0$ 时,它还是奇函数.

2. 幂函数

形如 $y=x^\alpha$ 的函数是幂函数,其中 α 是实数.这里仅

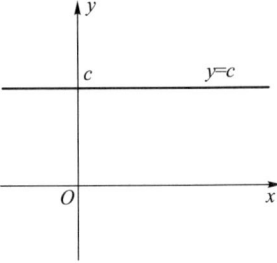

图 1.25

就 α 是有理数 $\dfrac{p}{q}$(q 是正整数,p 是整数,且 p 与 q 互素)讨论,即讨论函数 $y=x^{\frac{p}{q}}=\sqrt[q]{x^p}$. 此函数的性质与 p,q 有关.

$y=x^{\frac{p}{q}}$,q 是正整数,p 是整数,p 与 q 互素

q	q 是偶数		q 是奇数			
p	p 必是奇数		$p>0$		$p<0$	
	$p>0$	$p<0$	p 是奇数	p 是偶数	p 是奇数	p 是偶数
例	$x^{\frac{1}{2}}$	$x^{-\frac{1}{2}}$	$x^{\frac{1}{3}}$	$x^{\frac{2}{3}}$	$x^{-\frac{1}{3}}$	$x^{-\frac{2}{3}}$
定义域	$[0,+\infty)$	$(0,+\infty)$	$\mathbf{R}$	$\mathbf{R}$	$\mathbf{R}\setminus\{0\}$	$\mathbf{R}\setminus\{0\}$
值域	$[0,+\infty)$	$(0,+\infty)$	$\mathbf{R}$	$[0,+\infty)$	$\mathbf{R}\setminus\{0\}$	$(0,+\infty)$
严增区间	$[0,+\infty)$		$\mathbf{R}$	$[0,+\infty)$		$(-\infty,0)$
严减区间		$(0,+\infty)$		$(-\infty,0]$	$(-\infty,0)$ $(0,+\infty)$	$(0,+\infty)$
奇偶性			奇	偶	奇	偶

3. 指数函数与对数函数

$y=a^x$ 与 $y=\log_a x$,$0<a\neq 1$.

	$y=a^x$		$y=\log_a x$	
a	$0<a<1$	$1<a$	$0<a<1$	$1<a$
定义域	$\mathbf{R}$	$\mathbf{R}$	$(0,+\infty)$	$(0,+\infty)$
值域	$(0,+\infty)$	$(0,+\infty)$	$\mathbf{R}$	$\mathbf{R}$
严增区间		$\mathbf{R}$		$(0,+\infty)$
严减区间	$\mathbf{R}$		$(0,+\infty)$	
图	图 1.12	图 1.12	图 1.13	图 1.13

4. 三角函数

$y = \sin x, y = \cos x, y = \tan x, y = \cot x.$

	$y = \sin x$	$y = \cos x$	$y = \tan x$	$y = \cot x$
定义域	**R**	**R**	$\mathbf{R} \setminus \left\{ k\pi + \dfrac{\pi}{2} \right\}$	$\mathbf{R} \setminus \{k\pi\}$
值域	$[-1,1]$	$[-1,1]$	**R**	**R**
严增区间	$\left[2k\pi - \dfrac{\pi}{2}, 2k\pi + \dfrac{\pi}{2} \right]$	$[(2k-1)\pi, 2k\pi]$	$\left(k\pi - \dfrac{\pi}{2}, k\pi + \dfrac{\pi}{2} \right)$	
严减区间	$\left[2k\pi + \dfrac{\pi}{2}, 2k\pi + \dfrac{3\pi}{2} \right]$	$[2k\pi, (2k+1)\pi]$		$(k\pi, (k+1)\pi)$
奇偶性	奇	偶	奇	奇
周期	2π	2π	π	π
图	图 1.8	图 1.9	图 1.17	图 1.18

注:其中 k 是整数.

5. 反三角函数

$y = \arcsin x, y = \arccos x, y = \arctan x, y = \text{arccot } x.$

	$y = \arcsin x$	$y = \arccos x$	$y = \arctan x$	$y = \text{arccot } x$
定义域	$[-1,1]$	$[-1,1]$	**R**	**R**
(主)值域	$\left[-\dfrac{\pi}{2}, \dfrac{\pi}{2} \right]$	$[0, \pi]$	$\left(-\dfrac{\pi}{2}, \dfrac{\pi}{2} \right)$	$(0, \pi)$
严增区间	$[-1,1]$		**R**	
严减区间		$[-1,1]$		**R**
奇偶性	奇		奇	
图	图 1.14	图 1.15	图 1.10	图 1.11

基本初等函数是中学数学讨论的主要函数.但在书中并没有给出基本初等函数性质的严格证明,只是应用描点法描绘出它们的图像,然后根据其图像直观地了解其性质.

例 6 试问下列函数哪个是初等函数?

1) $y = |x|$;

2) $y = x^x, x > 0$;

3) 若 $f(x)$ 与 $g(x)$ 都是初等函数.
$$\max\{f(x), g(x)\} \quad \text{与} \quad \min\{f(x), g(x)\};$$

4) 狄利克雷函数
$$y = \begin{cases} 1, & \text{当 } x \text{ 是有理数}, \\ 0, & \text{当 } x \text{ 是无理数}. \end{cases}$$

解 1) $y = |x| = \sqrt{x^2}$,且定义域是 **R**.

$$y = \sqrt{u}, \quad u = x^2,$$

函数 $y = |x| = \sqrt{x^2}$ 是两个基本初等函数 $y = \sqrt{u}$ 与 $u = x^2$ 复合而成,是初等函数.

2) $y = x^x = e^{x \ln x}, x > 0$.

函数 $y = x^x$ 是两个初等函数 $y = e^u$ 与 $u = x \ln x$ 复合而成,是初等函数.

3) 因为

$$\max\{f(x), g(x)\} = \frac{1}{2}[f(x) + g(x) + |f(x) - g(x)|]$$
$$= \frac{1}{2}\{f(x) + g(x) + \sqrt{[f(x) - g(x)]^2}\},$$
$$\min\{f(x), g(x)\} = \frac{1}{2}[f(x) + g(x) - |f(x) - g(x)|]$$
$$= \frac{1}{2}\{f(x) + g(x) - \sqrt{[f(x) - g(x)]^2}\}.$$

$\max\{f(x), g(x)\}$ 与 $\min\{f(x), g(x)\}$ 都是初等函数 $f(x), g(x)$ 经过有限次代数运算生成的函数,因此,它们都是初等函数.

4) 狄利克雷函数 $D(x)$ 的对应规律不能用基本初等函数经过有限次代数运算和有限次复合运算而生成,故它不是初等函数,但是狄利克雷函数是可以通过基本初等函数经过无限次极限运算的解析式子表示出来的(见练习题 9.2(二)第 14 题的 1)).

练习题 1.3

1. 指出下列函数在指定区间的反函数及其定义域:

1) $y = \sqrt{1 - x^2}, x \in [-1, 0]$;

2) $y = 10^{x+2}, x \in \mathbf{R}$;

3) $y = \ln(2x + 1), x \in \left(-\frac{1}{2}, +\infty\right)$;

4) $y = \dfrac{ax + b}{cx + d}$,其中 a, b, c, d 是常数,且 $ad - bc \neq 0$;

5) $y = \dfrac{1}{2}(e^x - e^{-x}), x \in \mathbf{R}$;

6) $y = \begin{cases} x, & x \in (-\infty, 1), \\ x^2, & x \in [1, 4], \\ 2^x, & x \in (4, +\infty). \end{cases}$

2. 证明:若函数 $y = \varphi(x)$ 在数集 A 严格减少,则函数 $y = \varphi(x)$ 存在反函数 $x = \varphi^{-1}(y)$,且反函数 $x = \varphi^{-1}(y)$ 在 $\varphi(A)$ 也严格减少.

3. 求下列函数生成的复合函数 $f[\varphi(x)]$:

1) $f(y) = y^3, \quad \varphi(x) = x + 2$;

2) $f(y) = \sqrt{y^2 + 1}, \quad \varphi(x) = \tan x$;

3) $f(y) = \begin{cases} 2, & y \leq 0, \\ y^2, & y > 0, \end{cases}$ $\varphi(x) = \begin{cases} -x^2, & x \leq 0, \\ x^3, & x > 0. \end{cases}$

4. 设 $f(x) = \dfrac{1}{1+x}, g(x) = 1 + x^2$, 求 $f\left(\dfrac{1}{x}\right), g\left(\dfrac{1}{x}\right), f[f(x)], g[g(x)], f[g(x)], g[f(x)], g[f(1)], f[g(2)], f\{f[f(1)]\}$.

5. 证明:若函数 $f(x), g(x), h(x)$ 都是单调增加的, 且 $f(x) \leq g(x) \leq h(x)$, 则
$$f[f(x)] \leq g[g(x)] \leq h[h(x)].$$

6. 将下列复合函数 "分解" 为基本初等函数:

1) $y = \sqrt[3]{\arcsin a^x}$;
2) $y = \sin^3[\ln(x+1)]$;
3) $y = \ln(\cos\sqrt[3]{\arccos x})$;
4) $y = a^{\sin(3x-1)}$;
5) $y = \ln[\ln^2(\ln^3 x)]$.

7. 设 $f(x)$ 是 x 的二次函数, 且 $f(0) = 1, f(x+1) - f(x) = 2x$, 求函数 $f(x)$.

8. 证明: $f \circ (g \circ h) = (f \circ g) \circ h$.

9. 设 $f\left(x + \dfrac{1}{x}\right) = x^2 + \dfrac{1}{x^2}$, 求函数 $f(x)$.

10. 设 $f(x) = \dfrac{x}{\sqrt{1+x^2}}$, 求 $\underbrace{f\{f[\cdots f(x)]\}}_{n\text{次}}$.

11. 证明:若 $f(x)$ 与 $g(x)$ 都是奇函数, 则 $f[g(x)]$ 与 $g[f(x)]$ 都是奇函数.

12. 求下列函数的最小正周期:

1) $y = |\sin x| + |\cos x|$;
2) $y = \left|x - [x] - \dfrac{1}{2}\right|$.

13. 判断函数
$$y = \dfrac{ax+b}{cx+d}, \quad ad \neq bc, c \neq 0$$
的严格单调性.

 答疑解惑

第二章 极限

我们在第一章已经指出,数学分析这门课程研究的对象是函数.那么数学分析用什么方法研究函数呢?这个方法就是极限.从方法论来说,这是数学分析区别于初等数学的显著标志.数学分析中几乎所有的概念都离不开极限.因此,极限概念是数学分析的重要概念,极限理论是数学分析的基础理论.

§2.1 数列极限

一、极限思想

在中学几何中,甚至在小学算术中,都知道半径为 R 的圆的周长
$$C = 2\pi R,$$
其中 π 是圆周率,是常数.那么这个圆的周长公式是怎样得到的呢?

我们会用直尺度量线段的长,从而也就会度量多边形的周长,因而多边形的周长可认为是已知的.圆周是一条封闭曲线,无法用直尺直接度量它的长.这就出现了一个新问题:何谓圆的周长? 也就是,怎样合情合理地定义圆的周长? 这是计算圆的周长的基础.圆的周长是个未知的新概念.我们知道,未知新概念必须建立在已知概念的基础上,在这里未知的圆的周长是建立在已知的多边形周长的基础上.那么怎样借助于已知的多边形的周长定义圆的周长呢?

我国古代杰出的数学家刘徽于魏景元四年(公元263年)创立的"割圆术",就是借助于圆的一串内接正多边形的周长数列的稳定变化趋势定义了圆的周长.其做法是:首先作圆的内接正六边形,其次平分每个边所对的弧,作圆的内接正十二边形,以下用同样的方法,继续作圆的内接正二十四边形,圆的内接正四十八边形,等等.如图2.1.显然,不论正多边形的边数怎样多,每个圆的内接正多边形的周长都是已知的.于是,得到一串圆的内接正多边形的周长数列:

$$P_6, P_{12}, P_{24}, \cdots, P_{2^{n-1} \cdot 6}, \cdots.$$

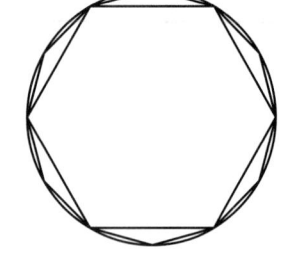

图 2.1

其中通项 $P_{2^{n-1} \cdot 6}$ 表示第 n 次作出的圆的内接正 $2^{n-1} \cdot 6$ 边形的周长.那么这一串圆的内接正多边形与该圆周是什么关系呢? 刘徽说:"割之弥细,所失弥少.割之又割,以至于

不可割,则与圆合体而无所失矣".很明显,当圆的内接正多边形的边数成倍无限增加时,这一串圆的内接正多边形将无限地趋近于该圆周,即它们的极限位置就是该圆周.从内接的正多边形的周长数列来说,当 n 无限增加时,这一串圆的内接正多边形的周长数列 $\{P_{2^{n-1}\cdot 6}\}$ 将渐趋稳定于某个数 C.换句话说,"割之弥细",用圆的内接正多边形的周长近似代替圆的周长,而圆的周长"所失弥少",当"割之又割,以至于不可割",即圆的内接正多边形的边数成倍无限增加时,这一串圆的内接正多边形的极限位置"则与圆合体",此时,这一串圆的内接正多边形的周长数列 $\{P_{2^{n-1}\cdot 6}\}$ 无限地趋近于某个数 C,C 就应该是该圆的周长.这是合情合理的,只有在无限的过程中,才能真正做到"无所失矣".

圆的内接正多边形的边数及其周长列表如下:

作内接正多边形的次数	1	2	3	4	$\cdots$	n	$\cdots$
内接正多边形的边数	6	12	24	48	$\cdots$	$2^{n-1}\cdot 6$	$\cdots$
内接正多边形的周长	P_6	P_{12}	P_{24}	P_{48}	$\cdots$	$P_{2^{n-1}\cdot 6}$	$\cdots$

根据上述的分析.圆的周长可以这样定义:当 n 无限增大时,若圆的内接正多边形的周长数列 $\{P_{2^{n-1}\cdot 6}\}$ 无限地趋近于某个数 C,则称 C 是该圆的**周长**.

圆是曲边形,它的内接正多边形是直边形,二者有本质的区别.但是这个区别又不是绝对的,在一定条件下,圆的内接正多边形能够转化为该圆周.这个条件就是"当圆的内接正多边形的边数无限增加时",注意其中"无限"二字.因此在无限过程中,直边形能够转化为曲边形,即在无限过程中,由直边形的周长数列得到了该圆的曲边形的周长.这就是极限的思想和方法在定义圆的周长上的应用.

根据圆的周长定义,我们能够计算出半径为 R 的圆的周长 $C=2\pi R$,从略.

二、数列 $\left\{\dfrac{(-1)^n}{n}\right\}$ 的极限

首先讨论一个数列 $\left\{\dfrac{(-1)^n}{n}\right\}$:

$$-1,\frac{1}{2},-\frac{1}{3},\frac{1}{4},\cdots,\frac{(-1)^n}{n},\cdots \tag{1}$$

的变化趋势.显然,数列(1)有一个稳定的变化趋势,即"当 n 无限增大时,数列 $\left\{\dfrac{(-1)^n}{n}\right\}$ 无限趋近于 0".数 0 就是所谓的数列 $\left\{\dfrac{(-1)^n}{n}\right\}$ 的"极限".在这里只是用"无限增大"和"无限趋近"这类朴素的形象的语言,对极限作了定性的描述.在数学中无法进行严谨的论证,为此必须把定性的描述上升为精确的定量定义.

何谓"当 n 无限增大时,数列 $\left\{\dfrac{(-1)^n}{n}\right\}$ 无限趋近于 0"呢? 那就是,当 n 充分大时,数列的第 n 项 $\dfrac{(-1)^n}{n}$ 与 0 的距离

$$\left|\frac{(-1)^n}{n}-0\right|=\frac{1}{n}$$

能任意小,并保持任意小.何谓"距离$\left|\frac{(-1)^n}{n}-0\right|=\frac{1}{n}$任意小,并保持任意小"?那就是,

对$\frac{1}{10}$,能够做到$\left|\frac{(-1)^n}{n}-0\right|=\frac{1}{n}<\frac{1}{10}$,只需$n>10$即可,即数列(1)的第10项$\frac{1}{10}$以后的所有项:

$$-\frac{1}{11},\frac{1}{12},-\frac{1}{13},\cdots$$

都能满足这个不等式.

对$\frac{1}{10^2}$,能够做到$\left|\frac{(-1)^n}{n}-0\right|=\frac{1}{n}<\frac{1}{10^2}$,只需$n>10^2$即可,即数列(1)的第$10^2$项$\frac{1}{10^2}$以后的所有项:

$$-\frac{1}{101},\frac{1}{102},-\frac{1}{103},\cdots$$

都能满足这个不等式.

对$\frac{1}{10^4}$,能够做到$\left|\frac{(-1)^n}{n}-0\right|=\frac{1}{n}<\frac{1}{10^4}$,只需$n>10^4$即可,即数列(1)的第$10^4$项$\frac{1}{10^4}$以后的所有项:

$$-\frac{1}{10\ 001},\frac{1}{10\ 002},-\frac{1}{10\ 003},\cdots$$

都能满足这个不等式.

到此为止,仅作了三次验证,最小的数是$\frac{1}{10^4}$,对极限来说远远没有完成.$\frac{1}{10^4}$这数的大或小是相对的.一般来说,$\frac{1}{10^4}$是比较小的,但它毕竟是常数.对描述$\left|\frac{(-1)^n}{n}-0\right|=\frac{1}{n}$任意小,并保持任意小来说,比$\frac{1}{10^4}$小的正数仍有无限多个.因此,描述当$n$充分大时,距离$\left|\frac{(-1)^n}{n}-0\right|=\frac{1}{n}$能任意小,并保持任意小,必须对任意小的正数$\varepsilon$,只要$n$充分大,总有不等式

$$\left|\frac{(-1)^n}{n}-0\right|=\frac{1}{n}<\varepsilon$$

成立才行.事实上,这也是能够做到的.显然,只要正整数$n>\frac{1}{\varepsilon}$就行,即从数列(1)的第$N=\left[\frac{1}{\varepsilon}\right]$项($\frac{1}{\varepsilon}$不一定是正整数,从而取不超过$\frac{1}{\varepsilon}$的最大整数$\left[\frac{1}{\varepsilon}\right]$)以后的所有项都满足这个不等式.

综上分析,"数0是数列$\left\{\frac{(-1)^n}{n}\right\}$的极限"或"数列$\left\{\frac{(-1)^n}{n}\right\}$的极限是0"的定量定义应是:

对任意 $\varepsilon>0$,总存在正整数 $N=\left[\dfrac{1}{\varepsilon}\right]$,对任意正整数 $n>N$,有
$$\left|\dfrac{(-1)^n}{n}-0\right|<\varepsilon.$$

这句话总共有四小段,前后两小段"对任意 $\varepsilon>0$,$\cdots$ 有 $\left|\dfrac{(-1)^n}{n}-0\right|<\varepsilon$",表明数列 $\left\{\dfrac{(-1)^n}{n}\right\}$ 无限趋近于 0.正是因为 ε 具有任意性,不等式 $\left|\dfrac{(-1)^n}{n}-0\right|<\varepsilon$ 才表明数列 $\left\{\dfrac{(-1)^n}{n}\right\}$ 趋近于 0 的无限性.中间的两小段"总存在正整数 $N=\left[\dfrac{1}{\varepsilon}\right]$,对任意正整数 $n>N$",是用数列的序号 n 说明,数列 $\left\{\dfrac{(-1)^n}{n}\right\}$ 中存在某一项 $\dfrac{(-1)^N}{N}$,在此项后面的所有项都满足不等式 $\left|\dfrac{(-1)^n}{n}-0\right|<\varepsilon$.这就是用相对静态的定量的 ε 和不等式刻画了"数列 $\left\{\dfrac{(-1)^n}{n}\right\}$ 的极限是 0".

三、数列极限概念

上面给出了一个特殊的"数列 $\left\{\dfrac{(-1)^n}{n}\right\}$ 的极限是 0"的定量定义.根据同样的思想方法和数学语言,不难给出一般的"数列 $\{a_n\}$ 的极限是 a"的定量定义.

定义 设有数列 $\{a_n\}$,a 是有限常数.若对任意 $\varepsilon>0$,总存在正整数 N,对任意正整数 $n>N$,有
$$|a_n-a|<\varepsilon,$$
则称数列 $\{a_n\}$ 的**极限是** a(或 a 是数列 $\{a_n\}$ 的**极限**)或数列 $\{a_n\}$ **收敛**于 a($\{a_n\}$ 是收敛数列),表示为
$$\lim_{n\to\infty}a_n=a^{①} \quad \text{或} \quad a_n\to a(n\to\infty).$$

若数列 $\{a_n\}$ 不存在极限,则称数列 $\{a_n\}$ **发散**.

数列 $\{a_n\}$ 的极限是 a,用逻辑符号可简要表示为
$$\lim_{n\to\infty}a_n=a\iff \forall\,\varepsilon>0,\exists\,N\in\mathbf{N}_+,\forall\,n>N,\text{有}\,|a_n-a|<\varepsilon.$$

这就是数列极限的 $\varepsilon\text{-}N$ 定义.以后将经常使用数列极限 $\varepsilon\text{-}N$ 定义.

根据数列的极限定义,上述的数列 $\left\{\dfrac{(-1)^n}{n}\right\}$ 存在极限,它的极限是 0,即
$$\lim_{n\to\infty}\dfrac{(-1)^n}{n}=0.$$

已知不等式
$$|a_n-a|<\varepsilon\iff a-\varepsilon<a_n<a+\varepsilon.$$

---

① 本应表示为 $\lim\limits_{n\to+\infty}a_n=a$,为了书写简便,数列的极限一律表示为 $\lim\limits_{n\to\infty}a_n=a$.

于是，数列 $\{a_n\}$ 的极限是 a 的几何意义是：对任意 $\varepsilon>0$，任意一个以 a 为中心，以 ε 为半径的邻域 $U(a,\varepsilon)$ 或开区间 $(a-\varepsilon,a+\varepsilon)$，数列 $\{a_n\}$ 中总存在一项 a_N，在此项后面的所有项 $a_{N+1},a_{N+2},\cdots$（即除了前 N 项 $a_1,a_2,\cdots,a_N$ 以外），它们在数轴上所对应的点，都位于 a 的 ε 邻域 $U(a,\varepsilon)$ 或区间 $(a-\varepsilon,a+\varepsilon)$ 之中（如图 2.2）．因为 $\varepsilon>0$ 可以任意小，所以数列 $\{a_n\}$ 中各项所对应的点 a_n 都无限集聚在点 a 的附近．

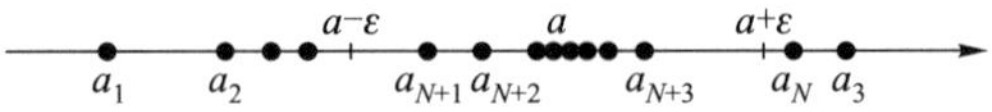

图 2.2

关于数列极限概念的几点说明：

1. 关于 ε

引入的任意正数 ε 是数列极限由定性描述转入定量定义的关键．一方面，正数 ε 具有绝对的任意性，这样才能有

$$\{a_n\} \text{ 无限趋近于 } a \Longleftrightarrow |a_n-a|<\varepsilon(n>N);$$

另一方面，正数 ε 又具有相对的固定性，从而不等式 $|a_n-a|<\varepsilon$ 表明数列 $\{a_n\}$ 无限趋近于 a 的渐近过程的不同阶段，进而可估算 a_n 与 a 的接近程度．显然，ε 的绝对任意性是通过无限多个相对固定性的 ε 表现出来的．ε 的这种两重性使数列极限的 ε-N 定义，从近似转化到精确，又能从精确转化到近似．它是极限定量定义的精髓．

不难知道，若 ε 是任意给定的正数，则 $c\varepsilon$（c 是**正常数**），$\sqrt{\varepsilon},\varepsilon^2,\cdots$ 也都是任意给定的正数．虽然它们在形式上与 ε 不同，但是它们的本质与 ε 是相同的．今后证明极限问题经常用到与 ε 本质相同的其他各种形式．

在数列极限定义中，正数 ε 是任意的，虽然 ε 也可以任意大，但是此时不等式 $|a_n-a|<\varepsilon$ 并不能说明 $\{a_n\}$ 无限趋近于 a．这里主要是指 ε 可以任意小，此时不等式 $|a_n-a|<\varepsilon$ 才表明 $\{a_n\}$ 无限趋近于 a．因此，证明极限问题时，常常限定 ε 在较小变化范围．如 $0<\varepsilon<1,0<\varepsilon<\dfrac{1}{2},\cdots$．例如，为了使 $\left[\dfrac{1}{\varepsilon}\right]$ 是正整数．限定 $0<\varepsilon<1$，从而有 $\left[\dfrac{1}{\varepsilon}\right]>1$．

2. 关于 N

在极限 $\lim\limits_{n\to\infty}a_n=a$ 的定义中，"$\exists N\in \mathbf{N}_+$" 这句话，在于强调正整数 N（即数列 $\{a_n\}$ 中的第 N 项 a_N）的存在性，与 N 的大小无关．一般来说，对给定的 $\varepsilon>0$，$\exists N\in\mathbf{N}_+$，

$$\forall n>N, \text{有 } |a_n-a|<\varepsilon,$$

那么对比 N 大的任意一个正整数 $N_1(>N)$，自然，

$$\forall n>N_1(>N), \text{也必有 } |a_n-a|<\varepsilon.$$

因此证明极限问题常取较大的正整数 N．

3. 关于发散

证明某些极限问题，有时要应用反证法．这时常常要用"数列 $\{a_n\}$ 的极限是 a"的否定叙述，即"数列 $\{a_n\}$ 的极限不是 a"（表示为 $\lim\limits_{n\to\infty}a_n\neq a$）的叙述．否定的方法见前面的常用逻辑符号．将 $\lim\limits_{n\to\infty}a_n=a$ 与 $\lim\limits_{n\to\infty}a_n\neq a$ 列表对比如下：

$\lim_{n\to\infty} a_n = a \iff \forall \varepsilon > 0, \exists N \in \mathbf{N}_+, \forall n > N, 有 |a_n - a| < \varepsilon$
$\lim_{n\to\infty} a_n \neq a \iff \exists \varepsilon_0 > 0, \forall N \in \mathbf{N}_+, \exists n_0 > N, 有 |a_{n_0} - a| \geq \varepsilon_0$

数列$\{a_n\}$发散，即$\forall a \in \mathbf{R}$都不是数列$\{a_n\}$的极限. 将数列$\{a_n\}$收敛与发散列表对比如下：

数列$\{a_n\}$收敛$\iff \exists a \in \mathbf{R}, \forall \varepsilon > 0, \exists N \in \mathbf{N}_+, \forall n > N, 有 |a_n - a| < \varepsilon$
数列$\{a_n\}$发散$\iff \forall a \in \mathbf{R}, \exists \varepsilon_0 > 0, \forall N \in \mathbf{N}_+, \exists n_0 > N, 有 |a_{n_0} - a| \geq \varepsilon_0$

四、例

证明极限$\lim_{n\to\infty} a_n = a$，只需证明

$$\forall \varepsilon > 0, \exists N \in \mathbf{N}_+, \forall n > N, 有 |a_n - a| < \varepsilon.$$

"$\forall \varepsilon > 0$"是证题者给出的，给出ε之后，要找$N \in \mathbf{N}_+$，使$n > N$时，有不等式$|a_n - a| < \varepsilon$成立. 因此找N是证明数列极限问题的关键. 怎样找N？应从解关于n的不等式$|a_n - a| < \varepsilon$找N. 满足此不等式的n是正整数集$\mathbf{N}_+$的无限子集（从某个正整数以后的所有的正整数）. 已知N不是唯一的. 只需在此无限子集中任意取一个正整数作为N即可. 有时不等式$|a_n - a| < \varepsilon$形式比较复杂，解这个不等式有困难. 常采用放大法，或用已知的不等式，或限定n的变化范围来解. 总之，要因题而异，具体问题具体分析. 以下就是几种常用的证明方法：

1. 直接解不等式$|a_n - a| < \varepsilon$，求n的方法

例1 证明$\lim_{n\to\infty} \dfrac{n}{n+1} = 1$.

证明 $\forall \varepsilon > 0$，要使不等式

$$\left| \frac{n}{n+1} - 1 \right| = \frac{1}{n+1} < \varepsilon$$

成立，解得$n > \dfrac{1}{\varepsilon} - 1$. 取$N = \left[\dfrac{1}{\varepsilon} - 1\right]$. 于是，

$$\forall \varepsilon > 0, \exists N = \left[\frac{1}{\varepsilon} - 1\right]^{①} \in \mathbf{N}_+, \forall n > N, 有 \left| \frac{n}{n+1} - 1 \right| < \varepsilon,$$

即

$$\lim_{n\to\infty} \frac{n}{n+1} = 1.$$

例2 证明常数数列$\{a_n = c\}$（c是常数）的极限是c，即

$$\lim_{n\to\infty} c = c.$$

证明 $\forall \varepsilon > 0, \forall n \in \mathbf{N}_+$，有

---

① 只要ε较小，如$0 < \varepsilon < \dfrac{1}{2}$，总能使$N$是正整数，以下各题相同，不再说明.

$$|a_n-c| = |c-c| = 0<\varepsilon,$$

即
$$\lim_{n\to\infty}c=c.$$

例 3 证明 $\lim\limits_{n\to\infty}q^n = 0$，$|q|<1$.

证明 当 $q=0$ 时，$\forall n\in \mathbf{N}_+, q^n=0$. 这是常数数列. 由例 2 知，
$$\lim_{n\to\infty}q^n = 0.$$

当 $0<|q|<1$ 时，$\forall \varepsilon>0$（限定 $0<\varepsilon<|q|$），要使不等式
$$|q^n-0| = |q|^n<\varepsilon$$

成立. 解得 $n>\dfrac{\ln \varepsilon}{\ln|q|}$（$\ln \varepsilon<0$ 与 $\ln|q|<0$）. 取 $N=\left[\dfrac{\ln \varepsilon}{\ln|q|}\right]$. 于是，$\forall \varepsilon>0$，$\exists N=\left[\dfrac{\ln \varepsilon}{\ln|q|}\right]\in \mathbf{N}_+$，$\forall n>N$，有 $|q^n-0|<\varepsilon$，即
$$\lim_{n\to\infty}q^n = 0.$$

例 4 证明 $\lim\limits_{n\to\infty}\dfrac{1}{n^\alpha}=0$，$\alpha>0$.

证明 $\forall \varepsilon>0$，要使不等式
$$\left|\dfrac{1}{n^\alpha}-0\right| = \dfrac{1}{n^\alpha}<\varepsilon$$

成立，解得 $n>\left(\dfrac{1}{\varepsilon}\right)^{\frac{1}{\alpha}}$. 取 $N=\left[\left(\dfrac{1}{\varepsilon}\right)^{\frac{1}{\alpha}}\right]$（限定 $0<\varepsilon<1$）. 于是，$\forall \varepsilon>0$，$\exists N=\left[\left(\dfrac{1}{\varepsilon}\right)^{\frac{1}{\alpha}}\right]\in \mathbf{N}_+$，$\forall n>N$，有 $\left|\dfrac{1}{n^\alpha}-0\right|<\varepsilon$，即
$$\lim_{n\to\infty}\dfrac{1}{n^\alpha} = 0.$$

例 5 证明 $\lim\limits_{n\to\infty}a^{\frac{1}{n}}=1$，$a>0$.

证明 1）当 $a>1$ 时，有 $a^{\frac{1}{n}}>1$. $\forall \varepsilon>0$（限定 $0<\varepsilon<a-1$），要使不等式
$$|a^{\frac{1}{n}}-1| = a^{\frac{1}{n}}-1<\varepsilon$$

成立. 解得 $n>\dfrac{\ln a}{\ln(1+\varepsilon)}$. 取 $N=\left[\dfrac{\ln a}{\ln(1+\varepsilon)}\right]$. 于是，$\forall \varepsilon>0$，$\exists N=\left[\dfrac{\ln a}{\ln(1+\varepsilon)}\right]\in \mathbf{N}_+$，$\forall n>N$，有 $|a^{\frac{1}{n}}-1|<\varepsilon$，

即
$$\lim_{n\to\infty}a^{\frac{1}{n}} = 1, \quad a>1.$$

2）当 $a=1$ 时，$\forall n\in \mathbf{N}_+, a^{\frac{1}{n}}=1$. 这是常数数列，由例 2，有
$$\lim_{n\to\infty}a^{\frac{1}{n}} = 1, \quad a=1.$$

3）当 $0<a<1$ 时，令 $a=\dfrac{1}{b}$，从而 $b>1$，有

$$\left|a^{\frac{1}{n}}-1\right|=\left|\frac{1}{b^{\frac{1}{n}}}-1\right|=\left|\frac{1-b^{\frac{1}{n}}}{b^{\frac{1}{n}}}\right|<\left|b^{\frac{1}{n}}-1\right|.$$

由 1) 知,$\forall \varepsilon>0$,$\exists N=\left[\dfrac{\ln b}{\ln(1+\varepsilon)}\right]=\left[\dfrac{-\ln a}{\ln(1+\varepsilon)}\right]\in \mathbf{N}_+$,$\forall n>N$,有

$$\left|a^{\frac{1}{n}}-1\right|<\left|b^{\frac{1}{n}}-1\right|<\varepsilon,$$

即

$$\lim_{n\to\infty}a^{\frac{1}{n}}=1,\quad 0<a<1.$$

综上,有

$$\lim_{n\to\infty}a^{\frac{1}{n}}=1,\quad a>0.$$

2. 利用放大(包括二项式展开)的方法

例 6 证明 $\lim\limits_{n\to\infty}\dfrac{5n^3+n-4}{2n^3-3}=\dfrac{5}{2}$.

证法 $\forall \varepsilon>0$,要使不等式

$$\left|\frac{5n^3+n-4}{2n^3-3}-\frac{5}{2}\right|=\left|\frac{2n+7}{2(2n^3-3)}\right|<\varepsilon \tag{2}$$

成立.从中解 n 有困难.因为要找的 N 不是唯一的,所以可用"放大"不等式的方法,再解不等式,并可限定正整数 n 大于某个正整数.当然"放大"和"限定"的方法也不是唯一的.

例如,限定 $n>7$(取定了一个 $N=7$),从而 $n^3-3>0$,有

$$\left|\frac{2n+7}{2(2n^3-3)}\right|=\frac{2n+7}{2(n^3+n^3-3)}<\frac{2n+n}{2n^3}=\frac{3}{2n^2}.$$

显然,满足不等式 $\dfrac{3}{2n^2}<\varepsilon$ 的 n,当然也满足不等式(2).

证明 限定 $n>7$,从而 $n^3-3>0$,要使不等式

$$\left|\frac{5n^3+n-4}{2n^3-3}-\frac{5}{2}\right|=\frac{2n+7}{2(2n^3-3)}=\frac{2n+7}{2(n^3+n^3-3)}<\frac{2n+n}{2n^3}=\frac{3n}{2n^3}<\frac{2}{n^2}<\varepsilon$$

成立.从不等式 $\dfrac{2}{n^2}<\varepsilon$ 解得 $n>\sqrt{\dfrac{2}{\varepsilon}}$.取 $N=\max\left\{\left[\sqrt{\dfrac{2}{\varepsilon}}\right],7\right\}$.于是,$\forall \varepsilon>0$,$\exists N=\max\left\{\left[\sqrt{\dfrac{2}{\varepsilon}}\right],7\right\}\in \mathbf{N}_+$,$\forall n>N$,有

$$\left|\frac{5n^3+n-4}{2n^3-3}-\frac{5}{2}\right|<\varepsilon,$$

即

$$\lim_{n\to\infty}\frac{5n^3+n-4}{2n^3-3}=\frac{5}{2}.$$

例 7 证明 $\lim\limits_{n\to\infty}\dfrac{n}{b^n}=0$,其中 $b>1$.

证明 $\forall \varepsilon > 0$,由二项式定理,为了使最后的不等式($n>1$)

$$0 < \frac{n}{b^n} - 0 = \frac{n}{[1+(b-1)]^n}$$

$$= \frac{n}{1 + n(b-1) + \frac{n(n-1)}{2!}(b-1)^2 + \cdots + (b-1)^n}$$

$$< \frac{n}{\frac{n(n-1)}{2}(b-1)^2} = \frac{2}{(n-1)(b-1)^2} < \varepsilon$$

成立,解得 $n > 1 + \frac{2}{(b-1)^2 \varepsilon}$. 取 $N = \left[1 + \frac{2}{(b-1)^2 \varepsilon}\right]$. 于是,$\forall \varepsilon > 0$, $\exists N = \left[1 + \frac{2}{(b-1)^2 \varepsilon}\right] \in \mathbf{N}_+$, $\forall n > N$, 有 $\left|\frac{n}{b^n} - 0\right| < \varepsilon$, 即

$$\lim_{n \to \infty} \frac{n}{b^n} = 0.$$

3. 利用已知的不等式的方法

例 8 证明极限 $\lim_{n \to \infty} \frac{1 \cdot 3 \cdot 5 \cdots (2n-1)}{2 \cdot 4 \cdot 6 \cdots (2n)} = 0$.

证明 由常用符号与不等式中的不等式 1,$\forall \varepsilon > 0$,要使不等式

$$\left|\frac{1 \cdot 3 \cdot 5 \cdots (2n-1)}{2 \cdot 4 \cdot 6 \cdots (2n)} - 0\right| < \frac{1}{\sqrt{2n+1}} < \frac{1}{\sqrt{n+1}} < \varepsilon$$

成立,解得 $n > \frac{1}{\varepsilon^2} - 1$. 取 $N = \left[\frac{1}{\varepsilon^2} - 1\right]$,于是 $\forall \varepsilon > 0$, $\exists N = \left[\frac{1}{\varepsilon^2} - 1\right] \in \mathbf{N}_+$, $\forall n > N$, 有

$$\left|\frac{1 \cdot 3 \cdot 5 \cdots (2n-1)}{2 \cdot 4 \cdot 6 \cdots (2n)} - 0\right| < \varepsilon,$$

即

$$\lim_{n \to \infty} \frac{1 \cdot 3 \cdot 5 \cdots (2n-1)}{2 \cdot 4 \cdot 6 \cdots (2n)} = 0.$$

例 9 证明 $\lim_{n \to \infty} \frac{\log_a n}{n} = 0, a > 1$.

证明 由上面的例 7 知,$\lim_{n \to \infty} \frac{n}{b^n} = 0, b > 1$. 于是,对充分大的 n,则有不等式 $\frac{1}{b^n} < \frac{n}{b^n} < 1$.

设 $b = a^\varepsilon$,其中 $a > 1$, $\forall \varepsilon > 0$, 有

$$\frac{1}{a^{\varepsilon n}} < \frac{n}{a^{\varepsilon n}} < 1 \quad \text{或} \quad 1 < n < a^{\varepsilon n}.$$

对最后不等式两端取以 a 为底的对数,有 $0 < \log_a n < \varepsilon n$ 或

$$0 < \frac{\log_a n}{n} < \varepsilon,$$

即
$$\lim_{n\to\infty}\frac{\log_a n}{n}=0.$$

4. 利用分析的方法

例 10 证明若 $\lim_{n\to\infty} x_n = a$，则
$$\lim_{n\to\infty}\frac{x_1+x_2+\cdots+x_n}{n}=a.$$

证明 已知 $\lim_{n\to\infty} x_n = a$，即 $\forall \varepsilon > 0, \exists N \in \mathbf{N}_+, \forall n > N,$ 有
$$|x_n - a| < \varepsilon.$$

于是，
$$\left|\frac{x_1+x_2+\cdots+x_n}{n}-a\right|$$
$$=\left|\frac{x_1+x_2+\cdots+x_n-na}{n}\right|$$
$$\leq \frac{|x_1-a|+|x_2-a|+\cdots+|x_N-a|}{n}+\frac{|x_{N+1}-a|+\cdots+|x_n-a|}{n}$$
$$\leq \frac{A}{n}+\frac{n-N}{n}\varepsilon.$$

其中 $A = |x_1-a|+|x_2-a|+\cdots+|x_N-a|$ 是常数.

只要 n 充分大，即 $\exists N_1 > N, \forall n > N_1$，使 $\frac{A}{n} < \frac{\varepsilon}{2}, \frac{n-N}{n} < \frac{1}{2}$，有
$$\left|\frac{x_1+x_2+\cdots+x_n}{n}-a\right|\leq\frac{A}{n}+\frac{n-N}{n}\varepsilon<\frac{\varepsilon}{2}+\frac{\varepsilon}{2}=\varepsilon.$$

于是，$\forall \varepsilon > 0, \exists N_1 > N \in \mathbf{N}_+, \forall n > N_1,$ 有
$$\left|\frac{x_1+x_2+\cdots+x_n}{n}-a\right|<\varepsilon,$$
即
$$\lim_{n\to\infty}\frac{x_1+x_2+\cdots+x_n}{n}=a.$$

例 11 证明数列 $\{(-1)^n\}$ 发散.

证法 只需证明，$\forall a \in \mathbf{R}$ 都不是数列 $\{(-1)^n\}$ 的极限.

证明 $\exists \varepsilon_0 = 1$，分两种情况：

当 $a \geq 0, \forall N \in \mathbf{N}_+, \exists n_0(\text{奇数}) > N,$ 有
$$|(-1)^{n_0}-a| = |-1-a| = 1+a \geq \varepsilon_0.$$

当 $a < 0, \forall N \in \mathbf{N}_+, \exists n_0(\text{偶数}) > N,$ 有
$$|(-1)^{n_0}-a| = |1-a| = 1+(-a) > \varepsilon_0.$$

即数列 $\{(-1)^n\}$ 发散.

练习题 2.1

1. 以下几种叙述与极限 $\lim\limits_{n\to\infty}a_n=a$ 的定义是否等价,并说明理由:

1) $\forall \varepsilon>0, \exists N\in \mathbf{N}_+, \forall n\geq N$,有 $|a_n-a|\leq \varepsilon$;

2) $\forall k\in \mathbf{N}_+, \exists N_k\in \mathbf{N}_+, \forall n\geq N_k$,有 $|a_n-a|<\dfrac{1}{k}$;

3) 有无限多个 $\varepsilon>0$,对每个 ε, $\exists N(\varepsilon)\in \mathbf{N}_+, \forall n>N(\varepsilon)$,有 $|a_n-a|<\varepsilon$;

4) $\forall \varepsilon>0$,有无限多个 a_n,有 $|a_n-a|<\varepsilon$;

5) $\forall k\in \mathbf{N}_+$,只有有限个 a_n 位于区间 $\left(a-\dfrac{1}{k}, a+\dfrac{1}{k}\right)$ 之外.

2. 应用已知的数列极限,观察下列数列(只给出通项)是否收敛:

1) $a_n=\cos\dfrac{n\pi}{4}$; 2) $a_n=\dfrac{1}{\sqrt{n}}$;

3) $a_n=\dfrac{1}{(1.00001)^n}$; 4) $a_n=(1.00001)^{\frac{1}{n}}$;

5) $a_n=\begin{cases}2n, & 1\leq n\leq 100,\\ \dfrac{1}{n-200}, & n>100.\end{cases}$

3. 证明下列极限:

1) $\lim\limits_{n\to\infty}\dfrac{3n}{2n+1}=\dfrac{3}{2}$; 2) $\lim\limits_{n\to\infty}\dfrac{\cos n}{n}=0$;

3) $\lim\limits_{n\to\infty}\dfrac{2n}{5-4n}=-\dfrac{1}{2}$; 4) $\lim\limits_{n\to\infty}\dfrac{5n^2}{7n-n^2}=-5$;

5) $\lim\limits_{n\to\infty}(\sqrt{n+1}-\sqrt{n})=0$.

4. 证明: $\lim\limits_{n\to\infty}\dfrac{n}{2^n}=0, \lim\limits_{n\to\infty}\dfrac{n^2}{2^n}=0, \lim\limits_{n\to\infty}\dfrac{n^3}{2^n}=0$.

(提示:将 $2^n=(1+1)^n$ 按二项式定理展开,选取适当的项再"放大".)

5. 证明:

1) $a=b\Longleftrightarrow \forall \varepsilon>0$,有 $|a-b|<\varepsilon$;

2) $a\leq b\Longleftrightarrow \forall \varepsilon>0$,有 $a<b+\varepsilon$.

这两个等价命题中 ε 的任意性起了什么作用?

* * * * * *

6. 证明: $\lim\limits_{n\to\infty}na^n=0, \lim\limits_{n\to\infty}n^2a^n=0, \lim\limits_{n\to\infty}n^3a^n=0$,其中 $0<a<1$.

(提示:令 $a=\dfrac{1}{1+h}, h>0$,按二项式定理展开,选取适当的项再"放大".)

7. 证明:若 $\lim\limits_{n\to\infty}a_n=a$,则 $\lim\limits_{n\to\infty}\sqrt[3]{a_n}=\sqrt[3]{a}$.

8. 证明下列极限:

1) $\lim\limits_{n\to\infty}\dfrac{2^n}{n!}=0$; 2) $\lim\limits_{n\to\infty}\sqrt[n]{3}=1$;

3) $\lim\limits_{n\to\infty}\dfrac{1}{\sqrt[n]{n!}}=0$;   4) $\lim\limits_{n\to\infty}\left[\dfrac{1}{1\cdot 2}+\dfrac{1}{2\cdot 3}+\cdots+\dfrac{1}{n\cdot(n+1)}\right]=1$.

9. 证明：数列 $\left\{\dfrac{n}{n+1}\right\}$ 的极限不是 $0\left(\text{即}\lim\limits_{n\to\infty}\dfrac{n}{n+1}\neq 0\right)$.

10. 证明：数列 $\{2-(-1)^n\}$ 发散.

§2.2 收敛数列

一、收敛数列的性质

收敛数列有几个重要性质，这就是下面的几个定理.

定理 1（唯一性） 若数列 $\{a_n\}$ 收敛，则它的极限是唯一的.

证法 设数列 $\{a_n\}$ 有两个极限 a 与 b，只需证明，$\forall\varepsilon>0$，有 $|a-b|<\varepsilon$，即 $a=b$（见练习题 2.1 的第 5 题），从而极限唯一.

证明 设 $\lim\limits_{n\to\infty}a_n=a$ 与 $\lim\limits_{n\to\infty}a_n=b$. 根据数列极限定义，即 $\forall\varepsilon>0$，$\exists N_1\in\mathbf{N}_+$，$\forall n>N_1$，有

$$|a_n-a|<\varepsilon.$$

$\exists N_2\in\mathbf{N}_+$，$\forall n>N_2$，有

$$|a_n-b|<\varepsilon.$$

取 $N=\max\{N_1,N_2\}$. $\forall n>N$，同时有

$$|a_n-a|<\varepsilon \quad \text{与} \quad |a_n-b|<\varepsilon.$$

于是，$\forall n>N$，有

$$|a-b|=|a-a_n+a_n-b|\leqslant|a-a_n|+|a_n-b|<\varepsilon+\varepsilon=2\varepsilon,$$

即 $a=b$，从而收敛数列 $\{a_n\}$ 的极限唯一.

注 极限的唯一性，虽然结论简单，证明也不难，但它却是极限性质的基础. 是数学中所谓三性（存在性、唯一性、可解性）问题之一，是一个重要的理论问题.

定理 2（有界性） 若数列 $\{a_n\}$ 收敛，则数列 $\{a_n\}$ 有界，即 $\exists M>0$，$\forall n\in\mathbf{N}_+$，有 $|a_n|\leqslant M$.

证法 根据数列极限定义，能够证明数列 $\{a_n\}$ 从某项 a_N 以后的所有项有界，数列 $\{a_n\}$ 的前 N 项是有限项. 从而能找到 $M>0$.

证明 设 $\lim\limits_{n\to\infty}a_n=a$. 根据数列极限定义，取定 $\varepsilon_0=1$，$\exists N\in\mathbf{N}_+$，$\forall n>N$，有 $|a_n-a|<1$. 从而 $\forall n>N$，有

$$|a_n|=|a_n-a+a|\leqslant|a_n-a|+|a|<1+|a|.$$

取

$$M=\max\{|a_1|,|a_2|,\cdots,|a_N|,|a|+1\}.$$

于是，$\forall n\in\mathbf{N}_+$，有 $|a_n|\leqslant M$，即数列 $\{a_n\}$ 有界.

注 1) 定理 2 的等价命题是：若数列 $\{a_n\}$ 无界，则数列发散. 例如，数列 $\{n^{(-1)^{n-1}}\}$：

$$1, \frac{1}{2}, 3, \frac{1}{4}, 5, \frac{1}{6}, \cdots, n^{(-1)^{n-1}}, \cdots$$

无界,则此数列发散.

2) 数列有界仅是数列收敛的必要条件,不是充分条件,即数列有界也不一定收敛. 例如,数列 $\{(-1)^n\}$ 有界,但它发散.

定理3(保序性) 若 $\lim\limits_{n\to\infty}a_n = a$ 与 $\lim\limits_{n\to\infty}b_n = b$,且 $a<b$,则 $\exists N \in \mathbf{N}_+, \forall n>N$,有 $a_n<b_n$.

证法 根据数列极限的定义, $\exists N \in \mathbf{N}_+, \forall n>N$,有 $a_n < \frac{a+b}{2}$ 与 $\frac{a+b}{2} < b_n$,从而 $a_n < b_n$.

证明 已知 $\lim\limits_{n\to\infty}a_n = a$ 与 $\lim\limits_{n\to\infty}b_n = b$.根据数列极限的定义, $\exists \varepsilon_0 = \frac{b-a}{2} > 0$,分别

$\exists N_1 \in \mathbf{N}_+, \forall n>N_1$,有 $|a_n - a| < \frac{b-a}{2}$,从而 $a_n < \frac{a+b}{2}$;

$\exists N_2 \in \mathbf{N}_+, \forall n>N_2$,有 $|b_n - b| < \frac{b-a}{2}$,从而 $\frac{a+b}{2} < b_n$.

取 $N = \max\{N_1, N_2\}$. $\forall n > N$,有

$$a_n < \frac{a+b}{2} < b_n, \quad 即 \quad a_n < b_n.$$

推论1 若 $\lim\limits_{n\to\infty}a_n = a$ 与 $\lim\limits_{n\to\infty}b_n = b$,且 $\exists N \in \mathbf{N}_+, \forall n>N, a_n \le b_n (a_n \ge b_n)$,则 $a \le b$ ($a \ge b$).

证明 只证 $a \le b$ 的情况.用反证法.假设 $b<a$.根据定理3, $\exists N_1 \in \mathbf{N}_+$(使 $N_1 \ge N$), $\forall n>N_1$,有 $b_n<a_n$.与已知条件矛盾.

注 在推论1中,即使 $a_n<b_n$,也可能有 $a=b$.例如,两个收敛的数列 $\left\{-\frac{1}{n}\right\}$ 与 $\left\{\frac{1}{n}\right\}$. $\forall n \in \mathbf{N}_+$,有 $-\frac{1}{n} < \frac{1}{n}$,但是

$$\lim_{n\to\infty}\left(-\frac{1}{n}\right) = \lim_{n\to\infty}\frac{1}{n} = 0.$$

推论2 若 $\lim\limits_{n\to\infty}a_n = a$,且 $a<b (a>b)$,则 $\exists N \in \mathbf{N}_+, \forall n>N$,有 $a_n < b (a_n > b)$.

证明 在定理3中,取 $b_n = b$,有 $\lim\limits_{n\to\infty}b_n = b$.从而, $\exists N \in \mathbf{N}_+, \forall n>N$,有 $a_n < b (a_n > b)$.

二、收敛数列的四则运算

定义 设 $\{a_n\}, \{b_n\}$ 是两个数列,则数列

$$\{a_n \pm b_n\}, \quad \{a_n b_n\}, \quad \left\{\frac{a_n}{b_n}\right\}$$

分别称为**数列** $\{a_n\}$ 与 $\{b_n\}$ 的和、差、积、商数列.

只有 $\forall n \in \mathbf{N}_+$ 时, $b_n \ne 0$,商数列才有意义.

定理4 若数列 $\{a_n\}$ 与 $\{b_n\}$ 都收敛,则和数列 $\{a_n + b_n\}$ 也收敛,且

$$\lim_{n\to\infty}(a_n + b_n) = \lim_{n\to\infty}a_n + \lim_{n\to\infty}b_n.$$

证法 设 $\lim\limits_{n\to\infty}a_n = a$ 与 $\lim\limits_{n\to\infty}b_n = b$.已知 $|a_n - a|$ 与 $|b_n - b|$ 能任意小,并保持任意小.因为

$$|(a_n+b_n)-(a+b)|\leq|a_n-a|+|b_n-b|,$$

所以$|(a_n+b_n)-(a+b)|$也能任意小,并保持任意小.

证明 设$\lim_{n\to\infty}a_n=a$与$\lim_{n\to\infty}b_n=b$.根据数列极限的定义,即$\forall\varepsilon>0$,$\exists N_1\in\mathbf{N}_+$,$\forall n>N_1$,有

$$|a_n-a|<\varepsilon;$$

$\exists N_2\in\mathbf{N}_+$,$\forall n>N_2$,有

$$|b_n-b|<\varepsilon.$$

$\exists N=\max\{N_1,N_2\}$,$\forall n>N$,同时有

$$|a_n-a|<\varepsilon \quad \text{与} \quad |b_n-b|<\varepsilon.$$

于是,$\forall n>N$,有

$$|(a_n+b_n)-(a+b)|\leq|a_n-a|+|b_n-b|<\varepsilon+\varepsilon=2\varepsilon,$$

即

$$\lim_{n\to\infty}(a_n+b_n)=a+b=\lim_{n\to\infty}a_n+\lim_{n\to\infty}b_n.$$

注 将上述证明过程中波浪线上的四段话连接起来,就是数列极限$\lim_{n\to\infty}(a_n+b_n)=a+b$的$\varepsilon$-$N$定义.下同.

同法可证,在定理4的条件下,差数列$\{a_n-b_n\}$也收敛,且

$$\lim_{n\to\infty}(a_n-b_n)=\lim_{n\to\infty}a_n-\lim_{n\to\infty}b_n.$$

定理5 若数列$\{a_n\}$与$\{b_n\}$都收敛,则乘积数列$\{a_nb_n\}$也收敛,且

$$\lim_{n\to\infty}a_nb_n=\lim_{n\to\infty}a_n\cdot\lim_{n\to\infty}b_n.$$

证法 设$\lim_{n\to\infty}a_n=a$与$\lim_{n\to\infty}b_n=b$.已知$|a_n-a|$与$|b_n-b|$能任意小,并保持任意小.因为

$$|a_nb_n-ab|=|a_nb_n-a_nb+a_nb-ab|$$
$$\leq|a_nb_n-a_nb|+|a_nb-ab|$$
$$\leq|a_n||b_n-b|+|b||a_n-a|.$$

而数列$\{a_n\}$有界,所以$|a_nb_n-ab|$能任意小,并保持任意小.

证明 设$\lim_{n\to\infty}a_n=a$与$\lim_{n\to\infty}b_n=b$,根据数列极限的定义,即$\forall\varepsilon>0$,$\exists N_1\in\mathbf{N}_+$,$\forall n>N_1$,有

$$|a_n-a|<\varepsilon;$$

$\exists N_2\in\mathbf{N}_+$,$\forall n>N_2$,有

$$|b_n-b|<\varepsilon.$$

$\exists N=\max\{N_1,N_2\}$,$\forall n>N$,同时有

$$|a_n-a|<\varepsilon \quad \text{与} \quad |b_n-b|<\varepsilon.$$

根据定理2,收敛数列$\{a_n\}$有界,即$\exists M>0$,$\forall n\in\mathbf{N}_+$,有

$$|a_n|\leq M.$$

于是,$\forall n>N$,有

$$|a_nb_n-ab|\leq|a_nb_n-a_nb+a_nb-ab|$$
$$\leq|a_n||b_n-b|+|b||a_n-a|$$

$$< M\varepsilon + |b|\varepsilon = (M+|b|)\varepsilon,$$

其中 $M+|b|$ 是正常数,即

$$\lim_{n\to\infty} a_n b_n = ab = \lim_{n\to\infty} a_n \cdot \lim_{n\to\infty} b_n.$$

定理 6　若数列 $\{a_n\}$ 与 $\{b_n\}$ 都收敛,且 $b_n \neq 0, \lim\limits_{n\to\infty} b_n \neq 0$,则商数列 $\left\{\dfrac{a_n}{b_n}\right\}$ 也收敛,且

$$\lim_{n\to\infty} \frac{a_n}{b_n} = \frac{\lim\limits_{n\to\infty} a_n}{\lim\limits_{n\to\infty} b_n}.$$

证法　设 $\lim\limits_{n\to\infty} a_n = a$ 与 $\lim\limits_{n\to\infty} b_n = b \neq 0$. 已知 $|a_n - a|$ 与 $|b_n - b|$ 能任意小,并保持任意小. 因为

$$\left|\frac{a_n}{b_n} - \frac{a}{b}\right| = \frac{1}{|b_n b|}|a_n b - b_n a|$$

$$= \frac{1}{|b_n b|}|a_n b - ab + ab - b_n a|$$

$$\leq \frac{1}{|b_n||b|}(|b||a_n - a| + |a||b_n - b|),$$

而数列 $\left\{\dfrac{1}{b_n}\right\}$ 有界,所以 $\left|\dfrac{a_n}{b_n} - \dfrac{a}{b}\right|$ 也能任意小,并保持任意小.

证明　设 $\lim\limits_{n\to\infty} a_n = a$ 与 $\lim\limits_{n\to\infty} b_n = b \neq 0$,根据数列极限的定义,即 $\forall \varepsilon > 0, \exists N_1 \in \mathbf{N}_+$, $\forall n > N_1$,有

$$|a_n - a| < \varepsilon;$$

$\exists N_2 \in \mathbf{N}_+, \forall n > N_2$,有

$$|b_n - b| < \varepsilon.$$

已知 $\lim\limits_{n\to\infty} b_n = b \neq 0$,取 $\varepsilon_0 = \dfrac{|b|}{2} > 0, \exists N_3 \in \mathbf{N}_+, \forall n > N_3$,有

$$|b_n - b| < \frac{|b|}{2}.$$

从而 $|b_n| = |b_n - b + b| \geq |b| - |b_n - b| > |b| - \dfrac{|b|}{2} = \dfrac{|b|}{2}$.

或

$$\frac{1}{|b_n|} < \frac{2}{|b|}.$$

$\exists N = \max\{N_1, N_2, N_3\}, \forall n > N$,同时有

$$|a_n - a| < \varepsilon, \quad |b_n - b| < \varepsilon \quad \text{与} \quad \frac{1}{|b_n|} < \frac{2}{|b|}.$$

于是,$\forall n > N$,有

$$\left|\frac{a_n}{b_n} - \frac{a}{b}\right| \leq \frac{1}{|b_n||b|}(|b||a_n - a| + |a||b_n - b|)$$

$$< \frac{2}{|b|^2}(|a|+|b|)\cdot\varepsilon,$$

其中 $\frac{2}{|b|^2}(|a|+|b|)$ 是正常数, 即

$$\lim_{n\to\infty}\frac{a_n}{b_n}=\frac{a}{b}=\frac{\lim\limits_{n\to\infty}a_n}{\lim\limits_{n\to\infty}b_n}.$$

定理 4, 5, 6 指出: 两个收敛数列的四则运算与极限运算可以交换次序. 这两种不同的运算交换次序将给计算极限带来很大的方便.

例如, 已知 $\lim\limits_{n\to\infty}\frac{1}{n^k}=0, \forall k\in\mathbf{N}_+$ (§2.1 例 4) 和 $\lim\limits_{n\to\infty}c=c$ (c 是常数) (§2.1 例 2). 根据定理 5, $\forall k\in\mathbf{N}_+$, 有

$$\lim_{n\to\infty}\frac{c}{n^k}=\lim_{n\to\infty}\frac{1}{n^k}\cdot\lim_{n\to\infty}c=0.$$

应用上述的结果求下列极限:

例 1 求极限 $\lim\limits_{n\to\infty}\frac{2n^2+3n-2}{n^2+1}$.

解 将分式 $\frac{2n^2+3n-2}{n^2+1}$ 的分子与分母同用 n^2 除之, 再根据定理 4, 5, 6, 有

$$\lim_{n\to\infty}\frac{2n^2+3n-2}{n^2+1}=\lim_{n\to\infty}\frac{2+\frac{3}{n}-\frac{2}{n^2}}{1+\frac{1}{n^2}}=\frac{\lim\limits_{n\to\infty}\left(2+\frac{3}{n}-\frac{2}{n^2}\right)}{\lim\limits_{n\to\infty}\left(1+\frac{1}{n^2}\right)}$$

$$=\frac{\lim\limits_{n\to\infty}2+\lim\limits_{n\to\infty}\frac{3}{n}-\lim\limits_{n\to\infty}\frac{2}{n^2}}{\lim\limits_{n\to\infty}1+\lim\limits_{n\to\infty}\frac{1}{n^2}}=\frac{2}{1}=2.$$

例 2 求极限 $\lim\limits_{n\to\infty}\frac{a_0n^k+a_1n^{k-1}+\cdots+a_k}{b_0n^m+b_1n^{m-1}+\cdots+b_m}$, 其中 k, m 都是正整数, 且 $k\leqslant m, a_i, b_j$ ($i=0, 1, \cdots, k; j=0, 1, \cdots, m$) 都是与 n 无关的常数, 且 $a_0\neq 0, b_0\neq 0$.

解
$$\frac{a_0n^k+a_1n^{k-1}+\cdots+a_k}{b_0n^m+b_1n^{m-1}+\cdots+b_m}=n^{k-m}\frac{a_0+\frac{a_1}{n}+\cdots+\frac{a_k}{n^k}}{b_0+\frac{b_1}{n}+\cdots+\frac{b_m}{n^m}}.$$

已知

$$\lim_{n\to\infty}n^{k-m}=\begin{cases}0, & k<m,\\ 1, & k=m.\end{cases}$$

$$\lim_{n\to\infty}\frac{a_0+\frac{a_1}{n}+\cdots+\frac{a_k}{n^k}}{b_0+\frac{b_1}{n}+\cdots+\frac{b_m}{n^m}}=\frac{a_0}{b_0}.$$

根据定理 6,有

$$\lim_{n\to\infty}\frac{a_0n^k+a_1n^{k-1}+\cdots+a_k}{b_0n^m+b_1n^{m-1}+\cdots+b_m}=\lim_{n\to\infty}n^{k-m}\frac{a_0+\dfrac{a_1}{n}+\cdots+\dfrac{a_k}{n^k}}{b_0+\dfrac{b_1}{n}+\cdots+\dfrac{b_m}{n^m}}=\begin{cases}0, & k<m,\\ \dfrac{a_0}{b_0}, & k=m.\end{cases}$$

例 3 求极限 $\lim\limits_{n\to\infty}\dfrac{1^2+2^2+\cdots+n^2}{n^3}$.

解
$$\lim_{n\to\infty}\frac{1^2+2^2+\cdots+n^2}{n^3}=\lim_{n\to\infty}\frac{n(n+1)(2n+1)}{6n^3}=\lim_{n\to\infty}\frac{1}{6}\left(1+\frac{1}{n}\right)\left(2+\frac{1}{n}\right)$$
$$=\frac{1}{6}\lim_{n\to\infty}\left(1+\frac{1}{n}\right)\cdot\lim_{n\to\infty}\left(2+\frac{1}{n}\right)=\frac{1}{6}\cdot 2=\frac{1}{3}.$$

例 4 求极限 $\lim\limits_{n\to\infty}\dfrac{2^n+3^n}{2^{n+1}+3^{n+1}}$.

解 由 §2.1 例 3 知, $\lim\limits_{n\to\infty}\left(\dfrac{2}{3}\right)^n=0$.

$$\lim_{n\to\infty}\frac{2^n+3^n}{2^{n+1}+3^{n+1}}=\lim_{n\to\infty}\frac{3^n\left[\left(\dfrac{2}{3}\right)^n+1\right]}{3^{n+1}\left[\left(\dfrac{2}{3}\right)^{n+1}+1\right]}=\frac{1}{3}\cdot\frac{\lim\limits_{n\to\infty}\left[\left(\dfrac{2}{3}\right)^n+1\right]}{\lim\limits_{n\to\infty}\left[\left(\dfrac{2}{3}\right)^{n+1}+1\right]}=\frac{1}{3}\cdot\frac{0+1}{0+1}=\frac{1}{3}.$$

三、数列的收敛判别法

一个数列不是收敛就是发散,那么怎样判别数列的敛散性(收敛或发散)呢? 下面给出两个收敛判别法:

定理 7(两边夹定理) 设 $\{a_n\},\{b_n\},\{c_n\}$ 是三个数列,若 $\exists N\in\mathbf{N}_+,\forall n>N$,有 $a_n\leqslant b_n\leqslant c_n$,且 $\lim\limits_{n\to\infty}a_n=\lim\limits_{n\to\infty}c_n=l$,则 $\lim\limits_{n\to\infty}b_n=l$.

证法 找 $N_0,\forall n>N_0$,有 $|b_n-l|<\varepsilon$.

证明 已知 $\lim\limits_{n\to\infty}a_n=\lim\limits_{n\to\infty}c_n=l$,即 $\forall\varepsilon>0,\exists N_1\in\mathbf{N}_+,\forall n>N_1$,有 $|a_n-l|<\varepsilon$,从而
$$l-\varepsilon<a_n;$$
$\exists N_2\in\mathbf{N}_+,\forall n>N_2$,有 $|c_n-l|<\varepsilon$,从而
$$c_n<l+\varepsilon.$$
$\exists N_0=\max\{N_1,N_2,N\},\forall n>N_0$,同时有
$$l-\varepsilon<a_n,\ c_n<l+\varepsilon\quad 与\quad a_n\leqslant b_n\leqslant c_n.$$
于是, $\forall n>N_0$,有 $l-\varepsilon<a_n\leqslant b_n\leqslant c_n<l+\varepsilon$,从而 $l-\varepsilon<b_n<l+\varepsilon$,或
$$|b_n-l|<\varepsilon,$$
即
$$\lim_{n\to\infty}b_n=l.$$

推论 若有两个数列 $\{b_n\}$ 与 $\{c_n\}$,且 $\exists N\in\mathbf{N}_+,\forall n>N$,有 $l\leqslant b_n\leqslant c_n$,又 $\lim\limits_{n\to\infty}c_n=l$,则

$$\lim_{n\to\infty} b_n = l.$$

例 5 证明 $\lim\limits_{n\to\infty}\dfrac{a^n}{n!}=0$ ($a>0$).

证明 已知 a 是正常数,$\exists k\in \mathbf{N}_+$,使 $a\leqslant k$,有
$$1>\frac{a}{k+1}>\frac{a}{k+2}>\frac{a}{k+3}>\cdots.$$

$\forall n>k$,有
$$0<\frac{a^n}{n!}=\overbrace{\frac{a}{1}\cdot\frac{a}{2}\cdot\cdots\cdot\frac{a}{k}}^{k\text{项}}\cdot\overbrace{\frac{a}{k+1}\cdot\frac{a}{k+2}\cdot\cdots\cdot\frac{a}{n-1}\cdot\frac{a}{n}}^{n-k\text{项}}$$
$$<\frac{a^k}{k!}\cdot\frac{a}{n}=\frac{a^{k+1}}{k!}\cdot\frac{1}{n}\quad\left(\text{将}\frac{a}{k+1},\cdots,\frac{a}{n-1}\text{放大为}1\right),$$

即 $\forall n>k$,有
$$0<\frac{a^n}{n!}<\frac{a^{k+1}}{k!}\cdot\frac{1}{n}.$$

已知 $\dfrac{a^{k+1}}{k!}$ 是正常数,且 $\lim\limits_{n\to\infty}\dfrac{1}{n}=0$,根据定理 7,有
$$\lim_{n\to\infty}\frac{a^n}{n!}=0.$$

例 6 证明 $\lim\limits_{n\to\infty}\sqrt[n]{n}=1$.

证明 $\forall n\in\mathbf{N}_+$,有 $\sqrt[n]{n}\geqslant 1$. 令 $\sqrt[n]{n}-1=b_n,b_n\geqslant 0$. 从而 $n=(1+b_n)^n$,由二项式定理,有
$$n=(1+b_n)^n=1+nb_n+\frac{n(n-1)}{2!}b_n^2+\cdots+b_n^n\geqslant\frac{n(n-1)}{2}b_n^2,$$
$$1\geqslant\frac{n-1}{2}b_n^2,$$

或 $\forall n\geqslant 2$,有
$$0\leqslant b_n\leqslant\sqrt{\frac{2}{n-1}}\leqslant\frac{2}{\sqrt{n}}\quad(\text{因}\sqrt{2n}\leqslant 2\sqrt{n-1}).$$

由 §2.1 例 4,$\lim\limits_{n\to\infty}\dfrac{2}{\sqrt{n}}=0$. 根据定理 7 的推论,有
$$\lim_{n\to\infty}b_n=\lim_{n\to\infty}(\sqrt[n]{n}-1)=0,$$

即
$$\lim_{n\to\infty}\sqrt[n]{n}=1.$$

例 7 证明:1) $\lim\limits_{n\to\infty}\dfrac{n^k}{a^n}=0$;

2) $\lim\limits_{n\to\infty}\dfrac{\log_a n}{a^n}=0$,其中 $a>1,k\in\mathbf{N}_+$.

证明 1) 设 m 是正整数,且 $m\geqslant k$,有

$$0 < \frac{n^k}{a^n} \leqslant \frac{n^m}{a^n} = \left(\frac{n}{\sqrt[m]{a^n}}\right)^m = \left(\frac{n}{b^n}\right)^m,$$

其中 $b = \sqrt[m]{a} > 1$. 由 §2.1 例 7, 知 $\lim\limits_{n \to \infty} \dfrac{n}{b^n} = 0$. 再由定理 5 知 $\lim\limits_{n \to \infty}\left(\dfrac{n}{b^n}\right)^m = 0$, 再根据两边夹定理, 有

$$\lim_{n \to \infty} \frac{n^k}{a^n} = 0.$$

2) 已知 $\forall n \in \mathbf{N}_+$, 有 $\log_a n < n$, 从而

$$0 \leqslant \frac{\log_a n}{a^n} < \frac{n}{a^n}.$$

由 §2.1 例 7, 有 $\lim\limits_{n \to \infty} \dfrac{n}{a^n} = 0$. 再根据两边夹定理, 有

$$\lim_{n \to \infty} \frac{\log_a n}{a^n} = 0.$$

例 8 求极限 $\lim\limits_{n \to \infty}\left(\dfrac{1}{\sqrt{n^2+1}} + \dfrac{1}{\sqrt{n^2+2}} + \cdots + \dfrac{1}{\sqrt{n^2+n}}\right)$.

解 设 $c_n = \dfrac{1}{\sqrt{n^2+1}} + \dfrac{1}{\sqrt{n^2+2}} + \cdots + \dfrac{1}{\sqrt{n^2+n}}$, 有

$$c_n > \underbrace{\frac{1}{\sqrt{n^2+n}} + \frac{1}{\sqrt{n^2+n}} + \cdots + \frac{1}{\sqrt{n^2+n}}}_{n \text{项}} = \frac{n}{\sqrt{n^2+n}}.$$

$$c_n < \underbrace{\frac{1}{\sqrt{n^2+1}} + \frac{1}{\sqrt{n^2+1}} + \cdots + \frac{1}{\sqrt{n^2+1}}}_{n \text{项}} = \frac{n}{\sqrt{n^2+1}}.$$

于是,

$$\frac{n}{\sqrt{n^2+n}} < c_n < \frac{n}{\sqrt{n^2+1}}.$$

由 $\sqrt{n^2+n} < \sqrt{n^2+2n+1} = n+1$, $\sqrt{n^2+1} > \sqrt{n^2} = n$, 有

$$\frac{n}{n+1} < \frac{n}{\sqrt{n^2+n}} < c_n < \frac{n}{\sqrt{n^2+1}} < \frac{n}{n} = 1.$$

已知 $\lim\limits_{n \to \infty} \dfrac{n}{n+1} = 1$, 根据两边夹定理, 有

$$\lim_{n \to \infty}\left(\frac{1}{\sqrt{n^2+1}} + \frac{1}{\sqrt{n^2+2}} + \cdots + \frac{1}{\sqrt{n^2+n}}\right) = 1.$$

公理(实数集 R 的连续性) 单调有界数列存在极限.

公理的几何意义十分明显. 若数列 $\{a_n\}$ 单调增加有上界. 设 a_n 在数轴上的对应点是 A_n. 当 n 无限增大时, 点 A_n 在数轴上向右方移动, 因为有上界, 所以这些点必无限地趋近于某个点 A. 设 A 的坐标为 a, 则 a 就是数列 $\{a_n\}$ 的极限 (如图 2.3). 这个公理是能够证明的, 它需要第四章实数集的连续性. 现暂时作为公理.

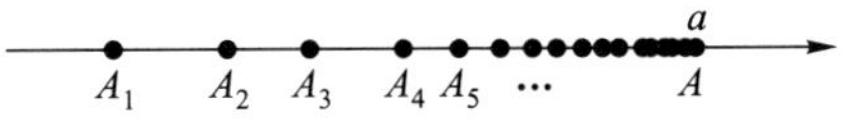

图 2.3

例 9 证明数列

$$\sqrt{a}, \sqrt{a+\sqrt{a}}, \cdots, \underbrace{\sqrt{a+\sqrt{a+\sqrt{a+\cdots+\sqrt{a}}}}}_{n\text{个根号}}, \cdots \quad (a>0)$$

收敛,并求它的极限.

证明 令 $s_n = \underbrace{\sqrt{a+\sqrt{a+\sqrt{a+\cdots+\sqrt{a}}}}}_{n\text{个根号}}$,有

$$s_{n+1} = \sqrt{a+s_n}.$$

用归纳法证明,数列 $\{s_n\}$ 严格增加有上界.

显然,当 $n=1$ 时,有 $s_1 < s_2$. 设 $n=k$, $s_k < s_{k+1}$,则

$$a+s_k < a+s_{k+1}, \quad \sqrt{a+s_k} < \sqrt{a+s_{k+1}},$$

有 $s_{k+1} < s_{k+2}$, 即数列 $\{s_n\}$ 严格增加.

显然,当 $n=1$ 时,有 $s_1 = \sqrt{a} < \sqrt{a}+1$. 设 $n=k$, $s_k < \sqrt{a}+1$, 则

$$s_{k+1} = \sqrt{a+s_k} < \sqrt{a+\sqrt{a}+1} < \sqrt{a+2\sqrt{a}+1} = \sqrt{a}+1,$$

即数列 $\{s_n\}$ 有上界(上界是 $\sqrt{a}+1$).

根据公理,数列 $\{s_n\}$ 收敛.设 $\lim\limits_{n\to\infty} s_n = l$. 已知 $s_{n+1}^2 = a+s_n$,有

$$\lim_{n\to\infty} s_{n+1}^2 = a + \lim_{n\to\infty} s_n, \quad 即 \quad l^2 = a+l,$$

解得 $l = \dfrac{1}{2}(1\pm\sqrt{1+4a})$. 由极限保号性, l 不能是负数,则数列 $\{s_n\}$ 的极限是 $l = \dfrac{1}{2}(1+\sqrt{1+4a})$.

例 10 证明数列 $\left\{\left(1+\dfrac{1}{n}\right)^{n+1}\right\}$ 严格减少,有下界.

证明 设 $a_n = \left(1+\dfrac{1}{n}\right)^{n+1}$, 由常用符号与不等式中的伯努利不等式 2, $\forall n \in \mathbf{N}_+$, $n \geq 2$, 有

$$\frac{a_{n-1}}{a_n} = \frac{\left(1+\dfrac{1}{n-1}\right)^n}{\left(1+\dfrac{1}{n}\right)^{n+1}} = \left(\frac{n^2}{n^2-1}\right)^n \frac{n}{n+1} = \left(1+\frac{1}{n^2-1}\right)^n \frac{n}{n+1}$$

$$\geq \left(1+n\frac{1}{n^2-1}\right)\left(\frac{n}{n+1}\right) = \left(1+\frac{1}{n-\dfrac{1}{n}}\right)\left(\frac{n}{n+1}\right)$$

$$> \left(1+\frac{1}{n}\right)\left(\frac{n}{n+1}\right) = 1,$$

即 $a_{n-1} > a_n$, 即数列 $\{a_n\}$ 严格减少,且有下界,0 就是它的一个下界.根据公理,数列 $\{a_n\}$

收敛,因为
$$\lim_{n\to\infty}\left(1+\frac{1}{n}\right)^{n+1}=\lim_{n\to\infty}\left(1+\frac{1}{n}\right)^n\left(1+\frac{1}{n}\right)=\lim_{n\to\infty}\left(1+\frac{1}{n}\right)^n,$$
设它的极限为 e,即
$$\lim_{n\to\infty}\left(1+\frac{1}{n}\right)^n=\mathrm{e}.$$
常数 e 是无理数,它在小数点后若干位小数是
$$\mathrm{e}=2.718\ 281\ 828\ 459\ 0\cdots.$$

注 我们证明了有理数列 $\left\{\left(1+\dfrac{1}{n}\right)^n\right\}$ 收敛,并设它的极限是 e.在高等数学和实际应用中,常数 e 以及收敛于它的有理数列 $\left\{\left(1+\dfrac{1}{n}\right)^n\right\}$ 起着重要的作用.常数 e 在数学分析中的地位就像算术中的 1 和几何学中的数 π 一样的重要.数 e 就是我们熟知的自然对数的底,并将以 e 为底的自然对数 $\log_e x$ 记为"$\ln x$".

例 11 设 $x_n=1+\dfrac{1}{2}+\cdots+\dfrac{1}{n}-\ln n$.证明数列 $\{x_n\}$ 严格减少,有下界.

证明 $\forall n\in\mathbf{N}_+$,有
$$\begin{aligned}x_{n+1}-x_n&=\left[1+\frac{1}{2}+\cdots+\frac{1}{n+1}-\ln(n+1)\right]-\left(1+\frac{1}{2}+\cdots+\frac{1}{n}-\ln n\right)\\&=\frac{1}{n+1}-\ln(n+1)+\ln n=\frac{1}{n+1}-\ln\left(1+\frac{1}{n}\right).\end{aligned}$$
由上题,已知 $\left(1+\dfrac{1}{n}\right)^{n+1}>\mathrm{e}$,不等式两端取以 e 为底的对数,有
$$(n+1)\ln\left(1+\frac{1}{n}\right)>1\quad\text{或}\quad\frac{1}{n+1}-\ln\left(1+\frac{1}{n}\right)<0.$$
从而数列 $\{x_n\}$ 是严格减少.其次,$\forall n\in\mathbf{N}_+$,有
$$x_n=1+\frac{1}{2}+\cdots+\frac{1}{n}-\ln n$$
$$>\ln(1+1)+\ln\left(1+\frac{1}{2}\right)+\cdots+\ln\left(1+\frac{1}{n}\right)-\ln n$$
$$=\ln\left(2\cdot\frac{3}{2}\cdot\cdots\cdot\frac{n+1}{n}\right)-\ln n=\ln(n+1)-\ln n$$
$$=\ln\left(1+\frac{1}{n}\right)>\frac{1}{n+1}>0.$$
即数列 $\{x_n\}$ 有下界.根据公理,数列 $\{x_n\}$ 收敛,设
$$\lim_{n\to\infty}x_n=\lim_{n\to\infty}\left[\left(1+\frac{1}{2}+\cdots+\frac{1}{n}\right)-\ln n\right]=c,$$
其中常数 $c=0.577\ 216\cdots$ 是欧拉常数.有时将它写为
$$1+\frac{1}{2}+\frac{1}{3}+\cdots+\frac{1}{n}=\ln n+c+\varepsilon_n,$$

其中 c 是常数，$\lim\limits_{n\to\infty}\varepsilon_n=0$.

例 12 设 $b>0, a_0>0$，数列 a_n 由以下递推公式给出

$$a_n=\frac{1}{2}\left(a_{n-1}+\frac{b}{a_{n-1}}\right), \quad n=1,2,\cdots.$$

证明数列 $\{a_n\}$ 收敛，且 $\lim\limits_{n\to\infty}a_n=\sqrt{b}$.

证明 由几何平均不超过算术平均，$\forall n\in\mathbf{N}_+$，有

$$a_n=\frac{1}{2}\left(a_{n-1}+\frac{b}{a_{n-1}}\right)\geqslant\sqrt{a_{n-1}\cdot\frac{b}{a_{n-1}}}=\sqrt{b},$$

即数列 $\{a_n\}$ 有下界. 又 $\forall n\in\mathbf{N}_+$，有（因为 $a_n^2\geqslant b$）

$$a_{n+1}=\frac{1}{2}\left(a_n+\frac{b}{a_n}\right)\leqslant\frac{1}{2}\left(a_n+\frac{a_n^2}{a_n}\right)=a_n,$$

即 $a_{n+1}\leqslant a_n$. 于是数列 $\{a_n\}$ 单调减少有下界，由公理知，数列 $\{a_n\}$ 收敛. 设

$$\lim_{n\to\infty}a_n=a,$$

对等式 $a_n=\frac{1}{2}\left(a_{n-1}+\frac{b}{a_{n-1}}\right)$ 两端取极限，有

$$a=\frac{1}{2}\left(a+\frac{b}{a}\right), \quad 即\ a^2=b \quad 或 \quad a=\pm\sqrt{b}.$$

已知 $a\geqslant\sqrt{b}$，所以有 $a=\sqrt{b}$，于是

$$\lim_{n\to\infty}a_n=\sqrt{b}.$$

例 12 提供了一种用计算机采用迭代法近似计算平方根的方法.

公理只适用于判别有界单调数列的收敛性，有很大的局限性. 判别任意一个数列的敛散性（收敛或发散）有下面重要的柯西[①]收敛准则：

定理 8（柯西收敛准则） 数列 $\{a_n\}$ 收敛 $\Longleftrightarrow \forall \varepsilon>0, \exists N\in\mathbf{N}_+, \forall n,m>N$，有

$$|a_n-a_m|<\varepsilon.$$

柯西收敛准则，也可以这样叙述：数列 $\{a_n\}$ 收敛 $\Longleftrightarrow \forall\varepsilon>0, \exists N\in\mathbf{N}_+, \forall n>N, \forall p\in\mathbf{N}_+$，有

$$|a_{n+p}-a_n|<\varepsilon.$$

证明 必要性（$\Rightarrow$） 若数列 $\{a_n\}$ 收敛，设 $\lim\limits_{n\to\infty}a_n=a$. 根据数列的极限定义，即 $\forall\varepsilon>0, \exists N\in\mathbf{N}_+, \forall k>N$，有 $|a_k-a|<\varepsilon$. 从而

$$\forall n>N \quad 与 \quad m>N,$$

分别有

$$|a_n-a|<\varepsilon \quad 与 \quad |a_m-a|<\varepsilon.$$

于是，$\forall n,m>N$，有

$$|a_n-a_m|=|a_n-a+a-a_m|\leqslant|a_n-a|+|a-a_m|<2\varepsilon.$$

充分性（$\Leftarrow$） 证明放在第四章.

[①] 柯西（Cauchy, 1789—1857），法国数学家.

证明数列发散有时要应用柯西收敛准则的否定叙述,其否定方法与数列极限的否定方法相同.现将柯西收敛准则的正反叙述列表对比如下:

数列 $\{a_n\}$ 收敛 $\Longleftrightarrow$	$\forall \varepsilon>0$,$\exists N\in \mathbf{N}_+$,$\forall n,m>N$,有 $\|a_n-a_m\|<\varepsilon$
数列 $\{a_n\}$ 发散 $\Longleftrightarrow$	$\exists \varepsilon_0>0$,$\forall N\in \mathbf{N}_+$,$\exists n_0,m_0>N$,有 $\|a_{n_0}-a_{m_0}\|\geqslant \varepsilon_0$

注 柯西收敛准则指出,数列收敛等价于数列中充分远(即正整数 n 充分大)的任意两项的距离能够任意小,这是收敛数列的最本质的特征.柯西收敛准则有两个优点:一是它不需要借助数列以外的任何数,只需根据数列自身各项之间的相互关系就能判别该数列的敛散性;另一个是它不仅是数列收敛的充分条件,还是必要条件.因此,应用反证法证明数列的发散性,常有特殊的效用.

请注意,柯西收敛准则不能这样叙述: $\forall p\in \mathbf{N}_+$,有 $\lim_{n\to\infty}(x_{n+p}-x_n)=0$.而柯西收敛准则的完整叙述是: $\forall \varepsilon>0$,$\exists N\in \mathbf{N}_+$,$\forall n>N$,$\forall p\in \mathbf{N}_+$,有 $\|x_{n+p}-x_n\|<\varepsilon$.这两种叙述是截然不同的,有本质的区别.先说前者, $\forall p\in \mathbf{N}_+$,$\forall \varepsilon>0$,能够找到 $N\in \mathbf{N}_+$(这个 N 不仅与 ε 有关,也与 p 有关),当 $n>N$ 时,有 $\|x_{n+p}-x_n\|<\varepsilon$,即 $\lim_{n\to\infty}(x_{n+p}-x_n)=0$.这里突出了 p 的作用.而后者, $\forall \varepsilon>0$,$\exists N\in \mathbf{N}_+$,这个 N 仅与 ε 有关, $\forall n>N$,$\forall p\in \mathbf{N}_+$,都有 $\|x_{n+p}-x_n\|<\varepsilon$,这里与 p 无关,即对所有的 p 都一致的成立.这就是两者之间的区别.

已知发散的数列 $\{\sqrt{n}\}$ 满足前者的叙述: $\forall p\in \mathbf{N}_+$,有

$$|x_{n+p}-x_n|=\sqrt{n+p}-\sqrt{n}=\frac{p}{\sqrt{n+p}+\sqrt{n}}\to 0 \quad (n\to\infty),$$

但是数列 $\{\sqrt{n}\}$ 却是发散的.

例 13 证明若 $\forall n\in \mathbf{N}_+$,有 $\|y_{n+1}-y_n\|\leqslant cr^n$,其中 c 是正常数,且 $0<r<1$,则数列 $\{y_n\}$ 收敛.

证明 $\forall n,p\in \mathbf{N}_+$,有

$$\begin{aligned}
&|y_{n+p}-y_n|\\
&=|y_{n+p}-y_{n+p-1}+y_{n+p-1}-y_{n+p-2}+\cdots+y_{n+1}-y_n|\\
&\leqslant |y_{n+p}-y_{n+p-1}|+|y_{n+p-1}-y_{n+p-2}|+\cdots+|y_{n+1}-y_n|\\
&\leqslant cr^{n+p-1}+cr^{n+p-2}+\cdots+cr^n\\
&=cr^n(1+r+\cdots+r^{p-1})\\
&=cr^n\frac{1-r^p}{1-r}<\frac{c}{1-r}r^n.
\end{aligned}$$

已知 $\lim_{n\to\infty}r^n=0(0<r<1)$,即 $\forall \varepsilon>0$,$\exists N\in \mathbf{N}_+$,$\forall n>N$,有 $r^n<\varepsilon$.于是, $\forall \varepsilon>0$,$\exists N\in \mathbf{N}_+$,$\forall n>N$,$\forall p\in \mathbf{N}_+$,有

$$|y_{n+p}-y_n|<\frac{c}{1-r}r^n<\frac{c}{1-r}\varepsilon,$$

其中 $\frac{c}{1-r}$ 是正常数.根据柯西收敛准则,数列 $\{y_n\}$ 收敛.

例 14 证明若 $y_n=1+\frac{1}{2}+\cdots+\frac{1}{n}$,则数列 $\{y_n\}$ 发散.

证明 $\exists \varepsilon_0 = \dfrac{1}{2} > 0, \forall N \in \mathbf{N}_+, \exists m, 2m > N,$ 有

$$|y_{2m} - y_m| = \left|\dfrac{1}{m+1} + \dfrac{1}{m+2} + \cdots + \dfrac{1}{2m}\right| > \underbrace{\dfrac{1}{2m} + \dfrac{1}{2m} + \cdots + \dfrac{1}{2m}}_{m\text{项}} = m \cdot \dfrac{1}{2m} = \dfrac{1}{2} = \varepsilon_0,$$

根据柯西收敛准则的否定叙述,数列 $\{y_n\}$ 发散.

注 公理与柯西收敛准则的意义就在于指出数列的收敛性,它不在于求出数列的极限值,这正是讨论数列收敛性的价值.公理对某些数列也可能求出它的极限,这必须在已知收敛的情况下,又已知数列的递推关系.例如,例 10 就是先在数列收敛的前提下,又已知递推关系,我们才求得了它的极限.柯西准则根本求不出它的极限.证明了数列收敛之后,也可以引进新的符号表示这个数列的极限.例如,例 10 和例 11 都是这样.

四、子数列

讨论数列的敛散性,经常要涉及所谓子数列.

定义 设有数列 $\{a_n\}$.若 $n_k(k = 1, 2, 3, \cdots)$ 是一列正整数,且

$$n_1 < n_2 < n_3 < \cdots < n_k < \cdots$$

则称 $\{a_{n_k}\}$ 是数列 $\{a_n\}$ 的一个**子数列**.

在数列 $\{a_n\}$ 中,依序任意选取无限多项就是数列 $\{a_n\}$ 的一个子数列.例如,在数列 $\{a_n\}$ 中,依序选取无限多项:

$$a_3, a_8, a_9, a_{15}, a_{19}, a_{25}, a_{40}, \cdots$$

就是数列 $\{a_n\}$ 的一个子数列.

特别是,选取 $n_k = 2k-1$ 与 $n_k = 2k, k \in \mathbf{N}_+$,有

$$\{a_{2k-1}\}: a_1, a_3, a_5, \cdots, a_{2k-1}, \cdots$$

与

$$\{a_{2k}\}: a_2, a_4, a_6, \cdots, a_{2k}, \cdots$$

分别称为数列 $\{a_n\}$ 的**奇子列**与**偶子列**.

关于子数列 $\{a_{n_k}\}$ 的序号 n_k 说明如下:

1) n_k 是 k 的函数,即 $n_k = \varphi(k)$,不同的 φ 就是不同的子数列. a_{n_m} 是子数列 $\{a_{n_k}\}$ 中的第 m 项,它是原数列 $\{a_n\}$ 中的第 n_m 项;

2) $\forall k \in \mathbf{N}_+,$ 总有 $n_k \geq k$.显然,当 k 无限增大时, n_k 也无限增大.

定理 9 若数列 $\{a_n\}$ 收敛于 a,则 $\{a_n\}$ 的任意子数列 $\{a_{n_k}\}$ 也收敛于 a.

证明 已知 $\lim\limits_{n \to \infty} a_n = a$,即 $\forall \varepsilon > 0, \exists N \in \mathbf{N}_+, \forall n > N,$ 有

$$|a_n - a| < \varepsilon.$$

因为下标 $\{n_k\}$ 是严格增加的,所以对上述的 $N, \exists k_0 \in \mathbf{N}_+, \forall k > k_0,$ 有 $n_k > N$.于是, $\forall \varepsilon > 0, \exists k_0 \in \mathbf{N}_+, \forall k > k_0,$ 有

$$|a_{n_k} - a| < \varepsilon,$$

即 $\lim\limits_{k \to \infty} a_{n_k} = a$.

定理 9 的等价命题:若数列 $\{a_n\}$ 有某一个子数列发散,或有某两个收敛子数列,但它们的"极限"不相等,则数列 $\{a_n\}$ 发散.应用定理 9 的这一等价命题很容易判别某些

数列的发散性.例如：

数列 $\{n^{(-1)^n}\}$ 是发散的.因为它的偶子列 $\{(2k)^{(-1)^{2k}}\}=\{2k\}$ 发散.

数列 $\{(-1)^n\}$ 是发散的,因为它的奇子列 $\{(-1)^{2k-1}\}$ 收敛于 -1；它的偶子列 $\{(-1)^{2k}\}$ 收敛于 1，而 $-1\neq 1$.

定理 10 数列 $\{a_n\}$ 收敛 $\Longleftrightarrow$ 奇子列 $\{a_{2k-1}\}$ 与偶子列 $\{a_{2k}\}$ 都收敛，且它们的极限相等.

证明 **必要性**（$\Rightarrow$） 根据定理 9，数列 $\{a_n\}$ 的奇子列 $\{a_{2k-1}\}$ 与偶子列 $\{a_{2k}\}$ 都收敛，且它们的极限相等.

充分性（$\Leftarrow$） 设 $\lim\limits_{k\to\infty} a_{2k-1} = \lim\limits_{k\to\infty} a_{2k} = a$. 根据数列极限定义，即 $\forall \varepsilon > 0$，$\exists K_1 \in \mathbf{N}_+$，$\forall k > K_1$，有
$$|a_{2k-1} - a| < \varepsilon;$$
$\exists K_2 \in \mathbf{N}_+$，$\forall k > K_2$，有
$$|a_{2k} - a| < \varepsilon.$$
$\exists N = \max\{2K_1, 2K_2\}$，$\forall n > N$（$n = 2k-1$，有 $k > K_1$；$n = 2k$，有 $k > K_2$），有
$$|a_n - a| < \varepsilon.$$
即数列 $\{a_n\}$ 收敛.

练习题 2.2

1. 证明：$\lim\limits_{n\to\infty}|a_n|=0 \Longleftrightarrow \lim\limits_{n\to\infty}a_n=0$.

2. 证明：若 $\lim\limits_{n\to\infty}a_n=a$，则 $\lim\limits_{n\to\infty}|a_n|=|a|$. 逆命题是否成立？研究数列 $\{(-1)^n\}$.

3. 证明：若 $\lim\limits_{n\to\infty}a_n=a$，则 $\lim\limits_{n\to\infty}a_{p+n}=a$，其中 p 是固定的正整数.

4. 证明：若 $\lim\limits_{n\to\infty}b_n=b$，则 $\lim\limits_{n\to\infty}b_n^2=b^2$.

5. 证明：若数列 $\{x_n\}$ 有界，且 $\lim\limits_{n\to\infty}y_n=0$，则 $\lim\limits_{n\to\infty}x_ny_n=0$.

6. 用极限定义证明：若 $\lim\limits_{n\to\infty}a_n=a<0$，则 $\exists N \in \mathbf{N}_+$，$\forall n>N$，有 $a_n<0$.

7. 证明：若 $|a_{n+1}| \leq q|a_n|$，$0<q<1$，$n=1,2,3,\cdots$，则 $\lim\limits_{n\to\infty}a_n=0$.

8. 证明：若 $a_n>0$，且 $\lim\limits_{n\to\infty}\sqrt[n]{a_n}=r<1$，则 $\lim\limits_{n\to\infty}a_n=0$.

9. 证明：若 $a_n>0$，且 $\lim\limits_{n\to\infty}\dfrac{a_{n+1}}{a_n}=r<1$，则 $\lim\limits_{n\to\infty}a_n=0$.

10. 数列 $\{a_n\}$：$a_1=a_2=1$，$a_{n+1}=a_n+a_{n-1}$，$n=2,3,\cdots$，称为斐波那契①数列，不难用归纳法证明
$$a_n = \frac{1}{\sqrt{5}}\left\{\left(\frac{1+\sqrt{5}}{2}\right)^n - \left(\frac{1-\sqrt{5}}{2}\right)^n\right\}.$$
证明 $\lim\limits_{n\to\infty}\dfrac{a_n}{a_{n+1}}=\dfrac{\sqrt{5}-1}{2}\approx 0.618$（提示：$\left|\dfrac{1-\sqrt{5}}{1+\sqrt{5}}\right|<1$）.

---

① 斐波那契（Fibonacci，约 1170—约 1250），意大利数学家.

11. 求下列极限:

1) $\lim\limits_{n\to\infty}\dfrac{1\,000n}{2n+1}$;

2) $\lim\limits_{n\to\infty}\dfrac{4n^2-5n-1}{7+2n-8n^2}$;

3) $\lim\limits_{n\to\infty}\dfrac{\sqrt{n}-9}{n+3}$;

4) $\lim\limits_{n\to\infty}\dfrac{5n^2+3n+1}{n^3+n^2+5}$;

5) $\lim\limits_{n\to\infty}\dfrac{1+a+a^2+\cdots+a^n}{1+b+b^2+\cdots+b^n}$ ($|a|<1,|b|<1$);

6) $\lim\limits_{n\to\infty}\left[\dfrac{1}{n^2}+\dfrac{1}{(n+1)^2}+\cdots+\dfrac{1}{(2n)^2}\right]$;

7) $\lim\limits_{n\to\infty}\left(\dfrac{1}{2}+\dfrac{3}{2^2}+\cdots+\dfrac{2n-1}{2^n}\right)$;

8) $\lim\limits_{n\to\infty}\dfrac{1}{n^3}\left[1^2+3^2+\cdots+(2n-1)^2\right]$;

9) $\lim\limits_{n\to\infty}\left(1+\dfrac{5}{n}\right)^n$;

10) $\lim\limits_{n\to\infty}\left(1+\dfrac{1}{4n}\right)^{8n}$.

12. 证明:$\lim\limits_{n\to\infty}\sqrt[n]{a_1^n+a_2^n+\cdots+a_k^n}=\max\{a_1,a_2,\cdots,a_k\}$,其中 $a_i>0,1\leqslant i\leqslant k$(提示:应用定理 7).

13. 证明:$\lim\limits_{n\to\infty}\left(\dfrac{1}{n^2}+\dfrac{1}{n^2+1}+\cdots+\dfrac{1}{n^2+n}\right)=0$.

14. 证明:若 $a_1=\sqrt{2}$,$a_{n+1}=\sqrt{2a_n}$,$n=1,2,\cdots$,则数列 $\{a_n\}$ 收敛,并求其极限.

15. 证明:若 $\lim\limits_{n\to\infty}a_n=a$,则

$$\lim\limits_{n\to\infty}\dfrac{a_1+2a_2+\cdots+na_n}{n^2}=\dfrac{a}{2}.$$

16. 应用柯西收敛准则证明下列数列(只给出通项)的收敛性:

1) $x_n=a_0+a_1q+\cdots+a_nq^n$,其中 $0<q<1$,$|a_i|\leqslant M$ 常数,$i=0,1,2,\cdots$;

2) $x_n=1+\dfrac{1}{2^2}+\cdots+\dfrac{1}{n^2}$ $\left(\text{提示}:\dfrac{1}{n^2}<\dfrac{1}{(n-1)n}=\dfrac{1}{n-1}-\dfrac{1}{n}\right)$;

3) $x_n=1+\dfrac{1}{1!}+\dfrac{1}{2!}+\cdots+\dfrac{1}{n!}$.

17. 证明:若数列 $\{a_n\}$ 单调增加,且有一个子数列 $\{a_{n_k}\}$ 收敛,则数列 $\{a_n\}$ 也收敛,且收敛于同一个极限.

*　　*　　*　　*　　*　　*　　*　　*

18. 证明:若 $x_1=a>0$,$y_1=b>0$,$x_{n+1}=\sqrt{x_ny_n}$,$y_{n+1}=\dfrac{1}{2}(x_n+y_n)$,$n=1,2,3,\cdots$,则数列 $\{x_n\}$ 与 $\{y_n\}$ 都存在极限,且它们的极限相等.

19. 用例 11,计算极限 $\lim\limits_{n\to\infty}\left(\dfrac{1}{n+1}+\dfrac{1}{n+2}+\cdots+\dfrac{1}{2n}\right)$.

20. 证明:若存在常数 c,$\forall n\in\mathbf{N}_+$,有

$$|x_2-x_1|+|x_3-x_2|+\cdots+|x_n-x_{n-1}|<c,$$

则数列 $\{x_n\}$ 收敛.

21. 证明:若 $\forall n\in\mathbf{N}_+$,有 $|x_{n+1}-x_n|<c_n$,且 $s_n=c_1+c_2+\cdots+c_n$,而数列 $\{s_n\}$ 收敛,则数列 $\{x_n\}$ 也收敛.

22. 方程 $x=m+\varepsilon\sin x$ ($0<\varepsilon<1$) 称为开普勒①方程.设

$$x_0=m,x_1=m+\varepsilon\sin x_0,\cdots,x_n=m+\varepsilon\sin x_{n-1},\cdots,$$

则数列 $\{x_n\}$ 存在极限(设 $\lim\limits_{n\to\infty}x_n=\xi$,以后将证明,$\xi$ 是开普勒方程的唯一解.提示:应用柯西收敛准则).

---

① 开普勒(Kepler,1571—1630),德国数学家.

23. 证明:若数列 $\{x_n\}$ 满足条件 $\lim\limits_{n\to\infty}(x_{n+1}-x_n)=l$,则 $\lim\limits_{n\to\infty}\dfrac{x_n}{n}=l$.

24. 证明:若 $\forall n\in \mathbf{N}_+$,有 $a_n>0$,且 $\lim\limits_{n\to\infty}a_n=a$,则
$$\lim_{n\to\infty}\sqrt[n]{a_1 a_2\cdots a_n}=a$$

(提示: $\dfrac{n}{\dfrac{1}{a_1}+\dfrac{1}{a_2}+\cdots+\dfrac{1}{a_n}}$(调和平均)$\leqslant \sqrt[n]{a_1 a_2\cdots a_n}$(几何平均)$\leqslant \dfrac{a_1+a_2+\cdots+a_n}{n}$(算术平均),应用 §2.1 的例 10).

并应用此结果,验证

1) 若 $\lim\limits_{n\to\infty}\dfrac{a_{n+1}}{a_n}=a(a_n>0,n=1,2,\cdots)$,则 $\lim\limits_{n\to\infty}\sqrt[n]{a_n}=a$;

2) $\lim\limits_{n\to\infty}\sqrt[n]{n}=1$;

3) $\lim\limits_{n\to\infty}\dfrac{1}{\sqrt[n]{n!}}=0$;

4) $\lim\limits_{n\to\infty}\dfrac{n}{\sqrt[n]{n!}}=\mathrm{e}$ (提示: $\lim\limits_{n\to\infty}\left(1+\dfrac{1}{n}\right)^n=\lim\limits_{n\to\infty}\left(\dfrac{n+1}{n}\right)^n=\mathrm{e}$).

25. 证明:若 $\lim\limits_{n\to\infty}a_n=a$ 与 $\lim\limits_{n\to\infty}b_n=b$,则
$$\lim_{n\to\infty}\dfrac{a_1 b_n+a_2 b_{n-1}+\cdots+a_n b_1}{n}=ab.$$

§2.3 函 数 极 限

一、扩充的实数集

我们将实数集 $\mathbf{R}$ 添加两个符号 $+\infty$(称正无穷大)和 $-\infty$(称负无穷大),就得到了扩充的实数集,"∞"是 $+\infty$ 与 $-\infty$ 的通称,称为"无穷大".
$$\mathbf{R}^*=\mathbf{R}\cup\{-\infty,+\infty\}.$$

$\mathbf{R}^*$ 是扩充的实数集.已知 $\forall x\in\mathbf{R}$ 与这两个符号 $-\infty$ 与 $+\infty$ 有顺序关系,即
$$-\infty<x<+\infty.$$

函数的有穷极限与函数的无穷极限,在性质上有所不同.当函数具有有限极限时,我们通常说它**收敛**于某数 a,而说函数具有无穷极限时,通常说它**发散**于 $-\infty$,$+\infty$ 或 ∞.设 $\forall a\in\mathbf{R}$ 是有限极限,$-\infty$,$+\infty$ 是函数的无穷极限,我们在扩充的实数集 $\mathbf{R}^*$ 中规定以下的运算:

$$a\pm\infty=\pm\infty,\qquad \dfrac{a}{\pm\infty}=0.$$

若 $a>0$,有 $a\cdot(\pm\infty)=\pm\infty$,若 $a<0$,有 $a\cdot(\pm\infty)=\mp\infty$.
$$(\pm\infty)+(\pm\infty)=\pm\infty,\qquad (\pm\infty)-(\mp\infty)=\pm\infty,$$
$$(\pm\infty)\cdot(\pm\infty)=+\infty,\qquad (\pm\infty)\cdot(\mp\infty)=-\infty.$$

在扩充的实数集中,也有无穷大的邻域.

定义 $\forall M>0$,开区间$(M,+\infty)$,称为**正无穷大$+\infty$的邻域**,开区间$(-\infty,-M)$,称为**负无穷大$-\infty$的邻域**.它的$\pm\infty$的去心邻域与邻域相同.

注 在扩充的实数集 $\mathbf{R}^*$中,下列运算:
$(+\infty)\mp(\pm\infty),(-\infty)+(+\infty),0\cdot(\pm\infty),\dfrac{\pm\infty}{+\infty},\dfrac{\pm\infty}{-\infty}$等都没有意义.

数列$\{x_n\}$发散于无穷大或发散于正负无穷大的定义如下:

定义 若$\forall M>0,\exists N\in\mathbf{N}_+,\forall n>N$,有$|x_n|>M$,称数列$\{x_n\}$**发散于无穷大**,记为
$$\lim_{n\to\infty}x_n=\infty \quad \text{或} \quad x_n\to\infty\ (n\to\infty).$$

定义 若$\forall M>0,\exists N\in\mathbf{N}_+,\forall n>N$,有$x_n>M$,称数列$\{x_n\}$**发散于正无穷大**,记为
$$\lim_{n\to\infty}x_n=+\infty \quad \text{或} \quad x_n\to+\infty\ (n\to\infty).$$

定义 若$\forall M>0,\exists N\in\mathbf{N}_+,\forall n>N$,有$x_n<-M$,称数列$\{x_n\}$**发散于负无穷大**,记为
$$\lim_{n\to\infty}x_n=-\infty \quad \text{或} \quad x_n\to-\infty\ (n\to\infty).$$

定理 1 1)若$x_n\to\pm\infty$,则$-x_n\to\mp\infty$;

2)若$a_n\to 0$,且n充分大时,$a_n>0$(或$a_n<0$),则$\dfrac{1}{a_n}\to+\infty$(或$-\infty$);

3)若$a_n\to\infty$,则$\dfrac{1}{a_n}\to 0\ (a_n\neq 0)$.

请读者自证.

例 1 证明:1)$\lim\limits_{n\to\infty}\sqrt[n]{n!}=+\infty$; 2)$\lim\limits_{n\to\infty}\ln n=+\infty$.

证明 由§2.2 例 5 知,$\lim\limits_{n\to\infty}\dfrac{a^n}{n!}=0\ (a>0)$,即

1)$\forall M>a,\exists N\in\mathbf{N}_+,\forall n>N$,有$\dfrac{M^n}{n!}<1$ 或 $\sqrt[n]{n!}>M$,即
$$\lim_{n\to\infty}\sqrt[n]{n!}=+\infty.$$

2)$\forall M>0,\mathrm{e}^M\in\mathbf{R},\exists N\in\mathbf{N}_+,\forall n>N$ 时,有$n>\mathrm{e}^M$ 或 $\ln n>M$,即
$$\lim_{n\to\infty}\ln n=+\infty.$$

例 2 证明当$a>1$时,有$\lim\limits_{n\to\infty}a^n=+\infty$.

证明 设$a=1+\alpha,\alpha>0$,则由伯努利不等式,$\forall M>0$,有
$$a^n=(1+\alpha)^n>1+n\alpha>M.$$

由不等式$1+n\alpha>M$,解得$n>\dfrac{M-1}{\alpha}$,取$N=\left[\dfrac{M-1}{\alpha}\right]$.于是,$\forall M>0,\exists N=\left[\dfrac{M-1}{\alpha}\right],\forall n>N$,有$a^n>M$,即
$$\lim_{n\to\infty}a^n=+\infty.$$

例 3 证明$a_n=1+\dfrac{1}{2}+\dfrac{1}{3}+\cdots+\dfrac{1}{n},n=1,2,\cdots,\lim\limits_{n\to\infty}a_n=+\infty$.

证明 已知数列$\{a_n\}$严格增加.由§2.2 例 14 知它是发散的.它唯一发散到$+\infty$,即
$$\lim_{n\to\infty}a_n=+\infty.$$

例 4 证明:1) $\lim\limits_{n\to\infty}\dfrac{n^n}{n!}=+\infty$; 2) $\lim\limits_{n\to\infty}\dfrac{n!}{n^n}=0$.

证明 1) $\forall M>0$,要使不等式

$$\dfrac{n^n}{n!}\geqslant n>M$$

成立,取 $N=n$,即 $\forall M>0$,$\exists N\in \mathbf{N}_+$,当 $n>N$,有 $\dfrac{n^n}{n!}\geqslant M$,即

$$\lim_{n\to\infty}\dfrac{n^n}{n!}=+\infty.$$

2) 当 $n\to\infty$ 时,$n!$ 与 n^n 都是无穷大,则根据定理 1 的 3),由 1) 有 2),即

$$\lim_{n\to\infty}\dfrac{n!}{n^n}=0.$$

例 5 证明:若 $\lim\limits_{n\to\infty}x_n=+\infty$,则

$$\lim_{n\to\infty}\dfrac{x_1+x_2+\cdots+x_n}{n}=+\infty.$$

证明 已知 $\lim\limits_{n\to\infty}x_n=+\infty$,即 $\forall M>0$,$\exists N\in \mathbf{N}_+$,有

$$x_1+x_2+\cdots+x_N\geqslant 0,$$

且 $\forall n>N$,有 $x_n\geqslant M$. 由此,有

$$\dfrac{x_1+x_2+\cdots+x_N+x_{N+1}+\cdots+x_n}{n}\geqslant \dfrac{x_{N+1}+x_{N+2}+\cdots+x_n}{n}\geqslant \dfrac{(n-N)\cdot M}{n}=M-\dfrac{N}{n}M.$$

当 $\forall n\geqslant 2N$ 时,或 $\dfrac{N}{n}\leqslant \dfrac{1}{2}$,有

$$\dfrac{x_1+x_2+\cdots+x_n}{n}\geqslant \dfrac{M}{2},$$

即

$$\lim_{n\to\infty}\dfrac{x_1+x_2+\cdots+x_n}{n}=+\infty.$$

二、自变量的变化过程和函数的变化趋向

因为数列 $\{x_n\}$ 可以看成是定义域是正整数集 $\mathbf{N}_+$ 上的函数 $f(n)=x_n$,所以数列极限就是讨论"自变量 n 无限增加时,数列 $\{x_n\}$ 的变化趋向". 现在所说的函数极限,就是"当自变量 x 在连续变化过程中,函数 $f(x)$ 的变化趋向".

自变量 x 的连续变化过程,有以下几种方式:

1) $x\to a$,表示 x 在 x 轴上可大于 a 或小于 a 两个方向趋于 a;
2) $x\to a^+$,表示 x 在 x 轴沿着大于 a 的一侧趋于 a;
3) $x\to a^-$,表示 x 在 x 轴沿着小于 a 的一侧趋于 a;
4) $x\to +\infty$,表示 x 沿着 x 轴正半轴连续趋于正无穷大 $+\infty$;

5) $x \to -\infty$,表示 x 沿着 x 轴负半轴连续趋于负无穷大 $-\infty$;

6) $x \to \infty$,表示 x 沿着 x 轴正向和负向同时连续趋于无穷大 ∞.

函数 $f(x)$ 的变化趋向,有以下几种方式:

1) $f(x)$ 趋向于有限数 b,表示 $|f(x)-b|$ 可任意小;

2) $f(x)$ 发散于 $+\infty$,表示 $f(x)$ 的值可任意大;

3) $f(x)$ 发散于 $-\infty$,表示 $f(x)$ 的值可任意小;

4) $f(x)$ 发散于 ∞,表示 $|f(x)|$ 的值可任意大.

这样自变量 x 的变化过程有六种,函数 $f(x)$ 的变化趋向有四种,于是函数极限共有 $4\times 6=24$ 种类型,见下表.这些函数极限思想与数列极限的思想是相同的,只是具体说法大同小异.这里只介绍其中几种,其余的请读者自行写出.

函数极限 $\lim\limits_{x \to a} f(x) = b$

自变量 x 趋于	函数 $f(x)$ 趋于			
	b 是有限数	$b=+\infty$	$b=-\infty$	$b=\infty$
a 是有限数	(a,b) ✓	$(a,+\infty)$ ✓	$(a,-\infty)$ ✓	(a,∞) ✓
a^+ 在 a 的右侧	(a^+,b) ✓	$(a^+,+\infty)$	$(a^+,-\infty)$	(a^+,∞)
a^- 在 a 的左侧	(a^-,b) ✓	$(a^-,-\infty)$	$(a^-,-\infty)$	(a^-,∞)
$a=+\infty$	$(+\infty,b)$ ✓	$(+\infty,+\infty)$ ✓	$(+\infty,-\infty)$	$(+\infty,\infty)$ ✓
$a=-\infty$	$(-\infty,b)$	$(-\infty,+\infty)$	$(-\infty,-\infty)$ ✓	$(-\infty,\infty)$
$a=\infty$	(∞,b) ✓	$(\infty,+\infty)$	$(\infty,-\infty)$	(∞,∞)
		$f(x)$ 发散于各种无穷大情况		

符号 (a,b) 表示自变量 x 趋于 a 时,函数 $f(x)$ 有限极限 b 或 $f(x)$ 收敛于 b. 符号 $(+\infty,-\infty)$ 表示自变量 x 趋于正无穷大 $+\infty$ 时,函数 $f(x)$ 发散于负无穷大 $-\infty$. 其他的符号意义类似.

注 上表共有 24 种类型的极限,其中发散到无穷大的极限就有 $3\times 6 = 18$ 种类型.发散到无穷大的极限有时也能遇到,但机会较少,经常遇到的是收敛于有限的极限.因为数学分析多数是在收敛于有限数的情况下,研究函数的各种性质.作为学习数学分析的读者,不仅要掌握收敛于有限数的极限概念,及其性质,也要了解不同类型发散到无穷大的极限概念. 画 "✓" 表示这些收敛或发散的极限本书已给出.

三、$(+\infty,b)$ 类型的极限

首先讨论函数 $f(x)=\dfrac{1}{x}$,$x \in (0,+\infty)$,当自变量 x 无限增大时,函数 $f(x)=\dfrac{1}{x}$ 是无限趋近于 0,即当 x 无限增大时,函数 $f(x)=\dfrac{1}{x}$ 的"极限"是 0. 这类函数极限的一般情况是,函数 $f(x)$ 在区间 $(a,+\infty)$ 有定义,当 x 无限增大时,函数 $f(x)$ 无限趋近于 b. 将"无限增大"和"无限趋近"定量地叙述出来就有如下的极限定义:

定义 设函数 $f(x)$ 在区间 $(a,+\infty)$ 有定义, b 是有限数. 若 $\forall \varepsilon>0, \exists A>0, \forall x>A(>a)$, 有
$$|f(x)-b|<\varepsilon,$$
则称函数 $f(x)$ (当 $x\to+\infty$ 时) **存在极限** 或 **收敛**, 极限是 b 或收敛于 b, 表示为
$$\lim_{x\to+\infty} f(x) = b \quad \text{或} \quad f(x) \to b \, (x\to+\infty).$$

函数 $f(x)$ ($x\to+\infty$) 的极限定义与数列 $\{a_n\}$ 的极限定义很相似. 这是因为它们的自变量的变化趋势相同 ($x\to+\infty$ 与 $n\to\infty$). 但是, 二者也有差异, 即自变量的变化形态不同. 函数 $f(x)$ 的自变量 x 取区间 $(a,+\infty)$ 的一切实数连续地无限增大, 而数列 $\{a_n\}$ 的自变量 n 只取一切正整数离散地无限增大. 为了明显地看出两个极限定义的异同, 列表对比如下:

	$\lim\limits_{n\to\infty} a_n = a$	$\lim\limits_{x\to+\infty} f(x) = b$
函数	$y = a_n$	$y = f(x)$
定义域	$\mathbf{N}_+$	$(a,+\infty)$
自变量的变化趋势	$n\to\infty$	$x\to+\infty$
函数值的变化趋势	$a_n \to a$	$f(x) \to b$

$\lim\limits_{n\to\infty} a_n = a \iff \forall \varepsilon>0, \exists N\in\mathbf{N}_+, \forall n>N, \text{有} |a_n - a|<\varepsilon.$

$\lim\limits_{x\to+\infty} f(x) = b \iff \forall \varepsilon>0, \exists A>0, \quad \forall x>A, \text{有} |f(x)-b|<\varepsilon.$

极限 $\lim\limits_{x\to+\infty} f(x) = b$ 有明显的几何意义. 已知
$$|f(x)-b|<\varepsilon \iff b-\varepsilon < f(x) < b+\varepsilon.$$
下面将极限 $\lim\limits_{x\to+\infty} f(x) = b$ 定义的分析语言与几何语言列表对比如下:

分析语言	几何语言(在坐标平面上)
$\forall \varepsilon>0$	在直线 $y=b$ 的上、下两侧, 以任意二直线 $y=b\pm\varepsilon$ 为边界, 宽为 2ε 的带形区域
$\exists A>0$	在 x 轴上原点的右侧总存在一点 A
$\forall x>A$	对点 A 右侧的任意点 x, 即 $\forall x\in(A,+\infty)$
有 $|f(x)-b|<\varepsilon$	在 $(A,+\infty)$ 上函数 $y=f(x)$ 的图像位于上述带形区域之内, 如图 2.4

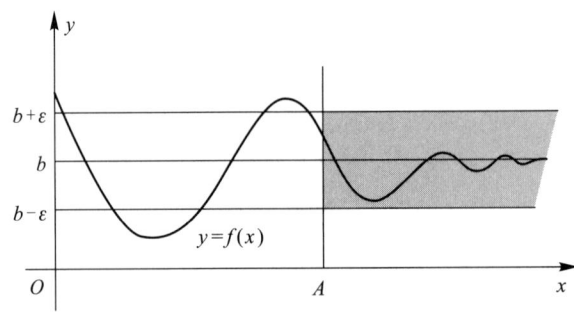

图 2.4

当自变量 x 无限增大时,还有两种情况:一是 $x\to-\infty$;二是 $|x|\to+\infty$.函数 $f(x)$ 的极限的定义分别是:

定义 设函数 $f(x)$ 在区间 $(-\infty,a)$ 有定义,b 是有限数.若 $\forall \varepsilon>0$, $\exists A>0$, $\forall x<-A$ $(<a)$,有
$$|f(x)-b|<\varepsilon,$$
则称函数 $f(x)$(当 $x\to-\infty$ 时)**存在极限**或**收敛**,极限是 b 或**收敛于** b,记为
$$\lim_{x\to-\infty}f(x)=b \quad \text{或} \quad f(x)\to b(x\to-\infty).$$

定义 设函数 $f(x)$ 在 $\{x\mid |x|>a\}$ 有定义,b 是有限数.若 $\forall \varepsilon>0$, $\exists A>0$, $\forall x:|x|>A$ $(>a)$,有
$$|f(x)-b|<\varepsilon,$$
称函数 $f(x)$(当 $x\to\infty$ 时)**存在极限**或**收敛**,极限是 b 或**收敛于** b,记为
$$\lim_{x\to\infty}f(x)=b \quad \text{或} \quad f(x)\to b(x\to\infty).$$

上述三个函数 $f(x)$($x\to+\infty$,$x\to-\infty$,$x\to\infty$)的极限定义也很相似.为了明显地看到它们的异同,将三个函数的极限定义列表对比如下:

$\lim\limits_{x\to+\infty}f(x)=b \iff$	$\forall \varepsilon>0$, $\exists A>0$, $\forall x>A$,有 $|f(x)-b|<\varepsilon$
$\lim\limits_{x\to-\infty}f(x)=b \iff$	$\forall \varepsilon>0$, $\exists A>0$, $\forall x<-A$,有 $|f(x)-b|<\varepsilon$
$\lim\limits_{x\to\infty}f(x)=b \iff$	$\forall \varepsilon>0$, $\exists A>0$, $\forall x:|x|>A$,有 $|f(x)-b|<\varepsilon$

定理 2 若函数 $f(x)$ 在 $\{x\mid |x|>a\}$ 有定义,则极限 $\lim\limits_{x\to\infty}f(x)$ 存在的充分必要条件是两个"单侧极限"都存在,且相等:
$$\lim_{x\to-\infty}f(x)=\lim_{x\to+\infty}f(x)=b.$$
当这个条件满足时,我们有
$$\lim_{x\to\infty}f(x)=b.$$

证明 这里只对有穷极限的情况给出证明.无穷极限情况的证明留给读者作为练习.

必要性($\Rightarrow$) 设 $\lim\limits_{x\to\infty}f(x)=b$,即 $\forall \varepsilon>0$, $\exists A>0$, $\forall x:|x|>A$,有
$$|f(x)-b|<\varepsilon.$$
于是,不论是 $x<-A$ 或者 $x>A$,都有 $\lim\limits_{x\to\infty}f(x)=b$.

从而,$\forall \varepsilon>0$, $\exists A>0$, $\forall x: x<-A$ 或者 $x>A$,都有 $|f(x)-b|<\varepsilon$,即
$$\lim_{x\to-\infty}f(x)=\lim_{x\to+\infty}f(x)=b.$$

充分性($\Leftarrow$) 已知 $\lim\limits_{x\to-\infty}f(x)=\lim\limits_{x\to+\infty}f(x)=b$,即 $\forall \varepsilon>0$, $\exists A>0$ 与 $B>0$, $\forall x: x<-A$ 与 $x>B$,有
$$|f(x)-b|<\varepsilon.$$
取 $c=\max\{A,B\}$.于是,$\forall \varepsilon>0$, $\exists c=\max\{A,B\}>0$, $\forall x:|x|>c$,有
$$|f(x)-b|<\varepsilon,$$
即

$$\lim_{x\to\infty} f(x) = b.$$

四、(a, b) 类型的极限

下面讨论,当 $x \to a$ 时,函数 $f(x)$ 收敛或存在有限极限 b. 定性地说,当自变量 x 连续地无限趋近于 a 时, x 可从 a 的左侧或从 a 的右侧**无限趋近**于 a,这时函数 $f(x)$ **无限趋近**于有限数 b,则称函数 $f(x)$ 在 a 收敛或存在有限极限. 把这两个"无限趋近"用精确的定量语言叙述如下:

定义 设函数 $f(x)$ 在 a 的去心邻域 $\overset{\circ}{U}(a)$ 有定义,b 是有限数. 若 $\forall \varepsilon > 0$, $\exists \delta > 0$, $\forall x: 0 < |x-a| < \delta$ 时(或 $x \in \overset{\circ}{U}(a, \delta)$),有

$$|f(x) - b| < \varepsilon,$$

则称函数 $f(x)$ (当 $x \to a$ 时)**存在有限极限**,**极限是** b 或**收敛于** b,记为

$$\lim_{x\to a} f(x) = b \quad \text{或} \quad f(x) \to b \, (x \to a).$$

这就是函数 $f(x)$ 在一点极限的 ε-δ 定义.

注 在此极限定义中,不等式"$0 < |x-a| < \delta$"指出 $x \ne a$. 其中包含两层意思:其一,a 可以不属于函数 $f(x)$ 的定义域;其二,a 可以属于函数 $f(x)$ 的定义域,这时函数 $f(x)$ 在 a 的极限与函数 $f(x)$ 在 a 的函数值 $f(a)$ 没有任何联系. 总之,函数 $f(x)$ 在 a 的极限仅与函数 $f(x)$ 在 a 的附近的 x 的函数值 $f(x)$ 的变化有关,而与函数 $f(x)$ 在 a 的情况无关.

将极限 $\lim_{x\to a} f(x) = b$ 及其否定叙述 $\lim_{x\to a} f(x) \ne b$ 对比如下:

$\lim_{x\to a} f(x) = b \iff \forall \varepsilon > 0, \exists \delta > 0, \forall x: 0 < |x-a| < \delta, 有 |f(x)-b| < \varepsilon$
$\lim_{x\to a} f(x) \ne b \iff \exists \varepsilon_0 > 0, \forall \delta > 0, \exists x_0: 0 < |x_0-a| < \delta, 有 |f(x_0)-b| \ge \varepsilon_0$

在上述极限定义中,如果仅讨论自变量 x 在 a 的右侧或左侧,则分别有函数 $f(x)$ 在 a 的右极限与左极限:

定义 设函数 $f(x)$ 在 a 右侧(左侧)有定义,b 是有限数. 若 $\forall \varepsilon > 0$, $\exists \delta > 0$, $\forall x: a < x < a+\delta$ (或 $a-\delta < x < a$),有

$$|f(x) - b| < \varepsilon,$$

则称函数 $f(x)$ 在 a 存在**右极限(左极限)**,右极限(左极限)是 b,记为

$$\lim_{x\to a^+} f(x) = b \quad \text{或} \quad f(a+0) = b$$
$$\left(\lim_{x\to a^-} f(x) = b \quad \text{或} \quad f(a-0) = b\right).$$

为了看到函数 $f(x)$ 在 a 的极限和在 a 左右极限的异同,将它们列表对比如下:

$\lim_{x\to a} f(x) = b \iff \forall \varepsilon > 0, \exists \delta > 0, \forall x: 0 < |x-a| < \delta, 有 |f(x)-b| < \varepsilon$
$\lim_{x\to a^+} f(x) = b \iff \forall \varepsilon > 0, \exists \delta > 0, \forall x: a < x < a+\delta, 有 |f(x)-b| < \varepsilon$
$\lim_{x\to a^-} f(x) = b \iff \forall \varepsilon > 0, \exists \delta > 0, \forall x: a-\delta < x < a, 有 |f(x)-b| < \varepsilon$

定理 3　$\lim\limits_{x\to a} f(x) = b \Longleftrightarrow \lim\limits_{x\to a^+} f(x) = \lim\limits_{x\to a^-} f(x) = b.$

证明　**必要性**($\Rightarrow$)　已知 $\lim\limits_{x\to a} f(x) = b$，即 $\forall \varepsilon>0, \exists \delta>0, \forall x:0<|x-a|<\delta$，有
$$|f(x)-b|<\varepsilon.$$
$$0<|x-a|<\delta \Longleftrightarrow a-\delta<x<a \text{ 与 } a<x<a+\delta.$$
于是，$\forall \varepsilon>0, \exists \delta>0, \forall x:a-\delta<x<a$ 或 $a<x<a+\delta$，有 $|f(x)-b|<\varepsilon$，即
$$\lim\limits_{x\to a^+} f(x) = \lim\limits_{x\to a^-} f(x) = b.$$

充分性($\Leftarrow$)　已知 $\lim\limits_{x\to a^+} f(x) = \lim\limits_{x\to a^-} f(x) = b$，即 $\forall \varepsilon>0, \exists \delta_1>0, \forall x:a-\delta_1<x<a$，同时 $\exists \delta_2>0, \forall x:a<x<a+\delta_2$，有
$$|f(x)-b|<\varepsilon.$$
取 $\delta = \min\{\delta_1, \delta_2\}$，于是，$\forall \varepsilon>0, \exists \delta = \min\{\delta_1, \delta_2\}>0, \forall x:0<|x-a|<\delta$，有
$$|f(x)-b|<\varepsilon,$$
即
$$\lim\limits_{x\to a} f(x) = b.$$

五、例

证明数列极限 $a_n \to a$，关键是找正整数 N，证明函数极限 $f(x) \to b(x \to +\infty, x \to -\infty, x \to \infty)$，其证法与证明数列极限相同，关键是找正数 A.

例 6　证明 $\lim\limits_{x\to +\infty} \dfrac{x-1}{x+1} = 1.$

证明　不妨设 $x>-1$. $\forall \varepsilon>0$(限定 $0<\varepsilon<1$)，要使不等式
$$\left|\dfrac{x-1}{x+1}-1\right| = \dfrac{2}{x+1}<\varepsilon$$
成立，解得 $x>\dfrac{2}{\varepsilon}-1$. 取 $A=\dfrac{2}{\varepsilon}-1$. 于是，$\forall \varepsilon>0, \exists A=\dfrac{2}{\varepsilon}-1>0, \forall x>A$，有 $\left|\dfrac{x-1}{x+1}-1\right|<\varepsilon$，即
$$\lim\limits_{x\to +\infty} \dfrac{x-1}{x+1} = 1.$$

例 7　证明 $\lim\limits_{x\to -\infty} \arctan x = -\dfrac{\pi}{2}.$

证明　$\forall \varepsilon>0 \left(\text{限定 } 0<\varepsilon<\dfrac{\pi}{2}\right)$，要使不等式
$$\left|\arctan x - \left(-\dfrac{\pi}{2}\right)\right| = \arctan x + \dfrac{\pi}{2} < \varepsilon$$
成立，解得 $x<\tan\left(\varepsilon-\dfrac{\pi}{2}\right)$. 取 $A=-\tan\left(\varepsilon-\dfrac{\pi}{2}\right)>0$. 于是，$\forall \varepsilon>0, \exists A=-\tan\left(\varepsilon-\dfrac{\pi}{2}\right)>0, \forall x<-A=\tan\left(\varepsilon-\dfrac{\pi}{2}\right)$，有
$$\left|\arctan x - \left(-\dfrac{\pi}{2}\right)\right| < \varepsilon,$$
即

$$\lim_{x \to -\infty} \arctan x = -\frac{\pi}{2}.$$

例 8 证明 $\lim\limits_{x \to a} \sqrt{x} = \sqrt{a}$ ($a > 0, x > a$).

证明 $\forall \varepsilon > 0$,要使不等式

$$\left| \sqrt{x} - \sqrt{a} \right| = \left| \frac{(\sqrt{x} - \sqrt{a})(\sqrt{x} + \sqrt{a})}{\sqrt{x} + \sqrt{a}} \right| = \left| \frac{x-a}{\sqrt{x}+\sqrt{a}} \right| < \frac{|x-a|}{\sqrt{a}} < \varepsilon$$

成立,从不等式 $\dfrac{|x-a|}{\sqrt{a}} < \varepsilon$,解得 $|x-a| < \sqrt{a}\varepsilon$,取 $\delta = \sqrt{a}\varepsilon$.于是 $\forall \varepsilon > 0, \exists \delta = \sqrt{a}\varepsilon > 0, \forall x, 0 < |x-a| < \delta$,有

$$\left| \sqrt{x} - \sqrt{a} \right| < \varepsilon,$$

即

$$\lim_{x \to a} \sqrt{x} = \sqrt{a}.$$

用极限定义证明 $\lim\limits_{x \to a} f(x) = b$, $\lim\limits_{x \to a^+} f(x) = b$, $\lim\limits_{x \to a^-} f(x) = b$,其证法与证明数列极限类似,关键在于找 δ.

例 9 证明 $\lim\limits_{x \to a} \cos x = \cos a$.

证明 已知 $\forall x \in \mathbf{R}$,有

$$\left| \sin \frac{x+a}{2} \right| \leq 1 \quad \text{与} \quad \left| \sin \frac{x-a}{2} \right| \leq \frac{|x-a|}{2}.$$

$\forall \varepsilon > 0$,要使不等式

$$|\cos x - \cos a| = 2 \left| \sin \frac{x+a}{2} \right| \left| \sin \frac{x-a}{2} \right| \leq 2 \cdot \frac{|x-a|}{2} = |x-a| < \varepsilon$$

成立,取 $\delta = \varepsilon$.于是,$\forall \varepsilon > 0, \exists \delta = \varepsilon > 0, \forall x : 0 < |x-a| < \delta$,有

$$|\cos x - \cos a| < \varepsilon,$$

即

$$\lim_{x \to a} \cos x = \cos a.$$

特别地,

$$\lim_{x \to 0} \cos x = \cos 0 = 1.$$

例 10 证明 $\lim\limits_{x \to 5} \dfrac{x-5}{x^2-25} = \dfrac{1}{10}$.

证法 当 $x \neq 5$ 时,$\forall \varepsilon > 0$,解不等式

$$\left| \frac{x-5}{x^2-25} - \frac{1}{10} \right| = \frac{1}{10} \left| \frac{x-5}{x+5} \right| < \varepsilon.$$

找 δ 有困难,因为函数 $\dfrac{x-5}{x^2-25}$ 在 5 的极限只与 5 的附近 x 有关,所以可限定 x 的变化范围.如限定 $|x-5| < 1$,即 $4 < x < 6$,这是取定了一个 $\delta = 1$.然后在保留因式 $|x-5|$ 的情况下,放大求解.

证明 限定 $0 < |x-5| < 1$,即 $4 < x < 6$,且 $x \neq 5$. $\forall \varepsilon > 0$,要使不等式

$$\left| \frac{x-5}{x^2-25} - \frac{1}{10} \right| = \frac{1}{10} \left| \frac{x-5}{x+5} \right| < \frac{1}{10} \cdot \frac{|x-5|}{4+5} = \frac{1}{90} |x-5| < \varepsilon$$

成立,解不等式 $\frac{1}{90}|x-5|<\varepsilon$,得 $|x-5|<90\varepsilon$. 取 $\delta=\min\{90\varepsilon,1\}$. 于是, $\forall \varepsilon>0$, $\exists \delta = \min\{90\varepsilon,1\}>0$, $\forall x: 0<|x-5|<\delta$, 有

$$\left|\frac{x-5}{x^2-25}-\frac{1}{10}\right|<\varepsilon,$$

即

$$\lim_{x\to 5}\frac{x-5}{x^2-25}=\frac{1}{10}.$$

例 11 证明 $\lim_{x\to a} x^m = a^m$, $m\in \mathbf{N}_+$.

证明 限定 $|x-a|<1$, 有 $|x|<|a|+1$. $\forall \varepsilon>0$, 要使不等式

$$|x^m-a^m| = |x-a|\cdot|x^{m-1}+x^{m-2}a+\cdots+a^{m-1}|$$
$$\leqslant |x-a|(|x|^{m-1}+|x|^{m-2}|a|+\cdots+|a|^{m-1})$$
$$< |x-a|\cdot m(|a|+1)^{m-1}<\varepsilon$$

成立, 从不等式 $|x-a|\cdot m(|a|+1)^{m-1}<\varepsilon$ 解得

$$|x-a|<\frac{\varepsilon}{m(|a|+1)^{m-1}}.$$

取 $\delta = \min\left\{1, \frac{\varepsilon}{m(|a|+1)^{m-1}}\right\}$. 于是, $\forall \varepsilon>0$, $\exists \delta = \min\left\{1, \frac{\varepsilon}{m(|a|+1)^{m-1}}\right\}>0$, $\forall x: 0<|x-a|<\delta$, 有

$$|x^m-a^m|<\varepsilon,$$

即

$$\lim_{x\to a} x^m = a^m.$$

例 12 设 $g(x)=\dfrac{1}{1+10^{\frac{1}{x}}}$, 证明:

1) $\lim_{x\to 0^+} g(x)=0$; 2) $\lim_{x\to 0^-} g(x)=1$.

证明 1) $\forall x>0$, $\forall \varepsilon>0 \left(限定 0<\varepsilon<\dfrac{1}{2}\right)$, 要使不等式

$$|g(x)-0| = \frac{1}{1+10^{\frac{1}{x}}}<\varepsilon$$

成立, 解得 $x<\dfrac{1}{\lg\left(\dfrac{1}{\varepsilon}-1\right)}$. 取 $\delta=\dfrac{1}{\lg\left(\dfrac{1}{\varepsilon}-1\right)}$. 于是, $\forall \varepsilon>0$, $\exists \delta=\dfrac{1}{\lg\left(\dfrac{1}{\varepsilon}-1\right)}>0$, $\forall x: 0<x<\delta$, 有

$$|g(x)-0|<\varepsilon,$$

即

$$\lim_{x\to 0^+} g(x)=0.$$

2) $\forall x<0$, $\forall \varepsilon>0\left(限定 0<\varepsilon<\dfrac{1}{2}\right)$, 要使不等式

$$|g(x)-1| = \left|\frac{1}{1+10^{\frac{1}{x}}} - 1\right| = 1 - \frac{1}{1+10^{\frac{1}{x}}} < \varepsilon$$

成立,解得 $x > \dfrac{1}{\lg\dfrac{\varepsilon}{1-\varepsilon}}$. 取 $\delta = -\dfrac{1}{\lg\dfrac{\varepsilon}{1-\varepsilon}}$. 于是, $\forall \varepsilon > 0, \exists \delta = -\dfrac{1}{\lg\dfrac{\varepsilon}{1-\varepsilon}} > 0, \forall x: -\delta < x < 0$,有

$$|g(x)-1| < \varepsilon,$$

即

$$\lim_{x \to 0^-} g(x) = 1.$$

由于 $\lim\limits_{x \to 0^+} g(x) \neq \lim\limits_{x \to 0^-} g(x)$,根据定理 2,函数 $g(x)$ 在 0 不存在极限.

例 13 证明狄利克雷函数

$$D(x) = \begin{cases} 1, & x \in \mathbf{Q}, \\ 0, & x \in \mathbf{R} \setminus \mathbf{Q} \end{cases}$$

在定义域 $\mathbf{R}$ 上每一点都不存在极限.

证明 $\forall x_0 \in \mathbf{R}, \forall b \in \mathbf{R}$.

若 $b \neq 1, \exists \varepsilon_0 < |1-b| (\varepsilon_0 > 0), \forall \delta > 0$,存在有理数 $x: 0 < |x-x_0| < \delta$,有

$$|D(x) - b| = |1 - b| > \varepsilon_0,$$

若 $b = 1, \exists \varepsilon_0 < 1 (\varepsilon_0 > 0), \forall \delta > 0$,存在无理数 $x: 0 < |x - x_0| < \delta$,有

$$|D(x) - b| = |0 - 1| > \varepsilon_0,$$

于是,任意实数 b 都不是狄利克雷函数 $D(x)$ 在 x_0 的极限,因为 x_0 是 $\mathbf{R}$ 上任意一点,所以狄利克雷函数 $D(x)$ 在 $\mathbf{R}$ 上每一点都不存在极限.

例 14 黎曼函数

$$R(x) = \begin{cases} \dfrac{1}{n}, & x = \dfrac{m}{n}, m \in \mathbf{Z}, n \in \mathbf{N}_+, \text{且 } n \text{ 与 } m \text{ 互素}, \\ 1, & x = 0, \\ 0, & x \text{ 是无理数}. \end{cases}$$

证明: $\forall a \in \mathbf{R}$,有 $\lim\limits_{x \to a} R(x) = 0$.

证明 因为点 a 的极限与 $R(x)$ 在点 a 的情况无关,所以仅在点 a 的去心邻域 $\mathring{U}(a, \delta)$ 内讨论即可. 对任意给定的 $\varepsilon > 0, \forall x \in \mathring{U}(a, \delta)$,当 x 是无理数时,有

$$|R(x) - 0| = 0 < \varepsilon;$$

当 x 是有理数时,设 $x = \dfrac{m}{n}$,先不考虑满足不等式 $|R(x)| < \varepsilon$ 的有理数,而是反过来讨论 $|R(x)| \geq \varepsilon$ 的有理数 $x = \dfrac{m}{n}$,使 $\left|R\left(\dfrac{m}{n}\right)\right| = \dfrac{1}{n} \geq \varepsilon$. 满足 $\dfrac{1}{n} \geq \varepsilon$ 或 $n \leq \dfrac{1}{\varepsilon}$ 且在 $\mathring{U}(a, \delta)$ 中的正整数 n 只有有限个,从而在 $\mathring{U}(a, \delta)$ 中的有理数 $\dfrac{m}{n}$ 也只有有限个. 设这有限个有理数 $r_1, r_2, \cdots, r_m \in \mathring{U}(a, \delta)$,对每一个 r_i,有 $|R(r_i)| \geq \varepsilon, i = 1, 2, \cdots, m$. 令

$$\delta_0 = \min\{|r_1 - a|, |r_2 - a|, \cdots, |r_m - a|, \delta\},$$

则 $\forall x \in \overset{\circ}{U}(a,\delta_0)$，即去心邻域 $\overset{\circ}{U}(a,\delta_0)$ 中任意 x，无论是有理数还是无理数，都有
$$|R(x)-0|<\varepsilon,$$
即 $\lim\limits_{x\to a}R(x)=0$. 因为 a 是 **R** 中任意一点，所以 $\forall a\in\mathbf{R}$，有
$$\lim_{x\to a}R(x)=0.$$

注 此题由 $\forall \varepsilon>0$，找 δ 的方法比较特殊，它不是从解不等式 $|f(x)-A|<\varepsilon$ 出发去找 δ，而是首先讨论满足不等式 $|f(x)-A|\geq\varepsilon$ 的 x，如果这样的 x 只有有限个，就将距离 a 最近的那个点的距离选作 δ_0，这个 δ_0 就是我们要找的那个 δ_0.

六、(a,∞) 类型和其他类型的无穷大

定义 设函数 $f(x)$ 在 $\overset{\circ}{U}(a)$ 有定义. $\forall B>0,\exists\delta>0,\forall x:0<|x-a|<\delta$，有 $|f(x)|>B$，则称**函数 $f(x)(x\to a)$ 是无穷大**，有时也称**函数 $f(x)$ 在 a 发散于无穷大**，记为
$$\lim_{x\to a}f(x)=\infty \quad \text{或} \quad f(x)\to\infty\ (x\to a).$$
若将上述定义中的不等式 $|f(x)|>B$ 分别改为
$$f(x)>B \quad \text{或} \quad f(x)<-B,$$
则分别称函数 $f(x)(x\to a)$ 发散于**正无穷大**或**负无穷大**，并分别记为
$$\lim_{x\to a}f(x)=+\infty \quad \text{或} \quad f(x)\to+\infty\ (x\to a)$$
与
$$\lim_{x\to a}f(x)=-\infty \quad \text{或} \quad f(x)\to-\infty\ (x\to a).$$
函数发散于无穷大，正无穷大和负无穷大的定义列表对比如下：

$\lim\limits_{x\to a}f(x)=\infty \iff \forall B>0,\exists\delta>0,\forall x:0<|x-a|<\delta$，有 $|f(x)|>B$
$\lim\limits_{x\to a}f(x)=+\infty \iff \forall B>0,\exists\delta>0,\forall x:0<|x-a|<\delta$，有 $f(x)>B$
$\lim\limits_{x\to a}f(x)=-\infty \iff \forall B>0,\exists\delta>0,\forall x:0<|x-a|<\delta$，有 $f(x)<-B$

在上述这三个"无穷大"的定义中，将 $x\to a$ 改为 $x\to a^+$，$x\to a^-$，$x\to+\infty$，$x\to-\infty$，$x\to\infty$ 以及 $n\to\infty$ 可定义不同类型的无穷大. 下面只给出三种类型的无穷大. 如果读者需要某个类型的无穷大，仿照下述的三种类型的无穷大的叙述，不难写出相应的定义.

$(+\infty,+\infty)$ 类型，即 $\lim\limits_{x\to+\infty}f(x)=+\infty \iff \forall B>0,\exists A>0,\forall x:x>A$，有 $f(x)>B$.

$(-\infty,-\infty)$ 类型，即 $\lim\limits_{x\to-\infty}f(x)=-\infty \iff \forall B>0,\exists A>0,\forall x:x<-A$，有 $f(x)<-B$.

$(+\infty,\infty)$ 类型，即 $\lim\limits_{x\to+\infty}f(x)=\infty \iff \forall B>0,\exists A>0,\forall x:x>A$，有 $|f(x)|>B$.

证明函数是无穷大，其证法与证明函数存在极限类似.

例 15 证明 $\lim\limits_{x\to 3}\dfrac{1}{x-3}=\infty$.

证明 $\forall B>0$，要使不等式

$$\left|\frac{1}{x-3}\right|=\frac{1}{|x-3|}>B$$

成立,解得 $|x-3|<\frac{1}{B}$. 取 $\delta=\frac{1}{B}$. 于是, $\forall B>0, \exists \delta=\frac{1}{B}>0, \forall x:0<|x-3|<\delta$, 有 $\left|\frac{1}{x-3}\right|>B$, 即

$$\lim_{x\to 3}\frac{1}{x-3}=\infty.$$

例 16 证明:1) $\lim\limits_{x\to+\infty}a^x=+\infty,a>1$; 2) $\lim\limits_{x\to+\infty}\ln x=+\infty$.

证明 1) 设 $x>1$, 取 $[x]\leqslant x\leqslant[x+1]$. 由伯努利不等式,有 $\forall B>0$(限定 $B>1$),有

$$a^x\geqslant a^{[x]}=[1+(a-1)]^{[x]}\geqslant 1+[x](a-1)>B$$

成立. 解得 $[x]>\frac{B-1}{a-1}$, 取 $A=\frac{B}{a}+1$. 于是, $\forall B>0, \exists A>\frac{B}{a}+1, \forall x:x>A$, 有 $a^x>B$. 即

$$\lim_{x\to+\infty}a^x=+\infty, \quad a>1.$$

2) $\forall B>0$, 要使不等式

$$\ln x>B$$

成立, 解得 $x>\mathrm{e}^B$, 取 $A=\mathrm{e}^B>0$. 于是, $\forall B>0, \exists A=\mathrm{e}^B>0, \forall x:x>\mathrm{e}^B$, 有 $\ln x>B$, 即

$$\lim_{x\to+\infty}\ln x=+\infty.$$

例 17 证明 $\lim\limits_{x\to 1^-}\ln(1-x)=-\infty$.

证明 $\forall B>0$, 要使不等式

$$\ln(1-x)<-B$$

成立, 解得 $1-x<\mathrm{e}^{-B}$ 或 $1-\mathrm{e}^{-B}<x$. 取 $\delta=\mathrm{e}^{-B}$. 于是, $\forall B>0, \exists \delta=\mathrm{e}^{-B}>0, \forall x:1-\delta<x<1$, 有

$$\ln(1-x)<-B,$$

即

$$\lim_{x\to 1^-}\ln(1-x)=-\infty.$$

例 18 证明:若 $\lim\limits_{x\to+\infty}f(x)=+\infty, \lim\limits_{x\to+\infty}g(x)=G<0$, 则

$$\lim_{x\to+\infty}f(x)g(x)=-\infty.$$

证明 已知 $\lim\limits_{x\to+\infty}g(x)=G<\frac{G}{2}<0$ 或 $\lim\limits_{x\to+\infty}[-g(x)]=-G>-\frac{G}{2}>0$, 即 $\exists B_1>0, \forall x>B_1$, 有

$$-g(x)>-\frac{G}{2}>0.$$

又已知 $\lim\limits_{x\to+\infty}f(x)=+\infty$, 即 $\exists A>0$, 取 $A'=-\frac{2A}{G}>0, \exists B_2>0, \forall x>B_2$, 有

$$f(x)>A'=-\frac{2A}{G}>0.$$

取 $B=\max\{B_1,B_2\}, \forall x>B$, 有

$$-g(x) > -\frac{G}{2} > 0, \quad f(x) > -\frac{2A}{G} > 0.$$

于是

$$-f(x)g(x) > \left(-\frac{G}{2}\right) \cdot \left(-\frac{2A}{G}\right) = A$$

或

$$f(x)g(x) < -A,$$

即

$$\lim_{x \to +\infty} f(x)g(x) = -\infty.$$

例 19 求极限

$$\lim_{x \to +\infty} \frac{a_0 x^n + a_1 x^{n-1} + \cdots + a_n}{b_0 x^m + b_1 x^{m-1} + \cdots + b_m},$$

其中 $a_0, a_1, \cdots, a_n$ 和 $b_0, b_1, \cdots, b_m$ 是常数,$a_0 \neq 0, b_0 \neq 0, n, m \in \mathbf{N}_+$.

解

$$\lim_{x \to +\infty} \frac{a_0 x^n + a_1 x^{n-1} + \cdots + a_n}{b_0 x^m + b_1 x^{m-1} + \cdots + b_m} = \lim_{x \to +\infty} x^{n-m} \frac{a_0 + \dfrac{a_1}{x} + \cdots + \dfrac{a_n}{x^n}}{b_0 + \dfrac{b_1}{x} + \cdots + \dfrac{b_m}{x^m}}.$$

当 $n = m$ 时,$\lim\limits_{x \to +\infty} x^{n-m} = 1$;当 $n < m$ 时,$\lim\limits_{x \to +\infty} x^{n-m} = 0$;当 $n > m$ 时,$\lim\limits_{x \to +\infty} x^{n-m} = +\infty$. 于是,

$$\lim_{x \to +\infty} \frac{a_0 x^n + a_1 x^{n-1} + \cdots + a_n}{b_0 x^m + b_1 x^{m-1} + \cdots + b_m} = \begin{cases} \dfrac{a_0}{b_0}, & n = m, \\ 0, & n < m, \\ +\infty, & n > m. \end{cases}$$

七、无穷小

定义 若 $\lim\limits_{x \to a} f(x) = 0$,则称函数 $f(x)\,(x \to a)$ 是**无穷小**.

在此定义中,将 $x \to a$ 换成 $x \to a^+, x \to a^-, x \to +\infty, x \to -\infty, x \to \infty$ 以及 $n \to \infty$ 可定义不同形式的无穷小.例如:

当 $x \to 0$ 时,函数 $x^3, \sin x, \tan x$ 都是无穷小;

当 $x \to +\infty$ 时,函数 $\dfrac{1}{x^2}, \left(\dfrac{1}{2}\right)^x, \dfrac{\pi}{2} - \arctan x$ 都是无穷小;

当 $n \to \infty$ 时,数列 $\left\{\dfrac{1}{n}\right\}, \left\{\dfrac{1}{2^n}\right\}, \left\{\dfrac{n}{n^2+1}\right\}$ 都是无穷小.

以上各节的诸例中,收敛于 0 的函数都是某个过程的无穷小.

无穷小有以下几个性质:

性质 1 $\lim\limits_{x \to a} f(x) = B \Longleftrightarrow f(x) = B + \alpha(x)$,其中 $\alpha(x)\,(x \to a)$ 是无穷小.

性质 2 若函数 $f(x)$ 与 $g(x)\,(x \to a)$ 是无穷小,则它们的和或积也是无穷小.

性质 3 若函数 $f(x)(x\to a)$ 是无穷小，函数 $g(x)$ 在 $\overset{\circ}{U}(a,\delta)$ 是有界量，则它们的积 $f(x)g(x)$ 也是无穷小.

以上几个性质，请读者作为练习，自行证明.

例 20 证明当 $x\to +\infty$ 时，

1) 函数 $f(x)=\dfrac{\log_a x}{x^k}$；　2) 函数 $g(x)=\dfrac{x^k}{a^x}$ 都是无穷小，其中 $a>1,k>1$.

证明 设 $x>1$，$\exists n=[x]\in \mathbf{N}_+$，有 $n\leqslant x<n+1$，$x\to +\infty$，有 $n\to +\infty$.

1) $0\leqslant \dfrac{\log_a x}{x^k} \leqslant \dfrac{\log_a(n+1)}{n^k} \leqslant \dfrac{n+1}{n^k} \leqslant \dfrac{2n}{n^k} \to 0$.

2) $0\leqslant \dfrac{x^k}{a^x} < \dfrac{(n+1)^k}{a^n} \to 0(n\to +\infty)$.

由 §2.2 例 7，再由两边夹定理 7，有

$$\lim_{x\to +\infty}\frac{\log_a x}{x^k}=0 \quad \text{与} \quad \lim_{x\to +\infty}\frac{x^k}{a^x}=0.$$

练习题 2.3

1. 证明下列极限：

1) $\lim\limits_{x\to +\infty}\dfrac{1}{x+3}=0$；

2) $\lim\limits_{x\to -\infty}2^x=0$；

3) $\lim\limits_{x\to \infty}\dfrac{1}{x}\sin\dfrac{1}{x}=0$；

4) $\lim\limits_{x\to 0}x\sin\dfrac{1}{x}=0$；

5) $\lim\limits_{x\to 2}(3x+1)=7$；

6) $\lim\limits_{x\to 1}\dfrac{x^3-1}{x-1}=3$；

7) $\lim\limits_{x\to 0^-}2^{\frac{1}{x}}=0$；

8) $\lim\limits_{x\to 2^+}\sqrt{x-2}=0$.

2. 证明下列极限：

1) $\lim\limits_{x\to \infty}\dfrac{x^2-1}{4x^2-7x+3}=\dfrac{1}{4}$；

2) $\lim\limits_{x\to 1}\dfrac{x^2-1}{4x^2-7x+3}=2$；

3) $\lim\limits_{x\to 0}\dfrac{x^2-1}{4x^2-7x+3}=-\dfrac{1}{3}$.

*　　*　　*　　*　　*　　*

3. 证明下列极限：

1) $\lim\limits_{x\to +\infty}(\sqrt{x^2+x}-x)=\dfrac{1}{2}$；

2) $\lim\limits_{x\to +\infty}\arctan x=\dfrac{\pi}{2}$；

3) $\lim\limits_{x\to 1^-}\arctan\dfrac{1}{1-x}=\dfrac{\pi}{2}$；

4) $\lim\limits_{x\to 0^+}\dfrac{1}{1+\mathrm{e}^{\frac{1}{x}}}=0$.

§2.4 函数极限的定理

一、函数极限的性质

§2.3 给出了六种类型 $(a,b),(a^+,b),(a^-,b),(+\infty,b),(-\infty,b),(\infty,b)$ 收敛的函数极限,以及六种类型 $(a,+\infty),(a,-\infty),(a,\infty),(+\infty,+\infty),(-\infty,-\infty),(-\infty,\infty)$ 发散于无穷大的函数极限.每一种类型收敛的函数极限与收敛数列具有类似的性质和四则运算法则.但是每一种类型发散于无穷的函数极限,没有局部有界性,只要它满足扩充的实数集的运算法则,则它仍满足极限的四则运算定理.

定理 1(唯一性) 若函数 $f(x)$ 在 a 收敛,设 $\lim_{x \to a} f(x) = b$,则它的极限是唯一的.

证明 设 $\lim_{x \to a} f(x) = b$ 与 $\lim_{x \to a} f(x) = c$,即 $\forall \varepsilon > 0, \exists \delta_1 > 0, \forall x : 0 < |x-a| < \delta_1$,有
$$|f(x) - b| < \varepsilon;$$
$\exists \delta_2 > 0, \forall x : 0 < |x-a| < \delta_2$,有
$$|f(x) - c| < \varepsilon.$$
$\exists \delta = \min\{\delta_1, \delta_2\} > 0, \forall x : 0 < |x-a| < \delta$,同时有
$$|f(x) - b| < \varepsilon \quad \text{与} \quad |f(x) - c| < \varepsilon.$$
于是,$\forall x : 0 < |x-a| < \delta$,有
$$|b-c| = |b-f(x)+f(x)-c| \leq |b-f(x)| + |f(x)-c| < 2\varepsilon,$$
即 $b = c$.从而函数 $f(x)$ 在 a 的极限是唯一的.

当将 $x \to a$ 换成 $x \to a^+, x \to a^-, x \to +\infty, x \to -\infty, x \to \infty$,$b$ 换成 $+\infty, -\infty, \infty$,定理也正确.

定理 2(局部有界性) 若 $\lim_{x \to a} f(x) = b$,则 $\exists M > 0, \exists \delta_0 > 0, \forall x : 0 < |x-a| < \delta_0$,有 $|f(x)| \leq M$.

证明 已知 $\lim_{x \to a} f(x) = b$,即 $\exists \varepsilon_0 > 0, \exists \delta_0 > 0, \forall x : 0 < |x-a| < \delta_0$,有 $|f(x) - b| < \varepsilon_0$.从而,$\forall x : 0 < |x-a| < \delta_0$,有
$$|f(x)| = |f(x) - b + b| \leq |f(x) - b| + |b| < |b| + \varepsilon_0.$$
于是,$\exists M = |b| + \varepsilon_0 > 0, \exists \delta_0 > 0, \forall x : 0 < |x-a| < \delta_0$,有
$$|f(x)| \leq M.$$

当将 $x \to a$ 换成 $x \to a^-, x \to a^+, x \to +\infty, x \to -\infty, x \to \infty$ 时,b 是有限数,这个定理 2 也正确.例如,$\lim_{x \to +\infty} f(x) = b$,这时点 a 的去心邻域 $\mathring{U}(a,\delta)$ 换成正无穷大的邻域 $(A, +\infty)$.$\forall x \in (A, +\infty)$,有 $|f(x)| < |b| + \varepsilon_0$,即 $|f(x)| \leq M(=|b| + \varepsilon_0)$.发散于无穷大的极限没有此性质.

定理 3(保序性) 若 $\lim_{x \to a} f(x) = b$ 与 $\lim_{x \to a} g(x) = c$,且 $b < c$,则 $\exists \delta_0 > 0, \forall x : 0 < |x-a| < \delta_0$,有 $f(x) < g(x)$.

证明 已知 $\lim\limits_{x \to a} f(x) = b$ 与 $\lim\limits_{x \to a} g(x) = c$，即 $\exists \varepsilon_0 = \dfrac{c-b}{2} > 0$，分别

$\exists \delta_1 > 0, \forall x: 0 < |x-a| < \delta_1$，有 $|f(x) - b| < \dfrac{c-b}{2}$，从而
$$f(x) < \dfrac{b+c}{2};$$

$\exists \delta_2 > 0, \forall x: 0 < |x-a| < \delta_2$，有 $|g(x) - c| < \dfrac{c-b}{2}$，从而
$$\dfrac{b+c}{2} < g(x).$$

于是，$\exists \delta_0 = \min\{\delta_1, \delta_2\}, \forall x: 0 < |x-a| < \delta_0$，同时有
$$f(x) < \dfrac{b+c}{2} < g(x),$$

即 $f(x) < g(x)$.

推论 1 若 $\lim\limits_{x \to a} f(x) = b$ 与 $\lim\limits_{x \to a} g(x) = c$，且 $\exists \delta_0 > 0, \forall x: 0 < |x-a| < \delta_0$，有 $f(x) \leqslant g(x)$（或 $f(x) \geqslant g(x)$），则 $b \leqslant c$（或 $b \geqslant c$）.

证明 只证 $b \leqslant c$ 的情况.应用反证法，假设 $c < b$.根据定理 3，$\exists \delta > 0 (\delta \leqslant \delta_0), \forall x: 0 < |x-a| < \delta$，有 $g(x) < f(x)$.与已知条件矛盾.

推论 2（保号性） 若 $\lim\limits_{x \to a} f(x) = b$，且 $b < 0$（或 $b > 0$），则 $\exists \delta_0 > 0, \forall x: 0 < |x-a| < \delta_0$，有 $f(x) < 0$（或 $f(x) > 0$）.

证明 在定理 3 中，取 $g(x) = 0$，有 $\lim\limits_{x \to a} g(x) = 0$.于是，$\exists \delta_0 > 0, \forall x: 0 < |x-a| < \delta_0$，有 $f(x) < 0$（或 $f(x) > 0$）.

以上的定理及其推论 1 和推论 2，将 $x \to a$ 换成 $x \to a^+, x \to a^-, x \to +\infty, x \to -\infty, x \to \infty$ 定理和推论都正确.证明相应要做些变化.例如，将 $x \to a$ 换成 $x \to +\infty$ 时，要将 a 的 δ 去心邻域 $\mathring{U}(a, \delta)$ 换成正无穷大的邻域 $(M, +\infty)$.发散于无穷大的极限，没有此性质.

定理 4（四则运算） 若函数 $f(x)$ 与 $g(x)$ 在 a 都收敛，则函数 $f(x) \pm g(x)$, $f(x)g(x), \dfrac{f(x)}{g(x)} (g(x) \neq 0)$ 也收敛，且

1) $\lim\limits_{x \to a}[f(x) \pm g(x)] = \lim\limits_{x \to a} f(x) \pm \lim\limits_{x \to a} g(x)$；

2) $\lim\limits_{x \to a} f(x)g(x) = \lim\limits_{x \to a} f(x) \cdot \lim\limits_{x \to a} g(x)$；

3) $\lim\limits_{x \to a} \dfrac{f(x)}{g(x)} = \dfrac{\lim\limits_{x \to a} f(x)}{\lim\limits_{x \to a} g(x)}$，其中 $\lim\limits_{x \to a} g(x) \neq 0$.

证明 只给出 2) 的证明.设 $\lim\limits_{x \to a} f(x) = b$ 与 $\lim\limits_{x \to a} g(x) = c$，即 $\forall \varepsilon > 0, \exists \delta_1 > 0, \forall x: 0 < |x-a| < \delta_1$，有
$$|f(x) - b| < \varepsilon;$$

$\exists \delta_2 > 0, \forall x: 0 < |x-a| < \delta_2$，有
$$|g(x) - c| < \varepsilon.$$

又由已知 $\lim\limits_{x \to a} f(x) = b$. 根据定理 2, $\exists M > 0$ 与 $\exists \delta_0 > 0$, $\forall x : 0 < |x-a| < \delta_0$, 有 $|f(x)| \leq M$. $\exists \delta = \min\{\delta_0, \delta_1, \delta_2\} > 0$, $\forall x : 0 < |x-a| < \delta$, 同时有

$$|f(x) - b| < \varepsilon, \quad |g(x) - c| < \varepsilon \quad 与 \quad |f(x)| \leq M.$$

于是, $\forall x : 0 < |x-a| < \delta$, 有

$$|f(x)g(x) - bc| = |f(x)g(x) - cf(x) + cf(x) - bc|$$
$$\leq |f(x)||g(x) - c| + |c||f(x) - b|$$
$$< M\varepsilon + |c|\varepsilon$$
$$= (M + |c|)\varepsilon,$$

即

$$\lim_{x \to a} f(x)g(x) = bc = \lim_{x \to a} f(x) \cdot \lim_{x \to a} g(x).$$

将 $x \to a$ 换成 $x \to a^+, x \to a^-, x \to +\infty, x \to -\infty, x \to \infty$ 定理也正确, 其证明要作小的改动. 如果 $f(x)$ 与 $g(x)$ 都发散于无穷大的情况, 只要它们满足扩充实数集四则运算的要求也是成立的. 例如, 将 $x \to a$ 换成 $x \to +\infty$. 若 $\lim\limits_{x \to +\infty} f(x) = +\infty (-\infty)$ 与 $\lim\limits_{x \to +\infty} g(x) = +\infty (-\infty)$, 则 $\lim\limits_{x \to +\infty} [f(x) + g(x)] = +\infty (-\infty)$, 同时

$$\lim_{x \to +\infty} f(x)g(x) = +\infty.$$

定理 5(复合函数极限) 设有复合函数 $f[g(x)]$. 若

1) $\lim\limits_{x \to a} g(x) = b$;

2) $\forall x \in \overset{\circ}{U}(a)$, 有 $u = g(x) \in \overset{\circ}{U}(b)$;

3) $\lim\limits_{u \to b} f(u) = A$.

则 $\lim\limits_{x \to a} f[g(x)] = A$.

证明 由条件 3), 即 $\forall \varepsilon > 0$, $\exists \eta > 0$, $\forall u : 0 < |u-b| < \eta$, 有

$$|f(u) - A| < \varepsilon.$$

由条件 1), 即对上述 $\eta > 0$, $\exists \delta > 0$, $\forall x : 0 < |x-a| < \delta$, 有

$$|g(x) - b| < \eta.$$

再由条件 2), 有 $0 < |g(x) - b| = |u - b| < \eta$. 于是, $\forall \varepsilon > 0$, ($\exists \eta > 0$, 从而) $\exists \delta > 0$, $\forall x : 0 < |x-a| < \delta$, 有 ($0 < |g(x) - b| = |u - b| < \eta$, 从而)

$$|f(u) - A| = |f[g(x)] - A| < \varepsilon,$$

即

$$\lim_{x \to a} f[g(x)] = A.$$

当将 $x \to a$ 换成 $x \to a^+, x \to a^-, x \to +\infty, x \to -\infty, x \to \infty$, 相应地 $u \to b$ 换成 $u \to b^+, u \to b^-, u \to +\infty, u \to -\infty, u \to \infty$, 且 $u = g(x) \neq b$, 复合函数的极限也正确.

定理 5 是极限进行换元的理论根据. 但应用时, 要检查定理 5 所要求的条件, 特别是条件 2) 是不能缺少的.

二、函数极限与数列极限的关系

函数极限与数列极限是分别定义的, 形式上似乎没有什么联系, 但是本质上两者

却可以互相转化.

定理 6(海涅[1]定理) $\lim\limits_{x\to a}f(x)=b\Longleftrightarrow$ 对任意数列$\{a_n\}$[2],$a_n\neq a$,且$\lim\limits_{n\to\infty}a_n=a$,有$\lim\limits_{n\to\infty}f(a_n)=b$.

证法 必要性,应用函数极限定义和数列极限定义,可证得极限$\lim\limits_{n\to\infty}f(a_n)=b$.

充分性,因为在已知条件中,这样的数列$\{a_n\}$是任意的,当然是无限多的,所以从已知条件出发直接证明有$\lim\limits_{x\to a}f(x)=b$是困难的.在这种情形,通常应用反证法.假设$\lim\limits_{x\to a}f(x)\neq b$,我们能够构造某一个数列$\{a_n\}$,$a_n\neq a$,且$\lim\limits_{n\to\infty}a_n=a$,但是有$\lim\limits_{n\to\infty}f(a_n)\neq b$,与已知条件矛盾.

证明 必要性($\Rightarrow$) 已知$\lim\limits_{x\to a}f(x)=b$,即$\forall\varepsilon>0,\exists\delta>0,\forall x:0<|x-a|<\delta$,有
$$|f(x)-b|<\varepsilon.$$

对任意数列$\{a_n\}$,$a_n\neq a$,且$\lim\limits_{n\to\infty}a_n=a$.根据数列极限定义,对上述$\delta>0,\exists N\in\mathbf{N}_+$,$\forall n>N$,有
$$0<|a_n-a|<\delta.$$

从而,$\forall n>N$,有$|f(a_n)-b|<\varepsilon$,即
$$\lim\limits_{n\to\infty}f(a_n)=b.$$

充分性($\Leftarrow$) 应用反证法.假设$\lim\limits_{x\to a}f(x)\neq b$,根据函数极限的否定叙述,$\exists\varepsilon_0>0$,$\forall\delta>0,\exists x:0<|x-a|<\delta$,有
$$|f(x)-b|\geqslant\varepsilon_0.$$

取 $\delta_1=1,\exists a_1:0<|a_1-a|<1$,有$|f(a_1)-b|\geqslant\varepsilon_0$,

$\delta_2=\dfrac{1}{2},\exists a_2:0<|a_2-a|<\dfrac{1}{2}$,有$|f(a_2)-b|\geqslant\varepsilon_0$,

$\cdots\cdots\cdots\cdots$

$\delta_n=\dfrac{1}{n},\exists a_n:0<|a_n-a|<\dfrac{1}{n}$,有$|f(a_n)-b|\geqslant\varepsilon_0$,

$\cdots\cdots\cdots\cdots$

于是,构造出一个数列$\{a_n\}$,$a_n\neq a$,因为$\delta_n=\dfrac{1}{n}\to 0(n\to\infty)$,所以$\lim\limits_{n\to\infty}a_n=a$.显然,$\lim\limits_{n\to\infty}f(a_n)\neq b$,与已知条件矛盾.

将$x\to a$换成$x\to a^+,x\to a^-,x\to+\infty,x\to-\infty,x\to\infty$,相应地将$b$换成$+\infty,-\infty,\infty$定理也是正确的,例如:
$$\lim\limits_{x\to a}f(x)=+\infty(\text{或}-\infty)\Longleftrightarrow\text{对任意数列}\{a_n\},a_n\neq a,\text{且}\lim\limits_{n\to\infty}a_n=a,\text{有}\lim\limits_{n\to\infty}f(x_n)=+\infty$$
(或$-\infty$).

请读者作为练习自行完成.

海涅定理是沟通函数极限和数列极限之间的桥梁.根据海涅定理的必要性,函数

---

[1] 海涅(Heine,1821—1881),德国数学家.
[2] 要求a_n属于函数$f(x)$的定义域,并注意"任意"二字.

$f(x)$ 在 a 的极限可化为函数值数列的极限;根据海涅定理的充分性,又能够把数列极限的性质转移到函数极限上来.

应用海涅定理判别函数在某一点不存在极限比较简便.根据海涅定理必要性的逆否命题有:

推论 1 若存在某个数列 $\{a_n\}$,$a_n \neq a$,且 $\lim\limits_{n\to\infty} a_n = a$,而它的函数值数列 $\{f(a_n)\}$ 不存在极限,则函数 $f(x)$ 在 a 也不存在极限.

推论 2 若存在某两个数列 $\{a_n\}$ 与 $\{b_n\}$,$a_n \neq a$,$\lim\limits_{n\to\infty} a_n = a$ 与 $b_n \neq a$,$\lim\limits_{n\to\infty} b_n = a$,且 $\lim\limits_{n\to\infty} f(a_n) = c$ 与 $\lim\limits_{n\to\infty} f(b_n) = d$,而 $c \neq d$,则函数 $f(x)$ 在 a 不存在极限.

例 1 证明函数 $f(x) = \sin \dfrac{1}{x}$ 在 0 不存在极限.

证明 应用推论 2.取

$$a_n = \frac{1}{2n\pi + \dfrac{\pi}{2}}, \quad b_n = \frac{1}{2n\pi - \dfrac{\pi}{2}}, \quad n \in \mathbf{N}_+,$$

显然,$a_n \neq 0$,$\lim\limits_{n\to\infty} a_n = 0$,$b_n \neq 0$,$\lim\limits_{n\to\infty} b_n = 0$.有

$$f(a_n) = \sin\left(2n\pi + \frac{\pi}{2}\right) = 1, \quad f(b_n) = \sin\left(2n\pi - \frac{\pi}{2}\right) = -1.$$

从而 $\lim\limits_{n\to\infty} f(a_n) = 1$,$\lim\limits_{n\to\infty} f(b_n) = -1$.于是,函数 $f(x) = \sin \dfrac{1}{x}$ 在 0 不存在极限.

三、函数极限存在判别法

定理 7 若 $\forall x \in \overset{\circ}{U}(a)$,有 $f(x) \leq g(x) \leq h(x)$,且

$$\lim_{x \to a} f(x) = \lim_{x \to a} h(x) = b,$$

则 $\lim\limits_{x \to a} g(x) = b$.

证法 应用海涅极限定理和数列极限的两边夹定理(§2.2 定理 7).

证明 已知 $\lim\limits_{x \to a} f(x) = \lim\limits_{x \to a} h(x) = b$,根据海涅定理的必要条件在 $\overset{\circ}{U}(a)$ 内任意数列 $\{a_n\}$,$a_n \neq a$,且 $\lim\limits_{n\to\infty} a_n = a$,有

$$\lim_{n \to \infty} f(a_n) = \lim_{n \to \infty} h(a_n) = b.$$

又已知 $\forall n \in \mathbf{N}_+$,有 $f(a_n) \leq g(a_n) \leq h(a_n)$.由 §2.2 定理 7,有

$$\lim_{n \to \infty} g(a_n) = b.$$

再根据海涅定理的充分条件,有

$$\lim_{x \to a} g(x) = b.$$

将定理 7 的 $x \to a$ 换成 $x \to a^+$,a^-,$+\infty$,$-\infty$,∞ 定理也成立.

定理 8 若 $\forall x \in (a, +\infty)$,有 $f(x) \leq g(x) \leq h(x)$,且

$$\lim_{x \to +\infty} f(x) = \lim_{x \to +\infty} h(x) = b,$$

则 $\lim\limits_{x \to +\infty} g(x) = b$.

证明从略.

对发散于无穷大的极限,这个定理则成为

若 $\forall x\in(A,+\infty)$,有 $f(x)\leqslant g(x)$,且 $\lim\limits_{x\to+\infty}f(x)=+\infty$,则 $\lim\limits_{x\to+\infty}g(x)=+\infty$.

若 $\forall x\in(-\infty,A)$,有 $f(x)\leqslant g(x)$,且 $\lim\limits_{x\to-\infty}g(x)=-\infty$,则 $\lim\limits_{x\to-\infty}f(x)=-\infty$.

例 2 证明 $\lim\limits_{x\to 0}\dfrac{\sin x}{x}=1$.

证明 首先证明 $\lim\limits_{x\to 0^+}\dfrac{\sin x}{x}=1$.

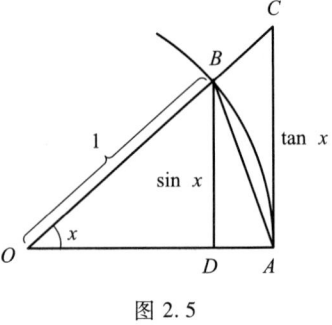

图 2.5

如图 2.5,$\overset{\frown}{AB}$ 是以点 O 为圆心,半径为 1 的圆弧. 过 A 作圆弧的切线与 OB 的延长线交于点 C,连结 AB.

设 $\angle DOB=x$(按弧度计算),且 $0<x<\dfrac{\pi}{2}$.显然,

$\triangle AOB$ 面积 $<$ 扇形 AOB 面积 $<\triangle AOC$ 面积,

即

$$\dfrac{1}{2}\sin x<\dfrac{1}{2}x<\dfrac{1}{2}\tan x \quad \text{或} \quad \sin x<x<\tan x.$$

以 $\sin x>0$ 除之,得

$$1<\dfrac{x}{\sin x}<\dfrac{1}{\cos x} \quad \text{或} \quad \cos x<\dfrac{\sin x}{x}<1.$$

由 §2.3 例 9,$\lim\limits_{x\to 0}\cos x=1$.根据 §2.4 定理 7,有

$$\lim\limits_{x\to 0^+}\dfrac{\sin x}{x}=1.$$

其次,当 $x<0$ 时,设 $x=-y$.$x\to 0^- \Longleftrightarrow y\to 0^+$.根据定理 5,

$$\lim\limits_{x\to 0^-}\dfrac{\sin x}{x}=\lim\limits_{y\to 0^+}\dfrac{\sin(-y)}{-y}=\lim\limits_{y\to 0^+}\dfrac{\sin y}{y}=1.$$

再根据 §2.3 定理 3,有

$$\boxed{\lim\limits_{x\to 0}\dfrac{\sin x}{x}=1.}$$

注 1) 当 $x\to 0$ 时,$\sin x\to 0$,在形式上 $\dfrac{\sin x}{x}\to\dfrac{0}{0}$.$\forall x\ne 0$,总有 $\sin x\ne x$,即 $\dfrac{\sin x}{x}\ne 1$. 当 $|x|$ 充分小时,$|\sin x|$ 与 $|x|$ 都充分小,但是比值 $\dfrac{\sin x}{x}$ 却无限趋近于 1.

当 $x\to 0$ 时,$\sin x$ 与 x 无限趋近于 0 的"速度"越来越接近.只有在 $x\to 0$ 的极限状态,二者趋近于 0 的速度才能相等,此时二者之比的极限才能是 1.

2) 这里的 $\sin x$ 的 x 以弧度为单位,才有极限 $\lim\limits_{x\to 0}\dfrac{\sin x}{x}=1$.如果 x 的单位不是弧度,而是角度,则此极限不是 1,而是

$$\lim\limits_{x\to 0}\dfrac{\sin x}{x}=\dfrac{\pi}{180}.$$

因此,在数学分析中如无特别声明,凡是三角函数的角都按弧度计算.

例 3 证明 $\lim\limits_{x\to\infty}\left(1+\dfrac{1}{x}\right)^x = e$.

证明 先证 $x\to+\infty$ 情况. $\forall x>1$,有 $[x]\leqslant x<[x]+1$,从而

$$1+\frac{1}{[x]+1} < 1+\frac{1}{x} \leqslant 1+\frac{1}{[x]}.$$

由幂函数(底数大于 1)严格增加,有

$$\left(1+\frac{1}{[x]+1}\right)^{[x]} < \left(1+\frac{1}{x}\right)^x < \left(1+\frac{1}{[x]}\right)^{[x]+1}.$$

由 §2.2 例 10,有

$$\lim_{x\to+\infty}\left(1+\frac{1}{[x]}\right)^{[x]+1} = \lim_{n\to\infty}\left(1+\frac{1}{n}\right)^{n+1} = \lim_{n\to\infty}\left(1+\frac{1}{n}\right)^n\left(1+\frac{1}{n}\right) = e.$$

$$\lim_{x\to+\infty}\left(1+\frac{1}{[x]+1}\right)^{[x]} = \lim_{n\to\infty}\left(1+\frac{1}{n+1}\right)^n = \lim_{n\to\infty}\frac{\left(1+\dfrac{1}{n+1}\right)^{n+1}}{1+\dfrac{1}{n+1}} = e.$$

根据定理 8,有

$$\lim_{x\to+\infty}\left(1+\frac{1}{x}\right)^x = e.$$

再证 $x\to-\infty$ 情况. 当 $x<0$ 时,设 $x=-y$, $x\to-\infty\iff y\to+\infty$.

根据定理 5,有

$$\lim_{x\to-\infty}\left(1+\frac{1}{x}\right)^x = \lim_{y\to+\infty}\left(1-\frac{1}{y}\right)^{-y} = \lim_{y\to+\infty}\left(\frac{y}{y-1}\right)^y$$

$$= \lim_{y\to+\infty}\left(1+\frac{1}{y-1}\right)^{y-1}\left(1+\frac{1}{y-1}\right) = e.$$

于是

$$\boxed{\lim_{x\to\infty}\left(1+\frac{1}{x}\right)^x = e.}$$

根据 §2.4 定理 5,这个极限也可换成另一种形式. 设 $x=\dfrac{1}{\alpha}$, $x\to\infty\iff\alpha\to 0$,有

$$\boxed{\lim_{\alpha\to 0}(1+\alpha)^{\frac{1}{\alpha}} = e.}$$

上述两个极限 $\lim\limits_{x\to 0}\dfrac{\sin x}{x}=1$ 和 $\lim\limits_{x\to\infty}\left(1+\dfrac{1}{x}\right)^x = e$ 是数学分析中两个重要极限.后面有多处用到它们,特别在第五章将用它们导出重要的公式.

定理 9(柯西收敛准则) 极限 $\lim\limits_{x\to a}f(x)$ 存在 $\iff \forall \varepsilon>0$, $\exists\delta>0$, $\forall x',x'': 0<|a-x'|<\delta$ 与 $0<|a-x''|<\delta$,有

$$|f(x')-f(x'')|<\varepsilon.$$

证明 必要性($\Rightarrow$) 设 $\lim\limits_{x\to a}f(x)=b$,即 $\forall \varepsilon>0$, $\exists\delta>0$, $\forall x: 0<|x-a|<\delta$,有

$$|f(x)-b|<\varepsilon.$$

从而, $\forall x', x'': 0<|x'-a|<\delta$ 与 $0<|x''-a|<\delta$, 同时有
$$|f(x')-b|<\varepsilon \quad 与 \quad |f(x'')-b|<\varepsilon.$$

于是, $|f(x')-f(x'')| \leqslant |f(x')-b|+|b-f(x'')|<2\varepsilon$.

充分性($\Leftarrow$) 已知 $\forall \varepsilon>0, \exists \delta>0, \forall x', x'': 0<|x'-a|<\delta$ 与 $0<|x''-a|<\delta$, 有
$$|f(x')-f(x'')|<\varepsilon.$$

取某个数列 $\{a_n\}$, 且 $\lim\limits_{n\to\infty} a_n=a, a_n\neq a$. 根据数列极限定义, 对上述 $\delta>0, \exists N\in \mathbf{N}_+$, $\forall n_1, n_2>N$, 同时有
$$0<|a_{n_1}-a|<\delta \quad 与 \quad 0<|a_{n_2}-a|<\delta.$$

从而,有
$$|f(a_{n_1})-f(a_{n_2})|<\varepsilon.$$

根据数列柯西准则(§2.2 定理 8), 数列 $\{f(a_n)\}$ 收敛, 设 $\lim\limits_{n\to\infty} f(a_n)=b$. (往证 $\lim\limits_{x\to a} f(x)=b$, 从而极限 $\lim\limits_{x\to a} f(x)$ 存在.)

已知 $\forall \varepsilon>0, \exists \delta>0,, \forall x, y: 0<|x-a|<\delta$ 与 $0<|y-a|<\delta$, 有
$$|f(x)-f(y)|<\varepsilon.$$

又由 $\lim\limits_{n\to\infty} f(a_n)=b$ ($\lim\limits_{n\to\infty} a_n=a, a_n\neq a$), 对上述 $\delta>0, \exists n_0\in \mathbf{N}_+$, 有 $0<|a_{n_0}-a|<\delta$, 从而
$$|f(a_{n_0})-b|<\varepsilon.$$

取 $y=a_{n_0}$, 同时有
$$|f(x)-f(a_{n_0})|<\varepsilon \quad 与 \quad |f(a_{n_0})-b|<\varepsilon.$$

于是, 有 $|f(x)-b| \leqslant |f(x)-f(a_{n_0})|+|f(a_{n_0})-b|<2\varepsilon$, 即
$$\lim\limits_{x\to a} f(x)=b.$$

其他类型收敛的函数极限($\lim\limits_{x\to a^+} f(x), \lim\limits_{x\to a^-} f(x), \lim\limits_{x\to +\infty} f(x), \lim\limits_{x\to -\infty} f(x)$) 也有相应的柯西收敛准则. 请读者自行写出, 并给予证明.

这个柯西收敛准则的否定形式是

函数 $f(x)$ 在 a 发散 $\Longleftrightarrow \exists \varepsilon_0>0, \forall \delta>0, \exists x', x'': 0<|a-x'|<\delta$ 与 $0<|a-x''|<\delta$, 有
$$|f(x')-f(x'')| \geqslant \varepsilon_0.$$

注 柯西收敛准则没有为我们提供具体的计算极限的方法, 在理论上的作用是重要的, 它在函数是否收敛或发散上发挥重要的作用. 发散于无穷大的函数极限没有相应的柯西收敛准则.

四、例

应用已知极限 $\lim\limits_{x\to a} x^m=a^m (m\in \mathbf{N}_+), \lim\limits_{x\to a}\sqrt{x}=\sqrt{a} (a>0), \lim\limits_{x\to a}\cos x=\cos a$ 和两个重要极限 $\lim\limits_{x\to 0}\dfrac{\sin x}{x}=1$ 与 $\lim\limits_{x\to \infty}\left(1+\dfrac{1}{x}\right)^x=e$ 等, 以及函数极限的四则运算法则, 能够求一些函数的极限.

例 4 求极限 $\lim\limits_{x\to a} P(x)$, 其中 $P(x)=a_0 x^n+a_1 x^{n-1}+\cdots+a_n$ 是多项式函数, n 是正整

数,$a_0,a_1,\cdots,a_n$ 是常数.

解
$$\lim_{x\to a}P(x)=\lim_{x\to a}(a_0x^n+a_1x^{n-1}+\cdots+a_n)$$
$$=\lim_{x\to a}a_0x^n+\lim_{x\to a}a_1x^{n-1}+\cdots+\lim_{x\to a}a_n$$
$$=a_0a^n+a_1a^{n-1}+\cdots+a_n=P(a).$$

例 5 求极限 $\lim\limits_{x\to a}\dfrac{P(x)}{Q(x)}$,其中 $P(x)$ 与 $Q(x)$ 都是多项式函数,且 $Q(a)\neq 0$.

解 由例 4 及极限运算法则,有
$$\lim_{x\to a}\frac{P(x)}{Q(x)}=\frac{\lim\limits_{x\to a}P(x)}{\lim\limits_{x\to a}Q(x)}=\frac{P(a)}{Q(a)}.$$

例 6 求极限 $\lim\limits_{x\to 0}\dfrac{\sqrt{1+x}-\sqrt{1-x}}{x}$.

解 不能直接应用商的极限(因为分母的极限是 0)运算法则.

$$\lim_{x\to 0}\frac{\sqrt{1+x}-\sqrt{1-x}}{x}=\lim_{x\to 0}\frac{(\sqrt{1+x}-\sqrt{1-x})(\sqrt{1+x}+\sqrt{1-x})}{x(\sqrt{1+x}+\sqrt{1-x})}$$
$$=\lim_{x\to 0}\frac{2x}{x(\sqrt{1+x}+\sqrt{1-x})}\quad(\text{因为 }x\neq 0)$$
$$=\frac{2}{\lim\limits_{x\to 0}\sqrt{1+x}^{①}+\lim\limits_{x\to 0}\sqrt{1-x}}=\frac{2}{1+1}=1.$$

例 7 求极限 $\lim\limits_{x\to 0}\dfrac{\sin 2x}{\sin 3x}$.

解 $\lim\limits_{x\to 0}\dfrac{\sin 2x}{\sin 3x}=\lim\limits_{x\to 0}\dfrac{\dfrac{\sin 2x}{2x}\cdot 2x}{\dfrac{\sin 3x}{3x}\cdot 3x}=\dfrac{2}{3}\cdot\dfrac{\lim\limits_{x\to 0}\dfrac{\sin 2x}{2x}}{\lim\limits_{x\to 0}\dfrac{\sin 3x}{3x}}=\dfrac{2}{3}.$

例 8 证明极限 $\lim\limits_{x\to 0}\dfrac{1-\cos x}{x^2}=\dfrac{1}{2}$.

证明 $\lim\limits_{x\to 0}\dfrac{1-\cos x}{x^2}=\lim\limits_{x\to 0}\dfrac{2\sin^2\dfrac{x}{2}}{x^2}=\lim\limits_{x\to 0}\dfrac{1}{2}\left(\dfrac{\sin\dfrac{x}{2}}{\dfrac{x}{2}}\right)^2=\dfrac{1}{2}.$

例 9 求极限 $\lim\limits_{x\to 0}\dfrac{\tan x-\sin x}{\sin^3 x}$.

---

① 极限 $\lim\limits_{x\to 0}\sqrt{1+x}=1$,应用了定理 5.设 $1+x=u,x\to 0\Leftrightarrow u\to 1$.从而,$\lim\limits_{x\to 0}\sqrt{1+x}=\lim\limits_{u\to 1}\sqrt{u}=\sqrt{1}=1$.以后凡是遇到求极限需要进行简单的换元,予以省略.如 $\lim\limits_{x\to 0}\dfrac{\sin 2x}{2x}=1$ 等.

解 $\lim\limits_{x\to 0}\dfrac{\tan x-\sin x}{\sin^3 x}=\lim\limits_{x\to 0}\dfrac{1-\cos x}{\sin^2 x\cos x}=\lim\limits_{x\to 0}\left(\dfrac{1}{\cos x}\cdot\dfrac{1-\cos x}{x^2}\cdot\dfrac{x^2}{\sin^2 x}\right)$

$=\lim\limits_{x\to 0}\dfrac{1}{\cos x}\cdot\lim\limits_{x\to 0}\dfrac{1-\cos x}{x^2}\cdot\lim\limits_{x\to 0}\left(\dfrac{x}{\sin x}\right)^2=\dfrac{1}{2}.$

例 10 求极限 $\lim\limits_{x\to\infty}\left(\dfrac{x}{1+x}\right)^x.$

解 $\lim\limits_{x\to\infty}\left(\dfrac{x}{1+x}\right)^x=\lim\limits_{x\to\infty}\dfrac{1}{\left(1+\dfrac{1}{x}\right)^x}=\dfrac{1}{\mathrm{e}}.$

例 11 求极限 $\lim\limits_{x\to 0}(1+3x^2)^{\frac{1}{x^2}}.$

解 $\lim\limits_{x\to 0}(1+3x^2)^{\frac{1}{x^2}}=\lim\limits_{x\to 0}[(1+3x^2)^{\frac{1}{3x^2}}]^3=[\lim\limits_{x\to 0}(1+3x^2)^{\frac{1}{3x^2}}]^3=\mathrm{e}^3.$

例 12 求极限 $\lim\limits_{x\to\infty}\left(\dfrac{x^2+1}{x^2-1}\right)^{x^2}.$

解
$$\lim\limits_{x\to\infty}\left(\dfrac{x^2+1}{x^2-1}\right)^{x^2}=\lim\limits_{x\to\infty}\left(\dfrac{1+\dfrac{1}{x^2}}{1-\dfrac{1}{x^2}}\right)^{x^2}=\lim\limits_{x\to\infty}\dfrac{\left(1+\dfrac{1}{x^2}\right)^{x^2}}{\left(1-\dfrac{1}{x^2}\right)^{x^2}}$$
$$=\lim\limits_{x\to\infty}\left(1+\dfrac{1}{x^2}\right)^{x^2}\left(1-\dfrac{1}{x^2}\right)^{-x^2}$$
$$=\lim\limits_{x\to\infty}\left(1+\dfrac{1}{x^2}\right)^{x^2}\cdot\lim\limits_{x\to\infty}\left(1+\dfrac{1}{-x^2}\right)^{-x^2}$$
$$=\mathrm{e}\cdot\mathrm{e}=\mathrm{e}^2.$$

例 13 证明函数 $f(x)=\cos\dfrac{1}{x}$ 在点 0 发散.

证明 $\exists\varepsilon_0(0<\varepsilon_0<2),\forall\delta>0.\exists x'=\dfrac{1}{2k\pi},x''=\dfrac{1}{(2k+1)\pi}:0<|0-x'|=\dfrac{1}{2k\pi}<\delta$ 与 $0<|0-x''|=\dfrac{1}{(2k+1)\pi}<\delta$(只要 k 充分大),有

$$|f(x')-f(x'')|=|\cos 2k\pi-\cos(2k+1)\pi|=2>\varepsilon_0.$$

由柯西收敛准则的否定叙述,函数 $f(x)=\cos\dfrac{1}{x}$ 在点 0 发散.

五、无穷小与无穷大的比较

首先比较三个无穷小 $\left\{\dfrac{1}{n}\right\},\left\{\dfrac{1}{n^2}\right\}$ 与 $\left\{\dfrac{1}{n^3}\right\}(n\to\infty)$ 趋近于 0 的速度,见下表:

n	1	2	4	8	10	$\cdots$	100	$\cdots$	$\to\infty$
$\dfrac{1}{n}$	1	0.5	0.25	0.125	0.1	$\cdots$	0.01	$\cdots$	$\to 0$

续表

n	1	2	4	8	10	...	100	...	$\to \infty$
$\dfrac{1}{n^2}$	1	0.25	0.062 5	0.015 625	0.01	...	0.000 1	...	$\to 0$
$\dfrac{1}{n^3}$	1	0.125	0.015 625	0.001 953	0.001	...	0.000 001	...	$\to 0$

由上表看到,这三个无穷小趋近于 0 的速度有显著差异. $\left\{\dfrac{1}{n^2}\right\}$ 比 $\left\{\dfrac{1}{n}\right\}$ 快,而 $\left\{\dfrac{1}{n^3}\right\}$ 又比 $\left\{\dfrac{1}{n^2}\right\}$ 快.这只是直观的描述.何谓"快"?"快"到什么程度?需要给出定量的定义.这就是"数量级"问题.

定义 设函数 $f(x), g(x)$ 在 $\overset{\circ}{U}(a)$ 上有定义,且 $g(x) \neq 0$.其中 a 可以是无穷大: $+\infty, -\infty, \infty$.

1) 若 $\lim\limits_{x \to a} \dfrac{f(x)}{g(x)} = 0$,记为 $f(x) = o[g(x)] (x \to a)$.

如果 $f(x), g(x)$ 当 $x \to a$ 时,都是无穷小量(或无穷大量),称 $f(x)$ 是 $g(x)$ 的**高阶无穷小量**($f(x)$ 是 $g(x)$ 的**低阶无穷大量**或 $g(x)$ 是 $f(x)$ 的**高阶无穷大量**).

2) 若 $\lim\limits_{x \to a} \dfrac{f(x)}{g(x)} = b \neq 0$,记为 $f(x) = O[g(x)] (x \to a)$.

如果 $f(x), g(x)$ 当 $x \to a$ 时,都是无穷小量(或无穷大量),称 $f(x)$ 与 $g(x)$ 是**同阶无穷小量**(或**同阶无穷大量**).

特别地,若 $\lim\limits_{x \to a} \dfrac{f(x)}{g(x)} = 1$,记为 $f(x) \sim g(x) (x \to a)$.

如果 $f(x), g(x)$ 当 $x \to a$ 时,都是无穷小量(或无穷大量),称 $f(x)$ 与 $g(x)$ 是**等价无穷小量**(或**等价无穷大量**).

若以 $x(x \to 0)$ 为标准无穷小,且 $f(x)$ 与 x^α (α 是正常数)是同阶无穷小,称 $f(x)$ 是关于 x 的 α **阶无穷小**.

例如,已知 $\lim\limits_{n \to \infty} \dfrac{\dfrac{1}{n^2}}{\dfrac{1}{n}} = 0$,即 $\left\{\dfrac{1}{n^2}\right\}$ 比 $\left\{\dfrac{1}{n}\right\}$ 是高阶无穷小.

由此可见,所谓"高阶",就是无穷小 $\left\{\dfrac{1}{n^2}\right\}$ 趋近于 0 的速度比另一个无穷小 $\left\{\dfrac{1}{n}\right\}$ 趋近于 0 的速度更快.

已知 $\lim\limits_{x \to 0} \dfrac{\tan x - \sin x}{\sin^3 x} = \dfrac{1}{2}$,即 $\tan x - \sin x$ 与 $\sin^3 x (x \to 0)$ 是同阶无穷小.

由此可见,所谓"同阶",就是无穷小 $\tan x - \sin x$ 与 $\sin^3 x (x \to 0)$ 趋近于 0 的速度"差不多".

已知 $\lim\limits_{x\to 0}\dfrac{\sin x}{x}=1$,即 $\sin x$ 与 $x(x\to 0)$ 是等价无穷小.

由此可见,所谓"等价",就是无穷小 $\sin x$ 与 $x(x\to 0)$ 趋近于 0 的速度"基本相同".

已知 $\lim\limits_{x\to 0}\dfrac{1-\cos x}{x^2}=\dfrac{1}{2}$,即 $1-\cos x$ 是关于 x 的二阶无穷小.

注 o 和 O 可以进行运算.

例如,$O[f(x)] \cdot o[g(x)] = o[f(x) \cdot g(x)] (x \to a)$.

事实上,设 $\alpha(x)=O[f(x)]$ 与 $\beta(x)=o[g(x)]$,即 $\forall x \in \overset{\circ}{U}(a)$,有
$$\left|\dfrac{\alpha(x)}{f(x)}\right| \leqslant K \quad \text{与} \quad \lim_{x \to a}\dfrac{\beta(x)}{g(x)}=0,$$
其中 K 是正常数.根据无穷小的性质 2,有
$$\lim_{x \to a}\dfrac{\alpha(x) \cdot \beta(x)}{f(x) \cdot g(x)}=\lim_{x \to a}\dfrac{\alpha(x)}{f(x)} \cdot \dfrac{\beta(x)}{g(x)}=0,$$
或
$$\alpha(x) \cdot \beta(x) = o[f(x) \cdot g(x)],$$
即
$$O[f(x)] \cdot o[g(x)] = o[f(x) \cdot g(x)] \quad (x \to a).$$

这类等式的意义与通常数值等式的意义不同.等号的左端是条件,等号的右端是结论.

如果将等号两端的符号交换位置,即
$$o[f(x) \cdot g(x)] = O[f(x)] \cdot o[g(x)],$$
它就失去了意义.这类等式表示的是某种性质,不是指数值相等,而是表示量的一种类型.

定理 10 若 $f(x)$ 与 $g(x)$ 在 $\overset{\circ}{U}(a,\delta)$ 有定义,且不为零,则

1) $o[f(x)] \pm o[f(x)] = o[f(x)] (x \to a)$;
2) $o[f(x)] \pm O[f(x)] = O[f(x)] (x \to a)$;
3) $o[f(x)] \cdot O[g(x)] = o[f(x) \cdot g(x)] (x \to a)$;
4) $\dfrac{o[f(x)]}{g(x)} = o\left[\dfrac{f(x)}{g(x)}\right]$,$\dfrac{O[f(x)]}{g(x)} = O\left[\dfrac{f(x)}{g(x)}\right] (x \to a)$;
5) $o\{O[f(x)]\} = o[f(x)]$,$O\{o[f(x)]\} = o[f(x)] (x \to a)$.

请读者自行证明.

当 $n \to +\infty$ 时,已知
$$\log_a n(a>1), n, n^k(k>1), a^n(a>1), n!, n^n$$
都发散于 $+\infty$,但前者是后者的低阶无穷大量,或说后者是前者的高阶无穷大量.事实上,
$$\lim_{n \to +\infty}\dfrac{\log_a n}{n}=0 \quad (a>1,\text{见 §2.1 例 9}),$$
$$\lim_{n \to +\infty}\dfrac{n}{n^k}=\lim_{n \to +\infty}\dfrac{1}{n^{k-1}}=0 \quad (k>1),$$

$$\lim_{n\to+\infty}\frac{n^k}{a^n}=0 \quad (a>1, k\in \mathbf{N}_+, 见 §2.2 例 7 的 1)),$$

$$\lim_{n\to+\infty}\frac{a^n}{n!}=0 \quad (a>1, 见 §2.2 例 5),$$

$$\lim_{n\to+\infty}\frac{n!}{n^n}=0 \quad (见 §2.3 例 4 的 2)).$$

即 $\log_a n = o(n), n = o(n^k), n^k = o(a^n), a^n = o(n!), n! = o(n^n).$

例 14 当 $x\to+\infty$ 时,函数 $f_n(x)=x^n, n=1,2,\cdots$,都是正无穷大.证明:

1) 每个函数 $f_n(x)$ 都是后面那个函数 $f_{n+1}(x)$ 的低阶无穷大;

2) 函数 $f(x)=\mathrm{e}^x$ 是每个函数 $f_n(x)$ 的高阶无穷大.

证明 1) $\forall n\in \mathbf{N}_+$,有

$$\lim_{x\to+\infty}\frac{f_n(x)}{f_{n+1}(x)} = \lim_{x\to+\infty}\frac{x^n}{x^{n+1}} = \lim_{x\to+\infty}\frac{1}{x} = 0,$$

即 $f_n(x)$ 是 $f_{n+1}(x)$ 的低阶无穷大量.

2) 由 §2.3 的例 20 的 2), $\forall n\in \mathbf{N}_+, a=\mathrm{e}$,有

$$\lim_{x\to+\infty}\frac{x^n}{\mathrm{e}^x}=0,$$

即函数 e^x 是每个函数 $f_n(x)$ 的高阶无穷大量.

注 无穷大和无界是不同的概念,无穷大当然是无界,但反之,无界不一定是无穷大.

例如,函数 $f(x)=x\cos x$,当 $x\to+\infty$ 时,是无界的.事实上,

$\forall A>0, \exists N\in \mathbf{N}_+, \forall n>N$,有

$$f(2n\pi) = 2n\pi\cos(2n\pi) = 2n\pi > A,$$

即函数 $f(x)=x\cos x$ 在 $\mathbf{R}$ 上无上界,但是,它不是无穷大,$\exists n_1\in \mathbf{N}_+$,使 $2n_1\pi+\frac{\pi}{2}\in \mathbf{R}$,有

$$f\left(2n_1\pi+\frac{\pi}{2}\right) = \left(2n_1\pi+\frac{\pi}{2}\right)\cos\left(2n_1\pi+\frac{\pi}{2}\right) = 0,$$

即函数 $f(x)=x\cos x$ 不是无穷大.

练习题 2.4

1. 证明:若当 $x\to+\infty$ 时,函数 $f(x)$ 存在极限,则极限唯一.
2. 用极限定义直接证明定理 3 的推论 2.
3. 用极限定义证明:若 $\lim\limits_{x\to a}f(x)=b, \lim\limits_{x\to a}g(x)=c$,则 $\lim\limits_{x\to a}[f(x)-g(x)]=b-c$.
4. 用极限定义证明:若 $\lim\limits_{x\to-\infty}f(x)=b\neq 0$,则 $\lim\limits_{x\to-\infty}\frac{1}{f(x)}=\frac{1}{b}$.

5. 证明:若 $\lim\limits_{x\to+\infty}f(x)=0$,且 $g(x)$ 在 $(a,+\infty)$ 有界,则 $\lim\limits_{x\to+\infty}f(x)g(x)=0$.

6. 证明:若 $\lim\limits_{x\to\infty}f(x)=a$,则 $\exists M>0$ 和 $\exists A>0$,$\forall x:|x|>A$,有 $|f(x)|\leqslant M$.

7. 证明:若 $\lim\limits_{x\to\infty}f(x)=a$ 与 $\lim\limits_{x\to\infty}g(x)=b$,则 $\lim\limits_{x\to\infty}f(x)g(x)=ab$.

8. 用极限定义证明定理 7 和定理 8.

9. 用不等式叙述下列符号的意义:

1) $\lim\limits_{x\to+\infty}f(x)\neq A$;

2) $\lim\limits_{x\to a^+}g(x)\neq B$.

10. 写出极限 $\lim\limits_{x\to+\infty}f(x)$ 存在的柯西收敛准则及其否定叙述,并证明:

1) 当 $x\to+\infty$ 时,函数 $\dfrac{\cos x}{x}$ 存在极限;

2) 当 $x\to+\infty$ 时,函数 $\sin x$ 不存在极限.

11. 证明:若函数 $f(x)$ 在 $\mathbf{R}$ 是周期函数,且 $\lim\limits_{x\to+\infty}f(x)=0$,则 $\forall x\in\mathbf{R}$,有 $f(x)=0$(或 $f(x)\equiv 0$).

12. 求下列极限:

1) $\lim\limits_{x\to\infty}\dfrac{x^2+x+1}{2x^2-5}$;

2) $\lim\limits_{x\to\infty}\dfrac{3x^4-2x^2-1}{x^5-x}$;

3) $\lim\limits_{x\to 2}\dfrac{x^2-5x+6}{x^2-12x+20}$;

4) $\lim\limits_{h\to 0}\dfrac{(x+h)^3-x^3}{h}$;

5) $\lim\limits_{x\to 1}\left(\dfrac{1}{1-x}-\dfrac{3}{1-x^3}\right)$;

6) $\lim\limits_{x\to 0}\dfrac{\sqrt{1+x}-1}{x}$;

7) $\lim\limits_{x\to 4}\dfrac{\sqrt{1+2x}-3}{\sqrt{x}-2}$;

8) $\lim\limits_{x\to\infty}(\sqrt{x^2+1}-\sqrt{x^2-1})$;

9) $\lim\limits_{x\to 0}\dfrac{\sqrt{(a+bx)(c+dx)}-\sqrt{ac}}{x}$;

10) $\lim\limits_{x\to 1}\dfrac{x^m-1}{x^n-1}$ (m,n 是正整数).

13. 求下列极限:

1) $\lim\limits_{x\to 0}\dfrac{\sin\dfrac{x}{2}}{4x}$;

2) $\lim\limits_{x\to\infty}x\sin\dfrac{3}{x}$;

3) $\lim\limits_{x\to 1}\dfrac{\sin(x^2-1)}{x-1}$;

4) $\lim\limits_{x\to a}\dfrac{\sin x-\sin a}{x-a}$;

5) $\lim\limits_{x\to 0}\dfrac{\sin(\sin x)}{x}$;

6) $\lim\limits_{x\to\infty}\left(1-\dfrac{1}{x}\right)^x$;

7) $\lim\limits_{x\to\infty}\left(1+\dfrac{1}{x+3}\right)^x$;

8) $\lim\limits_{x\to\frac{\pi}{2}}(1+\cot x)^{\tan x}$;

9) $\lim\limits_{x\to\infty}(1+2x)^{\frac{1}{x}}$;

10) $\lim\limits_{x\to\infty}\left(\dfrac{x^3-2}{x^3+3}\right)^{x^3}$.

14. 证明:若函数 $f(x)$ 在开区间 (a,b) 单调增加,且有界,则极限 $\lim\limits_{x\to a^+}f(x)$ 与 $\lim\limits_{x\to b^-}f(x)$ 都存在.

15. 已知下列极限,确定 a 与 b:

1) $\lim\limits_{x\to\infty}\left(\dfrac{x^2+1}{x+1}-ax-b\right)=0$;

2) $\lim\limits_{x\to+\infty}(\sqrt{x^2-x+1}-ax-b)=0$;

3) $\lim\limits_{x\to 1}\dfrac{\sqrt{x+a}+b}{x^2-1}=1$.

16. 写出极限 $\lim\limits_{x\to +\infty} f(x)$ 存在的海涅定理,并给以证明.

17. 应用海涅定理证明:若函数 $f(x)$ 在 (a,b) 有定义,且单调增加,则 $\forall x_0 \in (a,b)$,极限 $f(x_0-0) = \lim\limits_{x\to x_0^-} f(x)$ 与 $f(x_0+0) = \lim\limits_{x\to x_0^+} f(x)$ 都存在,且
$$f(x_0-0) \leqslant f(x_0) \leqslant f(x_0+0).$$

18. 证明:若函数 $f(x)$ 在 $[a,b]$ 严格增加,且 $x_n \in (a,b), n=1,2,\cdots$,有 $\lim\limits_{n\to\infty} f(x_n) = f(a)$,则 $\lim\limits_{n\to\infty} x_n = a$.

19. 用极限运算法则及定理,验证下列极限:

1) $\lim\limits_{n\to\infty} (1+x)(1+x^2)(1+x^4)\cdots(1+x^{2^n}) = \dfrac{1}{1-x}$ $(|x|<1)$;

2) $\lim\limits_{n\to\infty} \cos\dfrac{x}{2}\cos\dfrac{x}{4}\cdots\cos\dfrac{x}{2^n} = \dfrac{\sin x}{x}$;

3) $\lim\limits_{x\to 0} x\left[\dfrac{1}{x}\right] = 1$;

4) $\lim\limits_{x\to 0^+} \dfrac{x}{a}\left[\dfrac{b}{x}\right] = \dfrac{b}{a}$ $(a>0, b>0)$;

5) $\lim\limits_{x\to 0^+} \left[\dfrac{x}{a}\right]\dfrac{b}{x} = 0$ $(a>0, b>0)$.

20. 将下列符号的意义用不等式叙述出来:

1) $\lim\limits_{x\to a} f(x) = \infty$;   2) $\lim\limits_{x\to a^+} g(x) = +\infty$;

3) $\lim\limits_{x\to \infty} h(x) = -\infty$;   4) $\lim\limits_{x\to +\infty} s(x) = -\infty$;

5) $\lim\limits_{x\to a^-} f(x) = -\infty$;   6) $\lim\limits_{x\to -\infty} g(x) = \infty$.

21. 证明:

1) $\lim\limits_{x\to 0} \dfrac{3x+1}{x^2} = \infty$;   2) $\lim\limits_{x\to 1^-} \dfrac{x+1}{x-1} = -\infty$;

3) $\lim\limits_{x\to 0^+} \log_2 x = -\infty$;   4) $\lim\limits_{x\to +\infty} \ln x = +\infty$;

5) $\lim\limits_{x\to -\infty} a^x = +\infty$ $(a<1)$;   6) $\lim\limits_{x\to \frac{\pi}{2}^-} \tan x = +\infty$.

22. 证明:若 $\lim\limits_{x\to a} P(x) = +\infty, \lim\limits_{x\to a} Q(x) = A$,则 $\lim\limits_{x\to a} [P(x)+Q(x)] = +\infty$.

23. 证明:若 $\lim\limits_{x\to -\infty} f(x) = \infty, \lim\limits_{x\to -\infty} g(x) = B$,则 $\lim\limits_{x\to -\infty} [f(x)-g(x)] = \infty$.

24. 证明:若 $\lim\limits_{x\to +\infty} P(x) = +\infty, \lim\limits_{x\to +\infty} Q(x) = A>0$,则 $\lim\limits_{x\to +\infty} P(x)Q(x) = +\infty$.

25. 证明:当 $x\to a$ 时,符号 o 具有下列性质:

1) $o[f(x)] \pm o[f(x)] = o[f(x)]$;

2) $o[cf(x)] = o[f(x)]$,其中 c 是常数,且 $c\neq 0$;

3) $o\{o[f(x)]\} = o[f(x)]$.

26. 证明: $f(x) \sim g(x) \ (x\to a) \Longleftrightarrow f(x) - g(x) = o[g(x)]$.

27. 证明:

1) $x^2 \sin x = o(x)$ $(x\to 0)$;

2) $\dfrac{x+2}{x^4+3} = o\left(\dfrac{1}{x^2}\right)$ $(x\to \infty)$;

3) $\sin\dfrac{2}{x} = O\left(\dfrac{1}{x}\right)$ $(x\to \infty)$;

4) $\sqrt{x+1}-\sqrt{x}=O\left(\dfrac{1}{\sqrt{x}}\right)$ $(x\to+\infty)$;

5) $\sqrt{1+x}-\sqrt{1-x}\sim x$ $(x\to 0)$;

6) $x^n-1\sim n(x-1)$ $(x\to 1)$.

28. 证明:若函数 $f(x)$ 在 $(a,+\infty)$ 单调增加,存在数列 $\{a_n\}$,且 $\lim\limits_{n\to\infty}a_n=+\infty$,有 $\lim\limits_{n\to\infty}f(a_n)=b$,则 $\lim\limits_{x\to+\infty}f(x)=b.$

29. 证明: $\lim\limits_{x\to+\infty}f(x)=+\infty \Longleftrightarrow$ 任意数列 $\{a_n\}$,且 $\lim\limits_{n\to\infty}a_n=+\infty$,有 $\lim\limits_{n\to\infty}f(a_n)=+\infty.$

 答疑解惑

第三章 连续函数

第一章讨论了数学分析的研究对象——函数,第二章又给出了研究函数的方法——极限,这就为我们用分析的方法研究函数奠定了基础.那么数学分析应用极限方法主要是研究哪一类函数呢?数学分析的发展史告诉我们,无论在理论上或在应用中都应从连续函数开始.这是因为,一方面在生产实际中所遇到的函数多是连续函数.例如,流体的连续流动,气温的连续上升,压力的连续增加等;另一方面,我们常常直接或间接地借助于连续函数讨论一些不连续函数.于是,连续函数就成为数学分析研究的主要对象.

§3.1 连 续 函 数

一、连续函数概念

已知函数 $f(x)$ 在 a 存在极限 b,即 $\lim_{x \to a} f(x) = b$,a 可能属于函数 $f(x)$ 的定义域;a 也可能不属于函数 $f(x)$ 的定义域.即使 a 属于函数 $f(x)$ 的定义域,$f(a)$ 也不一定等于 b.但是,当 $f(a) = b$ 时,有着特殊的意义.

定义 设函数 $f(x)$ 在 $U(a)$ 有定义.若函数 $f(x)$ 在 a 存在极限,且极限就是 $f(a)$,即

$$\lim_{x \to a} f(x) = f(a), \tag{1}$$

则称函数 $f(x)$ 在 a **连续**,a 是函数 $f(x)$ 的**连续点**.

函数 $f(x)$ 在 a 连续,不仅 a 属于函数 $f(x)$ 的定义域,且有(1)式极限.因此函数 $f(x)$ 在 a 连续比函数 $f(x)$ 在 a 存在极限有更高的要求.

用极限的"ε-δ 定义",函数 $f(x)$ 在 a 连续(即(1)式极限)$\iff \forall \varepsilon > 0, \exists \delta > 0, \forall x:$ $|x - a| < \delta$,有 $|f(x) - f(a)| < \varepsilon$.

将(1)式极限改写为

$$\lim_{x \to a} [f(x) - f(a)] = 0. \tag{2}$$

设 $x = a + \Delta x$ 或 $\Delta x = x - a$.Δx 称为自变量 x 在 a 的**改变量**.设

$$\Delta y = f(x) - f(a) = f(a + \Delta x) - f(a),$$

Δy 称为函数 y 在 a 的**改变量**.如图 3.1.$x \to a \iff \Delta x \to 0$.于是,由(2)式,

$$\text{函数 } f(x) \text{ 在 } a \text{ 连续} \Longleftrightarrow \lim_{\Delta x \to 0} \Delta y = 0.$$

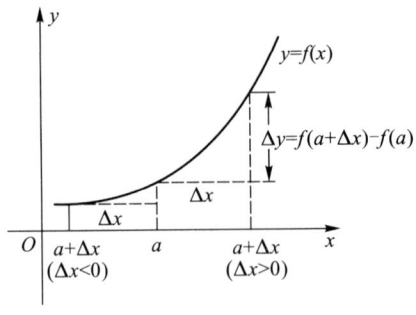

图 3.1

有时只需讨论函数 $f(x)$ 在 a 左侧或右侧的连续性,有下面左右连续概念:

定义 设函数 $f(x)$ 在以 a 为左(右)端点的区间有定义. 若

$$\lim_{x \to a^+} f(x) = f(a) = f(a+0) \quad (\lim_{x \to a^-} f(x) = f(a) = f(a-0)),$$

则称函数 $f(x)$ 在 a **右连续(左连续)**.

根据 §2.3 定理 3,有

$$f(x) \text{ 在 } a \text{ 连续} \Longleftrightarrow f(x) \text{ 在 } a \text{ 既右连续又左连续}$$

或

$$\lim_{x \to a} f(x) = f(a) \Longleftrightarrow \lim_{x \to a^+} f(x) = \lim_{x \to a^-} f(x) = f(a).$$

定义 若函数 $f(x)$ 在区间 I 的每一点都连续(若区间 I 左(右)端点属于 I,函数 $f(x)$ 在左(右)端点右连续(左连续)),则称函数 $f(x)$ 在**区间 I 连续**.

二、例

多项式函数 $P(x) = a_0 x^n + a_1 x^{n-1} + \cdots + a_n$ 定义域是 $\mathbf{R}$. 由 §2.4 例 4,$\forall a \in \mathbf{R}$,有

$$\lim_{x \to a} P(x) = P(a),$$

即多项式函数 $P(x)$ 在 a 连续,从而多项式函数 $P(x)$ 在其定义域 $\mathbf{R}$ 连续.

有理函数 $\dfrac{P(x)}{Q(x)}$ 的定义域是 $G = \mathbf{R} \setminus \{x \mid Q(x) = 0\}$,其中 $P(x)$ 与 $Q(x)$ 都是多项式函数. 由 §2.4 例 5,$\forall a \in G$,有

$$\lim_{x \to a} \frac{P(x)}{Q(x)} = \frac{P(a)}{Q(a)},$$

即有理函数 $\dfrac{P(x)}{Q(x)}$ 在 a 连续,从而有理函数 $\dfrac{P(x)}{Q(x)}$ 在其定义域 $G = \mathbf{R} \setminus \{x \mid Q(x) = 0\}$ 连续.

余弦函数 $\cos x$ 的定义域是 $\mathbf{R}$. 由 §2.3 例 9,$\forall a \in \mathbf{R}$,有

$$\lim_{x \to a} \cos x = \cos a,$$

即余弦函数 $\cos x$ 在 a 连续,从而余弦函数 $\cos x$ 在其定义域 $\mathbf{R}$ 连续.

下面证明正弦函数 $\sin x$ 与指数函数 a^x 在其定义域 $\mathbf{R}$ 都连续.

例 1 证明 $f(x) = \sin x$ 在 $\mathbf{R}$ 连续.

证明 $\forall a \in \mathbf{R}$,已知 $\forall x \in \mathbf{R}$,有不等式

$$\left|\cos\frac{x+a}{2}\right| \leq 1 \quad 与 \quad \left|\sin\frac{x-a}{2}\right| \leq \frac{|x-a|}{2}.$$

$\forall \varepsilon > 0$,要使不等式

$$|\sin x - \sin a| = 2\left|\cos\frac{x+a}{2}\right|\left|\sin\frac{x-a}{2}\right| \leq 2\frac{|x-a|}{2} = |x-a| < \varepsilon$$

成立,只需取 $\delta = \varepsilon$. 于是,$\forall \varepsilon > 0, \exists \delta = \varepsilon > 0, \forall x: |x-a| < \delta$,有

$$|\sin x - \sin a| < \varepsilon,$$

即

$$\lim_{x \to a} \sin x = \sin a.$$

也就是,正弦函数 $\sin x$ 在 a 连续. 从而,正弦函数 $\sin x$ 在其定义域 $\mathbf{R}$ 连续.

例 2 证明 $f(x) = a^x (0 < a \neq 1)$ 在 $\mathbf{R}$ 连续.

证明 首先证明 $\lim_{x \to 0^+} a^x = \lim_{x \to 0^-} a^x = 1$ (即 $\lim_{x \to 0} a^x = 1$).

$\forall x: 0 < x < 1, \exists n \in \mathbf{N}_+$,使 $\frac{1}{n+1} \leq x < \frac{1}{n}$. $x \to 0^+ \Longleftrightarrow n \to \infty$. 从而

当 $0 < a < 1$ 时,有 $a^{\frac{1}{n}} < a^x \leq a^{\frac{1}{n+1}}$;

当 $a > 1$ 时,有 $a^{\frac{1}{n+1}} \leq a^x < a^{\frac{1}{n}}$.

由 §2.1 例 5,$\lim_{n \to \infty} a^{\frac{1}{n}} = 1$. 根据两边夹定理有

$$\lim_{x \to 0^+} a^x = 1.$$

$\forall x < 0$,设 $x = -y$,有 $y > 0$. $x \to 0^- \Longleftrightarrow y \to 0^+$,有

$$\lim_{x \to 0^-} a^x = \lim_{y \to 0^+} a^{-y} = \lim_{y \to 0^+} \frac{1}{a^y} = 1.$$

于是

$$\lim_{x \to 0} a^x = 1.$$

其次证明,$\forall x_0 \in \mathbf{R}$,有 $\lim_{x \to x_0} a^x = a^{x_0}$ (或 $\lim_{x \to x_0}(a^x - a^{x_0}) = 0$).

事实上,$\lim_{x \to x_0}(a^x - a^{x_0}) = \lim_{x \to x_0} a^{x_0}(a^{x-x_0} - 1)$.

设 $y = x - x_0$. $x \to x_0 \Longleftrightarrow y \to 0$. 由上述结果,有

$$\lim_{x \to x_0}(a^x - a^{x_0}) = a^{x_0} \lim_{x \to x_0}(a^{x-x_0} - 1) = a^{x_0} \lim_{y \to 0}(a^y - 1) = 0$$

或

$$\lim_{x \to x_0} a^x = a^{x_0},$$

即指数函数 a^x 在 x_0 连续. 从而指数函数 a^x 在其定义域 $\mathbf{R}$ 连续.

三、间断点及其分类

定义 若函数 $f(x)$ 在 a 不满足连续定义的条件,则称函数 $f(x)$ 在 a **间断**(或**不连续**),a 是函数 $f(x)$ 的**间断点**(或**不连续点**).

定义 设函数 $f(x)$ 在邻域 $U(a)$ 有定义.

1)若 $f(a-0) = f(a+0) \neq f(a)$ 或 $f(a-0) = f(a+0)$,但 $f(a)$ 无意义,则称 a 是函数

$f(x)$ **可去间断点**;

2）若 $f(a-0)$ 与 $f(a+0)$ 皆存在,且 $f(a-0) \neq f(a+0)$,则称 a 是函数 $f(x)$ 的**第一类间断点**;

3）若 $f(a-0)$ 与 $f(a+0)$ 之中有一个不存在或发散到 ∞,则称 a 是函数 $f(x)$ 的**第二类间断点**.

点 a 是函数 $f(x)$ 的可去间断点的特征是
$$\lim_{x \to a} f(x) = A, \text{但 } A \neq f(a) \text{ 或 } f(a) \text{ 无意义}.$$

因此,当可去间断点仅有有限个时,人们可改变函数 $f(x)$ 在 a 的极限值或补充函数 $f(x)$ 在 a 的值,使 $\lim_{x \to a} f(x) = f(a)$,即

$$F(x) = \begin{cases} f(x), & x \neq a, \\ \lim_{x \to a} f(x) = f(a), & x = a. \end{cases}$$

这样新函数 $F(x)$ 在 a 就连续了.而函数 $f(x)$ 与 $F(x)$ 仅在个别的可去不连续点上有差别,二者在分析性质上(如可积性等)无重大差异,在讨论这样的函数性质时可同等对待,这就是"可去"二字的含义.可去间断点也认为属于第一类间断点.

例 3 点 0 是函数 $f(x) = \dfrac{\sin x}{x}$ 的可去间断点.

事实上,已知 $\lim_{x \to 0} \dfrac{\sin x}{x} = 1$,即
$$f(0+0) = f(0-0) = 1,$$

但点 0 不属于函数 $f(x) = \dfrac{\sin x}{x}$ 的定义域,而 $f(0)$ 无意义.于是,点 0 是函数 $f(x) = \dfrac{\sin x}{x}$ 的可去间断点.补充点 0 的函数值为 1,即

$$F(x) = \begin{cases} \dfrac{\sin x}{x}, & x \neq 0, \\ \lim_{x \to 0} \dfrac{\sin x}{x} = 1, & x = 0. \end{cases}$$

于是,函数 $F(x) = \dfrac{\sin x}{x}$ 在点 0 就连续了.称 $F(x)$ 是 $f(x)$ 在点 0 的连续开拓.

例 4 点 0 是函数 $\operatorname{sgn} x = \begin{cases} 1, & x > 0, \\ 0, & x = 0, \\ -1, & x < 0 \end{cases}$ 的第一类间断点.

事实上,已知 $f(0+0) = \lim_{x \to 0^+} \operatorname{sgn} x = 1, f(0-0) = \lim_{x \to 0^-} \operatorname{sgn} x = -1$.即 $f(0-0)$ 与 $f(0+0)$ 都存在,且 $f(0-0) \neq f(0+0)$.从而点 0 是函数 $\operatorname{sgn} x$ 的第一类间断点.

例 5 讨论函数
$$f(x) = \begin{cases} x, & x \text{ 是有理数}, \\ 0, & x \text{ 是无理数} \end{cases}$$

的连续性.

事实上,当 $x = 0$ 时,$\forall \varepsilon > 0, \exists \delta = \varepsilon > 0$,不论 x 是有理数或是无理数,只要 $|x| < \delta$,就有

$$|f(x)-f(0)| = \begin{cases} |x-0| = |x| < \varepsilon, & x \text{ 是有理数}, \\ |0-0| = 0 < \varepsilon, & x \text{ 是无理数}. \end{cases}$$

于是函数 $f(x)$ 在 $x=0$ 连续.

当 $x \neq 0$ 时,取有理数列 $\{r_n\}$,使 $r_n \to x (n \to \infty)$,有
$$\lim_{n \to \infty} f(r_n) = \lim_{n \to \infty} r_n = x \neq 0.$$
再取无理数列 $\{\alpha_n\}$,使 $\alpha_n \to x (n \to \infty)$,有
$$\lim_{n \to \infty} f(\alpha_n) = \lim_{n \to \infty} 0 = 0.$$
于是,函数 $f(x)$ 在 $x \neq 0$ 不存在极限,即函数 $f(x)$ 在 $\forall x \neq 0$ 间断,且是第二类间断点,仅 $x=0$ 是函数 $f(x)$ 的连续点.

例 6 再讨论黎曼函数
$$R(x) = \begin{cases} \dfrac{1}{q}, & x = \dfrac{p}{q}, \text{其中 } p \in \mathbf{Z}, q \in \mathbf{N}_+, \text{且 } p \text{ 与 } q \text{ 互素}, \\ 1, & x = 0, \\ 0, & x \text{ 是无理数} \end{cases}$$
的连续性.

解 由 §2.3 例 14 知,对任意无理数 $a \in \mathbf{R}$,有
$$\lim_{x \to a} R(x) = 0,$$
即无理点都是 $R(x)$ 的连续点. 当 x 是有理数时,设 $x = \dfrac{p}{q}, R\left(\dfrac{p}{q}\right) = \dfrac{1}{q}$,总存在无理点列 $\{\alpha_n\}$,使 $\alpha_n \to \dfrac{p}{q}$,已知 $R(\alpha_n) = 0$,有
$$\lim_{n \to \infty} R(\alpha_n) = 0 \neq R\left(\dfrac{p}{q}\right) = \dfrac{1}{q},$$
即黎曼函数 $R(x)$ 在任意有理点都间断,有理点是第一类间断点.

例 7 狄利克雷函数
$$D(x) = \begin{cases} 1, & x \text{ 是有理数}, \\ 0, & x \text{ 是无理数}, \end{cases}$$
$\forall x \in \mathbf{R}$ 都是间断点,而且每个点都是第二类间断点.

事实上,$\forall x \in \mathbf{R}$,不论 x 是有理数或 x 是无理数,存在有理数列 $\{r_n\}$,使 $r_n \to x (n \to \infty)$,也存在无理数列 $\{\alpha_n\}$,使 $\alpha_n \to x (n \to \infty)$,有
$$\lim_{n \to \infty} D(r_n) = \lim_{n \to \infty} 1 = 1, \qquad \lim_{n \to \infty} D(\alpha_n) = \lim_{n \to \infty} 0 = 0.$$
即 $D(x)$ 在任意点 x 都不存在极限,于是,每一点 $x \in \mathbf{R}$ 都是第二类间断点.

注 关于函数的间断点,自然要问:

1)是否存在函数 $f(x):(a,b) \to \mathbf{R}$,使属于 (a,b) 的 $f(x)$ 所有间断点在 (a,b) 稠密,而且都是第一类间断点?

2)是否存在函数 $f(x):(a,b) \to \mathbf{R}$,使属于 (a,b) 的 $f(x)$ 所有间断点在 (a,b) 稠密,而且都是第二类间断点?

这两个问题的回答都是肯定的.例如,黎曼函数 $R(x)$ 在 (a,b) 中每个无理点都连续,而在 (a,b) 中每个有理点都是间断点,且在 (a,b) 中稠密,而且是第一类间断点.再

例如，狄利克雷函数 $D(x)$，$\forall x \in \mathbf{R}$ 都是间断点，当然间断点在 $\mathbf{R}$ 稠密，而且每个点都是第二类间断点.

练习题 3.1

1. 证明下列函数在其定义域连续：

1) $f(x) = \sqrt[3]{x+4}$； 2) $g(x) = \sin\dfrac{1}{x}$.

2. 设 $f(a)$ 有意义，用"$\varepsilon\text{-}\delta$ 语言"叙述函数 $f(x)$ 在 a 不连续.

3. 证明：若函数 $f(x)$ 在 a 连续，则函数 $|f(x)|$ 在 a 也连续. 逆命题是否成立？

4. 证明：若函数 $f(x)$ 在区间 I 连续，且对任意有理数 $r \in I$，有 $f(r) = 0$，则 $\forall x \in I$，有 $f(x) = 0$.

5. 证明：若函数 $f(x)$ 在开区间 (a,b) 单调增加，则 $f(x)$ 的间断点都是第一类间断点.

6. 证明：若函数 $f(x)$ 是奇函数或偶函数，且 $f(x)$ 在 $a(\neq 0)$ 连续，则函数 $f(x)$ 在 $-a$ 也连续.

7. 求下列函数的间断点，并指出其类型.

1) $y = \dfrac{x}{(1+x)^2}$； 2) $y = \dfrac{1+x}{2-x^2}$；

3) $y = \dfrac{x}{\sin x}$； 4) $y = \dfrac{1}{\ln|x|}$；

5) $y = \arctan\dfrac{1}{x}$； 6) $y = e^{-\frac{1}{x}}$；

7) $y = \sin\dfrac{1}{x}$； 8) $y = \dfrac{\sin x}{|x|}$.

8. 在下列函数中，A 取什么值，函数能连续开拓？

1) $f(x) = \begin{cases} \dfrac{x^2-16}{x-4}, & x \neq 4, \\ A, & x = 4; \end{cases}$ 2) $f(x) = \begin{cases} \dfrac{x^3-8}{x^2-4}, & x \neq 2, \\ A+1, & x = 2; \end{cases}$

3) $f(x) = \begin{cases} e^x, & x < 0, \\ A+2, & x \geq 0; \end{cases}$ 4) $f(x) = \begin{cases} \dfrac{\sin(x-1)}{x-1}, & x \neq 1, \\ A, & x = 1. \end{cases}$

* * * * * * * *

9. 证明：若函数 $f(x)$ 在 $U(a)$ 有定义，且极限

$$\lim_{h \to 0} \dfrac{f(a+h) - f(a)}{h} = A,$$

则函数 $f(x)$ 在 a 连续.

10. 证明：若函数 $f(x)$ 在 $\mathbf{R}$ 连续，对任意常数 $c > 0$，则函数

$$F(x) = \begin{cases} -c, & f(x) < -c, \\ f(x), & |f(x)| \leq c, \\ c, & f(x) > c \end{cases}$$

在 $\mathbf{R}$ 也连续.

11. 用三种形式叙述 $\lim\limits_{x \to a} f(x)$ 不存在：

1) 用定义；

2）用海涅定理；

3）用柯西收敛准则.

§3.2 连续函数的性质

一、连续函数的局部性质

根据极限四则运算定理及函数连续的定义，立即可得连续函数的四则运算定理.

定理 1 若函数 $f(x)$ 与 $g(x)$ 都在 a 连续，则它们的和、差、积、商函数

$$f(x) \pm g(x), \quad f(x)g(x), \quad \frac{f(x)}{g(x)} \quad (g(a) \neq 0)$$

在 a 也连续.

由复合函数求极限定理及函数连续的定义，立即可得复合函数连续性定理.

定理 2 若函数 $y=\varphi(x)$ 在 a 连续，且 $b=\varphi(a)$，而函数 $z=f(y)$ 在 b 连续，则复合函数 $z=f[\varphi(x)]$ 在 a 连续.

证明 已知 $z=f(y)$ 在 b 连续，即 $\forall \varepsilon>0, \exists \eta>0, \forall y: |y-b|<\eta$，有

$$|f(y)-f(b)|<\varepsilon.$$

又已知 $y=\varphi(x)$ 在 a 连续，且 $b=\varphi(a)$，即对上述 $\eta>0, \exists \delta>0, \forall x: |x-a|<\delta$，有

$$|\varphi(x)-\varphi(a)|=|y-b|<\eta.$$

于是，$\forall \varepsilon>0,(\exists \eta>0,$ 从而$)\exists \delta>0, \forall x: |x-a|<\delta$，有

$$(|\varphi(x)-\varphi(a)|=|y-b|<\eta,\text{从而})$$
$$|f[\varphi(x)]-f[\varphi(a)]|=|f(y)-f(b)|<\varepsilon.$$

已知指数函数 $f(y)=a^y(a>0)$ 在 $\mathbf{R}$ 连续，正弦函数 $y=\sin x$ 在 $\mathbf{R}$ 连续，从而它们的复合函数 $f(\sin x)=a^{\sin x}$ 在其定义域 $\mathbf{R}$ 也连续.

与极限的局部保号性（§2.4 定理 3 推论 2）类似，有连续函数的局部保号性定理.

定理 3（局部保号性） 若函数 $f(x)$ 在 a 连续，且 $f(a)>0$ $(f(a)<0)$，则 $\exists \delta>0$，$\forall x: |x-a|<\delta$，有 $f(x)>0(f(x)<0)$.

证明 已知 $\lim\limits_{x \to a} f(x)=f(a)>0$，即 $\exists \frac{f(a)}{2}>0, \exists \delta>0, \forall x: |x-a|<\delta$，有

$$|f(x)-f(a)|<\frac{f(a)}{2} \quad \text{或} \quad f(a)-\frac{f(a)}{2}<f(x).$$

于是，$\forall x: |x-a|<\delta$，有

$$f(x)>f(a)-\frac{f(a)}{2}=\frac{f(a)}{2}>0.$$

同法可证 $f(x)<0$ 的情况.

二、闭区间连续函数的整体性质

闭区间的连续函数有几个理想的整体性质，这些性质的几何意义都十分明显.它

们的证明要用到实数的连续性.将它们的证明放在第四章.

定理 4(有界性)   若函数 $f(x)$ 在闭区间 $[a,b]$ 连续,则函数 $f(x)$ 在闭区间 $[a,b]$ 有界,即 $\exists M>0, \forall x\in[a,b]$,有
$$|f(x)|\leqslant M.$$

一般说来,开区间(或半开区间)的连续函数不一定有界.例如,在半开区间 $(0,1]$,连续函数 $f(x)=\dfrac{1}{x}$ 无界.

定理 5(最值性)   若函数 $f(x)$ 在闭区间 $[a,b]$ 连续,则函数 $f(x)$ 在闭区间 $[a,b]$ 能取到最小值 m 与最大值 M,即 $\exists x_1,x_2\in[a,b]$,使(如图 3.2)
$$f(x_1)=m \quad 与 \quad f(x_2)=M,$$
且 $\forall x\in[a,b]$,有
$$m\leqslant f(x)\leqslant M.$$

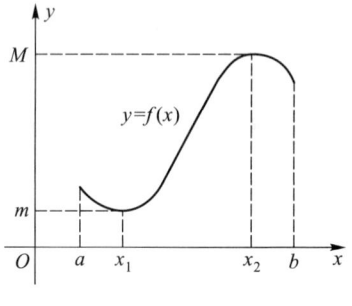

图 3.2

一般说来,开区间连续函数可能取不到最大值或最小值.例如,函数 $f(x)=x$ 在开区间 $(0,1)$ 既取不到最大值,也取不到最小值.

引理(零点定理)   若函数 $f(x)$ 在闭区间 $[a,b]$ 连续,且 $f(a)f(b)<0$(即 $f(a)$ 与 $f(b)$ 异号),则在区间 (a,b) 至少存在一点 c,使
$$f(c)=0.$$

引理的几何意义是,在闭区间 $[a,b]$ 有连续曲线 $y=f(x)$,且连续曲线的始点 $(a,f(a))$ 与终点 $(b,f(b))$ 分别在 x 轴的两侧,则此连续曲线至少与 x 轴有一个交点(如图 3.3).

定理 6(介值性)   若函数 $f(x)$ 在闭区间 $[a,b]$ 连续,m 与 M 分别是函数 $f(x)$ 在闭区间 $[a,b]$ 的最小值与最大值,ξ 是 m 与 M 之间任意数(即 $m\leqslant\xi\leqslant M$),则在闭区间 $[a,b]$ 至少存在一点 c(如图 3.4),使得
$$f(c)=\xi.$$

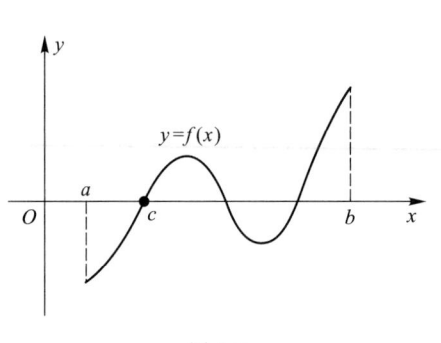

图 3.3

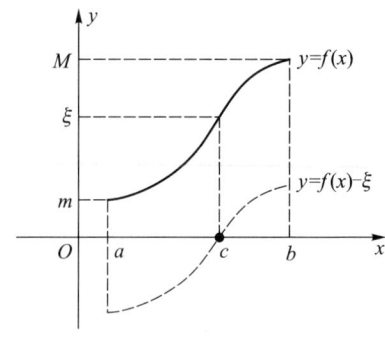

图 3.4

证明   如果 $m=M$,则函数 $f(x)$ 在 $[a,b]$ 是常数.显然,定理成立.
如果 $m<M$,根据定理 5,在闭区间 $[a,b]$ 上必存在两点 x_1 与 x_2,使 $f(x_1)=m$,

$f(x_2) = M$. 不妨设 $x_1 < x_2$, 且 $a \le x_1 < x_2 \le b$. 已知 $f(x_1) \le \xi \le f(x_2)$. 如果 $f(x_1) = \xi$ 或 $f(x_2) = \xi$, 则 $c = x_1$ 或 $c = x_2$, 定理成立. 只需证明 $f(x_1) < \xi < f(x_2)$ 的情况. 作辅助函数
$$\varphi(x) = f(x) - \xi.$$
根据定理 1, 函数 $\varphi(x)$ 在闭区间 $[a,b]$ 连续, 从而在闭区间 $[x_1, x_2]$ 也连续, 且
$$\varphi(x_1) = f(x_1) - \xi < 0 \quad \text{与} \quad \varphi(x_2) = f(x_2) - \xi > 0.$$
根据引理, 在区间 (x_1, x_2) 至少存在一点 c, 使 $\varphi(c) = 0$ 或 $f(c) - \xi = 0$, 即
$$f(c) = \xi.$$

注 在定理 6 的证明中, 辅助函数 $\varphi(x)$ 的图像就是函数 $f(x)$ 的图像沿 y 轴向下平行移动 ξ 一段距离, 如图 3.4. 这样就把一般情况化成了满足引理条件的特殊情况. 根据引理, 定理 6 就得到了证明.

应用上述几个定理时一定要注意定理的条件, 一是要求函数 $f(x)$ 在区间上的连续性; 二是有界性和最值性. 一定要求区间是有界的和闭的, 否则定理可能不成立. 例如, 对非有界区间 $[0, +\infty)$ 或开区间 $(0,1)$ 上的连续函数 $f(x) = x$. 它在无界区间 $[0, +\infty)$ 上无界, 在开区间 $(0,1)$ 既没有最大值也没有最小值. 但是介值定理和零点定理对区间 $[a,b]$ 的要求, 只要满足定理的条件, 区间不一定是闭的, 只要是区间就行, 是有界区间、无界区间、开区间、闭区间都无关紧要.

例 1 证明奇次多项式
$$P(x) = a_0 x^{2n+1} + a_1 x^{2n} + \cdots + a_{2n+1}$$
至少存在一个实根, 其中 $a_0, a_1, \cdots, a_{2n+1}$ 都是常数, 且 $a_0 \neq 0$.

证明 已知多项式 $P(x)$ 在 $\mathbf{R}$ 连续. 将 $P(x)$ 改写为
$$P(x) = x^{2n+1}\left(a_0 + \frac{a_1}{x} + \cdots + \frac{a_{2n+1}}{x^{2n+1}}\right).$$

不妨设 $a_0 > 0$, 有
$$\lim_{x \to +\infty} P(x) = +\infty \quad \text{与} \quad \lim_{x \to -\infty} P(x) = -\infty.$$
于是, 存在 $r > 0$, 使 $P(r) > 0$ 与 $P(-r) < 0$. 根据零点定理, 在 $(-r, r)$ 内至少存在一点 c, 使 $P(c) = 0$, 即奇次多项式 $P(x)$ 至少存在一个实根.

例 2 证明超越方程 $x = \cos x$ 在 $\left(0, \dfrac{\pi}{2}\right)$ 内至少存在一个实根.

证明 已知函数 $\varphi(x) = x - \cos x$ 在 $\left[0, \dfrac{\pi}{2}\right]$ 连续, 并且
$$\varphi(0) = -1 < 0 \quad \text{与} \quad \varphi\left(\dfrac{\pi}{2}\right) = \dfrac{\pi}{2} > 0.$$
根据零点定理, 函数 $\varphi(x)$ 在 $\left(0, \dfrac{\pi}{2}\right)$ 内至少存在一点 c, 使
$$\varphi(c) = c - \cos c = 0,$$
即超越方程 $x = \cos x$ 在 $\left(0, \dfrac{\pi}{2}\right)$ 内至少存在一个实根.

例 3 任意正数 a 存在唯一正的 $n(n \in \mathbf{N}_+)$ 次方根 $\sqrt[n]{a}$.

证明 首先证明存在性, 考虑函数

$$f(x) = x^n - a.$$

显然,函数 $f(x)$ 在 **R** 连续,$\exists b > 0$,使 $f(b) = b^n - a > 0$,又
$$f(0) = -a < 0.$$

根据零点定理,$\exists c \in (0, b)$,使 $f(c) = c^n - a = 0$,即 $c = \sqrt[n]{a}$.

其次证明唯一性.设 $c = \sqrt[n]{a}$ 与 $d = \sqrt[n]{a}$,或 $a = c^n$ 与 $a = d^n$,有
$$a - a = c^n - d^n = (c-d)(c^{n-1} + c^{n-2}d + \cdots + cd^{n-2} + d^{n-1}) = 0.$$

因为 c 与 d 都是正数,所以 $c = d$,即 n 次方根 $\sqrt[n]{a}$ 唯一.

注 利用连续函数的介值性,解决了中学代数中的一个重要理论问题——算术根存在和唯一性问题.

三、反函数的连续性

根据 §1.3 定理 1,若函数 $y = f(x)$ 在数集 A 严格增加(严格减少),则函数 $y = f(x)$ 存在反函数 $x = f^{-1}(y)$,且反函数 $x = f^{-1}(y)$ 在 $f(A)$ 也严格增加(严格减少).

若数集 A 是区间 I,且函数 $y = f(x)$ 在区间 I 是严格单调的连续函数.根据定理 5 和定理 6,不难证明,$f(I)$ 也是区间,那么反函数 $x = f^{-1}(y)$ 在区间 $f(I)$ 是否仍保持连续性呢?有下面定理:

定理 7 若函数 $y = f(x)$ 在区间 I① 连续,且严格增加(严格减少),则反函数 $x = f^{-1}(y)$ 在 $f(I)$ 也连续.

证明 $\forall \eta \in f(I)$.根据定理 6 与 $f(x)$ 在区间 I 严格增加,存在唯一一个 $\xi \in I$,使
$$f(\xi) = \eta \quad \text{或} \quad f^{-1}(\eta) = \xi.$$

不妨设 ξ 在区间 I 的内部(当 ξ 是 I 的端点时,同法证明,读者自行完成).
$\forall \varepsilon > 0$,使 $(\xi - \varepsilon, \xi + \varepsilon) \subset I$,设
$$f(\xi - \varepsilon) = \eta_1 \quad \text{与} \quad f(\xi + \varepsilon) = \eta_2$$
或
$$f^{-1}(\eta_1) = \xi - \varepsilon \quad \text{与} \quad f^{-1}(\eta_2) = \xi + \varepsilon.$$

显然,$\eta_1 < \eta < \eta_2$,如图 3.5,取 $\delta = \min\{\eta - \eta_1, \eta_2 - \eta\}$.于是,$\forall y: |y - \eta| < \delta$,有 $\eta_1 < y < \eta_2$.又已知反函数 $x = f^{-1}(y)$ 严格增加,有
$$f^{-1}(\eta_1) < f^{-1}(y) < f^{-1}(\eta_2) \quad \text{或} \quad \xi - \varepsilon < f^{-1}(y) < \xi + \varepsilon,$$
或
$$|f^{-1}(y) - \xi| < \varepsilon \quad \text{或} \quad |f^{-1}(y) - f^{-1}(\eta)| < \varepsilon,$$

即反函数 $x = f^{-1}(y)$ 在 η 连续,从而反函数 $x = f^{-1}(y)$ 在 $f(I)$ 连续.

四、初等函数的连续性

我们已知常值函数 $y = c$(c 是常数),三角函数 $y = \sin x$(§3.1 例 1),$y = \cos x$(§2.3 例 9),指数函数 $y = a^x$($0 < a \neq 1$,§3.1 例 2)在各自的定义域 **R** 都连续.

因为指数函数 $y = a^x$($0 < a \neq 1$)在定义域 **R** 连续,且严格单调,根据定理 7,所以它的反函数——对数函数 $y = \log_a x$ 在其定义域 $(0, +\infty)$ 连续.

---
① 区间 I 可以是闭区间、开区间、半开区间或无穷区间.

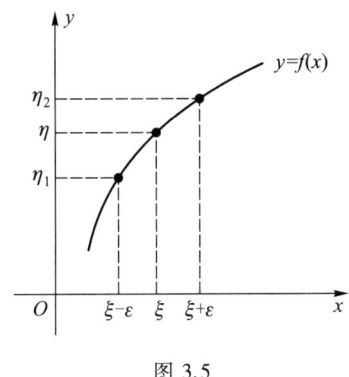

图 3.5

因为三角函数 $y=\sin x, y=\cos x$ 在其定义域 $\mathbf{R}$ 都连续,根据定理 1,所以三角函数

$$y=\tan x=\frac{\sin x}{\cos x}, \quad y=\cot x=\frac{\cos x}{\sin x},$$
$$y=\sec x=\frac{1}{\cos x}, \quad y=\csc x=\frac{1}{\sin x}$$

在各自的定义域都连续.

因为正弦函数 $y=\sin x$ 在闭区间 $\left[-\dfrac{\pi}{2}, \dfrac{\pi}{2}\right]$ 连续,且严格增加,根据定理 7,所以它的反函数——反正弦函数 $y=\arcsin x$ 在其定义域 $[-1,1]$ 连续.同理,反三角函数

$$y=\arccos x, \quad y=\arctan x, \quad y=\text{arccot } x$$

在各自的定义域都连续.

幂函数 $y=x^{\alpha}(\alpha \in \mathbf{R})$ 的定义域,由于 α 的不同可能有四种情况:$\mathbf{R}, \mathbf{R}\setminus\{0\}, [0,+\infty), (0,+\infty)$.不难证明,$\forall \alpha \in \mathbf{R}$,幂函数 $y=x^{\alpha}$ 在开区间 $(0,+\infty)$ 都连续.

事实上,$\forall x>0, y=x^{\alpha}=\mathrm{e}^{\alpha \ln x}$,即幂函数 $y=x^{\alpha}$ 是两个连续函数 $y=\mathrm{e}^{u}$ 与 $u=\alpha \ln x$ 的复合函数,根据定理 2,幂函数 $y=x^{\alpha}$ 在开区间 $(0,+\infty)$ 连续.

只有当 $\alpha>0$ 时($\alpha=0$,幂函数蜕化为常数函数 $y=1$),幂函数 $y=x^{\alpha}$ 的定义域才含有 0.此时,有

$$\lim_{x \to 0^{+}} x^{\alpha}=0=0^{\alpha},$$

即幂函数 $y=x^{\alpha}$ 在 0 右连续.

当幂函数 $y=x^{\alpha}$ 的定义域是 $\mathbf{R}$ 或 $\mathbf{R}\setminus\{0\}$ 时,幂函数 $y=x^{\alpha}$ 必是奇函数或偶函数,由练习题 3.1 第 6 题,幂函数在 $\mathbf{R}$ 或 $\mathbf{R}\setminus\{0\}$ 连续.

于是,幂函数 $y=x^{\alpha}(\alpha \in \mathbf{R})$ 在其定义域连续.

综上所述,六类基本初等函数:常值函数、幂函数、指数函数、对数函数、三角函数、反三角函数在它们各自的定义域都连续.

已知"凡是由基本初等函数经过有限次四则运算以及有限次复合所生成的函数是初等函数".根据定理 1 和定理 2,得到:

初等函数在其定义域连续.

这个结论对判别函数的连续性和求函数极限都很方便.例如,若函数 $f(x)$ 是初等函数,且点 x_0 或区间 I 属于函数 $f(x)$ 的定义域,那么函数 $f(x)$ 在点 x_0 或在区间 I

连续.

求初等函数 $f(x)$ 在其定义域的一点 x_0 的极限.由连续定义,有
$$\lim_{x \to a} f(x) = f(a) = f(\lim_{x \to a} x).$$
上式等号的左端是先"f"后"$\lim$",等号的右端是先"$\lim$"后"f",即函数 $f(x)$ 在 a 连续,则"f"与"$\lim$"可以交换次序.

于是,求连续函数 $f(x)$ 在连续点 x_0 的极限就化为求函数 $f(x)$ 在点 x_0 的函数值.

例 4 求极限 $\lim\limits_{x \to 4} \dfrac{\sqrt{1+2x}-3}{x-4}$.

解
$$\lim_{x \to 4} \frac{\sqrt{1+2x}-3}{x-4} = \lim_{x \to 4} \frac{(\sqrt{1+2x}-3)(\sqrt{1+2x}+3)}{(x-4)(\sqrt{1+2x}+3)}$$
$$= \lim_{x \to 4} \frac{2(x-4)}{(x-4)(\sqrt{1+2x}+3)} = \lim_{x \to 4} \frac{2}{\sqrt{1+2x}+3}$$
$$= \frac{2}{\sqrt{9}+3} = \frac{1}{3}. \quad \left(\frac{2}{\sqrt{1+2x}+3} \text{在 } x=4 \text{ 连续.}\right)$$

例 5 求极限 $\lim\limits_{x \to a} \dfrac{\sin x - \sin a}{x-a}$.

解
$$\lim_{x \to a} \frac{\sin x - \sin a}{x-a} = \lim_{x \to a} \frac{2\cos\dfrac{x+a}{2}\sin\dfrac{x-a}{2}}{x-a}$$
$$= \lim_{x \to a} \cos\frac{x+a}{2} \cdot \frac{\sin\dfrac{x-a}{2}}{\dfrac{x-a}{2}} \quad \left(\cos\frac{x+a}{2} \text{在 } x=a \text{ 连续}\right)$$
$$= \cos\left[\lim_{x \to a} \frac{x+a}{2}\right] \cdot \lim_{x \to a} \frac{\sin\dfrac{x-a}{2}}{\dfrac{x-a}{2}}$$
$$= \cos a. \quad \left(\lim_{x \to a} \frac{\sin\dfrac{x-a}{2}}{\dfrac{x-a}{2}} = 1.\right)$$

例 6 求极限 $\lim\limits_{x \to a} \dfrac{\ln x - \ln a}{x-a},\ a>0$.

解 $\lim\limits_{x \to a} \dfrac{\ln x - \ln a}{x-a} = \lim\limits_{x \to a} \dfrac{1}{x-a} \ln\dfrac{x}{a} = \lim\limits_{x \to a} \ln\left(1+\dfrac{x-a}{a}\right)^{\frac{1}{x-a}}$
$$= \lim_{x \to a} \ln\left[\left(1+\frac{x-a}{a}\right)^{\frac{a}{x-a}}\right]^{\frac{1}{a}}$$
$$= \frac{1}{a} \ln\left[\lim_{x \to a}\left(1+\frac{x-a}{a}\right)^{\frac{a}{x-a}}\right]$$

$$= \frac{1}{a}\ln \mathrm{e} = \frac{1}{a}. \quad \left(\lim_{x\to a}\left(1+\frac{x-a}{a}\right)^{\frac{a}{x-a}} = \mathrm{e}.\right)$$

记住下面的几个重要极限是有好处的.

我们已知

---

1) $\lim\limits_{x\to 0}\dfrac{\sin x}{x}=1$，即 $\sin x = x+o(x)\quad (x\to 0)$.

2) $\lim\limits_{x\to 0}\dfrac{1-\cos x}{x^2}=\dfrac{1}{2}$，即 $\cos x = 1-\dfrac{x^2}{2}+o(x^2)\quad (x\to 0)$.

3) $\lim\limits_{x\to\infty}\left(1+\dfrac{1}{x}\right)^x = \mathrm{e}$ 或 $\lim\limits_{x\to 0}(1+x)^{\frac{1}{x}} = \mathrm{e}$.

4) $\lim\limits_{x\to 0}\dfrac{\tan x}{x}=1$，即 $\tan x = x+o(x)\quad (x\to 0)$.

5) $\lim\limits_{x\to 0}\dfrac{\arcsin x}{x}=1$，即 $\arcsin x = x+o(x)\quad (x\to 0)$.

还有以下三个重要的极限：

证明极限 $\lim\limits_{x\to 0}\dfrac{\log_a(1+x)}{x}=\log_a \mathrm{e}\,(a>0)$.

证明 已知 $\lim\limits_{x\to 0}(1+x)^{\frac{1}{x}} = \mathrm{e}$，等式两端取以 a 为底的对数，由对数函数的连续性，有

$$\lim_{x\to 0}\frac{\log_a(1+x)}{x} = \lim_{x\to 0}\left[\log_a(1+x)^{\frac{1}{x}}\right] = \log_a\left[\lim_{x\to 0}(1+x)^{\frac{1}{x}}\right] = \log_a \mathrm{e} = \frac{1}{\ln a}.$$

证明极限 $\lim\limits_{x\to 0}\dfrac{a^x-1}{x}=\ln a\,(a>0)$.

证明 设 $y = a^x - 1$，有 $x = \log_a(y+1)$，则

$$\lim_{x\to 0}\frac{a^x-1}{x} = \lim_{y\to 0}\frac{y}{\log_a(y+1)} = \frac{1}{\lim\limits_{y\to 0}\dfrac{\log_a(y+1)}{y}} = \frac{1}{\log_a \mathrm{e}} = \ln a.$$

特别是 $x = \dfrac{1}{n}$ 时，$x\to 0 \Longleftrightarrow n\to\infty$，则得有趣的公式

$$\lim_{n\to\infty}\frac{a^{\frac{1}{n}}-1}{\frac{1}{n}} = \ln a, \quad 即\quad \lim_{n\to\infty}n(\sqrt[n]{a}-1) = \ln a.$$

证明极限 $\lim\limits_{x\to 0}\dfrac{(1+x)^\alpha-1}{x}=\alpha,\alpha\neq 0$.

证明 设 $y=(1+x)^\alpha-1$ 或 $\alpha\ln(1+x) = \ln(1+y)$，$x\to 0 \Longleftrightarrow y\to 0$，有

$$\lim_{x\to 0}\frac{(1+x)^\alpha-1}{x} = \lim_{x\to 0}\frac{y}{x} = \lim_{x\to 0}\frac{\alpha\ln(1+x)}{x}\cdot\frac{y}{\ln(1+y)} = \alpha\frac{\lim\limits_{x\to 0}\dfrac{\ln(1+x)}{x}}{\lim\limits_{y\to 0}\dfrac{\ln(1+y)}{y}} = \alpha.$$

6) $\lim\limits_{x\to 0}\dfrac{\log_a(1+x)}{x}=\dfrac{1}{\ln a}$, 即 $\log_a(1+x)=\dfrac{x}{\ln a}+o(x)$ $(x\to 0)$.

$\lim\limits_{x\to 0}\dfrac{\ln(1+x)}{x}=1$, 即 $\ln(1+x)=x+o(x)$ $(x\to 0)$.

7) $\lim\limits_{x\to 0}\dfrac{a^x-1}{x}=\ln a\,(a>1)$, 即 $a^x=1+x\ln a+o(x)$ $(x\to 0)$.

$\lim\limits_{x\to 0}\dfrac{e^x-1}{x}=1$, 即 $e^x=1+x+o(x)$ $(x\to 0)$.

8) $\lim\limits_{x\to 0}\dfrac{(1+x)^\alpha-1}{x}=\alpha$, 即 $(1+x)^\alpha=1+\alpha x+o(x)$ $(x\to 0)$.

定理 8 若 $f(x),g(x),\varphi(x),h(x)$ 是同一变化过程(如 $x\to 0$) 的无穷小, 而 $f(x)\sim g(x),\varphi(x)\sim h(x)$, 当 $\lim\limits_{x\to 0}\dfrac{f(x)}{\varphi(x)}$ 存在时, 则

$$\lim\limits_{x\to 0}\dfrac{f(x)}{\varphi(x)}=\lim\limits_{x\to 0}\dfrac{g(x)}{h(x)}.$$

证明 已知 $\lim\limits_{x\to 0}\dfrac{f(x)}{g(x)}=1$ 与 $\lim\limits_{x\to 0}\dfrac{h(x)}{\varphi(x)}=1$. 于是, 有

$$\lim\limits_{x\to 0}\dfrac{f(x)}{\varphi(x)}=\lim\limits_{x\to 0}\dfrac{f(x)}{g(x)}\cdot\dfrac{g(x)}{h(x)}\cdot\dfrac{h(x)}{\varphi(x)}=\lim\limits_{x\to 0}\dfrac{g(x)}{h(x)}.$$

上面这个定理说明, 在求乘积或商的极限时, 可以将任何一个因式用它的等价因式进行替换.

应用以上的公式, 计算下列极限.

例 7 求极限 $\lim\limits_{x\to 0}\dfrac{1-\cos^a x}{x^2}$, a 是实数.

解 $\lim\limits_{x\to 0}\dfrac{1-\cos^a x}{x^2}=\lim\limits_{x\to 0}\dfrac{[1+(\cos x-1)]^a-1}{\cos x-1}\cdot\dfrac{1-\cos x}{x^2}.$

等号右端第一个因子的极限, 应用 8), 第二个因子的极限应用 2), 有

$$\lim\limits_{x\to 0}\dfrac{1-\cos^a x}{x^2}=\lim\limits_{x\to 0}\dfrac{[1+(\cos x-1)]^a-1}{\cos x-1}\cdot\dfrac{1-\cos x}{x^2}=\dfrac{a}{2}.$$

例 8 求极限 $\lim\limits_{x\to a}\dfrac{a^x-x^a}{x-a}$, $a>0$.

解 将函数变换, 有

$$\dfrac{a^x-x^a}{x-a}=\dfrac{a^x-a^a+a^a-x^a}{x-a}=\dfrac{a^x-a^a}{x-a}-a^a\dfrac{\left[\left(1+\dfrac{x-a}{a}\right)^a-1\right]}{x-a}$$

$$=a^a\dfrac{a^{x-a}-1}{x-a}-a^{a-1}\dfrac{\left(1+\dfrac{x-a}{a}\right)^a-1}{\dfrac{x-a}{a}}.$$

等号右端第一项的极限应用 7), 第二项的极限应用 8), 有

$$\lim_{x\to a}\frac{a^x-x^a}{x-a}=\lim_{x\to a}a^a\frac{a^{x-a}-1}{x-a}-a^{a-1}\lim_{x\to a}\frac{\left(1+\frac{x-a}{a}\right)^a-1}{\frac{x-a}{a}}$$

$$=a^a\ln a-a^{a-1}\cdot a=a^a\ln\frac{a}{\mathrm{e}}.$$

例 9 求极限 $\lim\limits_{x\to\infty}\left(\sin\frac{1}{x}+\cos\frac{1}{x}\right)^x$.

解 $$\lim_{x\to\infty}\left(\sin\frac{1}{x}+\cos\frac{1}{x}\right)^x=\lim_{x\to\infty}\mathrm{e}^{x\ln\left(\sin\frac{1}{x}+\cos\frac{1}{x}\right)},$$

而 $$\lim_{x\to\infty}x\ln\left(\sin\frac{1}{x}+\cos\frac{1}{x}\right)=\lim_{x\to\infty}x\ln\left[1+\left(\sin\frac{1}{x}+\cos\frac{1}{x}-1\right)\right].$$

设 $A(x)=\sin\frac{1}{x}+\cos\frac{1}{x}-1$. 当 $x\to\infty$ 时, $A(x)\to 0$. 应用 6),有

$$\lim_{x\to\infty}x\ln\left[1+\left(\sin\frac{1}{x}+\cos\frac{1}{x}-1\right)\right]=\lim_{x\to\infty}x\ln[1+A(x)]$$

$$=\lim_{x\to\infty}x\frac{\ln[1+A(x)]}{A(x)}\cdot A(x)=\lim_{x\to\infty}xA(x)$$

$$=\lim_{x\to\infty}x\left(\sin\frac{1}{x}+\cos\frac{1}{x}-1\right)\quad\left(\text{应用 1})\sin\frac{1}{x}\approx\frac{1}{x},x\to\infty\right)$$

$$=\lim_{x\to\infty}x\left(\frac{1}{x}+\cos\frac{1}{x}-1\right)$$

$$=\lim_{x\to\infty}\left[x\left(\cos\frac{1}{x}-1\right)+1\right]\quad\left(\text{应用 2})\cos\frac{1}{x}-1\approx\frac{-1}{2x^2},x\to\infty\right)$$

$$=\lim_{x\to\infty}\left(x\cdot\frac{-1}{2x^2}+1\right)=\lim_{x\to\infty}\left(1-\frac{1}{2x}\right)=1.$$

于是
$$\lim_{x\to\infty}\left(\sin\frac{1}{x}+\cos\frac{1}{x}\right)^x=\mathrm{e}^1=\mathrm{e}.$$

例 10 求极限 $\lim\limits_{x\to 0}\frac{\sqrt{1+x+x^2}-1}{x}$.

解
$$\lim_{x\to 0}\frac{\sqrt{1+x+x^2}-1}{x}=\lim_{x\to 0}\frac{\sqrt{1+(x+x^2)}-1}{x}$$

$$=\lim_{x\to 0}\frac{[1+(x+x^2)]^{\frac{1}{2}}-1}{x}\quad(\text{应用 8}))$$

$$=\lim_{x\to 0}\frac{1+\frac{1}{2}(x+x^2)+o(x+x^2)-1}{x}$$

$$=\lim_{x\to 0}\frac{1}{2}(1+x)+\frac{o(x+x^2)}{x}=\frac{1}{2}.$$

例 11 求极限 $\lim\limits_{x\to 0}\dfrac{\ln(\cos \alpha x)}{\ln(\cos \beta x)}, \alpha,\beta \in \mathbf{R}$.

解 $\lim\limits_{x\to 0}\dfrac{\ln(\cos \alpha x)}{\ln(\cos \beta x)} = \lim\limits_{x\to 0}\dfrac{\ln\left[1-\dfrac{\alpha^2 x^2}{2}+o(x^2)\right]}{\ln\left[1-\dfrac{\beta^2 x^2}{2}+o(x^2)\right]}$ （应用2））

$= \lim\limits_{x\to 0}\dfrac{-\dfrac{\alpha^2 x^2}{2}+o(x^2)}{-\dfrac{\beta^2 x^2}{2}+o(x^2)} = \dfrac{\alpha^2}{\beta^2}$ （应用6）).

例 12 求极限 $\lim\limits_{x\to 0}\left(\dfrac{a^{x+1}+b^{x+1}+c^{x+1}}{a+b+c}\right)^{\frac{1}{x}}, a>0, b>0, c>0$.

解 $\lim\limits_{x\to 0}\left(\dfrac{a^{x+1}+b^{x+1}+c^{x+1}}{a+b+c}\right)^{\frac{1}{x}} = \lim\limits_{x\to 0}\left(1+\dfrac{a^{x+1}+b^{x+1}+c^{x+1}}{a+b+c}-1\right)^{\frac{1}{x}}$

$= \lim\limits_{x\to 0}\left[\left(1+\dfrac{a^{x+1}-a+b^{x+1}-b+c^{x+1}-c}{a+b+c}\right)^{\frac{1}{u}}\right]^{u\cdot\frac{1}{x}}$,

其中

$$\dfrac{1}{u} = \dfrac{a+b+c}{a^{x+1}-a+b^{x+1}-b+c^{x+1}-c},$$

$$u\cdot\dfrac{1}{x} = \dfrac{a^{x+1}-a+b^{x+1}-b+c^{x+1}-c}{x(a+b+c)} = \dfrac{1}{a+b+c}\left(a\dfrac{a^x-1}{x}+b\dfrac{b^x-1}{x}+c\dfrac{c^x-1}{x}\right).$$

当 $x\to 0$ 时, 有

$$u = \dfrac{a^{x+1}-a+b^{x+1}-b+c^{x+1}-c}{a+b+c} \to 0.$$

应用7), 再由已知 $\lim\limits_{u\to 0}(1+u)^{\frac{1}{u}} = e$, 有

$$\lim\limits_{x\to 0}\dfrac{u}{x} = \dfrac{1}{a+b+c}\lim\limits_{x\to 0}\left(a\dfrac{a^x-1}{x}+b\dfrac{b^x-1}{x}+c\dfrac{c^x-1}{x}\right)$$

$$= \dfrac{1}{a+b+c}(a\ln a+b\ln b+c\ln c)$$

$$= \dfrac{1}{a+b+c}(\ln a^a+\ln b^b+\ln c^c)$$

$$= \dfrac{1}{a+b+c}\ln(a^a b^b c^c)$$

$$= \ln(a^a b^b c^c)^{\frac{1}{a+b+c}}.$$

于是

$$\lim\limits_{x\to 0}\left(\dfrac{a^{x+1}+b^{x+1}+c^{x+1}}{a+b+c}\right)^{\frac{1}{x}} = e^{\ln(a^a b^b c^c)^{\frac{1}{a+b+c}}}$$

$$= (a^a b^b c^c)^{\frac{1}{a+b+c}}.$$

练习题 3.2

1. 证明：若函数 $f(x)$ 在 a 连续，且 $f(a)<0$，则 $\exists \delta>0$，$\forall x: |x-a|<\delta$，有 $f(x)<0$。

2. 用函数连续的 "ε-δ" 定义证明，若函数 $f(x)$ 与 $g(x)$ 在 a 连续，则函数
$$f(x) \pm g(x), \quad f(x)g(x), \quad \frac{f(x)}{g(x)} \quad (g(a) \neq 0)$$
也都在 a 连续。

3. 证明：若函数 $y=f(x)$ 在 $[a,b]$ 严格增加，且连续，则反函数 $x=f^{-1}(y)$ 在点 $a=f(a)$ 右连续，即
$$\lim_{y \to a^+} f^{-1}(y) = f^{-1}(a).$$

4. 求下列极限：

1) $\lim\limits_{x \to a} \dfrac{\sqrt{x}-\sqrt{a}+\sqrt{x-a}}{\sqrt{x^2-a^2}}$；

2) $\lim\limits_{x \to 3} \dfrac{\sqrt{x+13}-2\sqrt{x+1}}{x^2-9}$；

3) $\lim\limits_{x \to +\infty} [\sqrt{(x+a)(x+b)}-x]$；

4) $\lim\limits_{x \to +\infty} \left(\sqrt{x+\sqrt{x+\sqrt{x}}}-\sqrt{x}\right)$；

5) $\lim\limits_{x \to 0} (1+\sin x)^{\frac{1}{2x}}$；

6) $\lim\limits_{x \to +\infty} x[\ln(x+1)-\ln x]$；

7) $\lim\limits_{x \to +\infty} \dfrac{\ln(x^2-x+1)}{\ln(x^{10}+x+1)}$；

8) $\lim\limits_{x \to +\infty} \arccos(\sqrt{x^2+x}-x)$。

5. 证明：若函数 $f(x)$ 在 $(a,+\infty)$ 连续，且 $\lim\limits_{x \to a^+} f(x) = A$ 与 $\lim\limits_{x \to +\infty} f(x) = B$，则 $f(x)$ 在 $(a,+\infty)$ 有界。

6. 证明：若函数 $f(x)$ 在闭区间 $[a,b]$ 除一个（或有限个）第一类不连续点外连续，则 $f(x)$ 在 $[a,b]$ 有界。

7. 证明：若函数 $f(x)$ 与 $g(x)$ 在 $[a,b]$ 连续，且 $f(a)<g(a)$，$f(b)>g(b)$，则 $\exists c \in (a,b)$，使 $f(c)=g(c)$。

8. 证明：若函数 $f(x)$ 在 $[a,b)$ 连续，且 $\lim\limits_{x \to b^-} f(x) = +\infty$，则函数 $f(x)$ 在 $[a,b)$ 能取到最小值。

9. 证明下列论断：

1) $x^2 \cos x - \sin x = 0$ 在 $\left(\pi, \dfrac{3\pi}{2}\right)$ 内至少有一个实根；

2) $\dfrac{5}{x-1}+\dfrac{7}{x-2}+\dfrac{16}{x-3}=0$ 在 $(1,2)$ 与 $(2,3)$ 内各有一个实根；

3) $x^5-2x^2+x+1=0$ 在 $(-1,1)$ 内至少有一个实根；

4) $x-2\sin x = a(a>0)$ 至少有一个正实根。

10. 证明：若函数 $f(x)$ 与 $g(x)$ 在 $[a,b]$ 连续，则函数
$$F(x) = \max\{f(x), g(x)\} \quad \text{与} \quad \Phi(x) = \min\{f(x), g(x)\}$$
在 $[a,b]$ 都连续 $\bigg($提示：$\max\{f(x), g(x)\} = \dfrac{1}{2}[f(x)+g(x)+|f(x)-g(x)|]$ 与 $\min\{f(x), g(x)\} = \dfrac{1}{2}[f(x)+g(x)-|f(x)-g(x)|]$，也可用连续定义证明$\bigg)$。

* * * * * * * *

11. 求下列极限：

1) $\lim\limits_{x\to+\infty}(\sin\sqrt{x+1}-\sin\sqrt{x})$;   2) $\lim\limits_{x\to a}\left(\dfrac{\sin x}{\sin a}\right)^{\frac{1}{x-a}}$;

3) $\lim\limits_{x\to a}\dfrac{x^{\alpha}-a^{\alpha}}{x^{\beta}-a^{\beta}}(a>0,\alpha,\beta\neq 0)$;   4) $\lim\limits_{x\to 0}(x+e^x)^{\frac{1}{x}}$;

5) $\lim\limits_{x\to a}\dfrac{x^x-a^a}{x-a}\ (a>0)$;   6) $\lim\limits_{h\to 0}\dfrac{a^{x+h}+a^{x-h}-2a^x}{h^2}\ (a>0)$;

7) $\lim\limits_{n\to\infty}\sqrt{2}\cdot\sqrt[4]{2}\cdot\sqrt[8]{2}\cdot\cdots\cdot\sqrt[2^n]{2}$;   8) $\lim\limits_{n\to\infty}\left(\dfrac{\sqrt[n]{a}+\sqrt[n]{b}}{2}\right)^n\ (a>0,b>0)$.

12. 证明：若函数 $f(x)$ 在 a 连续，则函数
$$f^+(x)=\max\{f(x),0\} \quad \text{与} \quad f^-(x)=\min\{f(x),0\}$$
在 a 都连续.

13. 证明：若函数 $f(x)$ 在 $[a,b]$ 连续，$x_1,x_2,\cdots,x_n\in[a,b]$，且 $t_1+t_2+\cdots+t_n=1,t_i>0,i=1,2,\cdots,n$，则在 $[a,b]$ 内至少存在一点 ξ，使
$$f(\xi)=t_1f(x_1)+t_2f(x_2)+\cdots+t_nf(x_n).$$

14. 证明：若函数 $f(x)$ 在 (a,b) 单调，且 $f(x)$ 取到 $f(a+0)$ 与 $f(b-0)$ 中间的所有的数，则 $f(x)$ 在 (a,b) 连续.

15. 证明：若函数 $f(x)$ 在闭区间 $[a,b]$ 连续，且非常数，则函数值集合 $A=\{f(x)\mid x\in[a,b]\}$ 是一个闭区间 $[m,M]$，其中 m 与 M 分别是 A 的最小值与最大值.

16. 证明：若函数 $f(x)$ 在 $[a,b]$ 连续，且函数值集合也是 $[a,b]$，则至少存在一点 $x_0\in[a,b]$，使 $f(x_0)=x_0$，即至少有一个不动点 x_0.

17. 证明：若 $\forall x,y\in\mathbf{R}$，有 $f(x+y)=f(x)+f(y)$，且 $f(x)$ 在 0 连续，则函数 $f(x)$ 在 $\mathbf{R}$ 连续，且 $f(x)=ax$，其中 $a=f(1)$ 是常数.

答疑解惑

第四章 实数的连续性

极限的理论问题首先是极限的存在问题.一个数列是否存在极限,不仅与数列本身的结构有关,而且也与数列所在的数集有关.如果在有理数集 $\mathbf{Q}$ 讨论极限,那么,单调有界的有理数列就可能不存在极限.例如,单调有界的有理数列 $\left\{\left(1+\dfrac{1}{n}\right)^n\right\}$ 就不存在极限,因为它的极限(无理数 e,待证)不属于有理数集.从运算来说,有理数集关于极限运算不封闭,即有理数列的极限不一定还是有理数.如果在实数集上讨论极限,情况就不同了,这时,任意单调有界的实数列都存在极限,即§2.2 的公理.从运算来说,实数集关于极限运算是封闭的.这个性质就是实数集的连续性.实数集的连续性是实数集有别于有理数集的重要特征,是实数集的优点.因此,将极限理论建立在实数集之上,极限理论就有了巩固的基础.描述实数集的连续性有多种不同的方法.本章是在§2.2 公理的基础上,证明与公理等价的其他几个关于实数集连续性的定理.

§4.1 实数连续性定理

一、闭区间套定理

定理 1(闭区间套定理) 设有闭区间列 $\{[a_n, b_n]\}$.若

1) $[a_1, b_1] \supset [a_2, b_2] \supset \cdots \supset [a_n, b_n] \supset \cdots$;
2) $\lim\limits_{n\to\infty}(b_n - a_n) = 0$.

则存在唯一实数 l 属于所有的闭区间 $\left(\text{即} \bigcap\limits_{n=1}^{\infty}[a_n, b_n] = l\right)$,且

$$\lim_{n\to\infty} a_n = \lim_{n\to\infty} b_n = l.$$

证法 应用公理证明闭区间套定理.

证明 由条件 1),数列 $\{a_n\}$ 单调增加有上界 b_1,数列 $\{b_n\}$ 单调减少有下界 a_1,即

$$a_1 \leqslant a_2 \leqslant \cdots \leqslant a_n \leqslant \cdots \leqslant b_n \leqslant \cdots \leqslant b_2 \leqslant b_1.$$

根据公理,数列 $\{a_n\}$ 收敛,设 $\lim\limits_{n\to\infty} a_n = l$.由条件 2),有

$$\lim_{n\to\infty} b_n = \lim_{n\to\infty}(b_n - a_n + a_n) = \lim_{n\to\infty}(b_n - a_n) + \lim_{n\to\infty} a_n = 0 + l = l.$$

于是,

$$\lim_{n\to\infty} a_n = \lim_{n\to\infty} b_n = l.$$

对任意取定的 $k \in \mathbf{N}_+$,$\forall n > k$,有 $a_k \leq a_n < b_n \leq b_k$. 从而

$$a_k \leq \lim_{n\to\infty} a_n = l = \lim_{n\to\infty} b_n \leq b_k,$$

或 $a_k \leq l \leq b_k$,即 l 属于所有的闭区间.

证明 l 的唯一性. 假设还有一个 l' 也属于所有的闭区间,从而 $\forall n \in \mathbf{N}_+$,有 $l, l' \in [a_n, b_n]$,有

$$|l - l'| \leq b_n - a_n.$$

由条件 2),有 $l = l'$,即 l 是唯一的.

闭区间套定理的几何意义是,有一列闭线段(两个端点也属于此线段),后者被包含在前者之中,并且这些闭线段的长构成的数列以 0 为极限,则这一列闭线段存在唯一一个公共点. 如图 4.1.

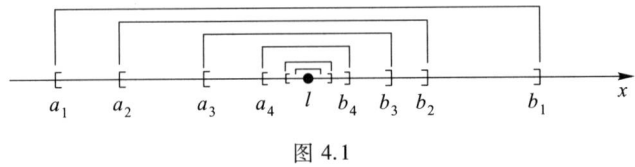

图 4.1

一般来说,将闭区间列换成开区间列,区间套定理不一定成立. 例如,开区间列 $\left\{\left(0, \dfrac{1}{n}\right)\right\}$,显然满足两条:

1) $(0, 1) \supset \left(0, \dfrac{1}{2}\right) \supset \cdots \supset \left(0, \dfrac{1}{n}\right) \supset \cdots$;

2) $\lim\limits_{n\to\infty} \left(\dfrac{1}{n} - 0\right) = 0.$

但是,不存在实数 l 属于所有的开区间.

在什么情况下应用闭区间套定理呢?一般来说,证明问题需要找到具有某种性质 P 的一个数,常常应用闭区间套定理将这个数"套"出来. 怎样应用闭区间套定理呢?首先构造一个具有性质 P^* 的闭区间,性质 P^* 要根据性质 P 来定;其次,通常采用二等分法,将此闭区间二等分,至少有一个闭区间具有性质 P^*;然后继续使用二等分法,得到满足闭区间套定理条件的和具有性质 P^* 的闭区间列. 根据闭区间套定理,就得到唯一一个具有性质 P 的数. 见本节定理 2 和 §4.2 定理 3 的证明.

二、确界定理

如果非空数集 E 有上界,则它有无限多个上界. 在这无限多个上界之中,有一个上界 β 与数集 E 有一种特殊的关系.

定义 设 E 是非空数集,若 $\exists \beta \in \mathbf{R}$,且

1) $\forall x \in E$,有 $x \leq \beta$;

2) $\forall \varepsilon > 0$,$\exists x_0 \in E$,有 $\beta - \varepsilon < x_0$.

则称 β 是数集 E 的**上确界**,记为

$$\beta = \sup E.^{①}$$

不难看到:1) 表明 β 是数集 E 的上界;2) 表明小于 β 的任意数 $\beta-\varepsilon$ 都不是 E 的上界,即 E 的上确界 β 是数集 E 的最小的上界.类似地有

定义 设 E 是非空数集.若 $\exists\, \alpha \in \mathbf{R}$,且

1) $\forall x \in E$,有 $\alpha \leqslant x$;

2) $\forall \varepsilon > 0$,$\exists x_0 \in E$,有 $x_0 < \alpha + \varepsilon$.

则称 α 是数集 E 的**下确界**,记为

$$\alpha = \inf E.^{②}$$

同样不难看到:1) 表明 α 是数集 E 的下界;2) 表明大于 α 的任意数 $\alpha+\varepsilon$ 都不是 E 的下界,即 E 的下确界 α 是数集 E 的最大的下界.

例如,$\sup\left\{\dfrac{n}{n+1}\,\Big|\, n \in \mathbf{N}_+\right\} = 1$,$\inf\left\{\dfrac{n}{n+1}\,\Big|\, n \in \mathbf{N}_+\right\} = \dfrac{1}{2}$.

事实上,1) $\forall n \in \mathbf{N}_+$,有 $\dfrac{n}{n+1} < 1$;

2) $\forall \varepsilon > 0$,$\exists n_0 \in \mathbf{N}_+$,有 $1-\varepsilon < \dfrac{n_0}{1+n_0}$ $\left(\text{只需 } n_0 > \dfrac{1}{\varepsilon}-1\right)$,即 $\sup\left\{\dfrac{n}{n+1}\,\Big|\, n \in \mathbf{N}_+\right\} = 1$.

1) $\forall n \in \mathbf{N}_+$,有 $\dfrac{1}{2} \leqslant \dfrac{n}{n+1}$;

2) $\forall \varepsilon > 0$,$\exists n_0 = 1$,有 $\dfrac{n_0}{n_0+1} = \dfrac{1}{2} < \dfrac{1}{2}+\varepsilon$,即 $\inf\left\{\dfrac{n}{n+1}\,\Big|\, n \in \mathbf{N}_+\right\} = \dfrac{1}{2}$.

例如,$\sup\{1,2,3,4\} = 4$,$\inf\{1,2,3,4\} = 1$.

事实上,1) $\forall k \in \{1,2,3,4\}$,有 $k \leqslant 4$;

2) $\forall \varepsilon > 0$,$\exists 4 \in \{1,2,3,4\}$,有 $4-\varepsilon < 4$,即 $\sup\{1,2,3,4\} = 4$.

1) $\forall k \in \{1,2,3,4\}$,有 $1 \leqslant k$;

2) $\forall \varepsilon > 0$,$\exists 1 \in \{1,2,3,4\}$,有 $1 < 1+\varepsilon$,即 $\inf\{1,2,3,4\} = 1$.

又例如 $\sup\{x \mid x \in (-\infty, b]\} = b$,$\inf\{x \mid x \in (a, +\infty)\} = a$.

事实上,1) $\forall x \in (-\infty, b]$,有 $x \leqslant b$;

2) $\forall \varepsilon > 0$,$\exists x_0 \in (-\infty, b]$,有 $b-\varepsilon < x_0$,即 $\sup\{x \mid x \in (-\infty, b]\} = b$.

1) $\forall x \in (a, +\infty)$,有 $a < x$;

2) $\forall \varepsilon > 0$,$\exists x_0 \in (a, +\infty)$,有 $x_0 < a+\varepsilon$,即 $\inf\{x \mid x \in (a, +\infty)\} = a$.

由上述三例可见,有限数集必存在上、下确界,它的上、下确界分别就是有限数集的最大数和最小数.若无限数集存在上(下)确界,它的上(下)确界可能属于该数集(例如,$\sup\{x \mid x \in (-\infty, b]\} = b$),也可能不属于该数集$\left(\text{例如},\sup\left\{\dfrac{n}{n+1}\,\Big|\, n \in \mathbf{N}_+\right\} = 1\right)$.无上(下)界的数集一定不存在上(下)确界,那么有上(下)界的数集是否一定存在上(下)确界呢? 有下面的定理:

---

① "sup" 是 supremum(上确界)的缩写.

② "inf" 是 infimum(下确界)的缩写.

定理 2(确界定理) 若非空数集 E 有上界(下界),则数集 E 存在唯一的上确界(下确界).

证法 应用闭区间套定理证明确界定理.

这里只给出存在上确界的证明.证明存在上确界,首先要找到上确界这个数 β.用什么方法找 β 呢?我们根据已知的条件构造一个闭区间套.应用闭区间套定理,将(上确界)β "套"出来;其次证明 β 就是数集 E 的上确界;最后证明上确界 β 的唯一性.

证明 已知数集 E 非空,设 $a_1 \in E$.又已知数集 E 有上界,设 b_1 是 E 的一个上界.显然, $a_1 \leq b_1$,不妨设 $a_1 < b_1$.闭区间 $[a_1, b_1]$ 具有如下性质:

1) $[a_1, b_1]$ 的右侧没有数集 E 的点(因为 b_1 是数集 E 的上界);

2) $[a_1, b_1]$ 中至少包含有数集 E 的一个点(因为 $a_1 \in E$).将具有性质 1),2) 的闭区间称为具有 P^* 的闭区间.

将闭区间 $[a_1, b_1]$ 二等分,所得的两个闭区间 $\left[a_1, \dfrac{a_1+b_1}{2}\right]$ 与 $\left[\dfrac{a_1+b_1}{2}, b_1\right]$,其中必有一个是具有 P^* 的闭区间.

事实上,已知 $\left[\dfrac{a_1+b_1}{2}, b_1\right]$ 具有性质 1),如果 $\left[\dfrac{a_1+b_1}{2}, b_1\right]$ 中至少包含数集 E 的一个点,则 $\left[\dfrac{a_1+b_1}{2}, b_1\right]$ 就是具有 P^* 的闭区间;如果 $\left[\dfrac{a_1+b_1}{2}, b_1\right]$ 不包含有数集 E 的点,那么 $\left[a_1, \dfrac{a_1+b_1}{2}\right]$ 的右侧没有数集 E 的点,即 $\left[a_1, \dfrac{a_1+b_1}{2}\right]$ 具有性质 1).已知 $\left[a_1, \dfrac{a_1+b_1}{2}\right]$ 具有性质 2)(因为 $a_1 \in E$),则 $\left[a_1, \dfrac{a_1+b_1}{2}\right]$ 就是具有 P^* 的闭区间.将 $\left[a_1, \dfrac{a_1+b_1}{2}\right]$ 与 $\left[\dfrac{a_1+b_1}{2}, b_1\right]$ 中具有 P^* 的那个闭区间记为 $[a_2, b_2]$.

同样方法,将闭区间 $[a_2, b_2]$ 二等分,必有一个闭区间是具有 P^* 的闭区间,记为 $[a_3, b_3]$,用二等分法无限进行下去,得到闭区间列 $\{[a_n, b_n]\}$,且

1) $[a_1, b_1] \supset [a_2, b_2] \supset \cdots \supset [a_n, b_n] \supset \cdots$;

2) $\lim\limits_{n \to \infty}(b_n - a_n) = \lim\limits_{n \to \infty} \dfrac{b_1 - a_1}{2^{n-1}} = 0.$

每个 $[a_n, b_n]$ 都是具有 P^* 的闭区间.根据闭区间套定理,存在唯一一个数 β 属于所有的闭区间 $[a_n, b_n]$,且

$$\lim_{n \to \infty} a_n = \lim_{n \to \infty} b_n = \beta.$$

下面证明,数 β 就是数集 E 的上确界.

1) $\forall x \in E$,有 $x \leq \beta$.用反证法,假设 $\exists x_0 \in E$,有 $\beta < x_0$.已知 $\lim\limits_{n \to \infty} b_n = \beta < x_0$.根据 §2.2 定理 3 的推论 2, $\exists m \in \mathbf{N}_+$,使 $b_m < x_0$,即闭区间 $[a_m, b_m]$ 右侧有数集 E 的数 x_0,与 $[a_m, b_m]$ 具有性质 1) 矛盾.

2) $\forall \varepsilon > 0$, $\exists x_0 \in E$,有 $\beta - \varepsilon < x_0$.事实上,已知 $\lim\limits_{n \to \infty} a_n = \beta > \beta - \varepsilon$.根据 §2.2 定理 3 的推论 2, $\exists m \in \mathbf{N}_+$,使 $\beta - \varepsilon < a_m$,即 $\beta - \varepsilon$ 位于闭区间 $[a_m, b_m]$ 的左侧.由性质 2),在 $[a_m, b_m]$

中，$\exists x_0 \in E$，有 $\beta-\varepsilon<x_0$.

于是，数 β 是数集 E 的上确界，即 $\beta=\sup E$.

最后，证明上确界 β 的唯一性. 用反证法. 假设除 β 外尚有 $\beta'=\sup E$，且 $\beta\neq\beta'$. 不妨设 $\beta<\beta'$.

一方面，已知 $\beta=\sup E$，即 $\forall x \in E$，有 $x\leqslant\beta$；另一方面，已知 $\beta'=\sup E$，即 $\exists \varepsilon_0=\beta'-\beta>0$，$\exists x_0 \in E$，有 $\beta'-\varepsilon_0=\beta<x_0$. 得到矛盾. 于是，上确界 β 唯一.

在什么情况下应用确界定理呢？一般来说，在一个有界数集上要想找到与该数集有特殊关系的数（最大的下界或最小的上界），可使用确界定理，其作用类似闭区间套定理. 见 §4.1 定理 3 和 §4.2 定理 2 的证明.

例 1 证明：

1）若函数 $f(x)$ 在开区间 $(a-\delta,a)$ 单调增加（单调减少），则
$$\lim_{x\to a^-} f(x) = \sup_{x\in(a-\delta,a)}\{f(x)\} \quad (\lim_{x\to a^-} f(x) = \inf_{x\in(a-\delta,a)}\{f(x)\});$$

2）若函数 $f(x)$ 在开区间 $(a,a+\delta)$ 单调增加（单调减少），则
$$\lim_{x\to a^+} f(x) = \inf_{x\in(a,a+\delta)}\{f(x)\} \quad (\lim_{x\to a^+} f(x) = \sup_{x\in(a,a+\delta)}\{f(x)\}).$$

证明 我们仅对函数 $f(x)$ 在开区间 $(a-\delta,a)$ 上单调增加情况给出证明，其他情况的证明留给读者作为练习.

如果
$$\sup_{x\in(a-\delta,a)}\{f(x)\} = +\infty,$$
即 $\forall B>0$，$\exists x_B \in (a-\delta,a)$，有 $f(x_B)>B$，则 $\forall x: a-\delta<x_B<x<a$，就有
$$f(x)\geqslant f(x_B)>B.$$
即
$$\lim_{x\to a^-} f(x) = \sup_{x\in(a-\delta,a)}\{f(x)\} = +\infty.$$

如果
$$\sup_{x\in(a-\delta,a)}\{f(x)\} = A<+\infty,$$
即 $\forall \varepsilon>0$，有 $A-\varepsilon<A$，由上确界定义，$\exists x_\varepsilon \in (a-\delta,a)$，使
$$A-\varepsilon<f(x_\varepsilon)\leqslant A.$$
$\forall x: a-\delta<x_\varepsilon<x<a$，就有
$$A-\varepsilon<f(x_\varepsilon)\leqslant f(x)\leqslant A,$$
即
$$\lim_{x\to a^-} f(x) = \sup_{x\in(a-\delta,a)}\{f(x)\} = A.$$

例 2 证明若数列 $\{x_n\}$ 满足条件，$m,n \in \mathbf{N}_+$，有 $0<x_{n+m}\leqslant x_n+x_m$，则 $\lim_{n\to\infty}\dfrac{x_n}{n}=\inf\left\{\dfrac{x_n}{n}\right\}$.

证明 因为 $\forall n \in \mathbf{N}_+$，有
$$0<x_n<\underbrace{x_1+x_1+\cdots+x_1}_{n\uparrow}=nx_1 \quad \text{或} \quad 0<\dfrac{x_n}{n}<x_1,\ n=2,3,\cdots,$$

从而数列 $\left\{\dfrac{x_n}{n}\right\}$ 有界. 所以它存在下确界，设 $\alpha=\inf\left\{\dfrac{x_n}{n}\right\}$. 由确界定义，$\forall \varepsilon>0$，$\exists m \in \mathbf{N}_+$，

使 $\alpha \leqslant \dfrac{x_m}{m} < \alpha + \dfrac{\varepsilon}{2}$.

取 $n \in \mathbf{N}_+$，当 $n > m$，使 $n = qm + r$，其中 r 等于 $0, 1, 2, \cdots, m-1$ 中的一个. 设 $x_0 = 0$，则有

$$x_n = x_{qm+r} \leqslant x_{qm} + x_r = \underbrace{x_m + x_m + \cdots + x_m}_{q\uparrow} + x_r = qx_m + x_r.$$

于是，

$$\frac{x_n}{n} = \frac{x_{qm+r}}{qm+r} \leqslant \frac{qx_m + x_r}{qm+r} = \frac{x_m}{m} \cdot \frac{qm}{qm+r} + \frac{x_r}{n}.$$

有

$$\alpha \leqslant \frac{x_n}{n} < \left(\alpha + \frac{\varepsilon}{2}\right) \frac{qm}{qm+r} + \frac{x_r}{n}.$$

因为 $0 \leqslant r \leqslant m - 1$，所以 $\lim\limits_{n \to \infty} \dfrac{x_r}{n} = 0$，即对上述的 $\dfrac{\varepsilon}{2} > 0$，$\exists N \in \mathbf{N}_+$，$\forall n > N$，有 $\dfrac{x_r}{n} < \dfrac{\varepsilon}{2}$. 于是 $\exists N_1 \geqslant \max\{m, N\}$，当 $n > N_1$ 时，有 $\left(\dfrac{qm}{qm+r} \leqslant 1\right)$

$$\alpha \leqslant \frac{x_n}{n} < \left(\alpha + \frac{\varepsilon}{2}\right) \frac{qm}{qm+r} + \frac{x_r}{n} < \alpha + \frac{\varepsilon}{2} + \frac{\varepsilon}{2} = \alpha + \varepsilon,$$

即

$$\lim_{n \to \infty} \frac{x_n}{n} = \alpha = \inf\left\{\frac{x_n}{n}\right\}.$$

三、有限覆盖定理

设 I 是一个区间（或开或闭），并有开区间集 S（S 的元素都是开区间，开区间的个数可有限，也可无限）.

定义 若 $\forall x \in I$，$\exists \Delta \in S$，有 $x \in \Delta$，则称开区间集 S **覆盖**区间 I.

例如，设 $I = (0,1)$，$S = \left\{\left(\dfrac{1}{n+1}, \dfrac{1}{n}\right) \bigg| n = 1, 2, 3, \cdots\right\}$，则开区间集 S 没有覆盖区间 I. 事实上，$\forall n \in \mathbf{N}_+$，且 $n > 1$，$\dfrac{1}{n} \in (0,1)$，但是 $\dfrac{1}{n}$ 不属于 S 中任何开区间.

设 $I = (0,1)$，$S = \left\{\left(\dfrac{1}{n+1}, 1\right) \bigg| n = 1, 2, 3, \cdots\right\}$，则 S 覆盖区间 I. 事实上，$\forall x \in (0,1)$，只要正整数 m 充分大，有 $\dfrac{1}{m+1} < x$，即 $x \in \left(\dfrac{1}{m+1}, 1\right)$.

设 $I = [a, b]$，$S = \{(x - \delta_x, x + \delta_x) \mid x \in [a, b], \delta_x > 0\}$，则 S 覆盖了区间 $I = [a, b]$. 事实上，$\forall x \in [a, b]$，S 中存在一个区间 $(x - \delta_x, x + \delta_x)$，有 $x \in (x - \delta_x, x + \delta_x)$.

定理 3（有限覆盖定理） 若开区间集 S 覆盖闭区间 $[a, b]$，则 S 中存在有限个开区间也覆盖了闭区间 $[a, b]$.

证法 应用确界定理证明有限覆盖定理. 设 S 中存在有限个开区间能覆盖闭区间 $[a, b]$，简称 $[a, b]$ 有有限覆盖. 讨论 $[a, b]$ 内使 $[a, x]$（$a \leqslant x < b$）有有限覆盖的点 x 的集

合,用确界定理,证明 b 也具有 x 的性质,即闭区间 $[a,b]$ 具有有限覆盖.

证明 设有集合

$$A = \{x \mid \forall x \in [a,b], \text{使}[a,x]\text{具有有限覆盖}\}.$$

因为存在开区间 $(\alpha,\beta) \in S$,使 $a \in (\alpha,\beta)$,从而在点 a 的附近必存在 $x>a$,有 $x \in (\alpha,\beta)$,使 $[a,x]$ 具有有限覆盖,所以 $A \neq \varnothing$. 显然,A 有上界,根据确界定理,数集 A 有上确界,设

$$\sup A = c \leqslant b.$$

假设 $c<b$,存在开区间 $(\gamma,\delta) \in S$,有 $c \in (\gamma,\delta)$,即 $\gamma<c<\delta$,因为 c 是 A 的上确界,所以存在 $x' \in (\gamma,c)$,使 $x' \in A$,已知 $[a,x']$ 有有限覆盖,再加上一个开区间 (γ,δ),$[a,c]$ 仍有有限覆盖. 这与 c 是 A 的上确界矛盾. 于是,$c<b$ 不合理. 从而,$c=b$,即 $\sup A = b$. 因为 $b \in [a,b]$,所以存在开区间 $(\xi,\eta) \in S$,有 $b \in (\xi,\eta)$. 已知 b 是 A 的上确界,则存在 $x'' \in (\xi,b)$,使 $x'' \in A$. 已知 $[a,x'']$ 有有限覆盖,再加一个开区间 (ξ,η),于是,闭区间 $[a,b]$ 有有限覆盖.

有限覆盖定理亦称为紧致性定理或海涅-博雷尔[①]定理.

在有限覆盖定理中,将被覆盖的闭区间 $[a,b]$ 改为开区间 (a,b),定理不一定成立. 例如,开区间集 $\left\{\left(\dfrac{1}{n+1},1\right) \,\middle|\, n=1,2,\cdots\right\}$ 覆盖开区间 $(0,1)$. 但是,S 中任意有限个开区间都不能覆盖开区间 $(0,1)$.

在什么情况应用有限覆盖定理呢?一般来说,如果我们已知在闭区间 $[a,b]$ 每一点的某个邻域内都具有性质 P,每一点的邻域(开区间)集覆盖 $[a,b]$. 为了将性质 P 扩充到整个闭区间 $[a,b]$,这时用有限覆盖定理能将覆盖 $[a,b]$ 的无限个邻域转化为有限个邻域. 总之,要想将闭区间每一点的局部性质扩充到整个闭区间,常常可考虑应用有限覆盖定理. 见定理 4 和 §4.2 定理 1 的证明.

四、聚点定理

首先给出聚点概念.

定义 设 E 是数轴上的无限点集,ξ 是数轴上的一个定点(可以属于 E,也可以不属于 E). 若 $\forall \varepsilon>0$,点 ξ 的 ε 邻域 $U(\xi,\varepsilon)$ 都含有 E 的无限多个点,则称 ξ 是 E 的一个**聚点**.

例如,设 $E = \left\{\dfrac{1}{n} \,\middle|\, n \in \mathbf{N}_+\right\}$,显然,$0$ 是 E 的一个聚点,且聚点 0 不属于 E.

例如,设 $E = \{$开区间 (a,b) 的一切有理点$\}$,则闭区间 $[a,b]$ 的每一个点都是 E 的聚点. 因为有理点在数轴上是稠密的,所以 $\forall \xi \in [a,b]$,点 ξ 的任意 ε 邻域 $U(\xi,\varepsilon)$ 都含有开区间 (a,b) 的无限多个有理点.

再例如,设 $E = \{n \mid n \in \mathbf{N}_+\}$,则无限点集 E 没有聚点.

不难证明:ξ 是 E 的聚点 $\Longleftrightarrow \forall \varepsilon>0, \exists x \in E,$ 有 $x \in \mathring{U}(\xi,\varepsilon)$.

[①] 海涅(Heine,1821—1881),德国数学家;博雷尔(Borel,1871—1956),法国数学家.

作为练习题,读者自证.

定理 4(聚点定理) 数轴上有界无限点集 E 至少有一个聚点.

证法 应用有限覆盖定理证明聚点定理,用反证法.

证明 已知无限点集 E 有界,设 a 和 b 分别是 E 的下界和上界,从而,有 $E \subset [a, b]$. 假设结论不成立,即闭区间 $[a,b]$ 的任意一点都不是 E 的聚点. $\forall x \in [a,b]$,因为 x 不是 E 的聚点,所以 $\exists \varepsilon_x > 0$,使 $U(x, \varepsilon_x)$ 中只含有 E 的有限多个点(也可能没有 E 的点). 这样,构造了开区间集

$$S = \{U(x, \varepsilon_x) \mid x \in [a,b]\}.$$

显然,开区间集 S 覆盖闭区间 $[a,b]$,根据有限覆盖定理(定理 3),S 中存在有限个开区间,设有 n 个开区间(邻域)

$$U(x_1, \varepsilon_{x_1}), U(x_2, \varepsilon_{x_2}), \cdots, U(x_n, \varepsilon_{x_n})$$

也覆盖闭区间 $[a,b]$,当然也覆盖无限点集 E. 因为每一个开区间(邻域)只含有 E 的有限多个点,所以这 n 个开区间也只含有 E 的有限多个点.与 E 是无限点集矛盾.于是,E 至少有一个聚点.

在什么情况下应用聚点定理?以及怎样应用聚点定理?请见下面定理 5 的证明.

五、致密性定理

定理 5(致密性定理) 有界数列 $\{a_n\}$ 必有收敛的子数列 $\{a_{n_k}\}$.

证法 应用聚点定理证明致密性定理.

证明 若数列 $\{a_n\}$ 有无限多项相等,设

$$a_{n_1} = a_{n_2} = \cdots = a_{n_k} = \cdots.$$

显然,常数数列 $\{a_{n_k}\}$ 是收敛的子数列.

若数列 $\{a_n\}$ 没有无限多项相等,则

$$E = \{a_n \mid n \in \mathbf{N}_+\}$$

是有界无限点集.根据聚点定理(定理 4),E 至少有一个聚点 ξ.下面证明:存在子数列 $\{a_{n_k}\}$ 收敛于 ξ.根据聚点定义,

取 $\varepsilon = 1$,$\exists a_{n_1} \in U(\xi, 1)$.

取 $\varepsilon = \dfrac{1}{2}$,$\exists a_{n_2} \in U\left(\xi, \dfrac{1}{2}\right)$,要求 $n_1 < n_2$,根据聚点的定义,这是可能的.

……

取 $\varepsilon = \dfrac{1}{k}$,$\exists a_{n_k} \in U\left(\xi, \dfrac{1}{k}\right)$,要求 $n_{k-1} < n_k$.

……

如此无限进行下去,构造了数列 $\{a_n\}$ 的子数列 $\{a_{n_k}\}$.因为 $\forall k \in \mathbf{N}_+$,有

$$|a_{n_k} - \xi| < \dfrac{1}{k}.$$

当 $k \to \infty$ 时,有 $\dfrac{1}{k} \to 0$. 所以 $\lim\limits_{k \to \infty} a_{n_k} = \xi$,即子数列 $\{a_{n_k}\}$ 收敛.

在什么情况下应用致密性定理以及怎样应用致密性定理?请见下面定理 6 和

§4.2 定理 4 的证明.

六、柯西收敛准则

我们在 §2.2 定理 8 已给出数列的柯西收敛准则的必要性的证明. 在这里我们证明它的充分性.

定理 6(柯西收敛准则) 数列 $\{a_n\}$ 收敛 $\Longleftrightarrow \forall \varepsilon>0, \exists N\in\mathbf{N}_+, \forall n,m>N$, 有 $|a_n-a_m|<\varepsilon$.

证法 应用致密性定理 5 证明柯西收敛准则的充分性.

证明 必要性($\Rightarrow$) 已证, 见 §2.2 定理 8.

充分性($\Leftarrow$) 首先证明数列 $\{a_n\}$ 有界.

取 $\varepsilon=1, \exists N_1\in\mathbf{N}_+, \forall n>N_1$ 和 $m_0>N_1$, 有 $|a_n-a_{m_0}|<1$. 从而, $\forall n>N_1$, 有
$$|a_n|=|a_n-a_{m_0}+a_{m_0}|\leq|a_n-a_{m_0}|+|a_{m_0}|<1+|a_{m_0}|.$$
取
$$M=\max\{|a_1|,|a_2|,\cdots,|a_{N_1}|,1+|a_{m_0}|\}.$$
于是, $\forall n\in\mathbf{N}_+$, 有 $|a_n|\leq M$, 即数列 $\{a_n\}$ 有界.

根据致密性定理(定理 5), 数列 $\{a_n\}$ 存在一个收敛的子数列 $\{a_{n_k}\}$, 设 $\lim\limits_{k\to\infty}a_{n_k}=a$.

其次证明 $\lim\limits_{n\to\infty}a_n=a$.

已知 $\forall \varepsilon>0, \exists N\in\mathbf{N}_+, \forall n,m>N$, 有 $|a_n-a_m|<\varepsilon$.

又已知 $\lim\limits_{k\to\infty}a_{n_k}=a$, 即对上述同样 $\varepsilon>0, \exists k\in\mathbf{N}_+, \forall n_k>k$, 有
$$|a_{n_k}-a|<\varepsilon.$$
取 $L=\max\{N,k\}$. 从而, $\forall n>L, \exists n_k>L$, 同时有
$$|a_n-a_{n_k}|<\varepsilon \quad \text{与} \quad |a_{n_k}-a|<\varepsilon.$$
于是,
$$|a_n-a|\leq|a_n-a_{n_k}|+|a_{n_k}-a|<2\varepsilon,$$
即 $\lim\limits_{n\to\infty}a_n=a$ 或数列 $\{a_n\}$ 收敛.

以上六个定理, 是从公理出发, 首先应用公理证明了闭区间套定理, 然后用前一个定理为条件, 证明了后面一个定理的结论, 它们依次是: 确界定理、有限覆盖定理、聚点定理、致密性定理、柯西收敛准则的充分性, 最后再应用柯西准则的充分性证明公理(作为练习题, 读者自证), 这样, 这些定理的证明构成了封闭循环. 因此, 它们是等价的, 互为充要条件, 它们都刻画了实数集 $\mathbf{R}$ 的连续性, 构成了数学分析的理论基础. 数学分析的一些命题, 特别是有关连续性的命题, 舍此不能得证, 特别是柯西收敛准则又称**完备性**, 它对数学分析的发展起着重要作用.

练习题 4.1

1. 指出下列数集的上确界与下确界(如果存在), 并验证之:

1) $\{-10, -2, 0, 5, 8\}$;　　2) $\left\{(-1)^n \dfrac{1}{2^n} \mid n=1,2,\cdots\right\}$;

3) $\left\{1+\dfrac{4}{n} \mid n=1,2,\cdots\right\}$;　　4) $\left\{(-1)^{n+1}\left(1-\dfrac{1}{3^n}\right) \mid n=1,2,\cdots\right\}$;

5) $\{x \mid x \text{ 是有理数}, x^2<2\}$;　　6) $\{x^2 \mid -1<x\leq 2\}$;

7) $\{e^x \mid x \in \mathbf{R}\}$;　　8) $\{\sin x \mid x \in (0, 2\pi]\}$.

2. 指出第 1 题中各点集的聚点集.

3. 证明:若数集 E 有最大数 a,即 $\forall x \in E$,有 $x \leq a$,则 $\sup E = a$.

4. 证明:若数列 $\{x_n\}$ 收敛,则数集 $\{x_n \mid n=1,2,\cdots\}$ 存在上确界与下确界.

5. 证明:若 A 是非空有界数集,$\sup A = a$ (或 $\inf A = b$),且 $-A = \{-x \mid x \in A\}$,则 $\inf(-A) = -a$ (或 $\sup(-A) = -b$).

6. 证明:若数集 E 有下界,则数集 E 必有下确界.

7. 证明:若 A 与 B 是两个非空数集,且 $\forall x \in A$ 与 $\forall y \in B$,有 $x \leq y$,则
$$\sup A \leq \inf B.$$

8. 证明:若函数 $f(x)$ 在 (a, b) 单调增加,且 $\forall x \in (a, b)$,有 $f(x) \leq M$ (其中 M 是常数),则 $\exists c \leq M$,使
$$\lim_{x \to b^-} f(x) = c.$$

9. 证明:若函数 $f(x)$ 在 $[a,b]$ 连续,且 $\forall x \in [a,b]$,有 $f(x)>0$,则 $\exists r>0$,$\forall x \in [a,b]$,有 $f(x)>r$ (提示:可应用闭区间连续函数取最小值,也可应用有限覆盖定理).

10. 证明:ξ 是 E 的聚点 $\Longleftrightarrow$ $\forall \varepsilon > 0$,$\exists x \in E$,有 $x \in \overset{\circ}{U}(\xi, \varepsilon)$.

　　*　　　　*　　　　*　　　　*　　　　*　　　　*　　　　*　　　　*

11. 证明:若 E 是非空有上界数集,设 $\sup E = a$,且 $a \notin E$,则存在数列 $\{x_n\}$,$x_n \in E$,$x_n < x_{n+1}$,$n=1,2,\cdots$,有 $\lim_{n \to \infty} x_n = a$.

12. 证明:若 A 与 B 是两个非空数集,$A+B = \{x+y \mid x \in A, y \in B\}$,则
$$\sup(A+B) = \sup A + \sup B.$$

13. 证明:$\sup\{a_n + b_n\} \leq \sup\{a_n\} + \sup\{b_n\}$;$\inf\{a_n + b_n\} \geq \inf\{a_n\} + \inf\{b_n\}$.

14. 函数 $f(x) = \dfrac{1}{x}$,$0<x\leq 1$,$\forall a \in (0,1]$,都存在开区间 I_a,当 $\forall x \in I_a$,有 $|f(x) - f(a)| < \dfrac{1}{3}$,则开区间集 $\{I_a \mid a \in (0,1]\}$ 覆盖 $(0,1]$,但是没有有限个 I_a 覆盖 $(0,1]$.

15. 证明:若函数 $f(x)$ 在 $[a,b]$ 连续,且零点集
$$G = \{x \mid f(x) = 0\} \neq \varnothing,$$
则 $\sup G \in G$,$\inf G \in G$.

16. 用闭区间套定理证明聚点定理.

§4.2　闭区间连续函数整体性质的证明

一、性质的证明

　　§3.2 给出了闭区间连续函数的三个性质:有界性、最值性和零点定理,没有给予证明.本节除给出这三个性质的证明外,还要引入一个新概念——一致连续,并证明闭

区间的连续函数必是一致连续(第四个性质).这四个性质都是建立在实数连续性的基础之上.因此,它们的证明要应用§4.1中描述实数集连续性的定理.

定理1(有界性) 若函数$f(x)$在闭区间$[a,b]$连续,则函数$f(x)$在闭区间$[a,b]$有界,即$\exists M>0, \forall x\in[a,b]$,有
$$|f(x)|\leq M.$$

证法 由已知条件得到函数$f(x)$在$[a,b]$的每一点的某个邻域有界.要将函数$f(x)$在每一点的邻域有界扩充到在闭区间$[a,b]$有界,可应用有限覆盖定理,从而能找到$M>0$.

证明 已知函数$f(x)$在$[a,b]$连续,根据连续定义,$\forall \alpha\in[a,b]$,取$\varepsilon_0=1, \exists \delta_\alpha>0, \forall x\in(\alpha-\delta_\alpha, \alpha+\delta_\alpha)\cap[a,b]$,有
$$|f(x)-f(\alpha)|<1.$$
从而,$\forall x\in(\alpha-\delta_\alpha, \alpha+\delta_\alpha)\cap[a,b]$有
$$|f(x)|\leq |f(x)-f(\alpha)|+|f(\alpha)|<|f(\alpha)|+1,$$
即$\forall \alpha\in[a,b]$,函数$f(x)$在开区间$(\alpha-\delta_\alpha,\alpha+\delta_\alpha)$有界.显然,开区间集
$$\{(\alpha-\delta_\alpha,\alpha+\delta_\alpha)\mid \alpha\in[a,b]\}$$
覆盖闭区间$[a,b]$.根据有限覆盖定理(§4.1定理3),存在有限个开区间,设有n个开区间
$$\{(\alpha_k-\delta_{\alpha_k},\alpha_k+\delta_{\alpha_k})\mid \alpha_k\in[a,b]\}, \quad k=1,2,\cdots,n$$
也覆盖闭区间$[a,b]$,且$\forall x\in(\alpha_k-\delta_{\alpha_k},\alpha_k+\delta_{\alpha_k})\cap[a,b]$,有
$$|f(x)|\leq |f(\alpha_k)|+1, \quad k=1,2,\cdots,n.$$

取$M=\max\{|f(\alpha_1)|,|f(\alpha_2)|,\cdots,|f(\alpha_n)|\}+1$.于是,$\forall x\in[a,b], \exists i\in\{1,2,\cdots,n\}$,且$x\in(\alpha_i-\delta_{\alpha_i},\alpha_i+\delta_{\alpha_i})\cap[a,b]$,有
$$|f(x)|\leq |f(\alpha_i)|+1\leq M.$$

定理2(最值性) 若函数$f(x)$在闭区间$[a,b]$连续,则函数$f(x)$在$[a,b]$取到最小值m与最大值M,即在$[a,b]$上存在x_1与x_2,使
$$f(x_1)=m \quad 与 \quad f(x_2)=M,$$
且$\forall x\in[a,b]$,有$m\leq f(x)\leq M$.

证法 只给出取到最大值的证明.根据定理1,函数$f(x)$在$[a,b]$有界.设$\sup\{f(x)\mid x\in[a,b]\}=M$.只需证明,$\exists x_2\in[a,b]$,使$f(x_2)=M$,即函数$f(x)$在$x_2$取到最大值.

证明 设$\sup\{f(x)\mid x\in[a,b]\}=M$.用反证法.假设$\forall x\in[a,b]$,有$f(x)<M$.显然,函数$M-f(x)$在$[a,b]$连续,且$M-f(x)>0$.于是,函数
$$\frac{1}{M-f(x)}$$
在$[a,b]$也连续.根据定理1,存在$C>0, \forall x\in[a,b]$有
$$\frac{1}{M-f(x)}<C \quad 或 \quad f(x)<M-\frac{1}{C},$$
即M不是数集$\{f(x)\mid x\in[a,b]\}$的上确界,矛盾.于是$\exists x_2\in[a,b]$,使$f(x_2)=M$.

定理3(零点定理) 若函数$f(x)$在闭区间$[a,b]$连续,且$f(a)\cdot f(b)<0$(即$f(a)$

与 $f(b)$ 异号),则在开区间 (a,b) 内至少存在一点 c,使
$$f(c)=0.$$

证明 不妨设 $f(a)<0,f(b)>0$.用反证法.假设 $\forall x \in [a,b]$,有 $f(x) \neq 0$,将闭区间 $[a,b]$ 二等分,分点是 $\frac{a+b}{2}$.已知 $f\left(\frac{a+b}{2}\right) \neq 0$,如果 $f\left(\frac{a+b}{2}\right)>0$,则函数 $f(x)$ 在闭区间 $\left[a,\frac{a+b}{2}\right]$ 的两个端点的函数值的符号相反;如果 $f\left(\frac{a+b}{2}\right)<0$,则函数 $f(x)$ 在闭区间 $\left[\frac{a+b}{2},b\right]$ 的两个端点的函数值的符号相反.于是,两个闭区间 $\left[a,\frac{a+b}{2}\right]$ 与 $\left[\frac{a+b}{2},b\right]$ 必有一个使函数 $f(x)$ 在其两个端点的函数值的符号相反.将此闭区间记为 $[a_1,b_1]$,有 $f(a_1) \cdot f(b_1)<0$.

再将 $[a_1,b_1]$ 二等分,必有一个闭区间,函数 $f(x)$ 在其两个端点的函数值符号相反.将此闭区间记为 $[a_2,b_2]$,有 $f(a_2) \cdot f(b_2)<0$.用二等分方法无限进行下去,得到闭区间列 $\{[a_n,b_n]\}$ $(a_0=a,b_0=b)$,且

1) $[a,b] \supset [a_1,b_1] \supset \cdots \supset [a_n,b_n] \supset \cdots$;

2) $\lim\limits_{n \to \infty}(b_n-a_n) = \lim\limits_{n \to \infty}\dfrac{b-a}{2^n}=0.$

对每个闭区间 $[a_n,b_n]$,有 $f(a_n) \cdot f(b_n)<0$.根据闭区间套定理(§4.1 定理 1),存在唯一数 c 属于所有的闭区间,且
$$\lim_{n \to \infty} a_n = \lim_{n \to \infty} b_n = c. \tag{1}$$

而 $c \in [a,b]$,且 $f(c) \neq 0$,设 $f(c)>0$.一方面,已知函数 $f(x)$ 在 c 连续,根据连续函数的保号性,$\exists \delta>0$,$\forall x: |x-c|<\delta$,即 $\forall x \in (c-\delta,c+\delta)$,有 $f(x)>0$;另一方面,由(1)式,当 n 充分大时,有 $[a_n,b_n] \subset (c-\delta,c+\delta)$.已知 $f(a_n) \cdot f(b_n)<0$,即函数 $f(x)$ 在 $(c-\delta,c+\delta)$ 中某点的函数值小于 0,矛盾.于是,$f(c) \leq 0$.同法可证 $f(c) \geq 0$.所以闭区间 $[a,b]$ 内至少存在一点 c,使 $f(c)=0$.

例 1 若函数 $f(x)$ 在闭区间 $[a,b]$ 上连续,则函数 $f(x)$ 在闭区间 $[a,b]$ 的像集 $A = f([a,b]) = \{f(x) \mid x \in [a,b]\}$ 也是一个闭区间(若 $f(x)$ 在闭区间 $[a,b]$ 上是常数时,则 A 退化成一点).

证明 由定理 1 知,闭区间上连续函数的有界性,即函数值的集合 A 是有界的.再由定理 2 的最值性,存在 $x_1, x_2 \in [a,b]$,使
$$f(x_1)=m, \quad f(x_2)=M,$$
其中 m,M 分别是函数 $f(x)$ 在 x_1,x_2 的最小值和最大值.

再由 §3.2 定理 6 的介值性,$\forall \xi \in [m,M]$,都存在某个 $x' \in [a,b]$,使
$$f(x')=\xi.$$
即闭区间 $[a,b]$ 的像集是闭区间 $[m,M]$.

若函数 $f(x)$ 在 $[a,b]$ 上是常数,则 $m=M$,即闭区间 $[m,M]$ 退化成一点.

注 如果函数 $f(x)$ 在闭区间 $[a,b]$ 上不连续,它也可能把闭区间 $[a,b]$ 的像集 $f([a,b])$ 转化为闭区间.例如,函数

$$f(x) = \begin{cases} \cos\dfrac{1}{x}, & x \neq 0, \\ 0, & x = 0. \end{cases}$$

将闭区间 $\left[-\dfrac{2}{\pi}, \dfrac{2}{\pi}\right]$ 的像集转化为闭区间 $[-1,1]$. 但这个函数在闭区间 $\left[-\dfrac{2}{\pi}, \dfrac{2}{\pi}\right]$ 上并不连续. 由此可见, 例1中的连续条件只是结论成立的充分条件而不是必要条件.

二、一致连续性

设函数 $f(x)$ 在区间 I 连续. 即 $\forall \alpha \in I$ 函数 $f(x)$ 在 α 连续. 根据连续定义, $\forall \varepsilon > 0$, $\exists \delta > 0$ (满足连续定义的 δ 有无限多, 取较大者), $\forall x : |x - \alpha| < \delta$, 有 $|f(x) - f(\alpha)| < \varepsilon$.

从连续定义不难看到, δ 的大小, 一方面与给定的 ε 有关; 另一方面与点 α 的位置也有关, 也就是, 当 ε 暂时固定时, 因点 α 位置的不同, δ 的大小也在变化. 如图 4.2, 当 ε 暂时固定时, 在点 α 附近, 函数图像变化比较"慢", 对应的 δ_α 较大; 在点 β 附近, 函数图像变化比较"快", 对应的 δ_β 较小. 于是, 当 ε 暂时固定时, $\forall \alpha \in I$, $\exists \delta_\alpha > 0$, $\forall x : |x - \alpha| < \delta_\alpha$, 有

$$|f(x) - f(\alpha)| < \varepsilon.$$

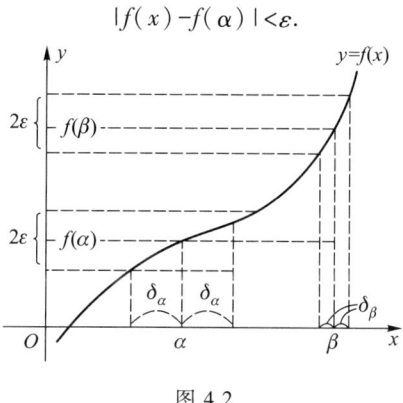

图 4.2

无限多个 α, 存在无限多个 $\delta_\alpha > 0$, 那么在无限多个 δ_α 中是否存在最小的正数 δ 呢? 换句话说, 对无限多个 α 是否存在一个通用的 $\delta > 0$ (即 $\forall \alpha \in I$, $\forall x : |x - \alpha| < \delta$, 有 $|f(x) - f(\alpha)| < \varepsilon$) 呢? 事实上, 在区间上的连续函数中, 有的不存在通用的 δ, 有的存在通用的 δ.

定义 设函数 $f(x)$ 在区间 I①上有定义. 若 $\forall \varepsilon > 0$, $\exists \delta > 0$ (通用的 δ), $\forall x_1, x_2 \in I$: $|x_1 - x_2| < \delta$, 有

$$|f(x_1) - f(x_2)| < \varepsilon,$$

称函数 $f(x)$ 在 I **一致连续**(或均匀连续).

根据一致连续定义, 若函数 $f(x)$ 在 I 一致连续, 则函数 $f(x)$ 在 I 必连续. 事实上, 将 x_1 固定, 令 x_2 变化, 即函数 $f(x)$ 在 x_1 连续. 因为 x_1 是 I 的任意一点, 所以函数 $f(x)$ 在 I 连续.

---

① 区间 I 可以是开区间、闭区间、半开区间或无穷区间.

一致连续的否定就是非一致连续.现将一致连续与非一致连续列表对比如下:函数 $f(x)$ 在区间 I

一致连续	$\forall \varepsilon>0, \exists \delta>0, \forall x_1, x_2 \in I: |x_1-x_2|<\delta,$ 有 $|f(x_1)-f(x_2)|<\varepsilon$
非一致连续	$\exists \varepsilon_0>0, \forall \delta>0, \exists x_1, x_2 \in I: |x_1-x_2|<\delta,$ 有 $|f(x_1)-f(x_2)|\geq\varepsilon_0$

注 连续与一致连续本质区别在于,连续,即使是在区间上连续,都是区间上逐点定义的.具体说,对给定的 $\varepsilon>0$,找到的 δ 不仅与 ε 有关,而且与所讨论的点所在位置有关,对每个不同的点,所对应的 δ 也可能不同;一致连续则不然,首先是它对区间讲的,其次它对区间上每个点能找到通用的 $\delta>0$,即一致连续是区间上整体性质.如果存在通用的 δ,这个连续就是一致连续,否则就是非一致连续.于是,一致连续必连续,反之,连续不一定是一致连续.

例 2 证明:函数 $f(x)=\dfrac{1}{x}$,

1) 在 $[a,1]$ $(0<a<1)$ 一致连续;

2) 在 $(0,1]$ 非一致连续.

证明 1) $\forall \varepsilon>0, \forall x_1, x_2 \in [a,1]$,要使不等式

$$\left|\frac{1}{x_1}-\frac{1}{x_2}\right|=\frac{|x_1-x_2|}{|x_1 x_2|}\leq\frac{1}{a^2}|x_1-x_2|<\varepsilon$$

成立,从不等式 $\dfrac{1}{a^2}|x_1-x_2|<\varepsilon$,解得 $|x_1-x_2|<a^2\varepsilon$.取 $\delta=a^2\varepsilon$.于是,$\forall \varepsilon>0, \exists \delta=a^2\varepsilon>0, \forall x_1, x_2 \in [a,1]: |x_1-x_2|<\delta$,有

$$\left|\frac{1}{x_1}-\frac{1}{x_2}\right|<\varepsilon,$$

即函数 $f(x)=\dfrac{1}{x}$ 在 $[a,1]$ 一致连续.

2) $\exists \varepsilon_0=\dfrac{1}{2}>0, \forall \delta>0, \exists \dfrac{1}{n+1}, \dfrac{1}{n} \in (0,1]$:

$$\left|\frac{1}{n+1}-\frac{1}{n}\right|=\frac{1}{n(n+1)}<\frac{1}{n^2}<\delta \quad \left(n>\frac{1}{\sqrt{\delta}}\right),$$

有

$$\left|f\left(\frac{1}{n+1}\right)-f\left(\frac{1}{n}\right)\right|=n+1-n=1>\frac{1}{2}=\varepsilon_0,$$

即函数 $f(x)=\dfrac{1}{x}$ 在 $(0,1]$ 非一致连续.

例 3 证明:函数 $f(x)=x^2$,

1) 在有限区间 $(0,a)$ 上一致连续;

2) 在无限区间 $\mathbf{R}$ 上非一致连续.

证明 1) $\forall \varepsilon>0, \forall x_1, x_2 \in (0,a)$,要使不等式

$$|x_1^2-x_2^2|=|x_1+x_2||x_1-x_2|\leq 2a|x_1-x_2|<\varepsilon$$

成立,从不等式 $2a|x_1-x_2|<\varepsilon$,解得 $|x_1-x_2|<\dfrac{\varepsilon}{2a}$. 取 $\delta=\dfrac{\varepsilon}{2a}$. 于是,$\forall \varepsilon>0, \exists \delta=\dfrac{\varepsilon}{2a}>0, \forall x_1, x_2\in(0,a):|x_1-x_2|<\delta$,有

$$|x_1^2-x_2^2|<\varepsilon,$$

即函数 $f(x)=x^2$ 在区间 $(0,a)$ 上一致连续.

2) $\exists \varepsilon_0>0, \forall x_1=\dfrac{2\varepsilon_0}{\delta}, x_2=\dfrac{2\varepsilon_0}{\delta}+\dfrac{\delta}{2}\in\mathbf{R}, \delta>0$,当

$$|x_1-x_2|=\dfrac{\delta}{2}>0,$$

有

$$|f(x_1)-f(x_2)|=|x_1^2-x_2^2|=|x_1+x_2||x_1-x_2|$$
$$>\left(\dfrac{2\varepsilon_0}{\delta}+\dfrac{2\varepsilon_0}{\delta}\right)\cdot\dfrac{\delta}{2}=2\varepsilon_0.$$

例 4 证明:函数 $f(x)=x, g(x)=\sin x$,

1) 它们的和 $f(x)+g(x)=x+\sin x$ 在 $\mathbf{R}$ 一致连续;

2) 它们的乘积 $f(x)g(x)=x\sin x$ 在 $\mathbf{R}$ 非一致连续.

证明 1) $\forall \varepsilon>0, \forall x_1, x_2\in\mathbf{R}$,要使不等式

$$|x_1+\sin x_1-x_2-\sin x_2|\leq |x_1-x_2|+|\sin x_1-\sin x_2|$$
$$\leq |x_1-x_2|+|x_1-x_2|$$
$$=2|x_1-x_2|<\varepsilon$$

成立,取 $\delta=\dfrac{\varepsilon}{2}>0$,于是 $\forall \varepsilon>0, \exists \delta=\dfrac{\varepsilon}{2}>0, \forall x_1, x_2\in\mathbf{R}:|x_1-x_2|<\delta$,有

$$|(x_1+\sin x_1)-(x_2+\sin x_2)|<\varepsilon,$$

即函数 $f(x)+g(x)=x+\sin x$ 在 $\mathbf{R}$ 一致连续.

2) 最后证明 $f(x)g(x)=x\sin x$ 在 $\mathbf{R}$ 非一致连续.

$\exists \varepsilon_0>0, \forall \delta>0\left(\delta<\dfrac{\pi}{2}\right), \exists x_1=n\pi-\dfrac{\delta}{3}, x_2=n\pi+\dfrac{\delta}{3}, n\in\mathbf{N}_+$. 使

$$|x_1-x_2|=\left|n\pi-\dfrac{\delta}{3}-\left(n\pi+\dfrac{\delta}{3}\right)\right|=\dfrac{2}{3}\delta<\delta,$$

有 $\quad |f(x_1)g(x_1)-f(x_2)g(x_2)|$

$$=|x_1\sin x_1-x_2\sin x_2|$$
$$=\left|\left(n\pi-\dfrac{\delta}{3}\right)\sin\left(n\pi-\dfrac{\delta}{3}\right)-\left(n\pi+\dfrac{\delta}{3}\right)\sin\left(n\pi+\dfrac{\delta}{3}\right)\right|$$
$$\leq\left|\left(n\pi-\dfrac{\delta}{3}\right)\sin\left(n\pi-\dfrac{\delta}{3}\right)\right|+\left|\left(n\pi+\dfrac{\delta}{3}\right)\sin\left(n\pi-\dfrac{\delta}{3}\right)\right|$$
$$=\left|2n\pi\sin\left(n\pi-\dfrac{\delta}{3}\right)\right|=2n\pi\left|\sin\dfrac{\delta}{3}\right|=2n\pi\sin\dfrac{\delta}{3}\geq\varepsilon_0,$$

只要 n 充分大,不等式成立,即 $f(x)g(x)=x\sin x$ 在 $\mathbf{R}$ 非一致连续.

定理 4(一致连续性) 若函数 $f(x)$ 在闭区间 $[a,b]$ 连续,则函数 $f(x)$ 在闭区间 $[a,b]$ 一致连续.

证法 I 应用反证法与致密性定理.

证明 假设函数 $f(x)$ 在 $[a,b]$ 非一致连续,即

$$\exists \varepsilon_0 > 0, \forall \delta > 0, \exists x', x'' \in [a,b]: |x'-x''| < \delta, 有 |f(x')-f(x'')| \geq \varepsilon_0.$$

取 $\delta = 1, \exists x'_1, x''_1 \in [a,b]: |x'_1-x''_1| < 1, 有 |f(x'_1)-f(x''_1)| \geq \varepsilon_0.$

$$\delta = \frac{1}{2}, \exists x'_2, x''_2 \in [a,b]: |x'_2-x''_2| < \frac{1}{2}, 有 |f(x'_2)-f(x''_2)| \geq \varepsilon_0.$$

……

$$\delta = \frac{1}{n}, \exists x'_n, x''_n \in [a,b]: |x'_n-x''_n| < \frac{1}{n}, 有 |f(x'_n)-f(x''_n)| \geq \varepsilon_0.$$

……

这样在闭区间 $[a,b]$ 内构造两个有界数列 $\{x'_n\}$ 与 $\{x''_n\}$.

根据致密性定理(§4.1 定理 5).数列 $\{x'_n\}$ 存在收敛的子数列 $\{x'_{n_k}\}$,设 $\lim\limits_{k \to \infty} x'_{n_k} = \xi \in [a,b]$.因为 $|x'_{n_k}-x''_{n_k}| < \frac{1}{n_k}$,所以,也有

$$\lim\limits_{k \to \infty} x''_{n_k} = \xi.$$

一方面,已知函数 $f(x)$ 在 ξ 连续,有

$$\lim\limits_{k \to \infty} |f(x'_{n_k})-f(x''_{n_k})| = |f(\xi)-f(\xi)| = 0,$$

即当 k 充分大时,有 $|f(x'_{n_k})-f(x''_{n_k})| < \varepsilon_0$.

另一方面,$\forall k \in \mathbf{N}_+,有 |f(x'_{n_k})-f(x''_{n_k})| \geq \varepsilon_0$.矛盾,即函数 $f(x)$ 在闭区间 $[a,b]$ 一致连续.

证法 II 应用一致连续的定义证明.

证明 因为 $f(x)$ 在 $[a,b]$ 上连续,即 $\forall \varepsilon > 0, \forall x \in [a,b], \exists \delta > 0$,即 $\exists U(x,\delta)$,$\forall x', x'' \in U(x,\delta)$,有

$$|f(x')-f(x'')| < \varepsilon.$$

由邻域 $U\left(x, \frac{\delta}{2}\right)$ 构成开区间集 S,显然 S 覆盖了 $[a,b]$,由有限覆盖定理,存在有限个开区间,也覆盖了 $[a,b]$,即

$$[a,b] \subset \bigcup_{i=1}^{m} U\left(x_i, \frac{\delta_i}{2}\right).$$

令

$$\delta_* = \min\left\{\frac{\delta_1}{2}, \frac{\delta_2}{2}, \cdots, \frac{\delta_m}{2}\right\}.$$

于是,$\forall x', x'' \in [a,b]$,当 $|x'-x''| < \delta_*$ 时,使 $x' \in U\left(x_k, \frac{\delta_k}{2}\right)$.因为

$$|x''-x_k| \leq |x''-x'| + |x'-x_k| < \delta_* + \frac{\delta_k}{2} \leq \frac{\delta_k}{2} + \frac{\delta_k}{2} = \delta_k,$$

所以 $x', x'' \in U(x_k, \delta_k)$,有
$$|f(x')-f(x'')|<\varepsilon.$$
即 $\forall \varepsilon>0, \exists \delta_*>0, \forall x', x'': |x'-x''|<\delta_*$,有 $|f(x')-f(x'')|<\varepsilon$,故函数 $f(x)$ 在 $[a,b]$ 一致连续.

练习题 4.2

1. 证明:若函数 $f(x)$ 在 $[a,b]$ 连续,则函数 $f(x)$ 在 $[a,b]$ 取到最小值.
2. 证明:若函数 $f(x)$ 在 $[a,b]$ 连续,单调增加,且 $f(a)<f(b)$,则
$$\{y \mid y=f(x), x \in [a,b]\} = [f(a), f(b)].$$
3. 证明:
1) $f(x) = x^2$ 在 $(-1,1)$ 一致连续,在 $\mathbf{R}$ 非一致连续;
2) $f(x) = \sqrt{x}$ 在 $[1, +\infty)$ 一致连续.
4. 证明:若函数 $f(x)$ 在区间 I 满足利普希茨①条件,即 $\forall x, y \in I$,有
$$|f(x)-f(y)| \leq K|x-y|,$$
其中 K 是常数,则 $f(x)$ 在 I 一致连续.
5. 证明:若函数 $f(x)$ 与 $g(x)$ 在区间 I 一致连续,则函数 $f(x)+g(x)$ 在区间 I 也一致连续.
6. 证明:函数 $f(x)$ 在开区间 (a,b) 一致连续 $\Longleftrightarrow$ 函数 $f(x)$ 在开区间 (a,b) 连续,且 $f(a+0)$ 与 $f(b-0)$ 都存在(提示:证明必要性要用到柯西收敛准则).
7. 证明:函数 $f(x)$ 在区间 I 一致连续 $\Longleftrightarrow$ 对区间 I 上任意两个数列 $\{x_n\}$ 与 $\{y_n\}$,当 $\lim_{n\to\infty}(x_n-y_n)=0$ 时,有 $\lim_{n\to\infty}[f(x_n)-f(y_n)]=0$.

并证明函数 $f(x) = e^x$ 在 $\mathbf{R}$ 非一致连续.
8. 证明:若函数 $f(x)$ 在 $[a,+\infty)$ 连续,且 $\lim_{x\to+\infty}f(x)=b$,则函数 $f(x)$ 在 $[a,+\infty)$ 一致连续.
9. 应用一致连续定义证明:若函数 $f(x)$ 在 $[a,b]$ 与 $[b,c]$ 一致连续,则函数 $f(x)$ 在 $[a,c]$ 一致连续.
10. 证明:若函数 $f(x)$ 在 $[a,b]$ 连续,则 $\forall \varepsilon>0$,可将 $[a,b]$ 分成有限个小区间:
$$[x_0, x_1], [x_1, x_2], \cdots, [x_{n-1}, x_n], \quad x_0=a, \quad x_n=b,$$
使 $\forall x'_i, x''_i \in [x_{i-1}, x_i], i=1,2,\cdots,n$,有
$$|f(x'_i)-f(x''_i)|<\varepsilon.$$

* * * * * * * *

11. 应用一致连续定义证明:多项式 $P_n(x) = a_0 x^n + a_1 x^{n-1} + \cdots + a_n$,在任意有限区间 $[a,b]$ 一致连续,其中 $a_0, a_1, \cdots, a_n$ 是常数.
12. 证明:若函数 $f(x)$ 在 $[a,+\infty)$ 连续,且 $\lim_{x\to+\infty}[bx-f(x)]=0$,其中 b 是非零常数,则函数 $f(x)$ 在 $[a,+\infty)$ 一致连续.
13. 证明:若函数 $f(x)$ 在 (a,b) 连续、单调、有界,则函数 $f(x)$ 在 (a,b) 一致连续.
14. 应用聚点定理证明闭区间连续函数的有界性.
15. 应用致密性定理证明闭区间连续函数的最值性.

---

① 利普希茨(Lipschitz,1832—1903),德国数学家.

16. 应用确界定理证明闭区间连续函数的零点定理.

 **答疑解惑**

第五章 导数与微分

导数与微分是微分学的两个重要概念.数学分析主要任务就是研究函数的各种性态以及函数值的计算或近似计算,导数与微分是解决这些问题的普遍的有效工具.本章将从两个实际问题抽象出导数概念,进而讨论求导法则和公式.在此基础上再给出微分概念.

§5.1 导　数

一、实例

导数概念同数学中其他概念一样,也是客观世界事物运动规律在数量关系上的抽象.例如,物体运动的瞬时速度,曲线的切线斜率,非恒稳的电流强度,化学反应速度等,都是导数问题.

1. 瞬时速度

通常人们所说的物体运动速度是指物体在一段时间内运动的平均速度.例如,一汽车从甲地出发到达乙地,全程 120 km,行驶 4 h,则汽车行驶的速度是 $\frac{120}{4}=30$ km/h,这仅是回答了汽车从甲地到乙地运行的平均速度.事实上,汽车并不是每时每刻都是以 30 km/h 行驶.这是因为,下坡时跑得快些,上坡时跑得慢些,也可能中途停车等,即汽车每时每刻的速度是变化的.一般来说,平均速度并不能反映汽车在某一时刻的瞬间速度.随着科学技术的发展,仅仅知道物体运动的平均速度就不够用了,还要知道物体在某一时刻的瞬间速度,即瞬时速度.例如,研究子弹的穿透能力,必须知道弹头接触目标时的瞬时速度.

我们已知物体的运动规律,怎样计算物体运动的瞬时速度呢?解决这个问题我们负有双重任务:一方面要回答何谓瞬时速度?另一方面要给出计算瞬时速度的方法.

如果物体作非匀速直线运动,其运动规律(函数)是
$$s=f(t),$$
其中 t 是时间,s 是距离.讨论它在时刻 t_0 的瞬时速度.

未知的瞬时速度并不是一个孤立的概念,它必然与某些已知的概念联系着.那么未知的瞬时速度概念与哪些已知的概念联系着呢?那就是已知的物体运动的平均速

度.在时刻 t_0 以前或以后任取一个时刻 $t_0+\Delta t$,Δt 是时间的改变量.当 $\Delta t>0$ 时,$t_0+\Delta t$ 在 t_0 之后;当 $\Delta t<0$ 时,$t_0+\Delta t$ 在 t_0 之前.

当 $t=t_0$ 时,设 $s_0=f(t_0)$.当 $t=t_0+\Delta t$ 时,设物体运动的距离是 $s_0+\Delta s=f(t_0+\Delta t)$,有
$$\Delta s = f(t_0+\Delta t) - s_0 = f(t_0+\Delta t) - f(t_0),$$
Δs 是物体在 Δt 时间内运动的距离,是运动规律 $s=f(t)$ 在时刻 t_0 的距离的改变量.已知物体在 Δt 时间的平均速度 $v_{\Delta t}$(亦称距离对时间的平均变化率)是
$$v_{\Delta t} = \frac{\Delta s}{\Delta t} = \frac{f(t_0+\Delta t) - f(t_0)}{\Delta t}.$$

当 Δt 变化时,平均速度 $v_{\Delta t}$ 也随之变化.当 $|\Delta t|$ 较小时,理所当然地应该认为,平均速度 $v_{\Delta t}$ 是物体在时刻 t_0 的"瞬时速度"的近似值,当 $|\Delta t|$ 越小它的近似程度也越好.于是,物体在时刻 t_0 的瞬时速度 v_0(亦称距离对时间在 t_0 的变化率)就应是当 Δt 无限趋近于 0($\Delta t \neq 0$)时,平均速度 $v_{\Delta t}$ 的极限,即
$$v_0 = \lim_{\Delta t \to 0} v_{\Delta t} = \lim_{\Delta t \to 0} \frac{\Delta s}{\Delta t} = \lim_{\Delta t \to 0} \frac{f(t_0+\Delta t) - f(t_0)}{\Delta t}. \tag{1}$$

瞬时速度的定义也给出了计算瞬时速度的方法,即计算(1)式的极限.

2. 切线斜率

欲求曲线上一点的切线方程,关键在于求出切线的斜率.怎样求切线斜率呢?

设有一条平面曲线,如图 5.1,平面曲线的方程是 $y=f(x)$.求过该曲线上一点 $P(x_0,y_0)$($y_0=f(x_0)$)的切线斜率.

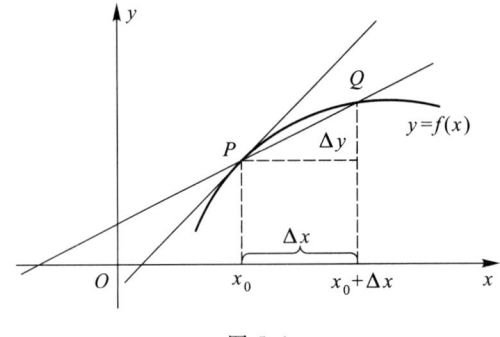

图 5.1

未知的切线斜率也不是孤立的概念,它与已知的割线斜率联系着.在曲线上任取另一点 Q.设它的坐标是 $(x_0+\Delta x, y_0+\Delta y)$,其中 $\Delta x \neq 0$,$\Delta y = f(x_0+\Delta x) - f(x_0)$.由平面解析几何知,过曲线 $y=f(x)$ 上两点 $P(x_0,y_0)$ 与 $Q(x_0+\Delta x, y_0+\Delta y)$ 的割线斜率(即 Δy 对 Δx 的平均变化率)
$$k' = \frac{\Delta y}{\Delta x} = \frac{f(x_0+\Delta x) - f(x_0)}{\Delta x}.$$

当 Δx 变化时,即点 Q 在曲线上变动时,割线 PQ 的斜率 k' 也随之变化,当 $|\Delta x|$ 较小时,割线 PQ 的斜率 k' 应是过曲线上点 P 的切线斜率的近似值.当 $|\Delta x|$ 越小这个近似程度也越好.于是,当 Δx 无限趋近于 0 时,即点 Q 沿着曲线无限趋近于点 P 时,割线 PQ 的极限位置就是曲线过点 P 的切线,同时割线 PQ 的斜率 k' 的极限 k 就应是曲线过点 P

的切线斜率(即 $y=f(x)$ 在 x_0 的变化率),即

$$k = \lim_{\Delta x \to 0} \frac{\Delta y}{\Delta x} = \lim_{\Delta x \to 0} \frac{f(x_0+\Delta x)-f(x_0)}{\Delta x}. \tag{2}$$

于是,过曲线 $y=f(x)$ 上一点 $P(x_0,y_0)$ 的切线方程是

$$y-f(x_0) = k(x-x_0).$$

切线斜率的定义也给出了计算切线斜率的方法,即计算(2)式极限.

二、导数概念

上述两例,一个是物理学中的瞬时速度,一个是几何学中的切线斜率,二者的实际意义完全不同.但是,从数学角度看,(1)式和(2)式的数学结构完全相同,都是函数的改变量 Δy 与自变量的改变量 Δx 之比的极限(当 $\Delta x \to 0$ 时).这样就有下面的导数概念:

定义 设函数 $y=f(x)$ 在 $U(x_0)$ 有定义,在 x_0 自变量 x 的改变量是 Δx,相应函数的改变量是 $\Delta y=f(x_0+\Delta x)-f(x_0)$.若极限

$$\lim_{\Delta x \to 0} \frac{\Delta y}{\Delta x} = \lim_{\Delta x \to 0} \frac{f(x_0+\Delta x)-f(x_0)}{\Delta x} \tag{3}$$

存在(有限数),称函数 $f(x)$ 在 x_0 **可导**(或存在导数),此极限称为函数 $f(x)$ 在 x_0 的**导数**(或**微商**),记为 $f'(x_0)$ 或 $\dfrac{\mathrm{d}y}{\mathrm{d}x}\bigg|_{x=x_0}$,即

$$f'(x_0) = \lim_{\Delta x \to 0} \frac{f(x_0+\Delta x)-f(x_0)}{\Delta x}$$

或

$$\frac{\mathrm{d}y}{\mathrm{d}x}\bigg|_{x=x_0} = \lim_{\Delta x \to 0} \frac{f(x_0+\Delta x)-f(x_0)}{\Delta x}.$$

若极限(3)不存在,称函数 $f(x)$ 在 x_0 **不可导**.

不难看到,上段的两例都是导数问题.如果物体做直线运动的规律是 $s=f(t)$,则物体在时刻 t_0 的瞬时速度 v_0 是 $f(t)$ 在 t_0 的导数,即 $v_0=f'(t_0)$.如果曲线的方程是 $y=f(x)$,则曲线在点 $P(x_0,y_0)$ 的切线斜率 k 是 $f(x)$ 在 x_0 的导数 $f'(x_0)$,即 $k=f'(x_0)$.

有时为了方便也可将极限(3)改写为下列形式:

$$f'(x_0) = \lim_{h \to 0} \frac{f(x_0+h)-f(x_0)}{h} \quad (\Delta x = h),$$

或

$$f'(x_0) = \lim_{x \to x_0} \frac{f(x)-f(x_0)}{x-x_0} \quad (x = x_0+\Delta x).$$

在(3)式中,如果自变量的改变量 Δx 只从大于 0 的方向或只从小于 0 的方向趋近于 0,有

定义 若极限

$$\lim_{\Delta x \to 0^+} \frac{\Delta y}{\Delta x} = \lim_{\Delta x \to 0^+} \frac{f(x_0+\Delta x)-f(x_0)}{\Delta x}$$

与
$$\lim_{\Delta x \to 0^-} \frac{\Delta y}{\Delta x} = \lim_{\Delta x \to 0^-} \frac{f(x_0+\Delta x)-f(x_0)}{\Delta x}$$
都存在(有限数),则分别称为函数 $f(x)$ 在 x_0 **右可导**与**左可导**,其极限分别称为函数 $f(x)$ 在 x_0 的**右导数**与**左导数**,分别记为 $f'_+(x_0)$ 与 $f'_-(x_0)$,即
$$f'_+(x_0) = \lim_{\Delta x \to 0^+} \frac{f(x_0+\Delta x)-f(x_0)}{\Delta x} = \lim_{x \to x_0^+} \frac{f(x)-f(x_0)}{x-x_0},$$
与
$$f'_-(x_0) = \lim_{\Delta x \to 0^-} \frac{f(x_0+\Delta x)-f(x_0)}{\Delta x} = \lim_{x \to x_0^-} \frac{f(x)-f(x_0)}{x-x_0}.$$

根据 §2.3 定理 3,有

函数 $f(x)$ 在 x_0 可导 $\iff$ 函数 $f(x)$ 在 x_0 的左、右导数都存在,且相等,即 $f'_-(x_0) = f'_+(x_0)$.

定理 1 若函数 $y=f(x)$ 在 x_0 可导,则函数 $y=f(x)$ 在 x_0 连续.

证明 设在 x_0 自变量的改变量是 Δx,相应函数的改变量是
$$\Delta y = f(x_0+\Delta x) - f(x_0),$$
有
$$\lim_{\Delta x \to 0} \Delta y = \lim_{\Delta x \to 0} \frac{\Delta y}{\Delta x} \cdot \Delta x = \lim_{\Delta x \to 0} \frac{\Delta y}{\Delta x} \cdot \lim_{\Delta x \to 0} \Delta x = f'(x_0) \cdot 0 = 0,$$
即函数 $f(x)$ 在 x_0 连续.

注 定理 1 的逆命题不成立,即函数在一点连续,函数在该点不一定可导.

例如,函数 $f(x)=|x|$ 在 $x=0$ 连续,但是它在 $x=0$ 不可导.

事实上,设在 $x=0$ 自变量的改变量是 Δx,分别有

当 $\Delta x > 0$ 时,
$$\Delta y = f(\Delta x) - f(0) = |\Delta x| = \Delta x,$$
$$\frac{\Delta y}{\Delta x} = \frac{\Delta x}{\Delta x} = 1,$$
$$f'_+(0) = \lim_{\Delta x \to 0^+} \frac{\Delta y}{\Delta x} = 1.$$

当 $\Delta x < 0$ 时,
$$\Delta y = f(\Delta x) - f(0) = |\Delta x| = -\Delta x,$$
$$\frac{\Delta y}{\Delta x} = \frac{-\Delta x}{\Delta x} = -1,$$
$$f'_-(0) = \lim_{\Delta x \to 0^-} \frac{\Delta y}{\Delta x} = -1.$$

显然,$f'_+(0) \neq f'_-(0)$.于是,函数 $f(x)=|x|$ 在 $x=0$ 不可导.

函数 $f(x)=|x|$ 的几何图像是一条折线,如图 5.2.函数 $f(x)=|x|$ 在 $x=0$ 不可导的几何意义是,此折线在点 $(0,0)$ 不存在切线.

定义 若函数 $f(x)$ 在区间 I 的每一点都可导(若区间 I 的左(右)端点属于 I,函数 $f(x)$ 在左(右)端点右可导(左可导)),则称函数 $f(x)$ 在**区间 I 可导**.

若函数 $f(x)$ 在区间 I 可导,则 $\forall x \in I$ 都存在

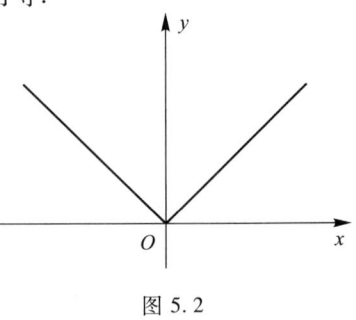

图 5.2

(对应)唯一一个导数 $f'(x)$,称为函数 $f(x)$ 在区间 I 的**导函数**,也简称**导数**,记为

$$f'(x), \quad y' \quad \text{或} \quad \frac{\mathrm{d}y}{\mathrm{d}x}.$$

三、例

根据导数定义,求函数 $f(x)$ 在点 x 的导数,应按下列步骤进行:

第一步,在点 x 给自变量改变量 Δx,并计算 $x+\Delta x$ 的函数值 $f(x+\Delta x)$;

第二步,计算函数改变量 Δy,即 $\Delta y = f(x+\Delta x)-f(x)$;

第三步,作比 $\dfrac{\Delta y}{\Delta x}$;

第四步,求极限 $\lim\limits_{\Delta x \to 0}\dfrac{\Delta y}{\Delta x}=f'(x)$.

为了简化叙述,在以下诸例中,Δx 都是表示点 x 的自变量的改变量,Δy 都是表示函数 $y=f(x)$ 相应的改变量.

例 1 求 $f(x)=C$ (C 是常数)在 x 的导数.

解 $\forall x \in \mathbf{R}$,有 $f(x+\Delta x)=C$, $\Delta y=f(x+\Delta x)-f(x)=C-C=0$,

$$\frac{\Delta y}{\Delta x}=\frac{0}{\Delta x}=0,$$

则

$$\lim_{\Delta x \to 0}\frac{\Delta y}{\Delta x}=0,$$

即常数函数的导数为 0.

例 2 求函数 $f(x)=x^n$ (n 是正整数)在 x 的导数.

解 $\forall x \in \mathbf{R}$,有 $f(x+\Delta x)=(x+\Delta x)^n$,

$$\Delta y = f(x+\Delta x)-f(x)=(x+\Delta x)^n-x^n=nx^{n-1}\Delta x+\frac{n(n-1)}{2!}x^{n-2}(\Delta x)^2+\cdots+(\Delta x)^n,$$

$$\frac{\Delta y}{\Delta x}=\frac{(x+\Delta x)^n-x^n}{\Delta x}=nx^{n-1}+\frac{n(n-1)}{2!}x^{n-2}\Delta x+\cdots+(\Delta x)^{n-1},$$

有

$$\lim_{\Delta x \to 0}\frac{\Delta y}{\Delta x}=\lim_{\Delta x \to 0}\left(nx^{n-1}+\frac{n(n-1)}{2!}x^{n-2}\Delta x+\cdots+(\Delta x)^{n-1}\right)=nx^{n-1},$$

即

$$(x^n)'=nx^{n-1}.$$

特别地,当 $n=1$ 时,有 $(x)'=1$.

例 3 求函数 $f(x)=\sqrt{x}$ ($x>0$)在 x 的导数.

解 $\forall x>0$,有 $f(x+\Delta x)=\sqrt{x+\Delta x}$ ($x+\Delta x>0$),

$$\Delta y = f(x+\Delta x)-f(x)=\sqrt{x+\Delta x}-\sqrt{x}.$$

$$\frac{\Delta y}{\Delta x}=\frac{\sqrt{x+\Delta x}-\sqrt{x}}{\Delta x}=\frac{(\sqrt{x+\Delta x}-\sqrt{x})(\sqrt{x+\Delta x}+\sqrt{x})}{\Delta x(\sqrt{x+\Delta x}+\sqrt{x})}=\frac{1}{\sqrt{x+\Delta x}+\sqrt{x}},$$

有
$$\lim_{\Delta x\to 0}\frac{\Delta y}{\Delta x}=\lim_{\Delta x\to 0}\frac{\sqrt{x+\Delta x}-\sqrt{x}}{\Delta x}=\lim_{\Delta x\to 0}\frac{1}{\sqrt{x+\Delta x}+\sqrt{x}}=\frac{1}{2\sqrt{x}},$$

即
$$(\sqrt{x})'=\frac{1}{2\sqrt{x}}.$$

例 4 求正弦函数 $f(x)=\sin x$ 在 x 的导数.

解 $\forall x\in \mathbf{R}$,有 $f(x+\Delta x)=\sin(x+\Delta x)$,

$\Delta y=f(x+\Delta x)-f(x)=\sin(x+\Delta x)-\sin x.$

$$\frac{\Delta y}{\Delta x}=\frac{\sin(x+\Delta x)-\sin x}{\Delta x}=\frac{2\cos\left(x+\frac{\Delta x}{2}\right)\sin\frac{\Delta x}{2}}{\Delta x}=\cos\left(x+\frac{\Delta x}{2}\right)\frac{\sin\frac{\Delta x}{2}}{\frac{\Delta x}{2}},$$

有
$$\lim_{\Delta x\to 0}\frac{\Delta y}{\Delta x}=\lim_{\Delta x\to 0}\cos\left(x+\frac{\Delta x}{2}\right)\frac{\sin\frac{\Delta x}{2}}{\frac{\Delta x}{2}}=\lim_{\Delta x\to 0}\cos\left(x+\frac{\Delta x}{2}\right)\cdot\lim_{\Delta x\to 0}\frac{\sin\frac{\Delta x}{2}}{\frac{\Delta x}{2}}=\cos x$$

$$\left(\text{已知}\lim_{\Delta x\to 0}\cos\left(x+\frac{\Delta x}{2}\right)=\cos x,\quad \lim_{\Delta x\to 0}\frac{\sin\frac{\Delta x}{2}}{\frac{\Delta x}{2}}=1\right),$$

即正弦函数 $\sin x$ 在 $\mathbf{R}$ 任意 x 都可导.于是它在定义域 $\mathbf{R}$ 可导,并且
$$(\sin x)'=\cos x.$$

同样,余弦函数 $\cos x$ 在定义域 $\mathbf{R}$ 也可导,并且
$$(\cos x)'=-\sin x.$$

例 5 求对数函数 $f(x)=\log_a x(0<a\neq 1,x>0)$ 在 x 的导数.

解 $\forall x>0$,有 $f(x+\Delta x)=\log_a(x+\Delta x)\quad (x+\Delta x>0)$,

$\Delta y=f(x+\Delta x)-f(x)=\log_a(x+\Delta x)-\log_a x=\log_a\left(1+\frac{\Delta x}{x}\right),$

$\dfrac{\Delta y}{\Delta x}=\dfrac{1}{\Delta x}\log_a\left(1+\dfrac{\Delta x}{x}\right)=\dfrac{1}{x}\dfrac{x}{\Delta x}\log_a\left(1+\dfrac{\Delta x}{x}\right)=\dfrac{1}{x}\log_a\left(1+\dfrac{\Delta x}{x}\right)^{\frac{x}{\Delta x}},$

有
$$\lim_{\Delta x\to 0}\frac{\Delta y}{\Delta x}=\lim_{\Delta x\to 0}\frac{1}{x}\log_a\left(1+\frac{\Delta x}{x}\right)^{\frac{x}{\Delta x}}=\frac{1}{x}\log_a\left[\lim_{\Delta x\to 0}\left(1+\frac{\Delta x}{x}\right)^{\frac{x}{\Delta x}}\right]=\frac{1}{x}\log_a e=\frac{1}{x\ln a}$$

$$\left(\text{已知}\lim_{\Delta x\to 0}\left(1+\frac{\Delta x}{x}\right)^{\frac{x}{\Delta x}}=e,\log_a e=\frac{\ln e}{\ln a}=\frac{1}{\ln a}\right),$$

即对数函数 $\log_a x$ 在定义域 $(0,+\infty)$ 任意 x 都可导.于是它在 $(0,+\infty)$ 可导,并且

$$(\log_a x)' = \frac{1}{x \ln a}.$$

特别是,自然对数函数($a = e$)有

$$(\ln x)' = \frac{1}{x \ln e} = \frac{1}{x}.$$

注 用导数定义计算正弦函数 $\sin x$ 与对数函数 $\log_a x$ 的导数必须分别使用极限 $\lim\limits_{x \to 0} \dfrac{\sin x}{x} = 1$ 与 $\lim\limits_{x \to \infty} \left(1 + \dfrac{1}{x}\right)^x = e$. 因此这两个极限在"数学分析"中才称为重要极限. 又因为 $\sin x$ 的 x 选取弧度作单位来表示,才使得前者极限简单,从而使得三角函数的导数公式也特别简单. 因此,在数学分析中三角函数都采用弧度制.

求某些函数 $f(x)$ 在特定点 x_0 的导数 $f'(x_0)$,有时要应用导数定义:

$$f'(x_0) = \lim_{x \to x_0} \frac{f(x) - f(x_0)}{x - x_0}.$$

例 6 求函数

$$f(x) = \begin{cases} x^2 \sin \dfrac{1}{x}, & x \neq 0, \\ 0, & x = 0 \end{cases}$$

在点 0 的导数(如图 5.3).

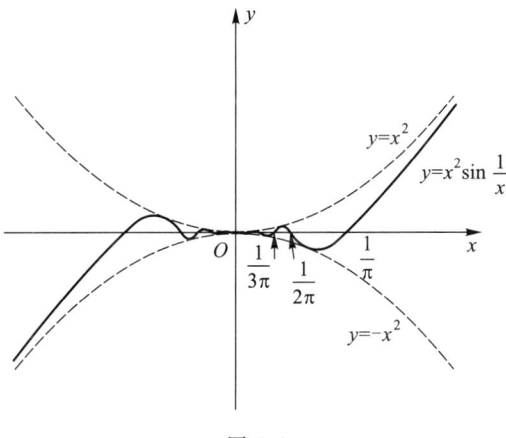

图 5.3

解 $f'(0) = \lim\limits_{x \to 0} \dfrac{f(x) - f(0)}{x - 0} = \lim\limits_{x \to 0} \dfrac{x^2 \sin \dfrac{1}{x}}{x} = \lim\limits_{x \to 0} x \sin \dfrac{1}{x} = 0.$

$f'(0) = 0$ 的几何意义是,曲线 $y = f(x)$ 在点 $(0,0)$ 存在切线,切线就是 x 轴(它的斜率为 0),如图 5.3.

例 7 证明函数(如图 5.4)

$$f(x) = \begin{cases} x\sin\dfrac{1}{x}, & x \neq 0, \\ 0, & x = 0 \end{cases}$$

在 $x=0$ 连续,但不可导.

证明 $\lim\limits_{x\to 0}f(x) = \lim\limits_{x\to 0}x\sin\dfrac{1}{x} = 0 = f(0)$,即函数 $f(x)$ 在 $x=0$ 连续,但是,

$$\frac{f(x)-f(0)}{x-0} = \frac{x\sin\dfrac{1}{x}}{x} = \sin\dfrac{1}{x}.$$

当 $x\to 0$ 时,$\sin\dfrac{1}{x}$ 在 -1 与 1 之间无限次振动,不存在极限,即函数 $f(x)$ 在点 0 不可导,如图 5.4.

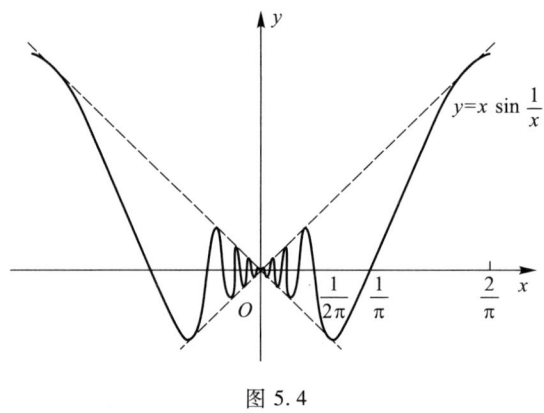

图 5.4

练习题 5.1

1. 设质点作直线运动,已知路程 s 是时间 t 的函数
$$s = 3t^2 + 2t + 1.$$
求从 $t=2$ 到 $t=2+\Delta t$ 之间的平均速度,并当 $\Delta t=1, \Delta t=0.1$ 与 $\Delta t=0.01$ 的平均速度.再求在 $t=2$ 的瞬时速度.

2. 求下列曲线在指定点的切线方程与法线方程:

1) $y=\dfrac{1}{x}$,在点 $(1,1)$;

2) $y=x^3$,在点 $(2,8)$;

3) $y=2x-x^3$,在点 $(-1,-1)$.

3. 求两条抛物线 $y=x^2$ 及 $y=2-x^2$ 在交点处的(两条切线)夹角 θ.

4. 根据导数定义,求下列函数在点 x 的导数:

1) $f(x) = \cos x$;   2) $f(x) = \dfrac{1}{x+1}, \quad x \neq -1$;

3) $f(x)=\sqrt{x+1}$, $x>-1$;   4) $f(x)=\sin 3x$.

5. 1) 函数 $f(x)$ 在 0 可导,且 $f(0)=0$,求 $\lim\limits_{x\to 0}\dfrac{f(x)}{x}$;

2) 函数 $f(x)$ 在 a 可导,求 $\lim\limits_{n\to\infty}n\left[f\left(a+\dfrac{1}{n}\right)-f(a)\right]$.

6. 求函数
$$f(x)=\begin{cases} x^2, & x\geqslant c, \\ ax+b, & x<c \end{cases}$$
在 c 的右导数. 当 a 与 b 取何值,函数 $f(x)$ 在 c 可导.

7. 求函数

1) $f(x)=\begin{cases} \dfrac{x}{1+e^{\frac{1}{x}}}, & x\neq 0, \\ 0, & x=0; \end{cases}$ 2) $\varphi(x)=|\arctan x|$

在 $x=0$ 的左、右导数.

8. 证明:若 $f'_+(a)$ 与 $f'_-(a)$ 都存在,则函数 $f(x)$ 在 a 连续.

9. 证明:若 $f'_+(a)>0$,则 $\exists\delta>0$,$\forall x\in(a,a+\delta)$,有 $f(a)<f(x)$.

10. 证明:若函数 $f(x)$ 在 a 可导,则
$$\lim_{x\to a}\frac{xf(a)-af(x)}{x-a}=f(a)-af'(a).$$

11. 证明:若 $\forall x\in U(a)$,有 $f(x)\leqslant g(x)\leqslant h(x)$,$f(a)=g(a)=h(a)$,且 $f'(a)=h'(a)$,则 $g(x)$ 在 a 可导,且 $f'(a)=g'(a)=h'(a)$.

12. 1) 已知半径为 r 的圆的面积与周长分别是 $f(r)=\pi r^2$ 与 $g(r)=2\pi r$,则 $f'(r)=g(r)$. 这个事实说明了什么?

2) 已知半径为 r 的球的体积与面积分别是 $V(r)=\dfrac{4}{3}\pi r^3$ 与 $A(r)=4\pi r^2$,则 $V'(r)=A(r)$. 这个事实说明了什么?

*　　　*　　　*　　　*　　　*　　　*　　　*　　　*

13. 设函数 $f(x)$ 在 a 可导,且 $f(a)\neq 0$,求极限
$$\lim_{n\to\infty}\left[\frac{f\left(a+\dfrac{1}{n}\right)}{f(a)}\right]^n.$$

14. 设函数 $f(x)$ 在 a 可导,求下列极限:

1) $\lim\limits_{h\to a}\dfrac{f(h)-f(a)}{h-a}$;   2) $\lim\limits_{h\to 0}\dfrac{f(a)-f(a-h)}{h}$;

3) $\lim\limits_{t\to 0}\dfrac{f(a+2t)-f(a)}{t}$;   4) $\lim\limits_{t\to 0}\dfrac{f(a+2t)-f(a+t)}{2t}$;

5) $\lim\limits_{t\to 0}\dfrac{f(a+\alpha t)-f(a+\beta t)}{t}$.

15. 证明:若函数 $f(x)$ 在 a 连续,且 $f(a)\neq 0$,而函数 $[f(x)]^2$ 在 a 可导,则函数 $f(x)$ 在 a 也可导.

§5.2 求导法则与导数公式

一、导数的四则运算

求导运算是研究函数性质经常用到的基本运算之一. 要求读者能迅速、准确地求出函数的导数. 如果总是按照导数定义去求函数的导数, 计算量很大, 费时费力. 为此要将求导运算公式化, 这样就需要求导法则和基本初等函数的导数公式.

定理 1 若函数 $u(x)$ 与 $v(x)$ 在 x 可导, 则函数 $u(x) \pm v(x)$ 在 x 也可导, 且
$$[u(x) \pm v(x)]' = u'(x) \pm v'(x).$$

证明 设 $y = u(x) \pm v(x)$, 有
$$\Delta y = [u(x+\Delta x) \pm v(x+\Delta x)] - [u(x) \pm v(x)]$$
$$= [u(x+\Delta x) - u(x)] \pm [v(x+\Delta x) - v(x)] = \Delta u \pm \Delta v,$$
$$\frac{\Delta y}{\Delta x} = \frac{\Delta u}{\Delta x} \pm \frac{\Delta v}{\Delta x}.$$

已知函数 $u(x)$ 与 $v(x)$ 在 x 可导, 即
$$\lim_{\Delta x \to 0} \frac{\Delta u}{\Delta x} = u'(x) \quad \text{与} \quad \lim_{\Delta x \to 0} \frac{\Delta v}{\Delta x} = v'(x).$$

于是,
$$\lim_{\Delta x \to 0} \frac{\Delta y}{\Delta x} = \lim_{\Delta x \to 0} \frac{\Delta u}{\Delta x} \pm \lim_{\Delta x \to 0} \frac{\Delta v}{\Delta x} = u'(x) \pm v'(x),$$

即函数 $u(x) \pm v(x)$ 在 x 可导, 且
$$[u(x) \pm v(x)]' = u'(x) \pm v'(x).$$

应用归纳法, 可将定理 1 推广为求任意有限个函数代数和的导数, 即

若 $u_1(x), u_2(x), \cdots, u_n(x)$ 都在 x 可导, 则函数 $u_1(x) \pm u_2(x) \pm \cdots \pm u_n(x)$ 在 x 也可导, 且
$$[u_1(x) \pm u_2(x) \pm \cdots \pm u_n(x)]' = u_1'(x) \pm u_2'(x) \pm \cdots \pm u_n'(x).$$

法则 1 有限个函数的代数和的导数等于每个函数导数的代数和.

例 1 求函数 $f(x) = \sqrt{x} + \sin x + 5$ 的导数.

解 由 §5.1 的例, $(\sqrt{x})' = \dfrac{1}{2\sqrt{x}}, (\sin x)' = \cos x, (5)' = 0$, 有
$$f'(x) = (\sqrt{x} + \sin x + 5)' = (\sqrt{x})' + (\sin x)' + (5)' = \frac{1}{2\sqrt{x}} + \cos x.$$

定理 2 若函数 $u(x)$ 与 $v(x)$ 在 x 可导, 则函数 $u(x)v(x)$ 在 x 也可导, 且
$$[u(x)v(x)]' = u(x)v'(x) + v(x)u'(x).$$

证明 设 $y = u(x)v(x)$, 有
$$\Delta y = u(x+\Delta x)v(x+\Delta x) - u(x)v(x)$$

$$= u(x+\Delta x)v(x+\Delta x) - u(x+\Delta x)v(x) + u(x+\Delta x)v(x) - u(x)v(x)$$
$$= u(x+\Delta x)[v(x+\Delta x)-v(x)] + v(x)[u(x+\Delta x)-u(x)]$$
$$= u(x+\Delta x)\Delta v + v(x)\Delta u,$$
$$\frac{\Delta y}{\Delta x} = u(x+\Delta x)\frac{\Delta v}{\Delta x} + v(x)\frac{\Delta u}{\Delta x}.$$

已知函数 $u(x)$ 与 $v(x)$ 在 x 可导,即

$$\lim_{\Delta x \to 0}\frac{\Delta u}{\Delta x} = u'(x) \quad \text{与} \quad \lim_{\Delta x \to 0}\frac{\Delta v}{\Delta x} = v'(x).$$

根据 §5.1 定理 1,函数 $u(x)$ 在 x 连续,即 $\lim_{\Delta x \to 0} u(x+\Delta x) = u(x)$. 于是,

$$\lim_{\Delta x \to 0}\frac{\Delta y}{\Delta x} = \lim_{\Delta x \to 0} u(x+\Delta x) \cdot \lim_{\Delta x \to 0}\frac{\Delta v}{\Delta x} + v(x) \cdot \lim_{\Delta x \to 0}\frac{\Delta u}{\Delta x}$$
$$= u(x)v'(x) + v(x)u'(x),$$

即函数 $u(x)v(x)$ 在 x 可导,且

$$[u(x)v(x)]' = u(x)v'(x) + v(x)u'(x).$$

注 $[u(x)v(x)]' \neq u'(x)v'(x)$.

法则 2 两个函数乘积的导数等于第一个函数乘第二个函数的导数再加上第二个函数乘第一个函数的导数.

应用归纳法,可将定理 2 推广为求任意有限个函数乘积的导数.

若函数 $u_1(x), u_2(x), \cdots, u_n(x)$ 在 x 都可导,则 $u_1(x) \cdot u_2(x) \cdot \cdots \cdot u_n(x)$ 在 x 也可导,且

$$[u_1(x) \cdot u_2(x) \cdot \cdots \cdot u_n(x)]' = u_1'(x) \cdot u_2(x) \cdot \cdots \cdot u_n(x) +$$
$$u_1(x) \cdot u_2'(x) \cdot \cdots \cdot u_n(x) + \cdots +$$
$$u_1(x) \cdot u_2(x) \cdot \cdots \cdot u_n'(x).$$

法则 2' n 个函数乘积的导数等于 n 项和,其中每一项都是一个函数的导数乘其余 $n-1$ 个函数的积(这样的项共有 n 项).

定理 2 的特殊情况,当 $v(x) = c$ 是常数时,由定理 2,有

$$[cu(x)]' = cu'(x) + u(x)(c)' = cu'(x).$$

法则 2″ 常数与函数乘积的导数等于常数乘函数的导数.或说"常数因子可移到导数符号外边来".

例 2 求函数 $f(x) = \sqrt{x}\sin x$ 的导数.

解
$$f'(x) = (\sqrt{x}\sin x)' = \sqrt{x}(\sin x)' + \sin x(\sqrt{x})'$$
$$= \sqrt{x}\cos x + \sin x \cdot \frac{1}{2\sqrt{x}} = \sqrt{x}\cos x + \frac{\sin x}{2\sqrt{x}}.$$

例 3 求函数 $f(x) = 5\log_2 x - 2x^4$ 的导数.

解 由 §5.1 的例 5 与例 2,$(\log_2 x)' = \frac{1}{x\ln 2}$ 与 $(x^4)' = 4x^3$,有

$$f'(x) = (5\log_2 x - 2x^4)' = 5(\log_2 x)' - 2(x^4)' = \frac{5}{x\ln 2} - 8x^3.$$

定理 3 若函数 $u(x)$ 与 $v(x)$ 在 x 可导,且 $v(x) \neq 0$,则函数 $\dfrac{u(x)}{v(x)}$ 在 x 也可导,且

$$\left[\frac{u(x)}{v(x)}\right]' = \frac{u'(x)v(x) - u(x)v'(x)}{[v(x)]^2}.$$

证明 设 $y = \dfrac{u(x)}{v(x)}$,有

$$\Delta y = \frac{u(x+\Delta x)}{v(x+\Delta x)} - \frac{u(x)}{v(x)} = \frac{u(x+\Delta x)v(x) - u(x)v(x+\Delta x)}{v(x)v(x+\Delta x)}$$

$$= \frac{u(x+\Delta x)v(x) - u(x)v(x) + u(x)v(x) - u(x)v(x+\Delta x)}{v(x)v(x+\Delta x)}$$

$$= \frac{[u(x+\Delta x) - u(x)]v(x) - u(x)[v(x+\Delta x) - v(x)]}{v(x)v(x+\Delta x)}$$

$$= \frac{v(x)\Delta u - u(x)\Delta v}{v(x)v(x+\Delta x)},$$

$$\frac{\Delta y}{\Delta x} = \frac{\dfrac{\Delta u}{\Delta x}v(x) - u(x)\dfrac{\Delta v}{\Delta x}}{v(x)v(x+\Delta x)}.$$

已知函数 $u(x)$ 与 $v(x)$ 在 x 可导,即

$$\lim_{\Delta x \to 0} \frac{\Delta u}{\Delta x} = u'(x) \quad 与 \quad \lim_{\Delta x \to 0} \frac{\Delta v}{\Delta x} = v'(x).$$

根据 §5.1 定理 1,函数 $v(x)$ 在 x 连续,即 $\lim\limits_{\Delta x \to 0} v(x+\Delta x) = v(x)$. 于是,

$$\lim_{\Delta x \to 0}\frac{\Delta y}{\Delta x} = \frac{\lim\limits_{\Delta x \to 0}\dfrac{\Delta u}{\Delta x}v(x) - u(x)\lim\limits_{\Delta x \to 0}\dfrac{\Delta v}{\Delta x}}{v(x)\lim\limits_{\Delta x \to 0}v(x+\Delta x)} = \frac{u'(x)v(x) - u(x)v'(x)}{[v(x)]^2},$$

即函数 $\dfrac{u(x)}{v(x)}$ 在 x 可导,且 $\left[\dfrac{u(x)}{v(x)}\right]' = \dfrac{u'(x)v(x) - u(x)v'(x)}{[v(x)]^2}.$

注 $\left[\dfrac{u(x)}{v(x)}\right]' \neq \dfrac{u'(x)}{v'(x)}.$

法则 3 两个函数商的导数等于两个函数的商,其分子是原来函数分子的导数乘分母减去分母的导数乘分子,其分母是原来函数分母的平方.

定理 3 的特殊情况,当 $u(x) = 1$ 时,由定理 3,有

$$\left[\frac{1}{v(x)}\right]' = \frac{(1)'v(x) - 1 \cdot v'(x)}{[v(x)]^2} = -\frac{v'(x)}{[v(x)]^2}.$$

例 4 求正切函数 $\tan x$ 与余切函数 $\cot x$ 的导数.

解 由 §5.1 的例 4,$(\sin x)' = \cos x$,$(\cos x)' = -\sin x$,有

$$(\tan x)' = \left(\frac{\sin x}{\cos x}\right)' = \frac{\cos x(\sin x)' - \sin x(\cos x)'}{\cos^2 x}$$

$$= \frac{\cos^2 x + \sin^2 x}{\cos^2 x} = \frac{1}{\cos^2 x} = \sec^2 x.$$

$$(\cot x)' = \left(\frac{\cos x}{\sin x}\right)' = \frac{\sin x(\cos x)' - \cos x(\sin x)'}{\sin^2 x}$$

$$= \frac{-\sin^2 x - \cos^2 x}{\sin^2 x} = -\frac{1}{\sin^2 x} = -\csc^2 x.$$

例 5 求正割函数 $\sec x$ 与余割函数 $\csc x$ 的导数.

解 $(\sec x)' = \left(\frac{1}{\cos x}\right)' = -\frac{(\cos x)'}{\cos^2 x} = \frac{\sin x}{\cos^2 x} = \frac{\sin x}{\cos x} \cdot \frac{1}{\cos x} = \tan x \sec x.$

$(\csc x)' = \left(\frac{1}{\sin x}\right)' = -\frac{(\sin x)'}{\sin^2 x} = -\frac{\cos x}{\sin^2 x} = -\frac{\cos x}{\sin x} \cdot \frac{1}{\sin x} = -\cot x \csc x.$

二、反函数求导法则

为了求指数函数(对数函数的反函数)与反三角函数(三角函数的反函数)的导数,首先给出反函数求导法则.

定理 4 若函数 $f(x)$ 在 x 的某邻域连续,并严格单调,函数 $y=f(x)$ 在 x 可导,且 $f'(x) \neq 0$,则它的反函数 $x=\varphi(y)$ 在 $y(y=f(x))$ 可导,且

$$\varphi'(y) = \frac{1}{f'(x)}.$$

证明 由 §1.3 定理 1,函数 $y=f(x)$ 在 x 的某邻域存在反函数 $x=\varphi(y)$.

设反函数 $x=\varphi(y)$ 在点 y 的自变量的改变量是 $\Delta y(\Delta y \neq 0)$,有

$$\Delta x = \varphi(y+\Delta y) - \varphi(y),$$
$$\Delta y = f(x+\Delta x) - f(x).$$

已知函数 $y=f(x)$ 在 x 的某邻域连续和严格单调,根据 §3.2 定理 7 和 §1.3 定理 1,反函数 $x=\varphi(y)$ 在 y 的某邻域也连续和严格单调,有 $\Delta y \to 0 \iff \Delta x \to 0; \Delta y \neq 0 \iff \Delta x \neq 0.$ 于是,

$$\frac{\Delta x}{\Delta y} = \frac{1}{\frac{\Delta y}{\Delta x}},$$

有

$$\lim_{\Delta y \to 0} \frac{\Delta x}{\Delta y} = \lim_{\Delta x \to 0} \frac{1}{\frac{\Delta y}{\Delta x}} = \frac{1}{\lim_{\Delta x \to 0} \frac{\Delta y}{\Delta x}} = \frac{1}{f'(x)},$$

即反函数 $x=\varphi(y)$ 在 y 可导,且 $\varphi'(y) = \frac{1}{f'(x)}.$

法则 4 反函数的导数等于原函数导数的倒数.

例 6 求指数函数 $y=a^x (0<a \neq 1)$ 的导数.

解 已知指数函数 $y=a^x$ 是对数函数 $x=\log_a y$ 的反函数,由 §5.1 例 5,$(\log_a y)' = \frac{1}{y \ln a}$,有

$$(a^x)' = \frac{1}{(\log_a y)'} = \frac{1}{\frac{1}{y \ln a}} = y \ln a = a^x \ln a,$$

即
$$(a^x)' = a^x \ln a.$$
特别地,当 $a = e$ 时,有
$$(e^x)' = e^x \ln e = e^x.$$

注 即 $(e^x)' = e^x$,以 e 为底的指数函数的导数还是它本身,非常简单.这是以 e 为底的指数函数很特殊的性质.正因为如此,今后我们讨论的指数函数大多是以 e 为底的指数函数,相应的对数函数大多是以 e 为底的自然对数函数.

例 7 求反三角函数的导数.

1) $y = \arcsin x$ $\left(-1 < x < 1, -\dfrac{\pi}{2} < y < \dfrac{\pi}{2}\right)$.

$y = \arcsin x$ 在 $(-1, 1)$ 连续,且严格增加,存在反函数 $x = \sin y$.由反函数的求导法则,有
$$(\arcsin x)' = \dfrac{1}{(\sin y)'} = \dfrac{1}{\cos y} = \dfrac{1}{\pm\sqrt{1 - \sin^2 y}} = \dfrac{1}{\pm\sqrt{1 - x^2}}.$$

当 $-\dfrac{\pi}{2} < y < \dfrac{\pi}{2}$ 时,$\cos y > 0$,有
$$(\arcsin x)' = \dfrac{1}{\sqrt{1 - x^2}}.$$

2) $y = \arccos x$ $(-1 < x < 1, 0 < y < \pi)$.

$y = \arccos x$ 在 $(-1, 1)$ 连续,且严格减少,存在反函数 $x = \cos y$.由反函数的求导法则,有
$$(\arccos x)' = \dfrac{1}{(\cos y)'} = -\dfrac{1}{\sin y} = -\dfrac{1}{\pm\sqrt{1 - \cos^2 y}} = -\dfrac{1}{\pm\sqrt{1 - x^2}}.$$

当 $0 < y < \pi$ 时,$\sin y > 0$,有
$$(\arccos x)' = -\dfrac{1}{\sqrt{1 - x^2}}.$$

3) $y = \arctan x$ $\left(x \in \mathbf{R}, -\dfrac{\pi}{2} < y < \dfrac{\pi}{2}\right)$.

$y = \arctan x$ 在 $\mathbf{R}$ 连续,且严格增加,存在反函数 $x = \tan y$.由反函数的求导法则,有
$$(\arctan x)' = \dfrac{1}{(\tan y)'} = \cos^2 y = \dfrac{1}{1 + \tan^2 y} = \dfrac{1}{1 + x^2},$$
即
$$(\arctan x)' = \dfrac{1}{1 + x^2}.$$

4) $y = \mathrm{arccot}\, x$ $(x \in \mathbf{R}, 0 < y < \pi)$.

$y = \mathrm{arccot}\, x$ 在 $\mathbf{R}$ 连续,且严格减少,存在反函数 $x = \cot y$.由反函数的求导法则,有
$$(\mathrm{arccot}\, x)' = \dfrac{1}{(\cot y)'} = -\sin^2 y = -\dfrac{1}{1 + \cot^2 y} = -\dfrac{1}{1 + x^2},$$
即

$$(\operatorname{arccot} x)' = -\frac{1}{1+x^2}.$$

三、复合函数求导法则

我们经常遇到的函数多是由几个基本初等函数生成的复合函数.因此,复合函数的求导法则是求导运算经常应用的一个重要法则.

定理 5 若函数 $y=f(u)$ 在 u 可导,函数 $u=g(x)$ 在 x 可导,则复合函数 $y=f[g(x)]$ 在 x 也可导,且

$$\{f[g(x)]\}' = f'(u)g'(x) \quad \text{或} \quad \frac{\mathrm{d}y}{\mathrm{d}x} = \frac{\mathrm{d}y}{\mathrm{d}u}\frac{\mathrm{d}u}{\mathrm{d}x}.$$

证明一 设在 x 的改变量是 Δx.由函数 $u=g(x)$,有 u 的改变量 Δu,再由函数 $y=f(u)$,又有 y 的改变量 Δy.从而,有

$$\frac{\Delta y}{\Delta x} = \frac{\Delta y}{\Delta u}\frac{\Delta u}{\Delta x}.$$

已知函数 $y=f(u)$ 在 u 可导,函数 $u=g(x)$ 在 x 可导,即

$$\lim_{\Delta u \to 0} \frac{\Delta y}{\Delta u} = f'(u), \quad \lim_{\Delta x \to 0} \frac{\Delta u}{\Delta x} = g'(x).$$

由 §5.1 定理 1,$u=g(x)$ 在 x 连续,即当 $\Delta x \to 0$,有 $\Delta u \to 0$.于是,

$$\lim_{\Delta x \to 0} \frac{\Delta y}{\Delta x} = \lim_{\Delta u \to 0} \frac{\Delta y}{\Delta u} \cdot \lim_{\Delta x \to 0} \frac{\Delta u}{\Delta x} = f'(u)g'(x),$$

即复合函数 $y=f[g(x)]$ 在 x 可导,且

$$\{f[g(x)]\}' = f'(u)g'(x).$$

注 在上述的证明中,必须 $\Delta u \neq 0$,否则 $\frac{\Delta y}{\Delta u}$ 没有意义.当 $\Delta x \neq 0$ 时,Δu 能否为 0 呢?这是可能的.例如,函数

$$u(x) = \begin{cases} x^2 \sin \dfrac{1}{x}, & x \neq 0, \\ 0, & x = 0 \end{cases}$$

在点 0 的情况.$\Delta u = u(0+\Delta x) - u(0) = (\Delta x)^2 \sin \dfrac{1}{\Delta x}$.当 $\Delta x = \dfrac{1}{n\pi} \neq 0$,$n = \pm 1, \pm 2, \cdots$,而 $\Delta u = 0$,且函数 $u(x)$ 在点 0 可导(见 §5.1 例 6).因此,上述的证明是不严格的,下面给出定理 5 的严格证明.

证明二 已知函数 $y=f(u)$ 在 u 可导,即

$$\lim_{\Delta u \to 0} \frac{\Delta y}{\Delta u} = f'(u) \quad (\Delta u \neq 0)$$

或

$$\frac{\Delta y}{\Delta u} = f'(u) + \alpha,$$

其中 $\lim_{\Delta u \to 0} \alpha = 0$.从而,当 $\Delta u \neq 0$ 时,有

$$\Delta y = f'(u)\Delta u + \alpha \Delta u. \tag{1}$$

当 $\Delta u = 0$ 时,显然, $\Delta y = f(u+\Delta u) - f(u) = 0$, (1)式也成立. 为此令
$$\alpha = \begin{cases} \alpha, & \Delta u \neq 0, \\ 0, & \Delta u = 0. \end{cases}$$
于是,不论 $\Delta u \neq 0$ 或 $\Delta u = 0$, (1)式皆成立. 用 $\Delta x (\Delta x \neq 0)$ 除(1)式等号两端,得
$$\frac{\Delta y}{\Delta x} = f'(u) \frac{\Delta u}{\Delta x} + \alpha \frac{\Delta u}{\Delta x},$$
有
$$\lim_{\Delta x \to 0} \frac{\Delta y}{\Delta x} = f'(u) \lim_{\Delta x \to 0} \frac{\Delta u}{\Delta x} + \lim_{\Delta u \to 0} \alpha \lim_{\Delta x \to 0} \frac{\Delta u}{\Delta x}$$
$$= f'(u) g'(x) + 0 \cdot g'(x) = f'(u) g'(x),$$
即复合函数 $f[g(x)]$ 在 x 可导,且
$$\{f[g(x)]\}' = f'(u) g'(x).$$

法则 5 复合函数的导数等于函数对中间变量的导数乘中间变量对自变量的导数.

应用归纳法,可将定理 5 推广为任意有限个基本初等函数生成的复合函数求导法则. 三个函数生成的复合函数求导法则:

若 $y = f(u), u = \varphi(v), v = \psi(x)$ 都可导,则
$$(f\{\varphi[\psi(x)]\})' = f'(u) \varphi'(v) \psi'(x).$$

例 8 求函数 $y = \sin 5x$ 的导数.

解 函数 $y = \sin 5x$ 是函数 $y = \sin u$ 与 $u = 5x$ 的复合函数. 由复合函数求导法则,有
$$(\sin 5x)' = (\sin u)'(5x)' = \cos u \cdot 5 = 5 \cos 5x.$$

例 9 求对数函数 $y = \ln(-x) \ (x < 0)$ 的导数.

解 函数 $y = \ln(-x)$ 是函数 $y = \ln u$ 与 $u = -x$ 的复合函数. 由复合函数求导法则,有
$$[\ln(-x)]' = (\ln u)'(-x)' = \frac{1}{u} \cdot (-1) = \frac{1}{x}.$$

将这一结果与 §5.1 例 5,当 $x>0$ 时,$(\ln x)' = \frac{1}{x}$ 的结果合并,有公式
$$(\ln |x|)' = \frac{1}{x} \quad (x \neq 0). \tag{2}$$

例 10 求幂函数 $y = x^\alpha$ (α 是实数)的导数.

解 将 $y = x^\alpha$ 两端求自然对数. 有 $\ln y = \alpha \ln x$,即
$$y = e^{\alpha \ln x} \quad (x > 0),$$
它是函数 $y = e^u$ 与 $u = \alpha \ln x$ 的复合函数. 已知
$$(e^u)' = e^u, \quad (\alpha \ln x)' = \frac{\alpha}{x}.$$

由复合函数求导法则,有
$$(x^\alpha)' = (e^{\alpha \ln x})' = (e^u)'(\alpha \ln x)' = e^u \frac{\alpha}{x} = e^{\alpha \ln x} \frac{\alpha}{x} = x^\alpha \frac{\alpha}{x} = \alpha x^{\alpha-1},$$
即

$$(x^\alpha)' = \alpha x^{\alpha-1}.$$

若幂函数 $y = x^\alpha$ 的定义域是 $\mathbf{R}$ 或 $\mathbf{R}\setminus\{0\}$,则幂函数 $y = x^\alpha$ 的导数公式 $(x^\alpha)' = \alpha x^{\alpha-1}$ 也是正确的.

例 11 求幂指函数 $y = [f(x)]^{\varphi(x)}$ $(f(x) > 0)$ 的导数.

解 将幂指函数表示成指数形式,即
$$y = e^{\varphi(x)\ln f(x)}.$$
它是函数 $y = e^u$ 与 $u = \varphi(x)\ln f(x)$ 的复合函数.已知
$$[\varphi(x)\ln f(x)]' = \varphi'(x)\ln f(x) + \varphi(x)[\ln f(x)]',$$
其中 $[\ln f(x)]'$ 又是复合函数,其导数是
$$[\ln f(x)]' = \frac{f'(x)}{f(x)}.$$
将它代入上式,有
$$[\varphi(x)\ln f(x)]' = \varphi'(x)\ln f(x) + \varphi(x)\frac{f'(x)}{f(x)}.$$
于是,
$$\begin{aligned}\{[f(x)]^{\varphi(x)}\}' &= (e^u)'[\varphi(x)\ln f(x)]' \\ &= e^u\left[\varphi'(x)\ln f(x) + \varphi(x)\frac{f'(x)}{f(x)}\right] \\ &= e^{\varphi(x)\ln f(x)}\left[\varphi'(x)\ln f(x) + \varphi(x)\frac{f'(x)}{f(x)}\right] \\ &= [f(x)]^{\varphi(x)}\left[\varphi'(x)\ln f(x) + \varphi(x)\frac{f'(x)}{f(x)}\right].\end{aligned}$$

特别地,当 $f(x) = x, \varphi(x) = x$ 时,函数 $y = x^x$ $(x > 0)$ 的导数是
$$(x^x)' = x^x(\ln x + 1).$$

四、初等函数的导数

以上两段,根据导数的定义和求导法则得到了基本初等函数的导数公式.它们是求初等函数导数的基础.把它们集中起来抄录如下,就是导数公式表:

函数 $f(x)$	导数 $f'(x)$	对导数变化区域的限制
1. c(常数)	0	
2. x^α	$\alpha x^{\alpha-1}$	$\alpha \in \mathbf{R}, x > 0; \alpha \in \mathbf{N}_+, x \in \mathbf{R}$
$\dfrac{1}{x}$	$-\dfrac{1}{x^2}$	$x \neq 0$
$\sqrt{x}$	$\dfrac{1}{2\sqrt{x}}$	$x > 0$
3. a^x	$a^x \ln a$	$x \in \mathbf{R}, a > 0, a \neq 1$
e^x	e^x	$x \in \mathbf{R}$
4. $\log_a|x|$	$\dfrac{1}{x}\log_a e = \dfrac{1}{x\ln a}$	$x \in \mathbf{R}\setminus\{0\}, a > 0, a \neq 1$

续表

函数 $f(x)$	导数 $f'(x)$	对导数变化区域的限制
$\ln x$	$\dfrac{1}{x}$	$x>0$
5. $\sin x$	$\cos x$	$x \in \mathbf{R}$
$\cos x$	$-\sin x$	$x \in \mathbf{R}$
$\tan x$	$\dfrac{1}{\cos^2 x}=\sec^2 x$	$x \neq k\pi+\dfrac{\pi}{2}, k \in \mathbf{Z}$
$\cot x$	$-\dfrac{1}{\sin^2 x}=-\csc^2 x$	$x \neq k\pi, k \in \mathbf{Z}$
$\sec x$	$\tan x \sec x$	$x \neq k\pi+\dfrac{\pi}{2}, k \in \mathbf{Z}$
$\csc x$	$-\cot x \csc x$	$x \neq k\pi, k \in \mathbf{Z}$
6. $\arcsin x$	$\dfrac{1}{\sqrt{1-x^2}}$	$|x|<1$
$\arccos x$	$-\dfrac{1}{\sqrt{1-x^2}}$	$|x|<1$
$\arctan x$	$\dfrac{1}{1+x^2}$	$x \in \mathbf{R}$
$\text{arccot}\, x$	$-\dfrac{1}{1+x^2}$	$x \in \mathbf{R}$

到此为止,我们得到了基本初等函数的导数公式表,发现它们的导数还是初等函数.因为初等函数是由基本初等函数经过有限次四则运算和复合运算所生成的,所以任意初等函数的导数,按照求导程序都能求出来,而且仍是初等函数,即初等函数集合对求导运算是封闭的,即初等函数的导数还是初等函数.这样初等函数的求导问题就完全解决了.

求复合函数的导数,首先要将它"分解"为若干个基本初等函数,然后再应用复合函数的求导法则.下面用例题说明关于复合函数求导数的方法.

例 12 求函数 $y=\tan^3(\ln x)$ 的导数.

解 将函数 $y=\tan^3(\ln x)$ 分解为基本初等函数,设
$$y=u^3, \quad u=\tan v, \quad v=\ln x.$$
由复合函数求导法则,有
$$y'=(u^3)'(\tan v)'(\ln x)'=3u^2 \cdot \dfrac{1}{\cos^2 v} \cdot \dfrac{1}{x}$$
$$=3\tan^2(\ln x) \cdot \dfrac{1}{\cos^2(\ln x)} \cdot \dfrac{1}{x}=\dfrac{3\tan^2(\ln x)}{x\cos^2(\ln x)}$$

(最后要将 u 与 v 用 x 表示出来).

求复合函数的导数,写出中间变量是很麻烦的.待方法熟练后,可以省略书写中间

变量的步骤,从而可简化求导运算.还是以求函数 $y=\tan^3(\ln x)$ 的导数为例,说明其求法.

观察函数 $y=\tan^3(\ln x)$,将哪个函数看作是一个整体(一个变量)就能应用导数公式表中的公式求导.显然,将函数 $\tan(\ln x)$ 看作是一个整体(即中间变量 u),就能应用幂函数(u^3)的导数公式.不写出中间变量,由复合函数求导法则,有

$$y' = 3\tan^2(\ln x) \cdot [\tan(\ln x)]'.$$

注意,应用复合函数导数公式之后,接着要乘上面看作整体的那个函数的导数(即 $[\tan(\ln x)]'$),这是复合函数求导法则要求的.用同样的方法继续作下去,直到最简的情况.

求 $[\tan(\ln x)]'$.将函数 $\ln x$ 看作一个整体,就能应用正切函数 $\tan x$ 的导数公式.由复合函数的求导法则,有

$$\begin{aligned} y' &= 3\tan^2(\ln x) \cdot [\tan(\ln x)]' \\ &= 3\tan^2(\ln x) \frac{1}{\cos^2(\ln x)} (\ln x)' \\ &= 3\tan^2(\ln x) \cdot \frac{1}{\cos^2(\ln x)} \cdot \frac{1}{x} \\ &= \frac{3\tan^2(\ln x)}{x\cos^2(\ln x)}. \end{aligned}$$

求复合函数的导数逐次应用复合函数求导法则,由表及里,逐步简化,既迅速又准确.

例 13 求 $y=\ln[\ln(\ln x)]$ 的导数.

解 将 $\ln(\ln x)$ 看作一个整体,由对数函数 $\ln x$ 的导数公式,有

$$y' = \frac{1}{\ln(\ln x)} [\ln(\ln x)]'.$$

再将 $\ln x$ 看作一个整体,再由对数函数 $\ln x$ 的导数公式,有

$$\begin{aligned} y' &= \frac{1}{\ln(\ln x)} [\ln(\ln x)]' = \frac{1}{\ln(\ln x)} \cdot \frac{1}{\ln x} (\ln x)' \\ &= \frac{1}{\ln(\ln x)} \cdot \frac{1}{\ln x} \cdot \frac{1}{x} = \frac{1}{x \cdot \ln x \cdot \ln(\ln x)}. \end{aligned}$$

例 14 求 $y=e^{(1-\sin x)^{\frac{1}{2}}}$ 的导数.

解 $\begin{aligned}[t] y' &= e^{(1-\sin x)^{\frac{1}{2}}} \cdot [(1-\sin x)^{\frac{1}{2}}]' \\ &= e^{(1-\sin x)^{\frac{1}{2}}} \cdot \frac{1}{2}(1-\sin x)^{-\frac{1}{2}} \cdot (1-\sin x)' \\ &= e^{(1-\sin x)^{\frac{1}{2}}} \cdot \frac{1}{2}(1-\sin x)^{-\frac{1}{2}} \cdot (-\cos x) \\ &= -\frac{1}{2} e^{(1-\sin x)^{\frac{1}{2}}} \frac{\cos x}{\sqrt{1-\sin x}}. \end{aligned}$

例 15 求 $y=\ln(x+\sqrt{1+x^2})$ 的导数.

解 $y' = \dfrac{1}{x+\sqrt{1+x^2}}(x+\sqrt{1+x^2})'$

$= \dfrac{1}{x+\sqrt{1+x^2}}\left[1+\dfrac{1}{2\sqrt{1+x^2}}(1+x^2)'\right]$

$= \dfrac{1}{x+\sqrt{1+x^2}}\left(1+\dfrac{x}{\sqrt{1+x^2}}\right)$

$= \dfrac{1}{x+\sqrt{1+x^2}} \cdot \dfrac{x+\sqrt{1+x^2}}{\sqrt{1+x^2}} = \dfrac{1}{\sqrt{1+x^2}}.$

例 16 求函数 $y = \dfrac{1}{4\sqrt{2}}\ln\dfrac{x^2+\sqrt{2}x+1}{x^2-\sqrt{2}x+1} + \dfrac{1}{2\sqrt{2}}\arctan\dfrac{\sqrt{2}x}{1-x^2}$ 的导数.

解 为了简化求导运算,将商的对数化为对数的差,然后再逐项求导.

$y = \dfrac{1}{4\sqrt{2}}\left[\ln(x^2+\sqrt{2}x+1) - \ln(x^2-\sqrt{2}x+1)\right] + \dfrac{1}{2\sqrt{2}}\arctan\dfrac{\sqrt{2}x}{1-x^2},$

$y' = \dfrac{1}{4\sqrt{2}}\left(\dfrac{2x+\sqrt{2}}{x^2+\sqrt{2}x+1} - \dfrac{2x-\sqrt{2}}{x^2-\sqrt{2}x+1}\right) + \dfrac{1}{2\sqrt{2}} \cdot \dfrac{1}{1+\left(\dfrac{\sqrt{2}x}{1-x^2}\right)^2}\sqrt{2}\dfrac{(1-x^2)-x(-2x)}{(1-x^2)^2}$

$= \dfrac{1}{4\sqrt{2}}\dfrac{-2\sqrt{2}(x^2-1)}{(x^2+1)^2-(\sqrt{2}x)^2} + \dfrac{1}{2}\dfrac{x^2+1}{x^4+1}$

$= \dfrac{1}{2}\dfrac{1-x^2}{x^4+1} + \dfrac{1}{2}\dfrac{1+x^2}{x^4+1} = \dfrac{1}{x^4+1}.$

例 17 求函数 $y = \arcsin\left(\dfrac{1-x^2}{1+x^2}\right)$ 的导数.

解 $y' = \dfrac{1}{\sqrt{1-\left(\dfrac{1-x^2}{1+x^2}\right)^2}} \cdot \dfrac{(1+x^2)\cdot(-2x)-(1-x^2)\cdot 2x}{(1+x^2)^2}$

$= \dfrac{1}{\sqrt{\dfrac{4x^2}{(1+x^2)^2}}} \cdot \dfrac{-4x}{(1+x^2)^2} = \dfrac{-4x}{2|x|(1+x^2)}.$

于是,

$$y' = \begin{cases} -\dfrac{2}{1+x^2}, & x>0, \\ \dfrac{2}{1+x^2}, & x<0. \end{cases}$$

练习题 5.2

1. 求下列函数的导数：

1) $y = x^4 + 3x^2 - 6$;

2) $y = 6x^{\frac{7}{2}} + 4x^{\frac{5}{2}} + 2x$;

3) $y = (1 + 4x^3)(1 + 2x^2)$;

4) $y = \dfrac{a-x}{a+x}$;

5) $y = \dfrac{x^3 + 1}{x^2 - x - 2}$;

6) $y = x\sin x + \cos x$;

7) $y = x\tan x - \cot x$;

8) $y = \dfrac{\sin x}{1 + \cos x}$;

9) $y = \dfrac{1 - \ln x}{1 + \ln x}$;

10) $y = \dfrac{x}{4^x}$;

11) $y = \dfrac{\arctan x}{x}$;

12) $y = \sqrt{x}\,\text{arccot}\, x$;

13) $y = x^2 \arccos x$;

14) $y = x 10^x$;

15) $y = x \sin x \ln x$.

2. 求下列函数的导数：

1) $y = (2x^2 - 3)^2$;

2) $y = \sqrt{x^2 + a^2}$;

3) $y = \sqrt{\dfrac{1+x}{1-x}}$;

4) $y = \sqrt[3]{x^2 + x + 1}$;

5) $y = \sqrt{x + \sqrt{x + \sqrt{x}}}$;

6) $y = \tan(ax + b)$;

7) $y = \sin 2x \cos 3x$;

8) $y = \cot^2(5x)$;

9) $y = a\sin^3 \dfrac{x}{3}$;

10) $y = a\left(1 - \cos^2 \dfrac{x}{2}\right)^2$;

11) $y = \ln(\tan x)$;

12) $y = \ln\sqrt{\dfrac{1+\sin x}{1-\sin x}}$;

13) $y = (x\cot x)^2$;

14) $y = \log_a(x^2 + 1)$;

15) $y = \log_3(x^2 - \sin x)$;

16) $y = \ln \dfrac{1+x^2}{1-x^2}$;

17) $y = x\ln(x + \sqrt{1+x^2}) - \sqrt{1+x^2}$;

18) $y = \ln(\ln x)$;

19) $y = \ln \dfrac{\sqrt{x^2+1} - x}{\sqrt{x^2+1} + x}$;

20) $y = \ln(x + \sqrt{x^2 + a^2}) - \dfrac{\sqrt{x^2 + a^2}}{x}$;

21) $y = \sqrt{a^2 + x^2} - a\ln \dfrac{a + \sqrt{a^2 + x^2}}{x}$;

22) $y = e^{4x+5}$;

23) $y = 7^{x^2 + 2x}$;

24) $y = ae^{\sqrt{x}}$;

25) $y = \ln \dfrac{e^x}{1 + e^x}$;

26) $y = e^{\sin x}$;

27) $y = (\arcsin x)^2$;

28) $y = \arctan(x^2 + 1)$;

29) $y = \arctan \dfrac{2x}{1-x^2}$;

30) $y = \arccos x^2$;

31) $y = x\sqrt{a^2-x^2} + a^2 \arcsin \dfrac{x}{a}$ $(a>0)$;

32) $y = \arctan \sqrt{\dfrac{1-\cos x}{1+\cos x}}$ $(0 \leq x < \pi)$;

33) $y = \arcsin(\sin x)$;

34) $y = \arctan \dfrac{4\sin x}{3+5\cos x}$;

35) $y = \arctan \dfrac{a}{x} + \ln\sqrt{\dfrac{x-a}{x+a}}$;

36) $y = \dfrac{1}{3}\ln \dfrac{x+1}{\sqrt{x^2-x+1}} + \dfrac{1}{\sqrt{3}}\arctan \dfrac{2x-1}{\sqrt{3}}$;

37) $y = x^{\frac{1}{x}}$;

38) $y = e^{x^x}$;

39) $y = (\sin x)^x$;

40) $y = (\sin x)^{\cos x}$.

3. 若 $F(x) = \dfrac{1}{x+2} + \dfrac{1}{x^2+1}$,求 $F'(0), F'(-1), F'(1)$.

4. 证明:若函数 $f_1(x), f_2(x), \cdots, f_n(x)$ 在 x 皆可导,且在 x 皆不为 0,设 $g(x) = f_1(x)f_2(x)\cdots f_n(x)$,则函数 $g(x)$ 在 x 也可导,且

$$g'(x) = g(x)\left[\dfrac{f_1'(x)}{f_1(x)} + \dfrac{f_2'(x)}{f_2(x)} + \cdots + \dfrac{f_n'(x)}{f_n(x)}\right].$$

5. 证明:可导的偶函数的导函数是奇函数;可导的奇函数的导函数是偶函数,并对这个事实给以几何说明.

6. 证明:可导的周期函数的导函数是周期函数.

7. 证明:在曲线 $y = x^2 + x + 1$ 上横坐标为 $x_1 = 0, x_2 = -1, x_3 = -\dfrac{1}{2}$ 的三点的法线交于一点.

* * * * * * *

8. 证明:若幂函数 $y = x^\alpha$ 的定义域是 $\mathbf{R}$ 或 $\mathbf{R}\setminus\{0\}$,则
$$y' = \alpha x^{\alpha-1}.$$

9. 证明:若函数 $f_{ij}(x)$ 可导 $(i,j=1,2,\cdots,n)$,则

$$\begin{vmatrix} f_{11}(x) & f_{12}(x) & \cdots & f_{1n}(x) \\ \vdots & \vdots & & \vdots \\ f_{k1}(x) & f_{k2}(x) & \cdots & f_{kn}(x) \\ \vdots & \vdots & & \vdots \\ f_{n1}(x) & f_{n2}(x) & \cdots & f_{nn}(x) \end{vmatrix}' = \sum_{k=1}^{n} \begin{vmatrix} f_{11}(x) & f_{12}(x) & \cdots & f_{1n}(x) \\ \vdots & \vdots & & \vdots \\ f_{k1}'(x) & f_{k2}'(x) & \cdots & f_{kn}'(x) \\ \vdots & \vdots & & \vdots \\ f_{n1}(x) & f_{n2}(x) & \cdots & f_{nn}(x) \end{vmatrix}.$$

10. 若函数 $f(x)$ 与 $g(x)$ 在 x 可导,求下列函数的导数:

1) $y = \sqrt{f^2(x) + g^2(x)}$ $(f^2(x) + g^2(x) \neq 0)$;

2) $y = \arctan \dfrac{f(x)}{g(x)}$ $(g(x) \neq 0)$;

3) $y = \sqrt[g(x)]{f(x)}$ $(g(x) \neq 0, f(x) > 0)$;

4) $y = \log_{f(x)} g(x)$ $(g(x) > 0, f(x) > 0$ 且 $f(x) \neq 1)$.

§5.3 隐函数与参数方程求导法则

一、隐函数求导法则

表示函数 f(对应关系)有多种不同的方法,其中有这样一种方法,自变量 x 与因变量 y 的对应关系 f 是由二元方程 $F(x,y)=0$ 所确定的.

定义 设有两个非空数集 A 与 B.若 $\forall x \in A$,由二元方程 $F(x,y)=0$ 对应唯一一个 $y \in B$,则称此对应关系 f(或写为 $y=f(x)$)是二元方程 $F(x,y)=0$ 确定的**隐函数**.

由隐函数的定义看到,二元方程 $F(x,y)=0$ 确定的隐函数 $y=f(x)$($x \in A, y \in B$)必是二元方程 $F(x,y)=0$ 的解,因此,$\forall x \in A$,有
$$F[x,f(x)]=0 \quad (\text{或 } F[x,f(x)] \equiv 0).$$

例如,二元方程 $F(x,y)=2x-3y-1=0$ 在 $\mathbf{R}$ 确定(从中解得)一个隐函数.

事实上,$\forall x \in \mathbf{R}$,由二元方程对应唯一一个 $y=\dfrac{2x-1}{3} \in \mathbf{R}$,且
$$F\left(x,\frac{2x-1}{3}\right)=2x-3\frac{2x-1}{3}-1 \equiv 0.$$

二元方程 $F(x,y)=x^2+y^2-a^2=0$($a>0$) 在 $A=[-a,a]$ 确定两个连续的($B_1=[0,+\infty)$ 与 $B_2=(-\infty,0]$)隐函数.

事实上,$\forall x \in [-a,a]$,由二元方程对应唯一一个 $y_1=\sqrt{a^2-x^2} \in B_1=[0,+\infty)$,且
$$F(x,y_1)=F(x,\sqrt{a^2-x^2}) \equiv 0$$
与 $y_2=-\sqrt{a^2-x^2} \in B_2=(-\infty,0]$,且
$$F(x,y_2)=F(x,-\sqrt{a^2-x^2}) \equiv 0.$$

于是,二元方程 $F(x,y)=x^2+y^2-a^2=0$ 在 $A=[-a,a]$ 确定了两个连续的隐函数
$$y_1=\sqrt{a^2-x^2} \in [0,a] \quad \text{与} \quad y_2=-\sqrt{a^2-x^2} \in [-a,0].$$

这两个隐函数的图像是以原点为圆心以 a 为半径的在区间 $[-a,a]$ 的上半圆周与下半圆周,如图 5.5.

由此可见,所谓隐函数就是对应关系 f 不明显地隐含在二元方程之中.相对隐函数来说,对应关系 f "明显"的函数,例如,

$$y=x^3+x-5, \quad y=\ln(\sin x), \quad y=\frac{\arctan x}{\sqrt{x}+2} \quad \text{等},$$

就是**显函数**.在本节之前,所遇到的函数绝大多数都是显函数.

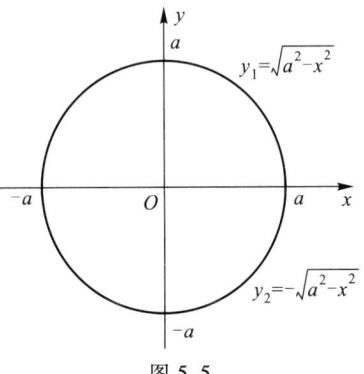

图 5.5

值得注意的是,有些二元方程 $F(x,y)=0$ 确定的隐函数 $y=f(x)$ 并不能用代数方

法从中解出来,换句话说,隐函数不是初等函数或不能化为显函数.关于隐函数的存在性、连续性和可微性等理论问题将在第十一章介绍.本节所讨论的隐函数都是存在的,可导的.直接对隐函数所满足的方程求导,往往更便利些.

对于二元方程 $F(x,y)=0$ 确定的隐函数 $y=f(x)$,有
$$F[x,f(x)]\equiv 0.$$
应用复合函数求导法则对恒等式两端求导,即可求得隐函数的导数.下面举例说明隐函数的求导法则:

例1 求方程 $xy+3x^2-5y-7=0$ 确定的隐函数 $y=f(x)$ 的导数.

解 方程两端对 x 求导数,由复合函数的求导法则(注意,y 是 x 的函数),有
$$(xy+3x^2-5y-7)'=0,$$
$$(xy)'+3(x^2)'-5(y)'-(7)'=0,$$
$$xy'+y+6x-5y'=0,$$
解得隐函数的导数 $y'=\dfrac{6x+y}{5-x}$.

例2 求方程 $e^y=xy$ 确定的隐函数 $y=f(x)$ 的导数.

解 方程两端对 x 求导数,由复合函数的求导法则(注意,y 是 x 的函数),有
$$e^y y'=y+xy',$$
解得隐函数的导数
$$y'=\frac{y}{e^y-x}=\frac{y}{xy-x}=\frac{y}{x(y-1)}.$$

例3 证明过双曲线 $\dfrac{x^2}{a^2}-\dfrac{y^2}{b^2}=1$ 上一点 (x_0,y_0) 的切线方程是
$$\frac{x_0 x}{a^2}-\frac{y_0 y}{b^2}=1. \tag{1}$$

证明 首先求过点 (x_0,y_0) $(y_0\neq 0)$ 的切线斜率 k,即求双曲线确定的隐函数 $y=f(x)$ 的导数在点 (x_0,y_0) 的值.
$$\left(\frac{x^2}{a^2}-\frac{y^2}{b^2}\right)'=(1)',\quad \frac{2x}{a^2}-\frac{2yy'}{b^2}=0.$$
解得 $y'=\dfrac{b^2 x}{a^2 y}$.在点 (x_0,y_0) 的切线斜率 $k=\dfrac{b^2 x_0}{a^2 y_0}$.从而,切线方程是
$$y-y_0=\frac{b^2 x_0}{a^2 y_0}(x-x_0)$$
或
$$\frac{x_0 x}{a^2}-\frac{y_0 y}{b^2}=\frac{x_0^2}{a^2}-\frac{y_0^2}{b^2}.$$
因为点 (x_0,y_0) 在双曲线上,所以 $\dfrac{x_0^2}{a^2}-\dfrac{y_0^2}{b^2}=1$.于是,所求的切线方程是
$$\frac{x_0 x}{a^2}-\frac{y_0 y}{b^2}=1.$$

当 $y_0 = 0$ 时,有 $x_0 = \pm a$. 过双曲线 $\dfrac{x^2}{a^2} - \dfrac{y^2}{b^2} = 1$ 上点 $(\pm a, 0)$ 的切线方程是 $x = \pm a$[①],也满足(1)式.

例 4 证明抛物线 $\sqrt{x} + \sqrt{y} = \sqrt{a}$ $(0 < x < a)$ 上任意点的切线在两个坐标轴上截距的和等于 a.

证明 在抛物线上任取一点 (x_0, y_0),即 $\sqrt{x_0} + \sqrt{y_0} = \sqrt{a}$. 求抛物线在点 (x_0, y_0) 的切线斜率 k. 由隐函数求导法则,有

$$\frac{1}{2\sqrt{x}} + \frac{1}{2\sqrt{y}} y' = 0 \quad \text{或} \quad y' = -\sqrt{\frac{y}{x}}.$$

从而斜率 $k = -\sqrt{\dfrac{y_0}{x_0}}$. 在点 (x_0, y_0) 的切线方程是

$$y - y_0 = -\sqrt{\frac{y_0}{x_0}} (x - x_0).$$

它在 x 轴与 y 轴上的截距分别是 $x_0 + \sqrt{x_0 y_0}$ 与 $y_0 + \sqrt{x_0 y_0}$. 于是,二截距之和是

$$(y_0 + \sqrt{x_0 y_0}) + (x_0 + \sqrt{x_0 y_0})$$
$$= x_0 + 2\sqrt{x_0 y_0} + y_0 = (\sqrt{x_0} + \sqrt{y_0})^2 = (\sqrt{a})^2 = a.$$

求某些显函数的导数,直接求它的导数比较繁琐,这时可将它化为隐函数,用隐函数的求导法则求其导数,比较简单些.将显函数化为隐函数常用的方法是在等号两端取绝对值再取对数,这就是**对数求导法**.该方法适用于幂指函数以及其他一些函数.现举例如下:

例 5 求函数 $y = \sqrt[3]{\dfrac{x^2}{x-a}}$ 的导数.

解 等号两端取绝对值的对数,有

$$\ln |y| = \ln \left| \sqrt[3]{\frac{x^2}{x-a}} \right| = \frac{2}{3} \ln |x| - \frac{1}{3} \ln |x-a|.$$

由隐函数的求导法则,有

$$\frac{y'}{y} = \frac{2}{3} \cdot \frac{1}{x} - \frac{1}{3} \cdot \frac{1}{x-a} = \frac{x-2a}{3x(x-a)},$$

即

[①] 将双曲线 $\dfrac{x^2}{a^2} - \dfrac{y^2}{b^2} = 1$ 改写为以 y 为自变量的函数

$$x = \pm \frac{a}{b} \sqrt{b^2 + y^2}, \quad y \in \mathbf{R}.$$

$$\frac{\mathrm{d}x}{\mathrm{d}y} = \pm \frac{a}{b} \cdot \frac{2y}{2\sqrt{b^2+y^2}} = \pm \frac{a}{b} \cdot \frac{y}{\sqrt{b^2+y^2}}.$$

当 $y = 0$ 时,$\dfrac{\mathrm{d}x}{\mathrm{d}y} = 0$,取双曲线在点 $(\pm a, 0)$ 的切线斜率为 0. 于是,双曲线在点 $(\pm a, 0)$ 的切线方程是 $x = \pm a$.

$$y' = \frac{x-2a}{3x(x-a)}\sqrt[3]{\frac{x^2}{x-a}}.$$

例 6 求幂指函数 $y = u(x)^{v(x)}$ ($u(x) > 0$) 的导数.

解 将幂指函数等号两端取对数,有
$$\ln y = v(x)\ln[u(x)].$$

按隐函数求导法,对上式等号两端求导,有
$$\frac{y'}{y} = v'(x)\ln[u(x)] + v(x)\frac{u'(x)}{u(x)},$$

由此得到
$$y' = y\left\{v'(x)\ln[u(x)] + v(x)\frac{u'(x)}{u(x)}\right\}$$
$$= u(x)^{v(x)}\left\{v'(x)\ln[u(x)] + v(x)\frac{u'(x)}{u(x)}\right\}.$$

例 7 求函数 $y = (x-1)\sqrt[3]{(3x+1)^2(2-x)}$ 的导数.

解 等号两端取绝对值的对数,有
$$\ln|y| = \ln\left|(x-1)\sqrt[3]{(3x+1)^2(2-x)}\right|$$
$$= \ln|x-1| + \frac{2}{3}\ln|3x+1| + \frac{1}{3}\ln|2-x|.$$

由求导数法则,有
$$\frac{y'}{y} = \frac{1}{x-1} + \frac{2}{3} \cdot \frac{3}{3x+1} - \frac{1}{3} \cdot \frac{1}{2-x},$$

即
$$y' = y\left[\frac{1}{x-1} + \frac{2}{3x+1} - \frac{1}{3(2-x)}\right]$$
$$= (x-1)\sqrt[3]{(3x+1)^2(2-x)}\left[\frac{1}{x-1} + \frac{2}{3x+1} - \frac{1}{3(2-x)}\right].$$

二、参数方程求导法则

参数方程的一般形式是
$$\begin{cases} x = \varphi(t), \\ y = \psi(t), \end{cases} \alpha \leq t \leq \beta.$$

若 $x = \varphi(t)$ 与 $y = \psi(t)$ 都可导,且 $\varphi'(t) \neq 0$,又 $x = \varphi(t)$ 存在反函数 $t = \varphi^{-1}(x)$,则 y 是 x 的复合函数,即
$$y = \psi(t), \quad t = \varphi^{-1}(x).$$

由复合函数与反函数的求导法则,有
$$\frac{dy}{dx} = \frac{dy}{dt}\frac{dt}{dx} = \psi'(t)[\varphi^{-1}(x)]'$$

$$= \psi'(t)\frac{1}{\varphi'(t)} = \frac{\psi'(t)}{\varphi'(t)}.$$

这就是参数方程的求导公式.

例 8 求椭圆 $\dfrac{x^2}{a^2} + \dfrac{y^2}{b^2} = 1$ 上一点 $\left(\dfrac{a}{\sqrt{2}}, \dfrac{b}{\sqrt{2}}\right)$ 的切线斜率 k.

解法一 点 $\left(\dfrac{a}{\sqrt{2}}, \dfrac{b}{\sqrt{2}}\right)$ 在上半椭圆上,从椭圆方程中解出上半椭圆方程是

$$y = \frac{b}{a}\sqrt{a^2 - x^2}, \quad y' = \frac{-bx}{a\sqrt{a^2 - x^2}},$$

则

$$k = y'\Big|_{x=\frac{a}{\sqrt{2}}} = -\frac{b}{a}.$$

解法二 由隐函数求导法,有

$$\frac{2x}{a^2} + \frac{2y}{b^2}y' = 0 \quad \text{或} \quad y' = -\frac{b^2 x}{a^2 y},$$

则

$$k = y'\Big|_{\substack{x=\frac{a}{\sqrt{2}}\\ y=\frac{b}{\sqrt{2}}}} = -\frac{b}{a}.$$

解法三 将椭圆化为参数方程

$$\begin{cases} x = a\cos t, \\ y = b\sin t, \end{cases} \quad 0 \leqslant t \leqslant 2\pi.$$

点 $\left(\dfrac{a}{\sqrt{2}}, \dfrac{b}{\sqrt{2}}\right)$ 对应的参数 $t = \dfrac{\pi}{4}$. 由参数方程求导法,有

$$y' = \frac{(b\sin t)'}{(a\cos t)'} = \frac{b\cos t}{-a\sin t} = -\frac{b}{a}\cot t,$$

则

$$k = y'\Big|_{t=\frac{\pi}{4}} = -\frac{b}{a}.$$

例 9 设炮弹的弹头初速度是 v_0,沿着与地面成 α 角的方向抛射出去.求在时刻 t_0 时弹头的运动方向(忽略空气阻力、风向等因素).

解 已知弹头关于时间 t 的弹道曲线的参数方程是

$$\begin{cases} x = v_0 t\cos\alpha, \\ y = v_0 t\sin\alpha - \dfrac{1}{2}gt^2, \end{cases}$$

其中 g 是重力加速度(常数).由参数方程的求导法,有

$$\frac{\mathrm{d}y}{\mathrm{d}x} = \frac{v_0\sin\alpha - gt}{v_0\cos\alpha} = \tan\alpha - \frac{gt}{v_0\cos\alpha}.$$

设在时刻 t_0 弹头的运动方向与地面的夹角为 φ,有

$$\tan\varphi = \tan\alpha - \frac{gt_0}{v_0\cos\alpha}$$

或

$$\varphi = \arctan\left(\tan\alpha - \frac{gt_0}{v_0\cos\alpha}\right).$$

练习题 5.3

1. 求下列方程确定的隐函数的导数 $\dfrac{dy}{dx}$:

1) $y^2 = 4px$; 2) $b^2x^2 + a^2y^2 = a^2b^2$;

3) $y^3 - 3y + 2ax = 0$; 4) $x^{\frac{2}{3}} + y^{\frac{2}{3}} = a^{\frac{2}{3}}$;

5) $x^3 + y^3 - 3axy = 0$; 6) $y = \cos(x+y)$;

7) $x + 2\sqrt{x-y} + 4y = 2$; 8) $\sin(xy) = x$.

2. 应用对数求导法,求下列函数的导数:

1) $y = x\sqrt{\dfrac{1-x}{1+x}}$; 2) $y = \dfrac{x^2}{1-x}\sqrt[3]{\dfrac{3-x}{(3+x)^2}}$;

3) $y = (x + \sqrt{1+x^2})^n$;

4) $y = (x-a_1)^{\alpha_1}(x-a_2)^{\alpha_2}\cdots(x-a_n)^{\alpha_n}$,其中 $a_1, a_2, \cdots, a_n, \alpha_1, \alpha_2, \cdots, \alpha_n$ 都是常数.

3. 求下列曲线在指定点的斜率:

1) $x^2 + 3xy + y^2 + 1 = 0$,在 $(2, -1)$;

2) $x^3 - axy + 2ay^2 = 2a^3$,在 (a, a);

3) $\sqrt[3]{2x} - \sqrt[8]{y} = 1$,在 $(4, 1)$.

4. 求下列参数方程的导数 $\dfrac{dy}{dx}$:

1) $\begin{cases} x = \dfrac{1}{t+1}, \\ y = \left(\dfrac{t}{t+1}\right)^2; \end{cases}$ 2) $\begin{cases} x = \dfrac{3at}{1+t^3}, \\ y = \dfrac{3at^2}{1+t^3}; \end{cases}$

3) $\begin{cases} x = a\cos^2 t, \\ y = b\sin^2 t; \end{cases}$ 4) $\begin{cases} x = a\cos^3 t, \\ y = b\sin^3 t. \end{cases}$

5. 求摆线

$$\begin{cases} x = a(t - \sin t), \\ y = a(1 - \cos t) \end{cases}$$

在 $t = \dfrac{\pi}{2}$ 处的切线方程.

6. 证明:两个双曲线族 $x^2 - y^2 = a$ 与 $xy = b$(a 与 b 是任意实数)构成正交网,即每族中任取一条双曲线,二者在交点处的切线垂直,并描绘其图形.

* * * * * * * *

7. 若曲线由极坐标方程 $r=f(\theta)$ 表示,则曲线可化为以极角 θ 为参数的参数方程
$$\begin{cases} x=r\cos\theta=f(\theta)\cos\theta, \\ y=r\sin\theta=f(\theta)\sin\theta, \end{cases}$$
求 $\dfrac{dy}{dx}$.

8. 应用第 7 题证明:两条心脏线 $r=a(1+\cos\varphi)$ 与 $r=a(1-\cos\varphi)$ 在交点处的切线垂直.

§5.4 微 分

一、微分概念

已知函数 $y=f(x)$ 在点 x_0 的函数值 $f(x_0)$,欲求函数 $f(x)$ 在点 x_0 附近一点 $x_0+\Delta x$ 的函数值 $f(x_0+\Delta x)$,常常是很难求得 $f(x_0+\Delta x)$ 的精确值.在实际应用中,只要求出 $f(x_0+\Delta x)$ 的近似值也就够用了.为此讨论近似计算函数值 $f(x_0+\Delta x)$ 的方法.

因为 $\Delta y=f(x_0+\Delta x)-f(x_0)$ 或 $f(x_0+\Delta x)=f(x_0)+\Delta y$,所以只要能近似地计算出 Δy 即可.显然,Δy 是 Δx 的函数,如图 5.6.希望有一个关于 Δx 的简便的函数近似代替 Δy,并使其误差满足要求.在所有关于 Δx 的函数中,一次函数最为简便.因此,用 Δx 的一次函数 $A\Delta x$(A 是常数)近似代替 Δy,所产生的误差是 $\Delta y-A\Delta x$.如果 $\Delta y-A\Delta x=o(\Delta x)$ ($\Delta x\to 0$),那么一次函数 $A\Delta x$ 就有特殊的意义.

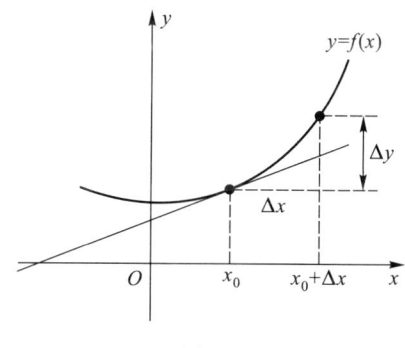

图 5.6

定义 若函数 $y=f(x)$ 在 x_0 的改变量 Δy 与自变量 x 的改变量 Δx,有下列关系
$$\Delta y=A\Delta x+o(\Delta x), \tag{1}$$
其中 A 是与 Δx 无关的常数,称函数 $f(x)$ 在 x_0 **可微**,$A\Delta x$ 称为函数 $f(x)$ 在 x_0 的**微分**,记为
$$dy=A\Delta x \quad \text{或} \quad df(x_0)=A\Delta x.$$
$A\Delta x$ 也称为(1)式的**线性主要部分**."线性"是因为 $A\Delta x$ 是 Δx 的一次函数."主要"是因为(1)式的右端 $A\Delta x$ 起主要作用,$o(\Delta x)$ 比 Δx 是高阶无穷小.

从(1)式看到,$\Delta y\approx A\Delta x$ 或 $\Delta y\approx dy$,其误差是 $o(\Delta x)$.

例如,半径为 r 的圆面积 $Q=\pi r^2$.若半径 r 增大 Δr(自变量的改变量),则面积 Q 相

应的改变量 ΔQ 就是以 r 与 $r+\Delta r$ 为半径的两个同心圆之间的圆环面积,如图 5.7,即

$$\Delta Q = \pi(r+\Delta r)^2 - \pi r^2 = 2\pi r \Delta r + \pi(\Delta r)^2.$$

显然,ΔQ 的线性主要部分是 $2\pi r \Delta r$,而 $\pi(\Delta r)^2$ 比 Δr 是高阶无穷小(当 $\Delta r \to 0$ 时),即 $\pi(\Delta r)^2 = o(\Delta r)$.

$$dQ = 2\pi r \Delta r, \quad \Delta Q \approx dQ.$$

它的几何意义是,圆环的面积近似等于以半径为 r 的圆周长为底,以 Δr 为高的矩形面积.

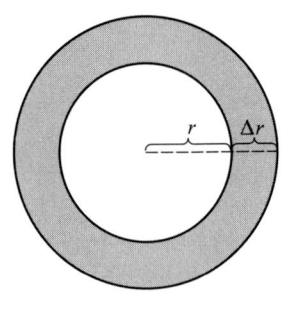

图 5.7

再例如,半径为 r 的球的体积 $V = \dfrac{4}{3}\pi r^3$.当半径 r 的改变量为 Δr 时,

$$\Delta V = \frac{4}{3}\pi(r+\Delta r)^3 - \frac{4}{3}\pi r^3 = 4\pi r^2 \Delta r + 4\pi r(\Delta r)^2 + \frac{4}{3}\pi(\Delta r)^3.$$

显然,ΔV 的线性主要部分是 $4\pi r^2 \Delta r$,而 $4\pi r(\Delta r)^2 + \dfrac{4}{3}\pi(\Delta r)^3$ 比 Δr 是高阶无穷小(当 $\Delta r \to 0$ 时),即

$$4\pi r(\Delta r)^2 + \frac{4}{3}\pi(\Delta r)^3 = o(\Delta r).$$

$$dV = 4\pi r^2 \Delta r, \quad \Delta V \approx dV.$$

如果函数 $f(x)$ 在 x_0 可微,即 $dy = A\Delta x$,那么常数 $A=$?下面定理的必要性回答了这个问题.

定理 1 函数 $y=f(x)$ 在 x_0 可微 $\Longleftrightarrow$ 函数 $y=f(x)$ 在 x_0 可导.

证明 必要性($\Rightarrow$) 设函数 $f(x)$ 在 x_0 可微,即

$$\Delta y = A\Delta x + o(\Delta x),$$

其中 A 是与 Δx 无关的常数.用 Δx 除之

$$\frac{\Delta y}{\Delta x} = A + \frac{o(\Delta x)}{\Delta x}.$$

有

$$\lim_{\Delta x \to 0}\frac{\Delta y}{\Delta x} = A + \lim_{\Delta x \to 0}\frac{o(\Delta x)}{\Delta x} = A,$$

于是函数 $f(x)$ 在 x_0 可导,且 $A=f'(x_0)$.

充分性($\Leftarrow$) 设函数 $f(x)$ 在 x_0 可导,即

$$\lim_{\Delta x \to 0}\frac{\Delta y}{\Delta x} = f'(x_0)$$

或

$$\frac{\Delta y}{\Delta x} = f'(x_0) + \alpha, \quad \alpha \to 0(\text{当} \Delta x \to 0 \text{时}).$$

从而

$$\Delta y = f'(x_0)\Delta x + \alpha \Delta x = f'(x_0)\Delta x + o(\Delta x),$$

其中 $f'(x_0)$ 是与 Δx 无关的常数,$o(\Delta x)$ 比 Δx 是高阶无穷小,于是函数 $f(x)$ 在 x_0

可微.

定理 1 指出,函数 $y=f(x)$ 在 x_0 可微与可导是等价的,并且 $A=f'(x_0)$.于是,函数 $f(x)$ 在 x_0 的微分
$$dy=f'(x_0)\Delta x.$$
由(1)式,有
$$\Delta y=dy+o(\Delta x)=f'(x_0)\Delta x+o(\Delta x).$$
从近似计算说,用 dy 近似代替 Δy 有两点好处:

1) dy 是 Δx 的线性函数,这一点保证计算简便;

2) $\Delta y-dy=o(\Delta x)$,这一点保证近似程度好,即误差比 Δx 是高阶无穷小.

从几何图形说,如图 5.8,PM 是曲线 $y=f(x)$ 在点 $P(x_0,f(x_0))$ 的切线.已知切线 PM 的斜率 $\tan \varphi = f'(x_0)$.
$$\Delta y=f(x_0+\Delta x)-f(x_0)=QN,$$
$$dy=f'(x_0)\Delta x=\tan \varphi \cdot \Delta x=\frac{MN}{\Delta x}\Delta x=MN.$$

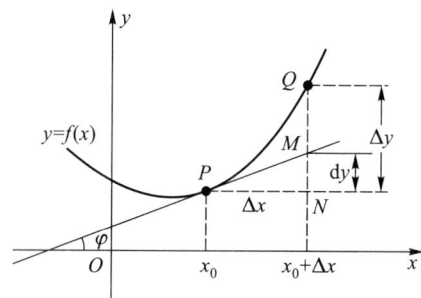

图 5.8

由此可见,$dy=MN$ 是曲线 $y=f(x)$ 在点 $P(x_0,y_0)$ 的切线 PM 的纵坐标的改变量.因此,用 dy 近似代替 Δy,就是用在点 $P(x_0,y_0)$ 处切线的纵坐标改变量 MN 近似代替函数 $f(x)$ 的改变量 QN.$QM=QN-MN=\Delta y-dy=o(\Delta x)$.

由微分定义,自变量 x 本身的微分是
$$dx=(x)'\Delta x=\Delta x,$$
即自变量 x 的微分 dx 等于自变量 x 的改变量 Δx.于是,当 x 是自变量时,可用 dx 代替 Δx.函数 $y=f(x)$ 在 x 的微分 dy 又可写为
$$dy=f'(x)dx, \quad \text{或} \quad f'(x)=\frac{dy}{dx},$$
即函数 $f(x)$ 的导数 $f'(x)$ 等于函数的微分 dy 与自变量的微分 dx 的商.导数亦称**微商**就源于此.在没有引入微分概念之前,曾用 $\frac{dy}{dx}$ 表示导数,但是,那时 $\frac{dy}{dx}$ 是一个完整符号,并不具有商的意义.当引入微分概念之后,符号 $\frac{dy}{dx}$ 才具有商的意义.

"可微"与"可导"从分析性质来说是等价的,但导数与微分不同,导数 $f'(x_0)$ 是

数,而微分 $df(x)|_{x=x_0}$ 不是数,是无穷小: $\lim\limits_{x \to x_0} df(x)|_{x=x_0} = 0$.

二、微分的运算法则和公式

已知可微与可导是等价的,且 $dy = y'dx$.

由导数的运算法则和导数公式可相应地得到微分运算法则和微分公式.

若函数 $u(x)$ 与 $v(x)$ 可微,则

1) $d[cu(x)] = cdu(x)$,其中 c 是常数;

2) $d[u(x) \pm v(x)] = du(x) \pm dv(x)$;

3) $d[u(x) \cdot v(x)] = u(x)dv(x) + v(x)du(x)$;

4) $d\left[\dfrac{u(x)}{v(x)}\right] = \dfrac{v(x)du(x) - u(x)dv(x)}{[v(x)]^2} (v(x) \neq 0)$.

这里只给出最后一个法则的证明.

$$d\left[\frac{u(x)}{v(x)}\right] = \left[\frac{u(x)}{v(x)}\right]' dx = \frac{v(x)u'(x) - u(x)v'(x)}{[v(x)]^2} dx$$
$$= \frac{v(x)u'(x)dx - u(x)v'(x)dx}{[v(x)]^2}$$
$$= \frac{v(x)du(x) - u(x)dv(x)}{[v(x)]^2}.$$

在导数公式表中,将每个公式等号右端都乘上自变量的微分 dx,就是相应函数的微分公式表:

1. $y = c$, $dy = 0$,其中 c 是常数.

2. $y = x^\alpha$, $dy = \alpha x^{\alpha-1} dx$,其中 α 是实数.

   $y = \dfrac{1}{x}$, $dy = -\dfrac{1}{x^2} dx$.

   $y = \sqrt{x}$, $dy = \dfrac{1}{2\sqrt{x}} dx$.

3. $y = \log_a |x|$, $dy = \dfrac{1}{x \ln a} dx (a > 0$ 且 $a \neq 1)$.

   $y = \ln x$, $dy = \dfrac{1}{x} dx$.

4. $y = a^x$, $dy = a^x \ln a dx (a > 0$ 且 $a \neq 1)$.

   $y = e^x$, $dy = e^x dx$.

5. $y = \sin x$, $dy = \cos x dx$.

   $y = \cos x$, $dy = -\sin x dx$.

   $y = \tan x$, $dy = \dfrac{1}{\cos^2 x} dx$.

   $y = \cot x$, $dy = -\dfrac{1}{\sin^2 x} dx$.

6. $y = \arcsin x$, $dy = \dfrac{1}{\sqrt{1-x^2}} dx$.

$$y = \arccos x, \quad dy = -\frac{1}{\sqrt{1-x^2}}dx.$$

$$y = \arctan x, \quad dy = \frac{1}{1+x^2}dx.$$

$$y = \operatorname{arccot} x, \quad dy = -\frac{1}{1+x^2}dx.$$

三、微分在近似计算上的应用

若函数 $y=f(x)$ 在 x_0 可微,则

$$\Delta y = dy + o(\Delta x).$$

$$\Delta y = f(x_0 + \Delta x) - f(x_0), \quad dy = f'(x_0)\Delta x,$$

有

$$f(x_0 + \Delta x) - f(x_0) = f'(x_0)\Delta x + o(\Delta x)$$

或

$$f(x_0 + \Delta x) = f(x_0) + f'(x_0)\Delta x + o(\Delta x).$$

设 $x = x_0 + \Delta x, \Delta x = x - x_0$,上式又可改写为

$$f(x) = f(x_0) + f'(x_0)(x - x_0) + o(x - x_0)$$

或

$$f(x) \approx f(x_0) + f'(x_0)(x - x_0). \tag{2}$$

(2)式就是函数值 $f(x)$ 的近似计算公式.

特别地,当 $x_0 = 0$,且 $|x|$ 充分小时,(2)式就是

$$f(x) \approx f(0) + f'(0)x. \tag{3}$$

由(3)式可以推得几个常用的近似公式(当 $|x|$ 充分小时):

1) $\sin x \approx x,$ 2) $\tan x \approx x,$

3) $\dfrac{1}{1+x} \approx 1-x,$ 4) $e^x \approx 1+x,$

5) $\ln(1+x) \approx x,$ 6) $\sqrt[n]{1 \pm x} \approx 1 \pm \dfrac{x}{n}.$

以上近似公式易证,这里只给出最后一个近似公式的证明.

已知函数 $f(x) = \sqrt[n]{1 \pm x}$,则

$$f(0) = 1, \quad f'(x) = \pm\frac{1}{n}(1 \pm x)^{\frac{1}{n}-1}, \quad f'(0) = \pm\frac{1}{n}.$$

由公式(3),有

$$\sqrt[n]{1 \pm x} \approx 1 \pm \frac{x}{n}.$$

例1 求 $\tan 31°$ 的近似值.

解 函数 $f(x) = \tan x$. 设 $x_0 = 30°, x = 31°, x - x_0 = 1° = \dfrac{\pi}{180}$.

$$f'(x) = \frac{1}{\cos^2 x}, \quad f'(30°) = \frac{1}{\cos^2 30°},$$

由公式(2),有
$$\tan 31° \approx \tan 30° + \frac{1}{\cos^2 30°} \cdot \frac{\pi}{180}.$$

已知
$$\tan 30° = \frac{1}{\sqrt{3}} \approx 0.57735, \quad \frac{1}{\cos^2 30°} \cdot \frac{\pi}{180} \approx 0.02327.$$

有
$$\tan 31° \approx 0.57735 + 0.02327 = 0.60062.$$

$\tan 31°$的准确值是 $0.6008606\cdots$.

例2 求 $\sqrt[3]{131}$ 与 $\sqrt[5]{34}$ 的近似值.

解 已知当 $|x|$ 很小时,有 $(1+x)^{\frac{1}{n}} \approx 1 + \frac{x}{n}$. 据此有

$$\sqrt[3]{131} = \sqrt[3]{5^3 + 6} = \sqrt[3]{5^3 \left(1 + \frac{6}{5^3}\right)} = 5\left(1 + \frac{6}{5^3}\right)^{\frac{1}{3}}$$

$$\approx 5\left(1 + \frac{1}{3} \cdot \frac{6}{5^3}\right) = 5 + \frac{2}{25} = 5.08.$$

$$\sqrt[5]{34} = \sqrt[5]{2^5 + 2} = \sqrt[5]{2^5 \left(1 + \frac{1}{2^4}\right)} = 2\left(1 + \frac{1}{2^4}\right)^{\frac{1}{5}}$$

$$\approx 2\left(1 + \frac{1}{5} \cdot \frac{1}{16}\right) = 2 + \frac{1}{40} = 2.025.$$

注 对于一元函数微积分来说,微分在理论上没有显现出有多大的价值,其意义也不在于近似计算.只有在多元函数中微分才能充分显现出它在数学分析中重要的理论价值(本书不涉及这些理论问题).这里给出的微分主要是为将要进行的积分计算和以后进行的微分方程求解的计算服务的.

练习题 5.4

1. 求下列函数的微分:

1) $y = x - \frac{1}{2}x^2 + \frac{1}{3}x^3 - \frac{1}{4}x^4$;   2) $y = x^2 \sin x$;

3) $y = \frac{x}{1+x^2}$;   4) $y = \ln(\tan x)$;

5) $y = e^{ax} \cos bx$;   6) $y = \arcsin \sqrt{1-x^2}$.

2. 求下列函数在指定点的 Δy 与 dy:

1) $y = x^2 - x$, 在 $x = 1$;

2) $y = x^3 - 2x - 1$, 在 $x = 2$;

3) $y = \sqrt{x+1}$, 在 $x = 0$.

3. 证明:当 $|x|$ 充分小时,有下列近似公式:
$$\sin x \approx x; \quad \tan x \approx x; \quad \frac{1}{1+x} \approx 1-x; \quad e^x \approx 1+x; \quad \ln(1+x) \approx x.$$

4. 证明:当 $|x|$ 充分小,$a>0$,n 是正整数,有近似公式
$$\sqrt[n]{a^n+x} \approx a + \frac{x}{na^{n-1}}.$$

并用此公式求下列各数的近似值:

1) $\sqrt[4]{80}$;   2) $\sqrt[7]{100}$;   3) $\sqrt[10]{1\,000}$.

5. 应用微分 dy 近似代替改变量 Δy,求下列各数的近似值:

1) $\sqrt[3]{1.02}$;   2) $\sin 29°$;   3) $\cos 151°$.

§5.5 高阶导数与高阶微分

一、高阶导数

定义 函数 $f(x)$ 的(一阶)导函数 $f'(x)$ 在 x 的导数,称为函数 $f(x)$ 在 x 的**二阶导数**,记为 $f''(x)$,即

$$f''(x) = \lim_{\Delta x \to 0} \frac{f'(x+\Delta x) - f'(x)}{\Delta x}.$$

函数 $f(x)$ 的二阶导函数 $f''(x)$ 在 x 的导数,称为函数 $f(x)$ 在 x 的**三阶导数**,记为 $f'''(x)$.一般情况,函数 $f(x)$ 的 $n-1$ 阶导函数在 x 的导数,称为函数 $f(x)$ 在 x 的 n **阶导数**,记为 $f^{(n)}(x)$,即

$$f^{(n)}(x) = \lim_{\Delta x \to 0} \frac{f^{(n-1)}(x+\Delta x) - f^{(n-1)}(x)}{\Delta x}.$$

二阶与二阶以上的导数,统称为**高阶导数**.对于函数 $y=f(x)$ 的高阶导数 $f''(x)$,$f'''(x)$,$\cdots$,$f^{(n)}(x)$ 也分别记为

$$\frac{d^2 y}{dx^2}, \quad \frac{d^3 y}{dx^3}, \quad \cdots, \quad \frac{d^n y}{dx^n}.$$

设物体的运动规律(函数)是

$$s = s(t),$$

其中 t 是时间,s 是距离.已知它的(一阶)导数是物体在时刻 t 的瞬时速度 $v(t)$,即

$$v(t) = s'(t).$$

现在求速度函数 $v(t)$ 在时刻 t 的导数.比值

$$\frac{\Delta v}{\Delta t} = \frac{v(t+\Delta t) - v(t)}{\Delta t} = \frac{s'(t+\Delta t) - s'(t)}{\Delta t}$$

是物体在 Δt 时间内的平均加速度.若极限

$$\lim_{\Delta t \to 0} \frac{\Delta v}{\Delta t} = \lim_{\Delta t \to 0} \frac{v(t+\Delta t) - v(t)}{\Delta t} = \lim_{\Delta t \to 0} \frac{s'(t+\Delta t) - s'(t)}{\Delta t}$$

存在,即
$$v'(t) = s''(t).$$
于是,速度 $v(t)$ 在时刻 t 的导数,即运动规律 $s(t)$ 在时刻 t 的二阶导数 $s''(t)$ 是物体运动在时刻 t 的加速度.

例如,已知自由落体的运动规律是 $s = \frac{1}{2}gt^2$. 它的(瞬时)速度 $v(t)$ 与加速度 $a(t)$ 分别是
$$v(t) = \left(\frac{1}{2}gt^2\right)' = gt \quad 与 \quad a(t) = \left(\frac{1}{2}gt^2\right)'' = g,$$
即自由落体运动的加速度是常数 g,就是重力加速度.由此可见,自由落体运动是等加速度运动.

由函数的高阶导数的定义求函数的 n 阶导数就是按求导法则和求导公式逐阶进行 n 次.

例 1 求 n 次多项式 $P_n(x) = a_0 x^n + a_1 x^{n-1} + \cdots + a_n$ 的各阶导数.

解 $P_n'(x) = n a_0 x^{n-1} + (n-1) a_1 x^{n-2} + \cdots + a_{n-1}$,
$P_n''(x) = n(n-1) a_0 x^{n-2} + (n-1)(n-2) a_1 x^{n-3} + \cdots + 2 a_{n-2}$,

每求一次导数,多项式的次数降低一次.不难得到,$P_n(x)$ 的 n 阶导数是
$$P_n^{(n)}(x) = n(n-1)(n-2)\cdots 2 \cdot 1 \cdot a_0 = n! a_0,$$
而
$$P_n^{(n+1)}(x) = P_n^{(n+2)}(x) = \cdots = 0.$$
于是,n 次多项式 $P_n(x)$ 的 n 阶导数是常数 $n! a_0$,高于 n 阶的导数都恒为 0.

例 2 求 $f(x) = e^{ax}$(a 是常数)的 n 阶导数.

解 $f'(x) = a e^{ax}, f''(x) = a^2 e^{ax}, \cdots, f^{(n)}(x) = a^n e^{ax}$.

例 3 求 $f(x) = \sin x$ 的 n 阶导数.

解 $f'(x) = \cos x = \sin\left(x + \frac{\pi}{2}\right)$,

$f''(x) = \cos\left(x + \frac{\pi}{2}\right) = \sin\left(x + 2 \cdot \frac{\pi}{2}\right)$,

$f'''(x) = \cos\left(x + 2 \cdot \frac{\pi}{2}\right) = \sin\left(x + 3 \cdot \frac{\pi}{2}\right)$,

$\cdots$

$f^{(n)}(x) = \cos\left[x + (n-1)\frac{\pi}{2}\right] = \sin\left(x + n \cdot \frac{\pi}{2}\right)$.

例 4 求 $f(x) = \cos x$ 的 n 阶导数.

解 $f'(x) = -\sin x = \cos\left(x + \frac{\pi}{2}\right)$,

$f''(x) = -\sin\left(x + \frac{\pi}{2}\right) = \cos\left(x + 2 \cdot \frac{\pi}{2}\right)$,

$$f'''(x) = -\sin\left(x+2\cdot\frac{\pi}{2}\right) = \cos\left(x+3\cdot\frac{\pi}{2}\right),$$
...
$$f^{(n)}(x) = -\sin\left[x+(n-1)\frac{\pi}{2}\right] = \cos\left(x+n\cdot\frac{\pi}{2}\right).$$

例 5 求 $f(x) = \ln(1+x)$ 的 n 阶导数.

解 $f'(x) = \dfrac{1}{1+x} = (1+x)^{-1},$
$f''(x) = -(1+x)^{-2},$
$f'''(x) = 1\cdot 2(1+x)^{-3},$
...
$$f^{(n)}(x) = (-1)^{n-1} 1\cdot 2\cdots(n-1)(1+x)^{-n} = (-1)^{n-1}\frac{(n-1)!}{(1+x)^n}.$$

例 6 求 $f(x) = (1+x)^\alpha$ (α 是实数) 的 n 阶导数.

解 $f'(x) = \alpha(1+x)^{\alpha-1},$
$f''(x) = \alpha(\alpha-1)(1+x)^{\alpha-2},$
$f'''(x) = \alpha(\alpha-1)(\alpha-2)(1+x)^{\alpha-3},$
...
$$f^{(n)}(x) = \alpha(\alpha-1)(\alpha-2)\cdots[\alpha-(n-1)](1+x)^{\alpha-n}.$$

二、莱布尼茨[①]公式

莱布尼茨公式是求两个函数乘积的高阶导数的公式.

为了书写简便,将函数 $u(x)$ 与 $v(x)$ 简写为 u 与 v. 由乘积的导数公式,有
$$(uv)' = u'v + uv',$$
$$(uv)'' = u''v + 2u'v' + uv'',$$
$$(uv)''' = u'''v + 3u''v' + 3u'v'' + uv'''. \tag{1}$$

不难发现,(1)式右端很类似二数和的立方公式:
$$(u+v)^3 = u^3v^0 + 3u^2v + 3uv^2 + u^0v^3 \qquad (v^0 = u^0 = 1). \tag{2}$$

在(2)式中,将次数换成阶数(而 $v^{(0)} = v, u^{(0)} = u$)[②],等号左端的和换成积,恰好就是(1)式. 因此,两个函数乘积的 n 阶导数很类似二数和的 n 次幂的展开式.

定理 1 若 u 与 v 都是 x 的函数,且存在 n 阶导数,则
$$(uv)^{(n)} = C_n^0 u^{(n)}v + C_n^1 u^{(n-1)}v' + C_n^2 u^{(n-2)}v'' + \cdots + C_n^{n-1} u'v^{(n-1)} + C_n^n uv^{(n)}$$
$$= \sum_{k=0}^n C_n^k u^{(n-k)} v^{(k)}, \tag{3}$$

其中 $C_n^k = \dfrac{n(n-1)\cdots(n-k+1)}{k!}$, (3)式称为**莱布尼茨公式**.

证明 用归纳法证明. 当 $n=1$ 时,(3)式成立,即

[①] 莱布尼茨(Leibniz, 1646—1716),德国数学家.
[②] 规定: $f^{(0)}(x) = f(x)$,即函数 $f(x)$ 的"0 阶"导数就是函数 $f(x)$ 自身.

$$(uv)' = \sum_{k=0}^{1} C_1^k u^{(1-k)} v^{(k)} = C_1^0 u'v + C_1^1 uv' = u'v + uv'.$$

设 $n = m$，(3)式成立，即

$$(uv)^{(m)} = \sum_{k=0}^{m} C_m^k u^{(m-k)} v^{(k)}.$$

则

$$(uv)^{(m+1)} = [(uv)^{(m)}]' = \left[\sum_{k=0}^{m} C_m^k u^{(m-k)} v^{(k)}\right]'$$

$$= \sum_{k=0}^{m} C_m^k [u^{(m-k)} v^{(k)}]'$$

$$= \sum_{k=0}^{m} C_m^k [u^{(m-k+1)} v^{(k)} + u^{(m-k)} v^{(k+1)}]$$

$$= \sum_{k=0}^{m} C_m^k u^{(m-k+1)} v^{(k)} + \sum_{k=0}^{m} C_m^k u^{(m-k)} v^{(k+1)}$$

$$= \sum_{k=0}^{m} C_m^k u^{(m-k+1)} v^{(k)} + \sum_{k=1}^{m+1} C_m^{k-1} u^{(m-k+1)} v^{(k)} \text{①}$$

$$= u^{(m+1)} v + \sum_{k=1}^{m} C_m^k u^{(m-k+1)} v^{(k)} + \sum_{k=1}^{m} C_m^{k-1} u^{(m-k+1)} v^{(k)} + uv^{(m+1)}$$

$$= u^{(m+1)} v + \sum_{k=1}^{m} (C_m^k + C_m^{k-1}) \text{②} u^{(m-k+1)} v^{(k)} + uv^{(m+1)}$$

$$= u^{(m+1)} v + \sum_{k=1}^{m} C_{m+1}^k u^{(m-k+1)} v^{(k)} + uv^{(m+1)}$$

$$= \sum_{k=0}^{m+1} C_{m+1}^k u^{(m+1-k)} v^{(k)},$$

即 $n = m+1$ 也成立.

例7 $y = x^2 e^{2x}$，求 $y^{(20)}$.

解 设

$$u = e^{2x}, \qquad v = x^2,$$
$$u' = 2e^{2x}, \qquad v' = 2x,$$
$$u'' = 2^2 e^{2x}, \qquad v'' = 2,$$
$$\cdots \qquad v''' = 0.$$
$$u^{(20)} = 2^{20} e^{2x}.$$

由莱布尼茨公式，有

$$y^{(20)} = u^{(20)} v + C_{20}^1 u^{(19)} v' + C_{20}^2 u^{(18)} v''$$
$$= 2^{20} \cdot e^{2x} \cdot x^2 + 20 \cdot 2^{19} \cdot e^{2x} \cdot 2x + 190 \cdot 2^{18} \cdot e^{2x} \cdot 2$$
$$= 2^{20} e^{2x} (x^2 + 20x + 95).$$

---

① k 从 0 到 m，将 k 换成 $k-1$，则 k 就从 1 到 $m+1$，即

$$\sum_{k=0}^{m} C_m^k u^{(m-k)} v^{(k+1)} = \sum_{k=1}^{m+1} C_m^{k-1} u^{(m-k+1)} v^{(k)}.$$

② $C_m^k + C_m^{k-1} = C_{m+1}^k$.

例 8 $y = x^2 \cos x$,求 $y^{(50)}$.

解 设 $u = \cos x$,已知 $u^{(n)} = \cos\left(x + n \cdot \dfrac{\pi}{2}\right)$.
$$v = x^2, \quad v' = 2x, \quad v'' = 2, \quad v''' = 0.$$

由莱布尼茨公式,有
$$y^{(50)} = x^2 \cos\left(x + 50 \cdot \dfrac{\pi}{2}\right) + C_{50}^1 2x \cos\left(x + 49 \cdot \dfrac{\pi}{2}\right) + C_{50}^2 2\cos\left(x + 48 \cdot \dfrac{\pi}{2}\right)$$
$$= -x^2 \cos x + 50 \cdot 2x(-\sin x) + 1\,225 \cdot 2\cos x$$
$$= -x^2 \cos x - 100x\sin x + 2\,450\cos x.$$

例 9 多项式 $P_n(x) = \dfrac{1}{2^n n!} \dfrac{\mathrm{d}^n}{\mathrm{d}x^n}(x^2 - 1)^n$ 称为勒让德① n 次多项式.求 $P_n(1)$ 与 $P_n(-1)$.

解 将 $P_n(x)$ 改写为 $P_n(x) = \dfrac{1}{2^n n!} \dfrac{\mathrm{d}^n}{\mathrm{d}x^n}(x+1)^n(x-1)^n$.设
$$u = (x+1)^n, \quad v = (x-1)^n.$$

$$\dfrac{\mathrm{d}(x+1)^n}{\mathrm{d}x} = n(x+1)^{n-1},$$

$$\dfrac{\mathrm{d}(x-1)^n}{\mathrm{d}x} = n(x-1)^{n-1},$$

$$\dfrac{\mathrm{d}^2(x+1)^n}{\mathrm{d}x^2} = n(n-1)(x+1)^{n-2},$$

$$\dfrac{\mathrm{d}^2(x-1)^n}{\mathrm{d}x^2} = n(n-1)(x-1)^{n-2},$$

$$\cdots$$

$$\dfrac{\mathrm{d}^{n-1}(x+1)^n}{\mathrm{d}x^{n-1}} = n(n-1)\cdots 2(x+1),$$

$$\dfrac{\mathrm{d}^{n-1}(x-1)^n}{\mathrm{d}x^{n-1}} = n(n-1)\cdots 2(x-1),$$

$$\dfrac{\mathrm{d}^n(x+1)^n}{\mathrm{d}x^n} = n!,$$

$$\dfrac{\mathrm{d}^n(x-1)^n}{\mathrm{d}x^n} = n!.$$

由莱布尼茨公式,有
$$P_n(x) = \dfrac{1}{2^n n!}\left[(x+1)^n \dfrac{\mathrm{d}^n(x-1)^n}{\mathrm{d}x^n} + \right.$$
$$\left. C_n^1 \dfrac{\mathrm{d}(x+1)^n}{\mathrm{d}x} \dfrac{\mathrm{d}^{n-1}(x-1)^n}{\mathrm{d}x^{n-1}} + \cdots + \right.$$

---

① 勒让德(Legendre,1752—1833),法国数学家.

$$C_n^{n-1}\frac{d^{n-1}(x+1)^n}{dx^{n-1}}\frac{d(x-1)^n}{dx}+C_n^n\frac{d^n(x+1)^n}{dx^n}(x-1)^n\Bigg].$$

在上式等号右端方括号中,从第二项起及以后各项都包含着因式 $x-1$,当 $x=1$ 时,皆为 0. 于是,

$$P_n(1)=\frac{1}{2^n n!}(x+1)^n\frac{d^n(x-1)^n}{dx^n}\bigg|_{x=1}=\frac{1}{2^n n!}2^n n!=1.$$

在上式等号右端方括号中,从倒数第二项起及以前各项都包含着因式 $x+1$,当 $x=-1$ 时,皆为 0. 于是,

$$P_n(-1)=\frac{1}{2^n n!}C_n^n\frac{d^n(x+1)^n}{dx^n}(x-1)^n\bigg|_{x=-1}$$
$$=\frac{1}{2^n n!}n!(-2)^n=(-1)^n.$$

三、高阶微分

函数 $y=f(x)$ 的高阶微分的定义类似于高阶导数的定义.

定义 函数 $y=f(x)$ 的微分 $dy=f'(x)dx$(dx 是常数)的微分,称为函数 $f(x)$ 的**二阶微分**,记为 d^2y. 一般情况,函数 $f(x)$ 的 $n-1$ 阶微分 $d^{n-1}y$ 的微分,称为函数 $f(x)$ 的 n **阶微分**,记为 $d^n y$. 二阶以及二阶以上的微分,统称为**高阶微分**.

根据高阶微分的定义,函数 $y=f(x)$ 的各阶微分是

$dy=f'(x)dx.$

$d^2y=d(dy)=d[f'(x)dx]=[f'(x)dx]'dx=f''(x)dx^2.$

$d^3y=d(d^2y)=d[f''(x)dx^2]=[f''(x)dx^2]'dx=f'''(x)dx^3.$

一般情况

$$d^n y = d(d^{n-1}y) = d[f^{(n-1)}(x)dx^{n-1}]$$
$$= [f^{(n-1)}(x)dx^{n-1}]'dx = f^{(n)}(x)dx^n,$$

即

$$d^n y = f^{(n)}(x)dx^n \quad \text{或} \quad f^{(n)}(x) = \frac{d^n y}{dx^n}. \tag{4}$$

注 $dx^n=(dx)^n$, $dx^n\neq d(x^n)$.

在高阶微分概念之前,函数 $y=f(x)$ 的 n 阶导数的符号 $\dfrac{d^n y}{dx^n}$ 是一个完整的符号,不具有商的意义. 在高阶微分概念之后, $d^n y$ 是函数 $y=f(x)$ 的 n 阶微分. 由(4)式知,函数 $y=f(x)$ 的 n 阶导数 $f^{(n)}(x)=\dfrac{d^n y}{dx^n}$ 是函数 $y=f(x)$ 的 n 阶微分 $d^n y$ 与自变量微分 dx 的 n 次方 dx^n 的商.

由(4)式,n 阶微分 $d^n y$ 是 n 阶导数 $f^{(n)}(x)$ 与 dx^n 的乘积,于是求 n 阶微分主要就是求 n 阶导数. 因此,求高阶微分之例从略.

练习题 5.5

1. 求下列函数的二阶导数与二阶微分：
1) $y = \sin ax + \cos bx$；
2) $y = e^{\sqrt{x}} + e^{-\sqrt{x}}$；
3) $y = \dfrac{x^2+1}{(x+1)^3}$；
4) $y = \arctan \dfrac{e^x - e^{-x}}{2}$.

2. 求下列方程所确定的隐函数 $y = f(x)$ 的二阶导数：
1) $x^2 + y^2 = r^2$；
2) $y^2 = 2px$；
3) $x^2 - xy + y^2 = 1$；
4) $y^2 + 2\ln y = x^4$.

3. 求下列函数的 n 阶导数：
1) $y = xe^x$；
2) $y = \dfrac{1-x}{1+x}$；
3) $y = x\sin x$；
4) $y = (x^2 + 2x + 2)e^{-x}$.

4. 证明：函数 $y = C_1 e^{\lambda_1 x} + C_2 e^{\lambda_2 x}$ ($C_1, C_2, \lambda_1, \lambda_2$ 都是常数) 满足方程
$$y'' - (\lambda_1 + \lambda_2)y' + \lambda_1 \lambda_2 y = 0.$$

5. 已知 $e^{xy} = a^x b^y$，证明：
$$(y - \ln a)y'' - 2(y')^2 = 0.$$

6. 设函数 $z = g(y), y = f(x)$ 都存在二阶导数，求复合函数 $z = g[f(x)]$ 的二阶导数.

7. 已知参数方程 $x = \varphi(t), y = \psi(t)$ 和 y 关于 x 的导数公式
$$\frac{dy}{dx} = \frac{dy}{dt} \Big/ \frac{dx}{dt} = \frac{\psi'(t)}{\varphi'(t)}.$$
证明：
$$\frac{d^2 y}{dx^2} = \frac{d}{dx}\left(\frac{dy}{dx}\right) = \frac{d}{dt}\left(\frac{dy}{dt}\Big/\frac{dx}{dt}\right)\Big/\frac{dx}{dt} = \frac{\varphi'(t)\psi''(t) - \varphi''(t)\psi'(t)}{[\varphi'(t)]^3}.$$

8. 应用第 7 题的公式，求下列参数方程的二阶导数 $\dfrac{d^2 y}{dx^2}$：
1) $\begin{cases} x = 2t - t^2, \\ y = 3t - t^3; \end{cases}$
2) $\begin{cases} x = a(t - \sin t), \\ y = a(1 - \cos t). \end{cases}$

9. 设有 n 次多项式 $f(x) = a_n x^n + a_{n-1} x^{n-1} + \cdots + a_0$. 证明：若将它改写为
$$f(x) = b_n (x-a)^n + b_{n-1}(x-a)^{n-1} + \cdots + b_0,$$
则
$$b_k = \frac{1}{k!} f^{(k)}(a), \quad k = 0, 1, 2, \cdots, n; \quad f^{(0)}(a) = f(a).$$

10. 设函数 $z = g(y), y = f(x)$ 存在三阶导数，求复合函数 $z = g[f(x)]$ 的三阶导数 $\dfrac{d^3 z}{dx^3}$.

* * * * * *

11. 求函数 $f(x) = x + \ln x (x > 0)$ 的反函数的一阶、二阶导数.

12. 证明：函数 $f(x)$ 是 n 次多项式，a 是方程 $f(x) = 0$ 的 $k(k \leq n)$ 重根 $\Longleftrightarrow f(a) = f'(a) = \cdots = f^{(k-1)}(a) = 0$，而 $f^{(k)}(a) \neq 0$.

13. 证明：勒让德多项式

$$P_n(x) = \frac{1}{2^n n!} \cdot \frac{\mathrm{d}^n}{\mathrm{d}x^n}(x^2-1)^n$$

满足微分方程

$$(1-x^2)P_n''(x) - 2xP_n'(x) + n(n+1)P_n(x) = 0.$$

 答疑解惑

第六章
微分学基本定理及其应用

导数是研究函数性态的重要工具,仅从导数概念出发并不能充分体现这种工具的作用,它需要建立在微分学的基本定理的基础之上,这些基本定理统称为"**中值定理**". 中值定理是导数应用的理论基础.因为它把函数在某个区间上的值的变化与导数联系起来,从而才有可能应用反映局部状态的导数,研究函数在区间上的"整体"状态.

§6.1 中值定理

一、罗尔[①]定理

首先给出极值概念.

定义 设函数 $f(x)$ 在区间 I 有定义.若 $x_0 \in I$,且存在 x_0 的某邻域 $U(x_0) \subset I, \forall x \in U(x_0)$,有

$$f(x) \leqslant f(x_0) \quad (f(x) \geqslant f(x_0)),$$

则称 x_0 是函数 $f(x)$ 的**极大点(极小点)**,$f(x_0)$ 是函数 $f(x)$ 的**极大值(极小值)**.

极大点与极小点统称为**极值点**,极大值与极小值统称为**极值**.

极值点 x_0 必在区间 I 的内部(即不能是区间 I 的端点),$f(x_0)$ 是函数 $f(x)$ 的极值是与函数 $f(x)$ 在 x_0 的某个邻域 $U(x_0)$ 上函数值 $f(x)$ 比较而言的.因此极值是一个局部概念.函数 $f(x)$ 在区间 I 上可能有很多的极大值(或极小值),但只能有一个最大值(如果存在最大值)和一个最小值(如果存在最小值).若函数 $f(x)$ 在区间 I 的内部某点 x_0 取最大值(最小值),则 x_0 必是函数 $f(x)$ 的极大点(极小点).

费马[②]定理 设函数 $f(x)$ 在区间 I 有定义.若函数 $f(x)$ 在 x_0 可导,且 x_0 是函数 $f(x)$ 的极值点,则

$$f'(x_0) = 0.$$

几何意义:若曲线 $y=f(x)$ 上一点 $(x_0, f(x_0))$ 存在切线,且 x_0 是它的极值点,则曲线 $y=f(x)$ 在点 $(x_0, f(x_0))$ 的切线平行于 x 轴.如图 6.1,x_1 是极大点,x_2 是极小点,曲线 $y=f(x)$ 上的点 $M_1(x_1, f(x_1))$ 与点 $M_2(x_2, f(x_2))$ 的切线都平行于 x 轴.

[①] 罗尔(Rolle,1652—1719),法国数学家.
[②] 费马(Fermat,1601—1665),法国数学家.

证法 证明 x_0 是极大点的情况,同法可证 x_0 是极小点的情况. 只需证明

$$f'(x_0) = \lim_{x \to x_0} \frac{f(x) - f(x_0)}{x - x_0} = 0.$$

证明 不妨设 x_0 是函数 $f(x)$ 的极大点,即存在 x_0 的某个邻域 $U(x_0) \subset I$,$\forall x \in U(x_0)$,有

$$f(x) \leq f(x_0) \quad 或 \quad f(x) - f(x_0) \leq 0.$$

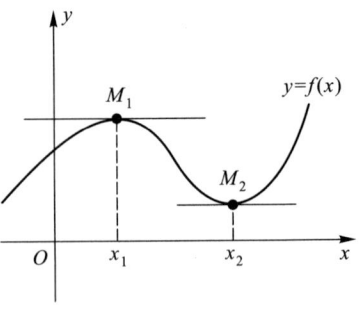

图 6.1

当 $x > x_0$ 时,有

$$\frac{f(x) - f(x_0)}{x - x_0} \leq 0.$$

当 $x < x_0$ 时,有

$$\frac{f(x) - f(x_0)}{x - x_0} \geq 0.$$

由已知条件和极限的保号性,有

$$f'_+(x_0) = \lim_{x \to x_0^+} \frac{f(x) - f(x_0)}{x - x_0} \leq 0. \qquad f'_-(x_0) = \lim_{x \to x_0^-} \frac{f(x) - f(x_0)}{x - x_0} \geq 0.$$

已知函数 $f(x)$ 在 x_0 可导,有

$$f'(x_0) = f'_+(x_0) = f'_-(x_0) = 0.$$

罗尔定理 若函数 $f(x)$ 满足下列条件:

1) 在闭区间 $[a, b]$ 连续;
2) 在开区间 (a, b) 可导;
3) $f(a) = f(b)$,

则在 (a, b) 内至少存在一点 c,使

$$f'(c) = 0.$$

几何意义:在闭区间 $[a, b]$ 上有连续曲线 $y = f(x)$,曲线上每一点都存在切线,在闭区间 $[a, b]$ 的两个端点 a 与 b 的函数值相等,即 $f(a) = f(b)$,则曲线上至少有一点,过该点的切线平行于 x 轴,如图 6.2.

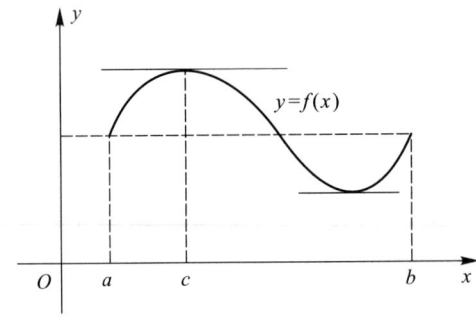

图 6.2

证法 应用费马定理,只需证明,函数 $f(x)$ 在 (a, b) 内至少存在一个极值点 c.

证明 由条件 1) 和 §3.2 定理 5,函数 $f(x)$ 在闭区间 $[a, b]$ 取到最小值 m 与最大值 M. 下面分两种情况讨论:

如果 $m = M$,则 $f(x)$ 在闭区间 $[a, b]$ 是常数函数. 于是,$\forall x \in (a, b)$,有 $f'(x) = 0$,即 (a, b) 内任意一点都可取作 c,使 $f'(c) = 0$.

如果 $m<M$,由条件 3),函数 $f(x)$ 在闭区间 $[a,b]$ 两个端点 a 与 b 的函数值 $f(a)$ 与 $f(b)$ 不可能同时一个是最大值一个是最小值,因此函数 $f(x)$ 在开区间 (a,b) 内至少存在一个极值点 c,如图 6.2.根据费马定理,有

$$f'(c)=0.$$

二、拉格朗日①定理

拉格朗日定理 若函数 $f(x)$ 满足下列条件:

1) 在闭区间 $[a,b]$ 连续;
2) 在开区间 (a,b) 可导,

则在开区间 (a,b) 内至少存在一点 c,使

$$f'(c)=\frac{f(b)-f(a)}{b-a}. \tag{1}$$

几何意义:如图 6.3.在 $\triangle ABP$ 中,$\frac{f(b)-f(a)}{b-a}=\tan\alpha$,其中 α 是割线 AB 与 x 轴的夹角,即 $\frac{f(b)-f(a)}{b-a}$ 是通过曲线 $y=f(x)$ 上两点 $A(a,f(a))$ 与 $B(b,f(b))$ 的割线斜率.拉格朗日定理的几何意义是:若闭区间 $[a,b]$ 上有一条连续曲线,曲线上每一点都存在切线,则曲线上至少存在一点 $M(c,f(c))$,过点 M 的切线平行于割线 AB.

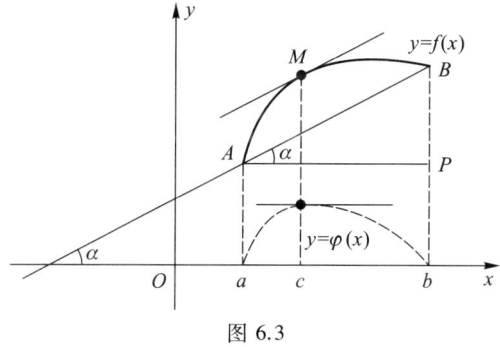

图 6.3

证法 不难看到,当 $f(a)=f(b)$ 时,拉格朗日定理就成为罗尔定理,即罗尔定理是拉格朗日定理的特殊情况.为了应用特殊的罗尔定理证明一般的拉格朗日定理,需要作一个辅助函数 $\varphi(x)$,使它满足罗尔定理的条件.由平面解析几何知,通过两点 $A(a,f(a))$ 与 $B(b,f(b))$ 的割线方程(函数)是

$$y=f(a)+\frac{f(b)-f(a)}{b-a}(x-a).$$

设辅助函数 $\varphi(x)$ 是函数 $f(x)$ 与割线 AB 的方程之差,即

$$\varphi(x)=f(x)-\left[f(a)+\frac{f(b)-f(a)}{b-a}(x-a)\right].$$

---

① 拉格朗日(Lagrange,1736—1813),法国数学家.

不难验证,辅助函数 $\varphi(x)$ 满足罗尔定理的条件.辅助函数 $y=\varphi(x)$ 的图像是闭区间 $[a,b]$ 的一条新曲线,即图 6.3 的虚线.若曲线 $y=\varphi(x)$ 上一点 $(c,\varphi(c))$ 的切线平行于 x 轴,则曲线 $y=f(x)$ 上一点 $(c,f(c))$ 的切线就平行于割线 AB.

证明 作辅助函数

$$\varphi(x)=f(x)-f(a)-\frac{f(b)-f(a)}{b-a}(x-a).$$

已知函数 $\varphi(x)$ 在 $[a,b]$ 连续,在 (a,b) 可导,又有 $\varphi(a)=\varphi(b)=0$,根据罗尔定理,在 (a,b) 内至少存在一点 c,使 $\varphi'(c)=0$.而

$$\varphi'(x)=f'(x)-\frac{f(b)-f(a)}{b-a}.$$

于是

$$\varphi'(c)=f'(c)-\frac{f(b)-f(a)}{b-a}=0,$$

即

$$f'(c)=\frac{f(b)-f(a)}{b-a}.$$

因为不论 $a<b$ 或 $a>b$,比值 $\dfrac{f(b)-f(a)}{b-a}$ 不变,所以(1)式对 $a<b$ 或 $a>b$ 都成立,即

$$f'(c)=\frac{f(b)-f(a)}{b-a}$$

或 $f(b)-f(a)=f'(c)(b-a)$,c 在 a 与 b 之间.

注 1) 证明拉格朗日定理的关键是构造辅助函数,通常构造辅助函数是通过两点 $(a,f(a))$ 与 $(b,f(b))$ 的曲线 $y=f(x)$ 与通过两点 $(a,f(a))$,$(b,f(b))$ 的直线

$$y=f(a)+\frac{f(b)-f(a)}{b-a}(x-a)$$

作差,即

$$\varphi(x)=f(x)-y=f(x)-\left[f(a)+\frac{f(b)-f(a)}{b-a}(x-a)\right].$$

因为曲线与直线在 $(a,f(a))$,$(b,f(b))$ 相交,当然有 $\varphi(a)=\varphi(b)=0$.

其实作辅助函数的方法有很多,不仅限于上述作法,只要是 $f(x)$ 与 x 的线性式,且 $[a,b]$ 端点函数值相等,都可以作为辅助函数,例如:

$$F(x)=f(x)-\frac{f(b)-f(a)}{b-a}(x-a),$$

显然有 $F(a)=F(b)=f(a)$;

$$F(x)=[f(x)-f(a)](b-a)-(x-a)[f(b)-f(a)],$$

显然有 $F(a)=F(b)=0$;

$$F(x)=\begin{vmatrix} f(x) & x & 1 \\ f(a) & a & 1 \\ f(b) & b & 1 \end{vmatrix},$$

显然有 $F(a)=F(b)=0$,这些都可以作为辅助函数.

2) 不论 a 与 b 大小如何,这个结果都是正确的,
$$\frac{f(b)-f(a)}{b-a}=f'(\xi), \quad \xi 介于 a 与 b 之间.$$

若 $b=a+h$,则有 $f(a+h)-f(a)=f'(\xi)h,\xi$ 在 a 与 b 之间.

若 $h>0$,有 $a<\xi<a+h$ 或 $0<\xi-a<h$ 或 $0<\dfrac{\xi-a}{h}<1$. 设 $\theta=\dfrac{\xi-a}{h}$.

若 $h<0$,有 $a+h<\xi<a$ 或 $h<\xi-a<0$ 或 $1>\dfrac{a-\xi}{-h}>0$. 设 $\theta=\dfrac{a-\xi}{-h}=\dfrac{\xi-a}{h}$.

于是
$$f(b)-f(a)=f'(a+\theta(b-a))(b-a), \quad 0<\theta<1.$$
或
$$f(a+h)-f(a)=f'(a+\theta h)h, \quad 0<\theta<1.$$

拉格朗日定理是微分学最重要定理之一,也称微分中值定理,它是沟通函数与其导数之间的桥梁,光靠导数定义起不了这个沟通的作用,是应用导数局部性研究函数整体性的重要数学工具.微分中值定理是研究函数性质非常有效的工具.

三、柯西定理

柯西中值定理 若函数 $f(x)$ 与 $g(x)$ 满足下列条件:

1) 在闭区间 $[a,b]$ 连续;
2) 在开区间 (a,b) 可导,且 $\forall x\in(a,b)$,有 $g'(x)\neq 0$,

则在 (a,b) 内至少存在一点 c,使
$$\frac{f'(c)}{g'(c)}=\frac{f(b)-f(a)}{g(b)-g(a)}. \tag{2}$$

证法 证明方法与证明微分中值定理相同,也是作辅助函数.辅助函数的作法是将证明微分中值定理时所作的辅助函数 $\varphi(x)$ 中的单个字母 a,b,x 分别改换为 $g(a)$, $g(b),g(x)$,即所作的辅助函数是
$$F(x)=f(x)-f(a)-\frac{f(b)-f(a)}{g(b)-g(a)}[g(x)-g(a)].$$

证明 首先证明 $g(b)-g(a)\neq 0$.用反证法,假设 $g(b)-g(a)=0$,即 $g(b)=g(a)$. 根据罗尔定理,在 (a,b) 内至少存在一点 c,使 $g'(c)=0$,与已知条件矛盾.其次作辅助函数
$$F(x)=f(x)-f(a)-\frac{f(b)-f(a)}{g(b)-g(a)}[g(x)-g(a)]$$

(注意 $g(b)-g(a)\neq 0$,辅助函数 $F(x)$ 才有意义).不难验证,辅助函数 $F(x)$ 在 $[a,b]$ 满足罗尔定理的三个条件.根据罗尔定理,在 (a,b) 内至少存在一点 c,使 $F'(c)=0$. 而
$$F'(x)=f'(x)-\frac{f(b)-f(a)}{g(b)-g(a)}g'(x),$$

于是
$$F'(c)=f'(c)-\frac{f(b)-f(a)}{g(b)-g(a)}g'(c)=0,$$

即 $\dfrac{f'(c)}{g'(c)} = \dfrac{f(b)-f(a)}{g(b)-g(a)}$.

不难看到,在柯西中值定理中,当 $g(x)=x$ 时, $g'(x)=1$, $g(a)=a$, $g(b)=b$,则(2)式就是

$$\dfrac{f(b)-f(a)}{b-a}=f'(c),$$

即微分中值定理是柯西中值定理的特殊情况.

四、例

例1 若函数 $f(x)$ 在区间 I 可导,且 $\forall x \in I$,有 $f'(x)=0$,则 $\forall x \in I$,有 $f(x)=C$(常数),即 $f(x)$ 是常数函数.

证明 在区间 I 取定一点 x_0 及 $\forall x \in I$. 显然,函数 $f(x)$ 在 $[x_0,x]$ 或 $[x,x_0]$ 上满足微分中值定理的条件. 根据微分中值定理,有

$$f(x)-f(x_0)=f'(\xi)(x-x_0), \quad \xi \text{ 在 } x \text{ 与 } x_0 \text{ 之间}.$$

已知 $f'(\xi)=0$,从而

$$f(x)-f(x_0)=0 \quad \text{或} \quad f(x)=f(x_0).$$

设 $f(x_0)=C$,即 $\forall x \in I$,有 $f(x)=C$.

已知常数函数的导数是零,反之,例1指出,导数恒为零的函数必是常数函数.

推论 若 $\forall x \in I$(区间),有 $f'(x)=g'(x)$,则 $\forall x \in I$,有 $f(x)=g(x)+C$,其中 C 是常数.

证明 $\forall x \in I$,有 $[f(x)-g(x)]'=f'(x)-g'(x)=0$. 由例1,有

$$f(x)-g(x)=C \quad \text{或} \quad f(x)=g(x)+C,$$

其中 C 是常数.

例2 证明:$\arcsin x + \arccos x = \dfrac{\pi}{2}$, $x \in (-1,1)$.

证明 已知 $\forall x \in (-1,1)$,有

$$(\arcsin x + \arccos x)' = \dfrac{1}{\sqrt{1-x^2}} - \dfrac{1}{\sqrt{1-x^2}} = 0.$$

由例1,$\arcsin x + \arccos x = C$,其中 C 是常数.

为了确定常数 C,令 $x=0$,有

$$C = \arcsin 0 + \arccos 0 = \dfrac{\pi}{2},$$

即

$$\arcsin x + \arccos x = \dfrac{\pi}{2}.$$

例3 若函数 $f(x),g(x)$ 在 $[a,b]$ 上连续,在 (a,b) 内可导,且 $g(a)=f(b)=0$,$\forall x \in (a,b)$,$f(x) \neq 0$,$g(x) \neq 0$,则 $\exists \xi \in (a,b)$,有

$$\dfrac{f'(\xi)}{f(\xi)} = -\dfrac{g'(\xi)}{g(\xi)}.$$

证法 为了证明 $\exists \xi \in (a,b)$,有等式 $\dfrac{f'(\xi)}{f(\xi)} = -\dfrac{g'(\xi)}{g(\xi)}$ 成立 $\Leftrightarrow \exists \xi \in (a,b)$ 使 $f'(\xi)g(\xi) + g'(\xi)f(\xi) = 0$ 成立 $\Leftrightarrow f'(x)g(x) + g'(x)f(x)$ 在 (a,b) 内有极值点 $\Leftrightarrow \{f(x)g(x)\}'$ 在 (a,b) 内有极值点.

证明 作辅助函数 $F(x) = f(x)g(x)$. 显然,$F(x)$ 在 $[a,b]$ 上连续,在 (a,b) 内可导,且 $F(a) = F(b) = 0$,由罗尔定理,$\exists \xi \in (a,b)$,使 $F'(\xi) = 0$,即 $f'(\xi)g(\xi) + g'(\xi)f(\xi) = 0$,即

$$\frac{f'(\xi)}{f(\xi)} = -\frac{g'(\xi)}{g(\xi)}.$$

例 4 若函数 $f(x)$ 在 a 的邻域 $U(a)$ 连续,除 a 外可导,且 $\lim\limits_{x \to a} f'(x) = l$,则函数 $f(x)$ 在 a 可导,且 $f'(a) = l$.

证明 $\forall x \in U(a)$,且 $x \neq a$. 显然,函数 $f(x)$ 在 $[a,x]$ 或 $[x,a]$ 满足微分中值定理的条件,则在 a 与 x 之间至少存在一点 c_x,使

$$\frac{f(x) - f(a)}{x - a} = f'(c_x),$$

当 $x \to a$ 时,有 $c_x \to a$. 从而

$$\lim_{x \to a} \frac{f(x) - f(a)}{x - a} = \lim_{c_x \to a} f'(c_x).$$

由已知条件,有 $\lim\limits_{c_x \to a} f'(c_x) = l$,即

$$\lim_{x \to a} \frac{f(x) - f(a)}{x - a} = \lim_{c_x \to a} f'(c_x) = l,$$

由导数定义知,函数 $f(x)$ 在 a 可导,且 $f'(a) = l$.

达布[①]**定理** 若函数 $f(x)$ 在 $[a,b]$ 可导,对 $f'_+(a)$ 与 $f'_-(b)$ 之间任意 μ,则在 (a,b) 内至少存在一点 c,使 $f'(c) = \mu$.

证明 不妨设 $f'_+(a) < f'_-(b)$ (对于 $f'_+(a) > f'_-(b)$ 情况,同法可证).

$$f'_+(a) < \mu < f'_-(b).$$

作辅助函数 $F(x) = f(x) - \mu x$,有 $F'(x) = f'(x) - \mu$. 显然,

$$F'_+(a) = f'_+(a) - \mu < 0 \quad \text{与} \quad F'_-(b) = f'_-(b) - \mu > 0,$$

即

$$F'_+(a) = \lim_{x \to a^+} \frac{F(x) - F(a)}{x - a} < 0$$

与

$$F'_-(b) = \lim_{x \to b^-} \frac{F(x) - F(b)}{x - b} > 0.$$

由极限保号性,$\exists x_1 \in (a,b)$,使

$$\frac{F(x_1) - F(a)}{x_1 - a} < 0,$$

---

① 达布(Darboux,1842—1917),法国数学家.

从而
$$F(x_1)-F(a)<0 \quad \text{或} \quad F(x_1)<F(a).$$
$\exists x_2 \in (a,b)$,使
$$\frac{F(x_2)-F(b)}{x_2-b}>0,$$
从而
$$F(x_2)-F(b)<0 \quad \text{或} \quad F(x_2)<F(b).$$
于是,$F(x)$在(a,b)内至少存在一个极小点 c.[①]根据费马定理,有
$$F'(c)=f'(c)-\mu=0, \quad \text{即} f'(c)=\mu.$$

注 达布定理指出,若函数$f(x)$在区间I可导,则导函数$f'(x)$在区间I上具有介值性.因此导函数$f'(x)$在区间I上不能有第一类间断点,否则与达布定理矛盾.导函数$f'(x)$没有第一类间断点可能有第二类间断点.例如,函数
$$f(x)=\begin{cases} x^{\alpha}\sin\dfrac{1}{x}, & x\neq 0, \\ 0, & x=0. \end{cases}$$

当$\alpha>1$时,函数$f(x)$在$\mathbf{R}$可导.事实上,当$x=0$时,有
$$f'(0)=\lim_{x\to 0}\frac{f(x)-f(0)}{x-0}=\lim_{x\to 0}x^{\alpha-1}\sin\frac{1}{x}=0.$$

当$x\neq 0$时,有
$$f'(x)=\alpha x^{\alpha-1}\sin\frac{1}{x}-x^{\alpha-2}\cos\frac{1}{x}.$$

于是,当$\alpha>1$时,$f(x)$在$\mathbf{R}$可导;当$1<\alpha<2$时,且在$x=0$的邻域,$f'(x)$有无界型第二类间断点;当$\alpha=2$时,$f'(x)$有非无界型间断点.

练习题 6.1

1. 证明:函数$f(x)=(x-1)(x-2)(x-3)$在区间$(1,3)$内至少存在一点ξ,使$f''(\xi)=0$.
2. 举例说明:
 1) 在罗尔定理中,三个条件有一个不成立,定理的结论就可能不成立;
 2) 在罗尔定理中,使导数为零的点不是唯一的.
3. 证明:若方程$a_0 x^n+a_1 x^{n-1}+\cdots+a_{n-1}x=0$有正根$x_0$,则方程
$$na_0 x^{n-1}+(n-1)a_1 x^{n-2}+\cdots+a_{n-1}=0$$
必存在小于x_0的正根.
4. 证明:方程$x^3-3x+c=0$在区间$(0,1)$内没有两个不同的实根(提示:用反证法).
5. 证明:若函数$f(x)$可导,且$f(0)=0$,$|f'(x)|<1$,则$|f(x)|<|x|$,$x\neq 0$.

[①] 因为函数$F(x)$在$[a,b]$连续,所以函数$F(x)$在$[a,b]$取最小值.由于$\exists x_1,x_2\in(a,b)$,有$F(x_1)<F(a)$与$F(x_2)<F(b)$,从而函数$F(x)$在(a,b)内至少存在一个极小点 c.

6. 证明:若函数 $f(x)$ 可导,且 $\lim\limits_{x\to+\infty}f'(x)=k$,则
$$\lim_{x\to+\infty}[f(x+1)-f(x)]=k.$$

7. 证明:若 $\forall x\in\mathbf{R}$,有 $f'(x)=a$,则 $f(x)=ax+b$.

8. 证明:若函数 $f(x)$ 在 $[a,b]$ 连续,在 (a,b) 可导,且 $f(a)<f(b)$,则在 (a,b) 内至少存在一点 c,使 $f'(c)>0$.

9. 证明下列不等式:

1) $|\sin x-\sin y|\leqslant|x-y|$;

2) $\dfrac{1}{x+1}<\ln(x+1)-\ln x<\dfrac{1}{x},x>0$;

3) $ay^{a-1}(x-y)<x^a-y^a<ax^{a-1}(x-y),a>1,0<y<x$;

4) $\dfrac{\sin x_2-\sin x_1}{x_2-x_1}>\dfrac{\sin x_3-\sin x_2}{x_3-x_2},0\leqslant x_1<x_2<x_3\leqslant\pi$;

5) $\dfrac{1}{n^p}<\dfrac{1}{p-1}\left[\dfrac{1}{(n-1)^{p-1}}-\dfrac{1}{n^{p-1}}\right],p>1,n\geqslant 2$ （提示:在 $[n-1,n]$ 考虑函数 $f(x)=\dfrac{1}{x^{p-1}}$）.

10. 证明:

1) $\arctan x+\operatorname{arccot} x=\dfrac{\pi}{2}$;

2) $2\arctan x+\arcsin\dfrac{2x}{1+x^2}=\pi\operatorname{sgn} x,|x|\geqslant 1$.

11. 证明:若函数 $f(x)$ 在 $(a,+\infty)$ 可导,且 $\forall x\in(a,+\infty)$,有 $|f'(x)|\leqslant M$,其中 M 是常数,则 $f(x)$ 在 $(a,+\infty)$ 一致连续.

12. 证明:若 $\forall x,y\in\mathbf{R}$,有 $|f(x)-f(y)|\leqslant M(x-y)^2$,其中 M 是常数,则 $f(x)$ 是常数函数.

13. 证明:若函数 $f(x)$ 在 $[0,a]$ 可导,$f'(x)$ 单调增加,且 $f(0)=0$,则函数 $\dfrac{f(x)}{x}$ 在 $(0,a)$ 也单调增加.

14. 证明:若函数 $f(x)$ 在 x_0 连续,且 $\forall x\in(x_0-\delta,x_0)$,有 $f'(x)<0$;$\forall x\in(x_0,x_0+\delta)$,有 $f'(x)>0$,则 x_0 是函数 $f(x)$ 的极小点.

* * * * * * * *

15. 证明:若 $c_0+\dfrac{c_1}{2}+\dfrac{c_2}{3}+\cdots+\dfrac{c_n}{n+1}=0$,$c_0,c_1,\cdots,c_n$ 是常数,则方程
$$c_0+c_1x+c_2x^2+\cdots+c_nx^n=0$$
在 $(0,1)$ 内至少有一个实根.

16. 证明:若函数 $f(x)$ 在 $(a,+\infty)$ 可导,且 $\forall x\in(a,+\infty)$,有 $|f'(x)|\leqslant M$,M 是常数,则
$$\lim_{x\to+\infty}\dfrac{f(x)}{x^2}=0.$$

17. 证明:若 n 次多项式函数 $P(x)$ 有 $n+1$ 个零点（即方程 $P(x)=0$ 的实根）,则 $P(x)\equiv 0$.

18. 证明:若函数 $f(x)$ 在 $(a,+\infty)$ 可导,且
$$\lim_{x\to a^+}f(x)=\lim_{x\to+\infty}f(x),$$
则在 $(a,+\infty)$ 内至少存在一点 c,使 $f'(c)=0$.

19. 证明:若函数 $f(x)$ 在 $[a,b]$ 可导 $(0<a<b)$,则 $\exists c\in(a,b)$,使

$$f(b)-f(a)=cf'(c)\ln\frac{b}{a}.$$

并用此结果证明

$$\lim_{n\to\infty}n(\sqrt[n]{\xi}-1)=\ln\xi \quad (\xi>0)$$

(提示:前者用柯西中值定理,取 $\varphi(x)=\ln x$.后者取 $f(x)=x^{\frac{1}{n}}, a=1, b=\xi$).

20. 证明:若函数 $f(x)$ 在 $[0,1]$ 可导,则 $\exists \xi \in (0,1)$,使

$$f'(\xi)=2\xi[f(1)-f(0)].$$

21. 证明:若函数 $f(x)$ 在 $[a,b]$ 连续,在 (a,b) 存在二阶导数,且 $f(a)=f(b)=0, f(c)>0$,其中 $a<c<b$,则在 (a,b) 内至少存在一点 ξ,使 $f''(\xi)<0$.

22. 证明:若函数 $f(x)$ 在 $[a,b]$ 存在二阶导数,且 $f'(a)=f'(b)=0$,则在 (a,b) 内至少存在一点 c,使

$$|f''(c)|\geq\frac{2}{(b-a)^2}|f(b)-f(a)|$$

$\left(\text{提示:在区间}\left[a,\frac{a+b}{2}\right]\text{与}\left[\frac{a+b}{2},b\right]\text{用微分中值定理}\right).$

23. 证明:若函数 $f(x)$ 在 $[0,1]$ 可导,且 $f(0)=0, \forall x\in[0,1]$,有 $|f'(x)|\leq|f(x)|$,则 $f(x)=0, x\in[0,1]$.

24. 证明:若函数 $f(x)$ 在 $\mathbf{R}$ 可导,$\forall x\in\mathbf{R}, |f'(x)|\leq k$,且 $k<1$,则函数 $f(x)$ 存在不动点 x,即 $f(x)=x$.

§6.2 洛必达[①]法则

一、$\frac{0}{0}$ 型

约定用"0"表示无穷小,用"∞"表示无穷大.已知两个无穷小之比 $\frac{0}{0}$ 或两个无穷大之比 $\frac{\infty}{\infty}$ 的极限可能有各种不同的情况.因此,求 $\frac{0}{0}$ 或 $\frac{\infty}{\infty}$ 形式的极限都要根据函数的不同类型选用相应的方法.洛必达法则是求 $\frac{0}{0}$ 或 $\frac{\infty}{\infty}$ 形式的极限的简便方法.

$\frac{0}{0}$ 与 $\frac{\infty}{\infty}$ 都称为**待定型**.约定用"1"表示以 1 为极限的一类函数,待定型还有五种:

$$0\cdot\infty, 1^{\infty}, 0^0, \infty^0, \infty_1-\infty_2.$$

这五种待定型都可化为 $\frac{0}{0}$ 或 $\frac{\infty}{\infty}$ 的待定型,例如:

---

① 洛必达(L'Hospital,1661—1704),法国数学家.

$$0 \cdot \infty = \frac{0}{\dfrac{1}{\infty}} = \frac{0}{0} \quad \text{或} \quad 0 \cdot \infty = \frac{\infty}{\dfrac{1}{0}} = \frac{\infty}{\infty}.$$

$$1^{\infty} = \mathrm{e}^{\infty \ln 1} = \mathrm{e}^{\infty \cdot 0},$$
$$0^{0} = \mathrm{e}^{0 \ln 0} = \mathrm{e}^{0 \cdot \infty},$$
$$\infty^{0} = \mathrm{e}^{0 \ln \infty} = \mathrm{e}^{0 \cdot \infty},$$

$$\infty_1 - \infty_2 = \frac{1}{\dfrac{1}{\infty_1}} - \frac{1}{\dfrac{1}{\infty_2}} = \frac{\dfrac{1}{\infty_2} - \dfrac{1}{\infty_1}}{\dfrac{1}{\infty_1 \infty_2}} = \frac{0}{0}.$$

洛必达法则 1 若函数 $f(x)$ 与 $\varphi(x)$ 满足下列条件：

1) 在 a 的某去心邻域 $\overset{\circ}{U}(a)$ 可导，且 $\varphi'(x) \neq 0$；
2) $\lim\limits_{x \to a} f(x) = 0$ 与 $\lim\limits_{x \to a} \varphi(x) = 0$；
3) $\lim\limits_{x \to a} \dfrac{f'(x)}{\varphi'(x)} = l$，

则 $\lim\limits_{x \to a} \dfrac{f(x)}{\varphi(x)} = \lim\limits_{x \to a} \dfrac{f'(x)}{\varphi'(x)} = l$.

证法 证明洛必达法则要找到两个函数之比与这两个函数的导数之比之间的联系. 柯西中值定理正是实现这种联系的纽带. 为了使函数 $f(x)$ 与 $\varphi(x)$ 在 a 满足柯西中值定理的条件, 将函数 $f(x)$ 与 $\varphi(x)$ 在 a 作连续延拓. 这不影响定理的证明, 因为讨论函数 $\dfrac{f(x)}{\varphi(x)}$ 在 a 的极限与函数 $f(x)$ 与 $\varphi(x)$ 在 a 的函数值无关.

证明 将函数 $f(x)$ 与 $\varphi(x)$ 在 a 作连续延拓, 即设

$$f_1(x) = \begin{cases} f(x), & x \neq a, \\ 0, & x = a; \end{cases} \quad \varphi_1(x) = \begin{cases} \varphi(x), & x \neq a, \\ 0, & x = a. \end{cases}$$

$\forall x \in \overset{\circ}{U}(a)$, 在以 x 与 a 为端点的区间上函数 $f_1(x)$ 与 $\varphi_1(x)$ 满足柯西中值定理的条件, 则在 x 与 a 之间至少存在一点 c, 使

$$\frac{f_1(x) - f_1(a)}{\varphi_1(x) - \varphi_1(a)} = \frac{f_1'(c)}{\varphi_1'(c)}.$$

已知 $f_1(a) = \varphi_1(a) = 0$, $\forall x \neq a$, 有 $f_1(x) = f(x)$, $\varphi_1(x) = \varphi(x)$, $f_1'(c) = f'(c)$, $\varphi_1'(c) = \varphi'(c)$. 从而,

$$\frac{f(x)}{\varphi(x)} = \frac{f'(c)}{\varphi'(c)}.$$

因为 c 在 x 与 a 之间, 所以当 $x \to a$ 时, 有 $c \to a$, 由条件 3), 有

$$\lim_{x \to a} \frac{f(x)}{\varphi(x)} = \lim_{c \to a} \frac{f'(c)}{\varphi'(c)} = l = \lim_{x \to a} \frac{f'(x)}{\varphi'(x)}.$$

洛必达法则 2 若函数 $f(x)$ 与 $\varphi(x)$ 满足下列条件：

1) $\exists A > 0$, 在 $(-\infty, -A)$ 与 $(A, +\infty)$ 可导，且 $\varphi'(x) \neq 0$；

2) $\lim\limits_{x \to \infty} f(x) = 0$ 与 $\lim\limits_{x \to \infty} \varphi(x) = 0$;

3) $\lim\limits_{x \to \infty} \dfrac{f'(x)}{\varphi'(x)} = l$,

则 $\lim\limits_{x \to \infty} \dfrac{f(x)}{\varphi(x)} = \lim\limits_{x \to \infty} \dfrac{f'(x)}{\varphi'(x)} = l$.

证法　应用换元法,设 $x = \dfrac{1}{y}$,就将 $x \to \infty$ 换成 $y \to 0$. 于是,函数 $f\left(\dfrac{1}{y}\right)$ 与 $\varphi\left(\dfrac{1}{y}\right)$ 在 $y = 0$ 的邻域内满足洛必达法则 1. 由洛必达法则 1 可证洛必达法则 2.

证明　设 $x = \dfrac{1}{y}, x \to \infty \Longleftrightarrow y \to 0$,从而

$$\lim_{x \to \infty} \frac{f(x)}{\varphi(x)} = \lim_{y \to 0} \frac{f\left(\dfrac{1}{y}\right)}{\varphi\left(\dfrac{1}{y}\right)},$$

其中 $\lim\limits_{y \to 0} f\left(\dfrac{1}{y}\right) = 0$ 与 $\lim\limits_{y \to 0} \varphi\left(\dfrac{1}{y}\right) = 0$. 根据洛必达法则 1,有

$$\lim_{y \to 0} \frac{f\left(\dfrac{1}{y}\right)}{\varphi\left(\dfrac{1}{y}\right)} = \lim_{y \to 0} \frac{\left[f\left(\dfrac{1}{y}\right)\right]'}{\left[\varphi\left(\dfrac{1}{y}\right)\right]'} = \lim_{y \to 0} \frac{f'\left(\dfrac{1}{y}\right)\left(-\dfrac{1}{y^2}\right)}{\varphi'\left(\dfrac{1}{y}\right)\left(-\dfrac{1}{y^2}\right)}$$

$$= \lim_{y \to 0} \frac{f'\left(\dfrac{1}{y}\right)}{\varphi'\left(\dfrac{1}{y}\right)} = \lim_{x \to \infty} \frac{f'(x)}{\varphi'(x)} = l,$$

即 $\lim\limits_{x \to \infty} \dfrac{f(x)}{\varphi(x)} = \lim\limits_{x \to \infty} \dfrac{f'(x)}{\varphi'(x)} = l$.

应用洛必达法则,而极限 $\lim\limits_{\substack{x \to a \\ (x \to \infty)}} \dfrac{f'(x)}{\varphi'(x)}$ 仍是 $\dfrac{0}{0}$ 的待定型,这时只要导函数 $f'(x)$ 与 $\varphi'(x)$ 仍满足洛必达法则的条件,特别是极限 $\lim\limits_{\substack{x \to a \\ (x \to \infty)}} \dfrac{f''(x)}{\varphi''(x)}$ 存在,则有

$$\lim_{\substack{x \to a \\ (x \to \infty)}} \frac{f(x)}{\varphi(x)} = \lim_{\substack{x \to a \\ (x \to \infty)}} \frac{f'(x)}{\varphi'(x)} = \lim_{\substack{x \to a \\ (x \to \infty)}} \frac{f''(x)}{\varphi''(x)}.$$

一般情况,若

$$\lim_{\substack{x \to a \\ (x \to \infty)}} \frac{f'(x)}{\varphi'(x)}, \quad \lim_{\substack{x \to a \\ (x \to \infty)}} \frac{f''(x)}{\varphi''(x)}, \quad \cdots, \quad \lim_{\substack{x \to a \\ (x \to \infty)}} \frac{f^{(n-1)}(x)}{\varphi^{(n-1)}(x)}$$

都是 $\dfrac{0}{0}$ 的待定型,而导函数 $f^{(n-1)}(x)$ 与 $\varphi^{(n-1)}(x)$ 满足洛必达法则的条件,特别是极限

$\lim\limits_{\substack{x \to a \\ (x \to \infty)}} \dfrac{f^{(n)}(x)}{\varphi^{(n)}(x)}$ 存在,则有

$$\lim_{\substack{x \to a \\ (x \to \infty)}} \frac{f(x)}{\varphi(x)} = \lim_{\substack{x \to a \\ (x \to \infty)}} \frac{f'(x)}{\varphi'(x)} = \cdots = \lim_{\substack{x \to a \\ (x \to \infty)}} \frac{f^{(n)}(x)}{\varphi^{(n)}(x)}.$$

例1 求极限 $\lim\limits_{x \to 0} \dfrac{a^x - b^x}{x}$ $(a>0, b>0)$. $\left(\dfrac{0}{0}\right)$

解 由洛必达法则1,有

$$\lim_{x \to 0} \frac{a^x - b^x}{x} = \lim_{x \to 0} \frac{(a^x - b^x)'}{(x)'} = \lim_{x \to 0} \frac{a^x \ln a - b^x \ln b}{1} = \ln a - \ln b = \ln \frac{a}{b}.$$

例2 求极限 $\lim\limits_{x \to +\infty} \dfrac{\dfrac{\pi}{2} - \arctan x}{\sin \dfrac{1}{x}}$. $\left(\dfrac{0}{0}\right)$

解 $\lim\limits_{x \to +\infty} \dfrac{\dfrac{\pi}{2} - \arctan x}{\sin \dfrac{1}{x}} = \lim\limits_{x \to +\infty} \dfrac{-\dfrac{1}{1+x^2}}{-\dfrac{1}{x^2} \cos \dfrac{1}{x}} = \lim\limits_{x \to +\infty} \dfrac{x^2}{1+x^2} \dfrac{1}{\cos \dfrac{1}{x}} = 1.$

例3 求极限 $\lim\limits_{x \to 0} \dfrac{\sin x - x\cos x}{\sin^3 x}$. $\left(\dfrac{0}{0}\right)$

解 $\lim\limits_{x \to 0} \dfrac{\sin x - x\cos x}{\sin^3 x} = \lim\limits_{x \to 0} \dfrac{(\sin x - x\cos x)'}{(\sin^3 x)'}$

$= \lim\limits_{x \to 0} \dfrac{x \sin x}{3\sin^2 x \cos x} = \lim\limits_{x \to 0} \dfrac{x}{3\sin x \cos x}$ $\left(\dfrac{0}{0}\right)$

$= \lim\limits_{x \to 0} \dfrac{(x)'}{(3\sin x \cos x)'}$

$= \lim\limits_{x \to 0} \dfrac{1}{3(\cos^2 x - \sin^2 x)} = \dfrac{1}{3}.$

例4 求极限 $\lim\limits_{x \to 0} \dfrac{e^x - e^{-x} - 2x}{x - \sin x}$. $\left(\dfrac{0}{0}\right)$

解 $\lim\limits_{x \to 0} \dfrac{e^x - e^{-x} - 2x}{x - \sin x} = \lim\limits_{x \to 0} \dfrac{e^x + e^{-x} - 2}{1 - \cos x}$ $\left(\dfrac{0}{0}\right)$

$= \lim\limits_{x \to 0} \dfrac{e^x - e^{-x}}{\sin x}$ $\left(\dfrac{0}{0}\right)$

$= \lim\limits_{x \to 0} \dfrac{e^x + e^{-x}}{\cos x} = 2.$

二、$\dfrac{\infty}{\infty}$ 型

洛必达法则3 若函数 $f(x)$ 与 $\varphi(x)$ 满足下列条件:

1) 在 a 的某去心邻域 $\mathring{U}(a)$ 可导,且 $\varphi'(x) \neq 0$;

2) $\lim\limits_{x\to a}\varphi(x)=\infty$, $\lim\limits_{x\to a}f(x)=\infty$;

3) $\lim\limits_{x\to a}\dfrac{f'(x)}{\varphi'(x)}=l$,

则 $\lim\limits_{x\to a}\dfrac{f(x)}{\varphi(x)}=\lim\limits_{x\to a}\dfrac{f'(x)}{\varphi'(x)}=l$.

证明 只证明 $x\to a^-$ 情况. 同法可证 $x\to a^+$ 情况.

由条件 3), $\forall \varepsilon>0, \exists x_1\in \overset{\circ}{U}(a), \forall \xi: x_1<\xi<a$, 有

$$\left|\dfrac{f'(\xi)}{\varphi'(\xi)}-l\right|<\varepsilon. \tag{1}$$

取定 x_1. $\forall x\in(x_1,a)$, 函数 $f(x)$ 与 $\varphi(x)$ 在区间 $[x_1,x]$ 满足柯西中值定理的条件, 根据柯西中值定理, $\exists c\in(x_1,x)$, 有

$$\dfrac{f(x)-f(x_1)}{\varphi(x)-\varphi(x_1)}=\dfrac{f'(c)}{\varphi'(c)}$$

或

$$\dfrac{f(x)-f(x_1)}{\varphi(x)-\varphi(x_1)}-l=\dfrac{f'(c)}{\varphi'(c)}-l, \quad x_1<c<x.$$

用 $\varphi(x)-\varphi(x_1)$ 乘上式的等号两端, 有

$$f(x)-f(x_1)-l[\varphi(x)-\varphi(x_1)]=\left[\dfrac{f'(c)}{\varphi'(c)}-l\right][\varphi(x)-\varphi(x_1)]$$

或

$$f(x)-l\varphi(x)=\left[\dfrac{f'(c)}{\varphi'(c)}-l\right][\varphi(x)-\varphi(x_1)]+[f(x_1)-l\varphi(x_1)].$$

对上式再除以 $\varphi(x)$, 有

$$\dfrac{f(x)}{\varphi(x)}-l=\left[\dfrac{f'(c)}{\varphi'(c)}-l\right]\left[1-\dfrac{\varphi(x_1)}{\varphi(x)}\right]+\dfrac{f(x_1)-l\varphi(x_1)}{\varphi(x)}. \tag{2}$$

由条件 2), 有 (x_1 是常数)

$$\lim\limits_{x\to a^-}\dfrac{\varphi(x_1)}{\varphi(x)}=0 \quad 与 \quad \lim\limits_{x\to a^-}\dfrac{f(x_1)-l\varphi(x_1)}{\varphi(x)}=0.$$

从而, 对上述的 $\varepsilon>0, \exists x_2>x_1, \forall x: x_2<x<a$, 同时有

$$\left|\dfrac{\varphi(x_1)}{\varphi(x)}\right|<1 \quad 与 \quad \left|\dfrac{f(x_1)-l\varphi(x_1)}{\varphi(x)}\right|<\varepsilon.$$

由于 $c: x_1<c<x$, 有 $x_1<c<a$, 由 (1) 式, 有

$$\left|\dfrac{f'(c)}{\varphi'(c)}-l\right|<\varepsilon.$$

于是, 由 (2) 式, $\forall x: x_2<x<a$, 有

$$\left|\dfrac{f(x)}{\varphi(x)}-l\right|\leqslant\left|\dfrac{f'(c)}{\varphi'(c)}-l\right|\cdot\left(1+\left|\dfrac{\varphi(x_1)}{\varphi(x)}\right|\right)+\left|\dfrac{f(x_1)-l\varphi(x_1)}{\varphi(x)}\right|$$

$$< \varepsilon(1+1)+\varepsilon = 3\varepsilon,$$

即

$$\lim_{x\to a^-}\frac{f(x)}{\varphi(x)}= l.$$

同法可证,

$$\lim_{x\to a^+}\frac{f(x)}{\varphi(x)}= l.$$

于是

$$\lim_{x\to a}\frac{f(x)}{\varphi(x)}= \lim_{x\to a}\frac{f'(x)}{\varphi'(x)}= l.$$

在洛必达法则 3 中,将 $x\to a$ 换成 $x\to\infty$,且满足相应条件,结论仍成立.证法与洛必达法则 2 相同.

例 5 求极限 $\lim\limits_{x\to\frac{\pi}{2}}\dfrac{\tan x}{\tan 3x}$. $\left(\dfrac{\infty}{\infty}\right)$

解 根据洛必达法则 3, 有

$$\lim_{x\to\frac{\pi}{2}}\frac{\tan x}{\tan 3x}= \lim_{x\to\frac{\pi}{2}}\frac{(\tan x)'}{(\tan 3x)'}= \lim_{x\to\frac{\pi}{2}}\frac{\frac{1}{\cos^2 x}}{\frac{3}{\cos^2 3x}}= \lim_{x\to\frac{\pi}{2}}\frac{\cos^2 3x}{3\cos^2 x} \quad \left(\frac{0}{0}\right)$$

$$= \lim_{x\to\frac{\pi}{2}}\frac{-6\cos 3x\sin 3x}{-6\cos x\sin x}= \lim_{x\to\frac{\pi}{2}}\frac{\sin 6x}{\sin 2x} \quad \left(\frac{0}{0}\right)$$

$$= \lim_{x\to\frac{\pi}{2}}\frac{6\cos 6x}{2\cos 2x}= \frac{-6}{-2}= 3.$$

例 6 求极限 $\lim\limits_{x\to+\infty}\dfrac{\ln x}{x^\alpha}(\alpha>0)$. $\left(\dfrac{\infty}{\infty}\right)$

解 $\lim\limits_{x\to+\infty}\dfrac{\ln x}{x^\alpha}= \lim\limits_{x\to+\infty}\dfrac{\frac{1}{x}}{\alpha x^{\alpha-1}}= \lim\limits_{x\to+\infty}\dfrac{1}{\alpha x^\alpha}= 0.$

例 7 求极限 $\lim\limits_{x\to+\infty}\dfrac{x^\alpha}{a^x}(a>1,\alpha>0)$. $\left(\dfrac{\infty}{\infty}\right)$

解 $\lim\limits_{x\to+\infty}\dfrac{x^\alpha}{a^x}= \lim\limits_{x\to+\infty}\dfrac{\alpha x^{\alpha-1}}{a^x\ln a}= \begin{cases} 0, & 0<\alpha\leq 1; \\ \dfrac{\infty}{\infty}, & \alpha>1. \end{cases}$

对常数 $\alpha>1$, $\exists n\in\mathbf{N}_+$, 使 $n-1<\alpha\leq n(\alpha-n\leq 0)$, 逐次应用洛必达法则 3, 直到第 n 次, 有

$$\lim_{x\to+\infty}\frac{x^\alpha}{a^x}= \lim_{x\to+\infty}\frac{\alpha x^{\alpha-1}}{a^x\ln a}= \cdots$$

$$= \lim_{x\to+\infty}\frac{\alpha(\alpha-1)\cdots(\alpha-n+1)x^{\alpha-n}}{a^x(\ln a)^n}= 0.$$

例 6 与例 7 说明，$\forall \alpha>0, a>1$，当 $x\to+\infty$ 时，对数函数 $\ln x$，幂函数 x^α，指数函数 a^x 都是正无穷大. 这三个函数比较，指数函数增长最快，幂函数次之，对数函数增长最慢.

注 这里我们又一次得到了 §2.4 关于无穷大阶的序列. 但是，现在我们所使用的方法是简单的，统一的，比第二章使用的方法容易多了. 说明洛必达法则对求多数待定型的极限不仅计算简单，而且非常有效.

三、其他待定型

1. $0 \cdot \infty$ 型

例 8 求极限 $\lim\limits_{x\to 0^+} x\ln x$. （$0 \cdot \infty$）

解 $\lim\limits_{x\to 0^+} x\ln x = \lim\limits_{x\to 0^+}\dfrac{\ln x}{\dfrac{1}{x}} = \lim\limits_{x\to 0^+}\dfrac{\dfrac{1}{x}}{-\dfrac{1}{x^2}} = \lim\limits_{x\to 0^+}(-x) = 0.$

例 9 求极限 $\lim\limits_{x\to\infty} x\ln\dfrac{x+a}{x-a}$ （$a\neq 0$）. （$\infty \cdot 0$）

解 $\lim\limits_{x\to\infty} x\ln\dfrac{x+a}{x-a} = \lim\limits_{x\to\infty}\dfrac{\ln\dfrac{x+a}{x-a}}{\dfrac{1}{x}} \quad \left(\dfrac{0}{0}\right)$

$= \lim\limits_{x\to\infty}\dfrac{\dfrac{x-a}{x+a}\cdot\dfrac{-2a}{(x-a)^2}}{-\dfrac{1}{x^2}} = \lim\limits_{x\to\infty}\dfrac{2ax^2}{x^2-a^2} = 2a.$

2. 1^∞ 型

例 10 求极限 $\lim\limits_{x\to\infty}\left(1+\dfrac{m}{x}\right)^x$ （m 是常数）. （1^∞）

解 $\lim\limits_{x\to\infty}\left(1+\dfrac{m}{x}\right)^x = \lim\limits_{x\to\infty} e^{x\ln\left(1+\frac{m}{x}\right)},$

其中

$\lim\limits_{x\to\infty} x\ln\left(1+\dfrac{m}{x}\right) = \lim\limits_{x\to\infty}\dfrac{\ln\left(1+\dfrac{m}{x}\right)}{\dfrac{1}{x}} \quad \left(\dfrac{0}{0}\right)$

$= \lim\limits_{x\to\infty}\dfrac{\dfrac{1}{1+\dfrac{m}{x}}\left(-\dfrac{m}{x^2}\right)}{-\dfrac{1}{x^2}} = \lim\limits_{x\to\infty}\dfrac{m}{1+\dfrac{m}{x}} = m,$

从而有 $\lim\limits_{x\to\infty}\left(1+\dfrac{m}{x}\right)^x = \lim\limits_{x\to\infty} e^{x\ln\left(1+\frac{m}{x}\right)} = e^m.$

例 11 我们把
$$y(x) = \left(\frac{a_1^x + a_2^x + \cdots + a_n^x}{n}\right)^{\frac{1}{x}} \quad (a_i > 0, i = 1, 2, \cdots, n)$$
称为 n 个正数 $a_1, a_2, \cdots, a_n$ 的 x 次方平均数，并记
$$G = \sqrt[n]{a_1 \cdot a_2 \cdot \cdots \cdot a_n},$$
$$M = \max\{a_1, a_2, \cdots, a_n\},$$
$$m = \min\{a_1, a_2, \cdots, a_n\}.$$

证明：1) $\lim\limits_{x \to 0} y(x) = G.$ $\quad (1^\infty)$

2) $\lim\limits_{x \to +\infty} y(x) = M.$ $\quad (\infty^0)$

3) $\lim\limits_{x \to -\infty} y(x) = m.$ $\quad (0^0)$

证明 1) 中的极限是 1^∞ 型的，两边取对数可把它转化为 $\dfrac{0}{0}$ 型，然后用洛必达法则.

$$\ln y(x) = \frac{1}{x} \ln \frac{a_1^x + a_2^x + \cdots + a_n^x}{n}.$$

$$\lim_{x \to 0} \ln y(x) = \lim_{x \to 0} \frac{\ln(a_1^x + a_2^x + \cdots + a_n^x) - \ln n}{x} \quad \left(\frac{0}{0}\right)$$

$$= \lim_{x \to 0} \frac{a_1^x \ln a_1 + a_2^x \ln a_2 + \cdots + a_n^x \ln a_n}{a_1^x + a_2^x + \cdots + a_n^x}$$

$$= \frac{\ln(a_1 \cdot a_2 \cdot \cdots \cdot a_n)}{n}$$

$$= \ln \sqrt[n]{a_1 \cdot a_2 \cdot \cdots \cdot a_n} = \ln G.$$

于是
$$\lim_{x \to 0} y(x) = \lim_{x \to 0} e^{\ln y(x)} = e^{\ln G} = G.$$

2) 不妨设
$$a_1 \leqslant a_2 \leqslant \cdots \leqslant a_k < a_{k+1} = a_{k+2} = \cdots = a_n = M.$$

2) 中的极限是 ∞^0 型的.两边取对数可把它转化为 $\dfrac{\infty}{\infty}$ 型.然后用洛必达法则.

$$\ln y(x) = \frac{\ln(a_1^x + a_2^x + \cdots + a_n^x) - \ln n}{x},$$

$$\lim_{x \to +\infty} \ln y(x)$$

$$= \lim_{x \to +\infty} \frac{a_1^x \ln a_1 + a_2^x \ln a_2 + \cdots + a_n^x \ln a_n}{a_1^x + a_2^x + \cdots + a_n^x}$$

$$= \lim_{x \to +\infty} \frac{\left(\frac{a_1}{a_n}\right)^x \ln a_1 + \cdots + \left(\frac{a_k}{a_n}\right)^x \ln a_k + \left(\frac{a_{k+1}}{a_n}\right)^x \ln a_{k+1} + \cdots + \left(\frac{a_n}{a_n}\right)^x \ln a_n}{\left(\frac{a_1}{a_n}\right)^x + \cdots + \left(\frac{a_k}{a_n}\right)^x + \left(\frac{a_{k+1}}{a_n}\right)^x + \cdots + \left(\frac{a_n}{a_n}\right)^x},$$

其中 $0 < \dfrac{a_1}{a_n} \leqslant \dfrac{a_2}{a_n} \leqslant \cdots \leqslant \dfrac{a_k}{a_n} < 1$，而 $\dfrac{a_{k+1}}{a_n} = \dfrac{a_{k+2}}{a_n} = \cdots = \dfrac{a_n}{a_n} = 1$.

当 $x \to +\infty$ 时，
$$\lim_{x \to +\infty}\left(\dfrac{a_1}{a_n}\right)^x = \lim_{x \to +\infty}\left(\dfrac{a_2}{a_n}\right)^x = \cdots = \lim_{x \to +\infty}\left(\dfrac{a_k}{a_n}\right)^x = 0.$$

于是
$$\lim_{x \to +\infty} \ln y(x) = \dfrac{(n-k)\ln M}{(n-k)} = \ln M,$$

即
$$\lim_{x \to +\infty} y(x) = \lim_{x \to +\infty} e^{\ln y(x)} = e^{\ln M} = M = \max\{a_1, a_2, \cdots, a_n\}.$$

3) 不妨设
$$m = a_1 = a_2 = \cdots = a_h < a_{h+1} \leqslant a_{h+2} \leqslant \cdots \leqslant a_n.$$

方法同 2). 于是
$$\lim_{x \to -\infty} \ln y(x)$$
$$= \lim_{x \to -\infty} \dfrac{\ln(a_1^x + a_2^x + \cdots + a_n^x) - \ln n}{x}$$
$$= \lim_{x \to -\infty} \dfrac{a_1^x \ln a_1 + a_2^x \ln a_2 + \cdots + a_n^x \ln a_n}{a_1^x + a_2^x + \cdots + a_n^x}$$
$$= \lim_{x \to -\infty} \dfrac{\left(\dfrac{a_1}{a_1}\right)^x \ln a_1 + \cdots + \left(\dfrac{a_h}{a_1}\right)^x \ln a_h + \left(\dfrac{a_{h+1}}{a_1}\right)^x \ln a_{h+1} + \cdots + \left(\dfrac{a_n}{a_1}\right)^x \ln a_n}{\left(\dfrac{a_1}{a_1}\right)^x + \cdots + \left(\dfrac{a_h}{a_1}\right)^x + \left(\dfrac{a_{h+1}}{a_1}\right)^x + \cdots + \left(\dfrac{a_n}{a_1}\right)^x},$$

其中 $0 < \dfrac{a_1}{a_1} = \dfrac{a_2}{a_1} = \cdots = \dfrac{a_h}{a_1} = 1, 1 < \dfrac{a_{h+1}}{a_1} \leqslant \dfrac{a_{h+2}}{a_1} \leqslant \cdots \leqslant \dfrac{a_n}{a_1}$.

当 $x \to -\infty$ 时，
$$\lim_{x \to -\infty}\left(\dfrac{a_{h+1}}{a_1}\right)^x = \lim_{x \to -\infty}\left(\dfrac{a_{h+2}}{a_1}\right)^x = \cdots = \lim_{x \to -\infty}\left(\dfrac{a_n}{a_1}\right)^x = 0.$$

于是
$$\lim_{x \to -\infty} \ln y(x) = \dfrac{h \ln m}{h} = \ln m.$$

即
$$\lim_{x \to -\infty} y(x) = \lim_{x \to -\infty} e^{\ln y(x)} = e^{\ln m} = m = \min\{a_1, a_2, \cdots, a_n\}.$$

3. ∞^0 型

例 12 求极限 $\lim\limits_{x \to +\infty} x^{\frac{1}{x}}$. (∞^0)

解
$$\lim_{x \to +\infty} x^{\frac{1}{x}} = \lim_{x \to +\infty} e^{\frac{1}{x}\ln x},$$

其中

$$\lim_{x\to+\infty}\frac{1}{x}\ln x = \lim_{x\to+\infty}\frac{\ln x}{x} = \lim_{x\to+\infty}\frac{\frac{1}{x}}{1} = 0,$$

有
$$\lim_{x\to+\infty} x^{\frac{1}{x}} = e^0 = 1.$$

4. 0^0 型

例 13 求极限 $\lim\limits_{x\to 0^+}(\tan x)^{\sin x}$. (0^0)

解 $\lim\limits_{x\to 0^+}(\tan x)^{\sin x} = \lim\limits_{x\to 0^+} e^{\sin x \cdot \ln(\tan x)},$

其中
$$\lim_{x\to 0^+}\sin x \ln(\tan x) = \lim_{x\to 0^+}\frac{\ln(\tan x)}{\frac{1}{\sin x}} \quad \left(\frac{\infty}{\infty}\right)$$

$$= \lim_{x\to 0^+}\frac{\frac{1}{\tan x \cos^2 x}}{-\frac{\cos x}{\sin^2 x}} = \lim_{x\to 0^+}\frac{-\sin x}{\cos^2 x} = 0,$$

有
$$\lim_{x\to 0^+}(\tan x)^{\sin x} = e^0 = 1.$$

5. $\infty - \infty$ 型

例 14 求极限 $\lim\limits_{x\to 1}\left(\dfrac{1}{\ln x}-\dfrac{1}{x-1}\right)$. $(\infty-\infty)$

解 $\lim\limits_{x\to 1}\left(\dfrac{1}{\ln x}-\dfrac{1}{x-1}\right) = \lim\limits_{x\to 1}\dfrac{x-1-\ln x}{(x-1)\ln x} \quad \left(\dfrac{0}{0}\right)$

$$= \lim_{x\to 1}\frac{1-\frac{1}{x}}{\ln x+\frac{x-1}{x}} = \lim_{x\to 1}\frac{x-1}{x\ln x+x-1} \quad \left(\frac{0}{0}\right)$$

$$= \lim_{x\to 1}\frac{1}{\ln x+1+1} = \frac{1}{2}.$$

从上述的例题看到,洛必达法则是求待定型极限的有力工具.值得注意的是,洛必达法则的条件 3) 仅是充分条件,即当极限 $\lim\limits_{\substack{x\to a\\(x\to\infty)}}\dfrac{f'(x)}{\varphi'(x)}$ 不存在时,而极限 $\lim\limits_{\substack{x\to a\\(x\to\infty)}}\dfrac{f(x)}{\varphi(x)}$ 仍可能存在.例如,求极限

$$\lim_{x\to+\infty}\frac{x+\sin x}{x}.$$

极限 $\lim\limits_{x\to+\infty}\dfrac{(x+\sin x)'}{(x)'} = \lim\limits_{x\to+\infty}\dfrac{1+\cos x}{1}$ 不存在,而极限

$$\lim_{x\to+\infty}\frac{x+\sin x}{x}=\lim_{x\to+\infty}\left(1+\frac{\sin x}{x}\right)=1$$

却存在.

应用洛必达法则时,每步必须验证是否满足条件,否则会得出错误的结果,如

$$\lim_{x\to+\infty}\frac{x-\sin x}{x+\sin x}=\lim_{x\to+\infty}\frac{1-\cos x}{1+\cos x}=\lim_{x\to+\infty}\frac{\sin x}{-\sin x}=-1.$$

事实上左端极限是 1,原因是在用了一次洛必达法则之后,已经不是待定型了,所以不能再用洛必达法则.正确的做法是

$$\lim_{x\to+\infty}\frac{x-\sin x}{x+\sin x}=\lim_{x\to+\infty}\frac{1-\frac{\sin x}{x}}{1+\frac{\sin x}{x}}=\frac{1}{1}=1.$$

练习题 6.2

1. 求下列极限:

1) $\lim\limits_{x\to 0}\dfrac{e^x-e^{-x}}{\sin x}$;

2) $\lim\limits_{x\to 0}\dfrac{\tan x-x}{x-\sin x}$;

3) $\lim\limits_{x\to 0}\dfrac{x-\arcsin x}{\sin^3 x}$;

4) $\lim\limits_{x\to \frac{\pi}{2}}\dfrac{\ln(\sin x)}{(\pi-2x)^2}$;

5) $\lim\limits_{x\to +\infty}\dfrac{\ln\left(1+\dfrac{1}{x}\right)}{\operatorname{arccot} x}$;

6) $\lim\limits_{x\to \frac{\pi}{2}}\dfrac{x\tan x}{\tan 3x}$;

7) $\lim\limits_{x\to 0^+}\dfrac{\ln(\sin 3x)}{\ln(\sin x)}$;

8) $\lim\limits_{x\to 1}(1-x)\tan\dfrac{\pi x}{2}$;

9) $\lim\limits_{x\to +\infty}x(e^{\frac{1}{x}}-1)$;

10) $\lim\limits_{x\to 1}\left(\dfrac{2}{x^2-1}-\dfrac{1}{x-1}\right)$;

11) $\lim\limits_{x\to 0^+}\left(\dfrac{\sin x}{x}\right)^{\frac{1}{x^2}}$;

12) $\lim\limits_{x\to \infty}\left(\cos\dfrac{m}{x}\right)^x$;

13) $\lim\limits_{x\to \frac{\pi}{2}^-}(\tan x)^{2x-\pi}$;

14) $\lim\limits_{x\to 0^+}x^{\sin x}$;

15) $\lim\limits_{x\to 0^+}(\cot x)^{\frac{1}{\ln x}}$.

2. 证明:若 $f''(a)$ 存在,则

$$\lim_{h\to 0}\frac{f(a+2h)-2f(a+h)+f(a)}{h^2}=f''(a).$$

* * * * * * * *

3. 问 a 与 b 取何值,有极限

$$\lim_{x\to 0}\left(\frac{\sin 3x}{x^3}+\frac{a}{x^2}+b\right)=0.$$

4. 问 c 取何值,有极限

$$\lim_{x\to+\infty}\left(\frac{x+c}{x-c}\right)^x=4.$$

5. 求下列极限,并指出为什么不能应用洛必达法则:

1) $\lim\limits_{x\to 0}\dfrac{x^2\sin\dfrac{1}{x}}{\sin x}$;   2) $\lim\limits_{x\to+\infty}\dfrac{e^x-e^{-x}}{e^x+e^{-x}}$.

6. 证明:若函数 $f(x)$ 在 $[a,+\infty)$ 有界与可导,且 $\lim\limits_{x\to+\infty}f'(x)=b$,则 $b=0$.

7. 证明:若 $\forall x\in(x_0-\delta,x_0+\delta)$,有 $f'(x)>0$,且 $f''(x_0)$ 存在,则函数 $y=f(x)$ 的反函数 $x=\varphi(y)$ 在 $y_0=f(x_0)$ 存在二阶导数,且

$$\varphi''(y_0)=-\frac{f''(x_0)}{[f'(x_0)]^3}.$$

8. 证明:函数

$$g(x)=\begin{cases}e^{-\frac{1}{x^2}}, & x\neq 0,\\ 0, & x=0\end{cases}$$

在 $x=0$ 存在任意阶导数,且 $g^{(n)}(0)=0, n=1,2,\cdots$.

§6.3 泰勒①公式

一、泰勒公式

在初等函数中,多项式是最简单的函数.因为多项式函数的运算只有加、减、乘三种运算.如果能将有理分式函数,特别是无理函数和初等超越函数用多项式函数近似代替,而误差又能满足要求,显然,这对函数性态的研究和函数值的近似计算都有重要意义.那么一个函数具有什么条件才能用多项式函数近似代替呢?这个多项式函数的各项系数与这个函数有什么关系呢?用多项式函数近似代替这个函数误差又怎样呢?

首先讨论 n 次多项式函数

$$P(x)=a_0+a_1x+a_2x^2+\cdots+a_nx^n.$$

由练习题 5.5 第 9 题,总能将它按着 $x-a$ 的幂表示为(或展开为):

$$P(x)=b_0+b_1(x-a)+b_2(x-a)^2+\cdots+b_n(x-a)^n,$$

其中

$$b_k=\frac{P^{(k)}(a)}{k!},\quad k=0,1,\cdots,n.\quad P^{(0)}(a)=P(a).$$

或

$$P(x)=P(a)+\frac{P'(a)}{1!}(x-a)+\frac{P''(a)}{2!}(x-a)^2+\cdots+\frac{P^{(n)}(a)}{n!}(x-a)^n.$$

由此可见,将 n 次多项式函数 $P(x)$ 按着 $x-a$ 的幂展开,它每项的系数 b_k 由多项式

---

① 泰勒(B.Taylor,1685—1731),英国数学家.

函数 $P(x)$ 唯一确定，即 $b_k = \dfrac{P^{(k)}(a)}{k!}$.

任意一个函数 $f(x)$（不一定是多项式函数），只要函数 $f(x)$ 在 a 存在 n 阶导数，总能形式地写出一个相应的 n 次多项式

$$T_n(x) = f(a) + \frac{f'(a)}{1!}(x-a) + \frac{f''(a)}{2!}(x-a)^2 + \cdots + \frac{f^{(n)}(a)}{n!}(x-a)^n,$$

称为函数 $f(x)$ 在 a 的 **n 次泰勒多项式**.

将函数 $f(x)$ 与它的 n 次泰勒多项式 $T_n(x)$ 的差，表示为

$$R_n(x) = f(x) - T_n(x) \quad 或 \quad f(x) = T_n(x) + R_n(x).$$

$R_n(x)$ 称为函数 $f(x)$ 在 a 的 **n 次泰勒余项**，简称**泰勒余项**.

下面讨论用泰勒多项式 $T_n(x)$ 近似代替函数 $f(x)$，其泰勒余项 $R_n(x)$ 的性质（定性的和定量的）. 这是本节讨论的主要问题. 关于 $R_n(x)$ 的定性的性质有下面的定理：

定理 1（泰勒定理） 若函数 $f(x)$ 在 a 存在 n 阶导数①，则 $\forall x \in U(a)$，有

$$f(x) = T_n(x) + o[(x-a)^n], \tag{1}$$

其中

$$T_n(x) = f(a) + \frac{f'(a)}{1!}(x-a) + \frac{f''(a)}{2!}(x-a)^2 + \cdots + \frac{f^{(n)}(a)}{n!}(x-a)^n;$$

$R_n(x) = o[(x-a)^n]\,(x \to a)$，即 $R_n(x)$ 是 $(x-a)^n$ 的高阶无穷小.

(1) 式称为函数 $f(x)$ 在 a（展开）的**泰勒公式**.

证法 由高阶无穷小的定义，只需证明

$$\lim_{x \to a} \frac{R_n(x)}{(x-a)^n} = \lim_{x \to a} \frac{f(x) - T_n(x)}{(x-a)^n} = 0.$$

这是 $\dfrac{0}{0}$ 的待定型，应用 $n-1$ 次洛必达法则.

证明 $R_n(x) = f(x) - T_n(x)$

$$= f(x) - \left[f(a) + \frac{f'(a)}{1!}(x-a) + \cdots + \frac{f^{(n)}(a)}{n!}(x-a)^n \right],$$

$$R'_n(x) = f'(x) - \left[f'(a) + \frac{f''(a)}{1!}(x-a) + \cdots + \frac{f^{(n)}(a)}{(n-1)!}(x-a)^{n-1} \right],$$

$$R''_n(x) = f''(x) - \left[f''(a) + \frac{f'''(a)}{1!}(x-a) + \cdots + \frac{f^{(n)}(a)}{(n-2)!}(x-a)^{n-2} \right],$$

$\cdots$

$$R_n^{(n-1)}(x) = f^{(n-1)}(x) - \left[f^{(n-1)}(a) + \frac{f^{(n)}(a)}{1!}(x-a) \right].$$

---

① $f^{(n)}(a)$ 存在，即极限 $\lim\limits_{x \to a} \dfrac{f^{(n-1)}(x) - f^{(n-1)}(a)}{x-a} = f^{(n)}(a)$ 存在. 从而 $f^{(n-1)}(x)$ 在 $U(a)$ 存在，且在 a 连续. 因为 $f^{(n-1)}(x)$ 在 $U(a)$ 存在，所以 $f^{(n-2)}(x)$ 在 $U(a)$ 可导（当然连续），一直推下去. $f^{(n)}(a)$ 存在意味着：
1) $f^{(n-1)}(x)$ 在 $U(a)$ 存在，且在 a 连续；
2) $f^{(n-2)}(x), f^{(n-3)}(x), \cdots, f(x)$ 在 $U(a)$ 可导.

(对它不能再求导数.)当 $x \to a$ 时,显然,$R_n(x), R_n'(x), \cdots, R_n^{(n-1)}(x)$ 以及 $(x-a)^k$ ($k \in \mathbf{N}_+$) 都是无穷小.于是,由洛必达法则,有

$$\lim_{x \to a} \frac{R_n(x)}{(x-a)^n} = \lim_{x \to a} \frac{R_n'(x)}{n(x-a)^{n-1}} = \lim_{x \to a} \frac{R_n''(x)}{n(n-1)(x-a)^{n-2}} = \cdots = \lim_{x \to a} \frac{R_n^{(n-1)}(x)}{n!\ (x-a)}$$

$$= \frac{1}{n!} \lim_{x \to a} \left[\frac{f^{(n-1)}(x) - f^{(n-1)}(a)}{x-a} - f^{(n)}(a) \right]$$

$$= \frac{1}{n!} [f^{(n)}(a) - f^{(n)}(a)] = 0.$$

特别地,当 $a = 0$ 时(函数 $f(x)$ 在 0 存在 n 阶导数),(1)式是

$$f(x) = f(0) + \frac{f'(0)}{1!}x + \cdots + \frac{f^{(n)}(0)}{n!}x^n + o(x^n),$$

称为**麦克劳林**①**公式**.

定理 1 给出的余项 $R_n(x) = o[(x-a)^n]$ 称为**佩亚诺**②**余项**.佩亚诺余项 $o[(x-a)^n]$ 只是给出余项(或误差)的定性描述,它不能估算余项(或误差)$R_n(x)$ 的数值.因此还要进一步给出余项 $R_n(x)$ 的定量公式.

定理 2(泰勒中值定理) 若函数 $f(x)$ 在 $U(a)$ 存在 $n+1$ 阶导数,$\forall x \in \overset{\circ}{U}(a)$,函数 $G(t)$ 在以 a 与 x 为端点的闭区间 I 连续,在其开区间可导,且 $G'(t) \neq 0$,则 a 与 x 之间至少存在一点 c,使

$$f(x) = f(a) + \frac{f'(a)}{1!}(x-a) + \frac{f''(a)}{2!}(x-a)^2 + \cdots +$$

$$\frac{f^{(n)}(a)}{n!}(x-a)^n + \frac{f^{(n+1)}(c)}{n!\ G'(c)}(x-c)^n [G(x) - G(a)], \tag{2}$$

其中 $R_n(x) = \frac{f^{(n+1)}(c)}{n!\ G'(c)}(x-c)^n [G(x) - G(a)]$.

证法 应用柯西中值定理.

证明 $\forall t \in I$,设(将 n 次泰勒多项式 $T_n(x)$ 中的 a 换为 t)

$$F(t) = f(t) + \frac{f'(t)}{1!}(x-t) + \frac{f''(t)}{2!}(x-t)^2 + \cdots + \frac{f^{(n)}(t)}{n!}(x-t)^n.$$

而

$$F'(t) = f'(t) - f'(t) + \frac{f''(t)}{1!}(x-t) - \frac{f''(t)}{1!}(x-t) +$$

$$\frac{f'''(t)}{2!}(x-t)^2 + \cdots - \frac{f^{(n)}(t)}{(n-1)!}(x-t)^{n-1} + \frac{f^{(n+1)}(t)}{n!}(x-t)^n$$

$$= \frac{f^{(n+1)}(t)}{n!}(x-t)^n.$$

---

① 麦克劳林(Maclaurin,1698—1746),英国数学家.
② 佩亚诺(Peano,1858—1932),意大利数学家.

不难看到,函数 $F(t)$ 与 $G(t)$ 在闭区间 I 连续,在其开区间可导,且 $G'(t) \neq 0$,满足柯西中值定理的条件,根据柯西中值定理,在 a 与 x 之间至少存在一点 c,使

$$\frac{F(x)-F(a)}{G(x)-G(a)} = \frac{F'(c)}{G'(c)} = \frac{f^{(n+1)}(c)}{n!\ G'(c)}(x-c)^n,$$

或

$$F(x)-F(a) = \frac{f^{(n+1)}(c)}{n!\ G'(c)}(x-c)^n [G(x)-G(a)]. \tag{3}$$

已知 $F(x) = f(x)$,

$$F(a) = f(a) + \frac{f'(a)}{1!}(x-a) + \cdots + \frac{f^{(n)}(a)}{n!}(x-a)^n.$$

将它们代入(3)式之中,移项,有

$$f(x) = f(a) + \frac{f'(a)}{1!}(x-a) + \frac{f''(a)}{2!}(x-a)^2 + \cdots +$$

$$\frac{f^{(n)}(a)}{n!}(x-a)^n + \frac{f^{(n+1)}(c)}{n!\ G'(c)}(x-c)^n [G(x)-G(a)],$$

其中 $R_n(x) = \dfrac{f^{(n+1)}(c)}{n!\ G'(c)}(x-c)^n [G(x)-G(a)]$.

由于函数 $G(t)$ 是任意的,(2)式中的余项 $R_n(x)$ 是极为一般的.今后主要应用 $G(t)$ 的两种特殊情况:

1) 取 $G(t) = (x-t)^{n+1}$,它满足定理 2 的条件,有

$$G'(t) = -(n+1)(x-t)^n \neq 0,$$
$$G(x) = 0, \quad G(a) = (x-a)^{n+1}.$$

将它们代入 $R_n(x)$ 之中,有

$$R_n(x) = \frac{f^{(n+1)}(c)}{(n+1)!}(x-a)^{n+1}, \quad c \text{ 在 } a \text{ 与 } x \text{ 之间},$$

称为**拉格朗日余项**.带有拉格朗日余项的泰勒公式与麦克劳林公式分别是

$$f(x) = f(a) + \frac{f'(a)}{1!}(x-a) + \frac{f''(a)}{2!}(x-a)^2 + \cdots +$$

$$\frac{f^{(n)}(a)}{n!}(x-a)^n + \frac{f^{(n+1)}(c)}{(n+1)!}(x-a)^{n+1}, c \text{ 在 } a \text{ 与 } x \text{ 之间}. \tag{4}$$

与

$$f(x) = f(0) + \frac{f'(0)}{1!}x + \frac{f''(0)}{2!}x^2 + \cdots + \frac{f^{(n)}(0)}{n!}x^n + \frac{f^{(n+1)}(c)}{(n+1)!}x^{n+1}, \quad c \text{ 在 } 0 \text{ 与 } x \text{ 之间}.$$

若将 x 表示为 $a+h$(即 $x = a+h$),则带有拉格朗日余项的泰勒公式(4)是如下形式:

$$f(a+h) = f(a) + \frac{f'(a)}{1!}h + \frac{f''(a)}{2!}h^2 + \cdots + \frac{f^{(n)}(a)}{n!}h^n + \frac{f^{(n+1)}(a+\theta h)}{(n+1)!}h^{n+1}, \quad 0 < \theta < 1.$$

2) 取 $G(t) = x-t$,它也满足定理 2 的条件,有

$$G'(t) = -1 \neq 0, \quad G(x) = 0, \quad G(a) = x-a.$$

将它们代入 $R_n(x)$ 之中,有

$$R_n(x) = \frac{f^{(n+1)}(c)}{n!}(x-c)^n(x-a), \quad c\text{ 在 }a\text{ 与 }x\text{ 之间},$$

称为**柯西余项**.带有柯西余项的麦克劳林公式是

$$f(x) = f(0) + \frac{f'(0)}{1!}x + \frac{f''(0)}{2!}x^2 + \cdots + \frac{f^{(n)}(0)}{n!}x^n + \frac{f^{(n+1)}(\theta x)}{n!}(1-\theta)^n x^{n+1}, \quad 0<\theta<1.$$

二、常用的几个展开式

给出几个常用的初等函数的麦克劳林公式:

1. $f(x) = e^x$.

已知 $f^{(n)}(x) = e^x$, $f^{(n)}(0) = 1$.取拉格朗日余项,有

$$e^x = 1 + \frac{x}{1!} + \frac{x^2}{2!} + \cdots + \frac{x^n}{n!} + \frac{x^{n+1}}{(n+1)!}e^{\theta x}, \quad 0<\theta<1.$$

2. $f(x) = \sin x$.

已知 $f^{(n)}(x) = \sin\left(x + n\frac{\pi}{2}\right)$,

$$f^{(n)}(0) = \sin\frac{n\pi}{2} = \begin{cases} 0, & n\text{ 是偶数}, n=2k, \\ (-1)^k, & n\text{ 是奇数}, n=2k+1. \end{cases}$$

$f(0) = 0, f'(0) = 1, f''(0) = 0, f'''(0) = -1, \cdots$,以后依次"0,1,0,-1"循环,设 $n = 2k$,有

$$\sin x = x - \frac{x^3}{3!} + \cdots + (-1)^{k-1}\frac{x^{2k-1}}{(2k-1)!} + R_{2k}(x).$$

拉格朗日余项是

$$R_{2k}(x) = \frac{x^{2k+1}}{(2k+1)!}\sin\left(\theta x + \frac{2k+1}{2}\pi\right) = (-1)^k\frac{x^{2k+1}}{(2k+1)!}\cos\theta x, \quad 0<\theta<1.$$

$$|R_{2k}(x)| = \left|(-1)^k\frac{x^{2k+1}}{(2k+1)!}\cos\theta x\right| \leq \frac{|x|^{2k+1}}{(2k+1)!}.$$

当 $k=1$ 时,多项式 $y = x$,误差不超过 $\frac{|x|^3}{3!}$.

当 $k=2$ 时,多项式 $y = x - \frac{x^3}{3!}$,误差不超过 $\frac{|x|^5}{5!}$.

当 $k=3$ 时,多项式 $y = x - \frac{x^3}{3!} + \frac{x^5}{5!}$,误差不超过 $\frac{|x|^7}{7!}$.

它们有明显的几何意义.图 6.4 画出了正弦函数和上述三个多项式函数的图像($x \geq 0$).在 $x = 0$ 附近,多项式的次数越高,多项式函数的图像与正弦函数的图像越接近,即多项式的次数越高,误差也越小.

3. $f(x) = \cos x$.

已知 $f^{(n)}(x) = \cos\left(x + n\frac{\pi}{2}\right)$,

$$f^{(n)}(0) = \cos\frac{n\pi}{2} = \begin{cases} (-1)^k, & n\text{ 是偶数}, n=2k; \\ 0, & n\text{ 是奇数}, n=2k-1. \end{cases}$$

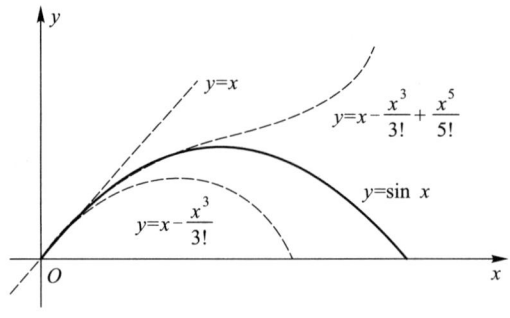

图 6.4

有

$$\cos x = 1 - \frac{x^2}{2!} + \frac{x^4}{4!} - \cdots + (-1)^k \frac{x^{2k}}{(2k)!} + R_{2k+1}(x).$$

拉格朗日余项是

$$R_{2k+1}(x) = (-1)^{k+1} \frac{x^{2k+2}}{(2k+2)!} \cos \theta x, \quad 0 < \theta < 1.$$

4. $f(x) = \ln(1+x)$.

已知 $f^{(n)}(x) = (-1)^{n-1} \frac{(n-1)!}{(1+x)^n}$，$f^{(n)}(0) = (-1)^{n-1}(n-1)!$，有

$$\ln(1+x) = x - \frac{x^2}{2} + \frac{x^3}{3} - \cdots + (-1)^{n-1} \frac{x^n}{n} + R_n(x).$$

拉格朗日余项是

$$R_n(x) = (-1)^n \frac{x^{n+1}}{(n+1)(1+\theta x)^{n+1}}, \quad 0 < \theta < 1.$$

柯西余项是

$$R_n(x) = (-1)^n \frac{x^{n+1}}{1+\theta x} \left(\frac{1-\theta}{1+\theta x} \right)^n, \quad 0 < \theta < 1.$$

5. $f(x) = (1+x)^\alpha$，其中 $\alpha \in \mathbf{R}$.

已知 $f^{(n)}(x) = \alpha(\alpha-1)\cdots(\alpha-n+1)(1+x)^{\alpha-n}$，
$f^{(n+1)}(x) = \alpha(\alpha-1)\cdots(\alpha-n)(1+x)^{\alpha-n-1}$.
$f^{(n)}(0) = \alpha(\alpha-1)\cdots(\alpha-n+1)$，

有

$$(1+x)^\alpha = 1 + \frac{\alpha}{1!}x + \frac{\alpha(\alpha-1)}{2!}x^2 + \cdots + \frac{\alpha(\alpha-1)\cdots(\alpha-n+1)}{n!}x^n + R_n(x).$$

柯西余项是

$$R_n(x) = \frac{\alpha(\alpha-1)\cdots(\alpha-n)(1-\theta)^n}{n!(1+\theta x)^{n-\alpha+1}} x^{n+1}, \quad 0 < \theta < 1.$$

特别地，$\alpha = n \in \mathbf{N}_+$，$f^{(n+1)}(x) \equiv 0$. 于是，$\forall k \geq n$，有 $R_k(x) \equiv 0$. 展开式就是我们熟知的二项式公式：

$$(1+x)^n = 1 + \frac{n}{1!}x + \frac{n\cdot(n-1)}{2!}x^2 + \cdots + \frac{n\cdot(n-1)\cdots 2\cdot 1}{n!}x^n.$$

有五个常用的在 $x_0=0$ 点局部的麦克劳林公式,它们是:

1) $e^x = 1 + x + \dfrac{x^2}{2!} + \cdots + \dfrac{x^n}{n!} + o(x^n)$, $x \to 0$.

2) $\sin x = x - \dfrac{x^3}{3!} + \cdots + (-1)^{n-1} \dfrac{x^{2n-1}}{(2n-1)!} + o(x^{2n})$, $x \to 0$.

3) $\cos x = 1 - \dfrac{x^2}{2!} + \cdots + (-1)^n \dfrac{x^{2n}}{(2n)!} + o(x^{2n+1})$, $x \to 0$.

4) $\ln(1+x) = x - \dfrac{x^2}{2} + \cdots + (-1)^{n-1} \dfrac{x^n}{n} + o(x^n)$, $x \to 0$.

5) $(1+x)^\alpha = 1 + \alpha x + \dfrac{\alpha(\alpha-1)}{2!}x^2 + \cdots + \dfrac{\alpha(\alpha-1)(\alpha-2)\cdots(\alpha-n+1)}{n!}x^n + o(x^n)$, $x \to 0$.

泰勒公式的一些简单的应用.

例 1 证明:若函数 $f(x) = a_0 x^n + a_1 x^{n-1} + \cdots + a_n$,且 $a_0 \neq 0$,又 $f^{(k)}(a) > 0$, $k = 0, 1, 2, \cdots, n$,则函数 $f(x)$ 在区间 $(a, +\infty)$ 内无零点.

证明 已知 n 次多项式 $f(x)$ 总能将它按 $x-a$ 的幂展成 n 次泰勒多项式,即
$$f(x) = \sum_{k=0}^{n} \frac{f^{(k)}(a)}{k!}(x-a)^k.$$

若 $f^{(k)}(a) = 0$, $k = 0, 1, 2, \cdots, n$,则 $f(x) \equiv 0$,与 $a_0 = f(a) \neq 0$,矛盾.故至少有一个 $f^{(k)}(a) \neq 0$,设 $f^{(k)}(a) > 0$, $0 < k \leq n$. 于是,$\forall x \in (a, +\infty)$,当 $x > a$ 时,有
$$f(x) \geq \frac{f^{(k)}(a)}{k!}(x-a)^k > 0,$$

即 $f(x)$ 在 $(a, +\infty)$ 内无零点.

例 2 证明:若函数 $f(x)$ 在 $[a,b]$ 上有 n 阶导数,且 $f^{(i)}(a) = f^{(i)}(b) = 0$, $i = 1, 2, \cdots, n-1$,则存在 $c \in (a,b)$,有
$$|f^{(n)}(c)| \geq \frac{2^{n-1} \cdot n!}{(b-a)^n}|f(b) - f(a)|.$$

证明 将函数 $f(x)$ 在点 a 和点 b 分别展开,即 $\forall x \in [a,b]$,有
$$f(x) = f(a) + \frac{f'(a)}{1!}(x-a) + \cdots + \frac{f^{(n)}(\xi_1)}{n!}(x-a)^n.$$
$$f(x) = f(b) + \frac{f'(b)}{1!}(x-b) + \cdots + \frac{f^{(n)}(\xi_2)}{n!}(x-b)^n.$$

由已知条件,令 $x = \dfrac{a+b}{2}$,则分别有
$$f\left(\frac{a+b}{2}\right) = f(a) + \frac{f^{(n)}(\xi_1)}{n!}\left(\frac{b-a}{2}\right)^n, \quad a < \xi_1 < \frac{a+b}{2},$$
$$f\left(\frac{a+b}{2}\right) = f(b) + \frac{f^{(n)}(\xi_2)}{n!}\left(\frac{a-b}{2}\right)^n, \quad \frac{a+b}{2} < \xi_2 < b.$$

以上两式相减,有
$$f(b) - f(a) + \frac{f^{(n)}(\xi_2)}{n!}\left(\frac{a-b}{2}\right)^n - \frac{f^{(n)}(\xi_1)}{n!}\left(\frac{b-a}{2}\right)^n = 0$$

或

$$f(b)-f(a)=\frac{f^{(n)}(\xi_1)}{n!}\left(\frac{b-a}{2}\right)^n - \frac{f^{(n)}(\xi_2)}{n!}\left(\frac{a-b}{2}\right)^n,$$

$$|f(b)-f(a)| \leq \left|\frac{f^{(n)}(\xi_1)}{n!}\right|\left|\frac{b-a}{2}\right|^n + \left|\frac{f^{(n)}(\xi_2)}{n!}\right|\left|\frac{b-a}{2}\right|^n.$$

令 $|f^{(n)}(c)| = \max\{|f^{(n)}(\xi_1)|, |f^{(n)}(\xi_2)|\}$,则有

$$|f(b)-f(a)| \leq 2 \cdot \frac{|f^{(n)}(c)|}{n!} \cdot \frac{(b-a)^n}{2^n},$$

即

$$|f^{(n)}(c)| \geq \frac{2^{n-1} \cdot n!}{(b-a)^n}|f(b)-f(a)|.$$

例 3 计算极限 $\lim\limits_{x \to 0}\left(1+\dfrac{1}{x^2}-\dfrac{1}{x^3}\ln\dfrac{2+x}{2-x}\right)$.

解 先作如下的变换

$$\ln\frac{2+x}{2-x} = \ln\frac{1+\dfrac{x}{2}}{1-\dfrac{x}{2}} = \ln\left(1+\frac{x}{2}\right) - \ln\left(1-\frac{x}{2}\right).$$

由展开公式 4),

$$\ln\frac{2+x}{2-x} = \left[\frac{x}{2} - \frac{1}{2}\left(\frac{x}{2}\right)^2 + \frac{1}{3}\left(\frac{x}{2}\right)^3 + o(x^3)\right] + \left[\frac{x}{2} + \frac{1}{2}\left(\frac{x}{2}\right)^2 + \frac{1}{3}\left(\frac{x}{2}\right)^3 + o(x^3)\right]$$

$$= x + \frac{1}{12}x^3 + o(x^3).$$

于是,

$$1+\frac{1}{x^2}-\frac{1}{x^3}\ln\frac{2+x}{2-x} = 1+\frac{1}{x^2}-\frac{1}{x^3}\left(x+\frac{1}{12}x^3\right) + \frac{o(x^3)}{x^3} = 1-\frac{1}{12}+\frac{o(x^3)}{x^3}.$$

即

$$\lim_{x \to 0}\left(1+\frac{1}{x^2}-\frac{1}{x^3}\ln\frac{2+x}{2-x}\right) = \lim_{x \to 0}\left[1-\frac{1}{12}+\frac{o(x^3)}{x^3}\right] = \frac{11}{12}.$$

例 4 计算极限 $\lim\limits_{x \to 0}\dfrac{\cos x - e^{-\frac{x^2}{2}}}{x^4}$.

解 由展开公式 3) 与 1),分别有

$$\cos x = 1 - \frac{x^2}{2} + \frac{x^4}{24} + o(x^4),$$

$$e^{-\frac{x^2}{2}} = 1 - \frac{x^2}{2} + \frac{x^4}{8} + o(x^4).$$

代入极限之中,有

$$\lim_{x \to 0}\frac{\cos x - e^{-\frac{x^2}{2}}}{x^4} = \lim_{x \to 0}\frac{1}{x^4}\left\{\left[1-\frac{x^2}{2}+\frac{x^4}{24}+o(x^4)\right] - \left[1-\frac{x^2}{2}+\frac{x^4}{8}+o(x^4)\right]\right\}$$

$$= \lim_{x \to 0}\left[-\frac{1}{12}+\frac{o(x^4)}{x^4}\right]=-\frac{1}{12}.$$

练习题 6.3

1. 将下列函数在指定点展成泰勒公式(到 $n=6$):

1) $f(x)=\sin x$,在 $x=\dfrac{\pi}{4}$; 　　2) $f(x)=\mathrm{e}^{-x}$,在 $x=a$;

3) $f(x)=x^5-x^2+2x-1$,在 $x=-1$; 　　4) $f(x)=\sqrt{x}$,在 $x=1$.

2. 将下列函数展成麦克劳林公式(到指定的次数):

1) $\sqrt[m]{a^m+x}$ $(a>0)$,到 x^2 项; 　　2) e^{2x-x^2},到 x^5 项;

3) $\dfrac{x}{\mathrm{e}^x-1}$,到 x^4 项; 　　4) $\tan x$,到 x^5 项.

3. 证明:若函数 $f(x)$ 在 0 的邻域是偶函数(奇函数),且 $f(x)$ 在 0 存在各阶导数,则 $f(x)$ 的麦克劳林公式只含有 x 的偶数次幂(奇数次幂)的项.

4. 应用泰勒公式近似计算下列各数,并估计误差:

1) $\sqrt[3]{30}$; 　　2) $\sqrt{\mathrm{e}}$; 　　3) $\ln 1.2$.

5. 用泰勒公式证明练习题 5.5 第 12 题.

6. 证明:若 $\forall x\in(a,b)$,有 $f''(x)\geq 0$,且任意 n 个数 $x_1,x_2,\cdots,x_n\in(a,b)$,则有不等式

$$f\left(\frac{x_1+x_2+\cdots+x_n}{n}\right)\leq\frac{1}{n}[f(x_1)+f(x_2)+\cdots+f(x_n)]$$

(提示:令 $x_0=\dfrac{x_1+x_2+\cdots+x_n}{n}$,将 $f(x_i)$ 在 x_0 展开:

$$f(x_i)=f(x_0)+(x_i-x_0)f'(x_0)+\frac{1}{2}(x_i-x_0)^2 f''(\xi_i),$$

其中 ξ_i 在 x_i 与 x_0 之间 $(i=1,2,\cdots,n)$.于是,$f(x_i)\geq f(x_0)+(x_i-x_0)f'(x_0))$.

　　*　　　　*　　　　*　　　　*　　　　*　　　　*　　　　*　　　　*

7. 证明:若 $f^{(n+1)}(x)$ 在 $U(a)$ 连续,$a+h\in U(a)$,有

$$f(a+h)=f(a)+hf'(a)+\cdots+\frac{h^n}{n!}f^{(n)}(a+\theta h)\quad 0<\theta<1,$$

且 $f^{(n+1)}(x)\neq 0$,则

$$\lim_{h\to 0}\theta=\frac{1}{n+1}.$$

(提示:将 $\dfrac{h^n}{n!}f^{(n)}(a+\theta h)$ 写成

$$\frac{h^n}{n!}f^{(n)}(a+\theta h)=\frac{h^n}{n!}f^{(n)}(a)+\frac{h^{n+1}}{(n+1)!}f^{(n+1)}(a+\theta_1 h),\quad 0<\theta_1<1).$$

8. 设 $P(x)$ 是 n 次多项式函数.证明:

1) 若 $P(a),P'(a),\cdots,P^{(n)}(a)$ 都是正数,则 $P(x)$ 在 $(a,+\infty)$ 无零点;

2) 若 $P(a),P'(a),\cdots,P^{(n)}(a)$ 正负号相间,则 $P(x)$ 在 $(-\infty,a)$ 无零点.

9. 证明:若函数 $f(x)$ 在 $(a,+\infty)$ 二次可微.设

$$M_k = \sup\{|f^{(k)}(x)| \mid x \in (a, +\infty)\}, \quad k = 0, 1, 2; \quad f^{(0)}(x) = f(x),$$

则 $M_1^2 \leq 4M_0 M_2$(提示:$\forall x \in (a, +\infty), \forall h > 0$, 将 $f(x+2h)$ 在 x 展成泰勒公式,移项整理,有

$$f'(x) = \frac{1}{2h}[f(x+2h) - f(x)] - hf''(\xi), \quad \xi \in (x, x+2h).$$

于是, $|f'(x)| \leq hM_2 + \dfrac{M_0}{h}$. 令 $h = \sqrt{\dfrac{M_0}{M_2}}$. 可证 $M_2 \neq 0$).

10. 证明:若函数 $f(x)$ 在 **R** 二次可微,设

$$M_k = \sup\{|f^{(k)}(x)| \mid x \in \mathbf{R}\}, \quad k = 0, 1, 2; \quad f^{(0)}(x) = f(x),$$

则 $M_1^2 \leq 2M_0 M_2$(提示:见第 9 题的提示).

§6.4 导数在研究函数上的应用

一、函数的单调性

中学数学用代数方法讨论了一些函数的性态:如单调性、极值性、奇偶性、周期性等.由于受方法的限制,讨论得既不深刻也不全面,且计算繁琐,也不易掌握其规律.导数和微分学基本定理为我们深刻、全面地研究函数的性态提供了有力的数学工具.

设曲线 $y = f(x)$ 其上每一点都存在切线.若切线与 x 轴正方向的夹角都是锐角,即切线的斜率 $f'(x) > 0$,则曲线 $y = f(x)$ 必是严格增加,如图 6.5;若切线与 x 轴正方向的夹角是钝角,即切线的斜率 $f'(x) < 0$,则曲线 $y = f(x)$ 必是严格减少,如图 6.6.由此可见,应用导数的符号能够判别函数的单调性.有下面的定理:

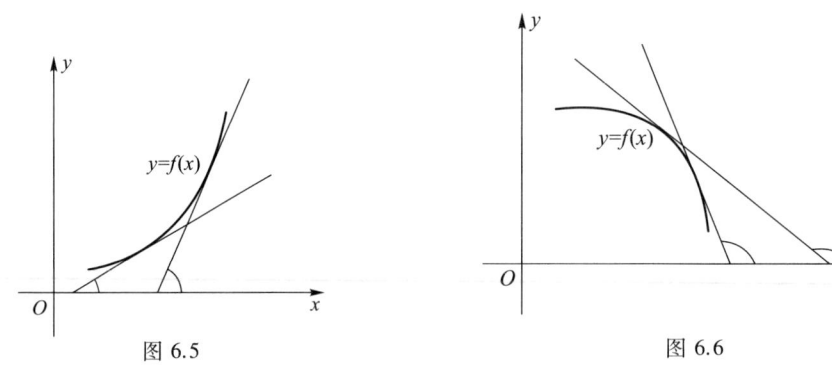

图 6.5　　　　　　　　　　图 6.6

定理 1　设函数 $f(x)$ 在区间 I 可导.函数 $f(x)$ 在区间 I 单调增加(单调减少)$\iff$ $\forall x \in I$,有 $f'(x) \geq 0 (f'(x) \leq 0)$.

证明　只给出单调增加情况的证明,同法可证单调减少情况.

必要性($\Rightarrow$)　$\forall x \in I$,取 $x + \Delta x \in I (\Delta x \neq 0)$(若 x 是区间 I 的端点,则只讨论 $\Delta x > 0$ 或 $\Delta x < 0$).已知函数 $f(x)$ 在区间 I 单调增加,当 $\Delta x > 0$ 时,有

$$f(x) \leq f(x + \Delta x) \quad \text{或} \quad f(x + \Delta x) - f(x) \geq 0;$$

当 $\Delta x<0$ 时,有
$$f(x+\Delta x)\leq f(x) \quad 或 \quad f(x+\Delta x)-f(x)\leq 0.$$
从而,
$$\frac{f(x+\Delta x)-f(x)}{\Delta x}\geq 0.$$

已知函数 $f(x)$ 在 x 可导,根据§2.4 定理 3 的推论 1,$\forall x \in I$,有
$$f'(x)=\lim_{\Delta x\to 0}\frac{f(x+\Delta x)-f(x)}{\Delta x}\geq 0.$$

充分性($\Leftarrow$) $\forall x_1,x_2\in I$,且 $x_1<x_2$.函数 $f(x)$ 在区间 $[x_1,x_2]$ 满足微分中值定理的条件,有
$$f(x_2)-f(x_1)=f'(\xi)(x_2-x_1),\ x_1<\xi<x_2.$$

已知 $f'(\xi)\geq 0$,$x_2-x_1>0$,有
$$f(x_2)-f(x_1)\geq 0 \quad 或 \quad f(x_1)\leq f(x_2),$$
即函数 $f(x)$ 在区间 I 单调增加.

定理 2(严格单调的充分条件) 若函数 $f(x)$ 在区间 I 可导,$\forall x\in I$,有 $f'(x)>0(f'(x)<0)$,则函数 $f(x)$ 在区间 I 严格增加(严格减少).

证明 只给出严格增加情况的证明.同法可证严格减少情况.

$\forall x_1,x_2\in I$,且 $x_1<x_2$,函数 $f(x)$ 在 $[x_1,x_2]$ 满足微分中值定理的条件,有
$$f(x_2)-f(x_1)=f'(\xi)(x_2-x_1),\quad x_1<\xi<x_2.$$

已知 $f'(\xi)>0$,$x_2-x_1>0$,有
$$f(x_2)-f(x_1)>0 \quad 或 \quad f(x_1)<f(x_2),$$
即函数 $f(x)$ 在区间 I 严格增加.

定理 2 只是函数严格单调的充分条件而不是必要条件.事实上,可以证明,$\forall x\in I$,$f'(x)\geq 0(f'(x)\leq 0)$,而在区间 I 的任意子区间上 $f'(x)\not\equiv 0 \Longleftrightarrow$ 函数 $f(x)$ 在区间 I 严格增加(严格减少).证明从略.例如,函数 $f(x)=x^3$.$\forall x\in \mathbf{R}$,
$$f'(x)=3x^2\geq 0,$$
而使 $f'(x)=3x^2=0$ 的点是孤立的点 0.于是,函数 $f(x)=x^3$ 在 $\mathbf{R}$ 严格增加.如图 6.7.

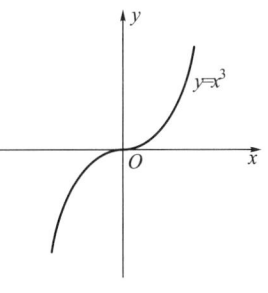

图 6.7

根据定理 2,讨论可导函数 $f(x)$ 的严格单调区间可按下列步骤进行:

1) 确定函数 $f(x)$ 的定义域;
2) 求导函数 $f'(x)$ 的零点(或方程 $f'(x)=0$ 的根);
3) 用零点将定义域分成若干开区间;
4) 判别导函数 $f'(x)$ 在每个开区间的符号.根据定理 2,判定函数 $f(x)$ 的严格增加或严格减少.

例 1 讨论函数 $f(x)=x^3-6x^2+9x-2$ 的严格单调性.

解 函数 $f(x)$ 的定义域是 $\mathbf{R}$.
$$f'(x)=3x^2-12x+9=3(x-1)(x-3).$$
令 $f'(x)=0$,其根是 1 与 3,它们将 $\mathbf{R}$ 分成三个区间:

$$(-\infty,1), \quad (1,3), \quad (3,+\infty).$$

因为导函数 $f'(x)$ 在每个区间上的符号不变,所以 $f'(x)$ 在区间某一点的符号就是导函数 $f'(x)$ 在该区间上的符号.例如,$0\in(-\infty,1)$,而 $f'(0)=9>0$,即导函数 $f'(x)$ 在区间 $(-\infty,1)$ 是正号.不难判别

$$f'(x)\begin{cases} >0, & x\in(-\infty,1) \text{ 或 } x\in(3,+\infty),\\ <0, & x\in(1,3). \end{cases}$$

由定理 2,函数 $f(x)$ 在 $(-\infty,1)$ 与 $(3,+\infty)$ 严格增加;在 $(1,3)$ 严格减少.作表如下:

	$(-\infty,1)$	$(1,3)$	$(3,+\infty)$
$f'(x)$	+	−	+
$f(x)$	↗	↘	↗

其中符号"↗"表示严格增加,"↘"表示严格减少.

例 2 讨论函数 $f(x)=e^{-x^2}$ 的严格单调性.

解 函数 $f(x)$ 的定义域是 **R**.
$$f'(x)=-2xe^{-x^2}.$$

令 $f'(x)=-2xe^{-x^2}=0$,其根是 0,它将定义域 **R** 分成两个区间 $(-\infty,0)$ 与 $(0,+\infty)$.作表如下:

	$(-\infty,0)$	$(0,+\infty)$
$f'(x)$	+	−
$f(x)$	↗	↘

例 3 讨论函数 $f(x)=\sin x+x$ 的严格单调性.

解 函数 $f(x)$ 的定义域是 **R**.
$$f'(x)=\cos x+1$$

令 $f'(x)=\cos x+1=0$,其根是 $(2k+1)\pi,k\in\mathbf{Z}$,它们将 **R** 分成无限个区间
$$((2k-1)\pi,(2k+1)\pi), \quad k\in\mathbf{Z}.$$

$\forall x\in\mathbf{R},f'(x)\geqslant 0$.而使 $f'(x)=0$ 的点 $(2k+1)\pi,k\in\mathbf{Z}$,都是 **R** 中孤立的点.因此函数 $f(x)=\sin x+x$ 在 **R** 也是严格增加.作表如下:

	…	$(-5\pi,-3\pi)$	$(-3\pi,-\pi)$	$(-\pi,\pi)$	$(\pi,3\pi)$	$(3\pi,5\pi)$	…
$f'(x)$	…	+	+	+	+	+	…
$f(x)$	…	↗	↗	↗	↗	↗	…

二、函数的极值与最值

§6.1 给出了函数极值的概念.怎样求可导函数的极值或极值点呢? §6.1 费马定理指出:

若函数在 x_0 可导,且 x_0 是函数 $f(x)$ 的极值点,则 $f'(x_0)=0$,即可导函数 $f(x)$ 的

极值点 x_0 必是方程 $f'(x)=0$ 的根.

定义 可导函数 $f(x)$ 的方程 $f'(x)=0$ 的根 $x_0(f'(x_0)=0)$,称为函数 $f(x)$ 的**稳定点**.

费马定理给出了寻找可导函数极值点的范围,即函数 $f(x)$ 的极值点必在函数 $f(x)$ 的稳定点集合之中.反之,不成立,即稳定点不一定是极值点.例如,在 **R** 的可导函数 $f(x)=x^3$,由方程 $f'(x)=3x^2=0$,解得唯一稳定点 $x=0$.显然,$x=0$ 不是可导函数 $f(x)=x^3$ 的极值点,见图 6.7.

那么,什么样的稳定点才是极值点呢?有下面两个充分性的判别法:

定理3(第一判别法) 若函数 $f(x)$ 在 $U(a)$ 可导,且 $f'(a)=0$,$\exists \delta>0$,有
$$f'(x)\begin{cases} >0(<0), & \forall x \in (a-\delta,a), \\ <0(>0), & \forall x \in (a,a+\delta). \end{cases}$$
则 a 是函数 $f(x)$ 的极大点(极小点),$f(a)$ 是极大值(极小值).

证明 只给出极大点情况的证明,同法可证极小点情况.

已知 a 是函数 $f(x)$ 的稳定点(函数 $f(x)$ 在 a 连续),且 $\forall x \in (a-\delta,a)$,有 $f'(x)>0$,从而函数 $f(x)$ 在 $(a-\delta,a]$ 严格增加,即 $\forall x \in (a-\delta,a]$,有
$$f(x) \leqslant f(a).$$
$\forall x \in (a,a+\delta)$,有 $f'(x)<0$,从而函数 $f(x)$ 在 $[a,a+\delta)$ 严格减少,即 $\forall x \in [a,a+\delta)$,有
$$f(x) \leqslant f(a).$$
于是,$\exists \delta>0$,$\forall x \in (a-\delta,a+\delta)$,有 $f(x) \leqslant f(a)$,即 a 是函数 $f(x)$ 的极大点,$f(a)$ 是极大值.

第一判别法指出:导函数 $f'(x)$ 在稳定点 a 的两侧有不同的符号,a 必是函数 $f(x)$ 的极值点.显然,导函数 $f'(x)$ 在稳定点 a 的两侧有相同的符号,a 不是函数的极值点,列表如下:

	$(a-\delta,a)$	a	$(a,a+\delta)$
$f'(x)$	+	0	−
$f(x)$	↗	极大点	↘

	$(a-\delta,a)$	a	$(a,a+\delta)$
$f'(x)$	−	0	+
$f(x)$	↘	极小点	↗

定理4(第二判别法) 若函数 $f(x)$ 在 a 存在 n 阶导数,且
$$f'(a)=f''(a)=\cdots=f^{(n-1)}(a)=0, f^{(n)}(a) \neq 0,$$

1) n 是奇数,则 a 不是函数 $f(x)$ 的极值点.

2) n 是偶数,则 a 是函数 $f(x)$ 的极值点:

当 $f^{(n)}(a)>0$ 时,a 是函数 $f(x)$ 极小点,$f(a)$ 是极小值;

当 $f^{(n)}(a)<0$ 时,a 是函数 $f(x)$ 极大点,$f(a)$ 是极大值.

证法 连接函数及其高阶导数的桥梁是泰勒公式.因此,已知函数 $f(x)$ 的高阶导数的性质讨论函数 $f(x)$ 的性质要应用泰勒公式.

证明 将函数 $f(x)$ 在 a 展开带有佩亚诺余项的泰勒公式.$\forall x \in U(a)$,有
$$f(x)=f(a)+\frac{f'(a)}{1!}(x-a)+\frac{f''(a)}{2!}(x-a)^2+\cdots+$$

$$\frac{f^{(n)}(a)}{n!}(x-a)^n + o[(x-a)^n].$$

由已知条件(a 又是函数 $f(x)$ 的稳定点),有

$$f(x) - f(a) = \frac{f^{(n)}(a)}{n!}(x-a)^n + o[(x-a)^n]. \tag{1}$$

因为(1)式等号右端第二项 $o[(x-a)^n]$ 是比 $(x-a)^n$ 高阶无穷小($x \to a$),所以当 x 充分靠近 a 时,即 $\exists \delta > 0, \forall x \in (a-\delta, a+\delta)$,(1)式等号右端的符号由第一项的符号决定.

1) n 是奇数. $\forall x \in (a-\delta, a)$,有 $(x-a)^n < 0$;$\forall x \in (a, a+\delta)$,有 $(x-a)^n > 0$,即在 a 的左右侧,$\dfrac{f^{(n)}(a)}{n!}(x-a)^n$ 变号,也就是 $f(x) - f(a)$ 变号.于是,a 不是函数 $f(x)$ 的极值点.

2) n 是偶数. $\forall x \in (a-\delta, a+\delta)$,有 $(x-a)^n \geq 0$.

当 $f^{(n)}(a) > 0$ 时,$\forall x \in (a-\delta, a+\delta)$,有

$$f(x) - f(a) = \frac{f^{(n)}(a)}{n!}(x-a)^n + o[(x-a)^n] \geq 0,$$

即 a 是函数 $f(x)$ 的极小点,$f(a)$ 是极小值.

当 $f^{(n)}(a) < 0$ 时,$\forall x \in (a-\delta, a+\delta)$,有

$$f(x) - f(a) = \frac{f^{(n)}(a)}{n!}(x-a)^n + o[(x-a)^n] \leq 0,$$

即 a 是函数 $f(x)$ 的极大点,$f(a)$ 是极大值.

判别函数的极值,若函数存在高阶导数,应用第二判别法比较简便.通常是应用它的特殊情况:

若函数 $f(x)$ 在 a 存在二阶导数,且 $f'(a) = 0$,$f''(a) \neq 0$($n=2$,是偶数).

1) 当 $f''(a) > 0$ 时,则 a 是极小点;
2) 当 $f''(a) < 0$ 时,则 a 是极大点.

例 4 求函数 $f(x) = x^3(x-5)^2$ 的极值.

解 $f'(x) = 3x^2(x-5)^2 + 2x^3(x-5) = 5x^2(x-3)(x-5).$

令 $f'(x) = 0$,解得三个稳定点:$0, 3, 5$.

应用第一判别法.函数 $f(x)$ 的定义域是 $\mathbf{R}$,稳定点将定义域 $\mathbf{R}$ 分成四个区间:$(-\infty, 0), (0, 3), (3, 5), (5, +\infty)$.判别导函数 $f'(x)$ 在四个区间上的符号,列表如下:

	$(-\infty, 0)$	0	$(0, 3)$	3	$(3, 5)$	5	$(5, +\infty)$
$f'(x)$	+	0	+	0	−	0	+
$f(x)$	↗	不是极值点	↗	极大点	↘	极小点	↗

0 不是函数 $f(x)$ 的极值点;3 是函数 $f(x)$ 的极大点,极大值是 $f(3) = 108$;5 是函数 $f(x)$ 的极小点,极小值是 $f(5) = 0$.

应用第二判别法求函数 $f(x)$ 的二阶导数

$$f''(x) = 10x(2x^2 - 12x + 15).$$

二阶导函数 $f''(x)$ 在三个稳定点 $0, 3, 5$ 的值分别是

$$f''(0) = 0, \quad f''(3) = -90 < 0, \quad f''(5) = 250 > 0.$$

于是,3 是函数 $f(x)$ 的极大点,极大值是 $f(3) = 108$;5 是函数 $f(x)$ 的极小点,极小值是 $f(5) = 0$.在稳定点 0 暂不确定.求函数 $f(x)$ 的三阶导数,

$$f'''(x) = 30(2x^2 - 8x + 5).$$

三阶导函数 $f'''(x)$ 在稳定点 0 的值:$f'''(0) = 150 \neq 0$.于是稳定点 0 不是函数 $f(x)$ 的极值点.

例 5 讨论函数 $f(x) = 2\cos x + e^x + e^{-x}$ 的极值.

解 $f'(x) = e^x - e^{-x} - 2\sin x$.

令 $f'(x) = 0$,解得一个稳定点 0[①].

$$f''(x) = e^x + e^{-x} - 2\cos x, \quad f''(0) = 0.$$
$$f'''(x) = e^x - e^{-x} + 2\sin x, \quad f'''(0) = 0.$$
$$f^{(4)}(x) = e^x + e^{-x} + 2\cos x, \quad f^{(4)}(0) = 4 > 0.$$

于是,稳定点 0 是函数 $f(x)$ 的极小点,极小值是 $f(0) = 4$.

函数 $f(x)$ 在区间 I 的最小值和最大值统称为**最值**.生产实践和科学实验所遇到的"最好""最省""最大""最小"等问题都可归结为数学的最值问题.

设函数 $f(x)$ 在闭区间 $[a,b]$ 连续,根据闭区间连续函数的性质,函数 $f(x)$ 必在闭区间 $[a,b]$ 的某点 x_0 取到最小值(最大值).一方面,x_0 可能是闭区间 $[a,b]$ 的端点 a 或 b;另一方面,x_0 可能是开区间 (a,b) 内部的点,此时 x_0 必是极小点(极大点).因此,若函数 $f(x)$ 在闭区间 $[a,b]$ 连续,在开区间 (a,b) 可导,且 $x_1, x_2, \cdots, x_n$ 是函数 $f(x)$ 在开区间 (a,b) 内的所有稳定点,则函数值($n+2$ 个数)

$$f(a), f(x_1), f(x_2), \cdots, f(x_n), f(b)$$

中最小者就是函数 $f(x)$ 的最小值,最大者就是函数 $f(x)$ 的最大值.

由此可见,求可导函数的最值就归结为求可导函数在稳定点及区间端点函数值中的最值.

下面给出几个最值的应用问题.

例 6 设有一长 8 cm,宽 5 cm 的矩形铁片,如图 6.8.在每个角上剪去同样大小的正方形.问剪去正方形的边长多大,才能使剩下的铁片折起来作成开口盒子的容积为最大.

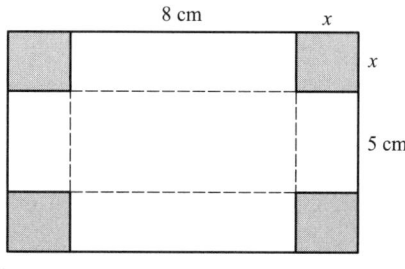

图 6.8

[①] 不难证明,函数 $f'(x)$ 在 **R** 连续、严格增加,且 $\lim\limits_{x \to +\infty} f'(x) = +\infty$,$\lim\limits_{x \to -\infty} f'(x) = -\infty$,则方程 $f'(x) = 0$ 只有唯一一个根.

解 设剪去的正方形的边长为 x cm. 于是,作成开口盒子的容积 $V(x)$ 是 x 的函数,即
$$V(x) = x(5-2x)(8-2x),$$
其中 $0 \leqslant x \leqslant \dfrac{5}{2}$. 问题归结为求可导函数 $V(x)$ 在 $\left[0, \dfrac{5}{2}\right]$ 的最大值.
$$\begin{aligned}V'(x) &= (5-2x)(8-2x) - 2x(5-2x) - 2x(8-2x)\\ &= 4(x-1)(3x-10).\end{aligned}$$
令 $V'(x) = 0$. 解得稳定点 1 与 $\dfrac{10}{3}$,其中 $\dfrac{10}{3}$ 不在 $\left[0, \dfrac{5}{2}\right]$ 之中,去掉. 只有一个稳定点 1.

比较三个数
$$V(0) = 0, \quad V(1) = 18, \quad V\left(\dfrac{5}{2}\right) = 0.$$
$V(1) = 18$ 最大. 于是,剪去的正方形的边长为 1 cm 时,作成开口盒子的容积为最大,最大容积是 18 cm^3.

例 7 电灯 A 可在桌面点 O 的垂直线上移动,如图 6.9. 在桌面上有一点 B 距点 O 的距离为 a. 问电灯 A 与点 O 的距离多远,可使点 B 处有最大的照度?

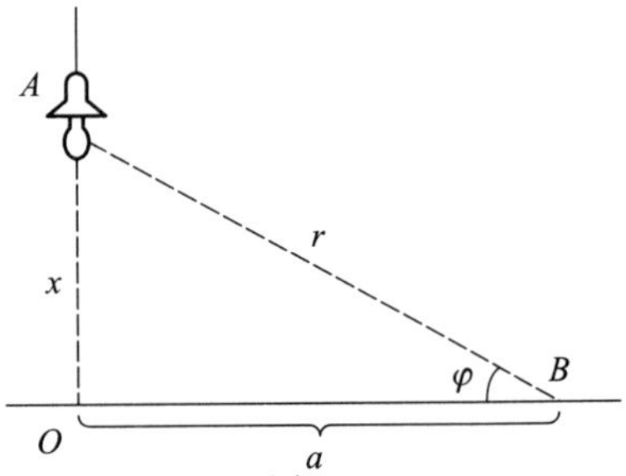

解 设 $AO = x, AB = r. \angle OBA = \varphi$. 由光学知,点 B 处的照度 J 与 $\sin \varphi$ 成正比,与 r^2 成反比,即
$$J = c \dfrac{\sin \varphi}{r^2},$$
其中 c 是与灯光强度有关的常数. 由图 6.9 知,
$$\sin \varphi = \dfrac{x}{r}, \quad r = \sqrt{x^2 + a^2}.$$

图 6.9

于是,
$$J(x) = c \dfrac{x}{r^3} = c \dfrac{x}{(x^2 + a^2)^{\frac{3}{2}}}, \quad 0 \leqslant x < +\infty.$$
$$J'(x) = c \dfrac{a^2 - 2x^2}{(x^2 + a^2)^{\frac{5}{2}}}.$$

令 $J'(x) = 0$,解得稳定点 $-\dfrac{a}{\sqrt{2}}$ 与 $\dfrac{a}{\sqrt{2}}$,其中稳定点 $-\dfrac{a}{\sqrt{2}}$ 不在 $[0, +\infty)$ 中,去掉. 比较三数
$$J\left(\dfrac{a}{\sqrt{2}}\right) = \dfrac{2c}{3\sqrt{3}\,a^2}, \quad J(0) = 0, \quad J(x) \to 0 \quad (x \to +\infty).$$

知 $J\left(\dfrac{a}{\sqrt{2}}\right)$ 就是函数 $J(x)$ 在 $[0, +\infty)$ 的最大值,即当电灯 A 与点 O 的距离为 $\dfrac{a}{\sqrt{2}}$ 时,点 B 处有最大的照度,最大的照度是
$$J\left(\dfrac{a}{\sqrt{2}}\right) = \dfrac{2c}{3\sqrt{3}\,a^2}.$$

在求最值的某些应用问题中,根据问题的实际意义,能够判定它必能取到最小(大)值,而从实际问题抽象出来的可导函数 $f(x)$ 在区间 I 内又只有一个稳定点.这时就可断定,函数 $f(x)$ 在此稳定点必取最小(大)值.

例 8 从半径为 R 的圆形铁片中剪去一个扇形(如图 6.10),将剩余部分围成一个圆锥形漏斗,问剪去的扇形的圆心角多大时,才能使圆锥形漏斗的容积最大?

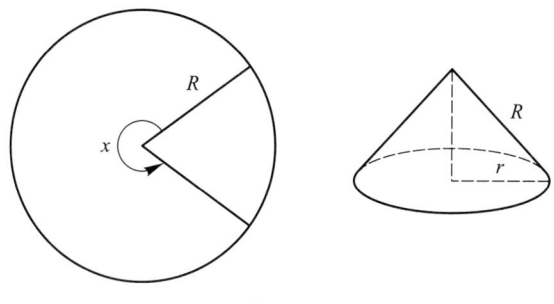

图 6.10

解 设剪后剩余部分的圆心角是 $x(0 \leq x \leq 2\pi)$.这时圆锥形漏斗的母线长为 R,圆锥底的周长是 Rx(弧长等于半径乘圆心角).设圆锥的底半径是 r,则 $r = \dfrac{Rx}{2\pi}$.圆锥的高是

$$\sqrt{R^2 - r^2} = \sqrt{R^2 - \left(\frac{Rx}{2\pi}\right)^2} = \frac{R}{2\pi}\sqrt{4\pi^2 - x^2}.$$

圆锥的底面积

$$\pi r^2 = \pi \left(\frac{Rx}{2\pi}\right)^2 = \frac{R^2 x^2}{4\pi},$$

于是,圆锥形漏斗的容积

$$V(x) = \frac{1}{3} \cdot \frac{R^2 x^2}{4\pi} \cdot \frac{R}{2\pi}\sqrt{4\pi^2 - x^2} = \frac{R^3}{24\pi^2} x^2 \sqrt{4\pi^2 - x^2}.$$

设 $A = \dfrac{R^3}{24\pi^2}$,有

$$V(x) = Ax^2 \sqrt{4\pi^2 - x^2}.$$

求函数 $V(x)$ 在 $[0, 2\pi]$ 的最大值.

$$V'(x) = 2Ax\sqrt{4\pi^2 - x^2} - \frac{Ax^3}{\sqrt{4\pi^2 - x^2}} = A \frac{8\pi^2 x - 3x^3}{\sqrt{4\pi^2 - x^2}}.$$

令 $V'(x) = 0$,解得三个稳定点 $0, -2\pi\sqrt{\dfrac{2}{3}}, 2\pi\sqrt{\dfrac{2}{3}}$,其中 $-2\pi\sqrt{\dfrac{2}{3}}$ 不属于 $[0, 2\pi]$,去掉.而 $V(0) = V(2\pi) = 0$.已知 $V(x)$ 在 $[0, 2\pi]$ 必存在最大值,则 $V(x)$ 必在稳定点 $2\pi\sqrt{\dfrac{2}{3}}$ 取最大值.于是,当剪去的扇形的圆心角是 $2\pi - 2\pi\sqrt{\dfrac{2}{3}} = 2\pi\left(1 - \sqrt{\dfrac{2}{3}}\right)$ 时,所围成的圆锥形漏斗的容积最大.

例 9 测量某个量 A,由于仪器的精度和测量的技术等原因,对量 A 做了 n 次测

量,测量的数值分别是
$$a_1, a_2, \cdots, a_n.$$
取数 x 作为量 A 的近似值,问 x 取何值才能使 x 与 $a_i(i=1,2,\cdots,n)$ 之差的平方和为最小?

解 根据题意,求函数
$$f(x) = (x-a_1)^2 + (x-a_2)^2 + \cdots + (x-a_n)^2$$
的最小值.
$$\begin{aligned} f'(x) &= 2(x-a_1) + 2(x-a_2) + \cdots + 2(x-a_n) \\ &= 2[nx - (a_1 + a_2 + \cdots + a_n)]. \end{aligned}$$
令 $f'(x) = 0$,解得稳定点 $\dfrac{a_1 + a_2 + \cdots + a_n}{n}$.
$$f''(x) = 2n > 0,$$
从而,稳定点 $\dfrac{a_1 + a_2 + \cdots + a_n}{n}$ 是函数 $f(x)$ 的极小点.于是,函数 $f(x)$ 在稳定点取最小值,即以 n 个数值 $a_1, a_2, \cdots, a_n$ 的算术平均值作为量 A 的近似值,能使函数 $f(x)$ 取最小值.

三、不等式

函数的不等式是表示函数之间大小的比较,从某种意义上说,不等式在数学分析中甚至比等式更为重要,不等式存在反而是常见的.应用函数的单调性判别法可证明一些函数的不等式.

例 10 证明: $\forall x > 0$,有不等式
$$\frac{x}{1+x} < \ln(1+x) < x.$$

证明 分别证明这两个不等式:

1) 左端不等式.设 $f(x) = \ln(1+x) - \dfrac{x}{1+x}$,
$$f'(x) = \frac{x}{(1+x)^2}.$$
$\forall x > 0$,有 $f'(x) > 0$,从而,函数 $f(x)$ 在 $(0, +\infty)$ 严格增加,且在 $[0, +\infty)$ 连续,又 $f(0) = 0$.于是,$\forall x > 0$,有
$$f(x) = \ln(1+x) - \frac{x}{1+x} > 0,$$
即 $\forall x > 0$,有 $\dfrac{x}{1+x} < \ln(1+x)$.

2) 右端不等式.设 $g(x) = x - \ln(1+x)$,$g'(x) = \dfrac{x}{1+x}$.

$\forall x > 0$,有 $g'(x) > 0$.从而,函数 $g(x)$ 在 $(0, +\infty)$ 严格增加,且在 $[0, +\infty)$ 连续,又 $g(0) = 0$.于是,$\forall x > 0$,有
$$g(x) = x - \ln(1+x) > 0,$$
即 $\forall x > 0$,有 $\ln(1+x) < x$.

综上所证, $\forall x>0$, 有不等式
$$\frac{x}{1+x}<\ln(1+x)<x.$$

例 11 证明: $\forall x \in \left(0, \frac{\pi}{2}\right]$, 有不等式
$$\frac{2}{\pi} \leqslant \frac{\sin x}{x} < 1.$$

证明 由 §2.4 例 2 知, $x \in \left(0, \frac{\pi}{2}\right)$, 有
$$\frac{\sin x}{x} < 1.$$

令 $f(x) = \frac{\sin x}{x}$, 当 $x \in \left(0, \frac{\pi}{2}\right)$, 有
$$f'(x) = \frac{x\cos x - \sin x}{x^2} = \frac{\cos x}{x^2}(x - \tan x) < 0.$$

于是, 函数 $f(x) = \frac{\sin x}{x}$ 在 $\left(0, \frac{\pi}{2}\right)$ 是严格减少, 又函数 $f(x) = \frac{\sin x}{x}$ 在 $\left(0, \frac{\pi}{2}\right]$ 连续, 而 $f\left(\frac{\pi}{2}\right) = \frac{2}{\pi}$, 所以, 当 $x \in \left(0, \frac{\pi}{2}\right]$ 时, 有
$$\frac{2}{\pi} \leqslant \frac{\sin x}{x} < 1,$$

且只当 $x = \frac{\pi}{2}$ 时, 左侧等号成立.

例 12 证明: $\frac{|a+b|}{1+|a+b|} \leqslant \frac{|a|}{1+|a|} + \frac{|b|}{1+|b|}$.

证明 设函数 $f(x) = \frac{x}{1+x}$, 有
$$f'(x) = \frac{1}{(1+x)^2} > 0,$$

从而, 函数 $f(x)$ 是单调增加. 于是, 由 $|a+b| \leqslant |a|+|b|$, 有
$$\frac{|a+b|}{1+|a+b|} \leqslant \frac{|a|+|b|}{1+|a|+|b|} = \frac{|a|}{1+|a|+|b|} + \frac{|b|}{1+|a|+|b|}$$
$$\leqslant \frac{|a|}{1+|a|} + \frac{|b|}{1+|b|}.$$

例 13 证明: $\forall x > 0$, 有不等式
$$x^{\alpha} - \alpha x + \alpha - 1 \leqslant 0, \quad 0 < \alpha < 1. \tag{2}$$

证明 讨论函数
$$f(x) = x^{\alpha} - \alpha x + \alpha - 1$$

在区间 $(0, +\infty)$ 的最大值.
$$f'(x) = \alpha x^{\alpha-1} - \alpha = \alpha(x^{\alpha-1} - 1).$$

令 $f'(x)=0$，解得唯一稳定点 1，它将区间 $(0,+\infty)$ 分成两个区间 $(0,1)$ 与 $(1,+\infty)$，列表如下：

	$(0,1)$	1	$(1,+\infty)$
$f'(x)$	+	0	−
$f(x)$	↗	极大点	↘

稳定点 1 是函数 $f(x)$ 极大点，极大值 $f(1)=0$。由此表可见极大值 $f(1)=0$ 就是函数 $f(x)$ 在区间 $(0,+\infty)$ 的最大值，即 $\forall x>0$，有

$$f(x) \leq f(1) \quad \text{或} \quad x^{\alpha}-\alpha x+\alpha-1 \leq 0.$$

由不等式(2)可得以下三个重要不等式：

例 14（杨氏[①]不等式） 若 $a>0,b>0$，且 $p>1$，$\dfrac{1}{p}+\dfrac{1}{q}=1$，则

$$ab \leq \frac{1}{p}a^{p}+\frac{1}{q}b^{q}. \tag{3}$$

事实上，由例 13 的不等式(2)，令

$$x=\frac{a^{p}}{b^{q}}, \quad \alpha=\frac{1}{p} \quad \left(0<\frac{1}{p}<1\right),$$

有

$$\left(\frac{a^{p}}{b^{q}}\right)^{\frac{1}{p}}-\frac{1}{p}\cdot\frac{a^{p}}{b^{q}}+\frac{1}{p}-1 \leq 0 \quad \left(1-\frac{1}{p}=\frac{1}{q}\right)$$

或

$$\frac{a}{b^{\frac{q}{p}}} \leq \frac{1}{p}\frac{a^{p}}{b^{q}}+\frac{1}{q}.$$

不等式两端乘 $b^{q}(>0)$，有

$$ab^{q-\frac{q}{p}} \leq \frac{a^{p}}{p}+\frac{b^{q}}{q} \quad \left(q-\frac{q}{p}=q\left(1-\frac{1}{p}\right)=1\right).$$

即

$$ab \leq \frac{1}{p}a^{p}+\frac{1}{q}b^{q}.$$

例 15（赫尔德[②]不等式） 若 $x_i \geq 0, y_i \geq 0, i=1,2,\cdots,n$，且 $\dfrac{1}{p}+\dfrac{1}{q}=1$，当 $p>1$ 时，则

$$\sum_{i=1}^{n} x_i y_i \leq \left(\sum_{i=1}^{n} x_i^{p}\right)^{\frac{1}{p}} \left(\sum_{i=1}^{n} y_i^{q}\right)^{\frac{1}{q}}. \tag{4}$$

事实上，设 $X=\sum\limits_{i=1}^{n} x_i^{p}>0, Y=\sum\limits_{i=1}^{n} y_i^{q}>0$，再设 $a=\dfrac{x_i}{X^{\frac{1}{p}}}, b=\dfrac{y_i}{Y^{\frac{1}{q}}}$，有

---

① 杨（Young W H，1863—1942），英国数学家。
② 赫尔德（Hölder，1859—1937），德国数学家。

$$a^p = \frac{x_i^p}{X}, \quad b^q = \frac{y_i^q}{Y}, \quad i=1,2,\cdots,n.$$

由杨氏不等式(3),有

$$\frac{x_i y_i}{X^{\frac{1}{p}} Y^{\frac{1}{q}}} \leqslant \frac{1}{p}\frac{x_i^p}{X} + \frac{1}{q}\frac{y_i^q}{Y}, \quad i=1,2,\cdots,n.$$

将此不等式左右两端($i=1,2,\cdots,n$)相加,得到

$$\frac{\sum_{i=1}^{n} x_i y_i}{X^{\frac{1}{p}} Y^{\frac{1}{q}}} \leqslant \frac{1}{p}\frac{\sum_{i=1}^{n} x_i^p}{X} + \frac{1}{q}\frac{\sum_{i=1}^{n} y_i^q}{Y} = \frac{1}{p} + \frac{1}{q} = 1,$$

即

$$\sum_{i=1}^{n} x_i y_i \leqslant X^{\frac{1}{p}} Y^{\frac{1}{q}} = \left(\sum_{i=1}^{n} x_i^p\right)^{\frac{1}{p}} \left(\sum_{i=1}^{n} y_i^q\right)^{\frac{1}{q}}.$$

我们经常遇到一种特殊情况是:$p=q=2$.这时的赫尔德不等式就是**柯西不等式**:

$$\sum_{i=1}^{n} x_i y_i \leqslant \left(\sum_{i=1}^{n} x_i^2\right)^{\frac{1}{2}} \left(\sum_{i=1}^{n} y_i^2\right)^{\frac{1}{2}}.$$

注 柯西不等式还有许多其他证法.一种常见的初等证法用到二次三项式的判别式:

$$\sum_{i=1}^{n} (\lambda x_i + y_i)^2 = \lambda^2 \left(\sum_{i=1}^{n} x_i^2\right) + 2\lambda \left(\sum_{i=1}^{n} x_i y_i\right) + \sum_{i=1}^{n} y_i^2 \geqslant 0.$$

另一种证法用到下面的恒等式:

$$\left(\sum_{i=1}^{n} x_i^2\right) \left(\sum_{i=1}^{n} y_i^2\right) - \left(\sum_{i=1}^{n} x_i y_i\right)^2 = \frac{1}{2} \sum_{i=1}^{n} \sum_{j=1}^{n} (x_i y_j - x_j y_i)^2 \geqslant 0.$$

例 16(**闵可夫斯基**[①]**不等式**) 若 $x_i \geqslant 0, y_i \geqslant 0, i=1,2,\cdots,n$,当 $p>1$ 时,则

$$\left(\sum_{i=1}^{n} (x_i+y_i)^p\right)^{\frac{1}{p}} \leqslant \left(\sum_{i=1}^{n} x_i^p\right)^{\frac{1}{p}} + \left(\sum_{i=1}^{n} y_i^p\right)^{\frac{1}{p}}. \tag{5}$$

事实上,设 $\frac{1}{p} + \frac{1}{q} = 1, p>1$,有

$$\sum_{i=1}^{n} (x_i+y_i)^p = \sum_{i=1}^{n} (x_i+y_i)(x_i+y_i)^{p-1}$$
$$= \sum_{i=1}^{n} x_i(x_i+y_i)^{p-1} + \sum_{i=1}^{n} y_i(x_i+y_i)^{p-1}.$$

上式等号右端两项分别由赫尔德不等式(4),有

$$\sum_{i=1}^{n} (x_i+y_i)^p \leqslant \left(\sum_{i=1}^{n} x_i^p\right)^{\frac{1}{p}} \left[\sum_{i=1}^{n} (x_i+y_i)^{q(p-1)}\right]^{\frac{1}{q}} + \left(\sum_{i=1}^{n} y_i^p\right)^{\frac{1}{p}} \left[\sum_{i=1}^{n} (x_i+y_i)^{q(p-1)}\right]^{\frac{1}{q}}$$
$$= \left(\sum_{i=1}^{n} x_i^p\right)^{\frac{1}{p}} \left[\sum_{i=1}^{n} (x_i+y_i)^p\right]^{\frac{1}{q}} + \left(\sum_{i=1}^{n} y_i^p\right)^{\frac{1}{p}} \left[\sum_{i=1}^{n} (x_i+y_i)^p\right]^{\frac{1}{q}}.$$

因为 $q(p-1)=p, 1-\frac{1}{q}=\frac{1}{p}$.上式不等式两端,同除以 $\left[\sum_{i=1}^{n} (x_i+y_i)^p\right]^{\frac{1}{q}} > 0$,有

[①] 闵可夫斯基(Minkowski, 1864—1909),德国数学家.

$$\left[\sum_{i=1}^{n}(x_i+y_i)^p\right]^{1-\frac{1}{q}} \leqslant \left(\sum_{i=1}^{n}x_i^p\right)^{\frac{1}{p}} + \left(\sum_{i=1}^{n}y_i^p\right)^{\frac{1}{p}},$$

即

$$\left[\sum_{i=1}^{n}(x_i+y_i)^p\right]^{\frac{1}{p}} \leqslant \left(\sum_{i=1}^{n}x_i^p\right)^{\frac{1}{p}} + \left(\sum_{i=1}^{n}y_i^p\right)^{\frac{1}{p}}.$$

四、函数的凸性

讨论函数 $y=f(x)$ 的性态,仅仅知道函数 $y=f(x)$ 在区间 I 严格增加还不够.因为函数 $y=f(x)$ 在区间 I 严格增加还有不同的方式.例如,函数

$$y=x^2 \quad \text{与} \quad y=\sqrt{x}$$

在区间 $[0,+\infty)$,虽然都是严格增加,但它们严格增加的方式却有不同.从它们的图像看到:曲线 $y=x^2$ 是向下鼓鼓地严格增加,而曲线 $y=\sqrt{x}$ 却是向上鼓鼓地严格增加,如图 6.11.函数在区间严格减少也是如此.

曲线 $y=f(x)$ 在区间 I 向下鼓鼓的特征:$\forall x_1,x_2 \in I$,且 $x_1<x_2$,曲线 $y=f(x)$ 上任意两点 $A(x_1,f(x_1))$ 与 $B(x_2,f(x_2))$ 之间弧段 $\overset{\frown}{AB}$ 位于弦 $\overline{AB}$ 的下方,如图 6.12.曲线 $y=f(x)$ 在区间 I 向上鼓鼓的特征恰好与此相反,如图 6.13.怎样用分析语言描述这个几何特征呢? 那就是,$\forall x \in (x_1,x_2)$,函数 $y=f(x)$ 在 x 的函数值 $f(x)$ 小于弦 $\overline{AB}$(直线方程)在 x 的函数值.怎样用给定的 x_1 与 x_2 表示 x 呢? 显然,

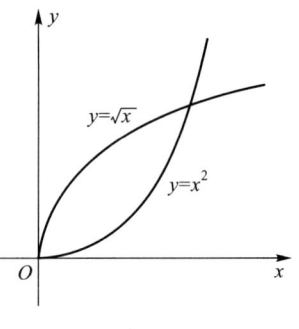

图 6.11

$$x \in (x_1,x_2) \Longleftrightarrow 0 < \frac{x-x_2}{x_1-x_2} < 1.$$

令 $t=\dfrac{x-x_2}{x_1-x_2}$,有 $0<t<1$,且 $x=tx_1+(1-t)x_2$.

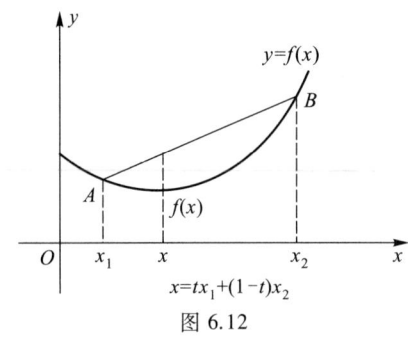

图 6.12

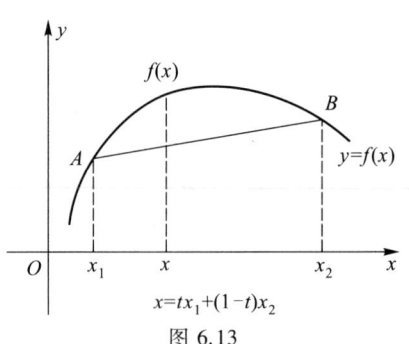

图 6.13

已知过两点 $A(x_1,f(x_1))$ 与点 $B(x_2,f(x_2))$ 的弦的方程(函数)是

$$y=f(x_2)+\frac{f(x_1)-f(x_2)}{x_1-x_2}(x-x_2).$$

函数 $y=f(x)$ 与弦的方程(函数)在 $x=tx_1+(1-t)x_2 \in (x_1,x_2)$ 的函数值分别是

$$f[tx_1+(1-t)x_2] \quad \text{与} \quad tf(x_1)+(1-t)f(x_2).$$

于是,有下面的定义:

定义 设函数 $f(x)$ 在开区间 I 有定义. 若 $\forall x_1, x_2 \in I, \forall t \in (0,1)$,有

$$f[tx_1+(1-t)x_2] \leq tf(x_1)+(1-t)f(x_2) \tag{6}$$
$$(f[tx_1+(1-t)x_2] \geq tf(x_1)+(1-t)f(x_2)),$$

则称 $f(x)$ 在区间 I 是**向下凸函数**或**下凸函数**(**向上凸函数**或**上凸函数**),或简称函数 $f(x)$ 在区间 I 是**下凸**(**上凸**).

若上式中 $x_1 \neq x_2$,且不等号是严格不等号"$<(>)$",则称 $f(x)$ 在区间 I 是**严下凸函数**(**严上凸函数**).

例如,函数 $f(x)=|x|$ 在 $\mathbf{R}$ 是下凸.

事实上,$\forall x_1, x_2 \in \mathbf{R}, \forall t \in (0,1)$,有

$$f[tx_1+(1-t)x_2] = |tx_1+(1-t)x_2| \leq t|x_1|+(1-t)|x_2|$$
$$= tf(x_1)+(1-t)f(x_2),$$

即函数 $f(x)=|x|$ 在 $\mathbf{R}$ 是下凸.

再例如,函数 $f(x)=x^2$ 在 $\mathbf{R}$ 是严下凸.

事实上,$\forall x_1, x_2 \in \mathbf{R}$,且 $x_1 \neq x_2, \forall t \in (0,1)$,有

$$f[tx_1+(1-t)x_2] = [tx_1+(1-t)x_2]^2$$
$$= t^2 x_1^2 + 2t(1-t)x_1 x_2 + (1-t)^2 x_2^2 \quad (2x_1 x_2 < x_1^2 + x_2^2)$$
$$< t^2 x_1^2 + t(1-t)(x_1^2+x_2^2) + (1-t)^2 x_2^2$$
$$= t[t+(1-t)]x_1^2 + (1-t)[t+(1-t)]x_2^2$$
$$= tx_1^2 + (1-t)x_2^2 = tf(x_1)+(1-t)f(x_2),$$

即函数 $f(x)=x^2$ 在 $\mathbf{R}$ 是严下凸.

根据函数的下凸(严格下凸)定义,不难证明,若函数 $f(x)$ 在区间 I 是上凸(严上凸),则函数 $-f(x)$ 在区间 I 就是下凸(严下凸).因此,讨论上凸函数可归结为讨论下凸函数.

下面的定理列举了下凸函数定义和它的若干的等价的形式.

定理 5 若函数 $f(x)$ 在区间 I 上有定义,则以下各种形式是互相等价的.

1) 函数 $f(x)$ 在区间 I 是下凸函数;

2) $\forall x_1, x_2 \in I$,且 $x_1 < x_2, \forall x: x_1 < x < x_2$,都有

$$f(x) \leq \frac{x_2-x}{x_2-x_1}f(x_1) + \frac{x-x_1}{x_2-x_1}f(x_2);$$

3) $\forall x_1, x_2 \in I$,且 $x_1 < x_2, \forall x: x_1 < x < x_2$,都有

$$\begin{vmatrix} 1 & x_1 & f(x_1) \\ 1 & x & f(x) \\ 1 & x_2 & f(x_2) \end{vmatrix} \geq 0;$$

4) $\forall x_1, x_2 \in I$,且 $x_1 < x_2, \forall x: x_1 < x < x_2$,都有

$$\frac{f(x)-f(x_1)}{x-x_1} \leq \frac{f(x_2)-f(x_1)}{x_2-x_1} \leq \frac{f(x_2)-f(x)}{x_2-x}; \tag{7}$$

5) $\forall x_1, x_2 \in I$，且 $x_1 < x_2$，$\forall x: x_1 < x < x_2$，都有
$$\frac{f(x)-f(x_1)}{x-x_1} \leqslant \frac{f(x_2)-f(x)}{x_2-x}.$$

如果把 1) 中的"下凸"改成"严下凸"，并把 2),3),4),5) 中各个不等号改成严格不等号，那么修改后的各种形式仍然是互相等价的．

证明 1)$\Rightarrow$2)$\Rightarrow$3)$\Rightarrow$4)$\Rightarrow$5)$\Rightarrow$1).

由 1)$\Rightarrow$2). $\forall x: x_1 < x < x_2$，设
$$t = \frac{x_2-x}{x_2-x_1}, \qquad 1-t = 1 - \frac{x_2-x}{x_2-x_1} = \frac{x-x_1}{x_2-x_1}.$$
$$t \in [0,1], \qquad t+(1-t)=1, \qquad x = tx_1+(1-t)x_2.$$

由下凸函数的定义，有
$$f(x) = f[tx_1+(1-t)x_2] \leqslant tf(x_1)+(1-t)f(x_2)$$
$$= \frac{x_2-x}{x_2-x_1}f(x_1) + \frac{x-x_1}{x_2-x_1}f(x_2).$$

由 2)$\Rightarrow$3). $\forall x: x_1 < x < x_2$，用 x_2-x_1 乘 2) 中的不等式，有
$$(x_2-x)f(x_1)+(x-x_1)f(x_2)-(x_2-x_1)f(x) \geqslant 0.$$

这就是
$$\begin{vmatrix} 1 & x_1 & f(x_1) \\ 1 & x & f(x) \\ 1 & x_2 & f(x_2) \end{vmatrix} \geqslant 0.$$

由 3)$\Rightarrow$4). 我们有
$$\begin{vmatrix} 1 & x_1 & f(x_1) \\ 1 & x & f(x) \\ 1 & x_2 & f(x_2) \end{vmatrix} = \begin{vmatrix} 1 & x_1 & f(x_1) \\ 0 & x-x_1 & f(x)-f(x_1) \\ 0 & x_2-x_1 & f(x_2)-f(x_1) \end{vmatrix}$$
$$= (x-x_1)[f(x_2)-f(x_1)] - (x_2-x_1)[f(x)-f(x_1)] \geqslant 0$$

或
$$\frac{f(x)-f(x_1)}{x-x_1} \leqslant \frac{f(x_2)-f(x_1)}{x_2-x_1}.$$

又有
$$\begin{vmatrix} 1 & x_1 & f(x_1) \\ 1 & x & f(x) \\ 1 & x_2 & f(x_2) \end{vmatrix} = \begin{vmatrix} 0 & x_1-x_2 & f(x_1)-f(x_2) \\ 0 & x-x_2 & f(x)-f(x_2) \\ 1 & x_2 & f(x_2) \end{vmatrix}$$
$$= (x_2-x_1)[f(x_2)-f(x)] - (x_2-x)[f(x_2)-f(x_1)] \geqslant 0$$

或
$$\frac{f(x_2)-f(x_1)}{x_2-x_1} \leqslant \frac{f(x_2)-f(x)}{x_2-x}.$$

将以上两个不等式连接起来，就得到 4),

$$\frac{f(x)-f(x_1)}{x-x_1} \leq \frac{f(x_2)-f(x_1)}{x_2-x_1} \leq \frac{f(x_2)-f(x)}{x_2-x}.$$

由 4)⇒5).是显然的.

最后由 5)⇒1).设 $\forall x_1, x_2 \in I$,且 $x_1 < x_2$,$\forall x: x_1 < x < x_2$,有
$$t \in [0,1], \quad x = tx_1 + (1-t)x_2.$$

显然有
$$t = \frac{x_2-x}{x_2-x_1}, \quad 1-t = \frac{x-x_1}{x_2-x_1}.$$

由 5)中不等式
$$\frac{f(x)-f(x_1)}{x-x_1} \leq \frac{f(x_2)-f(x)}{x_2-x},$$

可改写成
$$f(x) \leq \frac{x_2-x}{x_2-x_1} f(x_1) + \frac{x-x_1}{x_2-x_1} f(x_2).$$

这就是
$$f[tx_1 + (1-t)x_2] \leq tf(x_1) + (1-t)f(x_2),$$

即函数 $f(x)$ 在区间 I 是下凸函数.

注 考察下凸函数 $f(x)$ 图形上的任意三点
$$P_1(x_1, f(x_1)), \quad P(x, f(x)), \quad P_2(x_2, f(x_2)).$$

这里设 $x_1 < x < x_2$.上面的定理 5 中 4)的意义是

$\overline{P_1P}$ 的斜率 $\leq \overline{P_1P_2}$ 的斜率 $\leq \overline{PP_2}$ 的斜率 （如图 6.14）.

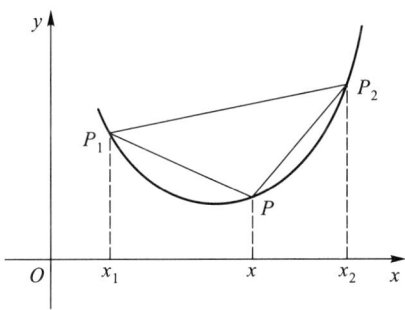

图 6.14

定理 6 若函数 $f(x)$ 在区间 $[a,b]$ 是下凸,则

1) 在 (a,b) 内任意点 x 存在左、右导数,且
$$f'_-(x) \leq f'_+(x), \quad \forall x \in (a,b);$$

2) 函数 $f(x)$ 在 (a,b) 内连续.

证明 1) $\forall x_0 \in (a,b)$,$\exists U(x_0, \delta) \subset (a,b)$,令
$$\varphi(x) = \frac{f(x)-f(x_0)}{x-x_0}, \quad x \in U(x_0, \delta).$$

$\forall x_1, x_2 \in U(x_0, \delta)$,且 $x_1 < x_2$,$x_1, x_2 \in (x_0 - \delta, x_0)$.由定理 5 的 4)有

$$\varphi(x_1) = \frac{f(x_1)-f(x_0)}{x_1-x_0} \leq \frac{f(x_2)-f(x_0)}{x_2-x_0} = \varphi(x_2),$$

即函数 $\varphi(x)$ 在 $(x_0-\delta, x_0)$ 是单调增加,再在 x_0 右方取定一点 $c \in (x_0, x_0+\delta)$,再由定理 5 的 4),易证

$$\varphi(x_1) \leq \varphi(x_2) \leq \varphi(c).$$

从而函数 $\varphi(x)$ 在 $(x_0-\delta, x_0)$ 单调增加,有上界.于是极限

$$f'_-(x_0) = \lim_{x \to x_0^-} \varphi(x) = \lim_{x \to x_0^-} \frac{f(x)-f(x_0)}{x-x_0}$$

存在.同理可证,极限

$$f'_+(x_0) = \lim_{x \to x_0^+} \varphi(x) = \lim_{x \to x_0^+} \frac{f(x)-f(x_0)}{x-x_0}$$

也存在,$\forall x', x'' \in (a,b)$,且 $x' < x_0 < x''$,有

$$\varphi(x') = \frac{f(x')-f(x_0)}{x'-x_0} \leq \frac{f(x'')-f(x_0)}{x''-x_0} = \varphi(x'').$$

当 $x' \to x_0^-$ 时,得

$$f'_-(x_0) \leq \frac{f(x'')-f(x_0)}{x''-x_0}.$$

再令 $x'' \to x_0^+$,得

$$f'_-(x_0) \leq f'_+(x_0).$$

2) 由 1) 知,函数 $f(x)$ 在 (a,b) 任意点左连续,且右连续,于是,函数 $f(x)$ 在 (a,b) 内连续.

注 定理 5 只是给出了与下凸函数等价的不同形式,没有附加任何条件,它对我们从不同的角度认识下凸函数是有意义的.定理 6 也是在下凸函数的定义下,没有附加任何条件,得到函数 $f(x)$ 在开区间 (a,b) 内任意点 x 存在左、右导数,且 $f'_-(x) \leq f'_+(x)$,以及函数 $f(x)$ 在 (a,b) 内的连续性.如果在闭区间 $[a,b]$ 是下凸函数,则得不到函数 $f(x)$ 在 $[a,b]$ 上连续的结论.例如,函数

$$f(x) = \begin{cases} x^2, & x \in (-1,1), \\ 2, & x = -1, 1. \end{cases}$$

不难验证,函数 $f(x)$ 在 $[-1,1]$ 上是下凸,但在 $x=1$ 不是左连续,在 $x=-1$ 不是右连续.当然在 $[-1,1]$ 是不连续.

寻找判别函数凸性的简便实用的方法是很有意义的工作,对于可导函数,我们有下面非常实用的判别法.

定理 7 若函数 $f(x)$ 在 (a,b) 上可导,则函数 $f(x)$ 在 (a,b) 是下凸函数的充分必要条件是下面两个条件有一个成立:

1) 导函数 $f'(x)$ 在 (a,b) 是单调增加的;

2) 函数 $f(x)$ 的图像总位于它的任一条切线的上方,即 $\forall x_0 \in (a,b), \forall x \in (a,b)$,有

$$f(x) \geq f(x_0) + f'(x_0)(x-x_0).$$

证明 1) $\forall x_1, x_2 \in (a,b)$,且 $x_1 < x_2$,$\forall x', x'' \in (a,b)$,且 $x_1 < x' < x_2 < x''$,由割线斜率

单调增加性,有
$$\frac{f(x')-f(x_1)}{x'-x_1} \leqslant \frac{f(x_2)-f(x_1)}{x_2-x_1} \leqslant \frac{f(x'')-f(x_2)}{x''-x_2}.$$

令 $x' \to x_1^+, x'' \to x_2^+$,得到 $f'_+(x_1) \leqslant f'_+(x_2)$.因为 $f(x)$ 在 (a,b) 可导,所以有
$$f'(x_1) \leqslant f'(x_2).$$

由 1)$\Rightarrow$2). $\forall x_0 \in (a,b), \forall x \in (a,b)$,由拉格朗日中值定理以及函数导数 $f'(x)$ 单调增加,知 $\forall x > x_0$,有
$$f(x)-f(x_0) = f'(\xi_1)(x-x_0) \geqslant f'(x_0)(x-x_0), \quad x_0 < \xi_1 < x;$$

$\forall x < x_0$,有
$$f(x)-f(x_0) = f'(\xi_2)(x-x_0) \geqslant f'(x_0)(x-x_0), \quad x < \xi_2 < x_0;$$

当 $x = x_0$ 时,显然有
$$f(x)-f(x_0) \geqslant f'(x_0)(x-x_0).$$

由 2)$\Rightarrow f(x)$ 是下凸函数,$\forall x_1, x_0, x_2 \in (a,b)$,且 $x_1 < x_0 < x_2$,由 2)有
$$f(x_1) \geqslant f(x_0) + f'(x_0)(x_1-x_0)$$

与
$$f(x_2) \geqslant f(x_0) + f'(x_0)(x_2-x_0).$$

所以,有
$$\frac{f(x_1)-f(x_0)}{x_1-x_0} \leqslant f'(x_0) \leqslant \frac{f(x_2)-f(x_0)}{x_2-x_0}.$$

即函数 $f(x)$ 在 (a,b) 是下凸函数.

推论 1 若函数 $f(x)$ 在 (a,b) 可导,则函数 $f(x)$ 在 (a,b) 是严下凸函数的充分必要条件是下面两个条件之中有一个成立:

1) 导函数 $f'(x)$ 在 (a,b) 严格增加;

2) 函数 $f(x)$ 的图像位于它任一条切线的上方,即 $\forall x_0 \in (a,b), \forall x \in (a,b)$,且 $x \neq x_0$,有
$$f(x) > f(x_0) + f'(x_0)(x-x_0).$$

推论 2 若函数 $f(x)$ 在开区间 I 存在二阶导数,且

1) $\forall x \in I$,有 $f''(x) > 0$,则函数 $f(x)$ 在区间 I 严下凸;

2) $\forall x \in I$,有 $f''(x) < 0$,则函数 $f(x)$ 在区间 I 严上凸.

证明 $\forall x \in I$,有 $f''(x) > 0(f''(x) < 0)$,则 $f'(x)$ 在区间 I 严格增加(严格减少).用定理 7 充分性的同样证法,则函数 $f(x)$ 在区间 I 严下凸(严上凸).

这个推论是应用二阶导函数的符号判别函数严下凸或严上凸的判别法.

例如,判别幂函数 $f(x) = x^\alpha (x > 0)$ 与三角函数 $g(x) = \sin x$ 的凸性.

事实上,由 $f''(x) = \alpha(\alpha-1)x^{\alpha-2}$,当 $\alpha < 0$ 或 $\alpha > 1$ 时,有 $f''(x) > 0$,即当 $\alpha < 0$ 或 $\alpha > 1$ 时,幂函数 $f(x) = x^\alpha$ 是严下凸;当 $0 < \alpha < 1$ 时,有 $f''(x) < 0$,即当 $0 < \alpha < 1$ 时,幂函数 $f(x) = x^\alpha$ 是严上凸.

由 $g''(x) = -\sin x$,在开区间 $((2k-1)\pi, 2k\pi), k \in \mathbf{Z}$,有 $g''(x) > 0$,即在开区间 $((2k-1)\pi, 2k\pi)$ 三角函数 $g(x) = \sin x$ 是严下凸;在开区间 $(2k\pi, (2k+1)\pi), k \in \mathbf{Z}$,有 $g''(x) < 0$,即在开区间 $(2k\pi, (2k+1)\pi)$ 三角函数 $g(x) = \sin x$ 是严上凸.

应用凸函数的定义可以证明一些重要不等式.

定理 8 若函数 $f(x)$ 在区间 I 是下凸,则有不等式
$$f(q_1x_1+q_2x_2+\cdots+q_nx_n) \leqslant q_1f(x_1)+q_2f(x_2)+\cdots+q_nf(x_n), \tag{8}$$
其中 $x_i \in I, q_i > 0, i=1,2,\cdots,n$,且 $q_1+q_2+\cdots+q_n=1$.

不等式(8)称为**延森**[①]**不等式**.

证明 应用归纳法.当 $n=2$ 时,由下凸函数定义,有
$$f(q_1x_1+q_2x_2) \leqslant q_1f(x_1)+q_2f(x_2), \quad q_1+q_2=1,$$
即 $n=2$ 时不等式(8)成立.设 $n=k$ 成立,即
$$f(q_1x_1+q_2x_2+\cdots+q_kx_k) \leqslant q_1f(x_1)+q_2f(x_2)+\cdots+q_kf(x_k).$$

证明 $n=k+1$ 也成立.事实上,
$$f(q_1x_1+q_2x_2+\cdots+q_kx_k+q_{k+1}x_{k+1})$$
$$=f[q_1x_1+q_2x_2+\cdots+q_{k-1}x_{k-1}+(q_kx_k+q_{k+1}x_{k+1})]$$
$$=f\left[q_1x_1+\cdots+q_{k-1}x_{k-1}+(q_k+q_{k+1})\left(\frac{q_k}{q_k+q_{k+1}}x_k+\frac{q_{k+1}}{q_k+q_{k+1}}x_{k+1}\right)\right]$$
$$\leqslant q_1f(x_1)+\cdots+q_{k-1}f(x_{k-1})+(q_k+q_{k+1})f\left(\frac{q_k}{q_k+q_{k+1}}x_k+\frac{q_{k+1}}{q_k+q_{k+1}}x_{k+1}\right)$$
$$\leqslant q_1f(x_1)+\cdots+q_{k-1}f(x_{k-1})+(q_k+q_{k+1})\left[\frac{q_k}{q_k+q_{k+1}}f(x_k)+\frac{q_{k+1}}{q_k+q_{k+1}}f(x_{k+1})\right]$$
$$=q_1f(x_1)+\cdots+q_{k-1}f(x_{k-1})+q_kf(x_k)+q_{k+1}f(x_{k+1})$$
$$=q_1f(x_1)+q_2f(x_2)+\cdots+q_{k+1}f(x_{k+1}).$$

定理 8′ 若函数 $f(x)$ 在区间 I 存在二阶导数,且 $\forall x \in I$,有 $f''(x) \geqslant 0$,则延森不等式(8)成立,即
$$f(q_1x_1+q_2x_2+\cdots+q_nx_n) \leqslant q_1f(x_1)+q_2f(x_2)+\cdots+q_nf(x_n),$$
其中 $x_i \in I, q_i > 0, i=1,2,\cdots,n$,且 $q_1+q_2+\cdots+q_n=1$.

证法 应用定理 7 推论 2 的证法,则函数 $f(x)$ 在区间 I 是下凸.由定理 8 立即得证.函数 $f(x)$ 存在二阶导数(条件加强了),也可应用泰勒公式证明.这里给出另一种应用泰勒公式的证法.

证明 设 $x_0=q_1x_1+q_2x_2+\cdots+q_nx_n \in I$.由泰勒公式,有
$$f(x_i)=f(x_0)+f'(x_0)(x_i-x_0)+\frac{f''(\xi_i)}{2!}(x_i-x_0)^2,$$
其中 ξ_i 在 x_0 与 x_i 之间.已知 $\forall x \in I$,有 $f''(x) \geqslant 0$,从而
$$f(x_i) \geqslant f(x_0)+f'(x_0)(x_i-x_0), \quad i=1,2,\cdots,n.$$
将上式的不等号两端乘正数 q_i,再两端分别相加,有
$$q_1f(x_1)+q_2f(x_2)+\cdots+q_nf(x_n)$$
$$\geqslant (q_1+q_2+\cdots+q_n)f(x_0)+f'(x_0)(q_1x_1+q_2x_2+\cdots+q_nx_n-x_0)$$
$$=f(x_0). \text{(因为 } q_1x_1+q_2x_2+\cdots+q_nx_n-x_0=0.\text{)}$$
即

[①] 延森(Jensen,1859—1925),丹麦数学家.

$$f(q_1x_1+q_2x_2+\cdots+q_nx_n) \leq q_1f(x_1)+q_2f(x_2)+\cdots+q_nf(x_n).$$

定理 8′ 的条件加强了,函数 $f(x)$ 存在二阶导数,证明方法也简化了.

例 17 设 $a_i>0, i=1,2,\cdots,n$,证明:

$$\frac{n}{\frac{1}{a_1}+\frac{1}{a_2}+\cdots+\frac{1}{a_n}} \leq \sqrt[n]{a_1 a_2 \cdots a_n} \leq \frac{a_1+a_2+\cdots+a_n}{n}.$$

证明 设 $f(x)=-\ln x$,$\forall x\in(0,+\infty)$,有

$$f''(x)=\frac{1}{x^2}>0.$$

从而,函数 $f(x)=-\ln x$ 在 $(0,+\infty)$ 是严下凸.根据定理 8′,取 $x_i=a_i\in(0,+\infty)$,$q_i=\frac{1}{n}$, $i=1,2,\cdots,n$. $q_1+q_2+\cdots+q_n=1$. 有

$$-\ln\left(\frac{a_1}{n}+\frac{a_2}{n}+\cdots+\frac{a_n}{n}\right) \leq -\frac{\ln a_1}{n}-\frac{\ln a_2}{n}-\cdots-\frac{\ln a_n}{n}$$

或

$$-\ln\frac{a_1+a_2+\cdots+a_n}{n} \leq -(\ln a_1^{\frac{1}{n}}+\ln a_2^{\frac{1}{n}}+\cdots+\ln a_n^{\frac{1}{n}})=-\ln\sqrt[n]{a_1 a_2 \cdots a_n}.$$

即

$$\sqrt[n]{a_1 a_2 \cdots a_n} \leq \frac{a_1+a_2+\cdots+a_n}{n}.$$

取 $x_i=\frac{1}{a_i}\in(0,+\infty)$,$q_i=\frac{1}{n}$,$i=1,2,\cdots,n$. $q_1+q_2+\cdots+q_n=1$. 同样方法,有

$$\frac{n}{\frac{1}{a_1}+\frac{1}{a_2}+\cdots+\frac{1}{a_n}} \leq \sqrt[n]{a_1 a_2 \cdots a_n}.$$

于是,$\forall n\in\mathbf{N}_+$,有

$$\frac{n}{\frac{1}{a_1}+\frac{1}{a_2}+\cdots+\frac{1}{a_n}} \leq \sqrt[n]{a_1 a_2 \cdots a_n} \leq \frac{a_1+a_2+\cdots+a_n}{n}.$$

例 18 设 $f(x)=x^p$,$x\geq 0$,$p>1$,则函数 $f(x)=x^p$ 是下凸的,若 $\sum_{i=1}^{n}\alpha_i=1$,有不等式

$$\left(\sum_{i=1}^{n}\alpha_i x_i\right)^p \leq \sum_{i=1}^{n}\alpha_i x_i^p. \tag{9}$$

证明 $f'(x)=px^{p-1}$,$f''(x)=p(p-1)x^{p-2}$,$\forall x\geq 0$,$p>1$,有 $f''(x)\geq 0$,即 $x\geq 0$,$f(x)$ 是下凸函数.由定理 8 就有(9)式,即

$$\left(\sum_{i=1}^{n}\alpha_i x_i\right)^p \leq \sum_{i=1}^{n}\alpha_i x_i^p.$$

设

$$q=\frac{p}{p-1}, \quad \alpha_i=\frac{b_i^q}{\sum_{i=1}^{n}b_i^q}, \quad x_i=\frac{a_i\sum_{i=1}^{n}b_i^q}{b_i^{\frac{1}{p-1}}},$$

其中 $a_i \geq 0, b_i \geq 0, \dfrac{1}{p} + \dfrac{1}{q} = 1, p > 1$,且 $\sum_{i=1}^{n} \alpha_i = 1$,将它们代入(9)式,有
$$\sum_{i=1}^{n} a_i b_i \leq \Big(\sum_{i=1}^{n} a_i^p \Big)^{\frac{1}{p}} \Big(\sum_{i=1}^{n} b_i^q \Big)^{\frac{1}{q}},$$
其中 $\dfrac{1}{p} + \dfrac{1}{q} = 1, p>1$.这再一次得到赫尔德不等式.

当 $p<1$ 时,函数 $f(x)=x^p$ 是上凸的,可得反向的赫尔德不等式.

定义 若函数 $y=f(x)$ 在点 c 连续,且在点 c 的一侧是下凸,而另一侧是上凸,则称 c 是函数 $y=f(x)$ 的**拐点**,有时也称点 $M(c, f(c))$ 是曲线 $y=f(x)$ 的**拐点**.

不难证明,若函数 $f(x)$ 在点 c 的邻域 $(c-\delta, c+\delta)$ 存在连续的二阶导数,且 c 是函数 $f(x)$ 的拐点,则 $f''(c)=0$.反之,若 $f''(c)=0$,则 c 不一定是函数 $f(x)$ 的拐点.例如,函数 $f(x)=x^4, f''(x)=12x^2$,有 $f''(0)=0$.因为 $\forall x \neq 0$,有 $f''(x)>0$,所以函数 $f(x)=x^4$ 在点 0 的两侧皆是下凸,如图 6.15,从而 0 不是函数 $y=x^4$ 的拐点.

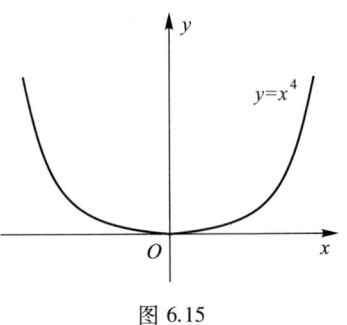

图 6.15

若函数 $f(x)$ 存在二阶导数,讨论函数 $f(x)$ 的凸性和拐点,可按下列步骤进行:

第一步,求函数 $f(x)$ 的二阶导数 $f''(x)$;

第二步,令 $f''(x)=0$,求解.其解将函数 $f(x)$ 的定义域分成若干个开区间;

第三步,判别 $f''(x)$ 在每个小区间的符号.设 $f''(c)=0$,由下表可知函数 $f(x)$ 的凸性及拐点:

	(a,c)	c	(c,b)	曲线 $y=f(x)$ 上的点 $(c,f(c))$
$f''(x)$ ($f(x)$)	+(严下凸)	0	-(严上凸)	是拐点
	-(严上凸)	0	+(严下凸)	是拐点
	+(严下凸)	0	+(严下凸)	不是拐点
	-(严上凸)	0	-(严上凸)	不是拐点

例 19 讨论函数 $f(x)=x^4-2x^3+1$ 的凸性及其拐点.

解 函数的定义域是 **R**.
$$f'(x)=4x^3-6x^2, \quad f''(x)=12x(x-1).$$
令 $f''(x)=12x(x-1)=0$,其解是 0 与 1.它们将定义域 **R** 分成三个区间 $(-\infty, 0)$,$(0,1), (1, +\infty)$.列表如下:

	$(-\infty, 0)$	0	$(0,1)$	1	$(1, +\infty)$
$f''(x)$	+	0	-	0	+
$f(x)$	严下凸	拐点	严上凸	拐点	严下凸

显然,函数 $f(x)$ 在 $(-\infty,0)$ 与 $(1,+\infty)$ 是严下凸,在 $(0,1)$ 是严上凸.曲线上的点 $(0,1)$ 与 $(1,0)$ 都是拐点.

例 20 讨论函数 $f(x)=\mathrm{e}^{-x^2}$ 的凸性及其拐点.

解 函数的定义域是 **R**.
$$f'(x)=-2x\mathrm{e}^{-x^2},\quad f''(x)=2(2x^2-1)\mathrm{e}^{-x^2}.$$

令 $f''(x)=2(2x^2-1)\mathrm{e}^{-x^2}=0$,其解是 $-\dfrac{1}{\sqrt{2}}$ 与 $\dfrac{1}{\sqrt{2}}$.它们将定义域 **R** 分成三个区间,列表如下:

	$\left(-\infty,-\dfrac{1}{\sqrt{2}}\right)$	$-\dfrac{1}{\sqrt{2}}$	$\left(-\dfrac{1}{\sqrt{2}},\dfrac{1}{\sqrt{2}}\right)$	$\dfrac{1}{\sqrt{2}}$	$\left(\dfrac{1}{\sqrt{2}},+\infty\right)$
$f''(x)$	+	0	−	0	+
$f(x)$	严下凸	拐点	严上凸	拐点	严下凸

显然,函数 $f(x)$ 在 $\left(-\infty,-\dfrac{1}{\sqrt{2}}\right)$ 与 $\left(\dfrac{1}{\sqrt{2}},+\infty\right)$ 是严下凸,在 $\left(-\dfrac{1}{\sqrt{2}},\dfrac{1}{\sqrt{2}}\right)$ 是严上凸.曲线上的点 $\left(-\dfrac{1}{\sqrt{2}},\dfrac{1}{\sqrt{\mathrm{e}}}\right)$ 与 $\left(\dfrac{1}{\sqrt{2}},\dfrac{1}{\sqrt{\mathrm{e}}}\right)$ 都是拐点.

例 21 讨论函数 $f(x)=x\arctan\dfrac{1}{x}$ 的凸性及其拐点.

解 函数的定义域是 $(-\infty,0)\cup(0,+\infty)$.
$$f'(x)=\arctan\dfrac{1}{x}-\dfrac{x}{1+x^2},$$
$$f''(x)=-\dfrac{1}{1+x^2}-\dfrac{1-x^2}{(1+x^2)^2}=-\dfrac{2}{(1+x^2)^2}.$$

令 $f''(x)=-\dfrac{2}{(1+x^2)^2}=0$,没解.列表如下:

	$(-\infty,0)$	$(0,+\infty)$
$f''(x)$	−	−
$f(x)$	严上凸	严上凸

显然,函数 $f(x)$ 在 $(-\infty,0)$ 与 $(0,+\infty)$ 都是严上凸,没有拐点.

五、曲线的渐近线

中学平面解析几何给出了双曲线 $\dfrac{x^2}{a^2}-\dfrac{y^2}{b^2}=1$ 的渐近线: $\dfrac{x}{a}\pm\dfrac{y}{b}=0$.我们虽然不能画出全部双曲线,但是有了渐近线,就能知道双曲线无限延伸时的走向及趋势.如果一条连续曲线存在渐近线,为了掌握这条连续曲线在无限延伸时的变化情况,求出它的渐近线是必要的.

定义 当曲线 C 上动点 P 沿着曲线 C 无限远移时,若动点 P 到某直线 l 的距离无限趋近于 0,如图 6.16,则称直线 l 是曲线 C 的**渐近线**.

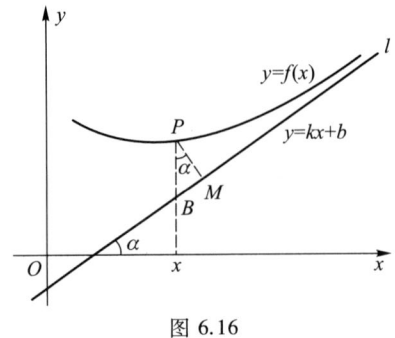

图 6.16

曲线的渐近线有两种,一种是垂直渐近线;另一种是斜渐近线(包括水平渐近线).

1. 垂直渐近线

若 $\lim\limits_{x \to a^+} f(x) = \infty$ 或 $\lim\limits_{x \to a^-} f(x) = \infty$,则直线 $x = a$ 是曲线 $y = f(x)$ 的垂直渐近线(垂直于 x 轴).

例如,曲线 $f(x) = \dfrac{1}{(x+1)(x-2)}$,有

$$\lim_{x \to -1^+} \frac{1}{(x+1)(x-2)} = -\infty, \quad \lim_{x \to -1^-} \frac{1}{(x+1)(x-2)} = +\infty,$$

$$\lim_{x \to 2^+} \frac{1}{(x+1)(x-2)} = +\infty, \quad \lim_{x \to 2^-} \frac{1}{(x+1)(x-2)} = -\infty,$$

则两条直线 $x = -1$ 与 $x = 2$ 都是曲线的垂直渐近线.

再例如,曲线 $y = \tan x$ 有无限多条垂直渐近线

$$x = k\pi + \frac{\pi}{2}, k \in \mathbf{Z}.$$

2. 斜渐近线

如图 6.16.设直线 $y = kx + b$ 是曲线 $y = f(x)$ 的斜渐近线.怎样确定常数 k 和 b 呢?

由已知的点到直线的距离公式,曲线 $y = f(x)$ 上点 $P(x, f(x))$ 到直线 $y = kx + b$ 的距离

$$|PM| = \frac{|f(x) - kx - b|}{\sqrt{1 + k^2}}.$$

直线 $y = kx + b$ 是曲线 $y = f(x)$ 的渐近线 $\Longleftrightarrow$

$$\lim_{\substack{x \to +\infty \\ (x \to -\infty)}} \frac{|f(x) - kx - b|}{\sqrt{1 + k^2}} = 0 \Longleftrightarrow \lim_{\substack{x \to +\infty \\ (x \to -\infty)}} [f(x) - kx - b] = 0$$

$$\Longleftrightarrow \lim_{\substack{x \to +\infty \\ (x \to -\infty)}} [f(x) - kx] = b. \tag{10}$$

若知道 k，则由 (10) 式即可求得 b. 怎样求 k 呢？

已知 $\lim\limits_{\substack{x\to+\infty\\(x\to-\infty)}}\dfrac{1}{x}=0$. 由 (10) 式与极限运算法则，有

$$\lim_{\substack{x\to+\infty\\(x\to-\infty)}}\frac{f(x)-kx}{x}=0, \quad 即 \lim_{\substack{x\to+\infty\\(x\to-\infty)}}\left(\frac{f(x)}{x}-k\right)=0,$$

或

$$\lim_{\substack{x\to+\infty\\(x\to-\infty)}}\frac{f(x)}{x}=k. \tag{11}$$

于是，直线 $y=kx+b$ 是曲线 $y=f(x)$ 的渐近线 $\Longleftrightarrow$

$$k=\lim_{\substack{x\to+\infty\\(x\to-\infty)}}\frac{f(x)}{x} \quad 与 \quad b=\lim_{\substack{x\to+\infty\\(x\to-\infty)}}[f(x)-kx].$$

若 $k=0$，则直线 $y=b$ 是曲线 $y=f(x)$ 的水平渐近线.

例 22 求曲线 $f(x)=\dfrac{(x-3)^2}{4(x-1)}$ 的渐近线.

解 已知 $\lim\limits_{x\to 1^+}\dfrac{(x-3)^2}{4(x-1)}=+\infty$，$\lim\limits_{x\to 1^-}\dfrac{(x-3)^2}{4(x-1)}=-\infty$，则 $x=1$ 是曲线的垂直渐近线. 又有

$$k=\lim_{x\to\infty}\frac{f(x)}{x}=\lim_{x\to\infty}\frac{(x-3)^2}{4x(x-1)}=\frac{1}{4},$$

$$b=\lim_{x\to\infty}[f(x)-kx]=\lim_{x\to\infty}\left[\frac{(x-3)^2}{4(x-1)}-\frac{x}{4}\right]$$
$$=\lim_{x\to\infty}\frac{x^2-6x+9-x^2+x}{4(x-1)}=\lim_{x\to\infty}\frac{-5x+9}{4(x-1)}=-\frac{5}{4}.$$

直线 $y=\dfrac{1}{4}x-\dfrac{5}{4}$，即 $x-4y=5$ 是曲线的斜渐近线.

例 23 求曲线 $f(x)=\dfrac{x^2+2x-1}{x}$ 的渐近线.

解 已知 $\lim\limits_{x\to 0^+}\dfrac{x^2+2x-1}{x}=-\infty$，$\lim\limits_{x\to 0^-}\dfrac{x^2+2x-1}{x}=+\infty$. 则 $x=0$（即 y 轴）是曲线的垂直渐近线. 又有

$$k=\lim_{x\to\infty}\frac{f(x)}{x}=\lim_{x\to\infty}\frac{x^2+2x-1}{x^2}=1,$$

$$b=\lim_{x\to\infty}[f(x)-kx]=\lim_{x\to\infty}\left(\frac{x^2+2x-1}{x}-x\right)=\lim_{x\to\infty}\frac{2x-1}{x}=2.$$

直线 $y=x+2$ 是曲线的斜渐近线.

上述两例都是 $x\to\infty$ 的渐近线，这表明所求的渐近线，既是 $x\to+\infty$ 的渐近线，又是 $x\to-\infty$ 的渐近线. 但对有些曲线必须分别讨论 $x\to+\infty$ 或 $x\to-\infty$ 的渐近线.

例 24 求曲线 $y=x\arctan x$ 的渐近线.

解 $x\to+\infty$，有

$$k_1=\lim_{x\to+\infty}\frac{x\arctan x}{x}=\frac{\pi}{2},$$

$$b_1 = \lim_{x \to +\infty} \left(x \arctan x - \frac{\pi}{2} x \right) = \lim_{x \to +\infty} \frac{\arctan x - \frac{\pi}{2}}{\frac{1}{x}} = \lim_{x \to +\infty} \frac{\frac{1}{1+x^2}}{-\frac{1}{x^2}} = -1.$$

$x \to -\infty$,有

$$k_2 = \lim_{x \to -\infty} \frac{x \arctan x}{x} = -\frac{\pi}{2}, b_2 = \lim_{x \to -\infty} \left(x \arctan x + \frac{\pi}{2} x \right) = -1.$$

则曲线 $y = x \arctan x$,当 $x \to +\infty$ 有渐近线 $y = \frac{\pi}{2} x - 1$;当 $x \to -\infty$ 有渐近线 $y = -\frac{\pi}{2} x - 1$.

无穷区间上的曲线 $y = f(x)$ 具有什么性质才有渐近线呢?由观察不难得到以下的简易判别法:设 $f(x) = \dfrac{P(x)}{Q(x)}$.

当 $P(x)$ 与 $Q(x)$ 都是连续函数时,若 $Q(a) = 0$,且 $P(a) \neq 0$,则直线 $x = a$ 是曲线 $y = f(x)$ 的垂直渐近线.

当 $P(x)$ 是 n 次多项式,$Q(x)$ 是 m 次多项式时,若 $n = m+1$,则曲线 $y = f(x)$ 有斜渐近线;若 $n \leq m$,则曲线 $y = f(x)$ 有水平渐近线.

当 $P(x)$ 或 $Q(x)$ 是无理函数时,设 $P(x)$ 与 $Q(x)$ 的最高次幂分别是正数 α 与 β.若 $\alpha = \beta + 1$,则曲线 $y = f(x)$ 有斜渐近线;若 $\alpha \leq \beta$,则曲线 $y = f(x)$ 有水平渐近线.

例如,曲线 $y = \dfrac{(x-1)^2}{x-2}$ 与 $y = \dfrac{x-1}{x-2}$ 都有垂直渐近线 $x = 2$,前者还有斜渐近线 $y = x$,后者还有水平渐近线 $y = 1$.双曲线

$$\frac{x^2}{a^2} - \frac{y^2}{b^2} = 1 \quad \text{或} \quad y = \pm \frac{b\sqrt{x^2 - a^2}}{a}.$$

分子关于 x 的最高次幂是 $1(\sqrt{x^2} = |x|^1)$,分母常数是关于 x 的零次幂.因此它有斜渐近线

六、描绘函数图像

中学数学应用描点法描绘了一些简单函数的图像.但是,描点法有缺陷.这是因为,描点法所选取的点不可能很多,而一些关键性的点,如极值点、拐点等可能漏掉;曲线的单调性、凸性等一些重要的性态也没有掌握.因此,用描点法所描绘的函数图像常常与真实的函数图像相差很多.现在,我们已经掌握了应用导数讨论函数的单调性、极值性、凸性、拐点等的方法,从而就能比较准确地描绘函数的图像.一般来说,描绘函数的图像可按下列的步骤进行:

1) 确定函数 $y = f(x)$ 的定义域;
2) 考察函数 $y = f(x)$ 是否具有某些特性(奇偶性、周期性);
3) 考察函数 $y = f(x)$ 是否有垂直渐近线、斜渐近线(包括水平渐近线),如果有渐近线,将渐近线求出来;
4) 求出函数 $y = f(x)$ 的单调区间、极值,列表;
5) 求出函数 $y = f(x)$ 的下凸和上凸的区间和拐点,列表;

6) 确定一些特殊点,如曲线 $y=f(x)$ 与坐标轴的交点,以及容易计算函数值 $f(x)$ 的一些点 $(x,f(x))$.

在直角坐标系中,首先标明所有关键点的坐标,画出渐近线,其次按照曲线的性态逐段描绘.

例 25 描绘函数 $y=\mathrm{e}^{-x^2}$ 的图像.

解 定义域是 $\mathbf{R}$,并且是偶函数.

函数在定义域连续.因为
$$\lim_{x\to\infty}\mathrm{e}^{-x^2}=0,$$
所以 $y=0$,即 x 轴是水平渐近线.

在本节的例 2 与例 20 中,已讨论了此函数的单调性、凸性以及极值点、拐点.统一列表如下:

	$\left(-\infty,-\dfrac{1}{\sqrt{2}}\right)$	$-\dfrac{1}{\sqrt{2}}$	$\left(-\dfrac{1}{\sqrt{2}},0\right)$	0	$\left(0,\dfrac{1}{\sqrt{2}}\right)$	$\dfrac{1}{\sqrt{2}}$	$\left(\dfrac{1}{\sqrt{2}},+\infty\right)$
y'	+		+	0	−		−
y''	+	0	−		−	0	+
y	↗ 严下凸	拐点	↗ 严上凸	极大点	↘ 严上凸	拐点	↘ 严下凸

0 是极大点,极大值是 1.有两个拐点:
$$\left(-\frac{1}{\sqrt{2}},\frac{1}{\sqrt{\mathrm{e}}}\right) \text{ 与 } \left(\frac{1}{\sqrt{2}},\frac{1}{\sqrt{\mathrm{e}}}\right).$$

此函数的图像,如图 6.17.

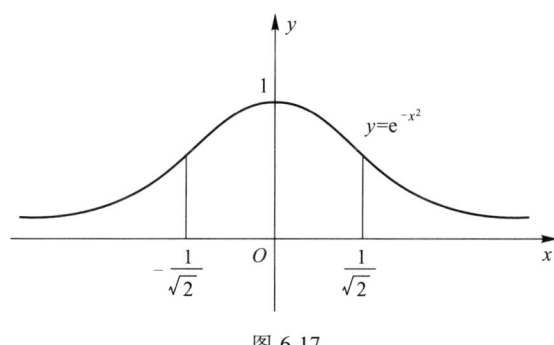

图 6.17

例 26 描绘函数 $f(x)=\dfrac{(x-3)^2}{4(x-1)}$ 的图像.

解 定义域是 $(-\infty,1)\cup(1,+\infty)$.

由例 22 知,有垂直渐近线 $x=1$ 与斜渐近线 $x-4y=5$.
$$f'(x)=\frac{(x+1)(x-3)}{4(x-1)^2},\quad f''(x)=\frac{2}{(x-1)^3}.$$

令 $f'(x)=0$,解得稳定点 -1 与 3,它们将定义域分成四个区间 $(-\infty,-1)$,$(-1,1)$,$(1,3)$,$(3,+\infty)$.

令 $f''(x)=0$,无解,即没有拐点.

列表如下:

	$(-\infty,-1)$	-1	$(-1,1)$	$(1,3)$	3	$(3,+\infty)$
$f'(x)$	+	0	−	−	0	+
$f''(x)$	−	−	−	+	+	+
$f(x)$	↗ 严上凸	极大点	↘ 严上凸	↘ 严下凸	极小点	↗ 严下凸

-1 是极大点,极大值是 -2;3 是极小点,极小值是 0;
$$f(0)=-\frac{9}{4},\quad f(2)=\frac{1}{4}.$$

此函数的图像,如图 6.18.

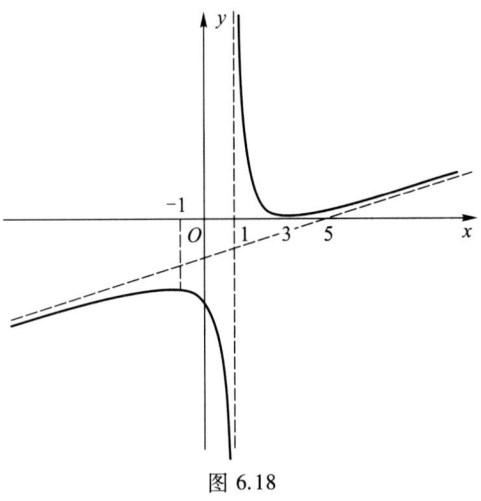

图 6.18

例 27 描绘函数 $y=(1+x)^{\frac{1}{x}}$ 的图像.

解 当 $x>-1$,$x\neq 0$ 有定义,且 $y>0$,在该区域有定义,函数 $y=(1+x)^{\frac{1}{x}}$ 在定义域 $(-1,0)\cup(0,+\infty)$ 是连续的.

因为 $\lim\limits_{x\to 0}(1+x)^{\frac{1}{x}}=e$,所以 $x=0$ 是可去不连续点.

又 $\lim\limits_{x\to -1^+}(1+x)^{\frac{1}{x}}=+\infty$,$\lim\limits_{x\to +\infty}(1+x)^{\frac{1}{x}}=1$,可知 $y=1$,$x=-1$,分别是曲线的渐近线.

求函数的一阶导数
$$\ln y=\frac{1}{x}\ln(1+x),$$
$$\frac{y'}{y}=\frac{1}{x(1+x)}-\frac{\ln(1+x)}{x^2},$$

即
$$y' = y\left[\frac{1}{x(1+x)} - \frac{\ln(1+x)}{x^2}\right], \quad -1<x<0, 0<x<+\infty.$$

由本节的例 10,当 $x>0$ 时,有不等式
$$\frac{x}{1+x} < \ln(1+x) < x.$$

此不等式当 $-1<x<0$ 时也成立.从而
$$y' = y\left[\frac{1}{x(1+x)} - \frac{\ln(1+x)}{x^2}\right] < y\left[\frac{1}{x(1+x)} - \frac{x}{x^2+x^3}\right] = 0.$$

因此,此函数在定义域内严格减少.

再求二阶导数
$$y'' = y\left\{\left[\frac{1}{x(1+x)} - \frac{\ln(1+x)}{x^2}\right]^2 + \frac{1}{x^3}\left[2\ln(1+x) - \frac{2x+3x^2}{(1+x)^2}\right]\right\}.$$

等式右端第一项是正的,再考察函数
$$\varphi(x) = 2\ln(1+x) - \frac{2x+3x^2}{(1+x)^2}.$$

$\varphi'(x) = \dfrac{2x^2}{(1+x)^3} > 0, -1<x<+\infty$,且 $\varphi(0)=0$,故当 $-1<x<0$,$\varphi(x)<0$,而当 $0<x<+\infty$ 时,$\varphi(x)>0$.因此 $-1<x<0, 0<x<+\infty$ 时,$\dfrac{1}{x^3}\varphi(x)>0$,即 $y''>0$,故函数是下凸的,且没有拐点.

列表如下:

	$(-1,0)$	0	$(0,+\infty)$
y'	$-$	$(0,\mathrm{e})$	$-$
y''	$+$	可去	$+$
y	严减 ↘ 严下凸	间断点	严减 ↘ 严下凸

函数 $y=(1+x)^{\frac{1}{x}}$ 的图像,如图 6.19.

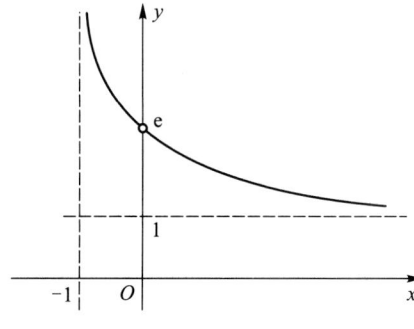

图 6.19

练习题 6.4

1. 讨论下列函数的严格单调区间与极值：

1) $f(x)=x^3-3x+1$；
2) $f(x)=(x+1)^4(x-3)^3$；
3) $f(x)=\dfrac{x}{1+x^2}$；

4) $f(x)=\sin^2 x$；
5) $f(x)=\dfrac{1}{x}\ln x$；
6) $f(x)=e^{-x}\sin x$.

2. 证明：二次函数 $y=ax^2+bx+c(a\neq 0)$ 在点 $-\dfrac{b}{2a}$ 取极值.在什么条件下,它取极大值(极小值)?

3. 证明下列不等式：

1) 当 $x>0$ 时, $x-\dfrac{x^2}{2}<\ln(1+x)<x$；

2) 当 $x>0$ 时, $x-\dfrac{x^3}{6}<\sin x<x$.

4. 设函数 $f(x)=ax^3+bx^2+cx+d$, -1 是极大点,极大值是 8, 2 是极小点,极小值是 -19, 求 a,b,c,d.

5. 证明：当 $x>1$ 时,有不等式
$$\ln x>\dfrac{2(x-1)}{x+1}.$$

6. 求下列函数在指定区间的最小值与最大值：

1) $f(x)=2^x$, $x\in[-1,5]$；
2) $f(x)=-2x^3+3x^2+6x-1$, $x\in[-2,2]$；

3) $f(x)=\sin^3 x+\cos^3 x$, $x\in\left[0,\dfrac{3}{4}\pi\right]$；
4) $f(x)=x\ln x$, $x\in(0,e]$；

5) $f(x)=xe^{-x^2}$, $x\in\mathbf{R}$.

7. 已知等腰三角形的周长是 $2l$(定数),问它的腰多长其面积为最大? 并求其最大的面积.

8. 已知圆柱形罐头盒的体积是 V(定数),问它的高与底半径多大能使罐头盒的表面积为最小?

9. 半径为 a 的球的内接直圆柱,问直圆柱的底半径与高多大能使直圆柱的体积最大?

10. 如图 6.20,铁路线上 AB 直线段长 100 km,工厂 C 到铁路线上 A 处的垂直距离 CA 为 20 km.现在要在 AB 上选一点 D,从 D 向 C 修一条直线公路.已知铁路运输每吨每千米与公路运输每吨每千米的运费之比为 3:5,为了使原料从 B 处运到工厂 C 的运费最省, D 应选在何处?

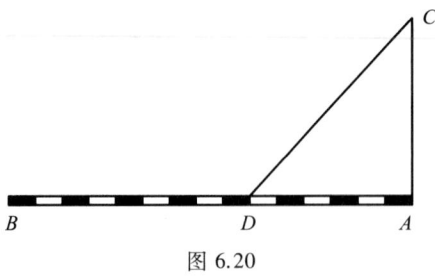

图 6.20

11. 讨论下列函数的凸性与拐点：

1) $y=\dfrac{2x}{1+x^2}$；
2) $y=x+\sin x$；

3) $y=(\ln x)^2$;   4) $y=e^{-x}\sin x$.

12. 证明:曲线 $y=\dfrac{x+1}{x^2+1}$ 有三个拐点,且位于一条直线上.

13. 证明:两个下凸函数的和还是下凸函数.

14. 证明:若函数 $f(x)$ 在开区间 I 是下凸,则 $\forall x_0 \in I$,存在 $f'_-(x_0)$ 与 $f'_+(x_0)$,且 $f'_-(x_0) \leq f'_+(x_0)$.

15. 求下列曲线的渐近线:

1) $y=\dfrac{1}{x^2-4x-5}$;   2) $2y(x+1)^2=x^3$;   3) $y=\dfrac{x^2}{x^2-1}$;

4) $y=xe^{\frac{1}{x^2}}$;   5) $y=x\ln\left(e+\dfrac{1}{x}\right)$.

16. 作下列函数的图像:

1) $y=x+\dfrac{1}{x}$;   2) $y=\ln\dfrac{1+x}{1-x}$;

3) $y=x\arctan x$;   4) $y=e^{-x}\sin x$.

*   *   *   *   *   *   *   *

17. 证明下列不等式:

1) $\dfrac{x}{y}<\dfrac{\sin x}{\sin y}$, $0<x<y<\dfrac{\pi}{2}$;

2) $(x^\beta+y^\beta)^{\frac{1}{\beta}}<(x^\alpha+y^\alpha)^{\frac{1}{\alpha}}$, $x>0,y>0,\beta>\alpha>0$.

18. 数列: $1,\sqrt{2},\sqrt[3]{3},\cdots,\sqrt[n]{n},\cdots$ 中哪一项最大(提示:讨论函数 $f(x)=x^{\frac{1}{x}}$, $x>0$)?

19. 求函数 $f_n(x)=x^n e^{-n^2 x}$ (n 是自然数,且 $n\geq 2$)在 $[0,+\infty)$ 的最大值与最小值,并求极限($\forall x\geq 0$) $\lim\limits_{n\to\infty} f_n(x)$.

20. 求函数 $f_p(x)=p^2 x^2(1-x)^p$ (p 是正数)在 $[0,1]$ 的最大值.设最大值是 $g(p)$,并求极限 $\lim\limits_{p\to+\infty} g(p)$.

21. 证明:不存在三次或三次以上的奇次多项式 $P(x)$ 在 $\mathbf{R}$ 是下凸.

22. 证明:若函数 $f(x)$ 在 $\mathbf{R}$ 是下凸,且有界,则 $f(x)$ 是常数函数.

23. 证明:若函数 $f(u)$ 是单调增加的下凸函数,函数 $u=\varphi(x)$ 是下凸函数,则函数 $f[\varphi(x)]$ 也是下凸函数.

24. 证明下列不等式:

1) $a^{\frac{x+y}{2}} \leq \dfrac{a^x+a^y}{2}$, $a>0$, $x,y\in\mathbf{R}$;

2) $(x+y)\ln\dfrac{x+y}{2} \leq x\ln x+y\ln y$, $x,y>0$;

3) $\left(\dfrac{x_1+x_2+\cdots+x_n}{n}\right)^p \leq \dfrac{x_1^p+x_2^p+\cdots+x_n^p}{n}$,其中 $p\geq 1$; $x_1,x_2,\cdots,x_n>0$;

4) $x_1^{a_1} x_2^{a_2}\cdots x_n^{a_n} \leq a_1 x_1+a_2 x_2+\cdots+a_n x_n$,其中 $x_1,x_2,\cdots,x_n>0$, $a_1,a_2,\cdots,a_n>0$,且 $a_1+a_2+\cdots+a_n=1$.

 **答疑解惑**

第七章 不定积分

一般来说,在数学中,一种运算的出现都伴随着它的逆运算.例如,有加就有减,有乘就有除,有乘方就有开方,等等.导数运算也不例外,它也有逆运算,这就是本章所讲的不定积分.为什么要讲不定积分? 一是为第八章的计算定积分服务;二是为一些后继课作准备.

§7.1 不定积分

一、原函数

数学的各种运算及其逆运算都是客观规律的反映.因此,一种运算的逆运算不仅在数学中是可能的,而且也是解决实际问题所必需的.那么解决哪些实际问题应用导数运算的逆运算呢? 例如:已知物体的运动规律(函数)是 $s=s(t)$,其中 t 是时间,s 是距离,导数 $s'(t)=v(t)$ 就是物体在时刻 t 的瞬时速度.在力学中,有时要遇到相反的问题.已知物体的瞬时速度函数 $v(t)$,问物体的运动规律 $s(t)=?$,即 $(?)'=v(t)$.显然,这是求导运算的逆运算问题.

定义 设函数 $f(x)$ 在区间 I 有定义,存在函数 $F(x)$.若
$$\forall x \in I, 有 \ F'(x)=f(x),$$
则称函数 $F(x)$ 是 $f(x)$ 在区间 I 的**原函数**,或简称 $F(x)$ 是 $f(x)$ 的原函数.

例如:

$\forall x \in \mathbf{R}, (\sin x)'=\cos x$,即 $\sin x$ 是 $\cos x$ 的原函数.

$\forall x \in (-1,1), (\arcsin x)'=\dfrac{1}{\sqrt{1-x^2}}$,即 $\arcsin x$ 是 $\dfrac{1}{\sqrt{1-x^2}}$ 的原函数.

$\forall x \in \mathbf{R}, (x^3)'=3x^2$,即 x^3 是 $3x^2$ 的原函数.

$\forall x \in \mathbf{R}, \forall C \in \mathbf{R}, (x^3+C)'=3x^2$,即 x^3+C 也是 $3x^2$ 的原函数.

由此可见,若函数 $f(x)$ 存在原函数 $F(x)(F'(x)=f(x))$,则这个原函数 $F(x)$ 加上任意常数 C,即 $F(x)+C$ 也是函数 $f(x)$ 的原函数($[F(x)+C]'=f(x)$).于是,一个函数存在原函数,那么它必有无限多个原函数.

关于原函数有下面两个理论问题:

1) 原函数的存在问题,即什么样的函数存在原函数? 这里先给出结论:若函数

$f(x)$ 在区间 I 连续,则函数 $f(x)$ 在区间 I 存在原函数.它的证明在第八章;

2) 原函数的结构问题,即若 $F(x)$ 是 $f(x)$ 在区间 I 的一个原函数($F'(x)=f(x)$),则 $f(x)$ 有无限多个原函数,那么 $f(x)$ 的无限多个原函数是否仅限于 $F(x)+C$ 的形式?换句话说,除了 $F(x)+C$ 的形式之外是否还有其他形式的函数也是 $f(x)$ 的原函数?答案是:除了 $F(x)+C$ 的形式之外不存在 $f(x)$ 的原函数.下面的定理回答了这个问题.

定理 1 若 $F(x)$ 是函数 $f(x)$ 在区间 I 的一个原函数,则函数 $f(x)$ 的无限多个原函数仅限于 $F(x)+C(\forall C\in \mathbf{R})$ 的形式.

证明 已知 $F(x)$ 是函数 $f(x)$ 的一个原函数,即 $\forall x\in I$,有
$$F'(x)=f(x). \qquad (1)$$
设 $\Phi(x)$ 是函数 $f(x)$ 的任意(注意"任意"二字)一个原函数,即 $\forall x\in I$,有
$$\Phi'(x)=f(x). \qquad (2)$$
(1)式与(2)式相减,有
$$\Phi'(x)-F'(x)=[\Phi(x)-F(x)]'=f(x)-f(x)=0$$
或
$$[\Phi(x)-F(x)]'=0.$$
根据 §6.1 例 1 的推论,$\Phi(x)-F(x)=C$(C 是某个常数)或 $\Phi(x)=F(x)+C$,即函数 $f(x)$ 的任意一个原函数 $\Phi(x)$ 都是 $F(x)+C$ 的形式.

这个定理指出,一个函数的无限多个原函数彼此仅相差一个常数.如果欲求函数 $f(x)$ 的所有的原函数,只需求出函数 $f(x)$ 的一个原函数,然后再加上任意常数 C,就得到了函数 $f(x)$ 的所有的原函数.

定理的几何意义是,函数 $f(x)$ 的原函数 $y=F(x)$ 是那样的曲线,在它上任意一点 $(x,F(x))$ 的切线斜率等于(已知的)$f(x)$.将此曲线 $y=F(x)$ 沿 y 轴平移所得到的曲线 $y=F(x)+C$ 都是函数 $f(x)$ 的原函数的曲线,即两个原函数彼此仅相差一个常数,如图 7.1.

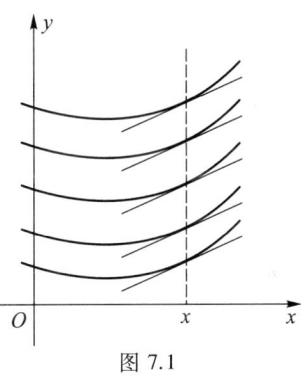

图 7.1

二、不定积分

定义 函数 $f(x)$ 在区间 I 的所有的原函数 $F(x)+C(\forall C\in \mathbf{R})$ 称为函数 $f(x)$ 的**不定积分**,表示为
$$\int f(x)\mathrm{d}x=F(x)+C \qquad (F'(x)=f(x)),$$
其中 $f(x)$ 称为**被积函数**,$f(x)\mathrm{d}x$ 称为**被积表达式**,C 称为**积分常数**.

注 根据原函数的定义,当我们说"$F(x)$ 是 $f(x)$ 的原函数"时,总是对一个特定区间 I 而言的,则对任意常数 C,$F(x)+C$ 也是 I 上 $f(x)$ 的原函数,这里的常数 C 也是对区间 I 而言的.

例如,函数 $f(x)=\begin{cases}1, & x>0,\\ 0, & x=0,\\ -1, & x<0\end{cases}$ 在 $x=0$ 点不可导.我们说,在 $(-\infty,0)$,$|x|'=(-x)'=-1$,$|x|$ 是 $f(x)$ 的原函数;在 $(0,+\infty)$,$|x|'=x'=1$,$|x|$ 是 $f(x)$ 的原函数,但不能说在

$(-\infty, +\infty)$ 上，$|x|$ 是 $f(x)$ 的原函数.

由此可见，一个函数的不定积分既不是一个数，也不是一个函数，而是一个函数族.例如：

$$\left(\frac{1}{2}at^2\right)' = at, \quad 而 \int at\,dt = \frac{1}{2}at^2 + C;$$

$$(\sin x)' = \cos x, \quad 而 \int \cos x\,dx = \sin x + C;$$

$$\left(\frac{1}{3}x^3\right)' = x^2, \quad 而 \int x^2\,dx = \frac{1}{3}x^3 + C.$$

求已知函数的不定积分运算，称为**积分运算**.可见，积分运算是微分运算的逆运算.关于积分运算有下列运算法则：

1) $\left(\int f(x)\,dx\right)' = f(x)$ 或 $d\int f(x)\,dx = f(x)\,dx$，即不定积分的导数（或微分）等于被积函数（或被积表达式）.

事实上，设 $F(x)$ 在区间 I 是函数 $f(x)$ 的原函数，即 $F'(x) = f(x)$，有

$$\left(\int f(x)\,dx\right)' = (F(x) + C)' = f(x).$$

2) $\int F'(x)\,dx = F(x) + C$ 或 $\int d[F(x)] = F(x) + C$，即函数 $F(x)$ 的导函数（或微分）的不定积分等于函数族 $F(x) + C$.

事实上，已知 $F(x)$ 在区间 I 是函数 $F'(x)$ 的原函数，则

$$\int F'(x)\,dx = F(x) + C.$$

例如：

$$\left(\int \sin x\,dx\right)' = \sin x, \quad \left(\int (3x^2 + x)\,dx\right)' = 3x^2 + x,$$

$$\int d(\sin x) = \sin x + C, \quad \int d(3x^2 + x) = 3x^2 + x + C.$$

3) $\int af(x)\,dx = a\int f(x)\,dx$，$a$ 是常数，且 $a \neq 0$，即被积函数的常数因子可以移到积分号的外边.

事实上，$\left(a\int f(x)\,dx\right)' = a\left(\int f(x)\,dx\right)' = af(x)$，即

$$\int af(x)\,dx = a\int f(x)\,dx.$$

4) $\int [f(x) \pm g(x)]\,dx = \int f(x)\,dx \pm \int g(x)\,dx$，即两个函数代数和的不定积分等于每个函数不定积分的代数和.

事实上，

$$\left(\int f(x)\,dx \pm \int g(x)\,dx\right)' = \left(\int f(x)\,dx\right)' \pm \left(\int g(x)\,dx\right)' = f(x) \pm g(x),$$

即

$$\int [f(x) \pm g(x)]\,dx = \int f(x)\,dx \pm \int g(x)\,dx.$$

这个法则可推广到 n 个(有限个)函数,即 n 个函数代数和的不定积分等于 n 个函数不定积分的代数和.

于是,在允许相差一个任意常数的意义下,不定积分这个运算恰好是求导运算的逆运算.因为积分运算是导数运算的逆运算,所以导数公式表中的每个公式反转过来就得到了下列不定积分的公式表:

1. $\int a\mathrm{d}x = ax + C$, 其中 a 是常数.

   $\int \mathrm{d}x = x + C$.

2. $\int x^{\alpha}\mathrm{d}x = \dfrac{1}{\alpha+1}x^{\alpha+1} + C$, 其中 α 是常数,且 $\alpha \neq -1$.

3. $\int \dfrac{\mathrm{d}x}{x} = \ln|x| + C$, $x \neq 0$.

4. $\int a^x\mathrm{d}x = \dfrac{1}{\ln a}a^x + C$, 其中 $a>0$,且 $a \neq 1$.

   $\int \mathrm{e}^x\mathrm{d}x = \mathrm{e}^x + C$.

5. $\int \sin x\mathrm{d}x = -\cos x + C$.

6. $\int \cos x\mathrm{d}x = \sin x + C$.

7. $\int \dfrac{\mathrm{d}x}{\cos^2 x} = \tan x + C$.

8. $\int \dfrac{\mathrm{d}x}{\sin^2 x} = -\cot x + C$.

9. $\int \dfrac{\mathrm{d}x}{\sqrt{1-x^2}} = \arcsin x + C = -\arccos x + C$.

10. $\int \dfrac{\mathrm{d}x}{1+x^2} = \arctan x + C = -\mathrm{arccot}\, x + C$.

注 其中的公式 3, $\int \dfrac{\mathrm{d}x}{x} = \ln|x| + C$,不定积分公式都是限定在某个区间上,但是此公式不是一个区间,是两个区间 $(-\infty, 0)$ 与 $(0, +\infty)$.因此公式 3 应这样理解,它是表示两个不定积分:一个是定义在 $(0, +\infty)$,就是

$$\int \dfrac{\mathrm{d}x}{x} = \ln x + C, \quad x > 0;$$

另一个定义在 $(-\infty, 0)$ 上,就是

$$\int \dfrac{\mathrm{d}x}{x} = \ln(-x) + C, \quad x < 0.$$

今后凡遇到多个区间时,都这样理解.

不定积分公式表与导数公式表不同.导数公式表全是基本初等函数的导数公式,

而不定积分公式的原函数不都是基本初等函数,例如:原函数是 $\dfrac{1}{1+x^2}$,$\dfrac{1}{\sqrt{a^2-x^2}}$,$\sqrt{a^2-x^2}$ 等都不是基本初等函数.

求函数的不定积分最后都要归结为上述不定积分表所列的这些初等函数的不定积分,因此,读者应牢记会用上述不定积分表所列的公式.

应用不定积分法则和不定积分公式能够求一些简单函数的不定积分.

例 1 求 $\int(4x^3-2x^2+5x+3)\mathrm{d}x$.

解
$$\int(4x^3-2x^2+5x+3)\mathrm{d}x$$
$$=\int 4x^3\mathrm{d}x-\int 2x^2\mathrm{d}x+\int 5x\mathrm{d}x+\int 3\mathrm{d}x$$
$$=4\int x^3\mathrm{d}x-2\int x^2\mathrm{d}x+5\int x\mathrm{d}x+3\int\mathrm{d}x$$
$$=4\cdot\dfrac{x^4}{4}-2\cdot\dfrac{x^3}{3}+5\cdot\dfrac{x^2}{2}+3x+C$$
$$=x^4-\dfrac{2}{3}x^3+\dfrac{5}{2}x^2+3x+C.$$

注 等式右端的每个不定积分在区间 I 都有一个任意常数,因为有限个任意常数的代数和还是一个任意常数,所以上式只写一个任意常数 C 即可.

例 2 求 $\int(1-2x)^2\sqrt{x}\mathrm{d}x$.

解
$$\int(1-2x)^2\sqrt{x}\mathrm{d}x=\int(x^{\frac{1}{2}}-4x^{\frac{3}{2}}+4x^{\frac{5}{2}})\mathrm{d}x$$
$$=\int x^{\frac{1}{2}}\mathrm{d}x-4\int x^{\frac{3}{2}}\mathrm{d}x+4\int x^{\frac{5}{2}}\mathrm{d}x$$
$$=\dfrac{2}{3}x^{\frac{3}{2}}-\dfrac{8}{5}x^{\frac{5}{2}}+\dfrac{8}{7}x^{\frac{7}{2}}+C.$$

例 3 求 $\int\dfrac{(x-\sqrt{x})(1+\sqrt{x})}{\sqrt[3]{x}}\mathrm{d}x$.

解 $\int\dfrac{(x-\sqrt{x})(1+\sqrt{x})}{\sqrt[3]{x}}\mathrm{d}x=\int\dfrac{x\sqrt{x}-\sqrt{x}}{\sqrt[3]{x}}\mathrm{d}x=\int x^{\frac{7}{6}}\mathrm{d}x-\int x^{\frac{1}{6}}\mathrm{d}x=\dfrac{6}{13}x^{\frac{13}{6}}-\dfrac{6}{7}x^{\frac{7}{6}}+C.$

例 4 求 $\int\dfrac{\mathrm{d}x}{\sin^2 x\cos^2 x}$.

解
$$\int\dfrac{\mathrm{d}x}{\sin^2 x\cos^2 x}=\int\dfrac{\sin^2 x+\cos^2 x}{\sin^2 x\cos^2 x}\mathrm{d}x=\int\dfrac{\mathrm{d}x}{\cos^2 x}+\int\dfrac{\mathrm{d}x}{\sin^2 x}$$
$$=\tan x-\cot x+C.$$

例 5 求 $\int(10^x+\cot^2 x)\mathrm{d}x$.

解 $\int(10^x+\cot^2 x)\mathrm{d}x=\int 10^x\mathrm{d}x+\int\cot^2 x\mathrm{d}x=\int 10^x\mathrm{d}x+\int\dfrac{1-\sin^2 x}{\sin^2 x}\mathrm{d}x$

$$= \int 10^x dx + \int \frac{dx}{\sin^2 x} - \int dx = \frac{10^x}{\ln 10} - \cot x - x + C.$$

例 6 求 $\int \frac{x^2}{1+x^2} dx$.

解 $\int \frac{x^2}{1+x^2} dx = \int \frac{1+x^2-1}{1+x^2} dx = \int \left(1 - \frac{1}{1+x^2}\right) dx = \int dx - \int \frac{dx}{1+x^2} = x - \arctan x + C.$

练习题 7.1

1. 求下列不定积分：

1) $\int (\sqrt{x}+1)^2 dx$;

2) $\int \left(\frac{2}{x}+\frac{x}{3}\right)^3 dx$;

3) $\int \frac{\sqrt[3]{x^2}-\sqrt[4]{x}}{\sqrt{x}} dx$;

4) $\int (\sqrt{x}+1)(x-\sqrt{x}+1) dx$;

5) $\int (2^x+3^x)^2 dx$;

6) $\int 3^x e^x dx$;

7) $\int \frac{2 \cdot 3^x - 5 \cdot 2^x}{3^x} dx$;

8) $\int \frac{x^4}{1+x^2} dx$;

9) $\int \frac{1+x+x^2}{x(1+x^2)} dx$;

10) $\int \frac{\cos 2x}{\sin^2 x} dx$;

11) $\int \tan^2 x dx$;

12) $\int e^x \left(a^x - \frac{e^{-x}}{\sqrt{1-x^2}}\right) dx$ $(a>0)$.

2. 求满足下列条件的函数 $F(x)$：

1) $F'(x) = 2x, F(0) = 1$;

2) $F'(x) = (3x-5)(1-x), F(1) = 3$;

3) $F'(x) = \left(\sin \frac{x}{2} - \cos \frac{x}{2}\right)^2, F\left(\frac{\pi}{2}\right) = 0.$

3. 求一条平面曲线的方程，该曲线通过点 $A(1,0)$，并且曲线上每一点 $P(x,y)$ 的切线斜率是 $2x-2, x \in \mathbf{R}$.

4. 若曲线 $y = f(x)$ 上点 (x,y) 的切线斜率与 x^3 成正比例，并且曲线通过点 $A(1,6)$ 与 $B(2,-9)$，求该曲线方程.

§7.2 分部积分法与换元积分法

一般来说，求不定积分要比求导数困难得多. 这是因为导数的定义是构造性的，如果函数存在导数，根据导数运算法则和导数公式或者导数定义，按求导运算程序，总能求出函数的导数. 但是求函数的不定积分则不然. 根据不定积分运算法则和不定积分公式只能求出很少一部分比较简单的函数的不定积分,而对更多函数的不定积分要因函数不同的形式或不同类型选用不同的方法.因此,求不定积分有很大的灵活性.本节所讲的分部积分法与换元积分法是求不定积分的最基本最常用的两种重要方法.这两种方法都能化繁为简,也就是这两种方法都能将不定积分的被积函数化简,直到能应用不定积分表中的公式求出它的不定积分.

一、分部积分法

设 u 与 v 都是 x 的可导函数.由函数乘积的导数公式,有
$$(uv)' = uv' + vu' \quad \text{或} \quad uv' = (uv)' - vu'.$$
由不定积分法则与不定积分定义,有
$$\int uv' \mathrm{d}x = \int (uv)' \mathrm{d}x - \int vu' \mathrm{d}x,$$
即
$$\int uv' \mathrm{d}x = uv - \int vu' \mathrm{d}x \tag{1}$$
或
$$\int u \mathrm{d}v = uv - \int v \mathrm{d}u. \tag{2}$$

(1)式或(2)式称为**分部积分公式**.

有时求函数 uv' 的不定积分不能直接应用不定积分公式,而函数 vu' 的不定积分可应用不定积分公式或 vu' 比 uv' 简单.这时,分部积分法就能起到化繁为简的作用.

求某些函数(如 $\ln x, xe^x$ 等)的不定积分,只能应用分部积分法,可见分部积分法是求不定积分的一种重要的方法.那么求哪些函数的不定积分要应用分部积分法呢?这个问题不易给以完满回答.一般来说,下列函数:
$$x^k \ln x, \quad x^k \sin bx, \quad x^k \cos bx, \quad x^k e^{ax},$$
$$x^k \arcsin ax, \quad x^k \arctan bx, \quad e^{ax} \cos bx, \quad e^{ax} \sin bx, \quad \cdots$$
的不定积分可考虑应用分部积分法.

例如,求 $\int x \sin x \mathrm{d}x$.

应用分部积分公式(2),首先要将被积表达式 $x \sin x \mathrm{d}x$ 分成两部分 u 与 $\mathrm{d}v$ 的乘积.当然,将 $x \sin x \mathrm{d}x$ 分成 u 与 $\mathrm{d}v$ 的乘积有多种不同的分法.但是,要求我们选取这样一种分法,使 $v \mathrm{d}u$ 比 $u \mathrm{d}v$ 简单,甚至不定积分 $\int v \mathrm{d}u$ 就是不定积分公式表中的某个公式.

如选取 $u = \sin x, \mathrm{d}v = x \mathrm{d}x$.应用分部积分公式(2),还要求出 $\mathrm{d}u$ 与 v,有
$$\mathrm{d}u = \cos x \mathrm{d}x, \quad v = \frac{x^2}{2}.$$
由分部积分公式(2),有
$$\int x \sin x \mathrm{d}x = \frac{x^2}{2} \sin x - \int \frac{x^2}{2} \cos x \mathrm{d}x.$$

显然,它将函数 $x \sin x$ 的不定积分化成了比 $x \sin x$ 更复杂的函数 $\frac{x^2}{2} \cos x$ 的不定积分.这

说明,这种选取 u 与 $\mathrm{d}v$ 的方法不合适,应另加选取.

例 1 求 $\int x\sin x\mathrm{d}x$.

解 设 $u=x,\mathrm{d}v=\sin x\mathrm{d}x$,有 $\mathrm{d}u=\mathrm{d}x,v=-\cos x$.由公式(2),

$$\int \underbrace{x}_{u}\underbrace{\sin x\mathrm{d}x}_{\mathrm{d}v} = \underbrace{-x\cos x}_{uv} - \int \underbrace{(-\cos x)}_{v}\underbrace{\mathrm{d}x}_{\mathrm{d}u}$$

$$= -x\cos x + \int \cos x\mathrm{d}x$$

$$= -x\cos x + \sin x + C.$$

显然,这种选取 u 和 $\mathrm{d}v$ 的方法是合适的.因为它将函数 $x\sin x$ 的不定积分化简为求函数 $\cos x$ 的不定积分,这可由不定积分公式表求得.

例 2 求 $\int \ln x\mathrm{d}x$.

解 设 $u=\ln x,\mathrm{d}v=\mathrm{d}x$,有 $\mathrm{d}u=\dfrac{1}{x}\mathrm{d}x,v=x$.

$$\int \ln x\mathrm{d}x = x\ln x - \int x\,\dfrac{1}{x}\mathrm{d}x = x\ln x - \int \mathrm{d}x = x\ln x - x + C.$$

例 3 求 $\int \dfrac{\ln x}{x^2}\mathrm{d}x$.

解 设 $u=\ln x,\mathrm{d}v=\dfrac{\mathrm{d}x}{x^2}$,有 $\mathrm{d}u=\dfrac{1}{x}\mathrm{d}x,v=-\dfrac{1}{x}$.

$$\int \dfrac{\ln x}{x^2}\mathrm{d}x = -\dfrac{\ln x}{x} + \int \dfrac{\mathrm{d}x}{x^2} = -\dfrac{\ln x}{x} - \dfrac{1}{x} + C = -\dfrac{1}{x}(\ln x + 1) + C.$$

例 4 求 $\int x\arctan x\mathrm{d}x$.

解 设 $u=\arctan x,\mathrm{d}v=x\mathrm{d}x$,有 $\mathrm{d}u=\dfrac{\mathrm{d}x}{1+x^2},v=\dfrac{x^2}{2}$.

$$\int x\arctan x\mathrm{d}x = \dfrac{x^2}{2}\arctan x - \dfrac{1}{2}\int \dfrac{x^2}{1+x^2}\mathrm{d}x$$

$$= \dfrac{x^2}{2}\arctan x - \dfrac{1}{2}\int \left(1 - \dfrac{1}{1+x^2}\right)\mathrm{d}x$$

$$= \dfrac{x^2}{2}\arctan x - \dfrac{1}{2}\int \mathrm{d}x + \dfrac{1}{2}\int \dfrac{\mathrm{d}x}{1+x^2}$$

$$= \dfrac{x^2}{2}\arctan x - \dfrac{1}{2}x + \dfrac{1}{2}\arctan x + C$$

$$= \dfrac{1}{2}(x^2\arctan x + \arctan x - x) + C.$$

应用分部积分法,可省略"设"的步骤,使书写简化.例如:

例 5 求 $\int x^2\mathrm{e}^x\mathrm{d}x$.

解 对这个不定积分要连续使用两次分部积分公式(2).

$$\int x^2 \underline{e^x dx} = \int \underbrace{x^2}_{u} d\underbrace{(e^x)}_{v} = \underbrace{x^2 e^x}_{uv} - \int \underbrace{e^x}_{v} d\underbrace{(x^2)}_{u}$$

$$= x^2 e^x - 2\int x e^x dx = x^2 e^x - 2\int x d(e^x)$$

$$= x^2 e^x - 2\left(xe^x - \int e^x dx\right)$$

$$= x^2 e^x - 2(xe^x - e^x) + C$$

$$= e^x(x^2 - 2x + 2) + C.$$

例 6 求 $I = \int e^{\alpha x} \cos \beta x \, dx$ ($\alpha \neq 0$).

解
$$I = \int e^{\alpha x} \cos \beta x \, dx = \int \underbrace{\cos \beta x}_{u} \, d\underbrace{\left(\frac{1}{\alpha} e^{\alpha x}\right)}_{v}$$

$$= \underbrace{\frac{1}{\alpha} e^{\alpha x} \cos \beta x}_{uv} - \frac{1}{\alpha} \int \underbrace{e^{\alpha x}}_{v} d\underbrace{(\cos \beta x)}_{u}$$

$$= \frac{1}{\alpha} e^{\alpha x} \cos \beta x + \frac{\beta}{\alpha} \int e^{\alpha x} \sin \beta x \, dx. \tag{3}$$

求不定积分 $\int e^{\alpha x} \sin \beta x \, dx$ 再应用分部积分公式(2).

$$\int e^{\alpha x} \sin \beta x \, dx = \int \sin \beta x \, d\left(\frac{1}{\alpha} e^{\alpha x}\right)$$

$$= \frac{1}{\alpha} e^{\alpha x} \sin \beta x - \frac{1}{\alpha} \int e^{\alpha x} d(\sin \beta x)$$

$$= \frac{1}{\alpha} e^{\alpha x} \sin \beta x - \frac{\beta}{\alpha} \int e^{\alpha x} \cos \beta x \, dx$$

$$= \frac{1}{\alpha} e^{\alpha x} \sin \beta x - \frac{\beta}{\alpha} I. \tag{4}$$

将(4)式代入(3)式,得

$$I = \frac{1}{\alpha} e^{\alpha x} \cos \beta x + \frac{\beta}{\alpha}\left(\frac{1}{\alpha} e^{\alpha x} \sin \beta x - \frac{\beta}{\alpha} I\right)$$

$$= \frac{1}{\alpha} e^{\alpha x} \cos \beta x + \frac{\beta}{\alpha^2} e^{\alpha x} \sin \beta x - \frac{\beta^2}{\alpha^2} I,$$

或

$$I = \int e^{\alpha x} \cos \beta x \, dx = \frac{e^{\alpha x}(\beta \sin \beta x + \alpha \cos \beta x)}{\alpha^2 + \beta^2} + C.$$

用同样方法,可得

$$J = \int e^{\alpha x} \sin \beta x \, dx = \frac{e^{\alpha x}(\alpha \sin \beta x - \beta \cos \beta x)}{\alpha^2 + \beta^2} + C.$$

此题不是直接求出不定积分,而是使所求的不定积分满足一个一元一次方程,然后通过求解此方程,把原积分求出来.

二、换元积分法

由复合函数求导法则,得到下面两种换元积分法.它是求不定积分经常使用的极为重要的方法,常常在应用其他方法的同时,也要伴随着应用换元积分法.

我们已知当 u 是自变量时,$F'(u)=f(u)$,有
$$d[F(u)]=F'(u)du=f(u)du.$$
当 u 是 x 的函数时,也有
$$d\{F[u(x)]\}=F'[u(x)]u'(x)dx=f[u(x)]d[u(x)].$$
这就是一阶微分形式的不变性.把这个性质转化成不定积分法则,就是第一换元积分法.

定理 1(第一换元积分法) 若函数 $u=\varphi(x)$ 在 $[a,b]$ 可导,且 $\alpha\leqslant\varphi(x)\leqslant\beta$,$\forall u\in[\alpha,\beta]$,有 $F'(u)=f(u)$,则函数 $f[\varphi(x)]\varphi'(x)$ 存在原函数 $F[\varphi(x)]$,即
$$\int f[\varphi(x)]\varphi'(x)dx=F[\varphi(x)]+C. \tag{5}$$

证法 只需证明 $\{F[\varphi(x)]\}'=f[\varphi(x)]\varphi'(x)$.

证明 由复合函数的求导法则,有
$$\{F[\varphi(x)]\}'=F'(u)\varphi'(x)=f(u)\varphi'(x)=f[\varphi(x)]\varphi'(x).$$

第一换元积分法指出,求(5)式等号左端的不定积分,设 $\varphi(x)=u$,则化为求不定积分 $\int f(u)du$.若 $f(u)$ 存在原函数 $F(u)$,则
$$\int f(u)du=F(u)+C.$$
最后再将 $u=\varphi(x)$ 代入上式等号的左、右两端,就得到了所求的不定积分
$$\int f[\varphi(x)]\varphi'(x)dx=F[\varphi(x)]+C.$$
由于 $\varphi'(x)dx=d\varphi(x)$,第一换元积分法可表示为
$$\int f[\varphi(x)]\varphi'(x)dx=\int f[\varphi(x)]d\varphi(x)\xrightarrow{\varphi(x)=u}\int f(u)du$$
$$=F(u)+C\xrightarrow{u=\varphi(x)}F[\varphi(x)]+C.$$
第一换元积分法是将被积表达式"凑"成微分的形式,亦称"凑微分法".

例 7 求 $\int\sqrt[3]{x+5}\,dx$.

解
$$\int\sqrt[3]{x+5}\,dx=\int(x+5)^{\frac{1}{3}}d(x+5)\xrightarrow{x+5=u}\int u^{\frac{1}{3}}du$$
$$=\frac{3}{4}u^{\frac{4}{3}}+C\xrightarrow{u=x+5}\frac{3}{4}(x+5)^{\frac{4}{3}}+C.$$

例 8 求 $\int\sin(5x+8)dx$.

解
$$\int\sin(5x+8)dx=\frac{1}{5}\int\sin(5x+8)d(5x+8)$$
$$\xrightarrow{5x+8=u}\frac{1}{5}\int\sin u\,du=-\frac{1}{5}\cos u+C$$

$$\xlongequal{u=5x+8} -\frac{1}{5}\cos(5x+8)+C.$$

例 9 求 $\int \frac{1}{x^2}e^{\frac{1}{x}}dx$.

解
$$\int \frac{1}{x^2}e^{\frac{1}{x}}dx = -\int e^{\frac{1}{x}}d\left(\frac{1}{x}\right) \xlongequal{\frac{1}{x}=u} -\int e^u du$$
$$= -e^u + C \xlongequal{u=\frac{1}{x}} -e^{\frac{1}{x}}+C.$$

待方法熟练之后，可以省略"设"的步骤，将所设的函数当作一个变量，可使书写简化. 如例 7、例 8、例 9 可直接写为

$$\int \sqrt[3]{x+5}\,dx = \int (x+5)^{\frac{1}{3}}d(x+5) = \frac{3}{4}(x+5)^{\frac{4}{3}}+C.$$

$$\int \sin(5x+8)dx = \frac{1}{5}\int \sin(5x+8)d(5x+8) = -\frac{1}{5}\cos(5x+8)+C.$$

$$\int \frac{1}{x^2}e^{\frac{1}{x}}dx = -\int e^{\frac{1}{x}}d\left(\frac{1}{x}\right) = -e^{\frac{1}{x}}+C.$$

例 10 求 $\int (5x^2+11)^5 x\,dx$.

解 $\int (5x^2+11)^5 x\,dx = \frac{1}{10}\int (5x^2+11)^5 d(5x^2+11) = \frac{1}{60}(5x^2+11)^6+C$

$\left(\frac{1}{10}d(5x^2+11) = x\,dx,\text{将 } 5x^2+11 \text{ 当作一个变量}\right)$.

例 11 求 $\int x^2\sqrt{4-3x^3}\,dx$.

解 $\int x^2\sqrt{4-3x^3}\,dx = -\frac{1}{9}\int (4-3x^3)^{\frac{1}{2}}d(4-3x^3) = -\frac{2}{27}(4-3x^3)^{\frac{3}{2}}+C$

$\left(-\frac{1}{9}d(4-3x^3) = x^2 dx,\text{将 } 4-3x^3 \text{ 当作一个变量}\right)$.

例 12 求 $\int \frac{dx}{a^2+x^2}$ $(a\neq 0)$.

解
$$\int \frac{dx}{a^2+x^2} = \frac{1}{a^2}\int \frac{dx}{1+\left(\frac{x}{a}\right)^2} = \frac{1}{a}\int \frac{\frac{1}{a}}{1+\left(\frac{x}{a}\right)^2}dx$$

$$= \frac{1}{a}\int \frac{d\left(\frac{x}{a}\right)}{1+\left(\frac{x}{a}\right)^2} = \frac{1}{a}\arctan\frac{x}{a}+C$$

$\left(\text{将 } \frac{x}{a} \text{ 当作一个变量，应用不定积分表中的公式 } 10\right)$.

例 13 求 $\int \dfrac{\mathrm{d}x}{\sqrt{a^2-x^2}}$ $(a>0)$.

解
$$\int \dfrac{\mathrm{d}x}{\sqrt{a^2-x^2}} = \dfrac{1}{a}\int \dfrac{\mathrm{d}x}{\sqrt{1-\left(\dfrac{x}{a}\right)^2}} = \int \dfrac{\mathrm{d}\left(\dfrac{x}{a}\right)}{\sqrt{1-\left(\dfrac{x}{a}\right)^2}} = \arcsin \dfrac{x}{a} + C$$

$\left(\text{将} \dfrac{x}{a} \text{当作一个变量,应用不定积分表中的公式 9}\right)$.

例 14 求 $\int \dfrac{\mathrm{d}x}{x \ln x}$.

解
$$\int \dfrac{\mathrm{d}x}{x \ln x} = \int \dfrac{1}{\ln x} \dfrac{\mathrm{d}x}{x} = \int \dfrac{1}{\ln x} \mathrm{d}(\ln x) = \ln|\ln x| + C.$$

例 15 求 $\int \cos^2 x \sin x \mathrm{d}x$.

解
$$\int \cos^2 x \sin x \mathrm{d}x = -\int \cos^2 x \mathrm{d}(\cos x) = -\dfrac{1}{3}\cos^3 x + C.$$

例 16 求 $\int \csc x \mathrm{d}x$ 与 $\int \sec x \mathrm{d}x$.

解法一
$$\int \csc x \mathrm{d}x = \int \dfrac{\mathrm{d}x}{\sin x} = \int \dfrac{\mathrm{d}x}{2\sin \dfrac{x}{2} \cos \dfrac{x}{2}}$$

$$= \int \dfrac{\mathrm{d}\left(\dfrac{x}{2}\right)}{\tan \dfrac{x}{2} \cos^2 \dfrac{x}{2}} = \int \dfrac{\mathrm{d}\left(\tan \dfrac{x}{2}\right)}{\tan \dfrac{x}{2}} = \ln\left|\tan \dfrac{x}{2}\right| + C.$$

因为
$$\tan \dfrac{x}{2} = \dfrac{\sin \dfrac{x}{2}}{\cos \dfrac{x}{2}} = \dfrac{2\sin^2 \dfrac{x}{2}}{\sin x} = \dfrac{1-\cos x}{\sin x} = \csc x - \cot x,$$

所以
$$\int \csc x \mathrm{d}x = \int \dfrac{\mathrm{d}x}{\sin x} = \ln|\csc x - \cot x| + C.$$

同法可得
$$\int \sec x \mathrm{d}x = \int \dfrac{\mathrm{d}x}{\cos x} = \ln|\sec x + \tan x| + C.$$

解法二
$$\int \csc x \mathrm{d}x = \int \dfrac{\csc x(\csc x - \cot x)}{\csc x - \cot x} \mathrm{d}x = \int \dfrac{\csc^2 x - \csc x \cot x}{\csc x - \cot x} \mathrm{d}x$$

$$= \int \dfrac{\mathrm{d}(\csc x - \cot x)}{\csc x - \cot x} = \ln|\csc x - \cot x| + C.$$

同法可得

$$\int \sec x \, dx = \ln|\sec x + \tan x| + C.$$

定理 2（第二换元积分法） 若函数 $x = \varphi(t)$ 在 $[\alpha, \beta]$ 严格单调并且可导, $a \leq \varphi(t) \leq b$, $\varphi'(t) \neq 0$, 函数 $f(x)$ 在 $[a, b]$ 有定义, $\forall t \in [\alpha, \beta]$, 有

$$G'(t) = f[\varphi(t)]\varphi'(t),$$

则函数 $f(x)$ 在 $[a, b]$ 存在原函数, 且

$$\int f(x) \, dx = G[\varphi^{-1}(x)] + C. \tag{6}$$

证明 已知 $\forall t \in [\alpha, \beta]$, 有 $\varphi'(t) \neq 0$, 则函数 $x = \varphi(t)$ 存在可导的反函数 $t = \varphi^{-1}(x)$. 由复合函数和反函数的求导法则, 有

$$\{G[\varphi^{-1}(x)]\}' = G'(t) \cdot [\varphi^{-1}(x)]'$$

$$= f[\varphi(t)]\varphi'(t) \cdot \frac{1}{\varphi'(t)}$$

$$= f[\varphi(t)] = f(x).$$

第二换元积分法指出, 求 (6) 式等号左端的不定积分, 需要靠做题者的丰富经验, 适当地选取 $x = \varphi(t)$, 则化为求不定积分 $\int f[\varphi(t)]\varphi'(t) \, dt$. 若 $f[\varphi(t)]\varphi'(t)$ 存在原函数 $G(t)$, 则

$$\int f[\varphi(t)]\varphi'(t) \, dt = G(t) + C.$$

最后将 $t = \varphi^{-1}(x)$ 代入上式等号右端, 就得到所求的不定积分

$$\int f(x) \, dx = G[\varphi^{-1}(x)] + C.$$

由于 $\varphi'(t) \, dt = d\varphi(t)$, 第二换元积分法可表示为

$$\int f(x) \, dx \xrightarrow{x = \varphi(t)} \int f[\varphi(t)]\varphi'(t) \, dt = G(t) + C$$

$$\xrightarrow{t = \varphi^{-1}(x)} G[\varphi^{-1}(x)] + C.$$

例 17 求 $\int \sqrt{a^2 - x^2} \, dx$ $(a > 0)$.

解 设 $x = a\sin t$, 有 $dx = a\cos t \, dt$.

$$t = \arcsin \frac{x}{a}, \quad -a \leq x \leq a, \quad -\frac{\pi}{2} \leq t \leq \frac{\pi}{2}.$$

根据公式 (6), 有

$$\int \sqrt{a^2 - x^2} \, dx$$

$$= \int \underbrace{\sqrt{a^2 - a^2\sin^2 t}}_{f[\varphi(t)]} \cdot \underbrace{a\cos t \, dt}_{\varphi'(t) \, dt}$$

$$= a^2 \int |\cos t| \cos t \, dt = a^2 \int \cos^2 t \, dt$$

$$= \frac{a^2}{2} \int (1 + \cos 2t) \, dt = \frac{a^2}{2} \left(\int dt + \int \cos 2t \, dt \right)$$

$$= \frac{a^2}{2}\left(t + \frac{1}{2}\sin 2t\right) + C = \frac{a^2}{2}t + \frac{a^2}{4}\sin 2t + C$$

$$= \frac{a^2}{2}\arcsin\frac{x}{a} + \frac{x}{2}\sqrt{a^2 - x^2} + C.$$

注 当 $-\frac{\pi}{2} \leqslant t \leqslant \frac{\pi}{2}$ 时，$|\cos t| = \cos t$.

$$\frac{a^2}{4}\sin 2t = \frac{1}{2}a\sin t \cdot a\cos t = \frac{1}{2}x\sqrt{a^2 - x^2}.$$

例 18 求 $\int \frac{dx}{\sqrt{x^2 + a^2}}$ $(a > 0)$.

解 设 $x = a\tan t$，有 $dx = \frac{a}{\cos^2 t}dt = a\sec^2 t dt$.

当 $-\frac{\pi}{2} < t < \frac{\pi}{2}$ 时，$x = a\tan t$ 存在反函数，$|\sec t| = \sec t$. 根据公式(6)和例 16，有

$$\int \frac{dx}{\sqrt{x^2 + a^2}} = \int \frac{a\sec^2 t dt}{a\sqrt{\tan^2 t + 1}} = \int \frac{\sec^2 t dt}{\sec t}$$

$$= \int \sec t dt = \ln|\sec t + \tan t| + C.$$

为了将 $\sec t$ 换成 x 的函数，根据 $\tan t = \frac{x}{a}$ 作成直角三角形，如图 7.2.

$$\sec t = \frac{\sqrt{x^2 + a^2}}{a},$$

有

$$\int \frac{dx}{\sqrt{x^2 + a^2}} = \ln\left|\frac{\sqrt{x^2 + a^2}}{a} + \frac{x}{a}\right| + C$$

$$= \ln\frac{|x + \sqrt{x^2 + a^2}|}{a} + C$$

$$= \ln|x + \sqrt{x^2 + a^2}| + C',$$

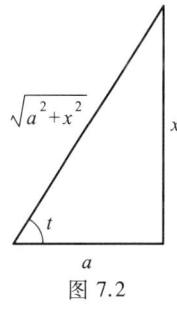

图 7.2

其中 $C' = C - \ln a$，也是任意常数.

例 19 求 $\int \frac{dx}{\sqrt{x^2 - a^2}}$ $(a > 0)$.

解 设 $x = a\sec t$，有 $dx = a\sec t \cdot \tan t dt$.

当 $0 < t < \frac{\pi}{2}$ 或 $\frac{\pi}{2} < t < \pi$ 时，$x = a\sec t$ 存在反函数. 这里仅讨论 $0 < t < \frac{\pi}{2}$ 的情况，同样方法可讨论 $\frac{\pi}{2} < t < \pi$ 的情况.

当 $0 < t < \frac{\pi}{2}$ 时，$|\tan t| = \tan t$. 根据公式(6)和例 16，有

$$\int \frac{dx}{\sqrt{x^2 - a^2}} = \int \frac{a\sec t \cdot \tan t}{a\tan t}dt = \int \sec t dt = \ln|\sec t + \tan t| + C.$$

为了将 $\tan t$ 换成 x 的函数，根据 $\sec t = \dfrac{x}{a}$ 作成直角三角形，如图 7.3.

$$\tan t = \frac{\sqrt{x^2-a^2}}{a},$$

有

$$\int \frac{\mathrm{d}x}{\sqrt{x^2-a^2}} = \ln\left|\frac{x}{a} + \frac{\sqrt{x^2-a^2}}{a}\right| + C$$

$$= \ln|x + \sqrt{x^2-a^2}| + C'.$$

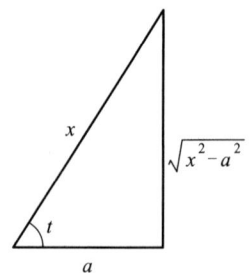

图 7.3

上述例 17,18,19 是利用三角函数进行换元，这类换元多为下面三种情况：

1）被积函数含有因子 $\sqrt{a^2-x^2}$，设 $x = a\sin t$ 或 $x = a\cos t$ 进行换元；

2）被积函数含有因子 $\sqrt{x^2+a^2}$，设 $x = a\tan t$ 或 $x = a\cot t$ 进行换元；

3）被积函数含有因子 $\sqrt{x^2-a^2}$，设 $x = a\sec t$ 或 $x = a\csc t$ 进行换元.

求这种类型函数的不定积分，有的也可应用分部积分法.

例 20 求 $K = \int \sqrt{x^2-a^2}\,\mathrm{d}x$.

解 应用分部积分法，有

$$K = \int \sqrt{x^2-a^2}\,\mathrm{d}x = x\sqrt{x^2-a^2} - \int x\,\mathrm{d}(\sqrt{x^2-a^2})$$

$$= x\sqrt{x^2-a^2} - \int \frac{x^2}{\sqrt{x^2-a^2}}\mathrm{d}x$$

$$= x\sqrt{x^2-a^2} - \int \frac{x^2-a^2+a^2}{\sqrt{x^2-a^2}}\mathrm{d}x$$

$$= x\sqrt{x^2-a^2} - \int \sqrt{x^2-a^2}\,\mathrm{d}x - a^2 \int \frac{\mathrm{d}x}{\sqrt{x^2-a^2}}$$

$$= x\sqrt{x^2-a^2} - K - a^2 \int \frac{\mathrm{d}x}{\sqrt{x^2-a^2}}.$$

由例 19，有

$$2K = x\sqrt{x^2-a^2} - a^2 \ln|x+\sqrt{x^2-a^2}| + C'$$

或

$$K = \int \sqrt{x^2-a^2}\,\mathrm{d}x$$

$$= \frac{x}{2}\sqrt{x^2-a^2} - \frac{a^2}{2}\ln|x+\sqrt{x^2-a^2}| + C,$$

其中 $C = \dfrac{C'}{2}$.

同样方法可求得

$$\int \sqrt{x^2+a^2}\,\mathrm{d}x = \frac{x}{2}\sqrt{x^2+a^2} + \frac{a^2}{2}\ln|x+\sqrt{x^2+a^2}| + C.$$

本节的例题中,有几个积分以后会经常遇到,所以它们也被当作公式使用.在原有不定积分公式表中 10 个公式的基础上再补充 5 个公式(其中常数 $a>0$):

11. $\int \dfrac{\mathrm{d}x}{x^2+a^2} = \dfrac{1}{a}\arctan\dfrac{x}{a} + C.$

12. $\int \dfrac{\mathrm{d}x}{\sqrt{a^2-x^2}} = \arcsin\dfrac{x}{a} + C.$

13. $\int \dfrac{\mathrm{d}x}{\sqrt{x^2\pm a^2}} = \ln|x+\sqrt{x^2\pm a^2}| + C.$

14. $\int \sqrt{a^2-x^2}\,\mathrm{d}x = \dfrac{x}{2}\sqrt{a^2-x^2} + \dfrac{a^2}{2}\arcsin\dfrac{x}{a} + C.$

15. $\int \sqrt{x^2\pm a^2}\,\mathrm{d}x = \dfrac{x}{2}\sqrt{x^2\pm a^2} \pm \dfrac{a^2}{2}\ln|x+\sqrt{x^2\pm a^2}| + C.$

注 求某些函数的不定积分,有时可用不同的函数进行换元.因此,得到的不定积分在形式上也可能不相同.例如:

$$\int \sin x \cos x\, \mathrm{d}x = \int \sin x\,\mathrm{d}(\sin x) = \dfrac{1}{2}\sin^2 x + C.$$

$$\int \sin x \cos x\, \mathrm{d}x = -\int \cos x\,\mathrm{d}(\cos x) = -\dfrac{1}{2}\cos^2 x + C.$$

$$\int \sin x \cos x\, \mathrm{d}x = \dfrac{1}{2}\int \sin 2x\,\mathrm{d}x = -\dfrac{1}{4}\cos 2x + C.$$

这是应用三个不同函数($\sin x = t, \cos x = t, 2x = t$)进行换元,其结果都是正确的.但是,结果的形式却不相同.这是因为这三个结果彼此之间仅相差一个常数,即

$$\dfrac{1}{2}\sin^2 x = \dfrac{1}{2} - \dfrac{1}{2}\cos^2 x = -\dfrac{1}{2}\cos^2 x + \dfrac{1}{2},$$

$$-\dfrac{1}{2}\cos^2 x = -\dfrac{1}{2}\cdot\dfrac{1+\cos 2x}{2} = -\dfrac{1}{4}\cos 2x - \dfrac{1}{4},$$

即三个结果都是表示函数 $\sin x \cos x$ 的原函数族.无需把结果化成统一的形式.

由于不定积分结果在形式上的多样性,如果读者求得的不定积分结果与答案不相同,也可能是正确的(只与答案相差一个常数).一般的验证方法是,将所得的结果求导数,看它是否等于被积函数.

练习题 7.2

1. 应用分部积分法求下列不定积分:

1) $\int x\cos x\,\mathrm{d}x$;

2) $\int x\ln x\,\mathrm{d}x$;

3) $\int \ln(1-x)\,\mathrm{d}x$;

4) $\int x^3 \ln x\,\mathrm{d}x$;

5) $\int x^n \ln x\,\mathrm{d}x$;

6) $\int \ln^2 x\,\mathrm{d}x$;

7) $\int e^x \cos x \, dx$; 8) $\int x^2 \cos x \, dx$.

2. 应用换元积分法求下列不定积分：

1) $\int e^{5x} \, dx$; 2) $\int \cos 3x \, dx$; 3) $\int \dfrac{dx}{4-3x}$;

4) $\int \sin(5x+1) \, dx$; 5) $\int \dfrac{dx}{\cos^2(7x)}$; 6) $\int \tan 2x \, dx$;

7) $\int \cos^3 x \sin x \, dx$; 8) $\int x\sqrt{x^2+1} \, dx$; 9) $\int \dfrac{x^2 \, dx}{\sqrt{x^3+1}}$;

10) $\int \dfrac{\cos x}{\sin^2 x} \, dx$; 11) $\int \dfrac{\sin x \, dx}{\cos^3 x}$; 12) $\int \dfrac{\tan x}{\cos^2 x} \, dx$;

13) $\int \dfrac{dx}{\cos^2 x \sqrt{\tan x - 1}}$; 14) $\int \dfrac{\sin 2x \, dx}{\sqrt{1+\sin^2 x}}$; 15) $\int \dfrac{\sqrt{\tan x + 1}}{\cos^2 x} \, dx$;

16) $\int \dfrac{\cos 2x \, dx}{(2+3\sin 2x)^3}$; 17) $\int \dfrac{\sin 3x \, dx}{\sqrt[3]{\cos^4(3x)}}$; 18) $\int \dfrac{\ln^2 x}{x} \, dx$;

19) $\int \dfrac{\arcsin x}{\sqrt{1-x^2}} \, dx$; 20) $\int \dfrac{\arctan x}{1+x^2} \, dx$; 21) $\int \dfrac{x}{1+x^2} \, dx$;

22) $\int \dfrac{(x+1) \, dx}{x^2+2x+3}$; 23) $\int \dfrac{\cos x}{2\sin x + 3} \, dx$; 24) $\int \dfrac{dx}{x \ln^3 x}$;

25) $\int 2x(x^2+1)^4 \, dx$; 26) $\int \tan^4 x \, dx$; 27) $\int e^{\sin x} \cos x \, dx$;

28) $\int \dfrac{e^x \, dx}{3+4e^x}$; 29) $\int \dfrac{dx}{\sqrt{1-3x^2}}$; 30) $\int \dfrac{dx}{9x^2+4}$;

31) $\int \dfrac{x \, dx}{\sqrt{1-x^4}}$; 32) $\int \dfrac{x \, dx}{x^4+a^4}$; 33) $\int \dfrac{\cos x \, dx}{a^2+\sin^2 x}$;

34) $\int \dfrac{dx}{x\sqrt{1-\ln^2 x}}$; 35) $\int \dfrac{\sqrt{1+\ln x}}{x} \, dx$.

3. 应用分部积分法求下列不定积分：

1) $\int \arcsin x \, dx$; 2) $\int x^2 e^{-2x} \, dx$;

3) $\int \ln(x+\sqrt{1+x^2}) \, dx$; 4) $\int \arctan\sqrt{x} \, dx$;

5) $\int \dfrac{\arcsin\sqrt{x}}{\sqrt{x}} \, dx$; 6) $\int x \arctan\sqrt{x^2-1} \, dx$;

7) $\int x \arctan x \, dx$; 8) $\int \dfrac{x^2}{\sqrt{9-x^2}} \, dx$.

* * * * * * * * *

4. 求下列不定积分：

1) $\int \dfrac{dx}{x\sqrt{x^2-1}}$; 2) $\int \dfrac{dx}{\sqrt{1+e^{2x}}}$;

3) $\int \dfrac{1}{1-x^2} \ln \dfrac{1+x}{1-x} \, dx$; 4) $\int \dfrac{\sin x \cos x}{\sin^4 x + \cos^4 x} \, dx$;

5) $\int \dfrac{dx}{1+e^x}$; 6) $\int x^2 \sqrt[3]{1-x} \, dx$;

7) $\int \cos^5 x \sqrt{\sin x}\,dx$;

8) $\int x\ln\dfrac{1+x}{1-x}dx$;

9) $\int \dfrac{dx}{\sqrt{2x^2-x+2}}$;

10) $\int \dfrac{x\ln(1+\sqrt{1+x^2})}{\sqrt{1+x^2}}dx$;

11) $\int (|1+x|-|1-x|)dx$;

12) $\int e^{-|x|}dx$.

§7.3 有理函数的不定积分

一、代数的预备知识

有理函数的一般形式是
$$\frac{P(x)}{Q(x)},$$
其中 $P(x)$ 与 $Q(x)$ 都是多项式.

若 $P(x)$ 的次数大于或等于 $Q(x)$ 的次数,$\dfrac{P(x)}{Q(x)}$ 称为**有理假分式**. 若 $P(x)$ 的次数小于 $Q(x)$ 的次数,$\dfrac{P(x)}{Q(x)}$ 称为**有理真分式**.

任意有理假分式 $\dfrac{P(x)}{Q(x)}$,用 $Q(x)$ 除 $P(x)$,总能化为多项式 $T(x)$ 与有理真分式 $\dfrac{F(x)}{Q(x)}$ 之和,即
$$\frac{P(x)}{Q(x)} = T(x) + \frac{F(x)}{Q(x)},$$
其中 $F(x)$ 的次数低于 $Q(x)$ 的次数. 例如:
$$\frac{x^4-3}{x^2+2x+1} = x^2-2x+3-\frac{4x+6}{x^2+2x+1}.$$

因为多项式 $T(x)$ 的不定积分易求,所以求有理函数的不定积分关键在于求有理真分式 $\dfrac{F(x)}{Q(x)}$ 的不定积分.

如果 $\dfrac{F(x)}{Q(x)}$ 是有理真分式. 由代数知,在实数集 $\mathbf{R}$,任意多项式 $Q(x)$ 总能分解为一个常数(为了书写简便,取常数为 1)与形如
$$(x-a)^\alpha \text{ 与 } (x^2+px+q)^\mu \quad (p^2-4q<0)$$
诸因式之积:
$$Q(x) = (x-a)^\alpha \cdots (x-b)^\beta (x^2+px+q)^\mu \cdots (x^2+rx+s)^\nu,$$

其中 $\alpha,\cdots,\beta,\mu,\cdots,\nu$ 都是正整数.

根据高等代数中的分项分式定理,有理真分式 $\dfrac{F(x)}{Q(x)}$ 总能表示为若干个简单分式之和,即

$$\begin{aligned}\dfrac{F(x)}{Q(x)}=&\dfrac{A_1}{(x-a)^\alpha}+\dfrac{A_2}{(x-a)^{\alpha-1}}+\cdots+\dfrac{A_\alpha}{x-a}+\cdots+\\&\dfrac{B_1}{(x-b)^\beta}+\dfrac{B_2}{(x-b)^{\beta-1}}+\cdots+\dfrac{B_\beta}{x-b}+\\&\dfrac{M_1x+N_1}{(x^2+px+q)^\mu}+\dfrac{M_2x+N_2}{(x^2+px+q)^{\mu-1}}+\cdots+\dfrac{M_\mu x+N_\mu}{x^2+px+q}+\cdots+\\&\dfrac{U_1x+V_1}{(x^2+rx+s)^\nu}+\dfrac{U_2x+V_2}{(x^2+rx+s)^{\nu-1}}+\cdots+\dfrac{U_\nu x+V_\nu}{x^2+rx+s},\end{aligned}\quad(1)$$

其中 A_i,B_j,M_k,N_k,U_m,V_m 都是常数.求这些常数的方法,将(1)式等号右端通分,(1)式等号两端的分母都是 $Q(x)$,得

$$\dfrac{F(x)}{Q(x)}=\dfrac{R(x)}{Q(x)} \quad 或 \quad F(x)\equiv R(x).$$

(1)式成立 $\Longleftrightarrow$ 多项式 $F(x)$ 与 $R(x)$ 同次幂的系数相等.于是,得到一次联立方程组,求解即得.

例1 将 $\dfrac{1}{x^2-a^2}$ 分成分项分式.

解 设 $\dfrac{1}{x^2-a^2}=\dfrac{1}{(x-a)(x+a)}=\dfrac{A}{x-a}+\dfrac{B}{x+a}$,或

$$\dfrac{1}{x^2-a^2}=\dfrac{A(x+a)+B(x-a)}{(x-a)(x+a)}.$$

有

$$1\equiv A(x+a)+B(x-a)=(A+B)x+(A-B)a.$$

则

$$\begin{cases}A+B=0,\\ A-B=\dfrac{1}{a}.\end{cases}$$

解得 $A=\dfrac{1}{2a},B=-\dfrac{1}{2a}$.于是,

$$\dfrac{1}{x^2-a^2}=\dfrac{1}{2a}\left(\dfrac{1}{x-a}-\dfrac{1}{x+a}\right).$$

例2 将 $\dfrac{2x^2+2x+13}{(x-2)(x^2+1)^2}$ 分成分项分式.

解 设 $\dfrac{2x^2+2x+13}{(x-2)(x^2+1)^2}=\dfrac{A}{x-2}+\dfrac{Bx+C}{(x^2+1)^2}+\dfrac{Dx+E}{x^2+1}$.有

$$2x^2+2x+13$$
$$\equiv A(x^2+1)^2+(Bx+C)(x-2)+(Dx+E)(x-2)(x^2+1).$$

将上式恒等号右端展开合并同类项,再令恒等式两边同次幂的系数相等,得一次联立方程组:

$$\begin{cases} A+D=0, \\ -2D+E=0, \\ 2A+B+D-2E=2, \\ -2B+C-2D+E=2, \\ A-2C-2E=13. \end{cases}$$

解得 $A=1, B=-3, C=-4, D=-1, E=-2$. 于是,

$$\frac{2x^2+2x+13}{(x-2)(x^2+1)^2}=\frac{1}{x-2}-\frac{3x+4}{(x^2+1)^2}-\frac{x+2}{x^2+1}.$$

例 3 将 $\dfrac{3x^3-1}{(x+1)^2(x-1)^3}$ 分成分项分式.

解 设

$$\frac{3x^3-1}{(x+1)^2(x-1)^3}=\frac{A_1}{(x+1)^2}+\frac{A_2}{x+1}+\frac{B_1}{(x-1)^3}+\frac{B_2}{(x-1)^2}+\frac{B_3}{x-1},$$

有

$$3x^3-1\equiv A_1(x-1)^3+A_2(x+1)(x-1)^3+B_1(x+1)^2+$$
$$B_2(x+1)^2(x-1)+B_3(x+1)^2(x-1)^2.$$

令 $x=1$, 有 $2=4B_1, B_1=\dfrac{1}{2}$.

令 $x=-1$, 有 $-4=-8A_1, A_1=\dfrac{1}{2}$.

令 $x=0$, 有 $-1=-A_1-A_2+B_1-B_2+B_3$.

已知 $A_1=B_1=\dfrac{1}{2}$, 则

$$-A_2-B_2+B_3=-1.$$

同样方法, 再令 $x=2$ 与 $x=-2$, 将 $A_1=B_1=\dfrac{1}{2}$ 代入, 分别得

$$A_2+3B_2+3B_3=6$$

与

$$9A_2-B_2+3B_3=-4.$$

从而, 令 $x=0, x=2, x=-2$, 得一次联立方程组:

$$\begin{cases} -A_2-B_2+B_3=-1, \\ A_2+3B_2+3B_3=6, \\ 9A_2-B_2+3B_3=-4. \end{cases}$$

解得 $A_2=-\dfrac{3}{8}, B_2=\dfrac{7}{4}, B_3=\dfrac{3}{8}$. 于是,

$$\frac{3x^3-1}{(x+1)^2(x-1)^3} = \frac{1}{2(x+1)^2} - \frac{3}{8(x+1)} + \frac{1}{2(x-1)^3} + \frac{7}{4(x-1)^2} + \frac{3}{8(x-1)}.$$

二、有理函数的不定积分

根据分项分式定理,任意有理真分式的不定积分都归结为以下两类不定积分:

1. $\int \dfrac{A}{(x-a)^n} \mathrm{d}x$, $n \in \mathbf{N}_+$.

2. $\int \dfrac{Mx+N}{(x^2+px+q)^m} \mathrm{d}x$, $m \in \mathbf{N}_+, p^2-4q<0$.

下面分别求这两类不定积分:

1. $\int \dfrac{A}{(x-a)^n} \mathrm{d}x = \begin{cases} A\ln|x-a| + C, & n=1; \\ \dfrac{A}{(1-n)(x-a)^{n-1}} + C, & n>1. \end{cases}$

2. $\int \dfrac{Mx+N}{(x^2+px+q)^m} \mathrm{d}x = \int \dfrac{Mx+N}{\left[\left(x+\dfrac{p}{2}\right)^2 + q - \dfrac{p^2}{4}\right]^m} \mathrm{d}x.$

设 $t = x + \dfrac{p}{2}$. 有 $\mathrm{d}t = \mathrm{d}x$. 为书写简单,令 $a = \sqrt{q - \dfrac{p^2}{4}}$, 有

$$\int \frac{Mx+N}{(x^2+px+q)^m} \mathrm{d}x = \int \frac{Mt + N - \dfrac{Mp}{2}}{(t^2+a^2)^m} \mathrm{d}t$$
$$= M \int \frac{t}{(t^2+a^2)^m} \mathrm{d}t + \left(N - \frac{Mp}{2}\right) \int \frac{\mathrm{d}t}{(t^2+a^2)^m}. \tag{2}$$

当 $m=1$ 时,(2)式的两个不定积分分别是

$$\int \frac{t}{t^2+a^2} \mathrm{d}t = \frac{1}{2} \int \frac{\mathrm{d}(t^2+a^2)}{t^2+a^2} = \frac{1}{2}\ln(t^2+a^2) + C,$$

$$\int \frac{\mathrm{d}t}{t^2+a^2} = \frac{1}{a} \arctan \frac{t}{a} + C.$$

当 $m>1$ 时,(2)式的两个不定积分分别是

$$\int \frac{t}{(t^2+a^2)^m} \mathrm{d}t = \frac{1}{2} \int \frac{\mathrm{d}(t^2+a^2)}{(t^2+a^2)^m} = \frac{1}{2(1-m)(t^2+a^2)^{m-1}} + C,$$

$$J_m = \int \frac{\mathrm{d}t}{(t^2+a^2)^m} = \frac{1}{a^2} \int \frac{t^2+a^2-t^2}{(t^2+a^2)^m} \mathrm{d}t$$
$$= \frac{1}{a^2}\left[\int \frac{\mathrm{d}t}{(t^2+a^2)^{m-1}} - \int \frac{t^2}{(t^2+a^2)^m} \mathrm{d}t\right]$$
$$= \frac{1}{a^2} J_{m-1} - \frac{1}{a^2} \int \frac{t \cdot t \mathrm{d}t}{(t^2+a^2)^m}$$
$$= \frac{1}{a^2} J_{m-1} + \frac{1}{2(m-1)a^2} \int t \mathrm{d} \frac{1}{(t^2+a^2)^{m-1}} \quad (\text{应用分部积分法})$$

$$= \frac{1}{a^2}J_{m-1} + \frac{1}{2(m-1)a^2}\left[\frac{t}{(t^2+a^2)^{m-1}} - \int \frac{\mathrm{d}t}{(t^2+a^2)^{m-1}}\right]$$

$$= \frac{1}{a^2}J_{m-1} + \frac{1}{2(m-1)a^2}\left[\frac{t}{(t^2+a^2)^{m-1}} - J_{m-1}\right]$$

$$= \frac{t}{2(m-1)a^2(t^2+a^2)^{m-1}} + \frac{2m-3}{2a^2(m-1)}J_{m-1}.$$

于是,

$$J_m = \frac{t}{2(m-1)a^2(t^2+a^2)^{m-1}} + \frac{2m-3}{2a^2(m-1)}J_{m-1}.$$

这是关于 J_m 的递推公式.重复应用这个递推公式,最后就归结为

$$J_1 = \int \frac{\mathrm{d}t}{t^2+a^2} = \frac{1}{a}\arctan \frac{t}{a} + C.$$

再令 $t = x + \frac{p}{2}, a = \sqrt{q - \frac{p^2}{4}}$,代入上述所得的结果之中,就得到第二类有理函数的不定积分.

例 4 求 $\int \frac{\mathrm{d}x}{x^2 - a^2}$.

解 由例 1 知,$\frac{1}{x^2-a^2} = \frac{1}{2a}\left(\frac{1}{x-a} - \frac{1}{x+a}\right)$.

$$\int \frac{\mathrm{d}x}{x^2-a^2} = \frac{1}{2a}\left(\int \frac{\mathrm{d}x}{x-a} - \int \frac{\mathrm{d}x}{x+a}\right)$$

$$= \frac{1}{2a}(\ln|x-a| - \ln|x+a|) + C$$

$$= \frac{1}{2a}\ln\left|\frac{x-a}{x+a}\right| + C.$$

例 5 求 $\int \frac{6x^2-11x+4}{x(x-1)^2}\mathrm{d}x$.

解 设 $\frac{6x^2-11x+4}{x(x-1)^2} = \frac{A}{x} + \frac{B}{(x-1)^2} + \frac{C}{x-1}$.有

$$6x^2 - 11x + 4 \equiv A(x-1)^2 + Bx + Cx(x-1).$$

$$\begin{cases} A + C = 6, \\ -2A + B - C = -11, \\ A = 4. \end{cases}$$

解得 $A = 4, B = -1, C = 2$.即

$$\frac{6x^2-11x+4}{x(x-1)^2} = \frac{4}{x} - \frac{1}{(x-1)^2} + \frac{2}{x-1}.$$

$$\int \frac{6x^2-11x+4}{x(x-1)^2}\mathrm{d}x = \int \frac{4}{x}\mathrm{d}x + \int \frac{-1}{(x-1)^2}\mathrm{d}x + \int \frac{2}{x-1}\mathrm{d}x$$

$$= 4\ln|x| + \frac{1}{x-1} + 2\ln|x-1| + C$$

$$= \frac{1}{x-1} + \ln[x^4(x-1)^2] + C.$$

例 6 求 $\int \frac{dx}{x^3+1}$.

解 设 $\frac{1}{x^3+1} = \frac{1}{(x+1)(x^2-x+1)} = \frac{A}{x+1} + \frac{Bx+C}{x^2-x+1}$. 有

$$1 \equiv (A+B)x^2 + (B+C-A)x + (A+C).$$

$$\begin{cases} A+B=0, \\ -A+B+C=0, \\ A+C=1. \end{cases}$$

解得 $A = \frac{1}{3}, B = -\frac{1}{3}, C = \frac{2}{3}$. 即

$$\frac{1}{x^3+1} = \frac{1}{3}\left(\frac{1}{x+1} - \frac{x-2}{x^2-x+1}\right).$$

$$\int \frac{dx}{x^3+1}$$

$$= \frac{1}{3}\int \frac{dx}{x+1} - \frac{1}{3}\int \frac{x-2}{x^2-x+1}dx$$

$$= \frac{1}{3}\ln|x+1| - \frac{1}{3}\int \frac{x - \frac{1}{2} + \frac{1}{2} - 2}{x^2-x+1}dx$$

$$= \frac{1}{3}\ln|x+1| - \frac{1}{6}\int \frac{2x-1}{x^2-x+1}dx + \frac{1}{2}\int \frac{dx}{\left(x-\frac{1}{2}\right)^2 + \left(\frac{\sqrt{3}}{2}\right)^2}$$

$$= \frac{1}{3}\ln|x+1| - \frac{1}{6}\ln(x^2-x+1) + \frac{1}{\sqrt{3}}\arctan \frac{x-\frac{1}{2}}{\frac{\sqrt{3}}{2}} + C$$

$$= \frac{1}{6}\ln \frac{(x+1)^2}{x^2-x+1} + \frac{1}{\sqrt{3}}\arctan \frac{2x-1}{\sqrt{3}} + C.$$

例 7 求 $\int \frac{2x^2+2x+13}{(x-2)(x^2+1)^2}dx$.

解 由例 2,

$$\frac{2x^2+2x+13}{(x-2)(x^2+1)^2} = \frac{1}{x-2} - \frac{x+2}{x^2+1} - \frac{3x+4}{(x^2+1)^2}.$$

$$\int \frac{2x^2+2x+13}{(x-2)(x^2+1)^2}dx = \int \frac{dx}{x-2} - \int \frac{x+2}{x^2+1}dx - \int \frac{3x+4}{(x^2+1)^2}dx.$$

分别求上述等式等号右端的每一个不定积分:

$$\int \frac{dx}{x-2} = \ln|x-2| + C_1,$$

$$\int \frac{x+2}{x^2+1} dx = \frac{1}{2} \int \frac{2x}{x^2+1} dx + 2 \int \frac{dx}{x^2+1}$$

$$= \frac{1}{2} \int \frac{d(x^2+1)}{x^2+1} + 2 \int \frac{dx}{x^2+1}$$

$$= \frac{1}{2} \ln(x^2+1) + 2\arctan x + C_2,$$

$$\int \frac{3x+4}{(x^2+1)^2} dx = 3 \int \frac{x dx}{(x^2+1)^2} + 4 \int \frac{dx}{(x^2+1)^2}$$

$$= \frac{3}{2} \int \frac{d(x^2+1)}{(x^2+1)^2} + 4 \int \frac{dx}{(x^2+1)^2}$$

$$= -\frac{3}{2(x^2+1)} + 4 \int \frac{dx}{(x^2+1)^2}.$$

由 J_m 的递推公式($m=2, a=1$),

$$J_2 = \int \frac{dx}{(x^2+1)^2} = \frac{x}{2(x^2+1)} + \frac{1}{2}\arctan x + C_3'.$$

有

$$\int \frac{3x+4}{(x^2+1)^2} dx = -\frac{3}{2(x^2+1)} + \frac{2x}{x^2+1} + 2\arctan x + C_3$$

$$= \frac{4x-3}{2(x^2+1)} + 2\arctan x + C_3.$$

于是

$$\int \frac{2x^2+2x+13}{(x-2)(x^2+1)^2} dx$$

$$= \ln|x-2| - \frac{1}{2}\ln(x^2+1) - 2\arctan x - \frac{4x-3}{2(x^2+1)} - 2\arctan x + C$$

$$= \frac{1}{2}\ln(x-2)^2 - \frac{1}{2}\ln(x^2+1) - \frac{4x-3}{2(x^2+1)} - 4\arctan x + C$$

$$= \frac{1}{2}\ln \frac{(x-2)^2}{x^2+1} - \frac{4x-3}{2(x^2+1)} - 4\arctan x + C.$$

由此可见,有理函数的不定积分总能"积"出来,即有理函数的不定积分总能用初等函数:有理函数、对数函数和反正切函数表示出来.于是,有理函数存在初等函数的原函数(不定积分).这是有理函数集合一个理想的性质.如果求一个函数的不定积分,只要选择适当的换元,将被积函数化为有理函数,那么这个不定积分总能"积"出来.这种方法也叫做"有理化法".

练习题 7.3

求下列有理函数的不定积分：

1) $\int \dfrac{x^2-5x+9}{x^2-5x+6}\mathrm{d}x$；

2) $\int \dfrac{\mathrm{d}x}{(x+1)(x+2)(x+3)}$；

3) $\int \dfrac{\mathrm{d}x}{x(x+1)^2}$；

4) $\int \dfrac{x^3-1}{4x^3-x}\mathrm{d}x$；

5) $\int \dfrac{x^4}{x^4-1}\mathrm{d}x$；

6) $\int \dfrac{\mathrm{d}x}{x^4+1}$；

7) $\int \dfrac{3x-7}{x^3+x^2+4x+4}\mathrm{d}x$；

8) $\int \dfrac{3x+5}{(x^2+2x+2)^2}\mathrm{d}x$；

9) $\int \dfrac{x^3+1}{(x^2-4x+5)^2}\mathrm{d}x$；

10) $\int \dfrac{\mathrm{d}x}{(x+1)(x^2+x+1)^2}$.

§7.4 简单无理函数与三角函数的不定积分

一、简单无理函数的不定积分

本节只讨论以初等函数为原函数的两类比较简单的无理函数的不定积分. 在理论上, 讨论无理函数的不定积分有一个原则, 那就是选择适当的换元, 将无理函数化为有理函数, 即有理化, 至此无理函数的不定积分问题就得到解决. 这是因为, 有理函数的原函数总能用初等函数表示出来.

符号 $R(x,y)$ 表示由变数 x,y 和常数经过有限次四则运算构成的二元有理函数.

1. $R\left(x, \sqrt[n]{\dfrac{ax+b}{cx+d}}\right)$ 型函数的不定积分

其中 a,b,c,d 都是常数, 正整数 $n \geqslant 2$, 且 $ad-bc \neq 0$.

设 $\sqrt[n]{\dfrac{ax+b}{cx+d}} = t$, 或 $x = \dfrac{dt^n-b}{a-ct^n} = \varphi(t)$, 有 $\mathrm{d}x = \varphi'(t)\mathrm{d}t$. 于是,

$$\int R\left(x, \sqrt[n]{\dfrac{ax+b}{cx+d}}\right) \mathrm{d}x = \int R[\varphi(t),t]\varphi'(t)\mathrm{d}t.$$

因为 $\varphi(t)$ 是有理函数, $\varphi'(t)$ 也是有理函数, [①] 所以上式等号右端的被积函数是关于 t 的有理函数.

[①] 有理函数的导数仍是有理函数.

例1 求 $\int \dfrac{x^{\frac{1}{7}}+x^{\frac{1}{2}}}{x^{\frac{8}{7}}+x^{\frac{15}{14}}}\mathrm{d}x$.

解 四个幂函数的指数分母的最小公倍数是 14, 被积函数是 $R(\sqrt[14]{x})$ 型. 设 $\sqrt[14]{x}=t$ 或 $x=t^{14}$, 有 $\mathrm{d}x=14t^{13}\mathrm{d}t$.

$$\begin{aligned}\int \dfrac{x^{\frac{1}{7}}+x^{\frac{1}{2}}}{x^{\frac{8}{7}}+x^{\frac{15}{14}}}\mathrm{d}x &= \int \dfrac{(t^{14})^{\frac{1}{7}}+(t^{14})^{\frac{1}{2}}}{(t^{14})^{\frac{8}{7}}+(t^{14})^{\frac{15}{14}}}14t^{13}\mathrm{d}t\\ &=14\int \dfrac{t^2+t^7}{t^{16}+t^{15}}t^{13}\mathrm{d}t=14\int \dfrac{t^5+1}{t+1}\mathrm{d}t\\ &=14\int (t^4-t^3+t^2-t+1)\mathrm{d}t\\ &=14\left(\dfrac{1}{5}t^5-\dfrac{1}{4}t^4+\dfrac{1}{3}t^3-\dfrac{1}{2}t^2+t\right)+C\\ &=14\left(\dfrac{1}{5}x^{\frac{5}{14}}-\dfrac{1}{4}x^{\frac{2}{7}}+\dfrac{1}{3}x^{\frac{3}{14}}-\dfrac{1}{2}x^{\frac{1}{7}}+x^{\frac{1}{14}}\right)+C.\end{aligned}$$

例2 求 $\int \sqrt[3]{\dfrac{2-x}{2+x}}\cdot \dfrac{\mathrm{d}x}{(2-x)^2}$.

解 设 $\sqrt[3]{\dfrac{2-x}{2+x}}=t$ 或 $x=\dfrac{2(1-t^3)}{1+t^3}$, 有 $\mathrm{d}x=\dfrac{-12t^2}{(1+t^3)^2}\mathrm{d}t$,

$$\begin{aligned}\int \sqrt[3]{\dfrac{2-x}{2+x}}\cdot \dfrac{\mathrm{d}x}{(2-x)^2} &= \int t\cdot \dfrac{(1+t^3)^2}{16t^6}\cdot \dfrac{-12t^2}{(1+t^3)^2}\mathrm{d}t\\ &=-\dfrac{3}{4}\int \dfrac{\mathrm{d}t}{t^3}=\dfrac{3}{8t^2}+C\\ &=\dfrac{3}{8}\sqrt[3]{\left(\dfrac{2+x}{2-x}\right)^2}+C.\end{aligned}$$

注 例2用凑微分法极为简便. 如

$$\int \sqrt[3]{\dfrac{2-x}{2+x}}\cdot \dfrac{\mathrm{d}x}{(2-x)^2}=\dfrac{1}{4}\int \dfrac{\mathrm{d}\left(\dfrac{2+x}{2-x}\right)}{\left(\dfrac{2+x}{2-x}\right)^{\frac{1}{3}}}=\dfrac{3}{8}\left(\dfrac{2+x}{2-x}\right)^{\frac{2}{3}}+C.$$

2. $R(x,\sqrt{ax^2+bx+c})$ 型函数的不定积分

其中 a,b,c 都是常数, $a\neq 0$, $b^2-4ac\neq 0$ (即 $ax^2+bx+c=0$ 无重根).

1) 如果 $b^2-4ac>0$, 则 $ax^2+bx+c=0$ 有两个不同的实根, 设实根是 α 与 β, 即 $ax^2+bx+c=a(x-\alpha)(x-\beta)$. 设

$$\sqrt{ax^2+bx+c}=\sqrt{a(x-\alpha)(x-\beta)}=t(x-\alpha).$$

等式两端平方, 再消去因式 $x-\alpha$, 得

$$a(x-\beta)=t^2(x-\alpha) \quad \text{或} \quad x=\dfrac{a\beta-\alpha t^2}{a-t^2}.$$

有

$$dx = \frac{2a(\beta-\alpha)t}{(a-t^2)^2}dt, \quad \sqrt{ax^2+bx+c} = \frac{a(\beta-\alpha)t}{a-t^2}.$$

于是，

$$\int R(x,\sqrt{ax^2+bx+c})dx = \int R\left(\frac{a\beta-\alpha t^2}{a-t^2},\frac{a(\beta-\alpha)t}{a-t^2}\right)\frac{2a(\beta-\alpha)t}{(a-t^2)^2}dt,$$

被积函数是关于 t 的有理函数.

例 3 求 $\int \dfrac{dx}{(1+x)\sqrt{2+x-x^2}}$.

解 $2+x-x^2 = (1+x)(2-x) = 0$，有两个实根 -1 与 2. 设

$$\sqrt{2+x-x^2} = t(1+x) \quad \text{或} \quad x = \frac{2-t^2}{1+t^2}.$$

有

$$dx = \frac{-6t}{(1+t^2)^2}dt, \quad \sqrt{2+x-x^2} = \frac{3t}{1+t^2}.$$

$$\int \frac{dx}{(1+x)\sqrt{2+x-x^2}} = -\frac{2}{3}\int dt = -\frac{2}{3}t + C = -\frac{2}{3}\sqrt{\frac{2-x}{1+x}} + C.$$

2) 如果 $b^2-4ac<0$，则 $ax^2+bx+c=0$ 没有实根. 此时 a 与 c 必同号（否则，必有 $b^2-4ac>0$，这与已知条件矛盾）. 同时 c 的符号（即 a 的符号）不能为负，否则，当 $x=0$ 时，函数 $\sqrt{ax^2+bx+c}$ 没有意义.

设 $\sqrt{ax^2+bx+c} = tx \pm \sqrt{c}$①. 两端平方，整理得

$$x = \frac{b \mp 2\sqrt{c}\,t}{t^2-a} = \varphi(t).$$

有 $dx = \varphi'(t)dt$，$\sqrt{ax^2+bx+c} = t\varphi(t) \pm \sqrt{c}$. 于是，

$$\int R(x,\sqrt{ax^2+bx+c})dx = \int R(\varphi(t), t\varphi(t)\pm\sqrt{c})\varphi'(t)dt.$$

因为 $\varphi(t)$ 是有理函数，$\varphi'(t)$ 也是有理函数，所以上式等号右端的被积函数是关于 t 的有理函数.

例 4 求 $\int \dfrac{dx}{x+\sqrt{x^2-x+1}}$.

解 $c=1>0$，设 $\sqrt{x^2-x+1} = tx-1$ 或 $x = \dfrac{2t-1}{t^2-1}$. 有

$$dx = \frac{-2(t^2-t+1)}{(t^2-1)^2}dt, \sqrt{x^2-x+1} = \frac{t^2-t+1}{t^2-1}, \quad x+\sqrt{x^2-x+1} = \frac{t}{t-1}.$$

$$\int \frac{dx}{x+\sqrt{x^2-x+1}}$$

---

① 也可设 $\sqrt{ax^2+bx+c} = t \pm \sqrt{a}\,x$.

$$= \int \frac{-2t^2+2t-2}{t(t-1)(t+1)^2} dt$$

$$= \int \left[\frac{2}{t} - \frac{1}{2(t-1)} - \frac{3}{2(t+1)} - \frac{3}{(t+1)^2} \right] dt$$

$$= 2\ln|t| - \frac{1}{2}\ln|t-1| - \frac{3}{2}\ln|t+1| + \frac{3}{t+1} + C.$$

已知 $t = \dfrac{1+\sqrt{x^2-x+1}}{x}$，代入上式，即得所求的不定积分.

当 $R(x, \sqrt{ax^2+bx+c})$ 型函数是最简形式时(见下例)，求它的不定积分可直接应用简单无理函数的不定积分，见前面公式 12，13，14，15. 这样可简化计算.

例 5 求 $\displaystyle\int \frac{dx}{\sqrt{11+6x-x^2}}$.

解
$$\int \frac{dx}{\sqrt{11+6x-x^2}} = \int \frac{d(x-3)}{\sqrt{20-(x-3)^2}} \quad \text{(由公式 12)}$$

$$= \arcsin \frac{x-3}{\sqrt{20}} + C.$$

例 6 求 $\displaystyle\int \frac{x-2}{\sqrt{2x^2+4x+5}} dx$.

解
$$\int \frac{x-2}{\sqrt{2x^2+4x+5}} dx$$

$$= \frac{1}{4} \int \frac{4x+4-12}{\sqrt{2x^2+4x+5}} dx$$

$$= \frac{1}{4} \int \frac{4x+4}{\sqrt{2x^2+4x+5}} dx - 3\int \frac{dx}{\sqrt{[\sqrt{2}(x+1)]^2+3}} \quad \text{(由公式 13)}$$

$$= \frac{1}{4} \int \frac{d(2x^2+4x+5)}{\sqrt{2x^2+4x+5}} - \frac{3}{\sqrt{2}} \int \frac{d\sqrt{2}(x+1)}{\sqrt{[\sqrt{2}(x+1)]^2+3}}$$

$$= \frac{1}{2}\sqrt{2x^2+4x+5} - \frac{3}{\sqrt{2}} \ln|\sqrt{2}(x+1) + \sqrt{2x^2+4x+5}| + C.$$

例 7 求 $\displaystyle\int (x-2)\sqrt{x^2+4x+1}\, dx$.

解 $\displaystyle\int (x-2)\sqrt{x^2+4x+1}\, dx$

$$= \frac{1}{2} \int (2x+4-8)\sqrt{x^2+4x+1}\, dx$$

$$= \frac{1}{2} \int (2x+4)\sqrt{x^2+4x+1}\, dx - 4\int \sqrt{x^2+4x+1}\, dx$$

$$= \frac{1}{2} \int \sqrt{x^2+4x+1}\, d(x^2+4x+1) - 4\int \sqrt{(x+2)^2-3}\, d(x+2) \quad \text{(由公式 15)}$$

$$= \frac{1}{3}(x^2+4x+1)^{\frac{3}{2}} - 4\left[\frac{x+2}{2}\sqrt{(x+2)^2-3} - \frac{3}{2}\ln|x+2+\sqrt{(x+2)^2-3}|\right] + C$$

$$= \frac{1}{3}(x^2+4x+1)^{\frac{3}{2}} - 2(x+2)\sqrt{x^2+4x+1} + 6\ln|x+2+\sqrt{x^2+4x+1}| + C.$$

二、三角函数的不定积分

求三角函数 $R(\sin x, \cos x)$ 的不定积分

$$\int R(\sin x, \cos x)\,\mathrm{d}x$$

有多种方法,其中有一种是万能的,尽管这种方法不是最简便的.

设 $\tan\dfrac{x}{2} = t(-\pi < x < \pi)$. 有 $x = 2\arctan t$, $\mathrm{d}x = \dfrac{2}{1+t^2}\mathrm{d}t$.

$$\sin x = \frac{2\sin\dfrac{x}{2}\cos\dfrac{x}{2}}{\sin^2\dfrac{x}{2}+\cos^2\dfrac{x}{2}} = \frac{2\tan\dfrac{x}{2}}{1+\tan^2\dfrac{x}{2}} = \frac{2t}{1+t^2},$$

$$\cos x = \frac{\cos^2\dfrac{x}{2}-\sin^2\dfrac{x}{2}}{\cos^2\dfrac{x}{2}+\sin^2\dfrac{x}{2}} = \frac{1-\tan^2\dfrac{x}{2}}{1+\tan^2\dfrac{x}{2}} = \frac{1-t^2}{1+t^2},$$

有 $\displaystyle\int R(\sin x, \cos x)\,\mathrm{d}x = \int R\left(\frac{2t}{1+t^2}, \frac{1-t^2}{1+t^2}\right)\frac{2}{1+t^2}\mathrm{d}t.$

显然,上式等号右端的被积函数是有理函数,因此三角函数 $R(\sin x, \cos x)$ 存在初等函数的原函数. 换元 $\tan\dfrac{x}{2} = t$,称为关于三角函数 $R(\sin x, \cos x)$ 的**万能换元**.

例 8 求 $\displaystyle\int \frac{\cot x}{\sin x+\cos x+1}\mathrm{d}x.$

解 设 $\tan\dfrac{x}{2} = t$. 有 $x = 2\arctan t$, $\mathrm{d}x = \dfrac{2}{1+t^2}\mathrm{d}t$,

$$\sin x = \frac{2t}{1+t^2}, \quad \cos x = \frac{1-t^2}{1+t^2}, \quad \cot x = \frac{1-t^2}{2t}.$$

$$\int \frac{\cot x}{\sin x+\cos x+1}\mathrm{d}x$$

$$= \int \frac{\dfrac{1-t^2}{2t}}{\dfrac{2t}{1+t^2}+\dfrac{1-t^2}{1+t^2}+1} \cdot \frac{2}{1+t^2}\mathrm{d}t$$

$$= \int \frac{1-t}{2t}\mathrm{d}t = \frac{1}{2}\left(\int \frac{\mathrm{d}t}{t} - \int \mathrm{d}t\right)$$

$$= \frac{1}{2}(\ln|t| - t) + C$$

$$= \frac{1}{2}\left(\ln\left|\tan\frac{x}{2}\right| - \tan\frac{x}{2}\right) + C.$$

例 9 求 $\int \frac{1-r^2}{1-2r\cos x + r^2}dx \quad (0<r<1, |x|<\pi)$.

解 设 $\tan\frac{x}{2} = t$,有 $x = 2\arctan t$, $dx = \frac{2}{1+t^2}dt$, $\cos x = \frac{1-t^2}{1+t^2}$.

$$\int \frac{1-r^2}{1-2r\cos x + r^2}dx$$

$$= \int \frac{1-r^2}{1-2r\cdot\frac{1-t^2}{1+t^2}+r^2} \cdot \frac{2}{1+t^2}dt$$

$$= \int \frac{2(1-r^2)}{(1-r)^2 + (1+r)^2 t^2}dt = \frac{2(1-r)}{1+r}\int \frac{dt}{\left(\frac{1-r}{1+r}\right)^2 + t^2}$$

$$= 2\arctan\frac{1+r}{1-r}t + C = 2\arctan\left(\frac{1+r}{1-r}\tan\frac{x}{2}\right) + C.$$

尽管万能换元在理论上很重要,但是计算量较大,并不简便. 如果 $R(\sin x, \cos x)$ 关于 $\sin x, \cos x$ 具有某种性质,则应用一些特殊的换元比较简便.

1. 如果 $R(\sin x, \cos x)$ 是 $\cos x$ 的奇函数,即
$$R(\sin x, -\cos x) = -R(\sin x, \cos x),$$
设 $t = \sin x$ 即可.

例 10 求 $\int \frac{\tan x \cos^6 x}{\sin^4 x}dx$.

解 $R(\sin x, \cos x) = \frac{\tan x \cos^6 x}{\sin^4 x} = \frac{\cos^5 x}{\sin^3 x}$ 是关于 $\cos x$ 的奇函数.

设 $t = \sin x$,有 $dt = \cos x dx$.

$$\int \frac{\tan x \cos^6 x}{\sin^4 x}dx = \int \frac{\cos^4 x}{\sin^3 x}\cos x dx$$

$$= \int \frac{(1-\sin^2 x)^2}{\sin^3 x}\cos x dx = \int \frac{(1-t^2)^2}{t^3}dt$$

$$= \int \frac{dt}{t^3} - 2\int \frac{dt}{t} + \int t dt$$

$$= -\frac{1}{2t^2} - 2\ln|t| + \frac{t^2}{2} + C$$

$$= -\frac{1}{2\sin^2 x} - 2\ln|\sin x| + \frac{\sin^2 x}{2} + C.$$

2. 如果 $R(\sin x, \cos x)$ 是关于 $\sin x$ 的奇函数,即
$$R(-\sin x, \cos x) = -R(\sin x, \cos x),$$
设 $t = \cos x$ 即可.

例 11 求 $\int \dfrac{\sin^5 x}{\cos^4 x}\mathrm{d}x$.

解 $R(\sin x,\cos x)=\dfrac{\sin^5 x}{\cos^4 x}$ 是关于 $\sin x$ 的奇函数.

设 $t=\cos x$, 有 $\mathrm{d}t=-\sin x\mathrm{d}x$.

$$\int \dfrac{\sin^5 x}{\cos^4 x}\mathrm{d}x = -\int \dfrac{(1-\cos^2 x)^2}{\cos^4 x}(-\sin x\mathrm{d}x)$$

$$= -\int \dfrac{(1-t^2)^2}{t^4}\mathrm{d}t = -\left(\int \mathrm{d}t - 2\int \dfrac{\mathrm{d}t}{t^2} + \int \dfrac{\mathrm{d}t}{t^4}\right)$$

$$= -t - \dfrac{2}{t} + \dfrac{1}{3t^3} + C$$

$$= -\cos x - \dfrac{2}{\cos x} + \dfrac{1}{3\cos^3 x} + C.$$

3. 如果 $R(\sin x,\cos x)=R(-\sin x,-\cos x)$, 设 $t=\tan x$ 即可.

例 12 求 $\int \dfrac{\sin^2 x+1}{\cos^4 x}\mathrm{d}x$.

解 设 $t=\tan x$, 有 $\mathrm{d}t=\dfrac{1}{\cos^2 x}\mathrm{d}x$.

$$\int \dfrac{\sin^2 x+1}{\cos^4 x}\mathrm{d}x = \int \dfrac{\sin^2 x+1}{\cos^2 x}\dfrac{\mathrm{d}x}{\cos^2 x} = \int (\tan^2 x + \sec^2 x)\dfrac{\mathrm{d}x}{\cos^2 x}$$

$$= \int (2\tan^2 x + 1)\dfrac{\mathrm{d}x}{\cos^2 x}$$

$$= \int (2t^2+1)\mathrm{d}t = 2\int t^2\mathrm{d}t + \int \mathrm{d}t$$

$$= \dfrac{2}{3}t^3 + t + C = \dfrac{2}{3}\tan^3 x + \tan x + C.$$

再讨论两种特殊的三角函数的不定积分.

4. 被积函数是 $\sin^n x\cos^m x$, 分两种情形讨论如下:

1) 如果 n 与 m 至少有一个是奇数, 不妨设 $m=2k+1$(k 是自然数, $n\in \mathbf{N}_+$), 则设 $t=\sin x$ 即可. 例如,

$$\int \sin^n x\cos^m x\mathrm{d}x = \int \sin^n x\cos^{2k} x\cos x\mathrm{d}x$$

$$= \int \sin^n x(1-\sin^2 x)^k\mathrm{d}(\sin x)$$

$$= \int t^n(1-t^2)^k\mathrm{d}t.$$

从而可求得这个不定积分.

例 13 求 $\int \dfrac{\tan^3 x}{\sqrt{\cos x}}\mathrm{d}x$.

解 $$\int \dfrac{\tan^3 x}{\sqrt{\cos x}}\mathrm{d}x = \int \cos^{-\frac{7}{2}} x\sin^3 x\mathrm{d}x$$

$$= \int \cos^{-\frac{7}{2}} x (1-\cos^2 x) \sin x \, dx$$

$$= -\int \cos^{-\frac{7}{2}} x (1-\cos^2 x) \, d(\cos x)$$

$$= -\int \cos^{-\frac{7}{2}} x \, d(\cos x) + \int \cos^{-\frac{3}{2}} x \, d(\cos x)$$

$$= \frac{2}{5} \cos^{-\frac{5}{2}} x - 2\cos^{-\frac{1}{2}} x + C.$$

2）如果 n 与 m 都是偶数.由三角公式：

$$\sin^2 x = \frac{1}{2}(1-\cos 2x), \quad \cos^2 x = \frac{1}{2}(1+\cos 2x), \sin x \cos x = \frac{1}{2}\sin 2x$$

将被积函数化简,其结果：一种情况,含有 $\sin 2x$ 或 $\cos 2x$ 的奇数次幂,这时可由上述 1）求之；另一种情况,仍含有 $\sin 2x$ 与 $\cos 2x$ 的偶数次幂,再用上述三角公式化简,化成含有以 $\sin 4x$ 与 $\cos 4x$ 为变数的幂函数的相乘积.以下类推.

例 14 求 $\int \sin^2 x \cos^4 x \, dx$.

解
$$\int \sin^2 x \cos^4 x \, dx = \int \sin^2 x \cos^2 x \cos^2 x \, dx$$

$$= \int \frac{\sin^2 2x}{4} \cdot \frac{1+\cos 2x}{2} \, dx$$

$$= \frac{1}{8} \int \sin^2 2x \, dx + \frac{1}{8} \int \sin^2 2x \cos 2x \, dx$$

$$= \frac{1}{16} \int (1-\cos 4x) \, dx + \frac{1}{16} \int \sin^2 2x \, d(\sin 2x)$$

$$= \frac{x}{16} - \frac{1}{64} \sin 4x + \frac{1}{48} \sin^3 2x + C.$$

5. 如果被积函数是 $\sin mx \sin nx, \sin mx \cos nx, \cos mx \cos nx$,则用积化和差公式

$$\sin mx \sin nx = \frac{1}{2}[\cos(m-n)x - \cos(m+n)x],$$

$$\sin mx \cos nx = \frac{1}{2}[\sin(m+n)x + \sin(m-n)x],$$

$$\cos mx \cos nx = \frac{1}{2}[\cos(m+n)x + \cos(m-n)x].$$

例 15 求 $\int \cos(5x+1)\cos(2x+3) \, dx$.

解
$$\int \cos(5x+1)\cos(2x+3) \, dx$$

$$= \frac{1}{2} \int \cos(7x+4) \, dx + \frac{1}{2} \int \cos(3x-2) \, dx$$

$$= \frac{1}{14} \sin(7x+4) + \frac{1}{6} \sin(3x-2) + C.$$

本章给出了求不定积分的基本方法和几种类型函数的不定积分求法.一般来说,

求初等函数的不定积分的方法不是唯一的,并伴随着一定的技巧.因此,求不定积分(或原函数)要比求导数困难得多.因为初等函数在其定义域是连续函数,所以初等函数在其定义域存在原函数(待证)."存在原函数"与"原函数能用初等函数表示出来"有不同的含义.虽然初等函数存在原函数,但是它的原函数不一定能用初等函数表示出来,即原函数是非初等函数.例如,简单的初等函数

$$\frac{\sin x}{x}, \quad \frac{e^x}{x}, \quad \frac{1}{\ln x}, \quad e^{x^2}, \quad \cdots$$

在其定义域上都存在原函数,而它们的原函数是非初等函数.我们也说,它们的不定积分"积不出来".由此可见,初等函数集合对不定积分运算不是封闭的.

求不定积分的方法,原则上讲,就是一张不定积分表、几个不定积分的性质、分部积分公式和换元积分公式.每个都很简单,但将它们结合起来灵活运用,就能求出许多复杂函数的不定积分.因此,积分的技巧是很强的,方法得当,可以减少计算量;方法不当,不仅会增大计算量,甚至可能干脆积不出来.这一点是应当引起读者注意的,但是有一点是容易被读者所忽视的,那就是对某些有一般算法的积分,切忌千篇一律地照搬照套,应尽可能找到简便方法.

练习题 7.4

1. 求下列不定积分:

1) $\int \dfrac{\sqrt{x}-1}{\sqrt[3]{x}+1} dx$;

2) $\int \dfrac{\sqrt[4]{x}}{\sqrt[3]{x}+\sqrt{x}} dx$;

3) $\int \dfrac{2+x}{\sqrt[3]{3-x}} dx$;

4) $\int \sqrt{\dfrac{1-x}{1+x}} \dfrac{dx}{x^2}$;

5) $\int \sqrt{\dfrac{2+3x}{x-3}} dx$;

6) $\int \dfrac{dx}{\sqrt{1+4x-5x^2}}$;

7) $\int \dfrac{dx}{\sqrt{2x-x^2}}$;

8) $\int \dfrac{x}{\sqrt{1-2x-3x^2}} dx$;

9) $\int \dfrac{x+3}{\sqrt{1-4x^2}} dx$;

10) $\int \dfrac{x+3}{\sqrt{4x^2+4x+3}} dx$;

11) $\int \dfrac{3x+5}{\sqrt{x(2x-1)}} dx$;

12) $\int \dfrac{\sqrt{x^2+2x}}{x} dx$;

13) $\int \dfrac{dx}{x-\sqrt{x^2-1}}$;

14) $\int \dfrac{1-\sqrt{1+x+x^2}}{x\sqrt{1+x+x^2}} dx$;

15) $\int \dfrac{x+1}{(2x+x^2)\sqrt{2x+x^2}} dx.$

2. 求下列不定积分:

1) $\int \cos^4 x \sin^3 x \, dx$;

2) $\int \sin^4 x \, dx$;

3) $\int \sin^4 x \cos^4 x \, dx$;

4) $\int \tan^3 x \, dx$;

5) $\int \cot^3 x \, dx$;

6) $\int \tan^4 x \sec^4 x \, dx$;

7) $\int \sec^8 x \, dx$;

8) $\int \sin^5 x \sqrt[3]{\cos x} \, dx$;

9) $\int \dfrac{\sin^3 x}{\sqrt[3]{\cos^4 x}} \, dx$;

10) $\int \sin x \sin 3x \, dx$;

11) $\int \cos 4x \cos 7x \, dx$;

12) $\int \sin \dfrac{x}{4} \cos \dfrac{3x}{4} \, dx$;

13) $\int \dfrac{dx}{4-5\sin x}$;

14) $\int \dfrac{dx}{5-3\cos x}$;

15) $\int \dfrac{\sin x}{1+\sin x} \, dx$;

16) $\int \dfrac{\cos x}{1+\cos x} \, dx$;

17) $\int \dfrac{dx}{8-4\sin x+7\cos x}$;

18) $\int \dfrac{1-\sin x+\cos x}{1+\sin x-\cos x} \, dx$.

 答疑解惑

第八章 定积分

从历史上说,定积分是由计算平面上封闭曲线围成区域的面积而产生的.为了计算这类区域的面积,最后归结为计算具有特定结构的和式的极限.人们在实践中逐步认识到,这种特定结构的和式的极限,不仅是计算区域面积的数学工具,而且也是计算许多实际问题(如变力作功、水的压力、立体的体积等)的数学工具.因此,无论在理论上或在实践中,特定结构的和式的极限——定积分具有普遍的意义.于是,定积分就成为数学分析重要的组成部分之一.

§8.1 定 积 分

一、实例

1. 曲边梯形的面积

在初等几何学中,我们只会计算由直线段和圆弧所围成的平面区域的面积.计算由任意形状的闭曲线所围成的平面区域的面积,这是一个一般的几何问题,这个问题只有用极限的方法才能得到圆满的解决.

一条封闭曲线围成的平面区域,常常可用互相垂直的两组平行直线将它分成若干部分(如图 8.1),有的是矩形,有的是曲边三角形(两条互相垂直的直线与曲线围成),有的是曲边梯形(两条直线都垂直第三条直线与曲线围成,如图 8.2).因为矩形面积是已知的,曲边三角形是曲边梯形的特殊情况,所以只要会计算曲边梯形的面积就可以了.由于曲边梯形有一段边界是曲边,我们不仅不会计算它的面积,甚至都不知道何谓曲边梯形的面积.因此,我们首先要给出曲边梯形面积的定义.

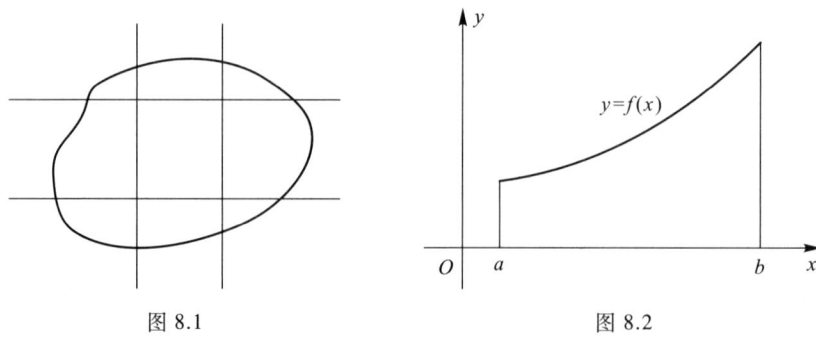

图 8.1　　　　　图 8.2

曲边梯形的面积并不是一个孤立的概念.曲边形和直边形联系着,就如同圆周与它的内接正多边形联系着一样.于是,我们将借助于已知的直边形的面积(这里用矩形的面积)定义曲边梯形的面积.

设曲边梯形是由非负连续曲线 $y=f(x)(a\leqslant x\leqslant b)$,$x$ 轴以及直线 $x=a$ 与 $x=b$ 所围成,如图 8.2.具体做法如下:

在区间 $[a,b]$ 内任意插入 $n-1$ 个分点:x_1,$x_2,\cdots,x_{n-1}$.为了书写方便,令 $a=x_0,b=x_n$,使
$$a=x_0<x_1<x_2<\cdots<x_{n-1}<x_n=b,$$
称为区间 $[a,b]$ 的一个**分法**,记为 T.于是,分法 T 将区间 $[a,b]$ 分成 n 个小区间:
$[x_0,x_1],[x_1,x_2],\cdots,[x_{k-1},x_k],\cdots,[x_{n-1},x_n]$.
第 k 个小区间 $[x_{k-1},x_k]$ 的长记为 $\Delta x_k=x_k-x_{k-1}$ $(k=1,2,\cdots,n)$.过每个分点 x_k 作 x 轴的垂线,这些垂线与曲线 $y=f(x)$ 相交,将曲边梯形分成 n 个小曲边梯形,如图 8.3.

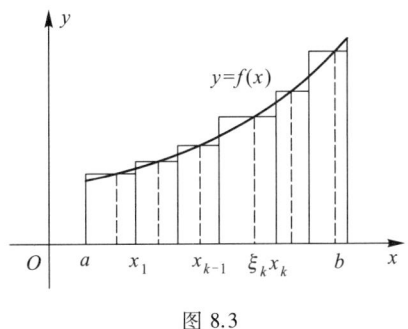

图 8.3

在第 k 个小区间 $[x_{k-1},x_k]$ 上任取一点 $\xi_k(x_{k-1}\leqslant\xi_k\leqslant x_k)$,计算出 $f(\xi_k)$.从图 8.3 看到,以 $f(\xi_k)$ 为长,以 Δx_k 为宽的矩形面积 $f(\xi_k)\Delta x_k$ 应是"第 k 个小曲边梯形面积" ΔA_k 的近似值,即
$$\Delta A_k\approx f(\xi_k)\Delta x_k\quad(k=1,2,\cdots,n).$$
显然,Δx_k 越小,其近似程度也越好.将 n 个矩形面积加起来,应该是"曲边梯形面积"的近似值,即
$$曲边梯形面积=\sum_{k=1}^n\Delta A_k\approx\sum_{k=1}^n f(\xi_k)\Delta x_k.$$
显然,将 $[a,b]$ 逐次分下去,使小区间的长越来越小,则不论 ξ_k 怎样选取,n 个矩形面积之和 $\sum_{k=1}^n f(\xi_k)\Delta x_k$ 应该越来越趋近于曲边梯形的面积.不难看到,在任何有限过程中,n 个矩形面积之和 $\sum_{k=1}^n f(\xi_k)\Delta x_k$ 总是曲边梯形面积的近似值,只有在无限过程中,应用极限方法才能转化为曲边梯形的面积.

令 $l(T)$ 是分法 T 将区间 $[a,b]$ 分成 n 个小区间之长的最大者,即
$$l(T)=\max\{\Delta x_1,\Delta x_2,\cdots,\Delta x_n\}.$$
于是,$l(T)\to 0$ 就相当于将区间 $[a,b]$ 无限次地分下去,使小区间之长都无限趋近于 0.

如果当 $l(T)\to 0$ 时,n 个矩形面积之和 $\sum_{k=1}^n f(\xi_k)\Delta x_k$ 存在有限极限,设
$$\lim_{l(T)\to 0}\sum_{k=1}^n f(\xi_k)\Delta x_k=A,$$
则称 A 是**曲边梯形的面积**.

由此可见,曲边梯形面积 A 是一个特定结构和式的极限.这个定义给出了计算曲边梯形面积的方法.不过按此定义计算曲边梯形的面积,要进行复杂的运算.在 §8.4 中,将进一步讨论这个"和式极限"的计算方法.

2. 物体运动的路程

设物体做非等速直线运动,其速度 $v(t)$ 是时间 t 的函数.计算物体从时刻 a 到时刻 b 的运动路程,即物体运动的距离.

计算这个问题所遇到的困难是非等速运动,即 $v(t)$ 不是常数函数.如果物体做等速直线运动,即 $v(t)=k$ 是常数函数,则物体从时刻 a 到时刻 b 的运动路程 s 是

$$s = k(b-a).$$

非等速直线运动的路程也不是一个孤立的概念,它与等速直线运动联系着,即在局部上能够以等速近似代替非等速.具体做法如下:

在时间间隔 $[a,b]$ 内任意插入 $n-1$ 个分点: $t_1, t_2, \cdots, t_{n-1}$.为了书写方便,令 $a=t_0$, $b=t_n$,使

$$a = t_0 < t_1 < t_2 < \cdots < t_{n-1} < t_n = b,$$

此分法记为 T. 分法 T 将 $[a,b]$ 分成 n 个小区间:

$$[t_0, t_1], [t_1, t_2], \cdots, [t_{k-1}, t_k], \cdots, [t_{n-1}, t_n].$$

第 k 个小区间 $[t_{k-1}, t_k]$ 的长记为 $\Delta t_k = t_k - t_{k-1}$. 在第 k 个小区间 $[t_{k-1}, t_k]$ 上任取一点 ξ_k ($t_{k-1} \leq \xi_k \leq t_k$),以速度 $v(\xi_k)$ 代替 $[t_{k-1}, t_k]$ 上每一时刻的速度,则物体在 $[t_{k-1}, t_k]$ 以等速 $v(\xi_k)$ 运动的路程 $v(\xi_k)\Delta t_k$ 应该是物体在 $[t_{k-1}, t_k]$ 以非等速 $v(t)$ 运动路程 Δs_k 的近似值,即

$$\Delta s_k \approx v(\xi_k)\Delta t_k \quad (k=1,2,\cdots,n).$$

将每个小区间上物体等速运动的路程加起来应该是物体在 $[a,b]$ 上以"非等速直线运动路程"的近似值,即

$$\text{非等速直线运动路程} = \sum_{k=1}^{n} \Delta s_k \approx \sum_{k=1}^{n} v(\xi_k)\Delta t_k.$$

显然,当 $l(T) = \max\{\Delta t_1, \Delta t_2, \cdots, \Delta t_n\}$ 越小时,以 $\sum_{k=1}^{n} v(\xi_k)\Delta t_k$ 近似代替物体以非等速直线运动的路程,其近似程度越好.

如果当 $l(T) \to 0$ 时, $\sum_{k=1}^{n} v(\xi_k)\Delta t_k$ 存在极限,设

$$\lim_{l(T)\to 0} \sum_{k=1}^{n} v(\xi_k)\Delta t_k = s,$$

则称 s 是物体从时刻 a 到时刻 b 作非等速直线运动的**路程**.

上述两个实例,一个是几何学中的面积问题,一个是物理学中的路程问题.尽管它们的实际意义完全不同,但是从抽象的数量关系来看,它们的分析结构完全相同,都是函数在区间上具有特定结构和式的极限,这就是下面讨论的定积分.

二、定积分概念

设函数 $f(x)$ 在闭区间 $[a,b]$ 有定义.在 $[a,b]$ 内任意插入 $n-1$ 个分点: $x_1, x_2, \cdots, x_{n-1}$,令 $a=x_0, b=x_n$,使

$$a = x_0 < x_1 < x_2 < \cdots < x_{n-1} < x_n = b,$$

此分法记为 T. 分法 T 将 $[a,b]$ 分成 n 个小区间:

$$[x_0, x_1], [x_1, x_2], \cdots, [x_{k-1}, x_k], \cdots, [x_{n-1}, x_n].$$

第 k 个小区间 $[x_{k-1}, x_k]$ 的长记为 $\Delta x_k = x_k - x_{k-1}$. 在第 k 个小区间 $[x_{k-1}, x_k]$ 上任取一点 $\xi_k(\forall \xi_k \in [x_{k-1}, x_k])$, 作和

$$\begin{aligned}\sigma(T, \xi) &= f(\xi_1)(x_1 - x_0) + f(\xi_2)(x_2 - x_1) + \cdots + \\ &\quad f(\xi_k)(x_k - x_{k-1}) + \cdots + f(\xi_n)(x_n - x_{n-1}) \\ &= \sum_{k=1}^{n} f(\xi_k) \Delta x_k,\end{aligned}$$

称为函数 $f(x)$ 在区间 $[a, b]$ 的**积分和**, 亦称**黎曼和**.

显然, 函数 $f(x)$ 在区间 $[a, b]$ 的积分和 $\sigma(T, \xi)$ 与分法 T 有关, 也与一组 $\xi = \{\xi_k\}$ ($\xi_k \in [x_{k-1}, x_k], k = 1, 2, \cdots, n$) 取法有关.

令 $l(T) = \max\{\Delta x_1, \Delta x_2, \cdots, \Delta x_n\}$.

定义 设函数 $f(x)$ 在 $[a, b]$ 有定义. 任给 $[a, b]$ 一个分法 T 和一组 $\xi = \{\xi_k\}$, 有积分和

$$\sigma(T, \xi) = \sum_{k=1}^{n} f(\xi_k) \Delta x_k.$$

若当 $l(T) \to 0$ 时, 积分和 $\sigma(T, \xi)$ 存在有限极限, 设

$$\lim_{l(T) \to 0} \sigma(T, \xi) = \lim_{l(T) \to 0} \sum_{k=1}^{n} f(\xi_k) \Delta x_k = I, \tag{1}$$

且数 I 与分法 T 无关, 也与 ξ_k 在 $[x_{k-1}, x_k]$ 的取法无关, 即 $\forall \varepsilon > 0, \exists \delta > 0, \forall T : l(T) < \delta$, $\forall \xi = \{\xi_k\}$, 有

$$\left| \sum_{k=1}^{n} f(\xi_k) \Delta x_k - I \right| < \varepsilon,$$

则称函数 $f(x)$ 在 $[a, b]$ **可积**, I 是函数 $f(x)$ 在 $[a, b]$ 的**定积分**, 亦称**黎曼积分**, 记为

$$\int_{a}^{b} f(x) \, dx = \lim_{l(T) \to 0} \sum_{k=1}^{n} f(\xi_k) \Delta x_k = I.$$

在定积分符号 $\int_{a}^{b} f(x) \, dx$ 之中, 各部分的名称如下:

a 与 b 分别是定积分的**下限**与**上限**; $f(x)$ 是**被积函数**; $f(x) dx$ 是**被积表达式**; x 是**积分变量**.

若当 $l(T) \to 0$ 时, 积分和 $\sigma(T, \xi)$ 不存在极限, 则称函数 $f(x)$ 在 $[a, b]$ **不可积**.

注 这种积分和 $\sum_{k=1}^{n} f(\xi_k) \Delta x_k$ 的极限, 已经不是我们学过的函数极限. 积分和与分法 T 有关, 也与 ξ_k 的取法有关, 当然也与函数 $f(x)$ 有关. 显然, 它也不是分法 T 的函数. 当 $l(T) \to 0$ 时, 积分和存在有限极限, 它的要求条件是很强的, 即必须是"任意分法"和"任意取法"下, 各种各样的积分和都无限趋近于同一个有限常数, 才能说定积分存在.

根据定积分的定义, 不难看出, 上段所举的两个实例, 都是定积分.

曲边梯形的面积 A 是函数 $f(x)$ 在 $[a, b]$ 的定积分, 即

$$A = \lim_{l(T) \to 0} \sum_{k=1}^{n} f(\xi_k) \Delta x_k = \int_a^b f(x) \, dx.$$

物体运动的路程 s 是速度函数 $v(t)$ 在时间间隔 $[a,b]$ 的定积分,即

$$s = \lim_{l(T) \to 0} \sum_{k=1}^{n} v(\xi_k) \Delta t_k = \int_a^b v(t) \, dt.$$

不难证明,函数可积的必要条件:

定理 1 若函数 $f(x)$ 在区间 $[a,b]$ 可积,则函数 $f(x)$ 在 $[a,b]$ 有界.

证明 用反证法,假设函数 $f(x)$ 在 $[a,b]$ 无界.对 $[a,b]$ 的任意分法 T,必至少有一个小区间,不妨设 $[x_0,x_1]$,函数 $f(x)$ 在 $[x_0,x_1]$ 无界.从而,有

$$|\sigma(T,\xi)| = \left|\sum_{k=1}^{n} f(\xi_k) \Delta x_k\right| = \left|f(\xi_1) \Delta x_1 + \sum_{k=2}^{n} f(\xi_k) \Delta x_k\right|$$

$$\geq |f(\xi_1)| \Delta x_1 - \left|\sum_{k=2}^{n} f(\xi_k) \Delta x_k\right|.$$

取定 $\xi_k \in [x_{k-1}, x_k], k = 2, 3, \cdots, n$,$\left|\sum_{k=2}^{n} f(\xi_k) \Delta x_k\right|$ 是正常数.设

$$A = \left|\sum_{k=2}^{n} f(\xi_k) \Delta x_k\right|.$$

因为函数 $f(x)$ 在 $[x_0, x_1]$ 无界,即 $\forall B > 0, \exists \xi_1 \in [x_0, x_1]$,有

$$|f(\xi_1)| > \frac{B+A}{\Delta x_1}.$$

于是,$\forall B > 0, \exists \xi_1 \in [x_0, x_1]$,有

$$|\sigma(T,\xi)| = \left|\sum_{k=1}^{n} f(\xi_k) \Delta x_k\right| > \frac{B+A}{\Delta x_1} \Delta x_1 - A = B,$$

即积分和 $\sigma(T,\xi)$ 无界,从而,积分和 $\sigma(T,\xi)$ 不存在极限与函数 $f(x)$ 在 $[a,b]$ 可积矛盾.

函数 $f(x)$ 在 $[a,b]$ 有界仅是 $f(x)$ 在 $[a,b]$ 可积的必要条件,而不是充分条件,即有的函数虽然有界,但也不可积.例如,狄利克雷函数

$$D(x) = \begin{cases} 1, & x \text{ 是 } [0,1] \text{ 的有理数}, \\ 0, & x \text{ 是 } [0,1] \text{ 的无理数}. \end{cases}$$

显然,狄利克雷函数 $D(x)$ 在 $[0,1]$ 有界,但是它在 $[0,1]$ 不可积.

事实上,对 $[0,1]$ 的任意分法 T,因为在 $[0,1]$ 的有理数与无理数是处处稠密的,所以在每个小区间上既存在有理数又存在无理数.

若每个 ξ_k 取为无理数,则积分和

$$\sigma(T,\xi) = \sum_{k=1}^{n} D(\xi_k) \Delta x_k = 0.$$

若每个 ξ_k 取为有理数,则积分和

$$\sigma(T,\xi) = \sum_{k=1}^{n} D(\xi_k) \Delta x_k = \sum_{k=1}^{n} \Delta x_k = 1.$$

于是,当 $l(T) \to 0$ 时,积分和 $\sigma(T,\xi)$ 不存在极限,即狄利克雷函数 $D(x)$ 在 $[0,1]$ 不可积.

§8.2 可积准则

一、小和与大和

已知有界函数不一定可积,那么什么样的有界函数是可积的呢? 换句话说,在$[a,b]$上什么样的有界函数$f(x)$的积分和$\sigma(T,\xi) = \sum_{k=1}^{n} f(\xi_k) \Delta x_k$(当$l(T) \to 0$时)存在极限呢?

积分和$\sigma(T,\xi) = \sum_{k=1}^{n} f(\xi_k) \Delta x_k$这个变量不仅与分法$T$有关,而且也与一组$\xi = \{\xi_k\}$的取法有关.这给我们讨论积分和的极限带来困难.为此,首先给出对掌握积分和$\sigma(T,\xi)$变化非常有用的小和与大和的概念,并讨论其性质.

设函数$f(x)$在$[a,b]$有界.分法T将$[a,b]$分成了n个小区间:
$$[x_0, x_1], [x_1, x_2], \cdots, [x_{k-1}, x_k], \cdots, [x_{n-1}, x_n].$$
$a = x_0, b = x_n$.小区间$[x_{k-1}, x_k]$的长记为$\Delta x_k = x_k - x_{k-1}$.设$m_k$与$M_k$分别是函数$f(x)$在$[x_{k-1}, x_k]$的下确界与上确界,作和
$$s(T) = \sum_{k=1}^{n} m_k \Delta x_k \quad \text{与} \quad S(T) = \sum_{k=1}^{n} M_k \Delta x_k,$$
称$s(T)$是分法T的**小和**,$S(T)$是分法T的**大和**.

值得注意的是,小和$s(T)$与大和$S(T)$只与分法T有关.这是因为当分法T给定之后,函数$f(x)$在每个小区间的下确界与上确界是唯一的,从而小和$s(T)$与大和$S(T)$也就随分法T而确定.这是小和、大和与积分和的主要区别.

显然,对$[a,b]$的同一分法T的小和$s(T)$与大和$S(T)$,总有不等式
$$s(T) \leq S(T).$$
下面讨论小和与大和之间以及小和、大和与积分和之间的关系.

性质 1 对$[a,b]$一个分法T,任意积分和都介于小和$s(T)$与大和$S(T)$之间,即
$$s(T) \leq \sum_{k=1}^{n} f(\xi_k) \Delta x_k \leq S(T).$$

证明 $\forall \xi_k \in [x_{k-1}, x_k]$,有
$$m_k \leq f(\xi_k) \leq M_k, \quad k = 1, 2, \cdots, n.$$
将它乘小区间$[x_{k-1}, x_k]$的长Δx_k,再从1到n相加,得
$$s(T) = \sum_{k=1}^{n} m_k \Delta x_k \leq \sum_{k=1}^{n} f(\xi_k) \Delta x_k \leq \sum_{k=1}^{n} M_k \Delta x_k = S(T),$$
即$s(T) \leq \sum_{k=1}^{n} f(\xi_k) \Delta x_k \leq S(T)$.

性质 2 对$[a,b]$一个分法T,小和$s(T)$(大和$S(T)$)是分法T的所有积分和的下确界(上确界),即

$$s(T)=\inf_{\xi_k}\left\{\sum_{k=1}^{n}f(\xi_k)\Delta x_k\right\} \quad \left(S(T)=\sup_{\xi_k}\left\{\sum_{k=1}^{n}f(\xi_k)\Delta x_k\right\}\right).$$

证明 已知 m_k 是函数 $f(x)$ 在 $[x_{k-1},x_k]$ 的下确界,根据下确界的定义,$\forall \varepsilon>0$,$\exists \xi_k \in [x_{k-1},x_k]$,有

$$m_k \leqslant f(\xi_k) < m_k+\varepsilon, \quad k=1,2,\cdots,n.$$

将它乘小区间 $[x_{k-1},x_k]$ 的长 Δx_k,再从 1 到 n 相加,得

$$\sum_{k=1}^{n}m_k\Delta x_k \leqslant \sum_{k=1}^{n}f(\xi_k)\Delta x_k < \sum_{k=1}^{n}m_k\Delta x_k+\varepsilon\sum_{k=1}^{n}\Delta x_k$$

或

$$s(T) \leqslant \sum_{k=1}^{n}f(\xi_k)\Delta x_k < s(T)+\varepsilon(b-a),$$

即

$$s(T)=\inf_{\xi_k}\left\{\sum_{k=1}^{n}f(\xi_k)\Delta x_k\right\}.$$

同法可证,

$$S(T)=\sup_{\xi_k}\left\{\sum_{k=1}^{n}f(\xi_k)\Delta x_k\right\}.$$

性质 3 对 $[a,b]$ 一个分法 T,增加某些新分点构成 $[a,b]$ 一个新分法 T',有

$$s(T) \leqslant s(T') \quad \text{与} \quad S(T') \leqslant S(T),$$

即分点增多时,小和不减少,大和不增加.

证法 只需证明,在分法 T 的基础上仅增加一个新分点 x',性质 3 成立.其余的新分点可逐次增加一个分点而得到.

证明 设新增加一个分点 x' 位于分法 T 的第 k 个小区间 $[x_{k-1},x_k]$ 之内,即 $x_{k-1} < x' < x_k$.用 T' 表示此分法.在两个小和 $s(T)$ 与 $s(T')$ 中,不相同的项仅能在区间 $[x_{k-1},x_k]$ 上出现.

小和 $s(T)$ 在 $[x_{k-1},x_k]$ 的项是 $m_k(x_k-x_{k-1})$.

小和 $s(T')$ 在 $[x_{k-1},x_k]$ 是两项和

$$m_k'(x'-x_{k-1})+m_k''(x_k-x'),$$

其中 m_k' 与 m_k'' 分别是函数 $f(x)$ 在 $[x_{k-1},x']$ 与 $[x',x_k]$ 的下确界.

因为 $m_k \leqslant m_k'$ 与 $m_k \leqslant m_k''$,如图 8.4,所以

$$\begin{aligned}m_k(x_k-x_{k-1}) &= m_k(x_k-x')+m_k(x'-x_{k-1})\\ &\leqslant m_k''(x_k-x')+m_k'(x'-x_{k-1}),\end{aligned}$$

即 $s(T) \leqslant s(T')$.

同法可证,$S(T') \leqslant S(T)$.

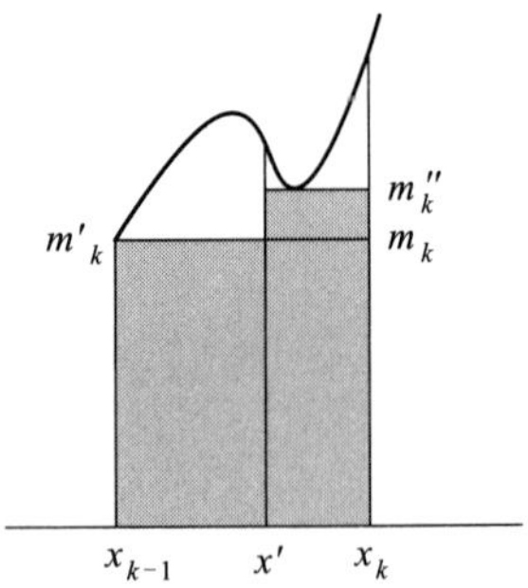

性质 4 对 $[a,b]$ 任意两个分法 T 与 T',有

$$s(T) \leqslant S(T') \quad \text{与} \quad s(T') \leqslant S(T),$$

即小和总不超过大和.

证明 将 $[a,b]$ 的两个分法 T 与 T' 的分点放在一起,构成 $[a,b]$ 的一个新分法,表示为 T''.于是,分法 T'' 的分点是在分法 T(或 T')的分点的

图 8.4

基础上增加了分法 T'(或 T)的分点所构成.根据性质 3,有
$$s(T) \leq s(T'') \quad \text{与} \quad S(T'') \leq S(T').$$
已知对同一个分法 T'',总有 $s(T'') \leq S(T'')$.从而
$$s(T) \leq s(T'') \leq S(T'') \leq S(T'),$$
即 $s(T) \leq S(T')$.

同法可证,$s(T') \leq S(T)$.

性质 5 对 $[a,b]$ 所有可能的分法 T,小和的上确界不超过大和的下确界,即
$$\sup_T \{s(T)\} \leq \inf_T \{S(T)\}.$$

证明 根据性质 4,任意分法 T 的小和集合 $\{s(T)\}$ 有上界(任意一个大和皆是它的上界).再根据 §4.1 定理 2,小和集合 $\{s(T)\}$ 必有上确界,设上确界是 I_0,即
$$\sup_T \{s(T)\} = I_0.$$
已知任意大和 $S(T)$,总有 $I_0 \leq S(T)$,即 I_0 是大和集合 $\{S(T)\}$ 的下界.于是,大和集合 $\{S(T)\}$ 必有下确界,设下确界是 I^0,有
$$I_0 \leq I^0 = \inf_T \{S(T)\},$$
即 $I_0 = \sup_T \{s(T)\} \leq \inf_T \{S(T)\} = I^0$.

二、可积准则

根据定积分定义,函数 $f(x)$ 在区间 $[a,b]$ 是否可积,就在于积分和 $\sum_{k=1}^{n} f(\xi_k) \Delta x_k$(当 $l(T) \to 0$ 时)是否存在有限极限.

根据大小和性质 1,对 $[a,b]$ 的任意分法 T,总有
$$s(T) \leq \sum_{k=1}^{n} f(\xi_k) \Delta x_k \leq S(T).$$
于是,讨论复杂的积分和的极限问题就归结为讨论比较简单的小和与大和的极限问题.这就是下面的可积准则:

定理 1(可积准则) 函数 $f(x)$ 在闭区间 $[a,b]$ 可积 $\iff$
$$\lim_{l(T) \to 0} [S(T) - s(T)] = 0. \tag{1}$$

证明 必要性($\Rightarrow$) 若函数 $f(x)$ 在 $[a,b]$ 可积,设定积分是 I,即 $\forall \varepsilon > 0, \exists \delta > 0$,$\forall T: l(T) < \delta, \forall \xi = \{\xi_k\}$,有
$$\left| \sum_{k=1}^{n} f(\xi_k) \Delta x_k - I \right| < \varepsilon,$$
或
$$I - \varepsilon < \sum_{k=1}^{n} f(\xi_k) \Delta x_k < I + \varepsilon.$$

根据大小和性质 2,有
$$I - \varepsilon \leq s(T) \leq S(T) \leq I + \varepsilon$$
或
$$S(T) - s(T) \leq 2\varepsilon,$$

即
$$\lim_{l(T)\to 0}[S(T)-s(T)]=0.$$

充分性($\Leftarrow$)　若(1)式成立,即 $\forall \varepsilon>0, \exists \delta>0, \forall T:l(T)<\delta$,有
$$S(T)-s(T)<\varepsilon.$$

根据大小和性质5,有
$$s(T)\leqslant I_0\leqslant I^0\leqslant S(T), \tag{2}$$

从而,
$$I^0-I_0\leqslant S(T)-s(T)<\varepsilon.$$

即 $I^0=I_0$,设 $I=I^0=I_0$,由(2)式,有
$$s(T)\leqslant I\leqslant S(T). \tag{3}$$

又已知
$$s(T)\leqslant \sum_{k=1}^{n}f(\xi_k)\Delta x_k\leqslant S(T), \tag{4}$$

由(3)式与(4)式,有
$$\Big|\sum_{k=1}^{n}f(\xi_k)\Delta x_k-I\Big|\leqslant S(T)-s(T)<\varepsilon,$$

即函数 $f(x)$ 在 $[a,b]$ 可积.

定义　若函数 $f(x)$ 在区间 I 有界.设
$$m=\inf\{f(x)\mid x\in I\} \quad \text{或} \quad m=\inf_{x\in I}\{f(x)\},$$
$$M=\sup\{f(x)\mid x\in I\} \quad \text{或} \quad M=\sup_{x\in I}\{f(x)\},$$
$$\omega=M-m=\sup\{f(x)\mid x\in I\}-\inf\{f(x)\mid x\in I\},$$

称 ω 为函数 $f(x)$ 在区间 I 的**振幅**.

不难证明,函数 $f(x)$ 在点 x_0 连续 $\Longleftrightarrow$ 振幅
$$\omega(f,x_0)=\sup\{f(x)\mid x\in U(x_0,\delta)\}-\inf\{f(x)\mid x\in U(x_0,\delta)\}=0.$$

同样,函数 $f(x)$ 在点 x_0 间断 $\Longleftrightarrow \exists \eta>0$,振幅
$$\omega(f,x_0)=\sup\{f(x)\mid x\in U(x_0,\delta)\}-\inf\{f(x)\mid x\in U(x_0,\delta)\}\geqslant \eta.$$

给区间 $[a,b]$ 分法 T.设
$$m_k=\inf\{f(x)\mid x\in[x_{k-1},x_k]\}$$

与
$$M_k=\sup\{f(x)\mid x\in[x_{k-1},x_k]\}, \quad k=1,2,\cdots,n.$$

$\omega_k=M_k-m_k$ 是函数 $f(x)$ 在小区间 $[x_{k-1},x_k]$ 的振幅.有
$$S(T)-s(T)=\sum_{k=1}^{n}M_k\Delta x_k-\sum_{k=1}^{n}m_k\Delta x_k=\sum_{k=1}^{n}(M_k-m_k)\Delta x_k=\sum_{k=1}^{n}\omega_k\Delta x_k,$$

称为函数 $f(x)$ 在区间 $[a,b]$ 关于**分法 T 的振幅和**,简称**振幅和**.当需要在振幅和中表明分法 T 与区间 $[a,b]$ 时,可把振幅和记为 $(T)\sum_a^b \omega_k \Delta x_k$.于是,可积准则又可改写为:

定理 1′(可积准则) 函数 $f(x)$ 在闭区间 $[a,b]$ 可积 $\Longleftrightarrow$

$$\lim_{l(T)\to 0}\sum_{k=1}^{n}\omega_k\Delta x_k=0,$$

其中 $\omega_k,k=1,2,\cdots,n$ 是函数 $f(x)$ 在 $[x_{k-1},x_k]$ 的振幅.

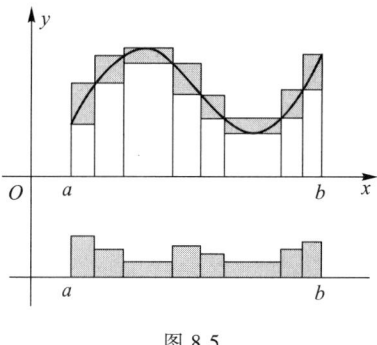

图 8.5

可积准则的几何意义是,图 8.5 中带阴影的或包含"曲线"$y=f(x)$ 的 n 个小矩形面积之和可以任意小(当 $l(T)$ 充分小).

例 1 证明黎曼函数

$$R(x)=\begin{cases}\dfrac{1}{q}, & x=\dfrac{p}{q},\text{其中 } p\in\mathbf{Z},q\in\mathbf{N}_+,\text{且 } p \text{ 与 } q \text{ 互素},\\ 1, & x=0,\\ 0, & x \text{ 是无理数}\end{cases}$$

在 $[0,1]$ 上可积,且 $\int_0^1 R(x)\mathrm{d}x=0.$

证明 对任意给定的 $\varepsilon>0$,在 $[0,1]$ 上的有理数 $x=\dfrac{p}{q}$ 中,满足 $\dfrac{1}{q}\geqslant\dfrac{\varepsilon}{2}$ $\left(\text{或 } q\leqslant\dfrac{2}{\varepsilon}\right)$ 的只有有限个.设这有限个有理数的全体是 $r_1,r_2,\cdots,r_m$(按由小到大次序排列),将区间 $[0,1]$ 作任意分法 $T:[x_0,x_1],[x_1,x_2],\cdots,[x_{n-1},x_n]$ $(x_0=0,x_n=1)$,使每个小区间中至多只含有一个有理数 $r_i,1\leqslant i\leqslant m$,这样每个小区间上的振幅 $\omega_i\leqslant 1$.将这些小区间记为 A 类,使所有含有 r_i 的小区间 Δx_i 的总长不超过 $\dfrac{\varepsilon}{2}$.事实上,这只要令

$$l(T)=\max_{1\leqslant k\leqslant n}\{\Delta x_k\}\leqslant\min\left\{\dfrac{\varepsilon}{2m},\min_{1\leqslant i<j\leqslant m}|r_i-r_j|\right\}$$

就够了.除 A 类小区间外,皆属于 B 类.在 B 类小区间上,当 x 是无理数时,$R(x)=0$;当 x 是有理数 $\dfrac{p}{q}$ 时,$R\left(\dfrac{p}{q}\right)=\dfrac{1}{q}<\dfrac{\varepsilon}{2}$.因此,每个小区间上的振幅 $\omega_k=M_k-m_k<\dfrac{\varepsilon}{2}$,由此得到大和与小和之差

$$S(T)-s(T)=\sum_{k=1}^{n}\omega_k\Delta x_k=\sum_A\omega_k\Delta x_k+\sum_B\omega_k\Delta x_k$$

$$\leqslant\sum_A\Delta x_k+\dfrac{\varepsilon}{2}\sum_B\Delta x_k<\dfrac{\varepsilon}{2}+\dfrac{\varepsilon}{2}=\varepsilon.$$

即
$$\lim_{l(T)\to 0}[S(T)-s(T)]=0,$$
或
$$\lim_{l(T)\to 0}S(T)=\lim_{l(T)\to 0}s(T)=0.$$
即黎曼函数 $R(x)$ 在 $[0,1]$ 上可积. 因为 $s(T)=0$ 与 $S(T)=0$ $(l(T)\to 0)$,于是
$$\int_0^1 R(x)\,\mathrm{d}x = 0.$$

注 应用可积定义证明可积性,通常的证法如下:将振幅和分成两部分:
$$\sum_{k=1}^n \omega_k \Delta x_k = \sum{}' \omega_k \Delta x_k + \sum{}'' \omega_k \Delta x_k.$$

根据已知条件证明,和 $\sum{}'$ 中的振幅 ω_k 一致有界,而和 $\sum{}' \Delta x_k$ 可任意小,其次证明,和 $\sum{}''$ 中的振幅 ω_k 一致任意小,而和 $\sum{}'' \Delta x_k$ 有界. 于是振幅和可任意小,从而函数 $f(x)$ 可积. 这是证明函数可积性的典型方法. 上面的例 1 与下面的定理 3 以及后面的勒贝格定理的证明就是使用这种方法.

三、三类可积函数

应用可积准则的充分性证明以下三类函数是可积的:

定理 2 若函数 $f(x)$ 在闭区间 $[a,b]$ 连续,则函数 $f(x)$ 在 $[a,b]$ 可积.

<u>证法</u> 根据定理 $1'$ 的充分性,只需证明, $\forall \varepsilon>0$, $\exists \delta>0$(能找到这个 δ), $\forall T$: $l(T)<\delta$,有 $\sum_{k=1}^n \omega_k \Delta x_k < \varepsilon$ 即可.

已知函数 $f(x)$ 在 $[a,b]$ 连续,从而一致连续. 能够证明,每个小区间的振幅 ω_k 能一致小于 ε,即 $\omega_k < \varepsilon (k=1,2,\cdots,n)$. (见练习题 4.2 第 10 题.)

证明 已知函数 $f(x)$ 在闭区间 $[a,b]$ 连续,根据 §4.2 定理 4,函数 $f(x)$ 在 $[a,b]$ 一致连续,即 $\forall \varepsilon>0$, $\exists \delta>0$ (这就是要找的 δ), $\forall x_1,x_2 \in [a,b]:|x_1-x_2|<\delta$,有
$$|f(x_1)-f(x_2)|<\varepsilon.$$

对 $[a,b]$ 任意分法 T,要求 $l(T)<\delta$. 函数 $f(x)$ 在每一个小区间 $[x_{k-1},x_k]$ 连续,根据 §4.2 定理 2,函数 $f(x)$ 在每一个小区间 $[x_{k-1},x_k]$ 取到最小值 m_k 与最大值 M_k,即 $\exists \xi_k'$, $\xi_k'' \in [x_{k-1},x_k]$,有
$$m_k = f(\xi_k') \quad \text{与} \quad M_k = f(\xi_k'').$$

因为 $l(T)<\delta$,所以 $|\xi_k' - \xi_k''| \leq x_k - x_{k-1} < \delta$,有
$$\omega_k = M_k - m_k = f(\xi_k'') - f(\xi_k') < \varepsilon, \quad k=1,2,\cdots,n.$$

于是,
$$\sum_{k=1}^n \omega_k \Delta x_k < \varepsilon \sum_{k=1}^n \Delta x_k = \varepsilon(b-a),$$

即函数 $f(x)$ 在 $[a,b]$ 可积.

定理 3 若函数 $f(x)$ 在闭区间 $[a,b]$ 有界,且有有限个间断点,则函数 $f(x)$ 在 $[a,b]$ 可积.

<u>证法</u> 给 $[a,b]$ 分法 T,将振幅和分为两部分,即

$$\sum_{k=1}^{n}\omega_k\Delta x_k = \sum{'}\omega_k\Delta x_k + \sum{''}\omega_k\Delta x_k,$$

其中 $\sum{'}\omega_k\Delta x_k$ 是不包含间断点的那些小区间的振幅和. 函数 $f(x)$ 在每个小区间的振幅 ω_k 能一致任意小, 而这些小区间长有界, 从而 $\sum{'}\omega_k\Delta x_k$ 能任意小; $\sum{''}\omega_k\Delta x_k$ 是包含间断点的那些小区间的振幅和. 因为间断点的个数有限, 振幅 ω_k 有界, 而包含间断点的所有小区间的总长能任意小, 从而 $\sum{''}\omega_k\Delta x_k$ 也能任意小. 于是, 振幅和 $\sum_{k=1}^{n}\omega_k\Delta x_k$ 能任意小.

证明 已知函数 $f(x)$ 在闭区间 $[a,b]$ 有界, 即 $\exists M>0, \forall x\in[a,b]$, 有
$$|f(x)|\le M.$$
从而, 函数 $f(x)$ 在 $[a,b]$ 的振幅 $\omega\le 2M$.

设函数 $f(x)$ 在 $[a,b]$ 有 m 个间断点: $x_1, x_2, \cdots, x_m$.

$\forall \varepsilon>0$, 取 $\delta_1=\varepsilon>0$, 作每个间断点的 $\delta_1=\varepsilon$ 邻域
$$(x_i-\delta_1, x_i+\delta_1), \quad i=1,2,\cdots,m.$$
每个邻域的长是 $2\delta_1=2\varepsilon$. $[a,b]\setminus\bigcup_{i=1}^{m}(x_i-\delta_1, x_i+\delta_1)$ 至多是闭区间 $[a,b]$ 的 $m+1$ 个闭子区间: $I_1, I_2, \cdots, I_j (j\le m+1)$. 函数 $f(x)$ 在这些闭子区间连续, 从而一致连续, 即对上述 $\varepsilon>0, \exists \delta_2>0, \forall T: l(T)<\delta_2$, 每个闭子区间 I_j 被分成若干个小区间 (小区间的长小于 δ_2), 函数 $f(x)$ 在这样的小区间的振幅 ω_k 一致小于 ε.

$\exists \delta=\min\{\delta_1, \delta_2\}>0, \forall T: l(T)<\delta$, 振幅和分成两部分:
$$\sum_{k=1}^{n}\omega_k\Delta x_k = \sum{'}\omega_k\Delta x_k + \sum{''}\omega_k\Delta x_k.$$
其中 $\sum{'}\omega_k\Delta x_k$ 是分法 T 的小区间与 m 个小闭区间 $[x_i-\delta_1, x_i+\delta_1] (i=1,2,\cdots,m)$ 没有公共点的那些小区间的振幅和, 其振幅 $\omega_k<\varepsilon$, 有
$$\sum{'}\omega_k\Delta x_k \le \varepsilon\sum{'}\Delta x_k < \varepsilon(b-a).$$
$\sum{''}\omega_k\Delta x_k$ 是分法 T 的小区间与 m 个小闭区间 $[x_i-\delta_1, x_i+\delta_1] (i=1,2,\cdots,m)$ 有公共点的那些小区间 (分法 T 的小区间与包含一个间断点的小区间有公共点的至多有四个) 的振幅和, 这些小区间的总长 $\sum{''}\Delta x_k < (\delta+2\delta_1+\delta)m < 4m\varepsilon$, 于是,
$$\sum{''}\omega_k\Delta x_k \le 2M\sum{''}\Delta x_k < 2M\cdot 4m\varepsilon = 8Mm\varepsilon.$$
从而, 有
$$\sum_{k=1}^{n}\omega_k\Delta x_k = \sum{'}\omega_k\Delta x_k + \sum{''}\omega_k\Delta x_k$$
$$<\varepsilon(b-a)+8Mm\varepsilon = (b-a+8Mm)\varepsilon,$$
$b-a+8Mm$ 是正常数, 即函数 $f(x)$ 在 $[a,b]$ 可积.

定理 4 若函数 $f(x)$ 在闭区间 $[a,b]$ 单调, 则函数 $f(x)$ 在 $[a,b]$ 可积.

证明 不妨设函数 $f(x)$ 在 $[a,b]$ 单调增加, 对 $[a,b]$ 任意分法 T, 函数 $f(x)$ 在小区间 $[x_{k-1}, x_k]$ 的下确界 m_k 与上确界 M_k 分别是
$$m_k=f(x_{k-1}) \quad 与 \quad M_k=f(x_k).$$

从而,函数 $f(x)$ 在 $[x_{k-1},x_k]$ 的振幅
$$\omega_k = M_k - m_k = f(x_k) - f(x_{k-1}).$$

$\forall \varepsilon > 0, \exists \delta = \varepsilon > 0, \forall T: l(T) < \delta (\Delta x_k < \delta = \varepsilon)$,有
$$\begin{aligned}\sum_{k=1}^{n} \omega_k \Delta x_k &= \sum_{k=1}^{n} [f(x_k) - f(x_{k-1})] \Delta x_k \\ &< \varepsilon \sum_{k=1}^{n} [f(x_k) - f(x_{k-1})] \\ &= \varepsilon [f(x_1) - f(x_0) + f(x_2) - f(x_1) + \cdots + f(x_n) - f(x_{n-1})] \\ &= \varepsilon [f(x_n) - f(x_0)] \\ &= \varepsilon [f(b) - f(a)],\end{aligned}$$

即函数 $f(x)$ 在 $[a,b]$ 可积.

闭区间上的单调函数可能有无限多个间断点.例如,函数
$$f(x) = \begin{cases} 0, & x = 0, \\ \dfrac{1}{n}, & \dfrac{1}{n+1} < x \leqslant \dfrac{1}{n}, n \in \mathbf{N}_+ \end{cases}$$

在 $[0,1]$ 是单调增加,且有无限多个间断点: $\dfrac{1}{n}, n \in \mathbf{N}_+$,根据定理 4,函数 $f(x)$ 在 $[0,1]$ 可积.

四、再论可积准则

上面的定理 1 和定理 1′ 都是黎曼可积(简称 R 可积)的充分必要条件,它们都是借助定积分定义的大和与小和之差的极限为 0 或振幅之和的极限为 0 得到的.这两个充分必要条件没有把 R 可积与被积函数内在的分析性质(如连续性等)联系起来.应用它们验证函数是 R 可积都比较繁琐.勒贝格给出了一个出色的穷尽 R 可积函数类的 R 可积的充分必要条件,即勒贝格定理.它刻画了 R 可积函数的内在本质.为了理解和证明这个定理,首先简要地介绍两个概念:可数集和零集.

定义 设 A 是一个数集,若 A 与正整数集 $\mathbf{N}_+$ 一一对应(见§1.3),则称 A 是**可数集**或**可列集**.

下面是可数集的例子:

$A = \{1, 4, 9, \cdots, n^2, \cdots\}$ 是可数集.

$B = \{1, \dfrac{1}{2}, \dfrac{1}{3}, \cdots, \dfrac{1}{n}, \cdots\}$ 是可数集.

$C = \{2, 4, 6, \cdots, 2n, \cdots\}$ 是可数集.

定理 5 可数个可数集的并集是可数集.

证明 设 $A_k(k=1,2,\cdots)$ 是可数个可数集 $(A_i \cap A_j = \varnothing, i \neq j)$.

$A_1 = \{a_{11}, a_{21}, a_{31}, a_{41}, \cdots\}$,

$A_2 = \{a_{12}, a_{22}, a_{32}, a_{42}, \cdots\}$,

$$A_3 = \{a_{13}, a_{23}, a_{33}, a_{43}, \cdots\},$$
↗
…………

按上图从左下到右上斜对角线箭头一项一项排列下去,可将 A_k 中任意一项排列在以下数列之中:
$$\bigcup_{k=1}^{\infty} A_k = \{a_{11}, a_{12}, a_{21}, a_{13}, a_{22}, a_{31}, a_{14}, a_{23}, a_{32}, a_{41}, \cdots\}.$$

于是,可数个可数集的并集 $\bigcup_{k=1}^{\infty} A_k$ 是可数集.

由此定理不难得到,正有理数集 $\mathbf{Q}_+ = \left\{\dfrac{1}{n}, \dfrac{2}{n}, \dfrac{3}{n}, \cdots\right\}$, $n = 1, 2, 3, \cdots$ 是可数集,同样负有理数集 $\mathbf{Q}_-$ 也是可数集.于是,有理数集 $\mathbf{Q} = \mathbf{Q}_+ \cup \{0\} \cup \mathbf{Q}_-$ 是可数集.

定义 设数集(或点集) $E \subset \mathbf{R}$, $\forall \varepsilon > 0$,存在可数个开区间列 $\{\Delta_n\}$,覆盖了数集 E,即 $E \subset \bigcup_{n=1}^{\infty} \Delta_n$,其中 Δ_n 的长表示为 $|\Delta_n|$,而 $\sum_{n=1}^{\infty} |\Delta_n| < \varepsilon$,则称数集(或点集) E 是零集.

简言之, E 是零集即可被长度总和任意小的可列个开区间所覆盖.

定理 6 1) 有限个点所成的集是零集;
2) 零集的子集是零集,从而空集是零集;
3) 可数个点所成的集是零集;
4) 可数个零集的并集是零集(两个零集之并是零集).

证明 1) 与 2) 是明显的.

3) 设 $E = \{a_1, a_2, a_3, \cdots, a_n, \cdots\}$, $\forall \varepsilon > 0$,以每个点 a_n 为中心作开区间 $\Delta_n = \left(a_n - \dfrac{\varepsilon}{2^{n+1}}, a_n + \dfrac{\varepsilon}{2^{n+1}}\right)$, $n = 1, 2, \cdots$,而 $|\Delta_n| = \dfrac{\varepsilon}{2^n}$,
$$\sum_{n=1}^{\infty} |\Delta_n| = \sum_{n=1}^{\infty} \frac{\varepsilon}{2^n} \leqslant \varepsilon.$$

即可数个点所成的集是零集.

4) 设 $E_n (n=1,2,3,\cdots)$ 是零集,则 E_n 能被可数个开区间列 $E_1^{(n)}, E_2^{(n)}, \cdots, E_m^{(n)}, \cdots$ 所覆盖.对 $\varepsilon > 0$,有
$$E_n \subset \bigcup_{m=1}^{\infty} E_m^{(n)}, \quad \text{且} \sum_{m=1}^{\infty} |E_m^{(n)}| < \frac{\varepsilon}{2^n}.$$

从而有
$$\bigcup_{n=1}^{\infty} E_n \subset \bigcup_{n=1}^{\infty} \bigcup_{m=1}^{\infty} E_m^{(n)}, \quad \sum_{n=1}^{\infty} \sum_{m=1}^{\infty} |E_m^{(n)}| = \sum_{n=1}^{\infty} \frac{\varepsilon}{2^n} \leqslant \varepsilon,$$

即可数个零集的并集 $\bigcup_{n=1}^{\infty} E_n$ 是零集.

定理 7 在 $[a,b]$ 上严格增加(或严格减少)函数 $f(x)$ 的间断点集是零集.

证明 假设 $f(x)$ 在 $[a,b]$ 上是严格增加的, $x_0 \in [a,b]$ 是 $f(x)$ 的一个间断点,必有
$$\lim_{x \to x_0^-} f(x) = f(x_0 - 0) < f(x_0 + 0) = \lim_{x \to x_0^+} f(x).$$

得到 y 轴上的一个开区间 $(f(x_0-0), f(x_0+0))$（也可能是半开区间或闭区间），在此开区间中任取一个有理点 r_0，每个不同的间断点对应的开区间都不相交.因此每个间断点都对应不同的有理点.已知有理点集可数,从而间断点集是零集.

勒贝格①定理 在 $[a,b]$ 上有界函数 $f(x)$ R 可积 $\Longleftrightarrow$ 函数 $f(x)$ 在 $[a,b]$ 上所有间断点集是零集.

证明 **必要性** $(\Rightarrow)$ 若函数 $f(x)$ 在 $[a,b]$ 上 R 可积,则函数 $f(x)$ 在 $[a,b]$ 上所有间断点集是零集.

设 $D_\delta = \{x \in [a,b] \mid \omega(f,x) \geq \delta\}$，其中 ω 表示振幅.因为 $f(x)$ 在连续点的振幅为 0,于是,间断点集是

$$D = D_1 \cup D_{\frac{1}{2}} \cup D_{\frac{1}{3}} \cup \cdots \cup D_{\frac{1}{n}} \cup \cdots.$$

因此只要证 $D_{\frac{1}{n}}(n=1,2,\cdots)$ 是零集.实际上,只要证明 $\forall \delta > 0$，D_δ 是零集即可.

因为 $f(x)$ 在 $[a,b]$ 可积,所以 $\forall \varepsilon > 0$ 与 $\forall \delta > 0$，存在 $[a,b]$ 的一个分法 T:

$$a = x_0 < x_1 < x_2 < \cdots < x_n = b.$$

使振幅和

$$\sum_{i=1}^n \omega_i \Delta x_i < \delta \varepsilon.$$

只要开区间 $I_i = (x_{i-1}, x_i)(i=1,2,\cdots,n)$ 内含有 D_δ 的点 x，都有 $\omega(f,x) = \omega_i \geq \delta$，因此

$$\delta \sum_{I_i \cap D_\delta \neq \varnothing} \Delta x_i \leq \sum_{I_i \cap D_\delta \neq \varnothing} \omega_i \Delta x_i \leq \sum_{i=1}^n \omega_i \Delta x_i < \delta \varepsilon,$$

即

$$\sum_{I_i \cap D_\delta \neq \varnothing} \Delta x_i < \varepsilon.$$

以上没考虑分法 T 的分点 x_i，有可能有 $\omega(f,x_i) \geq \delta$，而分法 T 只有 $n+1$ 个(有限个)分点,已知有限个点集是零集.再加上上面的结论,两个零集之并是零集.于是 D_δ 是零集.

充分性 $(\Leftarrow)$ 若有界函数 $f(x)$ 在 $[a,b]$ 上所有间断点集 D 是零集,则函数 $f(x)$ 在 $[a,b]$ 上 R 可积.

设 $\exists M > 0$，$\forall x \in [a,b]$，有 $|f(x)| < M$，从而,$\omega(f,[a,b]) \leq 2M$.已知 D 是零集,即 $\forall \varepsilon > 0$，存在可数个开区间 $\{G_n\}$，$n=1,2,\cdots$，使

$$D \subset G = \bigcup_{n=1}^\infty G_n, \quad 且 \quad \sum_{n=1}^\infty |G_n| < \varepsilon.$$

$[a,b] \setminus G$ 可能是空集,若它不空,则 $\forall x \in [a,b] \setminus G$，函数 $f(x)$ 在点 x 连续,即 $\forall \varepsilon > 0$，$\exists \delta > 0$，$\forall t \in [a,b]$，且 $|x-t| < \delta$ 时,即 $\forall t \in (x-\delta, x+\delta) \cap [a,b]$，有

$$|f(x) - f(t)| < \varepsilon.$$

从而,函数 $f(x)$ 在开区间 $I_x = (x-\delta, x+\delta) \cap [a,b]$ 的振幅 $\omega(f,x) < 2\varepsilon$.于是,开区间列 $\{G_n\}$ 与开区间集 $\{I_x\}$，$x \in [a,b] \setminus G$，覆盖了闭区间 $[a,b]$.由有限覆盖定理,存在有限

---

① 勒贝格(Lebesgue,1875—1941),法国数学家,近代实变函数理论的创始人之一.

个开区间
$$G_1, G_2, \cdots, G_k \quad \text{与} \quad I_1, I_2, \cdots, I_m \quad (k \text{ 与 } m \text{ 是有限的自然数})$$
也覆盖了 $[a,b]$. 给 $[a,b]$ 一个分法 T,有振幅和
$$\sum_{i=1}^{n} \omega_i \Delta x_i = \sum{}' \omega_i \Delta x_i + \sum{}'' \omega_i \Delta x_i,$$
使分法 T 的子区间 Δx_i 分别含于上述这些有限个开区间之中,其中和 $\sum{}'$ 的子区间 Δx_i 含于 $G_1, G_2, \cdots, G_k$ 之中,其振幅 $\omega_i \leqslant 2M$,而 $\sum_{i=1}^{k} |G_i| < \varepsilon$;和 $\sum{}''$ 的子区间 Δx_i 含于 $I_1, I_2, \cdots, I_m$ 之中,其振幅 $\omega_i < 2\varepsilon$,而 $\sum_{i=1}^{m} |I_i| < b-a$. 于是
$$\begin{aligned}\sum_{i=1}^{n} \omega_i \Delta x_i &= \sum{}' \omega_i \Delta x_i + \sum{}'' \omega_i \Delta x_i \\ &\leqslant 2M\varepsilon + 2\varepsilon(b-a) \\ &= 2(M+b-a)\varepsilon.\end{aligned}$$
即振幅和可任意小,故函数 $f(x)$ 在 $[a,b]$ 上 R 可积.

上面给出的定理 1 和定理 1′ 与勒贝格定理都是等价的. 应用勒贝格定理证明上面的定理 2,3,4 就简单了.

若函数 $f(x)$ 在 $[a,b]$ 连续,即间断点集是空集,当然是零集,则 $f(x)$ 在 $[a,b]$ 上 R 可积,这就是定理 2.

若函数 $f(x)$ 在 $[a,b]$ 上有界,且有有限个间断点,而有限个间断点集是零集,则 $f(x)$ 在 $[a,b]$ 上 R 可积,这就是定理 3.

若函数 $f(x)$ 在 $[a,b]$ 单调增加,因单调增加函数 $f(x)$ 在 $[a,b]$ 上间断点集至多是可数集,从而其间断点集是零集,则 $f(x)$ 在 $[a,b]$ 上可积,这就是定理 4.

我们已知黎曼函数 $R(x)$ 在 $[0,1]$ 上的有理点都是间断点,无理点都是连续点,而有理点在 $[0,1]$ 上又是稠密的,但它是零集,因此黎曼函数 $R(x)$ 在 $[0,1]$ 可积. 说明在 $[0,1]$ 的无理点比有理点多得多. 这个事实是令人惊异的,但确是如此,这是实数集 **R** 的一个特征.

注 在数集中不仅有限集和可数集是零集,还有不可数集是零集. 勒贝格定理对间断点集是不可数零集也成立. 勒贝格定理适用范围是比较广的. 它穷尽了 R 可积的函数类,它回答了 R 可积的函数基本上是连续函数. 粗略地说,R 可积函数在可积的区间 $[a,b]$ 上不能"太不连续",用数学的语言表述:R 可积函数"几乎处处连续".

练习题 8.2

1. 证明:若函数 $f(x)$ 在 $[a,b]$ 单调增加,则
$$f(a)(b-a) \leqslant \int_a^b f(x)\,\mathrm{d}x \leqslant f(b)(b-a).$$

2. 证明:若函数 $f(x)$ 在区间 $[a,b]$ 有界,$[a,b]$ 的分法 T 加上若干个新分点,得新分法 T',分法 T

与 T' 的振幅和分别表示为 $(T)\sum_{a}^{b}\omega_k \Delta x_k$ 与 $(T')\sum_{a}^{b}\omega'_k \Delta x'_k$，则

$$(T')\sum_{a}^{b}\omega'_k \Delta x'_k \leq (T)\sum_{a}^{b}\omega_k \Delta x_k \quad (提示：见大小和性质 3).$$

3. 证明：若函数 $f(x)$ 在 $[a,b]$ 可积，$\forall x \in [a,b]$，函数

$$F(x) = \int_a^x f(x)\,dx$$

在 $[a,b]$ 上连续.

4. 证明：若函数 $f(x)$ 在 $[a,b]$ 是阶梯函数，即存在 $[a,b]$ 的一个分法 T，而 $f(x)$ 在每个小开区间 (x_{i-1}, x_i) 都是常数 $(i=1,2,\cdots,n)$，则 $f(x)$ 在 $[a,b]$ 可积.

5. 设函数 $f(x)$ 在 $[a,b]$ 有界，证明：（振幅的等价形式）

$$\sup_{x\in[a,b]}\{f(x)\} - \inf_{x\in[a,b]}\{f(x)\} = \sup_{x,y\in[a,b]}|f(x)-f(y)|.$$

6. 证明：若函数 $f(x)$ 在 $[a,b]$ 可积，则函数 $[f(x)]^2$ 在 $[a,b]$ 也可积.

7. 证明：若函数 $f(x)$ 在 $[a,b]$ 可积，且存在 $c>0$，$\forall x \in [a,b]$，有 $f(x) \geq c$，则函数 $\dfrac{1}{f(x)}$ 在 $[a,b]$ 也可积.

8. 证明：函数

$$f(x) = \begin{cases} \dfrac{1}{x} - \left[\dfrac{1}{x}\right], & x \neq 0, \\ 0, & x = 0 \end{cases} \quad 与 \quad \varphi(x) = \begin{cases} \mathrm{sgn}\left(\sin\dfrac{\pi}{x}\right), & x \neq 0, \\ 0, & x = 0 \end{cases}$$

在 $[0,1]$ 都可积.

9. 证明：函数

$$f(x) = \begin{cases} 1, & x \text{ 是有理数}, \\ -1, & x \text{ 是无理数} \end{cases}$$

在 $[0,1]$ 不可积，而 $|f(x)|$ 在 $[0,1]$ 可积. 这说明了什么？

*　　*　　*　　*　　*　　*　　*　　*

10. 证明：若函数 $f(x)$ 与 $\varphi(x)$ 在 $[a,b]$ 连续，则

$$\lim_{l(T)\to 0}\sum_{k=1}^{n} f(\xi_k)\varphi(\theta_k)\Delta x_k = \int_a^b f(x)\varphi(x)\,dx,$$

其中 $x_{k-1} \leq \xi_k \leq x_k, x_{k-1} \leq \theta_k \leq x_k, k = 1,2,\cdots,n, \Delta x_k = x_k - x_{k-1}, x_0 = a, x_n = b$.

11. 若函数 $f(x)$ 在 $[a,b]$ 上可积，$g(x)$ 与 $f(x)$ 在 $[a,b]$ 上只有有限个点处不相等. 证明：$g(x)$ 在 $[a,b]$ 上可积，且

$$\int_a^b g(x)\,dx = \int_a^b f(x)\,dx.$$

12. 证明：若函数 $f(x)$ 在 $[a,b]$ 有界，则

1) $\lim_{l(T)\to 0} s(T) = I_0$；　　2) $\lim_{l(T)\to 0} S(T) = I^0$.

13. 证明：函数 $f(x)$ 在 $[a,b]$ 可积 $\iff \forall \varepsilon > 0$ 与 $\forall \eta > 0$，$\exists \delta > 0$，$\forall T: l(T) < \delta$，振幅 $\omega_{k'} \geq \eta$ 的那些小区间的总长 $\sum_{k'}\Delta x_{k'} < \varepsilon$.

14. 证明：若函数 $\varphi(y)$ 在 $[A,B]$ 连续，函数 $y=f(x)$ 在 $[a,b]$ 可积，且 $[A,B] = \{f(x) \mid x \in [a,b]\}$，则 $\varphi[f(x)]$ 在 $[a,b]$ 可积（提示：应用第 13 题）.

§8.3 定积分的性质

函数 $f(x)$ 在区间 $[a,b]$ 的定积分 $\int_a^b f(x)\,\mathrm{d}x$ 的定义要求 $a \neq b$，且 $a<b$. 如果 $a=b$ 或 $a>b$，定积分 $\int_a^b f(x)\,\mathrm{d}x$ 没有意义. 为了运算的需要，规定：

当 $a=b$ 时，$\int_a^a f(x)\,\mathrm{d}x = 0$；

当 $a>b$ 时，$\int_a^b f(x)\,\mathrm{d}x = -\int_b^a f(x)\,\mathrm{d}x$.

下面定积分性质的证明多是用定积分的定义直接证明的. 为了书写简便，一律省略书写作积分和的步骤，即省略 $[a,b]$ 的分法、选取 ξ_k、作和等步骤，直接写出函数的积分和.

定理 1 若 $\forall x \in [a,b]$，有 $f(x)=c$（常数），则 $f(x)=c$ 在 $[a,b]$ 可积，且
$$\int_a^b c\,\mathrm{d}x = c(b-a).$$

证明 函数 $f(x)=c$ 在 $[a,b]$ 的积分和
$$\sum_{k=1}^{n} f(\xi_k)\Delta x_k = c\sum_{k=1}^{n}(x_k - x_{k-1}) = c(b-a),$$
$$\lim_{l(T)\to 0}\sum_{k=1}^{n} f(\xi_k)\Delta x_k = c(b-a),$$
即 $\int_a^b c\,\mathrm{d}x = c(b-a)$.

定理 2 若函数 $f_1(x)$ 与 $f_2(x)$ 在区间 $[a,b]$ 可积，则 $f_1(x) \pm f_2(x)$ 在 $[a,b]$ 也可积，且
$$\int_a^b [f_1(x) \pm f_2(x)]\,\mathrm{d}x = \int_a^b f_1(x)\,\mathrm{d}x \pm \int_a^b f_2(x)\,\mathrm{d}x.$$

证明 函数 $f_1(x) \pm f_2(x)$ 在 $[a,b]$ 的积分和
$$\sum_{k=1}^{n}[f_1(\xi_k) \pm f_2(\xi_k)]\Delta x_k = \sum_{k=1}^{n} f_1(\xi_k)\Delta x_k \pm \sum_{k=1}^{n} f_2(\xi_k)\Delta x_k. \tag{1}$$

因为 $f_1(x)$ 与 $f_2(x)$ 在 $[a,b]$ 可积，所以 (1) 式等号右端两个函数 $f_1(x)$ 与 $f_2(x)$ 的积分和都存在极限 ($l(T)\to 0$). 于是，(1) 式等号左端的函数 $f_1(x) \pm f_2(x)$ 的积分和也存在极限 ($l(T)\to 0$)，即函数 $f_1(x) \pm f_2(x)$ 在 $[a,b]$ 可积，并有

$$\lim_{l(T)\to 0}\sum_{k=1}^{n}[f_1(\xi_k)\pm f_2(\xi_k)]\Delta x_k = \lim_{l(T)\to 0}\sum_{k=1}^{n} f_1(\xi_k)\Delta x_k \pm \lim_{l(T)\to 0}\sum_{k=1}^{n} f_2(\xi_k)\Delta x_k,$$

即 $\int_a^b [f_1(x) \pm f_2(x)]\,\mathrm{d}x = \int_a^b f_1(x)\,\mathrm{d}x \pm \int_a^b f_2(x)\,\mathrm{d}x$.

定理 3 若函数 $f(x)$ 在区间 $[a,b]$ 可积，则函数 $cf(x)$（c 是常数）在 $[a,b]$ 也可积，且

$$\int_a^b cf(x)\,dx = c\int_a^b f(x)\,dx.$$

证明 函数 $cf(x)$ 在 $[a,b]$ 的积分和

$$\sum_{k=1}^n cf(\xi_k)\Delta x_k = c\sum_{k=1}^n f(\xi_k)\Delta x_k. \tag{2}$$

因为 $f(x)$ 在 $[a,b]$ 可积,所以(2)式等号右端函数 $f(x)$ 的积分和存在极限($l(T)\to 0$). 于是,(2)式等号左端函数 $cf(x)$ 的积分和也存在极限($l(T)\to 0$),即函数 $cf(x)$ 在 $[a,b]$ 可积,并有

$$\lim_{l(T)\to 0}\sum_{k=1}^n cf(\xi_k)\Delta x_k = c\lim_{l(T)\to 0}\sum_{k=1}^n f(\xi_k)\Delta x_k,$$

即 $\int_a^b cf(x)\,dx = c\int_a^b f(x)\,dx.$

根据定理 2 与定理 3,有

推论 若 n 个函数 $f_1(x),f_2(x),\cdots,f_n(x)$ 在区间 $[a,b]$ 都可积,则它们的线性组合

$$c_1 f_1(x) + c_2 f_2(x) + \cdots + c_n f_n(x)$$

在 $[a,b]$ 也可积,且

$$\int_a^b [c_1 f_1(x) + c_2 f_2(x) + \cdots + c_n f_n(x)]\,dx$$
$$= c_1\int_a^b f_1(x)\,dx + c_2\int_a^b f_2(x)\,dx + \cdots + c_n\int_a^b f_n(x)\,dx,$$

其中 $c_1,c_2,\cdots,c_n$ 是常数.

定理 4 若函数 $f_1(x)$ 与 $f_2(x)$ 在区间 $[a,b]$ 可积,则乘积函数 $f_1(x)f_2(x)$ 在 $[a,b]$ 也可积.

证明 由可积的必要条件,函数 $f_1(x)$ 与 $f_2(x)$ 在 $[a,b]$ 都有界,即 $\exists M>0, \forall x\in [a,b]$,有

$$|f_1(x)|\leq M \quad \text{与} \quad |f_2(x)|\leq M.$$

已知函数 $f_1(x)$ 与 $f_2(x)$ 在 $[a,b]$ 可积,由可积准则,$\forall \varepsilon>0, \exists \delta>0, \forall T:l(T)<\delta$,同时有(用到§8.2 练习题第 2 题)

$$\sum_{k=1}^n \omega_k'\Delta x_k < \varepsilon \quad \text{与} \quad \sum_{k=1}^n \omega_k''\Delta x_k < \varepsilon,$$

其中 ω_k' 与 ω_k'' 分别是函数 $f_1(x)$ 与 $f_2(x)$ 在 $[x_{k-1},x_k]$ 的振幅.

$\forall x',x''\in [x_{k-1},x_k]$,有

$$|f_1(x')f_2(x') - f_1(x'')f_2(x'')|$$
$$= |f_1(x')f_2(x') - f_1(x'')f_2(x') + f_1(x'')f_2(x') - f_1(x'')f_2(x'')|$$
$$\leq |f_2(x')||f_1(x') - f_1(x'')| + |f_1(x'')||f_2(x') - f_2(x'')|$$
$$\leq M(|f_1(x') - f_1(x'')| + |f_2(x') - f_2(x'')|).$$

设 ω_k 是函数 $f_1(x)f_2(x)$ 在 $[x_{k-1},x_k] = I_k$ 的振幅,由上述不等式,有

$$\omega_k = \sup_{x',x''\in I_k}\{|f_1(x')f_2(x') - f_1(x'')f_2(x'')|\}$$
$$\leq M[\sup_{x',x''\in I_k}\{|f_1(x') - f_1(x'')|\} + \sup_{x',x''\in I_k}\{|f_2(x') - f_2(x'')|\}]$$
$$\leq M(\omega_k' + \omega_k'').$$

于是 $\forall T: l(T)<\delta$,有
$$\sum_{k=1}^{n} \omega_k \Delta x_k \le M\Big(\sum_{k=1}^{n} \omega'_k \Delta x_k + \sum_{k=1}^{n} \omega''_k \Delta x_k\Big) < 2M\varepsilon,$$
即乘积函数 $f_1(x)f_2(x)$ 在 $[a,b]$ 可积.

注 函数 $f_1(x)$ 与 $f_2(x)$ 在 $[a,b]$ 上至少有一个不可积或两个函数都不可积,而乘积 $f_1(x)f_2(x)$ 一定不可积吗?答:不一定.例如,黎曼函数 $R(x)$ 在 $[0,1]$ 可积,而狄利克雷函数 $D(x)$ 在 $[0,1]$ 不可积,但它们的乘积 $R(x)D(x)$ 仍是黎曼函数,即 $R(x)D(x)=R(x)$ 在 $[0,1]$ 上可积.

再者,函数
$$f(x)=\begin{cases} 1, & x \text{ 是有理数}, \\ -1, & x \text{ 是无理数} \end{cases}$$
在 $[0,1]$ 上不可积,而自身的乘积 $f(x)\cdot f(x)=1$ 在 $[0,1]$ 上却可积.

定理 5 若函数 $f(x)$ 在区间 $[a,b]$ 可积,且 $a\le a'<b'\le b$,则 $f(x)$ 在 $[a',b']$ 也可积.

证明 已知 $f(x)$ 在 $[a,b]$ 可积,根据可积准则,即 $\forall \varepsilon>0, \exists \delta>0, \forall T: l(T)<\delta$,有
$$(T)\sum_{a}^{b}\omega_k\Delta x_k^{①}<\varepsilon.$$
在分法 T 的基础上添加两个分点 a' 与 b'(有的可能就是分法 T 的分点),得到 $[a,b]$ 新的分法 T'.显然,$\forall T': l(T')<\delta$,有
$$(T')\sum_{a'}^{b'}\omega'_k\Delta x'_k \le (T')\sum_{a}^{b}\omega'_k\Delta x'_k \le (T)\sum_{a}^{b}\omega_k\Delta x_k<\varepsilon,$$
即函数 $f(x)$ 在 $[a',b']$ 可积.

定理 6 若函数 $f(x)$ 在区间 $[a,c]$ 与 $[c,b]$ 可积,则函数 $f(x)$ 在 $[a,b]$ 也可积,且
$$\int_a^b f(x)\mathrm{d}x = \int_a^c f(x)\mathrm{d}x + \int_c^b f(x)\mathrm{d}x. \tag{3}$$

证明 首先证明 $f(x)$ 在 $[a,b]$ 可积.

已知函数 $f(x)$ 在 $[a,c]$ 与 $[c,b]$ 可积,则 $f(x)$ 在 $[a,b]$ 有界,即 $\exists M>0, \forall x \in [a,b]$,有
$$|f(x)|\le M.$$

已知 $f(x)$ 在 $[a,c]$ 与 $[c,b]$ 可积,即 $\forall \varepsilon>0, \exists \delta>0 (\delta\le\varepsilon)$,
$\forall T_1: l(T_1)<\delta$,有
$$(T_1)\sum_{a}^{c}\omega_k\Delta x_k<\varepsilon,$$
$\forall T_2: l(T_2)<\delta$,有
$$(T_2)\sum_{c}^{b}\omega_k\Delta x_k<\varepsilon.$$

对 $[a,b]$ 的任意分法 $T=T_1+T_2$,且 $l(T)<\delta$,若 c 是 T 的分点,有
$$(T)\sum_{a}^{b}\omega_k\Delta x_k \le (T_1)\sum_{a}^{c}\omega_k\Delta x_k + (T_2)\sum_{c}^{b}\omega_k\Delta x_k$$

---

① 符号"$(T)\sum_{a}^{b}\omega_k\Delta x_k$"表示函数 $f(x)$ 在区间 $[a,b]$ 关于分法 T 的振幅和.见 §8.2 练习题第 2 题.

$$< \varepsilon + \varepsilon = 2\varepsilon;$$

若 c 不是 T 的分点.把 c 加入 T 的分点中,得到新分法 T',显然,有 $l(T')<\delta$,分法 T 中与包含有点 c 的小区间至多有两个,有

$$(T')\sum_a^b \omega_k \Delta x_k \le (T_1)\sum_a^c \omega_k \Delta x_k + (T_2)\sum_c^b \omega_k \Delta x_k + M \cdot 2\delta$$
$$<2\varepsilon + 2M\varepsilon = (2+2M)\cdot \varepsilon,$$

即函数 $f(x)$ 在 $[a,b]$ 可积.

其次证明(3)式成立.因为函数 $f(x)$ 在 $[a,b]$ 可积,所以对 $[a,b]$ 的任意分法 T,并使 c 总是 T 的分点(这是一类特殊的分法,只有 $f(x)$ 在 $[a,b]$ 可积的条件下,才可以选取特殊的分法),有相应的积分和

$$\sum_a^b f(\xi_k)\Delta x_k^{①} = \sum_a^c f(\xi_k)\Delta x_k + \sum_c^b f(\xi_k)\Delta x_k.$$

因为上式等号右端的两个积分和都存在极限($l(T)\to 0$),所以有

$$\lim_{l(T)\to 0}\sum_a^b f(\xi_k)\Delta x_k = \lim_{l(T)\to 0}\sum_a^c f(\xi_k)\Delta x_k + \lim_{l(T)\to 0}\sum_c^b f(\xi_k)\Delta x_k,$$

即 $\int_a^b f(x)\mathrm{d}x = \int_a^c f(x)\mathrm{d}x + \int_c^b f(x)\mathrm{d}x.$

推论 1 若函数 $f(x)$ 在区间 $[A,B]$ 可积,且 $\forall a,b,c \in [A,B]$,则

$$\int_a^b f(x)\mathrm{d}x = \int_a^c f(x)\mathrm{d}x + \int_c^b f(x)\mathrm{d}x.$$

证明 设 $a<b<c$,根据定理5,$f(x)$ 在 $[a,b]$ 与 $[b,c]$ 都可积,再根据定理6,有

$$\int_a^c f(x)\mathrm{d}x = \int_a^b f(x)\mathrm{d}x + \int_b^c f(x)\mathrm{d}x,$$

即

$$\int_a^b f(x)\mathrm{d}x = \int_a^c f(x)\mathrm{d}x - \int_b^c f(x)\mathrm{d}x = \int_a^c f(x)\mathrm{d}x + \int_c^b f(x)\mathrm{d}x.$$

推论 2 若函数 $f(x)$ 在区间 $[c_{k-1},c_k]$ $(k=1,2,\cdots,n)$ 都可积,则 $f(x)$ 在 $[c_0,c_n]$ 也可积,且

$$\int_{c_0}^{c_n} f(x)\mathrm{d}x = \int_{c_0}^{c_1} f(x)\mathrm{d}x + \int_{c_1}^{c_2} f(x)\mathrm{d}x + \cdots + \int_{c_{n-1}}^{c_n} f(x)\mathrm{d}x.$$

定理 7 若函数 $f(x)$ 在区间 $[a,b]$ 可积,且 $\forall x \in [a,b]$,有 $f(x)\ge 0$($f(x)\le 0$),则

$$\int_a^b f(x)\mathrm{d}x \ge 0 \quad \left(\int_a^b f(x)\mathrm{d}x \le 0\right).$$

证明 函数 $f(x)$ 在 $[a,b]$ 的积分和是

$$\sum_{k=1}^n f(\xi_k)\Delta x_k.$$

已知 $f(\xi_k)\ge 0(\le 0)$,$\Delta x_k = x_k - x_{k-1}>0$,$k=1,2,\cdots,n$,有

---

① 为书写简单,符号"$\sum_a^b f(\xi_k)\Delta x_k$"表示函数 $f(x)$ 在区间 $[a,b]$ 关于某分法 T 的积分和.

$$\sum_{k=1}^n f(\xi_k)\Delta x_k \geqslant 0 \quad \Big(\sum_{k=1}^n f(\xi_k)\Delta x_k \leqslant 0\Big).$$

又由 $f(x)$ 在 $[a,b]$ 可积与极限保号性,有

$$\int_a^b f(x)\,\mathrm{d}x = \lim_{l(T)\to 0}\sum_{k=1}^n f(\xi_k)\Delta x_k \geqslant 0. \quad \Big(\int_a^b f(x)\,\mathrm{d}x \leqslant 0\Big)$$

推论 若函数 $f(x)$ 与 $g(x)$ 在 $[a,b]$ 都可积,且 $\forall x \in [a,b]$,有 $f(x) \leqslant g(x)$,则

$$\int_a^b f(x)\,\mathrm{d}x \leqslant \int_a^b g(x)\,\mathrm{d}x.$$

证明 已知 $\forall x \in [a,b]$,有

$$f(x) \leqslant g(x) \quad \text{或} \quad g(x)-f(x) \geqslant 0.$$

根据定理 3 的推论,函数 $g(x)-f(x)$ 在 $[a,b]$ 可积,再根据定理 7,有

$$\int_a^b [g(x)-f(x)]\,\mathrm{d}x \geqslant 0 \quad \text{或} \quad \int_a^b g(x)\,\mathrm{d}x - \int_a^b f(x)\,\mathrm{d}x \geqslant 0,$$

即 $\int_a^b f(x)\,\mathrm{d}x \leqslant \int_a^b g(x)\,\mathrm{d}x.$

定理 8 若函数 $f(x)$ 在区间 $[a,b]$ 可积,则函数 $|f(x)|$ 在 $[a,b]$ 也可积,且

$$\left|\int_a^b f(x)\,\mathrm{d}x\right| \leqslant \int_a^b |f(x)|\,\mathrm{d}x. \tag{4}$$

证明 首先证明函数 $|f(x)|$ 在 $[a,b]$ 可积.

对 $[a,b]$ 的任意分法 T,设函数 $f(x)$ 与 $|f(x)|$ 在小区间 $[x_{k-1},x_k]$ 的振幅分别是 ω_k 与 ω_k^*,$\forall x',x'' \in [x_{k-1},x_k] = I_k$,有

$$\big|\,|f(x')|-|f(x'')|\,\big| \leqslant |f(x')-f(x'')|.$$

从而

$$\sup_{x',x''\in I_k}\big\{\big|\,|f(x')|-|f(x'')|\,\big|\big\} \leqslant \sup_{x',x''\in I_k}\{|f(x')-f(x'')|\},$$

即

$$\omega_k^* \leqslant \omega_k, \quad k=1,2,\cdots,n,$$

$$\sum_{k=1}^n \omega_k^* \Delta x_k \leqslant \sum_{k=1}^n \omega_k \Delta x_k. \tag{5}$$

已知 $f(x)$ 在 $[a,b]$ 可积,根据可积准则,$\forall \varepsilon>0$,$\exists \delta>0$,$\forall T:l(T)<\delta$,有 $\sum_{k=1}^n \omega_k \Delta x_k < \varepsilon$.由 (5) 式,有

$$\sum_{k=1}^n \omega_k^* \Delta x_k < \varepsilon,$$

即函数 $|f(x)|$ 在 $[a,b]$ 可积.

其次证明不等式 (4) 成立.已知 $\forall x \in [a,b]$,有不等式

$$-|f(x)| \leqslant f(x) \leqslant |f(x)|.$$

根据定理 7 的推论,有

$$-\int_a^b |f(x)|\,\mathrm{d}x \leqslant \int_a^b f(x)\,\mathrm{d}x \leqslant \int_a^b |f(x)|\,\mathrm{d}x,$$

即 $\left|\int_a^b f(x)\,\mathrm{d}x\right| \leqslant \int_a^b |f(x)|\,\mathrm{d}x.$

注 定理 8 的逆定理不成立,即函数 $|f(x)|$ 在 $[a,b]$ 上可积,但函数 $f(x)$ 在 $[a,b]$

上可能不可积.例如,函数
$$f(x) = \begin{cases} 1, & x \text{ 是有理数}, \\ -1, & x \text{ 是无理数}, \end{cases} \quad x \in [0,1].$$

函数 $|f(x)| = 1, \forall x \in [0,1]$,在 $[0,1]$ 上当然可积.可是函数 $f(x)$ 在 $[0,1]$ 上却不可积.

推论 若函数 $f(x)$ 在区间 $[a,b]$ 可积,且 $\forall x \in [a,b]$,有 $|f(x)| \leq k$(常数),则
$$\left| \int_a^b f(x) \, dx \right| \leq k(b-a).$$

证明 根据定理 8,函数 $|f(x)|$ 在 $[a,b]$ 可积,有
$$\left| \int_a^b f(x) \, dx \right| \leq \int_a^b |f(x)| \, dx \leq k \int_a^b dx = k(b-a).$$

练习题 8.3

1. 证明:若函数 $f(x)$ 在 $[a,b]$ 连续、非负,且 $\exists x_0 \in [a,b]$,使 $f(x_0) > 0$,则
$$\int_a^b f(x) \, dx > 0.$$

2. 证明:若函数 $f(x)$ 在 $[a,b]$ 连续,且 $\int_a^b f^2(x) \, dx = 0$,则 $f(x) \equiv 0$.

3. 证明:若函数 $f(x)$ 在 $[a,b]$ 连续,且对 $[a,b]$ 上任意可积函数 $\varphi(x)$,有 $\int_a^b f(x) \varphi(x) \, dx = 0$,则 $f(x) \equiv 0$(提示:用反证法).

4. 证明
$$0 < \int_0^{\frac{\pi}{2}} \sin^{n+1} x \, dx < \int_0^{\frac{\pi}{2}} \sin^n x \, dx.$$

5. 证明:若函数 $f(x)$ 在 $[0,1]$ 满足利普希茨条件,即 $\forall x, y \in [0,1]$,有
$$|f(x) - f(y)| \leq M|x-y|,$$
其中 M 是常数,则
$$\left| \int_0^1 f(x) \, dx - \frac{1}{n} \sum_{k=1}^n f\left(\frac{k}{n}\right) \right| \leq \frac{M}{n}.$$

$\left(\text{提示}: \int_0^1 f(x) \, dx = \sum_{k=1}^n \int_{\frac{k-1}{n}}^{\frac{k}{n}} f(x) \, dx, \frac{1}{n} \sum_{k=1}^n f\left(\frac{k}{n}\right) = \sum_{k=1}^n \int_{\frac{k-1}{n}}^{\frac{k}{n}} f\left(\frac{k}{n}\right) dx \right).$

6. 证明:若函数 $f(x)$ 在 $[0,1]$ 单调减少,则
$$\int_0^1 f(x) \, dx - \frac{1}{n} \sum_{k=1}^n f\left(\frac{k}{n}\right) \leq \frac{f(0) - f(1)}{n},$$

说明其几何意义(提示:见第 5 题的提示).

* * * * * * * *

7. 证明:若函数 $f(x)$ 与 $g(x)$ 在 $[a,b]$ 可积,则
$$\varphi(x) = \max\{f(x), g(x)\} \quad \text{与} \quad \psi(x) = \min\{f(x), g(x)\}$$
在 $[a,b]$ 都可积(提示:见练习题 3.2,第 10 题).

8. 证明:若函数 $f(x)$ 在 $[a,b]$ 连续,且为正,则
$$\lim_{n \to \infty} \sqrt[n]{\int_a^b [f(x)]^n \, dx} = \max\{f(x) \mid x \in [a,b]\}$$

(提示:设 $\max\{f(x)\mid x\in[a,b]\}=f(\xi).\forall\varepsilon>0$,存在 $[\alpha,\beta]\subset[a,b],\xi\in[\alpha,\beta],\forall x\in[\alpha,\beta]$,有
$$f(\xi)-\varepsilon<f(x)\leq f(\xi),$$
$$[f(\xi)-\varepsilon]^n<[f(x)]^n\leq[f(\xi)]^n).$$

9. 证明:若函数 $f(x)$ 在 $[A,B]$ 可积,$[a,b]\subset[A,B]$,则
$$\lim_{h\to 0}\int_a^b |f(x+h)-f(x)|\,dx=0$$

称为函数 $f(x)$ 积分的连续性(提示:将 $[a,b]$ n 等分,当 n 充分大时,有振幅和 $\sum_{k=1}^n \omega_k \Delta x_k<\varepsilon$,其中 ω_k 是 $f(x)$ 在 $[x_{k-1},x_k]$ 的振幅.讨论

$$\int_{x_{k-1}}^{x_k}|f(x+h)-f(x)|\,dx,$$

不妨设 $0<h<\dfrac{b-a}{n}, k=1,2,\cdots,n$.有

$$\sup\{|f(x+h)-f(x)|\mid x\in[x_{k-1},x_k]\}\leq \omega_k+\omega_{k+1}).$$

§8.4 定积分的计算

一、按照定义计算定积分

定积分的定义已经给出了计算定积分的方法,即任意分割和任意选取 ξ_k 作积分和,再取极限.反之,如果已知函数 $f(x)$ 在 $[a,b]$ 可积,由于积分和的极限唯一性,可作 $[a,b]$ 的一个特殊的分法 T(如等分法等),在 $[x_{k-1},x_k]$ 上选取特殊的 ξ_k(如取 ξ_k 是 $[x_{k-1},x_k]$ 的左端点、右端点、中点等),作出积分和,然后再取极限,即把黎曼和的极限化为数列的极限,就得函数 $f(x)$ 在 $[a,b]$ 的定积分.

例1 求 $\int_a^b \sin x\,dx$, $a<b$.

解 因为函数 $\sin x$ 在 $[a,b]$ 连续,所以函数 $\sin x$ 在 $[a,b]$ 可积.采用特殊的方法作积分和.

取 $h=\dfrac{b-a}{n}$,将 $[a,b]$ 等分成 n 个小区间,分点坐标依次是

$$a<a+h<a+2h<\cdots<a+nh=b.$$

取 ξ_k 是小区间 $[a+(k-1)h,a+kh]$ 的右端点,即 $\xi_k=a+kh$,$n\to\infty\Leftrightarrow h\to 0$.于是

$$\int_a^b \sin x\,dx=\lim_{h\to 0}\sum_{k=1}^n \sin(a+kh)\cdot h=\lim_{h\to 0}h\sum_{k=1}^n \sin(a+kh),$$

其中

$$\sum_{k=1}^n \sin(a+kh)$$
$$=\frac{1}{2\sin\dfrac{h}{2}}\sum_{k=1}^n 2\sin(a+kh)\sin\frac{h}{2}$$

$$= \frac{1}{2\sin\frac{h}{2}} \sum_{k=1}^{n} \left[\cos\left(a+\frac{2k-1}{2}h\right) - \cos\left(a+\frac{2k+1}{2}h\right) \right]$$

$$= \frac{1}{2\sin\frac{h}{2}} \left[\cos\left(a+\frac{1}{2}h\right) - \cos\left(a+\frac{3}{2}h\right) + \cos\left(a+\frac{3}{2}h\right) - \right.$$

$$\left. \cos\left(a+\frac{5}{2}h\right) + \cdots + \cos\left(a+\frac{2n-1}{2}h\right) - \cos\left(a+\frac{2n+1}{2}h\right) \right]$$

$$= \frac{1}{2\sin\frac{h}{2}} \left[\cos\left(a+\frac{1}{2}h\right) - \cos\left(a+\left(n+\frac{1}{2}\right)h\right) \right]$$

$$= \frac{1}{2\sin\frac{h}{2}} \left[\cos\left(a+\frac{1}{2}h\right) - \cos\left(b+\frac{1}{2}h\right) \right] \quad (a+nh=b).$$

将此结果代入上式之中,有

$$\int_a^b \sin x \, dx = \lim_{h \to 0} \frac{\frac{h}{2}}{\sin\frac{h}{2}} \left[\cos\left(a+\frac{1}{2}h\right) - \cos\left(b+\frac{1}{2}h\right) \right] = \cos a - \cos b.$$

例 2 求 $\int_a^b x^k \, dx$,其中 $0<a<b$,k 是正整数.

解 因为函数 x^k 在 $[a,b]$ 连续,所以函数 x^k 在 $[a,b]$ 可积. 采用特殊的方法作积分和.

取 $q = \sqrt[n]{\frac{b}{a}}$ 或 $b = aq^n$. 将 $[a,b]$ 分成 n 个小区间,分点坐标依次是

$$a < aq < aq^2 < \cdots < aq^n = b.$$

取 ξ_i 是小区间 $[aq^{i-1}, aq^i]$ 的右端点,即 $\xi_i = aq^i$,有 $(aq^i)^k = a^k q^{ki}$,$n \to \infty \iff q \to 1$. 于是,

$$\int_a^b x^k \, dx = \lim_{q \to 1} \sum_{i=1}^{n} a^k q^{ki} (aq^i - aq^{i-1})$$

$$= \lim_{q \to 1} a^{k+1} (q-1) \sum_{i=1}^{n} q^{(k+1)i-1}$$

$$= \lim_{q \to 1} a^{k+1} (q-1) \frac{q^k - q^{(k+1)n+k}}{1 - q^{k+1}}$$

$$= \lim_{q \to 1} \frac{a^{k+1} q^{(k+1)n+k} - a^{k+1} q^k}{q^k + q^{k-1} + \cdots + q + 1} \quad (b^{k+1} = a^{k+1} q^{(k+1)n})$$

$$= \lim_{q \to 1} \frac{q^k (b^{k+1} - a^{k+1})}{q^k + q^{k-1} + \cdots + q + 1} = \frac{b^{k+1} - a^{k+1}}{k+1},$$

即

$$\int_a^b x^k \, dx = \frac{b^{k+1} - a^{k+1}}{k+1}.$$

从上述两例可见,按照定积分的定义计算定积分要进行复杂的计算,一般来说,没

有实际意义.下面将给出计算定积分的实用方法.

二、积分上限函数

函数 $f(x)$ 在区间 $[a,b]$ 的定积分 $\int_a^b f(x)\mathrm{d}x$ 是一个数,这个数只与被积函数 $f(x)$ 以及积分区间 $[a,b]$ 有关,而与积分变量 x 无关,即

$$\int_a^b f(x)\mathrm{d}x = \int_a^b f(t)\mathrm{d}t = \int_a^b f(u)\mathrm{d}u.$$

例如,在上段例 1 中,将积分变量 x 换成积分变量 t 并不影响定积分,即

$$\int_a^b \sin x \mathrm{d}x = \cos a - \cos b \quad \text{或} \quad \int_a^b \sin t \mathrm{d}t = \cos a - \cos b.$$

如果函数 $f(x)$ 在区间 $[a,b]$ 可积,根据 §8.3 定理 5,$\forall x \in [a,b]$,函数 $f(x)$ 在 $[a,x]$ 也可积,将积分变量 x 换成积分变量 t,$\forall x \in [a,b]$,有

$$\int_a^x f(t)\mathrm{d}t.$$

显然,$\forall x \in [a,b]$,都对应唯一一个定积分 $\int_a^x f(t)\mathrm{d}t$(数).根据函数定义,它是定义在区间 $[a,b]$ 的函数,记为 $\Phi(x)$,即

$$\Phi(x) = \int_a^x f(t)\mathrm{d}t, \quad a \leq x \leq b,$$

称为**积分上限函数**.

积分上限函数的几何意义:如果 $\forall x \in [a,b]$,有 $f(x) \geq 0$,对 $[a,b]$ 上任意 x,积分上限函数 $\Phi(x)$ 是区间 $[a,x]$ 上的曲边梯形的面积,如图 8.6 的阴影部分.

积分上限函数有如下的重要性质:

定理 1 若函数 $f(x)$ 在 $[a,b]$ 上可积,则积分上限函数

$$\Phi(x) = \int_a^x f(t)\mathrm{d}t$$

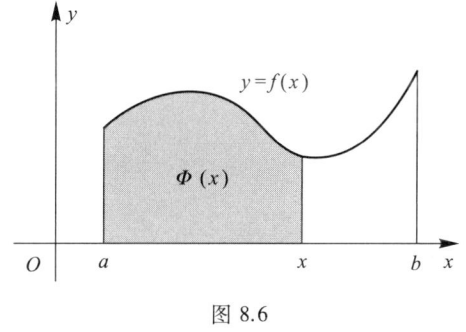

图 8.6

在 $[a,b]$ 上连续.

证明 $\forall x \in [a,b]$(x 暂时固定),给自变量改变量 Δx,使 $x+\Delta x \in [a,b]$.已知 $f(x)$ 在 $[a,b]$ 上可积,则 $f(x)$ 在 $[a,b]$ 上必有界,即 $\exists M > 0$,$\forall t \in [a,b]$,有 $|f(t)| \leq M$.从而,有

$$\begin{aligned} |\Phi(x+\Delta x) - \Phi(x)| &\leq \left| \int_a^{x+\Delta x} f(t)\mathrm{d}t - \int_a^x f(t)\mathrm{d}t \right| \\ &= \left| \int_x^{x+\Delta x} f(t)\mathrm{d}t \right| \\ &\leq \int_x^{x+\Delta x} |f(t)|\mathrm{d}t \leq M|\Delta x|. \end{aligned}$$

$\forall \varepsilon > 0$,只需 $\delta \leq \dfrac{\varepsilon}{M}$,当 $|\Delta x| < \delta$ 时,有

$$|\Phi(x+\Delta x)-\Phi(x)| \leq M|\Delta x| \leq M\delta \leq M \cdot \frac{\varepsilon}{M} = \varepsilon,$$

即 $\Phi(x)$ 在 $\forall x \in [a,b]$ 连续,从而 $\Phi(x)$ 在 $[a,b]$ 上连续.

定理 2 若函数 $f(x)$ 在区间 $[a,b]$ 连续,则积分上限函数

$$\Phi(x) = \int_a^x f(t)\mathrm{d}t$$

在 $[a,b]$ 可导,且 $\Phi'(x)=f(x)$,即积分上限函数 $\Phi(x)$ 是被积函数 $f(x)$ 的原函数.

<u>证法</u> 只需证明,$\forall x \in [a,b]$,有

$$\Phi'(x) = \lim_{\Delta x \to 0} \frac{\Phi(x+\Delta x)-\Phi(x)}{\Delta x} = f(x),$$

即

$$|\Phi'(x)-f(x)| = \left|\frac{\Phi(x+\Delta x)-\Phi(x)}{\Delta x}-f(x)\right| \to 0 (当 \Delta x \to 0).$$

证明 设自变量 x 有改变量 Δx,使 $x+\Delta x \in [a,b]$,有

$$\Phi(x+\Delta x)-\Phi(x) = \int_a^{x+\Delta x} f(t)\mathrm{d}t - \int_a^x f(t)\mathrm{d}t$$

$$= \int_a^x f(t)\mathrm{d}t + \int_x^{x+\Delta x} f(t)\mathrm{d}t - \int_a^x f(t)\mathrm{d}t$$

$$= \int_x^{x+\Delta x} f(t)\mathrm{d}t.$$

为了计算,将常数 $f(x)$(将 x 暂时固定)表示为积分形式

$$f(x) = \frac{1}{\Delta x}\int_x^{x+\Delta x} f(x)\mathrm{d}t.$$

有

$$\left|\frac{\Phi(x+\Delta x)-\Phi(x)}{\Delta x}-f(x)\right|$$

$$= \left|\frac{1}{\Delta x}\int_x^{x+\Delta x} f(t)\mathrm{d}t - \frac{1}{\Delta x}\int_x^{x+\Delta x} f(x)\mathrm{d}t\right|$$

$$\leq \frac{1}{|\Delta x|}\left|\int_x^{x+\Delta x} |f(t)-f(x)|\mathrm{d}t\right|. \tag{1}$$

已知 $f(x)$ 在 $x \in [a,b]$ 连续,即 $\forall \varepsilon > 0, \exists \delta > 0, \forall t: |t-x| < \delta$ 时,有

$$|f(t)-f(x)| < \varepsilon.$$

从而,(1)式有

$$\left|\frac{\Phi(x+\Delta x)-\Phi(x)}{\Delta x}-f(x)\right|$$

$$\leq \frac{1}{|\Delta x|}\left|\int_x^{x+\Delta x} |f(t)-f(x)|\mathrm{d}t\right|$$

$$\leq \frac{1}{|\Delta x|} \cdot \varepsilon \cdot |\Delta x| = \varepsilon,$$

即 $\Phi(x)$ 在 $\forall x \in [a,b]$ 可导,也就是在 $[a,b]$ 上可导,且 $\Phi'(x)=f(x)$.

由此可见,尽管定积分与不定积分(原函数)的概念是完全不同的,但是二者之间存在着密切的联系.

我们在 §7.1 曾提出什么样的函数存在原函数的问题.定理 2 回答了:区间上的连续函数 $f(x)$ 存在原函数,而积分上限函数 $\Phi(x)$ 就是 $f(x)$ 的一个原函数.

注 对连续函数来说,可积与存在原函数等价,但对一般函数来说,可积与存在原函数没有关系,即存在原函数,此函数不一定可积.例如,函数

$$F(x)=\begin{cases} x^2\sin\dfrac{1}{x^2}, & 0<x\leq 1, \\ 0, & x=0. \end{cases}$$

而

$$f(x)=F'(x)=\begin{cases} 2x\sin\dfrac{1}{x^2}-\dfrac{2}{x}\cos\dfrac{1}{x^2}, & 0<x\leq 1, \\ 0, & x=0. \end{cases}$$

在 $[0,1]$ 上 $f(x)$ 存在原函数 $F(x)$,但 $f(x)$ 无界,当然不可积.

反之,可积函数也可能不存在原函数,这样的例子更多,符号函数 $f(x)=\operatorname{sgn} x$ 在 $[-1,1]$ 有第一类间断点,因此有第一类间断点的函数不存在原函数,$f(x)=\operatorname{sgn} x$ 在 $[-1,1]$ 上可积,但不存在原函数.

三、微积分基本定理

已知用积分上限函数能够表示连续函数的原函数.反之,又可应用原函数求定积分.

定理 3(微积分基本定理) 若函数 $f(x)$ 在区间 $[a,b]$ 连续,且 $F(x)$ 是 $f(x)$ 的原函数,则

$$\int_a^b f(x)\,\mathrm{d}x = F(b)-F(a). \tag{2}$$

证明 已知 $F(x)$ 是 $f(x)$ 的原函数,即 $\forall x\in[a,b]$,有
$$F'(x)=f(x).$$

根据定理 2,积分上限函数 $\int_a^x f(t)\,\mathrm{d}t$ 也是 $f(x)$ 的原函数,即

$$\left(\int_a^x f(t)\,\mathrm{d}t\right)'=f(x).$$

再根据 §6.1 例 1 的推论,有

$$\int_a^x f(t)\,\mathrm{d}t - F(x) = C,$$

其中 C 是常数.为了确定常数 C,令 $x=a$,有

$$\int_a^a f(t)\,\mathrm{d}t - F(a) = C, \quad 即\ C=-F(a).$$

从而

$$\int_a^x f(t)\,\mathrm{d}t = F(x)-F(a).$$

再令 $x=b$,有

$$\int_a^b f(x)\,\mathrm{d}x = F(b)-F(a).$$

(2)式称为**微积分基本公式**,亦称**牛顿①-莱布尼茨公式**.有时也将 $F(b)-F(a)$ 表示为 $F(x)\Big|_a^b$,公式(2)又可表示为

$$\int_a^b f(x)\,\mathrm{d}x = F(x)\Big|_a^b.$$

定理3指出,求连续函数 $f(x)$ 的定积分,只需求出 $f(x)$ 的一个原函数,然后按照公式(2)计算即可.于是,有了牛顿-莱布尼茨公式,求连续函数的定积分问题就转化为求被积函数的原函数.在本章之前,第七章集中讲了不定积分(原函数),目的之一就是为本章计算定积分服务.利用牛顿-莱布尼茨公式求定积分很简便.例如,上述的例1与例2.

求 $\int_a^b \sin x\,\mathrm{d}x$.

已知 $(-\cos x)' = \sin x$,有

$$\int_a^b \sin x\,\mathrm{d}x = -\cos x\Big|_a^b = -\cos b + \cos a = \cos a - \cos b.$$

求 $\int_a^b x^k\,\mathrm{d}x$,其中 k 是正整数.

已知 $\left(\dfrac{x^{k+1}}{k+1}\right)' = x^k$,有

$$\int_a^b x^k\,\mathrm{d}x = \frac{x^{k+1}}{k+1}\Big|_a^b = \frac{b^{k+1}-a^{k+1}}{k+1}.$$

例 3 求 $\int_0^1 \dfrac{\mathrm{d}x}{1+x^2}$.

解 已知 $(\arctan x)' = \dfrac{1}{1+x^2}$,有

$$\int_0^1 \frac{\mathrm{d}x}{1+x^2} = \arctan x\Big|_0^1 = \arctan 1 - \arctan 0 = \frac{\pi}{4}.$$

例 4 求 $\int_1^e \dfrac{\mathrm{d}x}{x}$.

解 已知 $(\ln x)' = \dfrac{1}{x}$,有

$$\int_1^e \frac{\mathrm{d}x}{x} = \ln x\Big|_1^e = \ln e - \ln 1 = 1.$$

注 1)关于微积分基本定理.导数与积分是数学分析中一元函数微积分主体,是微积分学的核心.我们知道,不定积分与定积分是互不相关的、独立定义的,但是在连续的条件下,微积分基本定理却把这两个互不相关的概念联系起来,这不仅给定积分的计算带来极大的方便,而且在理论上把微分学与积分学沟通了起来,这是数学分析的卓越成果.不仅如此,牛顿-莱布尼茨公式在以后的多元函数的积分学中尚能进一步推广、发展成为格林公式、奥-高公式和斯托克斯公式.

---

① 牛顿(Newton,1643—1727),英国数学家、物理学家.

2) 关于定积分的符号. 若函数 $f(x)$ 在闭区间连续,则定积分符号 $\int_a^b f(x)\mathrm{d}x = F(b)-F(a)$ ($F'(x)=f(x)$) 含有双层意思,一是,如定积分定义,它是点 $x\in[a,b]$ 的微分 $f(x)\mathrm{d}x$ 在区间 $[a,b]$ 上无限累加,即积分和的极限;二是,导数为 $f(x)$ 或微分为 $f(x)\mathrm{d}x$ 的函数(即 $f(x)$ 的原函数 $F(x)$)在 a,b 两点之差. 所以定积分符号中的 $f(x)\mathrm{d}x$ 含有微分的意思,特别是后面的定积分换元法中,此符号在定积分计算上更显出极大的方便.

四、定积分的分部积分法

设函数 $u(x),v(x)$ 在 $[a,b]$ 有连续导数. 由函数乘积的导数公式,有

$$[u(x)v(x)]' = u(x)v'(x)+v(x)u'(x),$$

$$\int_a^b [u(x)v'(x)+v(x)u'(x)]\mathrm{d}x = u(x)v(x)\Big|_a^b,$$

即

$$\int_a^b u(x)v'(x)\mathrm{d}x = u(x)v(x)\Big|_a^b - \int_a^b v(x)u'(x)\mathrm{d}x \tag{3}$$

或

$$\int_a^b u(x)\mathrm{d}v(x) = u(x)v(x)\Big|_a^b - \int_a^b v(x)\mathrm{d}u(x). \tag{4}$$

(3)式或(4)式称为**定积分的分部积分公式**.

例5 求 $\int_0^{\ln 2} x\mathrm{e}^{-x}\mathrm{d}x$.

解
$$\int_0^{\ln 2} x\mathrm{e}^{-x}\mathrm{d}x = \int_0^{\ln 2} x\mathrm{d}(-\mathrm{e}^{-x}) = -x\mathrm{e}^{-x}\Big|_0^{\ln 2} + \int_0^{\ln 2}\mathrm{e}^{-x}\mathrm{d}x$$
$$= -x\mathrm{e}^{-x}\Big|_0^{\ln 2} - \mathrm{e}^{-x}\Big|_0^{\ln 2} = -\ln 2\,\mathrm{e}^{-\ln 2}-\mathrm{e}^{-\ln 2}+1$$
$$= -\frac{1}{2}\ln 2 - \frac{1}{2}+1 = \frac{1}{2}(1-\ln 2)$$
$$= \frac{1}{2}(\ln\mathrm{e}-\ln 2) = \frac{1}{2}\ln\frac{\mathrm{e}}{2}.$$

例6 求 $I_n = \int_0^1 x^m(\ln x)^n\mathrm{d}x, m,n\in\mathbf{N}_+$.

解 被积函数在 $[0,1]$ 的左端点 0 存在极限. 事实上,设 $x=\mathrm{e}^{-y}$,当 $x\to 0^+$ 时,有 $y\to +\infty$,有

$$\lim_{x\to 0^+}|x^m(\ln x)^n| = \lim_{y\to +\infty}|\mathrm{e}^{-my}(-y)^n| = \lim_{y\to +\infty}\left|\frac{(-y)^n}{\mathrm{e}^{my}}\right| = \lim_{y\to +\infty}\frac{y^n}{\mathrm{e}^{my}} = 0$$

(指数函数是幂函数的高阶无穷大).

零点是可去的间断点,延拓

$$F(x) = f(x) = \begin{cases} x^m(\ln x)^n, & 0<x\leq 1, \\ 0, & x=0. \end{cases}$$

于是 $f(x)$ 在 $[0,1]$ 上连续,当然可积. 由分部积分法,有

$$I_n = \int_0^1 x^m (\ln x)^n \mathrm{d}x$$
$$= \frac{1}{m+1} \int_0^1 (\ln x)^n \mathrm{d}(x^{m+1})$$
$$= \frac{1}{m+1} x^{m+1} (\ln x)^n \Big|_0^1 - \frac{n}{m+1} \int_0^1 x^m (\ln x)^{n-1} \mathrm{d}x$$
$$= -\frac{n}{m+1} \int_0^1 x^m (\ln x)^{n-1} \mathrm{d}x$$
$$= -\frac{n}{m+1} I_{n-1},$$

同样,

$$I_n = -\frac{n}{m+1} I_{n-1} = (-1)^2 \frac{n(n-1)}{(m+1)^2} I_{n-2}, \cdots, \quad I_n = (-1)^n \frac{n!}{(m+1)^n} I_0,$$

而 $I_0 = \int_0^1 x^m \mathrm{d}x = \frac{1}{m+1}$,于是 $I_n = (-1)^n \frac{n!}{(m+1)^{n+1}}$.

五、定积分的换元积分法

应用牛顿-莱布尼茨公式求定积分,首先求被积函数的原函数;其次再按公式(2)计算.在一般情况,把这两步截然分开是比较麻烦的.通常在应用换元积分法求原函数的过程中,也相应变换积分的上、下限,这样可简化计算.

定理 4 若函数 $f(x)$ 在区间 $[a,b]$ 连续,且函数 $x = \varphi(t)$ 在 $[\alpha,\beta]$ 有连续导数,当 $\alpha \leq t \leq \beta$ 时,有 $a \leq \varphi(t) \leq b$,又 $\varphi(\alpha) = a, \varphi(\beta) = b$,则

$$\int_a^b f(x) \mathrm{d}x = \int_\alpha^\beta f[\varphi(t)] \varphi'(t) \mathrm{d}t. \tag{5}$$

证明 设 $F(x)$ 是 $f(x)$ 的原函数,即 $F'(x) = f(x)$.由复合函数的求导法则,$F[\varphi(t)]$ 是 $f[\varphi(t)] \varphi'(t)$ 的原函数.于是,由牛顿-莱布尼茨公式,有

$$\int_a^b f(x) \mathrm{d}x = F(x) \Big|_a^b = F(b) - F(a).$$

$$\int_\alpha^\beta f[\varphi(t)] \varphi'(t) \mathrm{d}t = F[\varphi(t)] \Big|_\alpha^\beta$$
$$= F[\varphi(\beta)] - F[\varphi(\alpha)]$$
$$= F(b) - F(a),$$

即

$$\int_a^b f(x) \mathrm{d}x = \int_\alpha^\beta f[\varphi(t)] \varphi'(t) \mathrm{d}t.$$

(5)式称为定积分的**换元积分公式**.

注 这个公式有两种用法:

1) 如果要计算左边的积分 $\int_a^b f(x) \mathrm{d}x$,首先要选取合适的变换,设 $x = \varphi(t)$.由已知的 a, b 通过方程 $b = \varphi(t), a = \varphi(t)$,分别解出积分限 β 与 α,然后把函数 $x = \varphi(t)$ 代入 $\int_a^b f(x) \mathrm{d}x$ 得到 $\int_\alpha^\beta f[\varphi(t)] \varphi'(t) \mathrm{d}t$,最后计算就可以了.这种情况并不要求 $x = \varphi(t)$ 存在反函数,这是与不

定积分第二换元公式不同之处,也是它的优点.

2) 如果要计算右边的积分 $\int_\alpha^\beta g(t)dt$,其中 $g(t)=f[\varphi(t)]\varphi'(t)$,首先把函数 $g(t)$ 凑成 $g(t)=f[\varphi(t)]\varphi'(t)$ 的形式,这时要检查函数 $x=\varphi(t)$ 是否连续,然后由已知的 α,β 通过 $x=\varphi(t)$ 求出左边的积分限 a,b,最后计算左边的积分就可以了.

例 7 求 $\int_0^a \sqrt{a^2-x^2}\,dx$.

解 应用两种方法.

1) 应用牛顿-莱布尼茨公式,首先求不定积分(原函数)
$$\int \sqrt{a^2-x^2}\,dx.$$

设 $x=a\sin t$,有 $dx=a\cos t\,dt$.

$$\int \sqrt{a^2-x^2}\,dx = a^2 \int \cos^2 t\,dt = \frac{a^2}{2}\int(1+\cos 2t)dt$$
$$= \frac{a^2}{2}\left(t+\frac{\sin 2t}{2}\right)+C$$
$$= \frac{a^2}{2}\arcsin\frac{x}{a}+\frac{x}{2}\sqrt{a^2-x^2}+C.$$

有
$$\int_0^a \sqrt{a^2-x^2}\,dx = \left(\frac{a^2}{2}\arcsin\frac{x}{a}+\frac{x}{2}\sqrt{a^2-x^2}\right)\Big|_0^a = \frac{\pi a^2}{4}.$$

2) 应用定积分换元积分公式(5).

设 $x=a\sin t$,有 $dx=a\cos t\,dt$. 当 $x=0$ 时,$t=0$;当 $x=a$ 时,$t=\frac{\pi}{2}$.

$$\int_0^a \sqrt{a^2-x^2}\,dx = a^2 \int_0^{\frac{\pi}{2}} \cos^2 t\,dt = \frac{a^2}{2}\left(t+\frac{\sin 2t}{2}\right)\Big|_0^{\frac{\pi}{2}} = \frac{\pi a^2}{4}.$$

显然,上述两种计算方法,后者使用定积分换元积分公式(5)比较简便.说明计算定积分有时可避免某些复杂的计算.

例 8 求 $\int_0^1 x^2\sqrt{1-x^2}\,dx$.

解 设 $x=\cos t$,有 $dx=-\sin t\,dt$. 当 $x=0$ 时,$t=\frac{\pi}{2}$;当 $x=1$ 时,$t=0$.

$$\int_0^1 x^2\sqrt{1-x^2}\,dx = -\int_{\frac{\pi}{2}}^0 \sin^2 t\cos^2 t\,dt$$
$$= \frac{1}{4}\int_0^{\frac{\pi}{2}} \sin^2 2t\,dt = \frac{1}{8}\int_0^{\frac{\pi}{2}}(1-\cos 4t)dt$$
$$= \frac{1}{8}\left(t-\frac{\sin 4t}{4}\right)\Big|_0^{\frac{\pi}{2}} = \frac{\pi}{16}.$$

例 9 求 $\int_0^{\ln 2} \sqrt{e^x-1}\,dx$.

解 设 $\sqrt{e^x-1}=t$,即 $x=\ln(t^2+1)$,有 $dx=\frac{2t}{t^2+1}dt$. 当 $x=0$ 时,$t=0$;当 $x=\ln 2$ 时,$t=1$.

$$\int_0^{\ln 2} \sqrt{e^x-1}\,dx = 2\int_0^1 \frac{t^2}{1+t^2}dt = 2\int_0^1 \left(1-\frac{1}{1+t^2}\right)dt$$
$$= 2(t-\arctan t)\Big|_0^1$$
$$= 2(1-\arctan 1) = 2-\frac{\pi}{2}.$$

例 10 设函数 $f(x)$ 在 $[-a,a]$ 连续,证明:

1) 若 $f(x)$ 是偶函数,则 $\int_{-a}^a f(x)\,dx = 2\int_0^a f(x)\,dx$;

2) 若 $f(x)$ 是奇函数,则 $\int_{-a}^a f(x)\,dx = 0$.

证明 已知 $\int_{-a}^a f(x)\,dx = \int_{-a}^0 f(x)\,dx + \int_0^a f(x)\,dx$. 讨论等号右端的第一个积分 $\int_{-a}^0 f(x)\,dx$.

1) 若 $f(x)$ 是偶函数,即 $f(x)=f(-x)$. 设 $x=-t$,有 $dx=-dt$.
$$\int_{-a}^0 f(x)\,dx = -\int_a^0 f(-t)\,dt = \int_0^a f(t)\,dt = \int_0^a f(x)\,dx,$$

则
$$\int_{-a}^a f(x)\,dx = \int_{-a}^0 f(x)\,dx + \int_0^a f(x)\,dx = 2\int_0^a f(x)\,dx.$$

2) 若 $f(x)$ 是奇函数,即 $f(x)=-f(-x)$. 设 $x=-t$,有 $dx=-dt$.
$$\int_{-a}^0 f(x)\,dx = -\int_a^0 f(-t)\,dt = -\int_0^a f(t)\,dt = -\int_0^a f(x)\,dx,$$

则
$$\int_{-a}^a f(x)\,dx = \int_{-a}^0 f(x)\,dx + \int_0^a f(x)\,dx$$
$$= -\int_0^a f(x)\,dx + \int_0^a f(x)\,dx = 0.$$

例 11 证明:若函数 $f(x)$ 是以 T 为周期的连续函数,则
$$\int_a^{a+T} f(x)\,dx = \int_0^T f(x)\,dx.$$

证明 已知
$$\int_a^{a+T} f(x)\,dx = \int_a^0 f(x)\,dx + \int_0^T f(x)\,dx + \int_T^{a+T} f(x)\,dx.$$

讨论定积分 $\int_T^{a+T} f(x)\,dx$. 设 $x=t+T$,有 $dx=dt$,
$$\int_T^{a+T} f(x)\,dx = \int_0^a f(t+T)\,dt = \int_0^a f(t)\,dt = \int_0^a f(x)\,dx = -\int_a^0 f(x)\,dx.$$

则
$$\int_a^{a+T} f(x)\,dx = \int_a^0 f(x)\,dx + \int_0^T f(x)\,dx + \int_T^{a+T} f(x)\,dx$$
$$= \int_a^0 f(x)\,dx + \int_0^T f(x)\,dx - \int_a^0 f(x)\,dx$$

$$= \int_0^T f(x)\,\mathrm{d}x.$$

此例说明:以 T 为周期的可积周期函数,在任意一个周期长为 T 的区间上的定积分都相等.

注 设函数 $f(x)$ 在 $\mathbf{R}$ 上连续,它的一个原函数为

$$F(x) = \int_0^x f(t)\,\mathrm{d}t.$$

若 $f(x)$ 是偶函数,则其原函数之一是奇函数.

事实上,若 $f(x)$ 是偶函数有 $f(x)=f(-x)$. 设 $F(-x) = \int_0^{-x} f(t)\,\mathrm{d}t$. 令 $t=-u$,则

$$F(-x) = \int_0^{-x} f(t)\,\mathrm{d}t + C = -\int_0^{x} f(-u)\,\mathrm{d}u + C$$

$$= -\int_0^x f(u)\,\mathrm{d}u + C = -F(x) + C.$$

只有当 $C=0$ 时,其原函数 $F(x)$ 才是奇函数.

若 $f(x)$ 是奇函数,则其原函数全部都是偶函数.

事实上,若 $f(x)$ 是奇函数,有 $f(-x)=-f(x)$. 设 $F(-x)=\int_0^{-x} f(t)\,\mathrm{d}t$,令 $t=-u$,则

$$F(-x) = \int_0^{-x} f(t)\,\mathrm{d}t + C = -\int_0^x f(-u)\,\mathrm{d}u + C$$

$$= \int_0^x f(u)\,\mathrm{d}u + C = F(x) + C.$$

C 可以是任意实数,则其原函数全部都是偶函数.

注意到偶函数加任意一个常数仍为偶函数,奇函数加一个非零的常数不再是奇函数.

若 $f(x)$ 是周期为 T 的周期函数,则其原函数是周期为 T 的周期函数与线性函数 $ax+b$ 之和(a,b 可以为 0).

事实上,只要证明,存在常数 a,b,使

$$G(x) = F(x) - (ax+b) = \int_0^x f(t)\,\mathrm{d}t - ax - b$$

是以 T 为周期的函数.

$$G(x+T) = \int_0^{x+T} f(t)\,\mathrm{d}t - a(x+T) - b$$

$$= \int_0^x f(t)\,\mathrm{d}t + \int_0^T f(t)\,\mathrm{d}t - (ax+b) - aT$$

$$= G(x) + \int_0^T f(t)\,\mathrm{d}t - aT,$$

为此,只要取 $a=\dfrac{1}{T}\int_0^T f(t)\,\mathrm{d}t$,就有 $G(x+T)=G(x)$. 于是,$G(x)$ 是以 T 为周期的周期函数. 而 $F(x)=G(x)+ax+b$,对于 $f(x)$ 的其他原函数 $F(x)+C$ 来说,自然仍有这个结论.

例 12 求 $J=\displaystyle\int_0^\pi \dfrac{x\sin x}{1+\cos^2 x}\,\mathrm{d}x.$

解 $\int_0^\pi \dfrac{x\sin x}{1+\cos^2 x}dx = \int_0^{\frac{\pi}{2}} \dfrac{x\sin x}{1+\cos^2 x}dx + \int_{\frac{\pi}{2}}^\pi \dfrac{x\sin x}{1+\cos^2 x}dx.$

等号右端第二个积分进行换元. 设 $x=\pi-t, dx=-dt.$

$$\int_{\frac{\pi}{2}}^\pi \dfrac{x\sin x}{1+\cos^2 x}dx$$
$$=-\int_{\frac{\pi}{2}}^0 \dfrac{(\pi-t)\sin(\pi-t)}{1+\cos^2(\pi-t)}dt$$
$$=\int_0^{\frac{\pi}{2}} \dfrac{(\pi-t)\sin t}{1+\cos^2 t}dt$$
$$=\pi\int_0^{\frac{\pi}{2}} \dfrac{\sin t}{1+\cos^2 t}dt - \int_0^{\frac{\pi}{2}} \dfrac{t\sin t}{1+\cos^2 t}dt.$$

于是

$$\int_0^\pi \dfrac{x\sin x}{1+\cos^2 x}dx$$
$$= \int_0^{\frac{\pi}{2}} \dfrac{x\sin x}{1+\cos^2 x}dx + \int_{\frac{\pi}{2}}^\pi \dfrac{x\sin x}{1+\cos^2 x}dx$$
$$= \int_0^{\frac{\pi}{2}} \dfrac{x\sin x}{1+\cos^2 x}dx + \pi\int_0^{\frac{\pi}{2}} \dfrac{\sin t}{1+\cos^2 t}dt - \int_0^{\frac{\pi}{2}} \dfrac{t\sin t}{1+\cos^2 t}dt$$
$$= \pi\int_0^{\frac{\pi}{2}} \dfrac{\sin t}{1+\cos^2 t}dt = -\pi\int_0^{\frac{\pi}{2}} \dfrac{d(\cos t)}{1+\cos^2 t}$$
$$= -\pi\arctan(\cos t)\Big|_0^{\frac{\pi}{2}} = \dfrac{\pi^2}{4}.$$

注 在这个积分中有三角函数,又有 x 的单项式,因此直接用牛顿-莱布尼茨公式求原函数是很困难的,由此可见定积分换元公式的作用.

例 13 计算定积分

$$I = \int_0^1 \dfrac{\ln(1+x)}{1+x^2}dx.$$

解 设 $x=\tan t$,则 $dt = \dfrac{dx}{1+x^2}$. 当 $x=0$ 时,$t=0$;当 $x=1$ 时,$t=\dfrac{\pi}{4}$. 于是,有

$$I = \int_0^{\frac{\pi}{4}} \ln(1+\tan t)dt.$$

再设 $t=\dfrac{\pi}{4}-u$,则 $dt=-du$,当 $t=0$ 时,$u=\dfrac{\pi}{4}$;当 $t=\dfrac{\pi}{4}$ 时,$u=0$. 又有

$$I = -\int_{\frac{\pi}{4}}^0 \ln\left[1+\tan\left(\dfrac{\pi}{4}-u\right)\right]du = \int_0^{\frac{\pi}{4}} \ln\left(1+\dfrac{1-\tan u}{1+\tan u}\right)du$$
$$= \int_0^{\frac{\pi}{4}} \ln\dfrac{2}{1+\tan u}du = \int_0^{\frac{\pi}{4}}[\ln 2 - \ln(1+\tan u)]du$$
$$= \dfrac{\pi}{4}\ln 2 - \int_0^{\frac{\pi}{4}} \ln(1+\tan u)du = \dfrac{\pi}{4}\ln 2 - I,$$

即 $2I = \dfrac{\pi}{4}\ln 2$,
$$I = \int_0^1 \dfrac{\ln(1+x)}{1+x^2}dx = \dfrac{\pi}{8}\ln 2.$$

例 14 计算 $\forall n \in \mathbf{N}_+$,
$$I_n = \int_0^{\frac{\pi}{2}} \sin^n x\,dx = \int_0^{\frac{\pi}{2}} \cos^n x\,dx.$$

解 这两个积分是相等的. 设 $x = \dfrac{\pi}{2} - t, dx = -dt$, 有
$$\int_0^{\frac{\pi}{2}} \cos^n x\,dx = -\int_{\frac{\pi}{2}}^0 \cos^n\left(\dfrac{\pi}{2}-t\right)dt = \int_0^{\frac{\pi}{2}} \sin^n t\,dt.$$
$$I_0 = \int_0^{\frac{\pi}{2}} \sin^0 x\,dx = \int_0^{\frac{\pi}{2}} dx = \dfrac{\pi}{2},$$
$$I_1 = \int_0^{\frac{\pi}{2}} \sin x\,dx = (-\cos x)\Big|_0^{\frac{\pi}{2}} = 1,$$

当 $n \geqslant 2$ 时,由分部积分法,有
$$I_n = \int_0^{\frac{\pi}{2}} \sin^n x\,dx = \int_0^{\frac{\pi}{2}} \sin^{n-1} x\,d(-\cos x)$$
$$= (-\sin^{n-1} x \cos x)\Big|_0^{\frac{\pi}{2}} + \int_0^{\frac{\pi}{2}} \cos x\,d(\sin^{n-1} x)$$
$$= (n-1) \int_0^{\frac{\pi}{2}} \sin^{n-2} x \cos^2 x\,dx$$
$$= (n-1) \int_0^{\frac{\pi}{2}} \sin^{n-2} x (1 - \sin^2 x)\,dx$$
$$= (n-1) \int_0^{\frac{\pi}{2}} \sin^{n-2} x\,dx - (n-1) \int_0^{\frac{\pi}{2}} \sin^n x\,dx,$$

即
$$I_n = (n-1) I_{n-2} - (n-1) I_n$$

或
$$I_n = \dfrac{n-1}{n} I_{n-2}.$$

1) 当 n 为偶数时, 设 $n = 2k$, 有
$$I_{2k} = \dfrac{2k-1}{2k} I_{2k-2}$$
$$= \dfrac{(2k-1)(2k-3)}{2k(2k-2)} I_{2k-4} = \cdots$$
$$= \dfrac{(2k-1)(2k-3)\cdots 3 \cdot 1}{(2k)(2k-2)\cdots 4 \cdot 2} I_0$$

$$= \frac{(2k-1)!!}{(2k)!!} \frac{\pi}{2} ①;$$

2) 当 n 为奇数时,设 $n = 2k+1$,有

$$I_{2k+1} = \frac{2k}{2k+1} I_{2k-1}$$

$$= \frac{2k(2k-2)}{(2k+1)(2k-1)} I_{2k-3} = \cdots$$

$$= \frac{(2k)(2k-2) \cdot \cdots \cdot 4 \cdot 2}{(2k+1)(2k-1) \cdot \cdots \cdot 5 \cdot 3} I_1$$

$$= \frac{(2k)!!}{(2k+1)!!}.$$

由上述公式容易推得著名的**沃利斯**[②]**公式**.

设 $0 < x < \frac{\pi}{2}$,有不等式(见练习题 8.3 第 4 题)

$$\int_0^{\frac{\pi}{2}} \sin^{2k+1} x \, dx < \int_0^{\frac{\pi}{2}} \sin^{2k} x \, dx < \int_0^{\frac{\pi}{2}} \sin^{2k-1} x \, dx,$$

即

$$\frac{(2k)!!}{(2k+1)!!} < \frac{(2k-1)!!}{(2k)!!} \cdot \frac{\pi}{2} < \frac{(2k-2)!!}{(2k-1)!!}$$

或

$$\left[\frac{(2k)!!}{(2k-1)!!}\right]^2 \frac{1}{2k+1} < \frac{\pi}{2} < \left[\frac{(2k)!!}{(2k-1)!!}\right]^2 \frac{1}{2k}.$$

设 $P_k = \left[\dfrac{(2k)!!}{(2k-1)!!}\right]^2$,则上式可写为

$$1 < \frac{\pi}{2} \frac{2k+1}{P_k} < \frac{2k+1}{2k}.$$

已知 $\lim\limits_{k \to \infty} \dfrac{2k+1}{2k} = 1$.则

$$\lim_{k \to \infty} \frac{\pi}{2} \frac{2k+1}{P_k} = 1 \quad \text{或} \quad \lim_{k \to \infty} P_k \frac{1}{2k+1} = \frac{\pi}{2}.$$

这就是沃利斯公式

$$\lim_{k \to \infty} \left[\frac{(2k)!!}{(2k-1)!!}\right]^2 \frac{1}{2k+1} = \frac{\pi}{2}$$

或

$$\frac{\pi}{2} = \lim_{k \to \infty} \frac{2 \cdot 2 \cdot 4 \cdot 4 \cdot \cdots \cdot (2k) \cdot (2k)}{1 \cdot 3 \cdot 3 \cdot 5 \cdot 5 \cdot \cdots \cdot (2k-1) \cdot (2k+1)}.$$

这是第一个把无理数 π(实质是超越数)表示成容易计算的有理数数列极限的沃

[①] 见"常用符号与不等式".
[②] 沃利斯(Wallis,1616—1703),英国数学家.

利斯公式,在理论上很有意义.

应用定积分的定义能够计算某些特殊和数的极限.

例 15 求极限 $\lim\limits_{n\to\infty}\sum\limits_{k=1}^{n}\dfrac{\sqrt{k}}{n^{\frac{3}{2}}}$.

解 $\sum\limits_{k=1}^{n}\dfrac{\sqrt{k}}{n^{\frac{3}{2}}}=\sum\limits_{k=1}^{n}\dfrac{1}{n}\sqrt{\dfrac{k}{n}}=\dfrac{1}{n}\sqrt{\dfrac{1}{n}}+\dfrac{1}{n}\sqrt{\dfrac{2}{n}}+\cdots+\dfrac{1}{n}\sqrt{\dfrac{n}{n}}$

$$=\dfrac{1}{n}\left(\sqrt{\dfrac{1}{n}}+\sqrt{\dfrac{2}{n}}+\cdots+\sqrt{\dfrac{n}{n}}\right). \tag{6}$$

(6)式的和是函数 $f(x)=\sqrt{x}$ 在 $[0,1]$ 的特殊积分和. 它是把 $[0,1]$ n 等分, ξ_i 取为 $\left[\dfrac{i-1}{n},\dfrac{i}{n}\right]$ 的右端点 $\left(\text{即 }\xi_i=\dfrac{i}{n},f(\xi_i)=\sqrt{\dfrac{i}{n}}\right)$ 构成的积分和. 因为函数 $f(x)=\sqrt{x}$ 在 $[0,1]$ 可积, 由定积分定义, 有

$$\lim_{n\to\infty}\sum_{k=1}^{n}\dfrac{\sqrt{k}}{n^{\frac{3}{2}}}=\lim_{n\to\infty}\left[\dfrac{1}{n}\left(\sqrt{\dfrac{1}{n}}+\sqrt{\dfrac{2}{n}}+\cdots+\sqrt{\dfrac{n}{n}}\right)\right]=\int_{0}^{1}\sqrt{x}\,\mathrm{d}x=\dfrac{2}{3}.$$

例 16 求极限 $\lim\limits_{n\to\infty}\sum\limits_{k=1}^{n}\dfrac{k}{n^3}\sqrt{n^2-k^2}$.

解 $\sum\limits_{k=1}^{n}\dfrac{k}{n^3}\sqrt{n^2-k^2}=\sum\limits_{k=1}^{n}\dfrac{1}{n}\left(\dfrac{k}{n}\sqrt{1-\left(\dfrac{k}{n}\right)^2}\right). \tag{7}$

(7)式的和是函数 $f(x)=x\sqrt{1-x^2}$ 在 $[0,1]$ 的特殊积分和. 它是把 $[0,1]$ n 等分, ξ_i 取为 $\left[\dfrac{i-1}{n},\dfrac{i}{n}\right]$ 的右端点 $\left(\text{即 }\xi_i=\dfrac{i}{n},f(\xi_i)=\dfrac{i}{n}\sqrt{1-\left(\dfrac{i}{n}\right)^2}\right)$ 构成的积分和. 因为函数 $f(x)=x\sqrt{1-x^2}$ 在 $[0,1]$ 可积, 由定积分定义, 有

$$\lim_{n\to\infty}\sum_{k=1}^{n}\dfrac{k}{n^3}\sqrt{n^2-k^2}=\int_{0}^{1}x\sqrt{1-x^2}\,\mathrm{d}x=\left[-\dfrac{1}{3}(1-x^2)^{\frac{3}{2}}\right]\Big|_{0}^{1}=\dfrac{1}{3}.$$

六、中值定理

例 17 证明若函数 $f(x)$ 与 $g(x)$ 在 $[a,b]$ 上可积, 则对 $[a,b]$ 任意分法 $T:\{x_k\}$ $(k=0,1,2,\cdots,n;x_0=a,x_n=b)$, 有

$$\lim_{l(T)\to 0}\sum_{k=1}^{n}f(x_{k-1})\int_{x_{k-1}}^{x_k}g(x)\,\mathrm{d}x=\int_{a}^{b}f(x)g(x)\,\mathrm{d}x.$$

证明 $\forall T:\{x_k\}, k=0,1,2,\cdots,n,$ 有

$$\left|\int_{a}^{b}f(x)g(x)\,\mathrm{d}x-\sum_{k=1}^{n}f(x_{k-1})\int_{x_{k-1}}^{x_k}g(x)\,\mathrm{d}x\right|$$

$$\leqslant\sum_{k=1}^{n}\int_{x_{k-1}}^{x_k}|f(x)-f(x_{k-1})||g(x)|\,\mathrm{d}x,$$

因为 $f(x)$ 与 $g(x)$ 在 $[a,b]$ 可积, 所以 $g(x)$ 在 $[a,b]$ 有界, 即 $\exists M>0, \forall x\in[a,b]$, 有 $|g(x)|\leqslant M$. 设 ω_k 是函数 $f(x)$ 在 $[x_{k-1},x_k]$ 上的振幅, 则有

$$|f(x)-f(x_{k-1})|\leq \omega_k.$$

因为 $f(x)$ 在 $[a,b]$ 可积,即 $\forall \varepsilon>0, \exists \delta>0, \forall T:l(T)<\delta$,有 $\sum_{k=1}^{n}\omega_k\Delta x_k < \dfrac{\varepsilon}{M}$,从而

$$\sum_{k=1}^{n}|f(x)-f(x_{k-1})|\Delta x_k \leq \sum_{k=1}^{n}\omega_k\Delta x_k < \frac{\varepsilon}{M}.$$

于是

$$\left|\int_a^b f(x)g(x)\mathrm{d}x - \sum_{k=1}^{n}f(x_{k-1})\int_{x_{k-1}}^{x_k}g(x)\mathrm{d}x\right|$$

$$\leq \sum_{k=1}^{n}\int_{x_{k-1}}^{x_k}|f(x)-f(x_{k-1})||g(x)|\mathrm{d}x$$

$$\leq M\sum_{k=1}^{n}\omega_k\Delta x_k < \varepsilon,$$

即

$$\int_a^b f(x)g(x)\mathrm{d}x = \lim_{l(T)\to 0}\sum_{k=1}^{n}f(x_{k-1})\int_{x_{k-1}}^{x_k}g(x)\mathrm{d}x.$$

定理 5(积分第一中值定理) 若函数 $f(x)$ 在区间 $[a,b]$ 可积,函数 $g(x)$ 在 $[a,b]$ 可积,且不变号,设 $m = \min\limits_{x\in[a,b]}\{f(x)\}, M = \max\limits_{x\in[a,b]}\{f(x)\}$,则 $\exists \mu \in [m,M]$,有

$$\int_a^b f(x)g(x)\mathrm{d}x = \mu\int_a^b g(x)\mathrm{d}x.$$

证明 不妨设 $g(x)\geq 0 (a\leq x\leq b)$. 因为 $\forall x \in [a,b]$,有

$$m\leq f(x)\leq M.$$

且 $\forall x \in [a,b]$,有 $g(x)\geq 0$,所以有

$$mg(x)\leq f(x)g(x)\leq Mg(x).$$

根据 §8.3 的定理 3、定理 4 与定理 7 的推论,函数 $mg(x), f(x)g(x), Mg(x)$ 在 $[a,b]$ 可积,且

$$m\int_a^b g(x)\mathrm{d}x \leq \int_a^b f(x)g(x)\mathrm{d}x \leq M\int_a^b g(x)\mathrm{d}x. \tag{8}$$

于是,$\exists \mu \in [m,M]$,使

$$\int_a^b f(x)g(x)\mathrm{d}x = \mu\int_a^b g(x)\mathrm{d}x.$$

推论 1 若函数 $f(x)$ 在 $[a,b]$ 上连续,且函数 $g(x)$ 在 $[a,b]$ 可积,且不变号,则 $\exists c \in [a,b]$,使

$$\int_a^b f(x)g(x)\mathrm{d}x = f(c)\int_a^b g(x)\mathrm{d}x.$$

证明 由上面的(8)式,再由连续函数介值性定理,$\exists c \in [a,b]$,有

$$\int_a^b f(x)g(x)\mathrm{d}x = f(c)\int_a^b g(x)\mathrm{d}x.$$

推论 2 若函数 $f(x)$ 在闭区间 $[a,b]$ 连续,则在 $[a,b]$ 上至少存在一点 c,使

$$\int_a^b f(x)\mathrm{d}x = f(c)(b-a).$$

推论 2 的几何意义是,如果 $f(x)\geq 0$,连续曲线 $y=f(x), x$ 轴与直线 $x=a, x=b$ 所围成的

曲边梯形的面积等于以$[a,b]$上某一点c的函数值$f(c)$为高,以区间$[a,b]$的长为宽的矩形面积,如图8.7.

在证明积分第二中值定理之前,先介绍一个简单而有用的恒等式,通常称为**阿贝尔变换**.

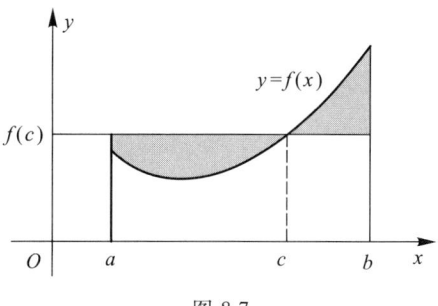

图 8.7

引理(阿贝尔变换) 设a_k与$b_k (k=1,2,\cdots,n)$是两组数,若$B_k = \sum_{i=1}^{k} b_i$,则

$$\sum_{k=1}^{n} a_k b_k = \sum_{k=1}^{n-1} (a_k - a_{k+1}) B_k + a_n B_n.$$

证明 设$B_0 = 0$,$\sum_{k=1}^{n} a_k b_k = \sum_{k=1}^{n} a_k (B_k - B_{k-1})$

$$= \sum_{k=1}^{n} a_k B_k - \sum_{k=0}^{n-1} a_{k+1} B_k$$

$$= \sum_{k=1}^{n-1} (a_k - a_{k+1}) B_k + a_n B_n. \tag{9}$$

等式(9)有一个简单的几何解释.例如,设$b_i \geq 0, 1 \leq i \leq 6, \{a_i\}$单调减少,则$\sum_{k=1}^{6} a_k b_k$就表示以$b_i$为底,以$a_i$为高的所有竖条矩形面积之和(如图8.8).显然,它也等于以a_6为高,以$B_6 = b_1 + b_2 + b_3 + b_4 + b_5 + b_6$为底和以$a_i - a_{i+1}$为高,以$B_i = b_1 + b_2 + \cdots + b_i$ ($i=5,4,3,2,1$)为底横条矩形面积之和.

定理6(积分第二中值定理) 设函数$g(x)$在$[a,b]$上可积.

1) 若函数$f(x)$在$[a,b]$单调减少,且$f(x) \geq 0$,则存在$\xi_1 \in [a,b]$,使

$$\int_a^b f(x) g(x) \mathrm{d}x = f(a) \int_a^{\xi_1} g(x) \mathrm{d}x; \tag{10}$$

2) 若函数$f(x)$在$[a,b]$单调增加,且$f(x) \geq 0$,则存在$\xi_2 \in [a,b]$,使

$$\int_a^b f(x) g(x) \mathrm{d}x = f(b) \int_{\xi_2}^b g(x) \mathrm{d}x; \tag{11}$$

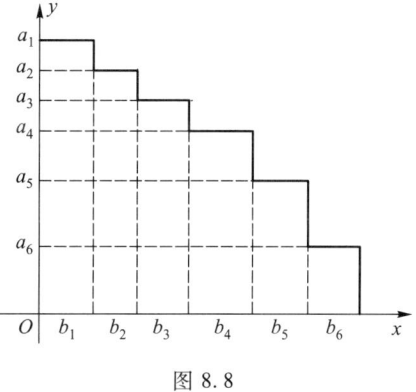

图 8.8

3) 若函数$f(x)$在$[a,b]$是单调,则存在$\xi \in [a,b]$,使

$$\int_a^b f(x) g(x) \mathrm{d}x = f(a) \int_a^{\xi} g(x) \mathrm{d}x + f(b) \int_{\xi}^b g(x) \mathrm{d}x. \tag{12}$$

证明 1) 设$G(x) = \int_a^x g(t) \mathrm{d}t$,由§8.4的定理1知$G(x)$在$[a,b]$连续.令

$$m = \min_{a \leq x \leq b} \{G(x)\}, \quad M = \max_{a \leq x \leq b} \{G(x)\}.$$

将区间$[a,b]$作任意分法T:

$$a = x_0 < x_1 < x_2 < \cdots < x_n = b.$$

由上面的例17,有
$$\int_a^b f(x)g(x)\,\mathrm{d}x$$
$$= \lim_{l(T)\to 0} \sum_{k=1}^n f(x_{k-1}) \int_{x_{k-1}}^{x_k} g(x)\,\mathrm{d}x$$
$$= \lim_{l(T)\to 0} \sum_{k=1}^n f(x_{k-1})[G(x_k) - G(x_{k-1})].$$

设 $\beta_k = G(x_k) - G(x_{k-1}), B_k = \beta_1 + \beta_2 + \cdots + \beta_k = G(x_k) - G(x_0) = G(x_k)$,
$$G(x_0) = G(a) = 0, \alpha_k = f(x_{k-1}), \alpha_1 = f(x_0) = f(a), k = 1, 2, \cdots, n.$$

由阿贝尔变换,有
$$\int_a^b f(x)g(x)\,\mathrm{d}x = \lim_{l(T)\to 0} \sum_{k=1}^n f(x_{k-1})[G(x_k) - G(x_{k-1})]$$
$$= \lim_{l(T)\to 0} \sum_{k=1}^n \alpha_k \beta_k = \lim_{l(T)\to 0} \sum_{k=1}^{n-1} (\alpha_k - \alpha_{k+1})B_k + \alpha_n B_n$$
$$= \lim_{l(T)\to 0} \sum_{k=1}^{n-1} [f(x_{k-1}) - f(x_k)]G(x_k) + f(x_{n-1})G(b).$$

已知 $f(x)$ 在 $[a,b]$ 上非负单调减少,有 $f(x_{k-1}) - f(x_k) \geq 0, f(x_{n-1}) \geq 0$,再根据 $m \leq G(x) \leq M$,则有
$$\sum_{k=1}^{n-1} [f(x_{k-1}) - f(x_k)]G(x_k) + f(x_{n-1})G(b)$$
$$\leq \left\{ \sum_{k=1}^{n-1} [f(x_{k-1}) - f(x_k)] + f(x_{n-1}) \right\} \max_{x\in[a,b]} G(x) = f(a)M.$$

同样又有
$$\sum_{k=1}^{n-1} [f(x_{k-1}) - f(x_k)]G(x_k) + f(x_{n-1})G(b)$$
$$\geq \left\{ \sum_{k=1}^{n-1} [f(x_{k-1}) - f(x_k)] + f(x_{n-1}) \right\} \min_{x\in[a,b]} G(x) = f(a)m.$$

当 $l(T) \to 0$ 时,就得到
$$mf(a) \leq \int_a^b f(x)g(x)\,\mathrm{d}x \leq Mf(a).$$

若 $f(a) = 0$,定理显然成立.

若 $f(a) > 0$,则有
$$m \leq \frac{1}{f(a)} \int_a^b f(x)g(x)\,\mathrm{d}x \leq M.$$

因为 $G(x)$ 在 $[a,b]$ 上连续,所以存在 $\xi_1 \in [a,b]$,使
$$\int_a^b f(x)g(x)\,\mathrm{d}x = f(a) \int_a^{\xi_1} g(x)\,\mathrm{d}x.$$

2) 设 $x = -y, \mathrm{d}x = -\mathrm{d}y$,则 $[a,b]$ 变为 $[-b,-a]$,
$$f(x) = f(-y), \quad g(x) = g(-y),$$

此时, $f(-y)$ 在 $[-b,-a]$ 是非负单调减少,而 $g(-y)$ 在 $[-b,-a]$ 可积.根据上述1)的结

果,存在 $-\xi_2 \in [-b, -a]$,使
$$\int_{-b}^{-a} f(-y)g(-y)(-\mathrm{d}y) = f(-b)\int_{-b}^{-\xi_2} g(-y)(-1)\mathrm{d}y$$

再将 $-y$ 换成 x(即 $-y=x$), $\xi_2 \in [a,b]$,有
$$\int_a^b f(x)g(x)\mathrm{d}x = f(b)\int_{\xi_2}^b g(x)\mathrm{d}x.$$

3) 不妨设 $f(x)$ 在 $[a,b]$ 是单调增加. 令 $F(x) = f(x) - f(a)$, 则 $F(x)$ 在 $[a,b]$ 是非负单调增加. 根据上面证明的 2), 则存在 $\xi \in [a,b]$, 使

$$\int_a^b F(x)g(x)\mathrm{d}x = F(b)\int_\xi^b g(x)\mathrm{d}x = [f(b) - f(a)]\int_\xi^b g(x)\mathrm{d}x.$$

而
$$\int_a^b F(x)g(x)\mathrm{d}x = \int_a^b [f(x) - f(a)]g(x)\mathrm{d}x$$
$$= \int_a^b f(x)g(x)\mathrm{d}x - f(a)\int_a^b g(x)\mathrm{d}x,$$

于是
$$\int_a^b f(x)g(x)\mathrm{d}x$$
$$= f(a)\int_a^b g(x)\mathrm{d}x - f(a)\int_\xi^b g(x)\mathrm{d}x + f(b)\int_\xi^b g(x)\mathrm{d}x$$
$$= f(a)\int_a^\xi g(x)\mathrm{d}x + f(b)\int_\xi^b g(x)\mathrm{d}x.$$

积分第一中值定理和积分第二中值定理也经常用于积分的估值. 对同一个积分, 用不同的中值定理进行估值其精度相差可能很大. 当被积函数变号时, 利用积分第二中值定理进行估值, 常常更精确些.

例 18 估计积分 $\int_a^b \dfrac{\sin x}{x}\mathrm{d}x$ 的值, 其中 $b>a>0$, 即找出它的上界.

解 利用积分第一中值定理, 可得以下两种估值:

1) $\left|\int_a^b \dfrac{\sin x}{x}\mathrm{d}x\right| \leq \left|\dfrac{\sin \xi}{\xi}\right| \int_a^b \mathrm{d}x = \left|\dfrac{\sin \xi}{\xi}\right|(b-a) \leq \dfrac{b-a}{a} = \dfrac{b}{a} - 1$, $a \leq \xi \leq b$.

2) $\left|\int_a^b \dfrac{\sin x}{x}\mathrm{d}x\right| \leq |\sin \eta|\int_a^b \dfrac{\mathrm{d}x}{x} = \left|\sin \eta \ln \dfrac{b}{a}\right| \leq \ln\left|\dfrac{b}{a}\right|$, $a \leq \eta \leq b$.

利用积分第二中值定理, 函数 $f(x) = \dfrac{1}{x}$ 在 $[a,b]$ 上严格减少, 且 $\dfrac{1}{x} > 0$, 有

3) $\left|\int_a^b \dfrac{\sin x}{x}\mathrm{d}x\right| = \left|\dfrac{1}{a}\int_a^\xi \sin x \mathrm{d}x\right| = \left|\dfrac{1}{a}(\cos a - \cos \xi)\right| \leq \dfrac{2}{a}$.

注 当正数 b 远大于正数 a 时, 最后一个估值最精确.

七、对数函数的积分定义

已知基本初等函数在高中数学中占有重要地位, 但是由于受中学数学内容和方法的限制, 在那里不可能给出严格的定义, 对它们性质的讨论也不可能全面深刻. 在数学分析中, 借助于分析的知识给出基本初等函数的定义, 对深刻认识这些函数很

有意义.这里用积分上限函数定义对数函数,并证明其性质.这里假设读者对对数函数一无所知,仅知道积分学和微分学的有关知识.

已知函数 $f(x)=\dfrac{1}{x}$ 在开区间 $(0,+\infty)$ 连续,从而在其中任意闭区间都可积,且存在原函数.

定义 $\forall x\in(0,+\infty)$,函数

$$L(x)=\int_1^x \frac{\mathrm{d}t}{t}$$

称为**自然对数函数**,通常将 $L(x)$ 表示为 $\ln x$,即

$$\ln x=\int_1^x \frac{\mathrm{d}t}{t},\ x>0.$$

这里的下限取 1,只是为了计算上的方便.显然,自然对数函数 $y=\ln x$ 的定义域是开区间 $(0,+\infty)$,且 $\ln 1=0$,当 $x>1$ 时,$\ln x>0$;当 $0<x<1$ 时,$\ln x<0$.

下面给出自然对数函数的性质:

1) 自然对数函数 $y=\ln x$ 在其定义域 $(0,+\infty)$ 连续、可导.

事实上,已知函数 $f(x)=\dfrac{1}{x}$ 在开区间 $(0,+\infty)$ 连续,根据 §8.4 定理 2,积分上限函数 $\ln x=\int_1^x \dfrac{\mathrm{d}t}{t}$ 在 $(0,+\infty)$ 可导,从而,自然对数函数 $y=\ln x$ 在 $(0,+\infty)$ 连续.

2) $\forall a,b\in(0,+\infty)$,有

$$\ln(ab)=\ln a+\ln b,\quad \ln\frac{a}{b}=\ln a-\ln b.$$

事实上,$\forall ab>0$,有

$$\ln(ab)=\int_1^{ab}\frac{\mathrm{d}t}{t}=\int_1^a \frac{\mathrm{d}t}{t}+\int_a^{ab}\frac{\mathrm{d}t}{t}=\ln a+\int_a^{ab}\frac{\mathrm{d}t}{t}.$$

设 $t=au,\mathrm{d}t=a\mathrm{d}u$,有

$$\int_a^{ab}\frac{\mathrm{d}t}{t}=\int_1^b \frac{a\mathrm{d}u}{au}=\int_1^b \frac{\mathrm{d}u}{u}=\ln b.$$

于是

$$\ln(ab)=\ln a+\ln b.$$

特别是取 $b=\dfrac{1}{a}$,由上述结果,有

$$\ln\left(a\cdot\frac{1}{a}\right)=\ln 1=\ln a+\ln\frac{1}{a}=0$$

或

$$\ln\frac{1}{a}=-\ln a.$$

从而

$$\ln\frac{a}{b}=\ln a+\ln\frac{1}{b}=\ln a-\ln b.$$

3) $\forall x \in (0, +\infty), \forall \alpha \in \mathbf{R}$, 有
$$\ln x^\alpha = \alpha \ln x.$$
事实上,设 $t = u^\alpha$, 暂设 $\alpha \neq 0$, $dt = \alpha u^{\alpha-1} du$, 有
$$\ln x^\alpha = \int_1^{x^\alpha} \frac{dt}{t} = \int_1^x \frac{\alpha u^{\alpha-1}}{u^\alpha} du = \alpha \int_1^x \frac{du}{u} = \alpha \ln x.$$
当 $\alpha = 0$ 时,这个等式也成立.

4) $\forall a, b \in (0, +\infty)$, 有($y = \ln x$ 在 $(0, +\infty)$ 严格增加)
$$a < b \iff \ln a < \ln b.$$
事实上,
$$(\ln x)' = \left(\int_1^x \frac{dt}{t} \right)' = \frac{1}{x} > 0.$$
根据 §6.4 定理 2, 自然对数函数 $y = \ln x$ 在 $(0, +\infty)$ 严格增加,即
$$a < b \iff \ln a < \ln b.$$

5) 自然对数函数 $y = \ln x$ 在 $(0, +\infty)$ 是严上凸.

事实上, $\forall x \in (0, +\infty)$, 有
$$(\ln x)' = \left(\int_1^x \frac{dt}{t} \right)' = \frac{1}{x}, \quad (\ln x)'' = \left(\frac{1}{x} \right)' = -\frac{1}{x^2} < 0,$$
根据 §6.4 定理 7 的推论 2, 自然对数函数 $y = \ln x$ 在 $(0, +\infty)$ 是严上凸.

6) $\lim\limits_{x \to +\infty} \ln x = +\infty$, $\lim\limits_{x \to 0^+} \ln x = -\infty$.

事实上,由 4) 知,自然对数函数 $y = \ln x$ 在 $(0, +\infty)$ 严格增加,有
$$\ln 2^n = \int_1^{2^n} \frac{dt}{t} = \sum_{k=1}^n \int_{2^{k-1}}^{2^k} \frac{dt}{t} > \sum_{k=1}^n \int_{2^{k-1}}^{2^k} \frac{dt}{2^k}$$
$$= \sum_{k=1}^n \frac{1}{2^k}(2^k - 2^{k-1}) = \sum_{k=1}^n \frac{1}{2} = \frac{n}{2}.$$

$\forall x > 2^n$, 有 $\ln x > \ln 2^n > \frac{n}{2}$. 当 $n \to +\infty$ 时,有 $x \to +\infty$. 于是,
$$\lim_{x \to +\infty} \ln x = +\infty.$$
又已知 $\ln x = -\ln \frac{1}{x}$, 有
$$\lim_{x \to 0^+} \ln x = -\lim_{x \to 0^+} \ln \frac{1}{x} = -\infty,$$
由此可知,自然对数函数 $y = \ln x$ 的值域是 $\mathbf{R}$, 且直线 $x = 0$ (即 y 轴) 是自然对数函数 $y = \ln x$ 图像的垂直渐近线,如图 1.13 ($a > 1$).

已知自然对数函数 $y = \ln x$ 在 $(0, +\infty)$ 连续,且严格增加,其值域是 $\mathbf{R}$. 根据连续函数的介值性定理,当 $y = 1$ 时,存在唯一一个数,将此数用拉丁字母 e 表示,使
$$\ln e = 1.$$
不难证明,这个数 e 就是我们已知的极限
$$e = \lim_{n \to \infty} \left(1 + \frac{1}{n} \right)^n.$$

事实上，

$$\ln e = \ln\left[\lim_{n\to\infty}\left(1+\frac{1}{n}\right)^n\right]$$

$$= \lim_{n\to\infty}\left[\ln\left(1+\frac{1}{n}\right)^n\right] \quad (\text{因为 } y = \ln x \text{ 连续})$$

$$= \lim_{n\to\infty} n\ln\left(1+\frac{1}{n}\right) \quad (\text{由上述性质 3})$$

$$= \lim_{n\to\infty} n\int_1^{1+\frac{1}{n}}\frac{dt}{t} \quad (\text{由自然对数函数定义})$$

$$= \lim_{n\to\infty} n\cdot\frac{1}{\xi}\cdot\frac{1}{n} \quad (\text{由积分中值定理})$$

$$= \lim_{n\to\infty}\frac{1}{\xi} = 1 \quad \left(1<\xi<1+\frac{1}{n}, n\to\infty, \xi\to 1\right).$$

自然对数函数亦称为**以 e 为底的对数函数**，也记作

$$y = \log_e x$$

以上给出了自然对数函数的定义，并证明了它的性质，下面给出一般的以 a 为底的对数函数的定义及其性质：

定义 设 $0<a\neq 1, \ln a\neq 0$，函数

$$\log_a x = \frac{\ln x}{\ln a},$$

称为**以 a 为底的对数函数**.

不难验证，当 $a>1$ 时（$\ln a>0$），以 a 为底的对数函数 $y=\log_a x$ 的性质与上述的以 e 为底的（自然）对数函数性质完全相同.

当 $0<a<1$ 时（$\ln a<0$），以 a 为底的对数函数 $y=\log_a x$ 的性质与以 e 为底的（自然）对数函数的性质 1），2），3）也相同，上述性质 4），5），6）分别改为：

4′) $\forall a,b\in(0,+\infty)$，有（$y=\log_a x$ 在 $(0,+\infty)$ 严格减少）

$$c<d \iff \log_a c > \log_a d.$$

5′) 以 a 为底的对数函数 $y=\log_a x$ 在 $(0,+\infty)$ 是严下凸.

6′) 当 $0<a<1$ 时，有

$$\lim_{x\to+\infty}\log_a x = -\infty, \quad \lim_{x\to 0^+}\log_a x = +\infty.$$

由此可知，以 a 为底的对数函数 $y=\log_a x$ 的值域是 **R**，且直线 $x=0$（即 y 轴）也是以 a 为底的对数函数 $y=\log_a x$ 图像的垂直渐近线，如图 1.13（$0<a<1$）.

上述性质，作为练习，读者自证.

八、指数函数——对数函数的反函数

以 e 为底的（自然）对数函数 $y=\ln x$ 在其定义域 $(0,+\infty)$ 是严格增加的连续函数，根据 §1.3 定理 1，以 e 为底的（自然）对数函数 $y=\ln x$ 存在反函数.

定义 以 e 为底的对数函数 $y=\ln x$ 的反函数，记作

$$y = e^x,$$

称为**以 e 为底的指数函数**.

显然,以 e 为底的指数函数 $y=\mathrm{e}^x$ 的定义域是其反函数以 e 为底的对数函数 $y=\ln x$ 的值域 $\mathbf{R}$,以 e 为底的指数函数 $y=\mathrm{e}^x$ 的值域是其反函数以 e 为底的对数函数 $y=\ln x$ 的定义域 $(0,+\infty)$,有
$$\ln \mathrm{e}^x = x, \quad x \in \mathbf{R},$$
$$\mathrm{e}^{\ln x} = x, \quad x \in (0,+\infty).$$

以 e 为底的指数函数 $y=\mathrm{e}^x$ 有下列性质:

1) 以 e 为底的指数函数 $y=\mathrm{e}^x$ 在 $\mathbf{R}$ 上是严格增加的连续函数.

事实上,根据 §3.2 定理 7 可知.

2) $\forall x \in \mathbf{R}$,有 $y=\mathrm{e}^x>0$.

事实上,已知以 e 为底的指数函数 $y=\mathrm{e}^x$ 的值域是以 e 为底的对数函数 $y=\ln x$ 的定义域 $(0,+\infty)$,即 $\forall x \in \mathbf{R}$,有 $\mathrm{e}^x>0$.

3) $\forall a,b \in \mathbf{R}$,有
$$\mathrm{e}^{a+b} = \mathrm{e}^a \cdot \mathrm{e}^b, \quad \mathrm{e}^{a-b} = \frac{\mathrm{e}^a}{\mathrm{e}^b}.$$

事实上,设 $\mathrm{e}^a = x$ 与 $\mathrm{e}^b = y$,即 $a = \ln x, b = \ln y$,从而
$$a+b = \ln x + \ln y = \ln(xy),$$
$$a-b = \ln x - \ln y = \ln \frac{x}{y},$$
即
$$\mathrm{e}^{a+b} = xy = \mathrm{e}^a \cdot \mathrm{e}^b, \quad \mathrm{e}^{a-b} = \frac{x}{y} = \frac{\mathrm{e}^a}{\mathrm{e}^b}.$$

4) $\forall x \in \mathbf{R}, \forall \alpha \in \mathbf{R}$,有 $\mathrm{e}^{\alpha x} = (\mathrm{e}^x)^\alpha$.

事实上,设 $\mathrm{e}^x = a$,即 $x = \log_e a$. 从而,
$$\alpha x = \alpha \log_e a = \log_e a^\alpha,$$
即
$$\mathrm{e}^{\alpha x} = a^\alpha = (\mathrm{e}^x)^\alpha,$$

5) 以 e 为底的指数函数 $y=\mathrm{e}^x$ 在 $\mathbf{R}$ 是严下凸.

事实上,$\forall x \in \mathbf{R}, (\mathrm{e}^x)' = \mathrm{e}^x, (\mathrm{e}^x)'' = (\mathrm{e}^x)' = \mathrm{e}^x > 0$,根据 §6.4 定理 7 的推论 2,则以 e 为底的指数函数 $y=\mathrm{e}^x$ 在 $\mathbf{R}$ 是严下凸.

6) $\lim\limits_{x \to +\infty} \mathrm{e}^x = +\infty$, $\lim\limits_{x \to -\infty} \mathrm{e}^x = 0$.

事实上,由 §2.3 的例 16 知,$\lim\limits_{x \to +\infty} \mathrm{e}^x = +\infty$.

设 $x = -y, x \to -\infty \Longleftrightarrow y \to +\infty$,有
$$\lim_{x \to -\infty} \mathrm{e}^x = \lim_{y \to +\infty} \mathrm{e}^{-y} = \lim_{y \to +\infty} \frac{1}{\mathrm{e}^y} = 0.$$

由此可知,以 e 为底的指数函数 $y=\mathrm{e}^x$ 的值域是开区间 $(0,+\infty)$,且直线 $y=0$(即 x 轴)是以 e 为底的指数函数 $y=\mathrm{e}^x$ 图像的水平渐近线,如图 1.12($a>1$).

同样,我们已知,以 a 为底的对数函数 $y=\log_a x$ 在定义域 $(0,+\infty)$ 是严格单调的(当 $a>1$ 时,严格增加;当 $0<a<1$ 时,严格减少)连续函数,因此它们存在反函数.

定义 以 a 为底的对数函数 $y=\log_a x$ 的反函数,记作

$$y = a^x,$$

称为**以 a 为底的指数函数**,有

$$\log_a(a^x) = x, \quad x \in \mathbf{R}.$$
$$a^{\log_a x} = x, \quad x \in (0, +\infty).$$

当 $a>1$ 时,以 a 为底的指数函数 $y = a^x$ 与以 e 为底的指数函数 $y = e^x$ 的性质完全相同.

当 $0<a<1$ 时,以 a 为底的指数函数 $y = a^x$ 与以 e 为底的指数函数 $y = e^x$ 的 2),3),4),5) 也相同,只是 1),6) 分别改为:

1′) 以 a 为底的指数函数 $y = a^x$ 在 $\mathbf{R}$ 上是严格减少的连续函数.

6′) $\lim\limits_{x \to +\infty} a^x = 0$, $\lim\limits_{x \to -\infty} a^x = +\infty$.

请读者自证.

练习题 8.4

1. 用定积分定义求下列定积分:

1) $\int_0^1 x \mathrm{d}x$;

2) $\int_a^b x^3 \mathrm{d}x$ $\left(\text{提示}: \sum\limits_{k=1}^n k^3 = \frac{1}{4}n^2(1+n)^2\right)$;

3) $\int_2^3 \frac{\mathrm{d}x}{x^2}$ (提示:可取 $\xi_k = \sqrt{x_{k-1}x_k}$).

2. 求下列定积分:

1) $\int_{-1}^3 (3x^2 - 2x + 1) \mathrm{d}x$;

2) $\int_0^{\frac{\pi}{6}} \frac{\mathrm{d}x}{\cos^2(2x)}$;

3) $\int_0^2 \frac{\mathrm{d}x}{4+x^2}$;

4) $\int_0^{\frac{\pi}{3}} \tan x \mathrm{d}x$;

5) $\int_{-1}^1 \frac{\mathrm{d}x}{\sqrt{5-4x}}$;

6) $\int_1^e \frac{2+\ln x}{x} \mathrm{d}x$;

7) $\int_0^{\frac{\pi}{2}} \sin^2 x \cos x \mathrm{d}x$;

8) $\int_1^4 \frac{x}{\sqrt{2+4x}} \mathrm{d}x$;

9) $\int_1^5 \frac{\sqrt{x-1}}{x} \mathrm{d}x$;

10) $\int_0^{\ln 3} x e^{-x} \mathrm{d}x$;

11) $\int_0^1 \arccos x \mathrm{d}x$;

12) $\int_0^a x^2 \sqrt{a^2 - x^2} \mathrm{d}x$;

13) $\int_{-a}^a \frac{x^2}{\sqrt{x^2+a^2}} \mathrm{d}x$;

14) $\int_0^{\frac{\pi}{2}} \frac{\sin x \cos x}{a^2 \cos^2 x + b^2 \sin^2 x} \mathrm{d}x, a \neq b$;

15) $\int_0^1 \sqrt{(1-x^2)^3} \mathrm{d}x$.

3. 求下列极限:

1) $\lim\limits_{n \to \infty} \int_0^{\frac{2}{3}} \frac{x^n}{1+x} \mathrm{d}x$;

2) $\lim\limits_{n \to \infty} \int_0^{\frac{\pi}{4}} \cos^n x \mathrm{d}x$;

3) $\lim\limits_{n\to\infty}\int_n^{n+p}\dfrac{\sin x}{x}\mathrm{d}x$ （$p>0$）.

4. 应用定积分求下列极限：

1) $\lim\limits_{n\to\infty}\sum\limits_{k=1}^{n}\dfrac{1}{n+k}$;

2) $\lim\limits_{n\to\infty}\sum\limits_{k=1}^{n}\dfrac{n}{n^2+k^2}$;

3) $\lim\limits_{n\to\infty}\sum\limits_{k=1}^{n}\dfrac{k^p}{n^{p+1}}$ （$p>0$）；

4) $\lim\limits_{n\to\infty}\dfrac{1}{n}\sqrt[n]{n(n+1)\cdots[n+(n-1)]}$.

5. 证明：若函数 $f(x)>0$，在 $[a,b]$ 可积，令 $f_{in}=f\left(a+i\dfrac{b-a}{n}\right)$，则

1) $\lim\limits_{n\to\infty}\dfrac{1}{n}(f_{1n}+f_{2n}+\cdots+f_{nn})=\dfrac{1}{b-a}\int_a^b f(x)\mathrm{d}x$；

2) $\lim\limits_{n\to\infty}\sqrt[n]{f_{1n}f_{2n}\cdots f_{nn}}=\mathrm{e}^{\frac{1}{b-a}\int_a^b \ln f(x)\mathrm{d}x}$；

3) $\lim\limits_{n\to\infty}\dfrac{n}{\dfrac{1}{f_{1n}}+\dfrac{1}{f_{2n}}+\cdots+\dfrac{1}{f_{nn}}}=\dfrac{b-a}{\int_a^b\dfrac{\mathrm{d}x}{f(x)}}$，并有

$$\dfrac{b-a}{\int_a^b\dfrac{\mathrm{d}x}{f(x)}}\leqslant \mathrm{e}^{\frac{1}{b-a}\int_a^b \ln f(x)\mathrm{d}x}\leqslant \dfrac{1}{b-a}\int_a^b f(x)\mathrm{d}x$$

（提示：见练习题 2.2 第 24 题的提示）.

6. 证明：若 m 与 n 是非负整数，则

1) $\int_{-\pi}^{\pi}\sin mx\sin nx\,\mathrm{d}x=\begin{cases}0, & m\neq n,\\ \pi, & m=n\neq 0;\end{cases}$

2) $\int_{-\pi}^{\pi}\cos mx\cos nx\,\mathrm{d}x=\begin{cases}0, & m\neq n,\\ \pi, & m=n\neq 0,\\ 2\pi, & m=n=0;\end{cases}$

3) $\int_{-\pi}^{\pi}\sin mx\cos nx\,\mathrm{d}x=0$；

4) $\int_{-\pi}^{\pi}\left[\dfrac{a_0}{2}+\sum\limits_{k=1}^{n}(a_k\cos kx+b_k\sin kx)\right]^2\mathrm{d}x=\pi\left[\dfrac{a_0^2}{2}+\sum\limits_{k=1}^{n}(a_k^2+b_k^2)\right]$,

其中 $a_0,a_1,\cdots,a_n,b_1,\cdots,b_n$ 都是常数.

7. 设函数 $f(x)$ 连续. 证明：

1) $\int_0^{\pi}xf(\sin x)\mathrm{d}x=\dfrac{\pi}{2}\int_0^{\pi}f(\sin x)\mathrm{d}x$；

2) $\int_0^1 x^m(1-x)^n\mathrm{d}x=\int_0^1 x^n(1-x)^m\mathrm{d}x$ （$n>0,m>0$）.

8. 证明：若函数 $f(x)$ 在 $[a,b]$ 可积，则 $F(x)=\int_a^x f(t)\mathrm{d}t$ 在 $[a,b]$ 一致连续.

9. 证明：若函数 $f(x)$ 在 $\mathbf{R}$ 连续，且 $f(x)=\int_a^x f(t)\mathrm{d}t$，则 $f(x)\equiv 0$.

10. 求下列极限：

1) $\lim\limits_{x\to 0}\dfrac{1}{x}\int_0^x \cos t^2\,\mathrm{d}t$；

2) $\lim\limits_{x\to 0}\dfrac{1}{x}\int_0^x \dfrac{1-\cos t}{t}\mathrm{d}t$；

3) $\lim\limits_{x\to 0}\dfrac{x}{1-\mathrm{e}^{x^2}}\int_0^x \mathrm{e}^{t^2}\mathrm{d}t$.

11. 证明:若函数 $f(x)$ 在 $[a,b]$ 连续, $\forall x, x_0 \in [a,b]$, 则
$$\lim_{h\to 0}\dfrac{1}{h}\int_{x_0}^x [f(t+h)-f(t)]\mathrm{d}t = f(x)-f(x_0).$$

12. 证明:若函数 $f(x)$ 在 $[a,b]$ 可积,则 $\exists c \in [a,b]$, 有
$$\int_a^c f(t)\mathrm{d}t = \int_c^b f(t)\mathrm{d}t.$$

13. 证明:若函数 $f(x)$ 在 $[0,+\infty)$ 连续,且 $\lim\limits_{x\to +\infty} f(x)=A$, 则
$$\lim_{x\to +\infty}\dfrac{1}{x}\int_0^x f(t)\mathrm{d}t = A.$$

* * * * * * * *

14. 证明:若函数 $f(x)$ 连续, $u(x)$ 与 $v(x)$ 可导,则 $F(x)=\int_{u(x)}^{v(x)} f(t)\mathrm{d}t$ 可导,并求其导数.

15. 证明:若 $\forall x \in \mathbf{R}$, 有 $f''(x) \geqslant 0$, $g(x)$ 在 $[0,a]$ 上连续,则
$$\dfrac{1}{a}\int_0^a f[g(t)]\mathrm{d}t \geqslant f\left[\dfrac{1}{a}\int_0^a g(t)\mathrm{d}t\right].$$

(提示:已知 $f''(x)\geqslant 0$, 则 $f(x)$ 在 $\mathbf{R}$ 是下凸,应用下凸性质).

16. 证明:
$$\lim_{x\to +\infty}\int_x^{x+1}\sin t^2 \mathrm{d}t = 0$$

$\left(\text{提示:应用换元积分法,证明:当 } x>0 \text{ 时}, \left|\int_x^{x+1}\sin t^2 \mathrm{d}t\right|<\dfrac{1}{x}\right)$.

17. 设函数 $f(x)$ 连续.证明:
$$\int_0^x \left[\int_0^t f(x)\mathrm{d}x\right]\mathrm{d}t = \int_0^x f(t)(x-t)\mathrm{d}t$$

(提示:可应用分部积分法).

18. 证明:若函数 $y=f(x)$ 在 $[a,b]$ 严格单调、连续,其反函数是 $x=f^{-1}(y)$, 且 $\alpha=f(a), \beta=f(b)$, 则
$$\int_\alpha^\beta f^{-1}(y)\mathrm{d}y = b\beta - a\alpha - \int_a^b f(x)\mathrm{d}x.$$

当函数 $f(x)$ 非负时,说明此等式的几何意义.

19. 证明:若函数 $y=f(x)$ 在 $[0,+\infty)$ 连续,且严格增加,又 $f(0)=0$, $\forall a>0, b>0$, 则
$$ab \leqslant \int_0^a f(x)\mathrm{d}x + \int_0^b f^{-1}(y)\mathrm{d}y,$$

特别地,当 $p>1$ 时,且 $\dfrac{1}{p}+\dfrac{1}{q}=1$, 有 $ab \leqslant \dfrac{a^p}{p}+\dfrac{b^q}{q}$ (提示:取 $y=x^{p-1}$).

20. 证明:若函数 $f(x)$ 在 $[a,b]$ 有连续导数,令
$$h=\dfrac{b-a}{n}, \quad S_n = \sum_{k=1}^n h f(a+kh), \quad I=\int_a^b f(x)\mathrm{d}x,$$

则
$$\lim_{n\to\infty} n(S_n - I) = \dfrac{b-a}{2}[f(b)-f(a)].$$

(提示:将 S_n 与 I 分别表示为 $S_n = \sum\limits_{k=1}^n \int_{x_{k-1}}^{x_k} f(x_k)\mathrm{d}x$ 与 $I=\sum\limits_{k=1}^n \int_{x_{k-1}}^{x_k} f(x)\mathrm{d}x$, 其中 $x_k = a+kh$. $S_n - I = \sum\limits_{k=1}^n \int_{x_{k-1}}^{x_k}[f(x_k)-f(x)]\mathrm{d}x$. 应用微分中值定理,再分别讨论连续函数 $f'(x)$ 在 $[x_{k-1}, x_k]$ 的上、下确界,

估值计算之).

21. 证明:若函数 $f(x)$ 在 $[a,b]$ 连续,且 $\forall x \in [a,b]$,有 $f(x)>0$,则

$$\int_a^b f(x)\,dx \int_a^b \frac{dx}{f(x)} \geq (b-a)^2$$

(提示:根据定积分定义,用等分法及不等式 $\frac{f(\xi_i)}{f(\xi_j)} + \frac{f(\xi_j)}{f(\xi_i)} \geq 2$).

22. 证明:若函数 $f(x)$ 与 $g(x)$ 在 $[a,b]$ 可积,则

$$\left(\int_a^b f(x)g(x)\,dx\right)^2 \leq \int_a^b [f(x)]^2 dx \int_a^b [g(x)]^2 dx.$$

它称为施瓦茨①不等式 (提示:讨论 $\int_a^b [tf(x)+g(x)]^2 dx \geq 0$).

23. 应用施瓦茨不等式证明:

1) $\left(\int_a^b f(x)\,dx\right)^2 \leq (b-a)\int_a^b [f(x)]^2 dx$;

2) 第 21 题;

3) $\ln\frac{p}{q} \leq \frac{p-q}{\sqrt{pq}}$, $0<q\leq p$.

24. 证明: $\exists A<1, \forall n \in \mathbf{N}_+, n>1$,有不等式

$$\sqrt{1}+\sqrt{2}+\cdots+\sqrt{n}<An^{\frac{3}{2}}.$$

25. 证明:

$$\int_{-1}^1 P_m(x)P_n(x)\,dx = \begin{cases} 0, & n \neq m, \\ \dfrac{2}{2n+1}, & n=m. \end{cases}$$

其中 $P_n(x) = \dfrac{1}{2^n n!}\dfrac{d^n}{dx^n}(x^2-1)^n$.

§8.5 定积分的应用

一、微元法

应用定积分计算实际问题,首先根据问题的实际意义作出积分和,然后再取极限,从而就将实际问题抽象为定积分.但是,将作积分和与取极限两步截然分开的做法比较麻烦.在实际应用中是将作积分和与取极限两步合并为一步,即"微元法",简便易行.本段关于微元法不给严格处理,只是通过实例给出应用微元法的方法.

定积分是分布在区间上的整体量.因为整体是由局部组成的,所以将实际问题抽象为定积分,必须从整体着眼,从局部入手.这里所说的"局部"不是区间分法的小区间,而是小区间在极限过程中 ($l(T)\to 0$) 缩小为一"点"了.但是,我们看待这个"点"仍具有小区间的意义.例如,它的"长"是 dx.具体做法是,首先将区间上的整体量化

---

① 施瓦茨(Schwarz,1843—1921),德国数学家.

成区间上每一点的微分,亦称**微元**,这是"化整为零";然后,对区间上每一点上的微分无限累加——"连续作和",这是"积零为整",就得到了欲求的定积分.具体过程是:

$$\boxed{\text{待求的定积分}} \xrightarrow{\text{化整为零}} \boxed{\text{局部微分}} \xrightarrow{\text{积零为整}} \boxed{\text{得到的定积分}}$$

下面以曲边梯形的面积、物体运动路程和变力作功为例,说明怎样用微元法将这些实际问题化成定积分.

曲边梯形的面积 求区间 $[a,b]$ 上的连续曲线 $y=f(x)\geqslant 0$, x 轴,直线 $x=a$ 与 $x=b$ 所围成曲边梯形的面积 A. 首先求曲边梯形面积的面积微元 $\mathrm{d}A$. 在 $[a,b]$ 上任取一点 x, 在点 x 上的面积微元 $\mathrm{d}A$ 就是"高"为 $f(x)$, "宽"为微分 $\mathrm{d}x$ 的矩形面积,即

$$\mathrm{d}A = f(x)\mathrm{d}x \quad (\text{矩形面积}=\text{高}\times\text{宽}).$$

再将每一点 x 的面积微元 $\mathrm{d}A$ 从 a 到 b 连续累加起来,即由 a 到 b 的定积分,就得到所求的曲边梯形的面积

$$A = \int_a^b \mathrm{d}A = \int_a^b f(x)\mathrm{d}x.$$

物体运动的路程 已知物体沿直线运动,在时刻 t 的速度是 $v(t)$,求从时刻 a 到时刻 b 物体运动的路程 s. 首先求物体运动路程的路程微元 $\mathrm{d}s$. 在时间间隔 $[a,b]$ 上任取一个时刻 t,物体在时刻 t 的运动速度是 $v(t)$,"运动时间"是微分 $\mathrm{d}t$,在时间 t 物体运动的路程微元

$$\mathrm{d}s = v(t)\mathrm{d}t \quad (\text{路程}=\text{速度}\times\text{时间}).$$

再将每个时刻 t 的路程微元 $\mathrm{d}s$ 从时刻 a 到时刻 b 连续累加起来,即由 a 到 b 的定积分,就得到所求的物体运动的路程

$$s = \int_a^b \mathrm{d}s = \int_a^b v(t)\mathrm{d}t.$$

变力作功 已知变力 $F(x)$(方向不变)沿力的方向将物体从点 a 推到点 b,求变力 $F(x)$ 在 $[a,b]$ 上所作的功 W. 首先求变力作功的功微元 $\mathrm{d}W$. 在 $[a,b]$ 上任取一点 x,在点 x 的力是 $F(x)$,物体在点 x 运动的"距离"是微分 $\mathrm{d}x$,在点 x 变力作功的功微元

$$\mathrm{d}W = F(x)\mathrm{d}x \quad (\text{功}=\text{力}\times\text{距离}).$$

再将每一点 x 变力作功的功微元 $\mathrm{d}W$ 从 a 到 b 连续累加起来,即由 a 到 b 的定积分,就得到所求的变力 $F(x)$ 作的功

$$W = \int_a^b \mathrm{d}W = \int_a^b F(x)\mathrm{d}x.$$

从上述三例看到微元法的共性.欲将某实际问题抽象为定积分,首先要求出欲求量的微元.例如,求曲边梯形的面积要求出面积微元;求物体运动的路程要求出路程微元;求变力作功要求出功微元.这些微元都是根据具体问题的几何、物理等已知的公式写出来的.例如,矩形面积微元根据矩形面积公式,路程微元根据公式 $s=vt$,功微元根据公式 $W=Fs$.其次再将每一点上的微元连续累加起来,就得到了定积分.下面除计算平面曲线的弧长应用定积分的定义外,其余的问题都是应用微元法.

二、平面区域的面积

围成平面区域的曲线可用不同的形式表示.以下分三种情况:

1. 直角坐标系

已知在区间 $[a,b]$ 上的非负连续曲线 $y=f(x)$,x 轴及二直线 $x=a$ 与 $x=b$ 所围成的曲边梯形的面积

$$A = \int_a^b f(x)\,dx.$$

如果 $\forall x \in [a,b]$,有 $f(x) \leq 0$.根据 §8.3 定理 7,有 $\int_a^b f(x)\,dx \leq 0$. 因为平面图形的面积不能是负数,所以在区间 $[a,b]$ 上的连续曲线 $y=f(x)$(有的函数值为正,有的函数值为负),x 轴及二直线 $x=a$ 与 $x=b$ 所围成的平面区域的面积

$$A = \int_a^b |f(x)|\,dx.$$

如图 8.9,连续曲线 $y=f(x)$,x 轴及二直线 $x=a$ 与 $x=b$ 所围成的平面区域的面积

$$A = \int_a^b |f(x)|\,dx = -\int_a^c f(x)\,dx + \int_c^b f(x)\,dx.$$

例 1 求在区间 $\left[\dfrac{1}{2}, 2\right]$ 上连续曲线 $y = \ln x$,x 轴及二直线 $x=\dfrac{1}{2}$ 与 $x=2$ 所围成平面区域(如图 8.10)的面积.

解 已知在 $\left[\dfrac{1}{2}, 1\right]$ 上,$\ln x \leq 0$;在 $[1,2]$ 上,$\ln x \geq 0$,则此区域的面积

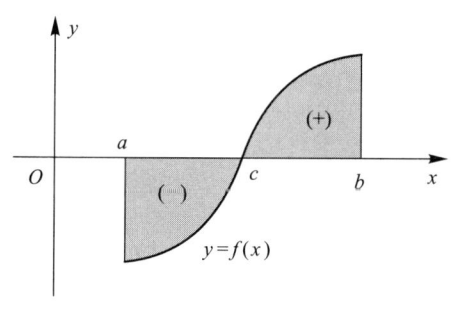
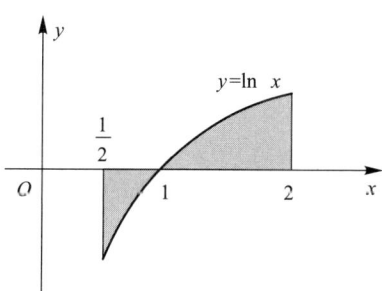

图 8.9　　图 8.10

$$\begin{aligned}
A &= \int_{\frac{1}{2}}^{2} |\ln x|\,dx = -\int_{\frac{1}{2}}^{1} \ln x\,dx + \int_{1}^{2} \ln x\,dx \\
&= -(x\ln x - x)\Big|_{\frac{1}{2}}^{1} + (x\ln x - x)\Big|_{1}^{2} \\
&= \frac{3}{2}\ln 2 - \frac{1}{2}.
\end{aligned}$$

如果平面区域是由区间 $[a,b]$ 上的两条连续曲线 $y=f(x)$ 与 $y=g(x)$(彼此可能相交)及二直线 $x=a$ 与 $x=b$ 所围成(如图 8.11),它的面积

$$A = \int_a^b |f(x)-g(x)|\,dx.$$

例2 求半径为 r 的圆的面积.

解 在直角坐标系中,取圆心为原点,半径为 r 的圆的方程是
$$x^2+y^2=r^2.$$
上半圆的方程是 $y_1=\sqrt{r^2-x^2}$,下半圆的方程是 $y_2=-\sqrt{r^2-x^2}$. 于是,圆的面积
$$A = \int_{-r}^{r} |y_1-y_2|\,dx = 2\int_{-r}^{r}\sqrt{r^2-x^2}\,dx$$
$$= \left(x\sqrt{r^2-x^2}+r^2\arcsin\frac{x}{r}\right)\bigg|_{-r}^{r} = \pi r^2.$$

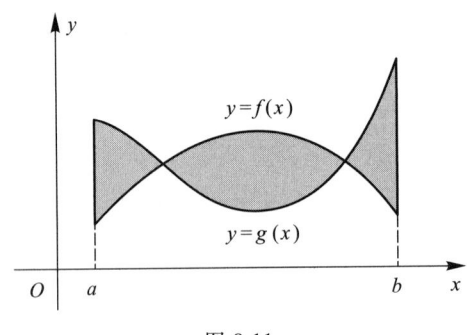

图 8.11

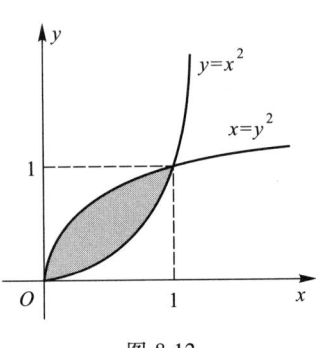

图 8.12

例3 求由两条曲线 $y=x^2$ 与 $x=y^2$ 围成的平面区域(如图 8.12)的面积.

解 两条曲线的交点是 $(0,0)$ 与 $(1,1)$,则此区域的面积
$$A = \int_0^1 (\sqrt{x}-x^2)\,dx = \left(\frac{2}{3}x^{\frac{3}{2}}-\frac{1}{3}x^3\right)\bigg|_0^1 = \frac{1}{3}.$$

例4 求由两条曲线 $y=x^2$,$y=\dfrac{x^2}{4}$ 和直线 $y=1$ 围成的平面区域(如图 8.13)的面积.

解法一 此区域关于 y 轴对称,其面积是第一象限那部分面积的 2 倍.在第一象限中,直线 $y=1$ 与曲线 $y=x^2$ 与 $y=\dfrac{x^2}{4}$ 的交点分别是 $(1,1)$ 与 $(2,1)$. 此区域的面积
$$A = 2\left(\int_0^1 x^2\,dx + \int_1^2 dx - \int_0^2 \frac{x^2}{4}\,dx\right)$$
$$= \frac{4}{3}.$$

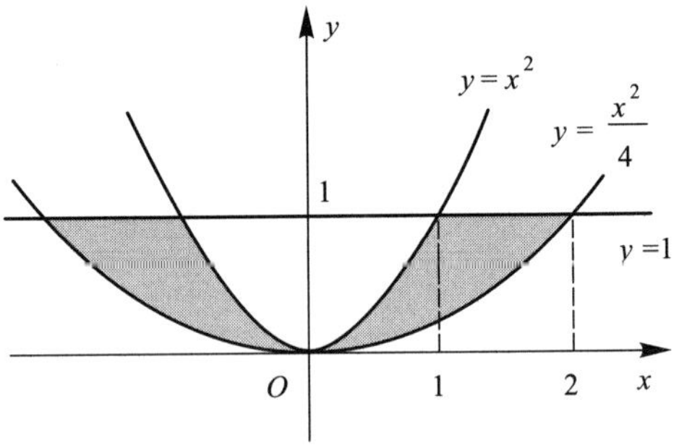

图 8.13

解法二 将 y 看作是自变量.在第一象限的那部分区域是由曲线 $x=\sqrt{y}$,$x=2\sqrt{y}$ 和直线 $y=1$ 所围成(y 作自变量).此区域的面积
$$A = 2\int_0^1 (2\sqrt{y}-\sqrt{y})\,dy = 2\int_0^1 \sqrt{y}\,dy = \frac{4}{3}.$$

2. 参数方程

设曲线 C 是参数方程
$$x = \varphi(t), \quad y = \psi(t), \quad \alpha \leq t \leq \beta,$$
其中 $\varphi'(t)$ 与 $\psi'(t)$ 在 $[\alpha,\beta]$ 连续.

1) 若函数 $x=\varphi(t)$ 在 $[\alpha,\beta]$ 严格增加,从而 $\varphi'(t) \geq 0$,有
$$a = \varphi(\alpha) < \varphi(\beta) = b,$$
于是,函数 $x=\varphi(t)$ 存在反函数 $t=\varphi^{-1}(x)$. 因此,曲线 $C: y = \psi[\varphi^{-1}(x)]$,$x$ 轴和二直线 $x=a, x=b$ 围成区域的面积为
$$A = \int_a^b |y|\,dx = \int_a^b |\psi[\varphi^{-1}(x)]|\,dx$$
$$= \int_\alpha^\beta |\psi(t)|\varphi'(t)\,dt. \tag{1}$$

2) 若函数 $x=\varphi(t)$ 在 $[\alpha,\beta]$ 严格减少,从而 $\varphi'(t) \leq 0$,有
$$a = \varphi(\alpha) > \varphi(\beta) = b.$$
于是,函数 $x=\varphi(t)$ 存在反函数 $t=\varphi^{-1}(x)$. 因此,曲线 $C: y = \psi[\varphi^{-1}(x)]$,$x$ 轴和二直线 $x=a, x=b$ 围成区域的面积
$$A = \int_b^a |y|\,dx = \int_b^a |\psi[\varphi^{-1}(x)]|\,dx$$
$$= \int_\beta^\alpha |\psi(t)|\varphi'(t)\,dt = -\int_\alpha^\beta |\psi(t)|\varphi'(t)\,dt. \tag{2}$$

例 5 求旋轮线 $x=a(t-\sin t), y=a(1-\cos t)$ ($a>0, 0 \leq t \leq 2\pi$) 一拱与 x 轴围成区域(如图 8.14)的面积.

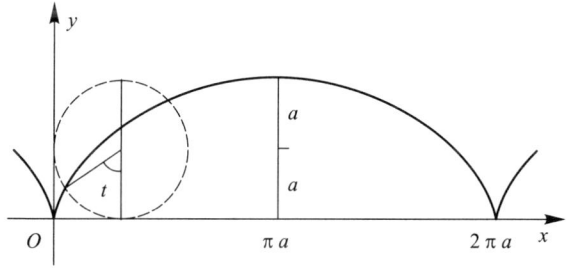

图 8.14

解 函数 $x=a(t-\sin t)$ 在 $[0,2\pi]$ 严格增加,或 $\forall t \in [0,2\pi]$,有 $x'=a(1-\cos t) \geq 0$ (仅在 $[0,2\pi]$ 上的孤立点使 $x'=0$).由公式(1),旋轮线的一拱与 x 轴围成区域的面积
$$A = \int_0^{2\pi} |a(1-\cos t)|a(1-\cos t)\,dt = a^2 \int_0^{2\pi} (1-\cos t)^2\,dt$$
$$= a^2 \int_0^{2\pi} (1-2\cos t+\cos^2 t)\,dt = a^2 \int_0^{2\pi} \left(1-2\cos t+\frac{1+\cos 2t}{2}\right)dt$$
$$= a^2 \left(t-2\sin t+\frac{t}{2}+\frac{\sin 2t}{4}\right)\bigg|_0^{2\pi} = 3\pi a^2.$$

例 6 求椭圆 $x=a\cos t, y=b\sin t$ ($0 \leq t \leq 2\pi$) 的面积.

解 椭圆关于 x 轴,y 轴都对称,其面积是第一象限那部分区域面积的 4 倍.第一

象限那部分区域由曲线

$$x = a\cos t, \quad y = b\sin t, \quad 0 \leq t \leq \frac{\pi}{2}$$

和 x 轴,y 轴所围成. 而函数 $x = a\cos t$ 在 $\left[0, \frac{\pi}{2}\right]$ 严格减少, 或 $\forall t \in \left[0, \frac{\pi}{2}\right]$, 有 $x' = -a\sin t \leq 0$. 由公式(2), 椭圆的面积

$$A = -4\int_0^{\frac{\pi}{2}} |b\sin t|(-a\sin t)\,dt = 4ab\int_0^{\frac{\pi}{2}} \sin^2 t\,dt$$
$$= 2ab\int_0^{\frac{\pi}{2}}(1-\cos 2t)\,dt = 2ab\left(t - \frac{1}{2}\sin 2t\right)\bigg|_0^{\frac{\pi}{2}} = ab\pi.$$

3. 极坐标

设曲线是极坐标方程

$$r = f(\theta), \quad \alpha \leq \theta \leq \beta,$$

其中 $f(\theta)$ 在 $[\alpha, \beta]$ 连续. 求曲线 $r = f(\theta)$ 及两射线 $\theta = \alpha$ 与 $\theta = \beta$ 围成区域的面积.

应用微元法(如图 8.15). $\forall \theta \in [\alpha, \beta]$, 在角 θ 的向径 $r = f(\theta)$, 角 θ 的微分是 $d\theta$. 由扇形面积公式, 在角 θ, 向径是 $r = f(\theta)$, 夹角是 $d\theta$ 的扇形面积微元

$$dA = \frac{1}{2}r^2\,d\theta = \frac{1}{2}[f(\theta)]^2\,d\theta.$$

再将扇形面积微元 dA 从 α 到 β 连续累加起来,就得到此区域的面积

$$A = \int_\alpha^\beta dA = \frac{1}{2}\int_\alpha^\beta [f(\theta)]^2\,d\theta.$$

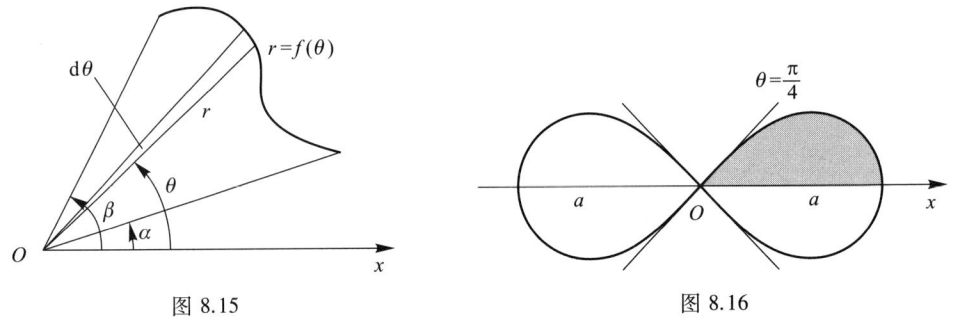

图 8.15　　　　　　　　图 8.16

例 7　求双纽线 $r^2 = a^2\cos 2\theta\,(a>0)$ 围成区域(如图 8.16)的面积.

解　双纽线关于两个坐标轴都对称. 双纽线围成区域的面积是第一象限那部分区域面积的 4 倍. 双纽线

$$r = a\sqrt{\cos 2\theta}$$

在第一象限中, θ 的变化范围是由 0 到 $\frac{\pi}{4}$. 于是, 双纽线围成区域的面积

$$A = 4\int_0^{\frac{\pi}{4}} \frac{1}{2}r^2\,d\theta = 2\int_0^{\frac{\pi}{4}} a^2\cos 2\theta\,d\theta = a^2(\sin 2\theta)\bigg|_0^{\frac{\pi}{4}} = a^2.$$

例 8　求三叶玫瑰线

$$r = a\cos 3\theta \quad (a > 0)$$

围成区域(如图 8.17)的面积.

解 三叶玫瑰线围成的三个叶全等,如图 8.17. 只需计算第一象限那部分面积的 6 倍.三叶玫瑰线 $r=a\cos 3\theta$,在第一象限中,角 θ 的变化范围是由 0 到 $\frac{\pi}{6}$. 于是,三叶玫瑰线围成区域的面积

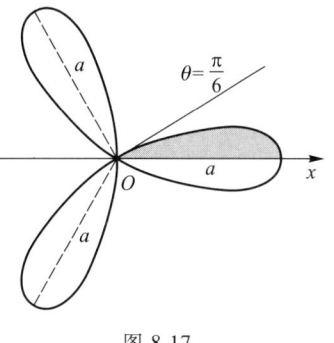

图 8.17

$$A = \frac{6}{2}\int_0^{\frac{\pi}{6}} a^2\cos^2(3\theta)\,\mathrm{d}\theta = a^2\int_0^{\frac{\pi}{6}} \cos^2(3\theta)\,\mathrm{d}(3\theta)$$

$$\xrightarrow{\diamondsuit\ \varphi=3\theta} a^2\int_0^{\frac{\pi}{2}} \cos^2\varphi\,\mathrm{d}\varphi = \frac{a^2}{2}\int_0^{\frac{\pi}{2}}(1+\cos 2\varphi)\,\mathrm{d}\varphi$$

$$= \frac{a^2}{2}\left(\varphi+\frac{\sin 2\varphi}{2}\right)\bigg|_0^{\frac{\pi}{2}} = \frac{\pi a^2}{4}.$$

三、平面曲线的弧长

在 §2.1 中,用刘徽割圆术定义了圆的周长.现将刘徽割圆术加以推广,定义平面曲线的弧长,并得到计算平面曲线弧长的公式.

设有平面曲线 MN,如图 8.18. 在曲线 MN 上任取 $n+1$ 个点:

$$M=A_0,A_1,A_2,\cdots,A_{k-1},A_k,\cdots,A_{n-1},A_n=N,$$

称为曲线 MN 的一个分法,记为 T. 用线段连接相邻两点,得到曲线 MN 的内接折线. 设内接折线的长(已知的)是 $L(T)$,即 $L(T)=\sum_{k=1}^n \overline{A_{k-1}A_k}$. 显然,内接折线的长 $L(T)$ 仅与分法 T 有关.一般来说,分法 T 不同,$L(T)$ 也不同.

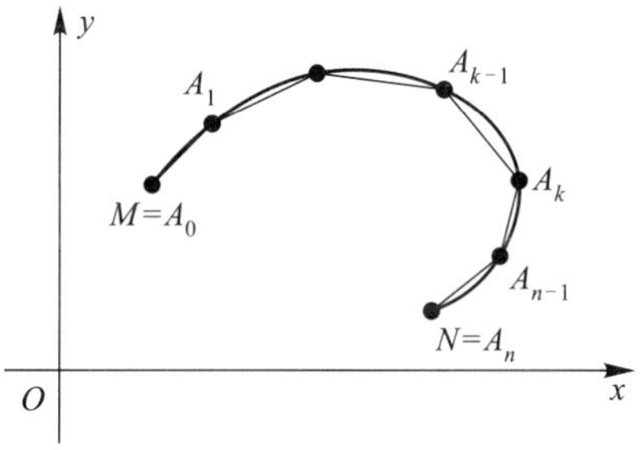

定义 若当 $l(T)$①$\to 0$ 时,平面曲线 MN 的内接折线的长 $L(T)$ 存在极限,设

$$\lim_{l(T)\to 0} L(T) = L,$$

称曲线 MN **可求长**,其长为 L.

图 8.18

1. 参数方程

设曲线 MN 是参数方程

$$x=\varphi(t),\quad y=\psi(t),\quad \alpha\le t\le\beta. \tag{3}$$

若 $\varphi'(t)$ 与 $\psi'(t)$ 在 $[\alpha,\beta]$ 连续,且不同时为 0(或 $\forall t\in[\alpha,\beta]$,有 $[\varphi'(t)]^2+[\psi'(t)]^2\ne 0$),则称 MN 是**光滑曲线**.

定理 1 若 MN 是光滑曲线(3),则曲线 MN 可求长,且 MN 的弧长

$$s=\int_\alpha^\beta \sqrt{\varphi'^2(t)+\psi'^2(t)}\,\mathrm{d}t. \tag{4}$$

(4)式是**弧长公式**.

---

① $l(T)=\max\{\overline{A_0A_1},\overline{A_1A_2},\cdots,\overline{A_{n-1}A_n}\}.$

证明 给曲线 MN 一个分法 T,分点:
$$M=A_0,A_1,\cdots,A_k,\cdots,A_n=N.$$
设它们的坐标是 $A_k(x_k,y_k)$,其中 $x_k=\varphi(t_k),y_k=\psi(t_k),k=0,1,2,\cdots,n$. 相应有区间$[\alpha,\beta]$的分法 T',分点:
$$\alpha=t_0<t_1<\cdots<t_k<\cdots<t_n=\beta,\quad \Delta t_k=t_k-t_{k-1}.$$

根据微分中值定理,有
$$\Delta x_k=x_k-x_{k-1}=\varphi(t_k)-\varphi(t_{k-1})=\varphi'(\xi_k)\Delta t_k, \tag{5}$$
$$\Delta y_k=y_k-y_{k-1}=\psi(t_k)-\psi(t_{k-1})=\psi'(\eta_k)\Delta t_k, \tag{6}$$
其中 $t_{k-1}<\xi_k<t_k,\ t_{k-1}<\eta_k<t_k$.

由于 $\varphi'(t)$ 与 $\psi'(t)$ 不同时为 0,$\forall t\in[\alpha,\beta]$,存在 t 的邻域,在其上或 $\varphi(t)$ 有连续反函数,或 $\psi(t)$ 有连续反函数. 而
$$\overline{A_{k-1}A_k}=\sqrt{(\Delta x_k)^2+(\Delta y_k)^2}.$$
从而
$$l(T)\to 0\iff \Delta x_k\to 0 \text{ 与 } \Delta y_k\to 0\quad (k=1,2,\cdots,n)$$
$$\iff \Delta t_k\to 0(k=1,2,\cdots,n)\iff l(T')\to 0.$$

由(5)式和(6)式,得到曲线 MN 的内接折线的长
$$L(T)=\sum_{k=1}^n \overline{A_{k-1}A_k}=\sum_{k=1}^n\sqrt{(\Delta x_k)^2+(\Delta y_k)^2}$$
$$=\sum_{k=1}^n\sqrt{[\varphi'(\xi_k)\Delta t_k]^2+[\psi'(\eta_k)\Delta t_k]^2}$$
$$=\sum_{k=1}^n\sqrt{\varphi'^2(\xi_k)+\psi'^2(\eta_k)}\,\Delta t_k$$
$$=\sum_{k=1}^n\sqrt{\varphi'^2(\xi_k)+\psi'^2(\xi_k)}\,\Delta t_k+\sum_{k=1}^n Q_k\Delta t_k,$$
其中 $Q_k=\sqrt{\varphi'^2(\xi_k)+\psi'^2(\eta_k)}-\sqrt{\varphi'^2(\xi_k)+\psi'^2(\xi_k)}$. 于是,
$$\lim_{l(T)\to 0}L(T)=\lim_{l(T')\to 0}\sum_{k=1}^n\sqrt{\varphi'^2(\xi_k)+\psi'^2(\xi_k)}\,\Delta t_k+\lim_{l(T')\to 0}\sum_{k=1}^n Q_k\Delta t_k.$$

因为上式等号右端第一个极限是连续函数 $\sqrt{\varphi'^2(t)+\psi'^2(t)}$ 在区间$[\alpha,\beta]$关于分法 T' 的积分和的极限,第二个极限的极限值为 0(待证),于是
$$\lim_{l(T)\to 0}L(T)=\lim_{l(T')\to 0}\sum_{k=1}^n\sqrt{\varphi'^2(\xi_k)+\psi'^2(\xi_k)}\,\Delta t_k=\int_\alpha^\beta \sqrt{\varphi'^2(t)+\psi'^2(t)}\,\mathrm{d}t.$$

下面证明 $\lim\limits_{l(T')\to 0}\sum\limits_{k=1}^n Q_k\Delta t_k=0$.

事实上,有不等式
$$|Q_k|=\left|\sqrt{\varphi'^2(\xi_k)+\psi'^2(\eta_k)}-\sqrt{\varphi'^2(\xi_k)+\psi'^2(\xi_k)}\right|\leqslant|\psi'(\eta_k)-\psi'(\xi_k)|\text{①}.$$

已知函数 $\psi'(t)$ 在$[\alpha,\beta]$连续,从而在$[\alpha,\beta]$一致连续,即

---

① $\left|\sqrt{a^2+b^2}-\sqrt{a^2+c^2}\right|=\dfrac{|b^2-c^2|}{\sqrt{a^2+b^2}+\sqrt{a^2+c^2}}=|b-c|\dfrac{|b+c|}{\sqrt{a^2+b^2}+\sqrt{a^2+c^2}}\leqslant|b-c|$

$\forall \varepsilon > 0, \exists \delta > 0, \forall t, t' \in [\alpha, \beta] : |t - t'| < \delta$,有
$$|\psi'(t) - \psi'(t')| < \varepsilon.$$
$\forall T' : l(T') < \delta, \xi_k, \eta_k \in [t_{k-1}, t_k] : |\xi_k - \eta_k| \leq \Delta t_k < \delta$,有
$$|\psi'(\eta_k) - \psi'(\xi_k)| < \varepsilon.$$
从而,
$$\left| \sum_{k=1}^n Q_k \Delta t_k \right| \leq \sum_{k=1}^n |\psi'(\eta_k) - \psi'(\xi_k)| \Delta t_k < \varepsilon \sum_{k=1}^n \Delta t_k = \varepsilon(\beta - \alpha),$$
即
$$\lim_{l(T') \to 0} \sum_{k=1}^n Q_k \Delta t_k = 0.$$
于是,光滑曲线 MN 的弧长
$$s = \int_\alpha^\beta \sqrt{\varphi'^2(t) + \psi'^2(t)} \, dt.$$

若在曲线 MN 上任取一点 A,设 A 对应的参数是 t,则曲线 MA 的弧长表为 $s(t)$,有
$$s(t) = \int_\alpha^t \sqrt{\varphi'^2(u) + \psi'^2(u)} \, du.$$
显然,$s(t)$ 在区间 $[\alpha, \beta]$ 是可导的单调增加函数,有
$$s'(t) = \sqrt{\varphi'^2(t) + \psi'^2(t)}$$
或
$$ds = \sqrt{\varphi'^2(t) + \psi'^2(t)} \, dt. \tag{7}$$
(7)式称为**弧长微分公式**.

例 9 求半径为 r 的圆的周长.

解 取圆心在原点半径为 r 的圆的参数方程
$$x = r\cos\varphi, \quad y = r\sin\varphi, \quad 0 \leq \varphi \leq 2\pi.$$
$$x' = -r\sin\varphi, \quad y' = r\cos\varphi.$$
于是,半径为 r 的圆的周长 s 是
$$s = \int_0^{2\pi} \sqrt{x'^2 + y'^2} \, d\varphi = r \int_0^{2\pi} d\varphi = 2\pi r.$$

例 10 求星形线 $x = a\cos^3\varphi, y = a\sin^3\varphi, a > 0, 0 \leq \varphi \leq 2\pi$(如图 8.19)的全长.

解 星形线关于两个坐标轴都对称.于是,星形线的全长是它在第一象限那部分弧长的 4 倍.
$$x' = -3a\cos^2\varphi \sin\varphi,$$
$$y' = 3a\sin^2\varphi \cos\varphi,$$
则星形线的全长
$$s = 4\int_0^{\frac{\pi}{2}} \sqrt{x'^2 + y'^2} \, d\varphi = 12a \int_0^{\frac{\pi}{2}} \sqrt{\sin^2\varphi \cos^2\varphi} \, d\varphi$$
$$= 12a \int_0^{\frac{\pi}{2}} |\sin\varphi \cos\varphi| \, d\varphi = 12a \int_0^{\frac{\pi}{2}} \sin\varphi \cos\varphi \, d\varphi$$

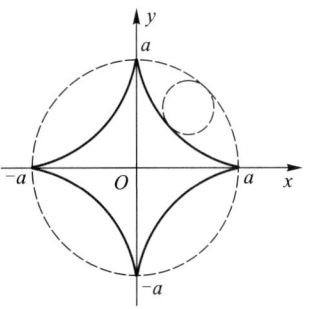

图 8.19

$$= 3a \int_0^{\frac{\pi}{2}} \sin 2\varphi \, d(2\varphi) = 6a.$$

2. 直角坐标系

设曲线 MN 的方程是

$$y = f(x), \quad a \leq x \leq b.$$

可将它看作是以 x 为参数的参数方程

$$x = x, \quad y = f(x), \quad a \leq x \leq b.$$

若 $f'(x)$ 在 $[a,b]$ 连续,则由公式(4)和公式(7),分别有曲线 MN 的弧长公式和弧长微分公式:

$$s = \int_a^b \sqrt{1 + f'^2(x)} \, dx$$

和

$$ds = \sqrt{1 + f'^2(x)} \, dx.$$

例 11 求悬链线 $f(x) = \dfrac{a}{2}(e^{\frac{x}{a}} + e^{-\frac{x}{a}})$ 在 $[0,a]$ 上的弧长.

解 $f'(x) = \dfrac{1}{2}(e^{\frac{x}{a}} - e^{-\frac{x}{a}})$, $\sqrt{1 + f'^2(x)} = \dfrac{1}{2}(e^{\frac{x}{a}} + e^{-\frac{x}{a}})$. 悬链线在 $[0,a]$ 的弧长

$$s = \frac{1}{2} \int_0^a (e^{\frac{x}{a}} + e^{-\frac{x}{a}}) \, dx = \frac{a}{2}(e^{\frac{x}{a}} - e^{-\frac{x}{a}}) \Big|_0^a = \frac{a}{2}\left(e - \frac{1}{e}\right).$$

3. 极坐标

设曲线 MN 是极坐标方程

$$r = f(\theta), \quad \alpha \leq \theta \leq \beta.$$

可将极坐标方程 $r = f(\theta)$ 化成以 θ 为参数的参数方程

$$x = f(\theta) \cos \theta, \quad y = f(\theta) \sin \theta, \quad \alpha \leq \theta \leq \beta.$$

当 $f(\theta)$ 可导时,有

$$x' = f'(\theta) \cos \theta - f(\theta) \sin \theta,$$
$$y' = f'(\theta) \sin \theta + f(\theta) \cos \theta.$$

若 $f'(\theta)$ 在 $[\alpha,\beta]$ 连续,则由公式(4)和公式(7)分别有曲线 MN 的弧长公式和弧长微分公式:

$$s = \int_\alpha^\beta \sqrt{x'^2 + y'^2} \, d\theta = \int_\alpha^\beta \sqrt{f^2(\theta) + f'^2(\theta)} \, d\theta = \int_\alpha^\beta \sqrt{r^2 + r'^2} \, d\theta$$

和

$$ds = \sqrt{f^2(\theta) + f'^2(\theta)} \, d\theta = \sqrt{r^2 + r'^2} \, d\theta.$$

例 12 求心脏线 $r = a(1 + \cos \theta)$(如图 8.20)的全长.

解 心脏线在 $[0,\pi]$ 与 $[\pi, 2\pi]$ 上的弧长相等.

$$r' = -a \sin \theta,$$

心脏线的全长

$$s = 2 \int_0^\pi \sqrt{r^2 + r'^2} \, d\theta = 2a \int_0^\pi \sqrt{2(1 + \cos \theta)} \, d\theta$$

$$= 4a \int_0^\pi \cos\frac{\theta}{2} d\theta = 8a.$$

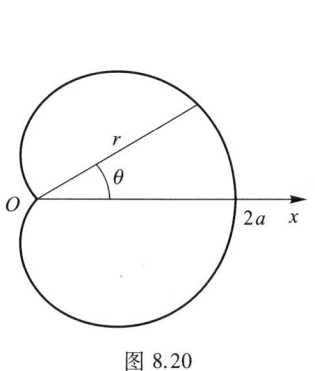

图 8.20

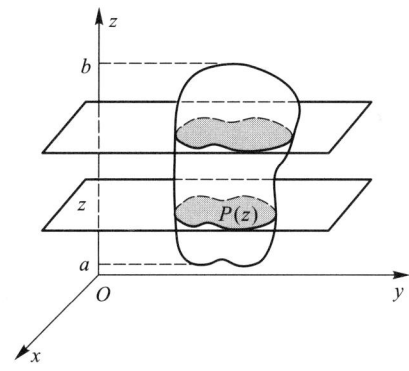

图 8.21

四、应用截面面积求体积

在空间直角坐标系中,有封闭曲面围成的立体,如图 8.21.用垂直于 z 轴的任意平面截立体,假定截面的面积都是已知的,即截面的面积是 z 的函数,设为 $P(z)$.设立体在 z 轴上的投影是区间 $[a,b]$,并设 $P(z)$ 是 $[a,b]$ 的连续函数.

在区间 $[a,b]$ 任取一点 z,已知截面的面积是 $P(z)$,设"厚度"是微分 dz,则在点 z 的体积微元 dV 是截面面积为 $P(z)$,厚度为 dz 的柱体的体积,即
$$dV = P(z)dz \quad (柱体体积=底面积×高).$$
再将每一点 z 的体积微元 dV 从 a 到 b 连续累加起来,就得到立体的体积
$$V = \int_a^b dV = \int_a^b P(z) dz. \tag{8}$$
(8)式是已知截面面积求立体的**体积公式**.

例 13 证明底面积为 Q,高为 h 的锥体的体积是
$$V = \frac{1}{3}Qh.$$

证明 如图 8.22,取锥体的顶点为坐标原点 O.设过顶点 O 垂直于底面的直线为 z 轴(正方向向下).设距顶点 O 为 $z(0 \leq z \leq h)$ 的截面的面积为 $P(z)$.

由初等几何知,平行于锥体底面的截面的面积与底面面积之比等于二者分别距顶点距离的平方比,即
$$\frac{P(z)}{Q} = \frac{z^2}{h^2}$$
或
$$P(z) = \frac{Q}{h^2}z^2, \quad 0 \leq z \leq h.$$

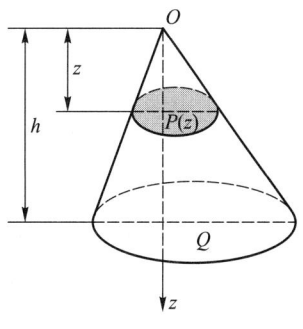

图 8.22

$P(z)$ 是 $[0,h]$ 的连续函数,则底面积为 Q,高为 h 的锥体的体积

$$V = \int_0^h P(z) dz = \int_0^h \frac{Q}{h^2} z^2 dz = \frac{Q}{h^2} \int_0^h z^2 dz$$
$$= \frac{Q}{h^2} \cdot \frac{z^3}{3} \Big|_0^h = \frac{1}{3} Qh.$$

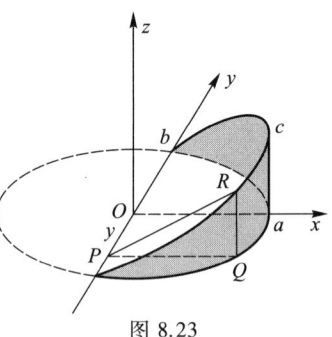

图 8.23

例 14 求椭圆柱面 $\frac{x^2}{a^2} + \frac{y^2}{b^2} = 1$ 及平面 $z = \frac{c}{a} x, z = 0$ 所围成立体 $(z \geq 0)$(如图 8.23)的体积.

解 如图 8.23. $\forall y \in [-b,b]$,$P(0,y)$ 为 y 轴上的任意一点,用过点 P,且垂直于 y 轴的平面截立体,截面是直角三角形 PQR.因为点 Q 在椭圆 $\frac{x^2}{a^2} + \frac{y^2}{b^2} = 1$ 上,所以

$$PQ = x = a\sqrt{1 - \frac{y^2}{b^2}}.$$

又因为点 R 在平面 $z = \frac{c}{a} x$ 上,所以

$$QR = \frac{c}{a} x = c\sqrt{1 - \frac{y^2}{b^2}}.$$

截面的面积,即直角三角形 PQR 的面积

$$A(y) = \frac{PQ \cdot QR}{2} = \frac{ac}{2}\left(1 - \frac{y^2}{b^2}\right).$$

于是,此立体的体积

$$V = \int_{-b}^{b} A(y) dy = \int_{-b}^{b} \frac{ac}{2}\left(1 - \frac{y^2}{b^2}\right) dy$$
$$= \frac{ac}{2}\left(y - \frac{y^3}{3b^2}\right)\Big|_{-b}^{b} = \frac{2}{3} abc.$$

将区间 $[a,b]$ 的连续曲线 $y = f(x)$ 绕 x 轴旋转一周,得到旋转体①. $\forall x \in [a,b]$,过点 x 作垂直于 x 轴的平面,与旋转体相截,截面是半径为 $f(x)$ 的圆,如图 8.24,其面积是 $\pi[f(x)]^2$.于是,在 $[a,b]$ 的连续曲线 $y = f(x)$ 绕 x 轴旋转的旋转体的体积

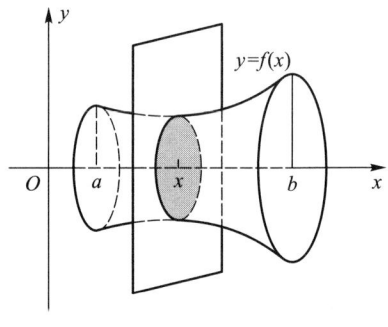

图 8.24

$$V = \pi \int_a^b [f(x)]^2 dx.$$

类似有,将在区间 $[c,d]$ 的连续曲线 $x = \varphi(y)$ 绕 y 轴旋转一周,所得旋转体的体积

$$V = \pi \int_c^d [\varphi(y)]^2 dy.$$

---

① 这是简述说法.实际上应是"连续曲线 $y = f(x)$,x 轴,直线 $x = a, x = b$ 围成的曲边梯形绕 x 轴旋转一周".

例 15 求曲线 $y=\ln x$ 在区间 $[1,e]$ 绕 x 轴旋转一周的旋转体的体积.

解 曲线 $y=\ln x$ 在区间 $[1,e]$ 绕 x 轴旋转一周所得旋转体的体积

$$V=\pi\int_1^e (\ln x)^2 dx.$$

由分部积分法,有

$$\begin{aligned}\int (\ln x)^2 dx &= x(\ln x)^2 - \int x d(\ln x)^2 \\ &= x(\ln x)^2 - 2\int \ln x dx \\ &= x(\ln x)^2 - 2\left[x\ln x - \int x d(\ln x)\right] \\ &= x(\ln x)^2 - 2x\ln x + 2\int dx \\ &= x(\ln x)^2 - 2x\ln x + 2x + C.\end{aligned}$$

于是,

$$V=\pi\left[x(\ln x)^2 - 2x\ln x + 2x\right]\Big|_1^e = \pi(e-2).$$

例 16 求圆 $(x-b)^2+y^2=a^2(0<a<b)$ 绕 y 轴旋转一周的旋转体(环体)的体积.

解 圆的方程改写为 $x=b\pm\sqrt{a^2-y^2}$. 如图 8.25. 右半圆 MKN 的方程是

$$\varphi_1(y)=b+\sqrt{a^2-y^2},$$

左半圆 MLN 的方程是

$$\varphi_2(y)=b-\sqrt{a^2-y^2}.$$

环体的体积是两个半圆 $\varphi_1(y)$ 与 $\varphi_2(y)$ ($-a\leqslant y\leqslant a$) 绕 y 轴旋转一周所得旋转体的体积的差,即环体的体积

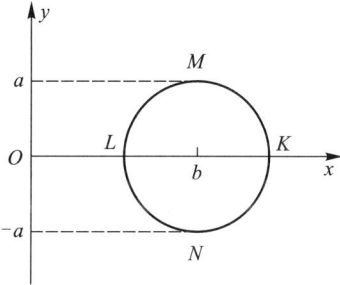

图 8.25

$$\begin{aligned}V &= \pi\int_{-a}^a [\varphi_1(y)]^2 dy - \pi\int_{-a}^a [\varphi_2(y)]^2 dy = \pi\int_{-a}^a \{[\varphi_1(y)]^2-[\varphi_2(y)]^2\} dy \\ &= \pi\int_{-a}^a \{(b+\sqrt{a^2-y^2})^2-(b-\sqrt{a^2-y^2})^2\} dy = 4\pi b\int_{-a}^a \sqrt{a^2-y^2} dy \\ &= 4\pi b\left(\frac{y}{2}\sqrt{a^2-y^2}+\frac{a^2}{2}\arcsin\frac{y}{a}\right)\Big|_{-a}^a = 2a^2 b\pi^2.\end{aligned}$$

例 17(祖晅定理) 夹在两个平行平面间的两个几何体,被平行于这两个平面的任意平面所截,如果截得的两个截面的面积总相等,那么这两个几何体的体积相等.

证明 在空间直角坐标系中,将两个平行平面中的一个作为 xy 平面,另一个放在 xy 平面之上,如图 8.26.设两个平行平面之间的距离是 h. $\forall z\in[0,h]$,过点 z 垂直于 z 轴的平面与这两个几何体相截,设截面的面积分别是 $p(z)$ 与 $q(z)$. 设这两个几何体的体积分别是 V_1 与 V_2. 已知 $\forall z\in[0,h]$,有 $p(z)=q(z)$. 于是,

$$V_1=\int_0^h p(z) dz = \int_0^h q(z) dz = V_2,$$

即两个几何体的体积相等.

高中立体几何正是应用祖暅定理给出了棱柱、圆柱、棱锥、圆锥、球的体积公式. 在中学数学中,祖暅定理是不能证明的. 为此在那里只好将它作为不证自明的公理. 在数学分析中,它就不是公理,而是极易证明的定理.

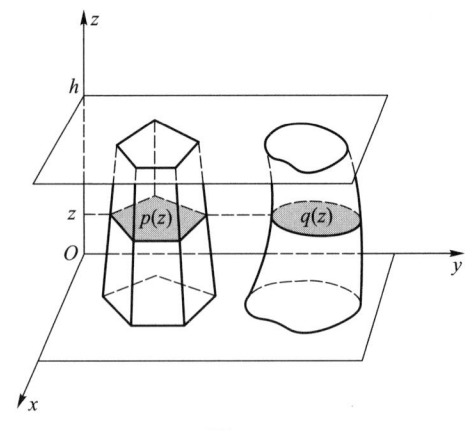

图 8.26

五、旋转体的侧面积

将区间$[a,b]$的非负连续曲线$y=f(x)$绕x轴旋转,得到旋转体,求此旋转体的侧面积①,如图 8.27.

设导函数$f'(x)$在$[a,b]$连续. 首先求旋转体的侧面积的微元dA. $\forall x\in[a,b]$,在点x,旋转半径是$f(x)$,在曲线上点$P(x,f(x))$的弧长微元是ds,则在点x旋转体的侧面积的微元

$$dA = 2\pi f(x)ds$$

[圆台的侧面积$=\pi\times$母线长$\times$(上底半径$+$下底半径). 在极限状态,母线长是弧长微元ds;上底半径$+$下底半径$=2f(x)$]. 再将每一点x旋转体的侧面积微元dA从a到b连续累加,就得到旋转体的侧面积

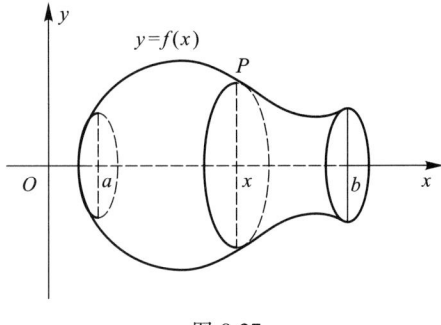

图 8.27

$$A = \int_a^b dA = 2\pi \int_a^b f(x)ds.$$

已知弧长微元$ds = \sqrt{1+f'^2(x)}\,dx$,有

$$A = 2\pi \int_a^b f(x)\sqrt{1+f'^2(x)}\,dx.$$

例 18 求半径为r的球的表面积.

解 取圆心在原点,半径为r的圆的方程
$$x^2+y^2=r^2.$$

半径为r的球的表面积A等于上半圆$y=\sqrt{r^2-x^2}$在区间$[-r,r]$绕x轴旋转的侧(表)面积.

$$y' = -\frac{x}{\sqrt{r^2-x^2}} = -\frac{x}{y}, \quad \sqrt{1+y'^2} = \frac{\sqrt{x^2+y^2}}{y} = \frac{r}{y}.$$

半径为r的球的表面积

$$A = 2\pi \int_{-r}^{r} y\sqrt{1+y'^2}\,dx = 2\pi r \int_{-r}^{r} dx = 4\pi r^2.$$

---

① "旋转体的侧面"仅是曲线$y=f(x)$绕x轴旋转而成的曲面. "旋转体的表面"是侧面再加上两端的圆面.

例 19 求椭圆 $\dfrac{x^2}{a^2}+\dfrac{y^2}{b^2}=1\,(0<b<a)$ 绕 y 轴旋转所成旋转椭球体的表面积.

解 $x=\dfrac{a}{b}\sqrt{b^2-y^2}$,$x'_y=-\dfrac{ay}{b\sqrt{b^2-y^2}}$. 于是,旋转椭球体的表面积

$$P=2\pi\int_{-b}^{b}x\sqrt{1+x'^2_y}\,\mathrm{d}y=4\pi\int_{0}^{b}\sqrt{x^2+(xx'_y)^2}\,\mathrm{d}y$$

$$=\dfrac{4\pi a}{b^2}\int_{0}^{b}\sqrt{b^4+(a^2-b^2)y^2}\,\mathrm{d}y$$

$$=\dfrac{4\pi a^2}{b^2}\int_{0}^{b}\sqrt{\dfrac{b^4}{a^2}+\varepsilon^2 y^2}\,\mathrm{d}y,$$

其中 $\varepsilon=\dfrac{\sqrt{a^2-b^2}}{a}$ 是椭圆的离心率. 由不定积分公式 15,有

$$P=\dfrac{4\pi a^2}{b^2\varepsilon}\int_{0}^{b}\sqrt{\dfrac{b^4}{a^2}+\varepsilon^2 y^2}\,\mathrm{d}(\varepsilon y)$$

$$=\dfrac{2\pi a^2}{b^2\varepsilon}\left(\varepsilon y\sqrt{\dfrac{b^4}{a^2}+\varepsilon^2 y^2}+\dfrac{b^4}{a^2}\ln\left|\varepsilon y+\sqrt{\dfrac{b^4}{a^2}+\varepsilon^2 y^2}\right|\right)\bigg|_{0}^{b}$$

$$=\dfrac{2\pi a^2}{b^2\varepsilon}\left(\varepsilon b\sqrt{\dfrac{b^4}{a^2}+\varepsilon^2 b^2}+\dfrac{b^4}{a^2}\ln\left|\varepsilon b+\sqrt{\dfrac{b^4}{a^2}+\varepsilon^2 b^2}\right|-\dfrac{b^4}{a^2}\ln\dfrac{b^2}{a}\right)$$

$$=2\pi a^2+\dfrac{2\pi b^2}{\varepsilon}\ln\left[\dfrac{a}{b}(1+\varepsilon)\right].$$

六、变力作功

第一段已经得到变力作功的公式. 这里使用微元法给出两个例子.

例 20 设空气压缩机的活塞面积是 A,在等温的压缩过程中,活塞由 x_1 处(此时气体体积 $V_1=Ax_1$)压缩到 x_2($x_2<x_1$,此时气体体积 $V_2=Ax_2$),见图 8.28. 求空气压缩机在这段压缩过程中消耗的功.

解 已知单位面积上的压强 p 与体积 V 成反比,即 $p=\dfrac{c}{V}$,其中 c 是比例常数. $\forall x\in[x_2,x_1]$,气体体积 $V=Ax$,即 $p=\dfrac{c}{Ax}$. 而活塞面上的总压力 $F(x)=A\dfrac{c}{Ax}=\dfrac{c}{x}$. 在点 x 活塞运动 $\mathrm{d}x$,则在点 x 空气压缩机消耗的功微元

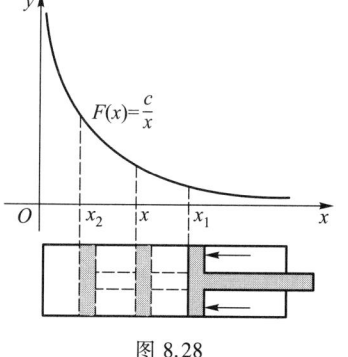

图 8.28

$$\mathrm{d}W=-\dfrac{c}{x}\mathrm{d}x,$$

其中负号表示活塞运动的方向与 x 轴正方向相反. 于是,活塞由 x_1 压缩到 x_2 消耗的功

$$W = \int_{x_1}^{x_2} dW = -c \int_{x_1}^{x_2} \frac{dx}{x} = -c \ln x \Big|_{x_1}^{x_2} = c \ln \frac{x_1}{x_2}.$$

例 21 从地面垂直向上发射质量为 m 的火箭,当火箭距地面为 r 时,求火箭克服地球引力所作的功.如果火箭脱离地球引力范围,问火箭的初速度 v_0 多大?

解 已知两质点的质量分别是 m_1 与 m_2,它们之间的距离是 r,根据万有引力定律,两者之间的引力

$$f = G \frac{m_1 m_2}{r^2},$$

其中 G 是万有引力常量.

设地球的半径为 R,地球的质量为 M,设火箭距地面的高度为 x,已知火箭的质量是 m,则火箭受到地球的引力

$$f = G \frac{Mm}{(R+x)^2}.$$

为了确定万有引力常量 G,已知当 $x=0$ 时,$f=mg$,其中 g 是重力加速度,即 $mg = G \frac{Mm}{R^2}$,则 $G = \frac{R^2 g}{M}$.于是,火箭受到地球的引力

$$f = \frac{R^2 mg}{(R+x)^2}.$$

在 x 处火箭升高 dx,则在 x 处火箭克服地球引力所作功的功微元

$$dW = f dx = \frac{R^2 mg}{(R+x)^2} dx.$$

于是,当火箭距地面为 r 时,火箭克服地球引力所作的功

$$W_r = \int_0^r \frac{R^2 mg}{(R+x)^2} dx = R^2 mg \left(\frac{1}{R} - \frac{1}{R+r} \right).$$

火箭脱离地球引力范围,即相当于 r 无限增大,这时,火箭克服地球引力所作的功

$$W_\infty = \lim_{r \to +\infty} R^2 mg \left(\frac{1}{R} - \frac{1}{R+r} \right) = Rmg.$$

火箭作的功全部转化为火箭的势能,而势能是来源于动能.若火箭离开地面时的初速度是 v_0,则它的动能是 $\frac{1}{2} m v_0^2$.于是,给予火箭的动能要不小于火箭克服地球引力所需的功,即

$$\frac{1}{2} m v_0^2 \geqslant Rmg \quad \text{或} \quad v_0 \geqslant \sqrt{2Rg}.$$

已知 $g = 9.81 \text{ m/s}^2$,地球半径 $R = 6.371 \times 10^6 \text{ m}$,则

$$v_0 \geqslant \sqrt{2 \times 6.371 \times 10^6 \times 9.81} \approx 11.2 \times 10^3 \text{ (m/s)} = 11.2 \text{ km/s}.$$

$v_0 = 11.2$ km/s 是火箭脱离地球引力范围最小的初速度,即第二宇宙速度.

练习题 8.5

1. 求下列平面曲线所围成的区域的面积:

1) $2y=x^2, x=y-4$;

2) $y=\sin x, y=\cos x, x=-\dfrac{\pi}{4}, x=\dfrac{\pi}{4}$;

3) $\sqrt{x}+\sqrt{y}=1, x=0, y=0$;

4) $y(x^2+a^2)=a^3, x^2=2ay\ (a>0)$;

5) $y^2=x^2(a^2-x^2)$;

6) $x=a\cos^3 t, y=a\sin^3 t\ (a>0)$;

7) $x=2a\cos t-a\cos 2t, y=2a\sin t-a\sin 2t$;

8) $x=2t-t^2, y=2t^2-t^3$;

9) $r=a(1+\cos\theta)\ (a>0)$;

10) $r=a\sin 2\theta\ (a>0)$.

2. 求由抛物线 $y=-x^2+4x-3$ 与它在点 $A(0,-3)$ 与点 $B(3,0)$ 的切线所围成的区域的面积.

3. 求下列曲线的弧长:

1) $y^2=x^3$, 由 $x=0$ 到 $x=1$;

2) $y=\ln x$, 由 $x=\sqrt{3}$ 到 $x=2\sqrt{2}$;

3) $x=a(t-\sin t), y=a(1-\cos t), 0\leqslant t\leqslant 2\pi$;

4) $x=a(\cos t+t\sin t), y=a(\sin t-t\cos t), 0\leqslant t\leqslant 2\pi$;

5) $r=a\theta, 0\leqslant\theta\leqslant 2\pi\ (a>0)$;

6) $r=a\sin^3\dfrac{\theta}{3}$ 的全长 $(a>0)(0\leqslant\theta\leqslant 3\pi)$.

4. 求楔形体的体积, 其平行的上底与下底为边长分别是 A,B 与 a,b 的矩形, 而高是 h.

5. 求柱面 $x^2+z^2=a^2$ 与 $y^2+x^2=a^2$ 围成的体积(图 8.29 所示仅是第一卦限的部分).

6. 求下列曲线围成的区域绕 x 轴旋转所成旋转体的体积.

1) $y=x^3, x=2, y=0$;

2) $xy=4, x=1, x=4, y=0$;

3) $y=x^2, y=\sqrt{x}$.

7. 求下列曲线绕指定轴旋转所成旋转体的侧面积:

1) $y^2=x, 0\leqslant x\leqslant 6$, 绕 x 轴;

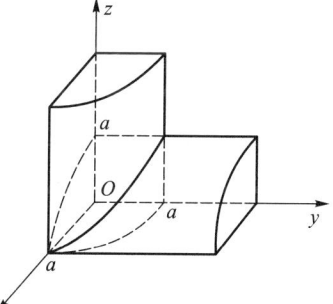

图 8.29

2) $y=\tan x, 0\leqslant x\leqslant\dfrac{\pi}{4}$, 绕 x 轴;

3) $\dfrac{x^2}{a^2}+\dfrac{y^2}{b^2}=1$, 绕 x 轴.

8. 求曲线 $x=a(t-\sin t), y=a(1-\cos t), 0\leqslant t\leqslant 2\pi$ 绕 x 轴和 y 轴旋转所成曲面的面积.

9. 若 1 N(牛顿)的力能使弹簧伸长 1 cm, 现在要使弹簧伸长 10 cm, 问弹簧需要作多大的功(提示:应用胡克定律)?

10. 有一水渠, 它的横截面是直径 2 m 的半圆形, 并设有垂直于水渠的铁板闸门. 当水渠盛满水时, 求闸门一侧所受的水压力.

* * * * * * * *

11. 证明: 若立体垂直于 x 轴的横截面的面积

$$S(x) = Ax^2 + Bx + C, \quad a \leq x \leq b,$$

其中 A, B, C 是常数,则此立体的体积

$$V = \frac{b-a}{6}\left[S(a) + 4S\left(\frac{a+b}{2}\right) + S(b)\right].$$

12. 证明:将区域 $a \leq x \leq b, 0 \leq y \leq y(x)$(其中 $y(x)$ 是连续函数)绕 y 轴旋转所成的旋转体的体积

$$V_y = 2\pi \int_a^b xy(x)\,\mathrm{d}x.$$

13. 证明:将区域 $0 \leq \alpha \leq \varphi \leq \beta \leq \pi, 0 \leq r \leq r(\varphi)$($r$ 与 φ 是极坐标)绕极轴旋转所成的旋转体的体积

$$V = \frac{2\pi}{3}\int_\alpha^\beta r^3(\varphi)\sin\varphi\,\mathrm{d}\varphi.$$

14. 有内半径为 10 m 的半球容器,其中盛满水,欲将水抽尽,求所作的功(g 取 9.8 m/s^2).

15. 一矩形板垂直水面浸在水中,其底 8 m,高 12 m,上沿与水面平行,并距水面 5 m,求矩形板的一侧所受的水压力(g 取 9.8 m/s^2).

§8.6 定积分的近似计算

求连续函数 $f(x)$ 的定积分 $\int_a^b f(x)\,\mathrm{d}x$,仅有牛顿-莱布尼茨公式并没有全部解决定积分的计算问题.这是因为:有些连续函数,如 $\mathrm{e}^{-x^2}, \frac{\sin x}{x}$(在 0 作连续延拓)等,尽管它们存在原函数,但是它们的原函数都不是初等函数.因此,求这些连续函数的定积分不能应用牛顿-莱布尼茨公式;有些连续函数,尽管它们存在初等函数的原函数,但是求这些函数的原函数有时要进行极为繁琐的计算,或原函数的形式极为复杂.因此也就失去迅速简便求定积分的目的.为此,要研究定积分的近似计算.

在实际问题中,经过观察或测量得到的数据常是区间上一串离散点的函数值.计算此区间上"函数"的定积分也只能作近似计算.

由定积分 $\int_a^b f(x)\,\mathrm{d}x$ 的定义,积分和 $\sum_{k=1}^n f(\xi_k)\Delta x_k$ 就是定积分 $\int_a^b f(x)\,\mathrm{d}x$ 的近似值.一般来说,用积分和 $\sum_{k=1}^n f(\xi_k)\Delta x_k$ 代替定积分 $\int_a^b f(x)\,\mathrm{d}x$ 误差较大.为此,改造积分和的结构,既要减少计算量,又要提高精度,并易于掌握误差的界限.本节只介绍两种定积分的近似计算方法:梯形法和抛物线法.

一、梯形法

从几何意义上说,梯形法是用曲线上相邻两点的弦近似代替小弧,近似计算定积分的方法.

设函数 $f(x)$ 在 $[a,b]$ 可积,将区间 $[a,b]$ n 等分,分点是

$$a = x_0 < x_1 < x_2 < \cdots < x_n = b,$$

其中
$$x_k - x_{k-1} = h = \frac{b-a}{n}, \quad k = 1, 2, \cdots, n.$$

各分点的纵坐标是：$f(x_k) = y_k$, $k = 0, 1, 2, \cdots, n$.

连接曲线上相邻两点(x_{k-1}, y_{k-1})与(x_k, y_k)，得到n个梯形，如图8.30. 第k个梯形的面积是
$$\frac{1}{2}(y_{k-1} + y_k)h, \quad k = 1, 2, \cdots, n.$$

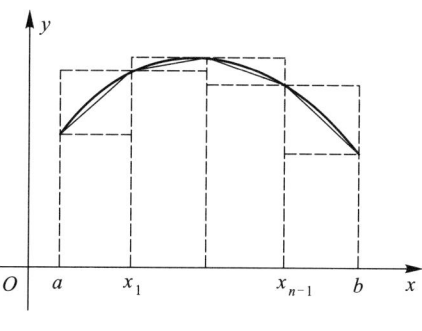

图 8.30

设n个梯形面积之和是
$$S = \sum_{k=1}^{n} \frac{1}{2}(y_{k-1} + y_k) \frac{b-a}{n} = \frac{b-a}{2n} \sum_{k=1}^{n} (y_{k-1} + y_k)$$
$$= \frac{b-a}{n} \left(\frac{y_0 + y_n}{2} + \sum_{k=1}^{n-1} y_k \right).$$

于是，
$$\int_a^b f(x) \, dx \approx \frac{b-a}{n} \left(\frac{y_0 + y_n}{2} + \sum_{k=1}^{n-1} y_k \right). \tag{1}$$

(1)式是近似计算定积分的梯形法公式.

若函数$f(x)$在区间$[a,b]$存在连续的二阶导数，且$\forall x \in [a,b]$，有$|f''(x)| \leq M$，则公式(1)的误差不超过
$$\frac{(b-a)^3}{12n^2} M.$$

事实上，在区间$[x_{k-1}, x_k]$讨论定积分($k = 1, 2, \cdots, n$)
$$\int_{x_{k-1}}^{x_k} f(x) \, dx$$
$$= \int_{x_{k-1}}^{x_k} f(x) \, d(x - x_{k-1})$$
$$= f(x)(x - x_{k-1}) \Big|_{x_{k-1}}^{x_k} - \int_{x_{k-1}}^{x_k} (x - x_{k-1}) \, d[f(x)]$$
$$= f(x_k)(x_k - x_{k-1}) - \int_{x_{k-1}}^{x_k} f'(x)(x - x_{k-1}) \, dx$$
$$= y_k h - \frac{1}{2} \int_{x_{k-1}}^{x_k} f'(x) \, d(x - x_{k-1})^2$$
$$= y_k h - \frac{1}{2} \left\{ f'(x)(x - x_{k-1})^2 \Big|_{x_{k-1}}^{x_k} - \int_{x_{k-1}}^{x_k} (x - x_{k-1})^2 \, d[f'(x)] \right\}$$
$$= y_k h - \frac{1}{2} f'(x_k) h^2 + \frac{1}{2} \int_{x_{k-1}}^{x_k} f''(x)(x - x_{k-1})^2 \, dx \left(h = x_k - x_{k-1} = \frac{b-a}{n} \right). \tag{2}$$

同样方法,有

$$\int_{x_{k-1}}^{x_k} f(x)\,\mathrm{d}x = \int_{x_{k-1}}^{x_k} f(x)\,\mathrm{d}(x-x_k) = y_{k-1}h + \frac{1}{2}f'(x_{k-1})h^2 + \frac{1}{2}\int_{x_{k-1}}^{x_k} f''(x)(x-x_k)^2\,\mathrm{d}x. \quad (3)$$

将(2)式与(3)式等号两端相加,并除以 2,有

$$\int_{x_{k-1}}^{x_k} f(x)\,\mathrm{d}x$$

$$= \frac{y_{k-1}+y_k}{2}h + \frac{1}{4}[f'(x_{k-1})-f'(x_k)]h^2 + \frac{1}{4}\int_{x_{k-1}}^{x_k} f''(x)[(x-x_{k-1})^2+(x-x_k)^2]\,\mathrm{d}x$$

$$= \frac{y_{k-1}+y_k}{2}h - \frac{1}{4}\int_{x_{k-1}}^{x_k} f''(x)h^2\,\mathrm{d}x + \frac{1}{4}\int_{x_{k-1}}^{x_k} f''(x)[(x-x_{k-1})^2+(x-x_k)^2]\,\mathrm{d}x$$

$$= \frac{y_{k-1}+y_k}{2}h + \frac{1}{4}\int_{x_{k-1}}^{x_k} f''(x)[(x-x_{k-1})^2+(x-x_k)^2-(x_k-x_{k-1})^2]\,\mathrm{d}x$$

$$= \frac{y_{k-1}+y_k}{2}h + \frac{1}{2}\int_{x_{k-1}}^{x_k} f''(x)(x-x_{k-1})(x-x_k)\,\mathrm{d}x$$

$$= \frac{y_{k-1}+y_k}{2}h + \frac{1}{2}f''(\xi_k)\int_{x_{k-1}}^{x_k}(x-x_{k-1})(x-x_k)\,\mathrm{d}x \quad (x_{k-1} \leq \xi_k \leq x_k)$$

$$= \frac{y_{k-1}+y_k}{2}h - \frac{1}{12}f''(\xi_k)(x_k-x_{k-1})^3$$

$$= \frac{y_{k-1}+y_k}{2}\frac{b-a}{n} - \frac{1}{12}f''(\xi_k)\left(\frac{b-a}{n}\right)^3, \quad k=1,2,\cdots,n.$$

对 $k=1,2,\cdots,n$ 相加,有

$$\int_a^b f(x)\,\mathrm{d}x = \sum_{k=1}^n \frac{y_{k-1}+y_k}{2}\frac{b-a}{n} - \frac{1}{12}\left(\frac{b-a}{n}\right)^3 \sum_{k=1}^n f''(\xi_k)$$

$$= \frac{b-a}{n}\left(\frac{y_0+y_n}{2} + \sum_{k=1}^{n-1} y_k\right) - \frac{(b-a)^3}{12n^2}\frac{\sum_{k=1}^n f''(\xi_k)}{n}$$

$$= \frac{b-a}{n}\left(\frac{y_0+y_n}{2} + \sum_{k=1}^{n-1} y_k\right) - \frac{(b-a)^3}{12n^2}f''(\xi), \quad a \leq \xi \leq b$$

或

$$\left|\int_a^b f(x)\,\mathrm{d}x - \frac{b-a}{n}\left(\frac{y_0+y_n}{2} + \sum_{k=1}^{n-1} y_k\right)\right| = \left|-\frac{(b-a)^3}{12n^2}f''(\xi)\right| \leq \frac{(b-a)^3}{12n^2}M,$$

即公式(1)的误差不超过 $\dfrac{(b-a)^3}{12n^2}M$.

由此可知,用梯形法公式(1)近似计算定积分,如果给定的误差限是 $\delta>0$,即要

$$\frac{(b-a)^3}{12n^2}M \leq \delta,$$

只需等分 $[a,b]$ 的小区间个数 $n > \sqrt{\dfrac{(b-a)^3}{12\delta}M}$ 即可.

例 1 应用梯形法公式(1)近似计算 $\ln 5 = \int_1^5 \dfrac{dx}{x}$.

解 将区间 $[1,5]$ 8 等分，$\dfrac{b-a}{n} = \dfrac{5-1}{8} = 0.5$. 分点是

$$1,\ 1.5,\ 2,\ 2.5,\ 3,\ 3.5,\ 4,\ 4.5,\ 5.$$

函数 $\dfrac{1}{x}$ 在分点的值分别是

x	1	1.5	2	2.5	3	3.5	4	4.5	5
$\dfrac{1}{x}$	1	$\dfrac{2}{3}$	$\dfrac{1}{2}$	$\dfrac{2}{5}$	$\dfrac{1}{3}$	$\dfrac{2}{7}$	$\dfrac{1}{4}$	$\dfrac{2}{9}$	$\dfrac{1}{5}$

由公式(1)，有

$$\ln 5 = \int_1^5 \dfrac{dx}{x} \approx \dfrac{1}{2}\left(\dfrac{1+\dfrac{1}{5}}{2} + \dfrac{2}{3} + \dfrac{1}{2} + \dfrac{2}{5} + \dfrac{1}{3} + \dfrac{2}{7} + \dfrac{1}{4} + \dfrac{2}{9}\right) \approx 1.63.$$

例 2 应用梯形法公式(1)近似计算定积分 $\int_1^5 \sqrt[3]{2+x^2}\, dx$.

解 将区间 $[1,5]$ 4 等分，$\dfrac{b-a}{n} = \dfrac{5-1}{4} = 1$. 分点是

$$1,\ 2,\ 3,\ 4,\ 5.$$

函数 $\sqrt[3]{2+x^2}$ 在分点的值分别是

x	1	2	3	4	5
$\sqrt[3]{2+x^2}$	1.442	1.817	2.224	2.621	3.000

由公式(1)，有

$$\int_1^5 \sqrt[3]{2+x^2}\, dx \approx \dfrac{1}{2}(3+1.442) + 1.817 + 2.224 + 2.621 = 8.883.$$

二、抛物线法

抛物线法是用通过曲线上相邻三点的抛物线近似代替小弧计算定积分的方法.

抛物线的一般形式是

$$y = \alpha x^2 + \beta x + \gamma,$$

其中 α, β, γ 是常数. 已知通过平面上的三点可唯一确定一条抛物线. 抛物线在区间 $[c-h, c+h]$ 的积分，有公式

$$\int_{c-h}^{c+h} (\alpha x^2 + \beta x + \gamma)\, dx = \dfrac{h}{3}[f(c-h) + 4f(c) + f(c+h)]. \tag{4}$$

事实上

$$\int_{c-h}^{c+h} (\alpha x^2 + \beta x + \gamma)\, dx = \left(\dfrac{\alpha}{3}x^3 + \dfrac{\beta}{2}x^2 + \gamma x\right)\bigg|_{c-h}^{c+h}$$

$$= \frac{\alpha}{3}(6c^2h+2h^3)+2\beta ch+2\gamma h$$

$$= \frac{h}{3}[\alpha(c-h)^2+\beta(c-h)+\gamma+4(\alpha c^2+\beta c+\gamma)+\alpha(c+h)^2+\beta(c+h)+\gamma]$$

$$= \frac{h}{3}[f(c-h)+4f(c)+f(c+h)].$$

设函数 $f(x)$ 在 $[a,b]$ 可积. 将区间 $[a,b]$ 等分为 $2n$(偶数)个小区间,分点是

$$a=x_0<x_1<x_2<\cdots<x_{2n-1}<x_{2n}=b,$$

其中 $x_k-x_{k-1}=\dfrac{b-a}{2n}$, $k=1,2,\cdots,2n$. 设各分点的纵坐标是

$$f(x_k)=y_k, \quad k=1,2,\cdots,2n.$$

在两个相邻小区间 $[x_{2k-2},x_{2k-1}]$ 及 $[x_{2k-1},x_{2k}]$ 上,用通过曲线上的三点:

$$(x_{2k-2},y_{2k-2}),(x_{2k-1},y_{2k-1}),(x_{2k},y_{2k})$$

的抛物线 $y=\alpha_k x^2+\beta_k x+\gamma_k$ 代替在区间 $[x_{2k-2}, x_{2k}]$ 上的曲线 $y=f(x)$,如图 8.31.

令 $c=x_{2k-1}, c-h=x_{2k-2}, c+h=x_{2k}$,其中 $h=\dfrac{b-a}{2n}$. 于是,在区间 $[x_{2k-2},x_{2k}]$ 函数 $f(x)$ 的定积分近似等于抛物线 $y=\alpha_k x^2+\beta_k x+\gamma_k$ 的定积分. 由(4)式,得

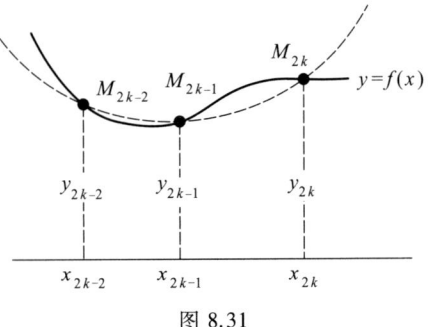

图 8.31

$$\int_{x_{2k-2}}^{x_{2k}}f(x)\,\mathrm{d}x \approx \int_{x_{2k-2}}^{x_{2k}}(\alpha_k x^2+\beta_k x+\gamma_k)\,\mathrm{d}x$$

$$=\frac{b-a}{6n}(y_{2k-2}+4y_{2k-1}+y_{2k}), \quad k=1,2,\cdots,n.$$

将 k 从 1 到 n 加起来,得

$$\int_a^b f(x)\,\mathrm{d}x = \sum_{k=1}^n \int_{x_{2k-2}}^{x_{2k}} f(x)\,\mathrm{d}x \approx \frac{b-a}{6n}\sum_{k=1}^n (y_{2k-2}+4y_{2k-1}+y_{2k})$$

$$=\frac{b-a}{6n}\Big(y_0+y_{2n}+4\sum_{k=1}^n y_{2k-1}+2\sum_{k=1}^{n-1} y_{2k}\Big). \tag{5}$$

(5)式就是近似计算定积分的抛物线法公式.

用抛物线法公式(5)近似计算定积分,其误差不超过

$$\frac{(b-a)^5}{2\,880 n^4}M_1,$$

其中 M_1 是 $|f^{(4)}(x)|$ 在区间 $[a,b]$ 上的最大值. 证明很繁,从略.

例 3 应用抛物线法公式(5)近似计算 $\ln 5 = \int_1^5 \dfrac{\mathrm{d}x}{x}$.

解 将区间 $[1,5]$ 8 等分,$n=4, h=0.5$. 分点是

$$1, 1.5, 2, 2.5, 3, 3.5, 4, 4.5, 5.$$

函数 $\dfrac{1}{x}$ 在分点的值分别是

x	1	1.5	2	2.5	3	3.5	4	4.5	5
$\dfrac{1}{x}$	1	$\dfrac{2}{3}$	$\dfrac{1}{2}$	$\dfrac{2}{5}$	$\dfrac{1}{3}$	$\dfrac{2}{7}$	$\dfrac{1}{4}$	$\dfrac{2}{9}$	$\dfrac{1}{5}$

由公式(5),有

$$\ln 5 = \int_1^5 \frac{dx}{x} \approx \frac{4}{24}\left[1+\frac{1}{5}+2\left(\frac{1}{2}+\frac{1}{3}+\frac{1}{4}\right)+4\left(\frac{2}{3}+\frac{2}{5}+\frac{2}{7}+\frac{2}{9}\right)\right] \approx 1.61.$$

这个结果比例 1 的结果精确些. $\ln 5$ 精确到小数点后第三位的近似值是 1.609, 用抛物线法公式(5)计算是 1.61,而用梯形法公式(1)计算却是 1.63.从估算误差也可看出,在等分的小区间个数相等的情况下,抛物线法公式(5)较梯形法公式(1)精确.

$$f(x) = \frac{1}{x}, \text{有 } f''(x) = \frac{2}{x^3}, f^{(4)}(x) = \frac{24}{x^5}.$$

$\forall x \in [1,5]$,有

$$M = \max\{|f''(x)|\} = \max\left\{\left|\frac{2}{x^3}\right|\right\} = 2.$$

$$M_1 = \max\{|f^{(4)}(x)|\} = \max\left\{\left|\frac{24}{x^5}\right|\right\} = 24.$$

梯形法的最大误差是 $\dfrac{4^3}{12 \cdot 8^2} \cdot 2 = \dfrac{1}{6} \approx 0.166\ 7.$

抛物线法的最大误差是 $\dfrac{4^5}{2\ 880 \cdot 4^4} \cdot 24 = \dfrac{1}{30} \approx 0.033\ 3.$

例 4 某河宽 20 m,每隔 2 m 测得河深如下表:

x/m	0	2	4	6	8	10	12	14	16	18	20
y/m	0.2	0.5	0.9	1.1	1.3	1.7	2.1	1.5	1.1	0.6	0.2

求该河横截面的面积.

解 设该河横截面的面积是 A,由公式(5)($n=5, a=0, b=20$),有

$$A \approx \frac{20}{30}[(0.2+0.2)+4(0.5+1.1+1.7+1.5+0.6)+2(0.9+1.3+2.1+1.1)]$$
$$\approx 21.9(\text{m}^2).$$

练习题 8.6

1. 应用梯形法公式近似计算下列定积分,并估算其误差:

1) $\int_0^1 \dfrac{dx}{1+x}$ ($n=8$);　　　2) $\int_0^1 \dfrac{dx}{1+x^3}$ ($n=12$).

2. 应用抛物线法公式近似计算下列定积分,并估算其误差:

1) $\int_1^9 \sqrt{x}\,dx$ $(n=4)$; 2) $\int_0^{\frac{\pi}{2}} \frac{\sin x}{x}\,dx$ $(n=3)$.

 **答疑解惑**

部分练习题答案

第 一 章

练习题 1.1

1. $f(0)=2, f(2)=0, f(-2)=-4, f(1)=\frac{1}{2}, f\left(\frac{1}{2}\right)=1.$

2. $\varphi(2)=1, \varphi(-2)=\frac{1}{16}, \varphi\left(\frac{5}{2}\right)=\sqrt{2}, \varphi(a)-\varphi(b)=\frac{2^a-2^b}{4},$

   $\varphi(a)\varphi(b)=\frac{2^{a+b}}{16}, \frac{\varphi(a)}{\varphi(b)}=2^{a-b}.$

3. $F(2+h)=h^2+h+5, \frac{F(2+h)-F(2)}{h}=h+1.$

4. $\psi(0)=0, \psi(1)=a, \psi(t+1)=(t+1)a^{t+1},$

   $\psi(t+1)+1=(t+1)a^{t+1}+1, \psi\left(\frac{1}{t}\right)=\frac{1}{t}a^{\frac{1}{t}}, \frac{1}{\psi(t)}=\frac{1}{ta^t}.$

5. 1) $\left[-\frac{4}{3},+\infty\right)$；2) $[-1,2]$；3) $(-1,1)$；

   4) $[-1,0]$；5) $(-\infty,0)$；6) $\left(-\frac{1}{2},\frac{4}{3}\right]$；

   7) $\left(\frac{1}{2k+1},\frac{1}{2k}\right)$ 与 $\left(-\frac{1}{2k+1},-\frac{1}{2k+2}\right)$ $(k=0,1,2,\cdots)$，当 $k=0$ 时，$\frac{1}{2k}=+\infty$；

   8) $(0,4)$ 与 $(4,+\infty)$；

   9) $(-\infty,0)$ 与 $(0,+\infty)$；

   10) $\left[2k\pi-\frac{\pi}{2},2k\pi+\frac{\pi}{2}\right]$ $(k=0,\pm1,\pm2,\cdots).$

6. L 与 A 之间的对应是单值对应，是函数. l 与 S 之间的对应不是单值对应，不是函数.

7. 1) 不相等；2) 不相等；3) 不相等；

   4) 不相等，都是因为两个函数的定义域不相同.

11. $\left\{\frac{1}{4^{n-1}}\right\}.$

练习题 1.2

3. $F_1(x) = a^x + a^{-x}, F_2(x) = a^x - a^{-x}$；$F_1(x) = (1+x)^n + (1-x)^n, F_2(x) = (1+x)^n - (1-x)^n$.

4. 1）奇；2）偶；3）奇；4）偶；5）奇；6）奇；7）奇；8）偶；9）偶.

6. 1）是，$l = \pi$；2）非；3）是，$l = \dfrac{2\pi}{\omega}$；4）是，$l = \dfrac{2}{5}$；5）是，$l = \pi$；6）是，没有最小的正周期；

7）是，$l = 2\pi$；8）是，$l = 20\pi$.

练习题 1.3

1. 1）$y = -\sqrt{1-x^2}, x \in [0, 1]$；2）$y = \lg x - 2, x \in (0, +\infty)$；

3）$y = \dfrac{1}{2}(e^x - 1), x \in \mathbf{R}$；4）$y = \dfrac{b - dx}{cx - a}, x \in \mathbf{R} \setminus \left\{\dfrac{a}{c}\right\}$；

5）$y = \ln(x + \sqrt{1+x^2}), x \in \mathbf{R}$.

6）$y = \begin{cases} x, & x \in (-\infty, 1); \\ \sqrt{x}, & x \in [1, 16]; \\ \log_2 x, & x \in (16, +\infty). \end{cases}$

3. 1）$f[\varphi(x)] = (x+2)^3$；2）$f[\varphi(x)] = \sqrt{\tan^2 x + 1} = |\sec x|$；

3）$f[\varphi(x)] = \begin{cases} 2, & x \leqslant 0, \\ x^6, & x > 0. \end{cases}$

4. $f\left(\dfrac{1}{x}\right) = \dfrac{x}{1+x}, g\left(\dfrac{1}{x}\right) = 1 + \dfrac{1}{x^2}, f[f(x)] = \dfrac{x+1}{x+2}$,

$g[g(x)] = 2 + 2x^2 + x^4$,

$f[g(x)] = \dfrac{1}{2+x^2}, g[f(x)] = \dfrac{2 + 2x + x^2}{(1+x)^2}, g[f(1)] = \dfrac{5}{4}$,

$f[g(2)] = \dfrac{1}{6}, f\{f[f(1)]\} = \dfrac{3}{5}$.

6. 1）$y = \sqrt[3]{u}, u = \arcsin v, v = a^x$；

2）$y = u^3, u = \sin v, v = \ln w, w = x + 1$；

3）$y = \ln u, u = \cos v, v = \sqrt[3]{w}, w = \arccos x$；

4）$y = a^u, u = \sin v, v = 3x - 1$；

5）$y = \ln u, u = v^2, v = \ln w, w = t^3, t = \ln x$.

7. $x^2 - x + 1$.

9. $x^2 - 2$.

10. $\dfrac{x}{\sqrt{1+nx^2}}$.

12. 1）$\dfrac{\pi}{2}$；2）1.

第 二 章

练习题 2.1

1. 1）等价；2）等价；3）不等价；4）不等价；5）等价.

2. 1）发散；2）收敛；3）收敛；4）收敛；5）收敛.

练习题 2.2

11. 1）500；2）$-\dfrac{1}{2}$；3）0；4）0；5）$\dfrac{1-b}{1-a}$；6）1；7）3；8）$\dfrac{4}{3}$；9）e^5；10）e^2.

练习题 2.4

12. 1）$\dfrac{1}{2}$；2）0；3）$\dfrac{1}{8}$；4）$3x^2$；5）-1；6）$\dfrac{1}{2}$；7）$\dfrac{4}{3}$；8）0；9）$\dfrac{ad+bc}{2\sqrt{ac}}$；10）$\dfrac{m}{n}$.

13. 1）$\dfrac{1}{8}$；2）3；3）2；4）$\cos a$；5）1；6）e^{-1}；7）e；8）e；9）e^2；10）e^{-5}.

15. 1）$a=1, b=-1$；2）$a=1, b=-\dfrac{1}{2}$；3）$a=-\dfrac{15}{16}, b=-\dfrac{1}{4}$.

第 三 章

练习题 3.1

7. 1）-1 是第二类间断点；2）$\pm\sqrt{2}$ 是第二类间断点；
   3）0 是可去间断点，$k\pi(k=\pm1,\pm2,\cdots)$ 是第二类间断点；
   4）0 是可去间断点，±1 是第二类间断点；
   5）0 是第一类间断点；6）0 是第二类间断点；
   7）0 是第二类间断点；8）0 是第一类间断点.

8. 1）8；2）2；3）-1；4）1.

练习题 3.2

4. 1）$\dfrac{1}{\sqrt{2a}}$；2）$-\dfrac{1}{16}$；3）$\dfrac{a+b}{2}$；4）$\dfrac{1}{2}$；5）$\sqrt{e}$；6）1；7）$\dfrac{1}{5}$；8）$\dfrac{\pi}{3}$.

11. 1）0；2）$e^{\cot a}(a\neq k\pi, k=0,\pm1,\pm2,\cdots)$；3）$\dfrac{\alpha}{\beta}a^{\alpha-\beta}$；4）$e^2$；5）$a^a\ln ae$；6）$a^x\ln^2 a$；
    7）2；8）$\sqrt{ab}$.

第 四 章

练习题 4.1

1. 1) $8,-10$; 2) $\dfrac{1}{4},-\dfrac{1}{2}$; 3) $5,1$; 4) $1,-1$; 5) $\sqrt{2},-\sqrt{2}$; 6) $4,0$; 7) 上确界不存在, 0; 8) $1,-1$.

2. 1) $\varnothing$; 2) $\{0\}$; 3) $\{1\}$; 4) $\{-1,1\}$; 5) $[-\sqrt{2},\sqrt{2}]$; 6) $[0,4]$; 7) $[0,+\infty)$; 8) $[-1,1]$.

第 五 章

练习题 5.1

1. 从 $t=2$ 到 $t=2+\Delta t$ 的平均速度是 $14+3\Delta t$. 在 $t=2$ 的瞬时速度是 14.

2. 1) 切线方程 $x+y=2$, 法线方程 $y=x$;
   2) 切线方程 $12x-y=16$, 法线方程 $x+12y=98$;
   3) 切线方程 $x+y+2=0$, 法线方程 $x=y$.

3. $\theta_1=\arctan\dfrac{4}{3}$, $\theta_2=\pi-\arctan\dfrac{4}{3}$.

4. 1) $-\sin x$; 2) $-\dfrac{1}{(1+x)^2}$; 3) $\dfrac{1}{2\sqrt{x+1}}$; 4) $3\cos 3x$.

5. 1) $f'(0)$; 2) $f'(a)$.

6. $f'_+(c)=2c$. 当 $a=2c, b=-c^2$ 时, 函数 $f(x)$ 在 c 可导.

7. 1) $f'_+(0)=0, f'_-(0)=1$; 2) $\varphi'_+(0)=1, \varphi'_-(0)=-1$.

13. $\mathrm{e}^{\frac{f(a)}{f(a)}}$.

14. 1) $f'(a)$; 2) $f'(a)$; 3) $2f'(a)$; 4) $\dfrac{1}{2}f'(a)$; 5) $(\alpha-\beta)f'(a)$.

练习题 5.2

1. 1) $4x^3+6x$; 2) $21x^{\frac{5}{2}}+10x^{\frac{3}{2}}+2$;

   3) $4x(1+3x+10x^3)$; 4) $-\dfrac{2a}{(a+x)^2}$;

   5) $\dfrac{x^2-4x+1}{(x-2)^2}$; 6) $x\cos x$;

   7) $\tan x+x\sec^2 x+\csc^2 x$; 8) $\dfrac{1}{1+\cos x}$;

9) $\dfrac{-2}{x(1+\ln x)^2}$;

10) $\dfrac{1-x\ln 4}{4^x}$;

11) $\dfrac{1}{x^2}\left(\dfrac{x}{1+x^2}-\arctan x\right)$;

12) $\dfrac{1}{2\sqrt{x}}\operatorname{arccot} x-\dfrac{\sqrt{x}}{1+x^2}$;

13) $2x\arccos x-\dfrac{x^2}{\sqrt{1-x^2}}$;

14) $10^x(1+x\ln 10)$;

15) $\sin x \cdot \ln x + x\cos x \cdot \ln x + \sin x$.

2. 1) $8x(2x^2-3)$;

2) $\dfrac{x}{\sqrt{x^2+a^2}}$;

3) $\dfrac{1}{(1-x)\sqrt{1-x^2}}$;

4) $\dfrac{2x+1}{3\sqrt[3]{(x^2+x+1)^2}}$;

5) $\dfrac{1}{2\sqrt{x+\sqrt{x+\sqrt{x}}}}\left[1+\dfrac{1}{2\sqrt{x+\sqrt{x}}}\left(1+\dfrac{1}{2\sqrt{x}}\right)\right]$;

6) $\dfrac{a}{\cos^2(ax+b)}$;

7) $2\cos 2x\cos 3x - 3\sin 2x\sin 3x$;

8) $-10\cot 5x\csc^2(5x)$;

9) $a\sin^2\dfrac{x}{3}\cos\dfrac{x}{3}$;

10) $2a\sin^3\dfrac{x}{2}\cos\dfrac{x}{2}$;

11) $\dfrac{2}{\sin 2x}$;

12) $\dfrac{1}{\cos x}$;

13) $2x\cot x(\cot x - x\csc^2 x)$;

14) $\dfrac{2x}{(x^2+1)\ln a}$;

15) $\dfrac{2x-\cos x}{(x^2-\sin x)\ln 3}$;

16) $\dfrac{4x}{1-x^4}$;

17) $\ln(x+\sqrt{1+x^2})$;

18) $\dfrac{1}{x\ln x}$;

19) $-\dfrac{2}{\sqrt{1+x^2}}$;

20) $\dfrac{\sqrt{x^2+a^2}}{x^2}$;

21) $\dfrac{\sqrt{a^2+x^2}}{x}$;

22) $4e^{4x+5}$;

23) $2(x+1)7^{x^2+2x}\ln 7$;

24) $\dfrac{a}{2\sqrt{x}}e^{\sqrt{x}}$;

25) $\dfrac{1}{1+e^x}$;

26) $\cos x e^{\sin x}$;

27) $\dfrac{2\arcsin x}{\sqrt{1-x^2}}$;

28) $\dfrac{2x}{1+(x^2+1)^2}$;

29) $\dfrac{2}{1+x^2}$;

30) $\dfrac{-2x}{\sqrt{1-x^4}}$;

31) $2\sqrt{a^2-x^2}$;

32) $\dfrac{1}{2}$;

33) $\dfrac{\cos x}{|\cos x|} = \begin{cases} 1, & x \text{ 在第一、四象限,} \\ -1, & x \text{ 在第二、三象限;} \end{cases}$

34) $\dfrac{4}{5+3\cos x}$;

35) $\dfrac{2a^3}{x^4-a^4}$;

36) $\dfrac{1}{x^3+1}$;

37) $x^{\frac{1}{x}}\left(\dfrac{1-\ln x}{x^2}\right)$;

38) $e^{x^x}(1+\ln x)x^x$;

39) $(\sin x)^x [\ln(\sin x) + x\cot x]$;

40) $(\sin x)^{\cos x} [\cos x \cot x - \sin x \cdot \ln(\sin x)]$.

3. $F'(0) = -\dfrac{1}{4}$, $F'(-1) = -\dfrac{1}{2}$, $F'(1) = -\dfrac{11}{18}$.

10. 1) $\dfrac{f(x)f'(x)+g(x)g'(x)}{\sqrt{f^2(x)+g^2(x)}}$ $(f^2(x)+g^2(x) \neq 0)$;

2) $\dfrac{f'(x)g(x)-f(x)g'(x)}{f^2(x)+g^2(x)}$ $(f^2(x)+g^2(x) \neq 0)$;

3) $\sqrt[g(x)]{f(x)}\left[\dfrac{1}{g(x)}\dfrac{f'(x)}{f(x)} - \dfrac{g'(x)}{g^2(x)}\ln f(x)\right]$;

4) $\dfrac{g'(x)}{g(x)}\dfrac{1}{\ln f(x)} - \dfrac{f'(x)\ln g(x)}{f(x)\ln^2 f(x)}$.

练习题 5.3

1. 1) $\dfrac{2p}{y}$; 2) $-\dfrac{b^2 x}{a^2 y}$; 3) $\dfrac{2a}{3(1-y^2)}$; 4) $-\sqrt[3]{\dfrac{y}{x}}$; 5) $\dfrac{ay-x^2}{y^2-ax}$; 6) $-\dfrac{\sin(x+y)}{1+\sin(x+y)}$; 7) $\dfrac{1+\sqrt{x-y}}{1-4\sqrt{x-y}}$;

8) $\dfrac{1}{x\cos(xy)} - \dfrac{y}{x}$.

2. 1) $x\sqrt{\dfrac{1-x}{1+x}}\left(\dfrac{1}{x} - \dfrac{1}{1-x^2}\right)$;

2) $\dfrac{x^2}{1-x}\sqrt[3]{\dfrac{3-x}{(3+x)^2}}\left[\dfrac{2-x}{x(1-x)} + \dfrac{x-9}{3(9-x^2)}\right]$;

3) $(x+\sqrt{1+x^2})^n \dfrac{n}{\sqrt{1+x^2}}$;

4) $(x-a_1)^{\alpha_1}(x-a_2)^{\alpha_2}\cdots(x-a_n)^{\alpha_n}\left(\dfrac{\alpha_1}{x-a_1} + \dfrac{\alpha_2}{x-a_2} + \cdots + \dfrac{\alpha_n}{x-a_n}\right)$.

3. 1) $-\dfrac{1}{4}$;   2) $-\dfrac{2}{3}$;   3) $\dfrac{4}{3}$.

4. 1) $-2\left(\dfrac{t}{t+1}\right)$;   2) $\dfrac{t(2-t^3)}{1-2t^3}$;   3) $-\dfrac{b}{a}$;   4) $-\dfrac{b}{a}\tan t$.

5. $y-x = 2a - \dfrac{a\pi}{2}$.

7. $\dfrac{f'(\theta)\sin\theta + f(\theta)\cos\theta}{f'(\theta)\cos\theta - f(\theta)\sin\theta}$.

练习题 5.4

1. 1) $(1-x+x^2-x^3)\mathrm{d}x$;   2) $(2x\sin x + x^2\cos x)\mathrm{d}x$;

   3) $\dfrac{1-x^2}{(1+x^2)^2}\mathrm{d}x$;   4) $\dfrac{2}{\sin 2x}\mathrm{d}x$;

   5) $\mathrm{e}^{ax}(a\cos bx - b\sin bx)\mathrm{d}x$;

   6) $\dfrac{-x}{|x|\sqrt{1-x^2}}\mathrm{d}x = \begin{cases} -\dfrac{1}{\sqrt{1-x^2}}\mathrm{d}x, & x>0, \\ \dfrac{1}{\sqrt{1-x^2}}\mathrm{d}x, & x<0. \end{cases}$

2. 1) $\Delta x + \Delta x^2, \mathrm{d}x$;

   2) $10\Delta x + 6(\Delta x)^2 + (\Delta x)^3, 10\mathrm{d}x$;

   3) $\sqrt{1+\Delta x} - 1$, $\dfrac{1}{2}\mathrm{d}x$.

4. 1) 2.990 7; 2) 1.930 8; 3) 1.995 4.

5. 1) 1.007; 2) 0.484 9; 3) $-0.874\ 7$.

练习题 5.5

1. 1) $-(a^2\sin ax + b^2\cos bx)$;

   2) $\dfrac{1}{4x}(\mathrm{e}^{\sqrt{x}} + \mathrm{e}^{-\sqrt{x}}) - \dfrac{1}{4\sqrt{x^3}}(\mathrm{e}^{\sqrt{x}} - \mathrm{e}^{-\sqrt{x}})$;

   3) $\dfrac{2(x^2-4x+7)}{(x+1)^5}$;   4) $-2\dfrac{\mathrm{e}^x - \mathrm{e}^{-x}}{(\mathrm{e}^x + \mathrm{e}^{-x})^2}$.

2. 1) $-\dfrac{r^2}{y^3}$;   2) $-\dfrac{p^2}{y^3}$;

   3) $\dfrac{6}{(x-2y)^3}$;   4) $\dfrac{2x^2 y}{(1+y^2)^3}[3(1+y^2)^2 + 2x^4(1-y^2)]$.

3. 1) $(x+n)\mathrm{e}^x$;   2) $(-1)^n \cdot 2\dfrac{n!}{(1+x)^{n+1}}$;

   3) $x\sin\left(x+n\cdot\dfrac{\pi}{2}\right) - n\cos\left(x+n\cdot\dfrac{\pi}{2}\right)$;   4) $(-1)^n \mathrm{e}^{-x}[x^2 - 2(n-1)x + (n-1)(n-2)]$.

6. $z'' = g''[f(x)][f'(x)]^2 + g'[f(x)] \cdot f''(x)$.

8. 1) $\dfrac{3}{4(1-t)}$;　2) $-\dfrac{1}{4a\sin^4\dfrac{t}{2}}$.

10. $\dfrac{d^3z}{dx^3} = \dfrac{d^3z}{dy^3}\left(\dfrac{dy}{dx}\right)^3 + 3\dfrac{d^2z}{dy^2}\dfrac{d^2y}{dx^2} + \dfrac{dz}{dy}\dfrac{d^3y}{dx^3}$.

11. $\varphi'(y) = \dfrac{x}{1+x},\ \varphi''(y) = \dfrac{x}{(1+x)^3}$.

第 六 章

练习题 6.2

1. 1) 2; 2) 2; 3) $-\dfrac{1}{6}$; 4) $-\dfrac{1}{8}$; 5) 1; 6) $\dfrac{3\pi}{2}$; 7) 1; 8) $\dfrac{2}{\pi}$; 9) 1; 10) $-\dfrac{1}{2}$; 11) $\dfrac{1}{\sqrt[6]{e}}$;
12) 1; 13) 1; 14) 1; 15) $\dfrac{1}{e}$.

3. $a = -3,\ b = \dfrac{9}{2}$.

4. $c = \ln 2$.

5. 1) 0; 2) 1.

练习题 6.3

1. 1) $\dfrac{\sqrt{2}}{2}\left[1+\left(x-\dfrac{\pi}{4}\right)-\dfrac{1}{2!}\left(x-\dfrac{\pi}{4}\right)^2-\dfrac{1}{3!}\left(x-\dfrac{\pi}{4}\right)^3+\right.$
$\left.\dfrac{1}{4!}\left(x-\dfrac{\pi}{4}\right)^4+\dfrac{1}{5!}\left(x-\dfrac{\pi}{4}\right)^5-\dfrac{1}{6!}\left(x-\dfrac{\pi}{4}\right)^6\right]+R_6$;

2) $e^{-a}\left[1-(x-a)+\dfrac{1}{2!}(x-a)^2-\dfrac{1}{3!}(x-a)^3+\dfrac{1}{4!}(x-a)^4-\dfrac{1}{5!}(x-a)^5+\dfrac{1}{6!}(x-a)^6\right]+R_6$;

3) $-5+9(x+1)-11(x+1)^2+10(x+1)^3-5(x+1)^4+(x+1)^5$, $R_n = 0$, 当 $n \geq 6$;

4) $1+\dfrac{1}{2}(x-1)-\dfrac{1}{8}(x-1)^2+\dfrac{1}{16}(x-1)^3-\dfrac{5}{128}(x-1)^4+\dfrac{7}{256}(x-1)^5-\dfrac{21}{1\,024}(x-1)^6+R_6$.

2. 1) $a+\dfrac{x}{ma^{m-1}}-\dfrac{(m-1)x^2}{2m^2a^{2m-1}}+o(x^2)$;

2) $1+2x+x^2-\dfrac{2}{3}x^3-\dfrac{5}{6}x^4-\dfrac{1}{15}x^5+o(x^5)$;

3) $1-\dfrac{x}{2}+\dfrac{x^2}{12}-\dfrac{x^4}{720}+o(x^4)$;

4) $x+\dfrac{x^3}{3}+\dfrac{2x^5}{15}+o(x^5)$.

4. 1) 3.107 2;   2) 1.648 72;   3) 0.182 321.

练习题 6.4

1. 1)

x	$(-\infty,-1)$	-1	$(-1,1)$	1	$(1,+\infty)$
$f'(x)$	$+$	0	$-$	0	$+$
$f(x)$	↗	3	↘	-1	↗

极大值 $f(-1)=3$, 极小值 $f(1)=-1$;

2)

x	$(-\infty,-1)$	-1	$\left(-1,\dfrac{9}{7}\right)$	$\dfrac{9}{7}$	$\left(\dfrac{9}{7},3\right)$	3	$(3,+\infty)$
$f'(x)$	$+$	0	$-$	0	$+$	0	$+$
$f(x)$	↗		↘		↗		↗

极大值 $f(-1)=0$, 极小值 $f\left(\dfrac{9}{7}\right)=-\dfrac{16^4 \cdot 12^3}{7^7}$;

3)

x	$(-\infty,-1)$	-1	$(-1,1)$	1	$(1,+\infty)$
$f'(x)$	$-$	0	$+$	0	$-$
$f(x)$	↘	$-\dfrac{1}{2}$	↗	$\dfrac{1}{2}$	↘

极小值 $f(-1)=-\dfrac{1}{2}$, 极大值 $f(1)=\dfrac{1}{2}$;

4) 在 $\left(k\pi,\left(k+\dfrac{1}{2}\right)\pi\right) f(x)$ 严格增加,

在 $\left(\left(k-\dfrac{1}{2}\right)\pi,k\pi\right) f(x)$ 严格减少,

极大值 $f\left[\left(k+\dfrac{1}{2}\right)\pi\right]=1$,

极小值 $f(k\pi)=0$, $(k=0,\pm 1,\pm 2,\cdots)$;

5)

x	$(0,\mathrm{e})$	e	$(\mathrm{e},+\infty)$
$f'(x)$	$+$	0	$-$
$f(x)$	↗	$\dfrac{1}{\mathrm{e}}$	↘

极大值 $f(\mathrm{e})=\dfrac{1}{\mathrm{e}}$;

6) 在 $\left(\frac{\pi}{4}+k\pi, \frac{\pi}{4}+(k+1)\pi\right)$, 当 k 为奇数, $f(x)$ 严格增加; 当 k 为偶数 $f(x)$ 严格减少. 当 k 为偶数, 极大值

$$f\left(\frac{\pi}{4}+k\pi\right) = \frac{\sqrt{2}}{2}e^{-\left(\frac{\pi}{4}+k\pi\right)},$$

当 k 为奇数, 极小值

$$f\left(\frac{\pi}{4}+k\pi\right) = -\frac{\sqrt{2}}{2}e^{-\left(\frac{\pi}{4}+k\pi\right)}, \quad k=0, \pm 1, \pm 2, \cdots.$$

4. $a=2, b=-3, c=-12, d=1$.

6. 1) $f(-1)=\frac{1}{2}, f(5)=32$;

2) $f\left(\frac{1-\sqrt{5}}{2}\right)=\frac{5(1-\sqrt{5})}{2}, f(-2)=15$;

3) $f\left(\frac{3\pi}{4}\right)=0, f(0)=f\left(\frac{\pi}{2}\right)=1$;

4) $f\left(\frac{1}{e}\right)=-\frac{1}{e}, f(e)=e$;

5) $f\left(-\frac{1}{\sqrt{2}}\right)=-\frac{1}{\sqrt{2e}}, f\left(\frac{1}{\sqrt{2}}\right)=\frac{1}{\sqrt{2e}}$.

7. 腰 $\frac{2}{3}l$; 最大面积 $\frac{l^2}{3\sqrt{3}}$.

8. 高 $h=2\sqrt[3]{\frac{V}{2\pi}}$, 底半径 $r=\frac{h}{2}$, 表面积 $S=\sqrt[3]{54\pi V^2}$.

9. 高 $h=\frac{2a}{\sqrt{3}}$, 底半径 $r=\sqrt{\frac{2}{3}}a$, 体积 $V=\frac{4}{3\sqrt{3}}\pi a^3$.

10. 距 A 为 15 km 处.

11. 1)

x	$(-\infty, -\sqrt{3})$	$-\sqrt{3}$	$(-\sqrt{3}, 0)$	0	$(0, \sqrt{3})$	$\sqrt{3}$	$(\sqrt{3}, +\infty)$
$f''(x)$	$-$	0	$+$	0	$-$	0	$+$
$f(x)$	严上凸	$-\frac{\sqrt{3}}{2}$	严下凸	0	严上凸	$\frac{\sqrt{3}}{2}$	严下凸

拐点: $\left(-\sqrt{3}, -\frac{\sqrt{3}}{2}\right)$、$(0,0)$ 与 $\left(\sqrt{3}, \frac{\sqrt{3}}{2}\right)$;

2) 在 $((2k-1)\pi, 2k\pi)$ 函数 $f(x)$ 严下凸, 在 $(2k\pi, (2k+1)\pi)$ 函数 $f(x)$ 严上凸; 拐

点：$(k\pi, k\pi), k = 0, \pm 1, \pm 2, \cdots$;

3)

x	$(0, e)$	e	$(e, +\infty)$
$f''(x)$	+	0	−
$f(x)$	严下凸	1	严上凸

拐点：$(e, 1)$;

4) 在 $\left(\dfrac{\pi}{2}+k\pi, \dfrac{\pi}{2}+(k+1)\pi\right)$，当 k 为偶数，$f(x)$ 是严下凸；当 k 为奇数，$f(x)$ 是严上凸；

拐点：$\left(\dfrac{\pi}{2}+k\pi, (-1)^k e^{-\left(\frac{\pi}{2}+k\pi\right)}\right), k = 0, \pm 1, \pm 2, \cdots$.

15. 1) $x = -1, x = 5, y = 0$; 2) $x = -1, x - 2y = 2$; 3) $y = 1, x = 1, x = -1$;

4) $y = x, x = 0$; 5) $y = x + \dfrac{1}{e}, x = -\dfrac{1}{e}$.

18. $\sqrt[3]{3}$ 最大.

19. $\lim\limits_{n \to \infty} f_n(x) = 0$.

20. $\lim\limits_{p \to +\infty} g(p) = 4e^{-2}$.

第 七 章

练习题 7.1

1. 1) $\dfrac{x^2}{2} + \dfrac{4}{3}x^{\frac{3}{2}} + x + C$; 2) $\dfrac{x^4}{108} + \dfrac{x^2}{3} - \dfrac{4}{x^2} + 4\ln|x| + C$;

3) $\dfrac{6}{7}x^{\frac{7}{6}} - \dfrac{4}{3}x^{\frac{3}{4}} + C$; 4) $\dfrac{2}{5}x^{\frac{5}{2}} + x + C$.

5) $\dfrac{4^x}{\ln 4} + 2\dfrac{6^x}{\ln 6} + \dfrac{9^x}{\ln 9} + C$; 6) $\dfrac{3^x e^x}{\ln 3 + 1} + C$;

7) $2x - \dfrac{5}{\ln 2 - \ln 3}\left(\dfrac{2}{3}\right)^x + C$; 8) $\dfrac{x^3}{3} - x + \arctan x + C$;

9) $\ln|x| + \arctan x + C$; 10) $-2x - \cot x + C$;

11) $\tan x - x + C$; 12) $\dfrac{e^x a^x}{\ln a + 1} - \arcsin x + C$.

2. 1) $x^2 + 1$; 2) $4x^2 - 5x - x^3 + 5$; 3) $x + \cos x - \dfrac{\pi}{2}$.

3. $f(x) = x^2 - 2x + 1$.

4. $f(x) = -x^4 + 7$.

练习题 7.2

1. 1) $x\sin x+\cos x+C$; 2) $\dfrac{x^2}{2}\left(\ln x-\dfrac{1}{2}\right)+C$;

   3) $-x-(1-x)\ln(1-x)+C$; 4) $\dfrac{x^4}{16}(4\ln x-1)+C$;

   5) $\dfrac{x^{n+1}}{n+1}\left(\ln x-\dfrac{1}{n+1}\right)+C$; 6) $x\ln^2 x-2x\ln x+2x+C$;

   7) $\dfrac{1}{2}\mathrm{e}^x(\cos x+\sin x)+C$; 8) $x^2\sin x+2x\cos x-2\sin x+C$.

2. 1) $\dfrac{1}{5}\mathrm{e}^{5x}+C$; 2) $\dfrac{1}{3}\sin 3x+C$;

   3) $-\dfrac{1}{3}\ln|4-3x|+C$; 4) $-\dfrac{1}{5}\cos(5x+1)+C$;

   5) $\dfrac{\tan 7x}{7}+C$; 6) $-\dfrac{1}{2}\ln|\cos 2x|+C$;

   7) $-\dfrac{\cos^4 x}{4}+C$; 8) $\dfrac{1}{3}(x^2+1)^{\frac{3}{2}}+C$;

   9) $\dfrac{2}{3}\sqrt{x^3+1}+C$; 10) $-\dfrac{1}{\sin x}+C$;

   11) $\dfrac{1}{2\cos^2 x}+C$; 12) $\dfrac{\tan^2 x}{2}+C$;

   13) $2\sqrt{\tan x-1}+C$; 14) $2\sqrt{1+\sin^2 x}+C$;

   15) $\dfrac{2}{3}(\tan x+1)^{\frac{3}{2}}+C$; 16) $-\dfrac{1}{12(2+3\sin 2x)^2}+C$;

   17) $\dfrac{1}{\sqrt[3]{\cos 3x}}+C$; 18) $\dfrac{\ln^3 x}{3}+C$;

   19) $\dfrac{1}{2}\arcsin^2 x+C$; 20) $\dfrac{1}{2}\arctan^2 x+C$;

   21) $\dfrac{1}{2}\ln(x^2+1)+C$; 22) $\dfrac{1}{2}\ln|x^2+2x+3|+C$;

   23) $\dfrac{1}{2}\ln(2\sin x+3)+C$; 24) $-\dfrac{1}{2\ln^2 x}+C$;

   25) $\dfrac{(x^2+1)^5}{5}+C$; 26) $\dfrac{\tan^3 x}{3}-\tan x+x+C$;

   27) $\mathrm{e}^{\sin x}+C$; 28) $\dfrac{1}{4}\ln(3+4\mathrm{e}^x)+C$;

   29) $\dfrac{1}{\sqrt{3}}\arcsin(\sqrt{3}x)+C$; 30) $\dfrac{1}{6}\arctan\dfrac{3x}{2}+C$;

31) $\dfrac{1}{2}\arcsin x^2+C$; 32) $\dfrac{1}{2a^2}\arctan\dfrac{x^2}{a^2}+C$;

33) $\dfrac{1}{a}\arctan\left(\dfrac{\sin x}{a}\right)+C$; 34) $\arcsin(\ln x)+C$;

35) $\dfrac{2}{3}(1+\ln x)^{\frac{3}{2}}+C$.

3. 1) $x\arcsin x+\sqrt{1-x^2}+C$;

2) $-\dfrac{e^{-2x}}{2}\left(x^2+x+\dfrac{1}{2}\right)+C$;

3) $x\ln(x+\sqrt{1+x^2})-\sqrt{1+x^2}+C$;

4) $(x+1)\arctan\sqrt{x}-\sqrt{x}+C$;

5) $2\sqrt{x}\arcsin\sqrt{x}+2\sqrt{1-x}+C$;

6) $\dfrac{x^2}{2}\arctan\sqrt{x^2-1}-\dfrac{1}{2}\sqrt{x^2-1}+C$;

7) $-\dfrac{x}{2}+\dfrac{1+x^2}{2}\arctan x+C$;

8) $-\dfrac{x}{2}\sqrt{9-x^2}+\dfrac{9}{2}\arcsin\dfrac{x}{3}+C$.

4. 1) $-\arcsin\dfrac{1}{|x|}+C$; 2) $-\ln(e^{-x}+\sqrt{1+e^{-2x}})+C$;

3) $\dfrac{1}{4}\left(\ln\dfrac{1+x}{1-x}\right)^2+C$; 4) $-\dfrac{1}{2}\arctan(\cos 2x)+C$;

5) $x-\ln(1+e^x)+C$; 6) $-\dfrac{3}{140}(9+12x+14x^2)(1-x)^{\frac{4}{3}}+C$;

7) $\left(\dfrac{2}{3}-\dfrac{4}{7}\sin^2 x+\dfrac{2}{11}\sin^4 x\right)\sqrt{\sin^3 x}+C$;

8) $x-\dfrac{1-x^2}{2}\ln\dfrac{1+x}{1-x}+C$;

9) $\dfrac{1}{\sqrt{2}}\ln\left(x-\dfrac{1}{4}+\sqrt{x^2-\dfrac{x}{2}+1}\right)+C$;

10) $(1+\sqrt{1+x^2})\ln(1+\sqrt{1+x^2})-\sqrt{1+x^2}+C$;

11) $\dfrac{1}{2}[(1+x)|1+x|+(1-x)|1-x|]+C$;

12) 若 $x<0, e^x-1+C$; 若 $x\geqslant 0, 1-e^{-x}+C$.

练习题 7.3

1) $x+3\ln|x-3|-3\ln|x-2|+C$;

2) $\dfrac{1}{2}\ln\left|\dfrac{(x+1)(x+3)}{(x+2)^2}\right|+C$;

3) $\dfrac{1}{1+x}+\ln\left|\dfrac{x}{x+1}\right|+C$;

4) $\dfrac{1}{4}x+\dfrac{1}{16}\ln\left|\dfrac{x^{16}}{(2x-1)^7(2x+1)^9}\right|+C$;

5) $x+\dfrac{1}{4}\ln\left|\dfrac{x-1}{x+1}\right|-\dfrac{1}{2}\arctan x+C$;

6) $\dfrac{1}{4\sqrt{2}}\ln\dfrac{x^2+\sqrt{2}x+1}{x^2-\sqrt{2}x+1}+\dfrac{\sqrt{2}}{4}\arctan\dfrac{\sqrt{2}x}{1-x^2}+C$;

7) $\ln\dfrac{x^2+4}{(x+1)^2}+\dfrac{1}{2}\arctan\dfrac{x}{2}+C$;

8) $\dfrac{2x-1}{2(x^2+2x+2)}+\arctan(x+1)+C$;

9) $\dfrac{3x-17}{2(x^2-4x+5)}+\dfrac{1}{2}\ln(x^2-4x+5)+\dfrac{15}{2}\arctan(x-2)+C$;

10) $\ln|x+1|+\dfrac{x+2}{3(x^2+x+1)}+\dfrac{5}{3\sqrt{3}}\arctan\dfrac{2x+1}{\sqrt{3}}-\dfrac{1}{2}\ln(x^2+x+1)+C$.

练习题 7.4

1. 1) $\dfrac{6}{7}x^{\frac{7}{6}}-\dfrac{6}{5}x^{\frac{5}{6}}-\dfrac{3}{2}x^{\frac{2}{3}}+2x^{\frac{1}{2}}+3x^{\frac{1}{3}}-6x^{\frac{1}{6}}-3\ln(1+x^{\frac{1}{3}})+6\arctan x^{\frac{1}{6}}+C$;

2) $12\left[\dfrac{1}{9}x^{\frac{3}{4}}-\dfrac{1}{7}x^{\frac{7}{12}}+\dfrac{1}{5}x^{\frac{5}{12}}-\dfrac{1}{3}x^{\frac{1}{4}}+x^{\frac{1}{12}}-\arctan(x^{\frac{1}{12}})\right]+C$;

3) $-\dfrac{3}{5}\sqrt[3]{(3-x)^2}\left(\dfrac{19}{2}+x\right)+C$;

4) $\ln\left|\dfrac{\sqrt{1-x}+\sqrt{1+x}}{\sqrt{1-x}-\sqrt{1+x}}\right|-\dfrac{\sqrt{1-x^2}}{x}+C$;

5) $\sqrt{3x^2-7x-6}+\dfrac{11}{2\sqrt{3}}\ln\left(x-\dfrac{7}{6}+\sqrt{x^2-\dfrac{7}{3}x-2}\right)+C$;

6) $\dfrac{1}{\sqrt{5}}\arcsin\dfrac{5x-2}{3}+C$;

7) $-2\arctan\dfrac{\sqrt{2x-x^2}}{x}+C$;

8) $-\dfrac{1}{3}\sqrt{1-2x-3x^2}-\dfrac{1}{3\sqrt{3}}\arcsin\dfrac{3x+1}{2}+C$;

9) $-\dfrac{1}{4}\sqrt{1-4x^2}+\dfrac{3}{2}\arcsin 2x+C$;

10) $\dfrac{1}{4}\sqrt{4x^2+4x+3}+\dfrac{5}{4}\ln|2x+1+\sqrt{4x^2+4x+3}|+C$;

11) $\dfrac{3}{2}\sqrt{x(2x-1)}+\dfrac{23}{4\sqrt{2}}\ln|4x-1+\sqrt{8x(2x-1)}|+C$;

12) $\sqrt{x^2+2x}+\ln|x+1+\sqrt{x^2+2x}|+C$;

13) $\dfrac{x^2}{2}+\dfrac{x}{2}\sqrt{x^2-1}-\dfrac{1}{2}\ln|x+\sqrt{x^2-1}|+C$;

14) $\ln\left|\dfrac{2+x-2\sqrt{1+x+x^2}}{x^2}\right|+C$; 15) $-\dfrac{1}{\sqrt{2x+x^2}}+C$.

2. 1) $-\dfrac{1}{5}\cos^5 x+\dfrac{1}{7}\cos^7 x+C$; 2) $\dfrac{3}{8}x-\dfrac{\sin 2x}{4}+\dfrac{\sin 4x}{32}+C$;

3) $\dfrac{1}{128}\left(3x-\sin 4x+\dfrac{\sin 8x}{8}\right)+C$; 4) $\dfrac{\tan^2 x}{2}+\ln|\cos x|+C$;

5) $-\dfrac{\cot^2 x}{2}-\ln|\sin x|+C$; 6) $\dfrac{\tan^7 x}{7}+\dfrac{\tan^5 x}{5}+C$;

7) $\dfrac{\tan^7 x}{7}+\dfrac{3\tan^5 x}{5}+\tan^3 x+\tan x+C$;

8) $-\dfrac{3}{4}\sqrt[3]{\cos^4 x}+\dfrac{3}{5}\sqrt[3]{\cos^{10} x}-\dfrac{3}{16}\sqrt[3]{\cos^{16} x}+C$;

9) $\dfrac{3}{5}\sqrt[3]{\cos^5 x}+\dfrac{3}{\sqrt[3]{\cos x}}+C$; 10) $-\dfrac{\sin 4x}{8}+\dfrac{\sin 2x}{4}+C$;

11) $\dfrac{\sin 11x}{22}+\dfrac{\sin 3x}{6}+C$; 12) $-\dfrac{\cos x}{2}+\cos\dfrac{x}{2}+C$;

13) $\dfrac{1}{3}\ln\left|\dfrac{\tan\dfrac{x}{2}-2}{2\tan\dfrac{x}{2}-1}\right|+C$; 14) $\dfrac{1}{2}\arctan\left|2\tan\dfrac{x}{2}\right|+C$;

15) $\dfrac{2}{1+\tan\dfrac{x}{2}}+x+C$; 16) $x-\tan\dfrac{x}{2}+C$;

17) $\ln\left|\dfrac{\tan\dfrac{x}{2}-5}{\tan\dfrac{x}{2}-3}\right|+C$; 18) $-x+2\ln\left|\dfrac{\tan\dfrac{x}{2}}{\tan\dfrac{x}{2}+1}\right|+C$.

第 八 章

练习题 8.4

1. 1) $\dfrac{1}{2}$; 2) $\dfrac{1}{4}(b^4-a^4)$; 3) $\dfrac{1}{6}$.

2. 1) 24;   2) $\dfrac{\sqrt{3}}{2}$;   3) $\dfrac{\pi}{8}$;   4) $\ln 2$;

5) 1;   6) $\dfrac{5}{2}$;   7) $\dfrac{1}{3}$;   8) $\dfrac{3\sqrt{2}}{2}$;

9) $2(2-\arctan 2)$;   10) $\dfrac{1}{3}(2-\ln 3)$;

11) 1;   12) $\dfrac{\pi a^4}{16}$;

13) $a^2\left(\sqrt{2}-\dfrac{1}{2}\ln\dfrac{\sqrt{2}+1}{\sqrt{2}-1}\right)$;

14) $\dfrac{1}{b^2-a^2}\ln\left|\dfrac{b}{a}\right|$;   15) $\dfrac{3\pi}{16}$.

3. 1) 0;   2) 0;   3) 0.

4. 1) $\ln 2$;   2) $\dfrac{\pi}{4}$;   3) $\dfrac{1}{p+1}$;   4) $\dfrac{4}{e}$.

10. 1) 1;   2) 0;   3) -1.

练习题 8.5

1. 1) 18;   2) $\sqrt{2}$;   3) $\dfrac{1}{6}$;

4) $\left(\dfrac{\pi}{2}-\dfrac{1}{3}\right)a^2$;   5) $\dfrac{4}{3}a^3$;   6) $\dfrac{3}{8}\pi a^2$;

7) $6\pi a^2$;   8) $\dfrac{8}{15}$;   9) $\dfrac{3}{2}\pi a^2$;

10) $\dfrac{1}{2}\pi a^2$.

2. $\dfrac{9}{4}$.

3. 1) $\dfrac{13\sqrt{13}-8}{27}$;   2) $1+\dfrac{1}{2}\ln\dfrac{3}{2}$;   3) $8a$;   4) $2\pi^2 a$;

5) $a\pi\sqrt{1+4\pi^2}+\dfrac{a}{2}\ln(2\pi+\sqrt{1+4\pi^2})$;   6) $\dfrac{3\pi a}{2}$.

4. $\dfrac{h}{6}[(2A+a)B+(A+2a)b]$.

5. $\dfrac{16}{3}a^3$.

6. 1) $\dfrac{128}{7}\pi$;   2) 12π;   3) $\dfrac{3}{10}\pi$.

7. 1) $\dfrac{62}{3}\pi$;   2) $\pi\left[\sqrt{5}-\sqrt{2}+\ln\dfrac{(\sqrt{2}+1)(\sqrt{5}-1)}{2}\right]$;

3) $2\pi b^2 + 2\pi ab \dfrac{\arcsin \varepsilon}{\varepsilon}$,其中 $\varepsilon = \dfrac{\sqrt{a^2-b^2}}{a}$.

8. 绕 x 轴,$\dfrac{64}{3}\pi a^2$;绕 y 轴,$16\pi^2 a^2$.

9. 0.5 J.

10. $\dfrac{196 \times 10^2}{3}$ N.

14. $245 \times 10^5 \pi$ J.

15. 10 348.8 kN.

练习题 8.6

1. 1) 0.694 1;   2) 0.835 2.
2. 1) 17.332;   2) 1.370 7.

郑重声明

高等教育出版社依法对本书享有专有出版权。任何未经许可的复制、销售行为均违反《中华人民共和国著作权法》，其行为人将承担相应的民事责任和行政责任；构成犯罪的，将被依法追究刑事责任。为了维护市场秩序，保护读者的合法权益，避免读者误用盗版书造成不良后果，我社将配合行政执法部门和司法机关对违法犯罪的单位和个人进行严厉打击。社会各界人士如发现上述侵权行为，希望及时举报，我社将奖励举报有功人员。

反盗版举报电话　　（010）58581999　58582371
反盗版举报邮箱　　dd@hep.com.cn
通信地址　　北京市西城区德外大街4号　高等教育出版社法律事务部
邮政编码　　100120

读者意见反馈

为收集对教材的意见建议，进一步完善教材编写并做好服务工作，读者可将对本教材的意见建议通过如下渠道反馈至我社。

咨询电话　　400-810-0598
反馈邮箱　　hepsci@pub.hep.cn
通信地址　　北京市朝阳区惠新东街4号富盛大厦1座
　　　　　　高等教育出版社理科事业部
邮政编码　　100029

防伪查询说明

用户购书后刮开封底防伪涂层，使用手机微信等软件扫描二维码，会跳转至防伪查询网页，获得所购图书详细信息。

防伪客服电话　　（010）58582300